AF294089

Eckart Menzler-Trott

Gentzens **Problem**

Mathematische Logik im
nationalsozialistischen Deutschland

Mit einem Essay von Jan von Plato

Springer Basel AG

Der Autor:

Eckart Menzler-Trott
Heinestr. 6
D-85354 Freising-Weihenstephan

E-Mail: Eckart.Menzler-Trott@t-online.de

Die Deutsche Bibliothek – CIP-Einheitsaufnahme
Gentzens Problem : mathematische Logik im nationalsozialistischen
Deutschland / Eckart Menzler-Trott. Mit einem Essay von Jan von Plato. -
Basel ; Boston ; Berlin : Birkhäuser, 2001
    ISBN 978-3-0348-9517-0   ISBN 978-3-0348-8325-2 (eBook)
    DOI 10.1007/978-3-0348-8325-2

© 2001 Springer Basel AG
Ursprünglich erschienen bei Birkhäuser Verlag 2001
Softcover reprint of the hardcover 1st edition 2001
Ein Unternehmen der Fachverlagsgruppe BertelsmannSpringer

Gedruckt auf säurefreiem Papier, hergestellt aus chlorfrei gebleichtem Zell-stoff. TCF ∞
Umschlagsgestaltung: Micha Lotrovsky, Therwil, Schweiz
Umschlagfoto: Gerhard Gentzen (Bildarchiv des Autors)

ISBN 978-3-0348-9517-0

9 8 7 6 5 4 3 2 1   www. Bukhastuter scier.com

Dieses Buch ist gewidmet all denjenigen Mathematikern und Logikern, die nicht davongekommen sind und keine Chance bekommen hatten, den Zweiten Weltkrieg zu überleben.

Es ist vor allem denjenigen gewidmet, die anfänglich ohne Schuld in ihn verstrickt wurden und denen dann in Europa all das vorenthalten wurde, was sie hätte glücklich, erfolgreich und erfüllt leben und viele schöne Sätze entdecken lassen können.

Diesem unentdeckten Reichtum der Namenlosen, der ums Lebensglück gebrachten, der Verscharrten, der Hingerichteten, der zu Tode gefolterten, über die dann mehr oder weniger ohne Notiz hinweggegangen wurde, will das Buch gedenken.

Unsere Erkenntnis bringt keine Übereinstellung der Vorstellungen mit der Sache, sondern Übereinstimmung der Vorstellungen miteinander selbst: Niemand kann die Sache selbst fragen, ob sie da ist.

Abraham Gotthelf Kästner,
Gesammelte poetische und
prosaische schönwissenschaftliche Werke,
Erster bis Vierter Theil, Berlin 1841

*Hingabe an den spezifischen Gegenstand aber
wird des Mangels an eindeutiger Position verdächtigt.*

Th. W. Adorno, Negative Dialektik, 1966

Inhaltsverzeichnis

Kapitel 2

Kapitel 3

Vorwort

Dies ist die Biographie des äußeren Lebens des Mathematikers und Logikers Dr. habil. Gerhard Gentzen (1909–1945)[1]. Er gehört zu den Pionieren und Mitbegründern der Beweistheorie und ist einer ihrer berühmten Klassiker. Gerhard Gentzen ist einer der großen Deutschen. Wenn wir uns entschlössen, Mathematiker zu verehren wie Dichter, Fußballer oder Nobelpreisträger, dann ragt Gentzen großartig als Denker heraus[2].

In jedem Standardwerk finden sich heutzutage Sätze wie beispielsweise dieser:

> "Nevertheless, the formalists themselves drew the moral that radical changes to their programme were required; thus, the 1936 consistency proof by Gerhard Gentzen (1909–1945) required the use of transfinite induction up to the ordinal ε_0"[3]

Dieser dürre Satz versteckt das Leben eines der wirkungsmächtigen deutschen Mathematiker. Gentzens Schriften werden in den angelsächsischen Ländern allerdings mehr gelesen als bei uns[4]. Dort steht er in jedem Lexikon. Ich will Ihnen sein Leben vor Ihren Augen entfalten.

Dieses Buch ist kein Buch über Beweistheorie oder ihrer Entwicklung. Seine Theorie hat Gentzen in einer Zeit entwickeln müssen, die verschiedenen Formen

---

[1] Meine Arbeit konzentriert sich auf die Darstellung des Lebens von Gerhard Gentzen und ist keine konzise Analyse seines Werkes, gibt aber wertvolle Hinweise dafür. Zum ersten Einstieg in Gentzens mathematische Theorie vgl. JAN VON PLATO, Gentzen und die Beweistheorie und Gentzens drei hier versammelte Artikel im Anhang dieses Buches. Wer sich technisch einarbeiten möchte, der lese Gentzens „Untersuchungen zum logischen Schließen" (1935) und „Widerspruchsfreiheit der reinen Zahlentheorie" (1936). Eine sehr gute Einführung in die strukturelle Beweistheorie mit allen notwendigen Methoden und Resultaten geben SARA NEGRI, JAN VON PLATO: Structural Proof Theory. (Cambridge University Press 2001). Die Aktualität Gentzens liegt hier unmittelbar auf der Hand.

[2] Klassiker seien Autoren, von denen mindestens zwei Biographien geschrieben werden müssen, meint Robert Darnton: eine glorifizierende und eine entlarvende. Denn wahrer Klassiker sei erst, wer etwas zu verbergen hatte. Einer Philologie des Verdachts konnte ich – im diametralen Gegensatz zur Lektüre von Leben und Werk Gottlob Freges – völlig entraten, denn Gentzens Leben, soweit es uns bekannt ist, liegt offen, gradlinig und stimmig vor uns. Wer anderes sehen will, muß schielen, sich methodisch einschränken, aus Affekt, Ressentiment oder Ranküne schreiben oder einfach nur bösen Willens sein.

[3] STUART G. SHANKER (ed.), Philosophy of Science, Logic and Mathematics in the Twentieth Century. p. 28 (A. D. Irvine, Philosophy of logic, S. 9–49); vgl. auch S. 84 im Kapitel von MICHAEL DETLEFSEN, Philosophy of mathematics in the twentieth century. Routledge History of Philosophy, Vol. IX. London and New York 1996.

[4] An der Ludwig-Maximilian-Universität München ist mit Hilfe der Volkswagenstiftung inzwischen ein Gerhard Gentzen Lehrstuhl für theoretische Informatik eingerichtet worden. Wir verdanken dies Herrn Professor Helmut Schwichtenberg, dem Nachfolger Kurt Schüttes.

der Rationalität nicht gewogen war. Aber diese Biographie ist auch keine Geschichte der Mathematik im Nationalsozialismus[5].

Zwei Dinge leistet dieses Buch:

- Meine Lebensbeschreibung macht den fachlich interessierten Laien, aber auch den Benutzer oder Bewunderer Gentzenscher Ideen und Sätze mit seinem Leben bekannt. Und dies geschieht ohne ständig größere Verweise auf seinen Stellenwert innerhalb der Mathematik.
- Die Biographie macht Gentzens Stellung als Mathematiker innerhalb des Nationalsozialismus deutlich. Sie ist aber auch für diejenigen lesenswert, die sich für einen ausgewählten Teil der Geschichte der mathematischen Logik im Nationalsozialismus interessieren[6], eben für die mathematische und logische Position Gerhard Gentzens.

Warum haben Vertreter des Nationalsozialismus die spezifische Rationalität der Mathematischen Logik gefördert? Ich gehe dieser Frage anhand des Lebens-

---

[5] Für die Geschichte der Mathematischen Logik in Deutschland vgl. KURT SCHÜTTE und HELMUT SCHWICHTENBERG, Mathematische Logik, S. 717–740, in: Gerd Fischer et al. (Hrsg.), Ein Jahrhundert Mathematik 1890–1990. Wiesbaden: Vieweg 1990. Eine sehr schöne allgemeine, gleichwohl detaillierte Geschichte der mathematischen Logik ist MARCEL GUILLAUME, La Logique Mathématique en sa jeunesse. Essai sur l'Histoire de la Logique durant la première moitié du vingtième siècle, S. 185–367 (zu Gentzen S. 248–252), in: JEAN-PAUL PIER (Ed.), Development of Mathematics 1900–1950. Basel: Birkhäuser 1994. Über die Blüte der mathematischen Logik in den zwanziger und dreißiger Jahren in Deutschland und nach dem plötzlichen Übergang in den Nationalsozialismus vgl. CHRISTIAN THIEL, Folgen der Emigration deutscher und österreichischer Wissenschaftstheoretiker und Logiker zwischen 1933 und 1945, *Berichte zur Wissenschaftsgeschichte* 7 (1984), S. 227–256. Vgl. dagegen ROLF SCHAPER, Mathematiker im Exil (S. 547–568), und ANDREAS KAMLAH, Die philosophiegeschichtliche Bedeutung des Exils nicht-marxistischer Philosophen zur Zeit des Dritten Reiches, (S. 299–312) in: Edith Böhne und Wolfgang Motzkau-Valeton (Hrsg.), "Die Künste und die Wissenschaften im Exil 1933–1945. Gerlingen: Verlag Lambert Schneider 1992. Für die Geschichte der „Deutschen Mathematik" vgl. die Literatur von Schappacher, Mehrtens und Siegmund-Schultze im Literaturverzeichnis. Für die Geschichte des Mathematischen Instituts Göttingen im Nationalsozialismus vgl. NORBERT SCHAPPACHER, Das mathematische Institut der Universität Göttingen 1929–1950, S. 345–373, in: Heinrich Becker et al. (Hrsg.), Die Universität Göttingen unter dem Nationalsozialismus. München: K. G. Saur 1987. Die Vorgeschichte ist solide beschrieben von DAVID E. ROWE, „Jewish Mathematics" at Göttingen in the Era of Felix Klein, in: *ISIS* 77 (1986), S. 422–449 und DAVID E. ROWE, Klein, Hilbert, and the Göttingen Mathematical Tradition, in: *OSIRIS*, 2nd series 5 (1989), S. 186–213. Herausragend in der Interpretation von geschichtlichen Fakten und Ereignissen ist HERBERT MEHRTENS, Moderne – Sprache – Mathematik. Frankfurt am Main: Suhrkamp 1990. Erinnerungen erzählt SAUNDERS MacLANE, Mathematics at Göttingen under the Nazis, in: *Notices of the American Mathematical Society* 42 (1995), No. 10, S. 1134–1138.

[6] Es gibt zur Geschichte der mathematischen Logik unter dem NS (und seiner Vorgeschichte) bisher nur die knappen Bemerkungen von CHRISTIAN THIEL, Folgen der Emigration deutscher und österreichischer Wissenschaftstheoretiker und Logiker zwischen 1933 und 1945, *Berichte zur Wissenschaftsgeschichte* 7 (1984), S. 227–256 (hier S. 248–252). – Mein Buch geht technisch nur so weit in die Tiefe, wie ein fachlich interessierter Laie noch zu folgen vermag. Den Spezialisten sind die tiefergehenden Dinge bekannt, aber diese werden hier auch mit den Rezensionen erweitert, damit sie sich ein plastisches Bild machen können. Es wird nur deutschsprachige Sekundärliteratur beachtet. Es fehlen womöglich Rezensionen, Auseinandersetzungen und Kommentare, die in anderssprachigen europäischen oder amerikanischen Fachzeitschriften erschienen sind. Allerdings bin ich für jeden Hinweis darauf dankbar, denn ich möchte gerne eine Arbeit über die fremdsprachige Rezeption erstellen.

laufes von Gerhard Gentzen nach. Drei Hauptthesen begründe ich: 1.) Vertreter des Nationalsozialismus hatten nichts gegen das Hilbert-Programm, duldeten es und förderten es in Grenzen. Mathematik im Sinne des Hilbert-Programms war im Nationalsozialismus möglich und wurde als Wissenschaft betrieben; 2.) Vertreter des Nationalsozialismus innerhalb der Fachmathematik sahen die Notwendigkeit der Mathematischen Logik ein und bewahrten sie gegen die Angriffe von fachfremden Ideologen (Dingler – trotz seiner Promotion in Mathematik –, May, Steck); 3.) Die spezifische Rationalität der Mathematik, und noch weniger der Mathematischen Logik, hat nicht zur industriellen Vernichtung von Menschen beigetragen (den kriegsbedingten Beitrag zur De-/Chiffrierung und Konstruktion und Herstellung von Waffen lasse ich beiseite, weil er nicht NS-spezifisch ist).

Mathematische Logik, eine besondere Qualität einer bestimmten Form gewisser Rationalität, hatte im Nationalsozialismus durchaus politische Implikationen. Der Nationalsozialismus in Gestalt ausgesuchter Funktionäre und Organisationen ließ einzelne repräsentative Vertreter dieser Richtung gewähren, duldete sie und förderte sie in Einzelfällen. Gentzen gehörte dazu. Er genoß, wie die Münsteraner Schule um Heinrich Scholz (Hermes, Schröter, Behmann, Bachmann, Schweitzer, Ackermann, Kratzer), den ausdrücklichen Schutz von Ludwig Bieberbach und Theodor Vahlen. Das Hilbert-Programm war trotz der Zerschlagung der Göttinger Schule durch den Nationalsozialismus das alle in Deutschland zurückgebliebene Fachmathematiker einende Band. Hilberts Vision einer einheitlichen Mathematik teilten fast alle Fachmathematiker – ich kenne keinen einzigen, der wie in der Weimarer Republik z.B. Weyl, Blumenthal oder Menger ausdrücklich und laut etwa den Intuitionismus als offizielle Grundanschauung des Nationalsozialismus einführen wollten –, seien sie nun NS-Anhänger gewesen sein oder vehement entgegengestanden haben. Dieses Hilbert-Programm mußte wegen der Erkenntnisse von Kurt Gödel logisch gesichert werden. Dazu diente die Mathematische Logik. Gentzen führte diese Arbeit fort. Allerdings war Gentzen auch bei anderen Mathematikern und vor allem im Ausland anerkannt. Das hat ihm nicht geschadet. Aber es hat ihm auch nicht geholfen. Die Motivation des Nationalsozialismus zum Schutz dieser Richtung der mathematischen Grundlagenforschung durch Ludwig Bieberbach – vielleicht war es der Wunsch des Nationalsozialismus um internationale Anerkennung –, ist weiterhin ungeklärt. Die deutsche Mathematik war von Klein, Hilbert und vielen anderen mittlerweile vertriebenen Fachmathematikern noch aus dem ausgehenden 19. Jahrhundert geprägt und wesentlich bestimmt gewesen. Der harte Wille des Nationalsozialismus, der übrigen Welt die Spitze der mathematischen Rationalität als „Deutsche Mathematik" vorzuführen, scheiterte nicht nur am Unwillen der verbliebenen Mathematiker[7]. Klar und deutlich ist, daß diese spezifische mathemati-

---

[7] Die Tradition der deutschen Mathematik entwickelte sich aus der Zeit des Kaiserreichs und der Weimarer Republik. Konnte man die Mathematik, die sich in der Zeit des Nationalsozialismus hinein fortsetzte als „Deutsche Mathematik" bezeichnen, nur weil sie zeitlich mit dem Nationalsozialismus zusammenfiel? Der Beginn des Hilbertschen Forschungsprogramms und seine Ausarbeitung fielen in zwei unterschiedliche Gesellschaftssysteme. Wie sollte man sie wem aus welchen Gründen als Leistung zuschlagen? Gerade wenn man einen Teil der Beschäftigten – vielleicht die wichtigeren, jedenfalls die bekannteren – aus „rassischen" Gründen ausgeschlossen

sche und logische Rationalität vom Nationalsozialismus nicht für mörderische Zwecke vereinnahmt werden konnte[8]. Der kriegsbedingte Mathematikereinsatz schloß sogar so unterschiedliche Männer wie Teichmüller, Witt, Hasenjaeger, u.a. bei der Aufgabe der De-/Chiffrierung zusammen[9]. Da werden „Schulstreitigkeiten" unerwünscht gewesen sein.

„Naturwissenschaftler leben gern in der Illusion, dass ihre Unternehmen nur in freien und demokratischen Gesellschaften wirklich gedeihen könnten. In totalitären Regimen hingegen sei die Geschichte der Wissenschaft lediglich eine Geschichte der Unterdrückung ‚guter' Wissenschaft oder eines bloßen Überlebens in mehr oder weniger unbehelligten Nischen. Dieses idealisierende und ahistorische Bild der Wissenschaft bricht jedoch in sich zusammen, wenn man die Verbrechen, Verfehlungen und auch ‚Leistungen' betrachtet, die im Namen der nationalsozialistischen Wissenschaft zustande kamen." (Thomas Weber). In der Mathematik ist dem nicht unbedingt so. Aber auch im Namen der Mobilisierung oder Selbstmobilisierung ist das Hervorbringen von fachlich Neuem möglich.

Die mathematische Logik wurde als Teil der Mathematik in Maßen gefördert und dort überlebten in einer Nische mit widerlicher Behelligung durch Dingler, Steck, Thüring, Müller u.a. eine Anzahl von Fachmathematikern. Sie lieferten Leistungen ab, die sich trotz der „Ausdünnung" durch den Nationalsozialismus vorzeigen und behaupten ließen. Richtige Wissenschaft war auch im Nationalsozialismus möglich. Das ging aber auch nur mit Hilfe einer Arbeitsteilung. Einige Vertreter (H. Scholz, H. Hasse, W. Süss u.a.) professionalisierten sich als Wissenschaftsorganisatoren und übernahmen es – auch für die unpolitisch denkenden Fachmathematiker – mit dem Nationalsozialismus und seinen Ministerialen die Bedingungen für diese Wissenschaft auszuhandeln. Daß dabei einige Vertreter sich direkt mit dem Nationalsozialismus identifizierten (Bieberbach, Vahlen, u.a.), über das Ziel hinausschossen (W. Süss) oder versuchten sich in einer Art Balance zu halten (H. Hasse) ist nicht immer den Personen und ihrer individuellen Entscheidung anzulasten. Bevor man aber anfängt, sich über theoretische Modelle der Atmosphäre, des Klimas oder „Felder" zu unterhalten, sollte alles getan werden, um das damalige Leben von Fachmathematikern aufzuhellen. Dies geschieht auch durch Biographik. Als ein Beispiel eines Lebens und Arbeitens im Nationalsozialismus eines der hervorragendsten deutschen Mathematiker habe ich Gentzen ausgewählt.

Ich stelle ein Mathematikerleben in wichtigen Details vor. Um die Mathematik aus dieser Zeit beurteilen zu können, bedarf es weniger der großen und schweren Gedanken darüber als noch vieler detaillierter Studien. Denn ich habe – wie viele Befugtere vor mir – ein Leben aus den „Akten" und wenigen Zeugenaussagen erstellt. Durch meine Auswahl der Themen, von Gesichtspunkten und Bezugsrahmen, der Zufälligkeit der in meine Hände gekommenen Dokumente,

---

hatte? Mit dem Titel „Hilbert-Programm" konnte man vieles Geschichtliche und Fragwürdige verdecken.

[8] Vgl. Götz Aly, Susanne Heim: Vordenker der Vernichtung. Auschwitz und die deutschen Pläne für eine neue europäische Ordnung. Hamburg: Rowohlt 1991. Zur einmaligen Begegnung von Mathematik und Planungstheorie vgl. Kapitel 5.

[9] Vgl. F. L. Bauer, Entzifferte Geheimnisse. Methoden und Maximen der Kryptologie. 2., erweiterte Auflage. Berlin: J. Springer 1997.

der Wortwahl und anderen Formen des Geschicks habe ich ein äußeres Leben so zuverlässig geschildert, wie ich es nur vermochte. Gentzens Leben ist, da bin ich sicher, gleichwohl ganz anders gelebt worden.

Dies ist eine Darstellung – ich wiederhole mich auch hier gerne – wie sie mir aus den Akten und Schriften, Briefen, Bildern, Gehaltsabrechnungen ersichtlich und plausibel wurde. Es gibt viele Gerüchte und Anekdoten von und über Gentzen. Ich kenne alle, halte manche für möglich, sinniere privat über wenige und erzähle zwei oder drei. Sie sind möglichst nur aufgenommen, wenn sie sich aus zwei unabhängigen Quellen haben bestätigen lassen[10]; auch auf die Gefahr hin, daß uns Gentzens Leben umso farbloser erscheint.

---

[10] Es gibt auch einen anderen Umgang mit Anekdoten: „For instance, it is virtually certain that it was Ernst Witt, not Oswald Teichmüller, who participated (wearing SA Uniform) in Emmy Noether's Seminar on Hasse's notes on Class Field Theory, which she held privately at her home in the summer of 1933 because she had already been put on leave by the ministry." (NORBERT SCHAPPACHER und ERHARD SCHOLZ, in: *The Mathematical Intelligencer* 18 (1996), No. 1, S. 5. Dieses „virtual certain" – sei es Teichmüller – so hatte es noch geheißen in NORBERT SCHAP-PACHER, Das Mathematische Institut der Universität Göttingen 1925–1950, S. 345–373, in: Heinrich Becker et al. (Hrsg.), Die Universität Göttingen unter dem NS. München: K.G. Saur 1987 –, sei es Witt; wen kümmert's? – ohne jeden Beleg beliebig weiter zu tratschen und als Bestandteil einer „oral history" auszugeben, sollte nicht passieren dürfen. (Und man kann von Auguste Dick bis vielleicht Georg Kreisel viele „Erzähler" anführen, aber was bedeutet dies? Ist das Quellenkritik oder -würdigung? Bei ROLF SCHAPER (1992) steht als ein Zitat aus Dick: „Es soll Emmy nicht gestört haben, daß ein ihr lieber Student (Ernst Witt) in der SA-Uniform an diesem Privatissimum teilnahm." S. 31, in: AUGUSTE DICK, Emmy Noether, 1882–1935. Birkhäuser: Boston 1981. Nur hat Schaper dieses (Ernst Witt) ohne Angaben von Gründen eingefügt: woher weiß er das?). Die Kautele von Schappacher und Scholz "Our restriction to documented evidence seemed to us a natural approach when writing about a man whose contradictory personality and whose despicable political ideas and actions have given rise to many anecdotes whose accuracy is impossible to ascertain" ist sehr unbefriedigend. Die Zufälligkeit dessen, was mal irgendwie aufgeschrieben wurde oder – aus irgendeinem Interesse oder Belieben – vielleicht nicht, erlaubt keinen "natural approach". Der historische Erfahrungsraum, wenn er denn dem Leser als Bild vor Augen gebracht wird, erfordert auch angemessenen Umgang mit den Beliebigkeiten, Zufälligkeiten der schriftlichen Überlieferung und der Ergänzung durch undokumentierte Dinge, die aber von Mathematiker zu Mathematiker weitergegeben werden und deshalb oft fester „sitzen" als das in der Literatur dokumentierte. Nichts ist leichter als – unbeabsichtigte und fahrlässige – Rufschädigung. Witt kann seine Uniform angehabt haben, weil jeder wußte, daß er damit eigentlich nichts am Hut hatte; vielleicht war er zu bequem sich umzuziehen und kam von einem Treffen, und was es derlei Erklärungen mehr geben könnte. Aber vielleicht war es auch gar nicht so. Die Indizienlage ist jedenfalls keinesfalls wissenschaftlich oder etwa „juristisch" oder auch nur kriminaltechnisch überzeugend. – Prof. Dr. Gisbert Hasenjaeger schrieb mir am 13.06.1997: „Teichmüller (1913–1943), dessen mathematische Leistungen auch heute noch anerkannt sind, war vor meiner Zeit bei OKW/Chi (Chiffrierabteilung des Oberkommandos der Wehrmacht, EMT), hatte sich (Enthusiasmus oder Einsicht in Negativa des NS?) zum Front-Einsatz gemeldet. Er wurde, wie Sie wohl wissen, dann ‚im Osten' vermißt. Er arbeitete an der Entzifferung japanischen Funks; Hüttenhein (H. wachte über die Sicherheit der eigenen Systeme der Chiffrierabteilung des OKW. Er leitete die Gruppe IV Analytische Kryptanalyse. Zu seiner Biographie vgl. S. 424, F. L. BAUER, Entzifferte Geheimnisse. Methoden und Maximen der Kryptologie. 2., erweiterte Auflage. Berlin: J. Springer 1997, EMT) zitierte aus seiner Arbeit schon mal, daß er für japanische Funksprüche, die mit CA begannen, wohl mal ‚Calcium-Code' sagte. Witt, der zu meiner Zeit dort, an der Entzifferung von Wettermeldungen arbeitete, sah in Wehrmachtsuniform so aus, daß er auch in SA-Klamotten kaum hätte imponieren können (‚Sie Unsoldat!')".

Warum eine kurze Rezeptionsgeschichte der Schriften Gentzens, die zu seinen Lebzeiten erschienen sind?

Es gibt einen Grund, warum ich die Sekundärliteratur zu Gentzens Publikationen vorstelle. Das ausführliche Zitieren von deutschsprachiger und englischer Sekundärliteratur soll nicht nur auf die häufige Beschäftigung mit den Werken Gentzens hinweisen, sondern auf die Qualität dieses Einlassens und Interesses. Wir sehen hier, welche Begriffe und Konzepte in diesem repräsentativen Ausschnitt der mathematischen Grundlagenforschung verhandelt wurden.

Gentzen wurde oft genug als „Pappkamerad" gegen die Gödelschen Ergebnisse aufgebaut! Das wirkte schon damals unsinnig, angestrengt und künstlich erschaffen. Dieser Gegensatz wurde Gentzen übergestülpt und stammte keinesfalls von ihm, sondern bedrohte seine Eigenständigkeit. Aber Gentzen war auch nicht nur der hartnäckige Vollstrecker Hilbertscher Gedanken, wie ihn H. Hasse gerne sah. Gentzen war durchaus ein eigenständiger Denker.

Gentzens Logik: „modern" oder „anti-modern"?

Gentzens Logik enstand nicht aus dem Abstand zu einer „Anschauung", sondern orientierte sich ausdrücklich – im Gegensatz zu G. Frege – an der Nähe zur mathematischen Praxis, mit Anschauung. In einem Stenogramm – übertragen von H. Kneser und H. Urban – aus dem Jahr 1945 heißt es:

> „Grundgedanken des Verfahrens: 1) Hilberts Gedanke der anschaulich aufweisbaren Gegebenheit der formalen Objekte (Beweisfiguren) 2) Die Abzählbarkeit der Beweisfiguren und aller Objekte der Beweistheorie, wodurch das Überabzählbare, von dem die Beweise handeln, sich als scheinbar in gewissem Sinne erweist. (Satz von Skolem in etwas anderem Sinne drin). 3) Die Reduzierbarkeit der logischen Verknüpfungen, mein Ausgangsgedanke. Positive Logik. 4) Noch klar herauszuarbeiten: die Zuordnung der großen Zahlen zu den 0-Grad-Gleichungen, d.h.: die Anzahl der Elementarschlüsse unter allen reduzierbaren Verknüpfungen hindurch ((hindert?)).“[11]

Aber ebenso heißt es:

> „Die naive Mathematik, die Mathematik am Anfang, denkt finit. Erst später geht sie mehr und mehr zur An-sich-Auffassung über. Finit-Anschauung gegenüber: An-sich-logisch. Beispiel: Die Addition ist zunächst eine Operation mit Zahlen. Für die logische Auffassung jedoch ist die Summe etwas an sich Vorhandenes.“[12]

Was wäre da nun, von mir aus auch im Sinne von H. Mehrtens, „modern" oder „anti-modern"?

---

[11] Quelle, zweite Abschrift durch CHR. THIEL, der mir die Abschriften dankenswerter Weise zur Verfügung gestellt hat. Vgl. dazu DERSELBE, Research on the History of Logic in Erlangen, p. 397 – 401, in: Ignacio Angelelli und María Cerezo (eds.), Studies on the History of Logic. Proceedings of the III. Symposion on the History of Logic. Berlin: de Gruyter 1996

[12] Notizzettel „Das Buch", auf Meldezettel Flugwachkommando, Umschrift durch Chr. Thiel, der mir auch das Original zugänglich gemacht hat.

Gerhard Gentzen lesen

Ich werbe für die Beschäftigung mit der Geschichte der mathematischen Logik als eine unserer erfolgreichen, durchschlagskräftigen, wahrheitsbildenden, wahrheitsdurchdringenden und tatsächlich wissenschaftskumulierenden Denkformen[13]. Und das möchte ich anhand der Ideen von Gerhard Gentzen tun. Zwar sind die Originalschriften in der Bibliothek zu erhalten und die sollte man lesen, denn die Werkausgabe von Manfred Szabo führt eine etwas unglückliche Übersetzung in die anglosächsische Sprachwelt ein. Mein Buch ist auch ein Plädoyer für eine deutsche Ausgabe.

Gerhard Gentzen lebte für seine Ideen und in seinen Ideen, die einer mathematischen Behandlung wiederum zugänglich sind. Sie sind durch die Lektüre seiner Schriften prinzipiell für jeden zu begreifen. Gentzens Ideen sind unsterblich und sie bleiben auch für die Zukunft nützlich und daher aktuell. Wenn ich den Leser dieser Biographie zum Lesen wenigstens dreier Schriften anspornen kann, die er im Anhang findet, hat diese Biographie ihren Zweck erreicht.

Um Sie ein wenig zu beeindrucken, zähle ich hier unterschiedliche Stimmen zu Gentzens mathematischer Leistung auf:

> „Der große Erfolg, bei dem es gelang, den vollständigen Widerspruchsfreiheitsbeweis der gesamten Zahlentheorie durchzuführen, gelang nicht Hilbert, sondern Gerhard Gentzen (1909–1945), 1936 veröffentlicht in den Mathematischen Annalen. 1938 brachte Gentzen noch einen anderen Beweis, ebenfalls veröffentlicht in den Mathematischen Annalen. Gentzen brachte den Beweis wohl weitgehend mit den metamathematischen Schlußweisen Hilberts, aber er benutzte außerdem die ‚transfinite Induktion‘, ein mengentheoretischer Begriff, der nicht in Hilberts Mathematik hineinpaßt, da er hier transfinit arbeitet. 1939 lieferte Bernays einen anderen Beweis, er machte aber Gebrauch von der Wohlordnung und der transfiniten Induktion. Dabei zeigte er außerdem, daß der Beweis ohne Benutzung der transfiniten Induktion nicht geführt werden kann, eine sehr wichtige Feststellung. Ob man nun diese Methode akzeptiert oder nicht, das bleibt jedem einzelnen überlassen. Damit sind wir bei der Frage angelangt, ob man unter bestimmten Umständen das Transfinite hinzunehmen soll oder nicht. Nebenbei gesagt, Gentzen bemühte sich 1938 mit denselben Methoden nicht nur die Widerspruchsfreiheit der Zahlentheorie, sondern auch der Arithmetik der reellen Zahlen zu beweisen, aber das gelang nicht. Wohl glückte 1951 Paul Lorenzen der Beweis der Widerspruchsfreiheit der klassischen Analysis mit gewissen Abweichungen, veröffentlicht in der Mathematischen Zeitschrift 1951. Die Tragweite dieses Beweises überschritt alles bis dahin erreichte. Auch er gebraucht die transfinite Induktion. Zusammenfassend läßt sich sagen, wenn man mit Gentzen annimmt, daß die benutzten Voraussetzungen richtig und wahr sind, dann kann man die natürlichen Zahlen tatsächlich im Sinne einer platonistischen Ontologie betrachten als etwas, das sich außerhalb des Menschen befindet, ohne dabei auf Widersprüche zu stoßen. Bei den reellen Zahlen geht dies allerdings nicht." (Nikolai Stuloff).

---

[13] Auch wenn diese präzise mit eingeschränkten Begriffen und wenigen Methoden arbeitet – für manch einen primitiv, zwar komplex, aber nicht kompliziert. Die Geschichte der mathematischen Logik ist eine Erfolgsgeschichte innerhalb der Mathematik, auch wenn einige vom „verhängnisvollen Einbruch der Logik in die Mathematik" (Georg Kreisel nach einem Diktum von Ludwig Wittgenstein) sprechen.

„Im Jahre 1936 hat Gentzen die Widerspruchsfreiheit der Zahlentheorie bewiesen mit Hilfe der ‚transfiniten Induktion'. Dabei handelt es sich um eine Verallgemeinerung des bekannten Induktionsschlusses für die Zahlenreihe auf abzählbare Mengen vom komplizierterem ‚Ordnungstypus'. Später hat auch Ackermann auf anderem Wege, aber ebenfalls unter Benutzung einer solchen ‚transfiniten Induktion' die Widerspruchsfreiheit der Zahlentheorie begründet. Gentzen vertritt (wie wir meinen: mit Recht) die Ansicht, daß sein Beweis durchaus ‚konstruktiv' sei. Damit wäre dann die von Hilbert gestellte Aufgabe ‚dennoch' gelöst, wenn auch nicht in der ursprünglich vorgesehenen Form." (Herbert Meschkowski).

"Gentzen's consistency proof apparently impelled Bernays' acceptance of a further shift away from the original Hilbert Programme (HP), as is evidenced by its inclusion in Hilbert and Bernays, Grundlagen der Mathematik (1939), under the section title: ‚Überschreitung des bisherigen methodischen Standpunktes der Beweistheorie'. In the post-war period, Gentzen-style consistency proofs and ordinal analysis of various subsystems of analysis and set theory became the dominant approach in proof theory. (...) These texts are highly technical, and cannot be faulted on mathematical grounds; on the contrary, they contain many deep results." (Solomon Feferman).

Nun, da Sie dieses Buch lesen, können Sie es am Ende selbst beurteilen.

Kapitel 1
Jugend und Studium bis zum Programm seiner Dissertation 1909–1932

Ich schildere die Kindheit und Jugend von Gentzen, um die Frage zu beantworten, was und wie es ihn zur Mathematik geführt hat. Wahrnehmung, Erfahrung und Wissen wird nicht sozial konstruiert, aber durch Motive, Gründe, Interessen, Entscheidungen oder Familien- oder Machtkonstellationen wesentlich konturiert. Man sieht nur, was man weiß, man erkennt nur, was sich durch gelernte Begriffe und Formeln ausdrücken läßt. Bevor man erfindet, entdeckt man. Wie funktioniert das: In welcher Form prägt Erziehung? Auf was wird man von den Eltern „gestoßen", wohin werden Aufmerksamkeiten gelenkt? Welche Bücher fallen dem Kind in die Hände und was lernt es daraus?

A   Gerhard Gentzens Geburt

Gerhard Carl Erich Gentzen wurde am 24.11.1909 in Greifswald in der „geburts-
hülflichen Klinik" der Universitätsklinik als einziger Sohn des Rechtsanwaltes,
Notars und Justizrates Hans Gentzen von seiner Frau, der Handelslehrerin Melanie Gentzen, geborene Bilharz, zur Welt gebracht. Getauft wurde er am 28.
März 1910.[1]

B   Gentzens Mutter: Melanie Gentzen (1873–1968)

Seine Mutter war zur Zeit der Geburt 36 Jahre alt. In ihrer Lebenserinnerung für
die Hauschronik der Familie Bilharz schreibt sie über ihr vorhergehendes Leben:

> „Ich wurde am 01.06.1873, einem Pfingstsonntag, als drittes Kind meiner Eltern in
> St. Louis (USA) geboren. Über die ersten Lebenjahre weiss ich kaum etwas zu berich-
> ten. Ich war 5 Jahre alt, als meine Eltern mit vier Kindern die große Reise über den
> Ozean nach Deutschland antraten. Wir landeten bei der Großmama Bilharz im
> ‚Eckhäusle' in Sigmaringen, das nunmehr unsere Heimat werden sollte. Hier besuchte
> ich die ‚Höhere Töchterschule'. Mit 17 Jahren kam ich nach Reutlingen zum Besuch
> der damals sehr berühmten Frauenarbeitsschule, lernte Weißnähen und Schneidern.
> Anschließend daran besuchte ich ein halbes Jahr lang einen Kindergarten in Karlsruhe
> zur Ausbildung als Familienkindergärtnerin. Darauf verbrachte ich eineinhalb Jahre als
> Haushaltshilfe in der uns befreundeten Familie des Superintendenten Hermes in
> Halberstadt. Auf Wunsch unseres Onkels Viktor übernahm ich dann die Führung
> seines Haushaltes im unteren Stockwerk des ‚Eckhäusles', von welchem Amt ich nach
> 6 Jahren durch meine jüngere Schwester Sophie abgelöst wurde. Ich selbst nahm eine
> Stelle in Paris an, die sich aber als Fehlgriff erwies. Nach Deutschland zurückgekehrt,
> kam ich nach Mühlhausen in Thüringen in die Familie des Gerichtsrats Behring zur
> Unterstützung der Hausfrau und Betreuung der vier Kinder. Dort lernte ich meinen
> späteren Mann, den Rechtsanwalt Hans Gentzen kennen, der vorübergehend zu
> Besuch weilte. Nach Behrings Wegzug trat ich in das Sprach- und Handelsinstitut von
> Frau Brewitz in Berlin ein, und nach einem Jahr legte ich eine Prüfung als Handels-
> lehrerin ab, welchen Beruf ich 2 Jahre lang bei Frau Brewitz ausübte. Nach meiner
> Verlobung mit Hans Gentzen heirateten wir im November 1908 (3.11.1908, EMT), ich
> zog in mein neues Heim in Bergen auf Rügen."[2]

---

[1] Auszug aus dem Konfirmationsregister der evangel. Kirchengemeinde St. Nikolai, Jahrgang
1925, S. 293, Nr. 23.

[2] Chronik Bilharz, Eintrag Melanie Gentzen, geb. Bilharz, S. 66. Melanie Gentzen starb am
08.07.1968 in Rottweil.

C   Gentzens Großeltern väterlicherseits und sein Vater: Rechtsanwalt und Justizrat Dr. jur. Hans Gentzen (1870–1919)

Das eigene Haus mit schönem, großen Garten in der Billrothstraße 16 gehörte Johannes (Rufname: Hans) Anton Waldemar Gentzen. In diesem Haus wohnte früher der berühmte Arzt Theodor Billroth (1829–1894), der neben vielem Neuartigen die erste Kehlkopfoperation durchführte.

Hans Gentzens Vater war der am 07.04.1839 in Pasewalk geborene Oberlehrer Professor Dr. phil. Wilhelm Johann Carl Gentzen. Dieser war fast sein ganzes Leben Mathematiklehrer am Gymnasium in Stralsund. Er publizierte unter anderem „Ueber die Bewegung eines Punktes auf einer gemeinen Kettenlinie"[3], vermutlich seine Dissertation.[4] Dr. Wilhelm Gentzen starb am 02.12.1919 in Stralsund. Seine Frau Agnes Alexandrine Alwine kam als geborene Eisert am 24. Dezember 1846 in Stettin zur Welt und war französisch reformierter Religionszugehörigkeit. Sie starb als Hausfrau am 2.12.1927 in Stralsund. Sie gebar drei Söhne.

Ihr Sohn Hans Gentzen, der am 24.5.1870 in Stralsund zur Welt kam, hatte also noch zwei Brüder: den späteren Bergrat Max Wilhelm Julius Gentzen (*8.5.1872 in Stralsund, †21.3.1940 in Stralsund) und den Studienrat und Professor Erich Karl Hermann Gentzen (*25.3.1875 in Stralsund, †21.1.1957 Berlin). Erich Gentzen hatte in Greifswald Mathematik studiert und war fast sein ganzes Leben hindurch Mathematiklehrer in Berlin-Dahlem am Arndt-Gymnasium. Über ihn wird berichtet:

> „Er hatte eine Villa in Dahlem und nicht nur einen Haufen eigene Kinder, sondern auch noch Schulpensionäre, mit deren Kostgeld er seine Einnahmen gut verbessern konnte. Als ich ihn in Dahlem im Winter 1924/25 mal besuchte, hoffte ich von ihm etliche wissenschaftliche Bücher zu erben. Er sagte mir aber: Die Mathematikbücher habe ich alle weggeschmissen, Romane kannst du von mir haben, soviel du willst, und zeigte dabei auf eine gewaltige Bücherwand. Er meinte, was er zum Unterricht brauche, könne er auswendig, und alles Übrige interessiere ihn nicht mehr. Er war ein Rauhbein und konnte keine Weihnachtsfeiern leiden. Zum Heiligen Abend trank er sich einen an und setzte sich ans Klavier und spielte ‚O alte Burschenherrlichkeit' und andere Studenten- und Sauflieder."[5]

D   Jugend- und Studienzeit von Hans Gentzen

Hans Gentzen absolvierte das Stralsunder Gymnasium mit dem Abitur 1888. Zuvor hatte er die „von Reichenbach'sche Medaille für Fleiß und gute Sitten" als Auszeichnung erhalten. Das war eine Auszeichnung einer schwedischen Staats-

---

[3]   Druck der Königlichen Regierungs-Buchdruckerei: Stralsund 1872.

[4]   In dieser Arbeit wurde mit einem enormen Aufwand von elliptischen Funktionen, Thetafunktionen und so fort die Zeit berechnet, die der fallende Massenpunkt benötigt, um von einem beliebig hohen Punkt auf der hyperbolischen Cosinuslinie bis zum Scheitelpunkt zu fallen.

[5]   Lebensbericht von Dipl.-Ing. Hans Karl Gentzen, *8.8.1903 Lehnitz – †18.10.1988 Winsen/Aller, im Besitz von Dipl.-Ing. G. Gentzen.

stiftung aus alten Schwedenzeiten der Freien Stadt Stralsund. Sie wurde in früheren Zeiten nur alle 10 Jahre dem zeitweise besten Schüler des Gymnasiums verliehen. Später wurde die Medaille öfter vergeben. Hans wollte gerne Offizier werden. Er wurde aber von der Untersuchungskommission für körperlich zu schwach befunden und abgelehnt. So entschloß er sich, Jura zu studieren. Angeblich durch den Einfluß von Kommilitonen wurde er zum überzeugten Vegetarier und Gesundheitsapostel. Nicht nur die Ablehnung jeglichen Fleisches, auch sein Habitus (er trug lange Haare und Sandalen, lief nicht nur im Sommer ohne Strümpfe, aber in Pelerine) und eine fanatische Verfechtung asketischer Lebensweise brachten viele Auseinandersetzungen und Ablehnung, auch innerhalb der eigenen Familie.

„Dieser Hans Gentzen besuchte meine Großeltern (den Kaufmann Carl Friedrich Wilhelm Gentzen, dritter und zweitjüngster Bruder des Wilhelm Gentzen (* 6.12.1845 in Pasewalk, †15.2.1931 in Hannover, EMT) und Eltern (den Juristen Dr. iur. Hans August Karl Gentzen, Sohn des Carl Friedrich Wilhelm Gentzen, * 1.1.1876 in Breslau, †6.1.1957 in Hannover, EMT) in Berlin recht häufig. Wenn er bei meinen Großeltern an der Tür klingelte, dann sprang er in dem Moment, wo sich die Tür öffnete, wie ein Laubfrosch in die Wohnung aus hockender Stellung heraus. In der Wohnung zog er sich sofort Schuhe und Strümpfe aus, ‚weil das gesünder wäre!‘ Er war fanatischer Vegetarier und Rohköstler, sein ‚Mittagessen‘ hatte er immer in Gestalt getrockneter Pflaumen, Bohnen usw. in der Rocktasche. Im Ersten Weltkrieg als Soldat aß er aus der ‚Gulaschkanone‘ nur die Kartoffeln und Erbsen, nicht ohne vorher das bißchen Fett von den Kartoffeln abzukratzen.“[6] (...) „Zu Ostern 1888 kam mein Vetter Hans Gentzen, ältester Sohn des ältesten Bruders meines Vaters, Onkel Wilhelm, nach Breslau, um dort die Rechte zu studieren. Er hatte, noch nicht 18 Jahre alt, am Gymnasium seiner Vaterstadt Stralsund das Abiturientenexamen bestanden. Er war ein hoch begabter Mensch und hätte das Examen schon mit 16 Jahren bestanden, wenn ihn die Lehrer nicht zurückgehalten hätten. Er besaß bei seinem Scharfsinn und Wissen in seinem Gemütsleben etwas Infantiles, das er auch im späteren Alter nie völlig abgestreift hat und war ein überaus gutmütiger, liebenswürdiger Mensch mit einem kleinen Stich ins eigensinnige und einer Neigung, Sonderling zu werden, der er auch zeitlebens geblieben ist. Es ist zu verstehen, daß sein Vater Bedenken trug, ihn auf eine Hochschule zu schicken, wo er keinen engeren Anschluß an zuverlässige Personen fand und daß er deshalb für ihn Breslau wählte, wo meine Eltern wohnten. Onkel Wilhelm ging aber so weit, seinen Sohn bei meinen Eltern unterzubringen mit der strengen Anweisung an meinen Vater, meinen Vetter vom Verkehre mit anderen Studenten fernzuhalten und ihm nicht mehr Freiheit zu gestatten als man sie einem älteren Schüler etwa zu bewilligen pflegte. Das führte natürlich bald zu Unerträglichkeiten, die damit endeten, daß mein Vetter sich schließlich doch von meinen Eltern trennte und eine eigene Unterkunft bezog. Nach etwa zwei Semestern verließ er Breslau überhaupt, um in Leipzig weiter zu studieren. Sein Verhältnis zu meinen Eltern blieb indessen im ganzen doch ungetrübt und insbesondere an meiner Mutter hing er stets mit großer Zuneigung und Dankbarkeit. In Leipzig entwickelte mein Vetter sich mehr und mehr zum Sonderling, wurde extremer Vegetarier, als der er eine Zeit lang sogar nur ungekochte Nahrung zu sich nahm, schloß sich einem Maler Diefenbach an, der als Apostel einer naturgemäßen Lebensweise bekannt war und in dessen Heim in Wien er auch einmal die Universitätsferien verbrachte.“[7]

---

6 ebenda.

7 ebenda.

E Der „Kohlrabi-Apostel" Karl Wilhelm Diefenbach (1851–1913)

Der Kunstmaler Karl Wilhelm Diefenbach, wurde am 21.2.1851 in Hadamar (Hessen) geboren. Seine erste künstlerische Erziehung erhielt er von seinem Vater, dem Zeichenlehrer am Gymnasium zu Hadamar, Leonhard Diefenbach (*8.9.1814 in Hadamar, †13.8.1875 in Lenggries). Seine spätere Ausbildung an der Münchner Akademie wurde durch eine schwere und langwierige Erkrankung am Typhus unterbrochen, die jahrelange Nachwirkungen zeitigte. Das machte ihn zum Anhänger einer naturgemäßen Lebensweise, die ihm viel Spott und Verfolgung zuzog. Darunter hatte auch seine künstlerische Wertschätzung zu leiden. Diefenbach wurde bekannt durch seine Schattenzeichnungen „Göttliche Jugend" und „Per aspera ad astra". Das letztere Werk, ein 68 Meter langer Fries, ist in seinen Entwürfen bereits 1875 entstanden und wurde später nach des Künstlers Entwürfen teilweise von seinem ehemaligen Schüler Fidus ausgeführt.[8] Der

> „vegetarische Maler Karl Wilhelm Diefenbach, der „Kohlrabi-Apostel", lebt mit seinen Schülern und Kindern in einem Steinbruch, läßt seine Haare lang wallen, hüllt sich in eine grobgewebte Tunika und eifert einem libertär mißverstandenen Urchristentum nach."[9]

Gusto Gräser, Vorbild und Anreger der „Inflationsheiligen", stand in Verbindung mit Diefenbach, einem „Vorkämpfer der Ernährungs- und Kleiderreform sowie der Freikörperkultur und Naturheilkunde" (Ulrich Linse). Auch Diefenbach lehnte die Heilandrolle noch ab und kritisierte das offizielle Kirchentum des bürgerlich-katholischen Milieus, aus dem er stammte. Bei ihm findet sich aber schon die Parteifahne der späteren Inflationsheiligen, wie aus einem Bericht über sein einfaches Atelier bei einem Steinbruch bei Höllriegelskreuth im Isartal hervorgeht.

> „Auf dem mit Geröll und Weidenbüschen bedeckten Platze, zwischen dem Haus und dem Steinbruch, ragt an einem hohen Maste eine mächtig winkende weiße Fahne in die Luft, Reinheit, Frieden und Liebe predigend; am Wege hängt am einfachen Kreuzesbalken das Bild des Gottmenschen von Nazareth." Mit diesem identifizierte sich Diefenbach soweit, als er wie viele Künstler um die Jahrhundertwende eine Parallele zwischen seinem öffentlich nicht akzeptierten Künstlertum und dem leidenden Gottessohn zog."[10]

Mit dem ersten Nudisten-Prozeß um den im Volksmund als ‚Kohlrabi-Apostel' titulierten Maler Karl Wilhelm Diefenbach (1851–1913), der bei München zusammen mit seiner Familie und Schülern in einem „lebensreformerischen Naturrefugium" im Isartal lebte und arbeitete, gelang 1888 erstmals das Thema der praktizierten Nacktheit in skandalisierender Form an die Öffentlichkeit. Als Vorbild für sein harmonisches Leben in der Natur beruft sich Diefenbach auf den freireligiösen Pfarrer Eduard Baltzer, den Begründer des Vegetarismus. Dieser forderte in seinem Hauptwerk einen „religiösen Sozialismus" in den „grünen

---

[8] Vgl. Thieme-Becker, Allgemeines Lexikon der bildenden Künstler von der Antike bis zur Gegenwart, Band 9, Leipzig 1913.

[9] S. 20, ULRICH LINSE, Barfüßige Propheten. Siedler: Berlin 1983.

[10] S. 70, daselbst.

Hallen der unendlichen Natur", in der „schöne Menschen" leben sollten; erreicht werde dies durch die „Pflege der Körperbildung", denn sie ist „die Bedingung der Gesundheit, der Schönheit, ist religiöse Pflicht". Die hier angelegte Verbindung von Religiösem, Pädagogischem und Natur-Ästhetischem greift Diefenbach in seinem künstlerischen Werk auf. Den von ihm ersehnten „Gott-Menschen" konnte er sich nur in „hüllenloser Nacktheit vorstellen" – den „Typus idealer Nacktheit, als Ausdruck höchster Sittlichkeit" fand er im nackten, reinen und unschuldigen „kindlichen Körper". Kunst und Leben sollen in diesem Konzept eines Gesamtkunstwerkes zugleich symbolisiert und ermöglicht werden; ein Entwurf Diefenbachs zu seinem *Wohnhaus mit Licht-Luft-Hallen* (1883) illustriert diesen Gedanken von des Menschen „unmittelbarer Verbindung zur Natur". Diefenbachs „Gesamtkunstwerk" erregt auch bei den Berliner und Münchner „Modernen", die durch das Sozialistengesetz von 1878 in eine „halb messianische, halb anarchistische Reformbewegung hineingedrängt" worden waren, Aufmerksamkeit. Von Friedrichshagen bei Berlin aus etwa unternimmt 1891 Wilhelm Bölsche, einer der programmatischen Wortführer der naturalistischen Bewegung, eine Wallfahrt zum Meister Diefenbach, in dessen „Erscheinung" er „ein bleibendes Moment unserer Kulturentwicklung gegeben" sieht. Bölsche konstatiert vor allem eine Parallele zwischen Diefenbachs lebensreformerischen Bemühungen und denen der „Berliner Modernen", die „im Prinzip" dieselbe neue „Ethik und Gesellschaftskritik" verträten."[11] Eines der wichtigsten Illustrationswerke von Fidus (d.i. Hugo Höppener), nämlich das 34blättrige Leporello „Per aspera ad astra! Ein Lebensmärchen" hat er nach den Skizzen seines Lehrers K. W. Diefenbach gefertigt.

Die „Kohlrabi-Apostel" setzten in die Lebenspraxis um, was noch eine Generation früher enttäuschte bürgerliche Freiheitskämpfer von 1848 (wie Eduard Baltzer und Gustav von Struve) an lebensreformerisch-vegetarischen Heilslehren verkündet hatten.[12] Freie Körper-Kultur (FKK), verbunden mit kosmischem Pa-

---

[11] Uwe Schneider, Nacktkultur im Kaiserreich, S. 413ff., in: Uwe Puschner, Walter Schmitz und Justus H. Ulbricht (Hrsg.), Handbuch zur „Völkischen Bewegung" 1871–1918. München: 1999.

[12] Zur zeitgenössischen Kritik an den „Verkappten Religionen" vgl. das gleichnamige Buch von Christian Bry, das 1924 erschien. Darin werden die Auswüchse einer Kritik unterzogen auf den Gebieten: Esperanto, Sexualreform, rhythmische Gymnastik, Übermenschen, Faust-Exegese, Gesundbeten, Kommunismus, Sera-Kreis mit Heidegger und Carnap um den Verleger Eugen Diederichs, Psychoanalyse, Jägerhemden, Astrologie, Shakespeare ist Bacon, Weltfriedensbewegung, Brechung der Zinsknechtschaft, Antialkoholismus, Theosophie, Heimatkunst, Anthroposophie, Nacktkultur, Ernste Bibelforschung, Expressionismus, Jugendbewegung, Genie ist Wahnsinn, Haß gegen Freimaurer und Jesuiten, Okkultismus, Blondmenschen, Antisemitismus u.v.a.m. NB: Dem Künstler und Diefenbach-Schüler Hugo Höpener, d.i. „Fidus" (1868–1948), wird zu Recht Nähe zum NS vorgeworfen (aber so wird manchmal die lebensreformerische Bewegung als ganze denunziert). In einem Brief an einen Freund, der sich in einem Lager des Reichsarbeitsdienstes befand, schreibt Fidus aus Woltersdorf bei Berlin am 31.7.1937 über seine Differenzen zum NS: „Das kann ich wenigstens von mir und den bekannten geistigen und reformerischen Vorkämpfern der vermeintlich neuen Weltanschauung des N.S. sagen. Das Verdienst Hitlers ist seine heldische Führung zu einer politischen Rettung Deutschlands vor der Bolschewisierung (...) Deshalb braucht man ihn nicht den ‚Offenbarer' der neuen Weltanschauung oder auch nur seines wirtschaftlichen ‚Programms' zu nennen. Für dieses gab es in jedem Punkte Vorkämpfer seit Menschenaltern, die auch ihr Leben dransetzten. Und wenn Hitler u.

thos und einer Art Weihekunst sollten das personale Ganzheitserlebnis von Körper und Seele unterstützen. Diese Sonnenanbeter verstießen gegen das Sittenverständnis der wilhelminischen Gesellschaft. Bis 1895 lebte Diefenbach in Wien, dann in Triest und Cairo, bevor er sich um 1900 auf Capri niederließ, wo sein großformatiger Nachlaß mittlerweile auch – schön gehängt – anzusehen ist.

F Gentzens Großeltern mütterlicherseits: Der geheime Sanitätsrat Alfons Bilharz (1836–1925) und Adele Bilharz, geborene Fasnacht[13]

Richard Alexander Alfons Bilharz (*02.05.1836 Sigmaringen, †23.05.1925 Sigmaringen) war der jüngere Bruder von Theodor Bilharz, dem weitgereisten Entdekker der Bilharzia-Krankheit oder „Bilharziose" und einer der wenigen Deutschen aus dem 19. Jahrhundert, die noch heute in Ägypten verehrt werden. Seine Frau war die evangelische Adele Bilharz, geborene Fasnacht (28.07.1851 in Murten, Schweiz, †14.10.1914 in Sigmaringen), die den Katholiken mit 18 Jahren heiratete. Die Mutter von Alfons Bilharz war eine geborene Fehr, die verwandt waren mit der Patrizierfamilie Zollikofer des schweizerischen Kantons Thurgau, wo sie das Schloß Altenklingen bewohnten. Salomon Fehr war Rechtsanwalt und Geschäftsmann, der aus politischen Gründen nach Kanada floh, wohin ihn seine Frau nicht begleitete. Salomon Fehr protestierte gegen die Art und Weise der Entstehung der thurgauer Restaurationsverfassung vom 28. Juli 1814 und wurde danach steckbrieflich verfolgt. Elisa Fehr war die älteste Tochter von Salomon Fehr. Sie wurde von der ebenfalls geschiedenen Schwester ihrer Mutter adoptiert,

---

Heß auch selbst die Lebensreform vertreten und leben – die Mitkämpfer richten sich wenig danach (...) Irrsinn herrscht auf der Erde. Aber selbst die edelste Politik, zu der ich stets die der deutschen wirklichen Führer rechne, muß mit diesem Irrsinn rechnen und mit dem Geiste, dem Verstehen und guten Willen der Massen. Deshalb kann eine Obrigkeit gar nichts Überragendes gebrauchen, und Zukunftswerte werden immer als störend für Gegenwartsnotwendigkeiten empfunden. Nur so kann ich es verstehen (und ‚verzeihen‘), wenn auch das Dritte Reich alle tieferen Vorkämpfer für seinen Geist verkennt oder verdrängt vom öffentlichen Mitwirken. In der Kunst wird es mir am deutlichsten. Fast keiner von denen, die ich in der Kunst seit 100 Jahren für groß verehre, werden jetzt noch in den Kulturreden des Führers genannt (...) Und von den lebenden Älteren werden nur solche zugelassen, die am wenigsten am ‚Mythos des 20. Jahrhunderts‘ geprägt haben. Und so auch wieder im ‚Hause der deutschen Kunst‘ zu München (...) – da sind die, welche ich am höchsten schätze, nicht angenommen worden – Lebende sowieso nur – dagegen Plumpheit und Kitsch, deren wir uns vor allen Gebildeten des In- und Auslandes schämen müssen. Aber das soll ja ‚Geschmackssache‘ sein, und – Kunstkritik ist verboten! (...) Also wohlgemerkt: ich, wir alle ‚Alten‘ segnen die Rettung Deutschlands durch den heldischen Führer, aber wir erleiden und beklagen die herabwertende Gängelung der Kultur in seinem Namen, (...)" (Angebotener Autograph aus einem Antiquariatskatalog Stargard). Zu Hugo Höppner, genannt Fidus, vgl. das Standardwerk von FRECOT, GEIST, KERBS, „Fidus". Rogner & Bernhard bei 2001. 2. Aktualisierte Auflage 1998.

[13] Die Genealogie verdanke ich Herrn Dipl.-Ing. Gerhard Gentzen. Der Tenor der Schilderungen und die Bewertung der Leistungen der Brüder Alfons und Theodor Bilharz wird aus der Familienchronik der Bilharz übernommen. Und zwar so wie er nach Angaben seiner Schwester Waltraut für Gerhard Gentzen durch die Familie vermittelt wurde.

Sabine von Zollikofer. Elisa wuchs in einem großbürgerlichen Hause auf und lernte dort Joseph Anton Bilharz kennen.

> „Er wurde 1817 Privatsekretär des Erbprinzen Karl von Hohenzollern-Sigmaringen. Später verwaltete er das fürstliche Archiv, die Hofkasse und avancierte schließlich zum Hofkammerrat."[14]

Das berühmte Schweizer Geschlecht der Zollikofer wurde durch die Heirat der beiden in die Mittelschicht hinein orientiert. Alfons war das siebte Kind in der Geschwisterreihe. Vom Vater wurde er wegen seines Hanges zum Lesen und wissenschaftlichen Studierens „Theodor Secundus" genannt.[15] Alfons Bilharz stellte die Seele dem Körper voran und beschäftigte sich mit der Verbindung von Körper und Geist. Nach dem Studium in Freiburg, Heidelberg, Würzburg, Berlin und Wien wurde er 1861 in Berlin als Arzt approbiert. Das Studium verzögerte sich lediglich um 7 Monate, die er bei seinem Bruder Theodor in Kairo verbrachte. Dort forschte er an seiner Seite über Schistosomen bis zum April 1860. Auch Alfons Bilharz wollte seinen Namen mit unbekannten Erregern und Zoonosen in Verbindung bringen. Er befaßte sich eingehend mit den urogenitalen Komplikationen der Schistosomiasis.

> „Da fand ich eines Tages ein kleines, halb linsengroßes Körperchen unter der Schleimhaut, das ich wohl durch einen Schnitt herauslösen mußte, also wohl als Drüsenprodukt aufzufassen. Nun schien mir das Rätsel des steinbildenden ‚Katarrhs' gelöst. (...) Unter dem Mikroskop erwies sich die Substanz des Körperchen als organisch, als colloid. Die ergibt, so dachte ich, wenn es zufällig frei wird, die erste Veranlassung und den Kern für die Incrustation, also für die Bildung der Harnsteine".[16]

Der Mühsal einer weiteren Untersuchung, die keine Spekulation mehr ist, unterzog er sich nicht mehr länger. Ende April 1860 reiste Alfons wieder nach Europa zurück. Er hat beim Bruder Theodor obduzieren, diagnostizieren, mikroskopieren und therapieren gelernt. Er hatte dann nach dem Staatsexamen in Berlin 1860/61 die Physiologie bei Emil Du Bois-Reymond (1818–1896) und in Heidelberg Mathematik bei dem Physiker Gustav Robert Kirchhoff (1824–1887) kennengelernt. Alfons hatte während seines Studiums die medizinischen Pflichtveranstaltungen zu Gunsten privater geisteswissenschaftlicher Studien reduziert. Er war zwischen Physiologie und Metaphysik hin- und hergerissen. Bilharz verehrte den Physiologen C. Ludwig.

Der Wiener Physiologe Josef Hyrtl (1810–1894)[17] betreute Bilharz' Dissertation „Descriptio anatomica organorum genitalium eunuchii aetiopis" („Beschreibung der Genitalorgane einiger schwarzer Eunuchen – nebst Bemerkungen über die Beschneidung der Clitoris und kleinen Schamlippen"), mit der er am 16. Juli 1859 promovierte. Theodor hatte ihm Präparate, abgeschnittene Hoden und ab-

---

[14] Vgl. zur Biographie von Alfons Bilharz die Dissertation von PETER MARIA ROB, Alfons Bilharz (1836–1925). Ein Arzt zwischen Natur- und Geisteswissenschaften. Dissertation: Kiel 1987; ders., gleicher Titel, in: *Schleswig-Holsteinisches Ärzteblatt*, Heft 2 (1988), S. 97–100.

[15] PETER MARIA ROB (1987), S. 17.

[16] PETER MARIA ROB (1987), S. 64.

[17] JOSEF HYRTL (1810–1894) war einer der großen Anatomen vom Range Virchows. Ein Klassiker ist sein Buch „Handbuch der praktischen Zergliederungskunst als Anleitung zu den Sectionsübungen und zur Ausarbeitung anatomischer Präparate" (Wien: W. Braumüller 1860).

getragene Penisse, aus Ägypten geschickt. Er hatte die Hoden von Kastraten untersucht und herausgefunden, daß die Hoden selbständige Sekretionsorgane waren, wahrscheinlich eine endokrine Funktion hätten, die Hauptmasse des Spermas produzierten und Teil eines Regelkreises wären. Aus der Atrophie der Prostata schloß er auf ein zentrales Regulationsproblem infolge der Kastration. Am 2. Mai 1861 begann er eine unbezahlte Arbeit im elektrophysikalisch orientierten Laboratorium bei DuBois-Reymond und schrieb nach 14 Tagen:

> „Ich zweifle nicht, daß ich auf ein Gesetz von der größten Allgemeinheit gestoßen bin (...) es handelt sich um nichts anderes als um eine ganz neue Anschauung von der Electricität und Wärme, und infolge dessen, um eine Definition der Materie von Seiten der Kraft aus; endlich habe ich damit den Schlüssel zur Weiterentwicklung der Chemie und wahrscheinlich zum Verständnis der Chrystallographie in den Händen. Ja ich wüßte nicht, welcher Zweig der Naturwissenschaften nicht in der allerungeahntesten Weise durch mein Gesetz influenziert würde, weil es eben so allgemein ist, daß es zunächst an die äußersten Grenzen der Erkenntnis streift, welche dem menschlichen Geiste überhaupt zugänglich sind (...) jedenfalls kann ich jetzt unmöglich zurück; es hieße mich vernichten".[18]

Naturphilosophische Konstruktionen sollen ihm die Mühe der Induktion ersetzen. Aber sein Bruder Theodor saß ihm im Nacken und so fuhr Alfons mit genaueren Studien fort. Gemeinsam mit O. Nasse veröffentlichte er die Ergebnisse einer Studie über elektrotonische Veränderungen am Nerven.

> „Sie prüften den mechanischen Tetanus, um weitere elektrophysiologische Kenntnisse zu gewinnen, und fanden heraus, daß die Lokalerregbarkeit eines Nerven durch physikalische und chemische Einflüsse modifiziert werden könnte. Überschwellige Reize führten unabhängig von der Erhöhung der Reizstärke zu maximal fortgeleiteter Erregung, unterschwellige Reize jedoch nur zu einer lokalen Reizbeantwortung. Dieses Phänomen wurde 1871 von Bowditch als ‚Alles-oder-Nichts-Gesetz' formuliert. Sie beobachteten weiter, daß nach einer Reizantwort eine vorübergehende Unterdrückung der Erregbarkeit des Nerven zurückblieb, diese jedoch allmählich wieder anstieg, bis ein normaler Elektrotonus erreicht war. Diese Beobachtungen decken sich mit dem was heute unter den Begriffen Ruhemembranpotential und Refraktärzeit bekannt ist."[19]

Trotzdem gab Alfons Bilharz mit dem Tod seines Bruders am 9.5.1862 seinen Plan, eine Definition der Materie aus der Kraft bzw. Schwere, Wärme und Elektrizität zu leisten, beinahe erleichtert auf. „Der Plan, die medizinische Forschung mit naturwissenschaftlichen Methoden weiterzubringen, war gescheitert."[20]

Das Militärjahr verbrachte er in Rastatt. Er entschloß sich danach zur Auswanderung nach Amerika. Ein Würzburger, C. F. Castelhun, der in St. Louis als Arzt praktizierte, ermunterte ihn schon 1861 dazu.

Inzwischen war Adelheid (Adele) Fasnacht dort in Nordamerika ansässig geworden. Ihr Vater war Zollbeamter und hatte sich den Scharen Garibaldis angeschlossen. Nach seinem Tod eröffnete ihre Mutter einen Kaufladen. Als sie ebenfalls starb, kamen die Kinder unter die Obhut des Onkels, des Baumeisters

---

[18] PETER MARIA ROB (1987), S. 73.

[19] PETER MARIA ROB (1987), S. 74.

[20] PETER MARIA ROB (1988), S. 99.

Jakob Fasnacht. Die Stiefschwester Rosalie heiratete den Kaufmann Emil Bandelier. 1869 zogen die Kinder mit der Familie Bandelier in die Schweizer Kolonie
Highland, Breese County, Illinois.[21] Dort heiratete Alfons Bilharz die achtzehn-
jährige Adele in East St. Louis am 2. November 1869, wurde fünffacher Vater
und praktizierte dort im Lande Illinois 12 Jahre lang.

In Alfons Bilharz' eigenen Worten:

> „Anfang März 1877 ritt ich in die Praxis eines Morgens langsam fürbass, als mir
> plötzlich einfiel, die unermessliche physikalische Aufgabe löse sich, von innen gese-
> hen, also im metaphysischen, auf einmal."[22]

Er hat diese Vision noch oft auf jeweils andere Weise geschildert, beispielsweise so:

> „Da traf mich ein Lichtstrahl aus himmlischen Höhn,
> Ich glaubt', in die Mitte der Erde zu sehn.
> Der Lichtstrahl drehte mein Denken herum
> Und wies mir der Wahrheit Heiligtum.
> Die Wahrheit heißt nicht Denken gleich Sein, Nein,
> Sein gleich Denken im schlichten Verein.
> Sein geht vor Denken, so sei es gedreht,
> Wenn schon das bei manchem von sich selbst versteht.
> Gelöst ist das Band nun, der Irrtum entfloh,
> Das Proton-Pseudos so siegesfroh.
> Nun freu' dich, o Welt, nun bist du befreit,
> Nun hast du die Wahrheit für alle Zeit!"[23]

Oder so:

> „Es ist doch merkwürdig, daß die innige Vereinigung zweier gegensätzlicher Wesen
> Lustgefühle erzeugt. Wie? Erzeugt? Nein! Ist!! Im selben Augenblick glaubte ich, daß
> die Erde unter mir muß sich spalten und mein Blick bis zu ihrem Mittelpunkt reichen
> zu sehen. Der ungeheuere rechtwinkelige Abgrund, die Kluft der Gegensätze Denken
> und Sein war plötzlich überquert worden, und ich wußte, daß mein Leben von Stund
> an sich ändern müsse. Das ist die haarkleine genaue Schilderung des denkwürdigen
> Tages."[24]

Am 1. September 1878, zurück in Deutschland für ein neues Leben, entwik-
kelte er zur Überwindung der Kluft zwischen Geistes- und Naturwissenschaft
eine erkenntnistheoretische Interpretation des Energieerhaltungssatzes. Er räumte dem Sein den Vorrang vor dem Denken ein. Er versuchte Philosophie, streng
getrennt von der Psychologie, als eine deduktiv aufgebaute, systematische Wissenschaft gegen die bloß empirisch-positivistisch ausgerichteten Naturwissenschaften zu begründen. Romantischer Idealismus wollte sich mit naturwissenschaftlichen Methoden und strenger Wissenschaftlichkeit verbinden, wo gerade
diese beiden Kulturen Ende des 19. Jahrhunderts berechtigt auseinandertraten.

---

[21] Es gibt keinen Hinweis darauf, daß es sich um Angehörige der Religionsgemeinschaft der
Hutterer handelt. Allerdings sprechen die Bezeichnung „Kolonie" und das Übersiedlungsdatum
dafür.

[22] Chronik der Bilharz, Eintrag von Alfons Bilharz, S. 40.

[23] ALFONS BILHARZ, S. 3, in: Die Philosophie der Gegenwart in Selbstdarstellungen. Herausgegeben von Dr. Raymund Schmidt. Bd. 5. Felix Meiner: Leipzig 1924.

[24] PETER MARIA ROB (1987), S. 81.

> „Sein so wenig beachtetes Erstlingswerk ‚Der heliozentrische Standpunkt der Weltbetrachtung. Grundlegung einer wirklichen Naturphilosophie' hat möglicherweise Nietzsches Konzept von der ewigen Wiederkehr und den Willen zur Macht erheblich beeinflußt. Es kann wahrscheinlich gemacht werden, daß durch die Vermittlung Bilharz' Nietzsche den Energieerhaltungssatz aufgriff und für seine Konzeption verwendete."[25]

Eugen Dühring, Schopenhauer und Kant sind seine Idole, bevor er sich eigene Gedanken macht. Von 1882 bis 1907 war Bilharz Direktor des Landesspitals in Sigmaringen. Am 5.7.1894 erhielt er sein Patent als Sanitätsrat, und am 22.6.1907 bekommt er das Patent als „Geheimer Sanitätsrat" verliehen. Die Leitung mußte er 1907 wegen eines Augenleidens aufgeben. Er hatte viele Neubauten initiiert und die Anstalt ständig modernisiert. Im Jahr 1882 lernte er in Sigmaringen seinen Freund und Mitarbeiter, den Mathematiker Portus Dannegger kennen, der dafür sorgte, daß seine philosophischen Schriften nach und nach erscheinen konnten. Bilharz wurde im weiteren ein Mitbegründer der patrimonialen Anstaltsklassik. Er beschäftigte sich mit der Willens- und Handlungsfreiheit und behandelte bestimmte Kriminelle als Kranke. In Sigmaringen bekam Adele noch weitere fünf Kinder, von denen eines früh starb. Am 11. Oktober 1914 wurde seine Frau Adele vom Schlag getroffen, verstarb nach 3 Tagen und wurde am 16. Oktober mit 63 Jahren beerdigt. Der Superintendent Theobald lobte an ihrem Grab die „schweizerische Ordnung, Pünktlichkeit und deutsches Behagen"; sie wurde als „treue Schafferin" und „verständnisvolle Lebensgefährtin" charakterisiert. Ihr mütterlicher Ernst wurde hervorgehoben wie die „unendliche Fülle von Arbeit", ihre „selbstverleugnende Hingabe" für Mann, Haus, Familie:

> „Ehrfurcht vor einer Frau, die vor allem rechte Mutter sein will! Oh, wieviele deutsche Frauen haben das in den hinter uns liegenden Jahrzehnten verlernt! Wie viele sind von dem welschen Geist und welschen Gift angesteckt worden!"[26]

Im Alter beklagt sich Alfons Bilharz über Traurigkeiten und geht todessehnsüchtigen Gedanken nach. Seine Schriften sind sämtlich nicht gebührend beachtet worden und darüber ist er sehr enttäuscht und wirkt antriebslos.

---

[25] PETER MARIA ROB (1988), S. 99; Das Buch trug den Titel: Alfons Bilharz, Der heliocentrische Standpunct der Weltbetrachtung. Grundlegungen zu einer wirklichen Naturphilosophie. Stuttgart: J. G. Cotta 1879. Indiz für die mögliche Korrektheit dieser Vermutung vgl. den Hinweis auf das Buch (S. 365) bei ALWIN MITTASCH, Friedrich Nietzsche als Naturphilosoph. Kröner: Stuttgart 1952. Allerdings hat sich Nietzsche auch mit Eugen Dühring, Helmholtz, Robert Mayer, DuBois-Reymond, Boscovich, Ludwig Büchner, Fechner, Mach, Moleschott, African Spir, Virchow, Lasswitz, Vogt und Zöllner u.v.a.m. sorgfältig beschäftigt, so daß eine Zuschreibung allein auf Alfons Bilharz keinerlei Überzeugungskraft besitzt. Die Lesespuren, Unterstreichungen und Randnotizen Nietzsches zu den Begriffen Energieerhaltung, Kraft, Kausalität, Auslösung, Selbstregulierung und Freiheit harren noch einer Analyse in den „Nietzsche-Studien" (zumal Mittaschs Werk doch überholt erscheint). Vgl. auch ALWIN MITTASCH, Von der Chemie zur Philosophie. Ausgewählte Schriften und Vorträge. Robert Mayer, Schopenhauer, Nietzsche und J. R. Mayer, Nietzsche und die Naturwissenschaften des 19. Jahrhunderts, sein Verhältnis zu Emerson u.a. Ulm 1948.

[26] Chronik der Bilharz, Eintrag von Bertha Bilharz, S. 42.

Bilharz hatte vermutlich die Ausbildung von Gerhard Gentzen finanziell unterstützt. Eine intellektuelle Beziehung zwischen den beiden läßt sich nicht nachweisen. Eher Trennendes kommt hinzu:

> „Bilharz arbeitete gern mit Analogien aus der Mathematik, analogisierte z.B. die Erkenntnis mit einer mathematischen Gleichung und plante eine ‚philosophische Geometrie‘, auf Grund der ‚Rectangularität der Gegensätze‘".[27]

Ebenso wie die Geometrie, meint Bilharz, müsse die Philosophie deduktiv aufgebaut werden. Aber das philosophische Denken bedürfe einer Metalogik, wo der Satz vom ausgeschlossenen Dritten nicht gelte. Da die Mathematik aber auf dieser „Orthologik" beruhe, stehe diese dem Problem der Gleichheit „eben ganz rat- und hülflos gegenüber".[28] Über die Begriffe von Gleichung, Gegensätze und Gleichheit versucht er eine Versöhnung von Sein und Denken. Metaphysik soll ersetzt werden durch eine „Protophysik"; aus der Protophysik entsteht die Protologik (Metalogik). Ihr einziger Gegenstand sind Inhalt und Form, ein

> „in Erscheinung umgewandeltes Formsein, von außen gesehen, ist die formale Hülle unseres Inhaltseins oder Ichs, unser Leib, der nach den drei Denkkategorien Größe, Raum und Zeit nach drei Richtungen des Weltraums ausgedehnte Körper" (...) „Dieser Körper, von innen gesehen, wird Seele genannt."

Es ist leider nicht überliefert, was Gerhard Gentzen zu den „Metaphysische(n) Anfangsgründen der mathematischen Wissenschaften"[29] gesagt haben mag, die Alfons Bilharz und P. Dannegger verfaßt hatten, wenn er sie denn je gelesen hat. Sie wurden von Bruno Baron von Freytag Löringhoff als wertlos und schädlich für Bilharzens Anerkennung bezeichnet.[30] Alfons Bilharz fühlte sich von den exakten Wissenschaften überfordert, kannte von Theodor schon früh

> „den Unterschied zwischen Wissen (Nichtwissen, Halbwissen, Wissen, Besserwissen) und Wissenschaft",

und mußte zugeben:

> „Aber für das Geheimnis der höheren Mathematik, nämlich die Differentialrechnung, erwies sich mein armer Schädel als völlig refraktär".[31]

---

[27] BRUNO BARON V. FREYTAG LÖRINGHOFF, Alfons Bilharz. S. 237, in: Neue Deutsche Biographie, Zweiter Band. Berlin: Duncker & Humblot.

[28] ALFONS BILHARZ, Philosophie als Universalwissenschaft. Deduktorisch dargestellt. Wiesbaden 1912.

[29] Verlag Tappen: Sigmaringen 1880.

[30] Sätze wie die, daß Gegensätze aufeinander senkrecht ständen wie Radius und Tangente, vermute ich, dürften dem Mathematiker Gentzen gar nicht gefallen haben. Die metaphorische Benutzung von mathematischen Begriffen ohne Not in der Philosophie ist von einigen Mathematikern bis heute nicht einzusehen, weil jeder Nutzen fehle. Im Gegenteil ist der Ärger groß, weil der Benutzer verdächtigt wird, daß er sich damit eine Art Exaktheit für seine unklaren Ideen – womöglich noch in der Konstruktion eines Systems – erschleichen wolle, die sein metaphorischer Wortgebrauch gar nicht hergebe. Der Neukantianismus hat gerne mit dem mathematischen Gebrauch von Wörtern in der Philosophie gespielt. Seinerseits wollte Alfons Bilharz zur klareren Darstellung seiner Gedanken eine mathematische, formel- und grafikreiche Sprache benutzen. Der Privatdozent für Mathematik Dr. Hans Reichenbach muß sich sogar der Bilharzschen „Lösung" des Fermatschen Satzes erwehren.

[31] PETER MARIA ROB (1986), S. 76.

Ebenso war es ihm in der Physik ergangen. Einer unmittelbaren, intuitiven Auffassung der ganzen Physik stand eine konkrete Ohnmacht gegenüber,

> „weil ich den Verlauf der Fäden im Einzelnen nicht durchschaue. Mit einem Wort, ich verstehe kaum Physik und weiß vor allem mit deren Sätzen nicht auf leichte Weise zu laborieren."[32]

Alfons Bilharz war jedoch als praktischer Arzt sehr beliebt, vor allem bei den Wöchnerinnen war er geradezu populär. Auch seine Irren behandelte er gewaltfrei und sehr gut, so daß ihm die Dankbarkeit der Angehörigen sicher war.[33] Sein vielgeäußerter Ausspruch lautete

> „Ich geh' halt wieder zu meinen Narren, da gehör' ich hin."

Und damit tat er immer wieder kund, daß ihn die fehlende Anerkennung seiner philosophischen Schriften sehr schmerzte. Bilharz arbeitete auch als Gutachter für die Gerichte und betrieb dort Motivanalysen, wobei er Motivreihen des Verstandes und diejenigen der Vernunft unterschied. Der Idiot, dem es an Verstand mangelte, blieb der Verantwortung enthoben. Er entwickelte sein Konzept gegen Lombroso. Die Medizin hatte sich aus den Geisteswissenschaften ausgrenzt und sich in die Nähe der Naturwissenschaften begeben. Gegen den Begriff der Psychiatrie als Neurologie setzte Bilharz einen anthropologischen Ansatz, in dem die leibseelische Ganzheit akzentuiert wird.[34] Er lehnte die Erklärung der Seele durch Anatomie, Physiologie und Biochemie ab:

> „Es gibt keine Wissenschaft aus Begriffen. Eine Construction aus Begriffen läßt sich die Natur nicht vorschreiben (...) jede Wissenschaft muss im letzten Grund auf Erfahrung ruhen, muss (da Erfahrung Beziehung von Sein aufs Bewusstsein ist) in ein Sein (nicht in einen Begriff) ausmünden."[35]

Schließlich trieb er Forschungen zur medikamentösen Behandlung der Tuberkulose.

> „Appliziert wurde Guajacol, ein Bestandteil von Buchenholzteer, täglich 6 bis 8 g zusammen mit Lebertran und Milch."[36]

Mit diesem Pharmakon wollte er selektiv die Vermehrung von Bakterienzellen stören, ohne dem Organismus zu schaden.

---

[32] PETER MARIA ROB (1986), S. 75.

[33] Dankbar war die ganze Stadt. Am 2. Mai 1936 konnte die Stadt die 100. Wiederkehr von Alfons Bilharz Geburtstag feiern. Die Stadt hatte aus diesem Grund für Theodor und Alfons Bilharz eine Gedenktafel enthüllen lassen. Abends fand eine kleine Gedenkfeier statt. Der NS wollte einen Abglanz der beiden Größen auf sich fallen lassen. Auch Gerhard Gentzen war anwesend. Eine neue Gedenkplakette ziert seit 1975 die „Bilharz-Apotheke" im Eckhäusle.

[34] ALFONS BILHARZ, Über die Natur und Einteilung der Geisteskrankheiten, Sigmaringen 1897; derselbe, Pathographie und kritisches Denken, 1909; Alfons Bilharz, Die Lehre vom Leben. Inhalt: 1. Prolegomena zur Biologie 2. Noo-Biologie, Zoonomie. Die Lehre vom thierischen Verstand 3. Logo-Biologie, Anthroponomie. Die Lehre von der menschlichen Vernunft. Psychologisch-metaphysische Ansicht der Seele. Entwicklungsgeschichte der menschlichen Vernunft. Wiesbaden: J. Bergmann 1902.

[35] PETER MARIA ROB (1986), S. 235.

[36] PETER MARIA ROB (1987), S. 114.

Er blieb bis zu seinem Tode ungerecht gegenüber anderen Philosophen und deren Systemen, und blieb in diesen Fragen intolerant und starrsinnig. Er starb am 23.05.1925 mit 89 Jahren.

G   Das leuchtende Vorbild in der Familie Gentzen: Der erfolgreiche Arzt und Naturforscher Maximilian Theodor Bilharz (1823–1862)[37]

Der Schatten von Maximilian Theodor Bilharz (*24. März 1823, †9. Mai 1862 Kairo), lastete auf Alfons Bilharz. Ein Teil seiner Zerissenheit dürfte darin liegen, daß sein früh gestorbener Bruder der womöglich intelligentere, jedenfalls erfolgreichere und berühmtere Naturforscher war. Der Erstgeborene war sicherlich auch das Vorbild für Gentzen. Theodor war unter den ersten in Latein, Griechisch und Hebräisch. Mit 14 hatte er bereits ein Trauerspiel geschrieben und hatte den „Froschmäusekrieg" selbst übersetzt. Seine Gedichte sollen in der Qualität an diejenigen Ludwig Uhlands herangekommen sein. Während der Gymnasialzeit bildete er sich zum wissenschaftlichen Forscher aus mit der vom Großonkel Kaspar Tobias von Zollikofer aus St. Gallen ererbten Bibliothek. Er hatte von der Erbin, Tante Sabine von Zollikofer, die Erlaubnis bekommen, vor der Versteigerung gewisse Werke, bei deren Auswahl ihm der Tübinger Professor Hugo von Mohl zur Seite stand, vorwegzunehmen. Er durfte auch die Schmetterlings- und die Mineraliensammlung wie die Kollektion getrockneter Pflanzen behalten. Beides war in einem weißen Schubladenschrank verwahrt. Er studierte Medizin in Tübingen und wurde nebenbei ausgezeichneter Schmetterlingsforscher. Alfons benutzte Theodors Bibliothek, durfte sein Studierzimmer nutzen und hegte lebenslang eine ständig angeführte, immer wieder öffentlich wiederholte „innere Dankbarkeit" gegenüber dem in jeder Hinsicht größeren Bruder. In Tübingen löste Theodor 1847 die Preisaufgabe der medizinischen Fakultät über das Blut der wirbellosen Tiere. Er erhielt für diese Dissertation eine große goldene Medaille. Dafür kaufte er sich später das „Oberhäusersche Mikroskop"[38], mit dem er nachher in Ägypten die so außerordentlich feinen Untersuchungen über das elektrische Organ des Zitterwelses machte. Zwar machte Alfons Bilharz für seinen Mentor Theodor die bibliograhischen Recherchen und hatte dabei die Idee, daß der Strom beim „gymnotus" entgegengesetzt fließe als bei dem „malapterurus", aber Theodor ignorierte diese Anregung seines Bruders. Hinterher stellte sich die Richtigkeit der Ansicht von Alfons heraus.

Aber bei Theodor ging es gradlinig Schritt für Schritt: Theodor machte 1848 das Staatsexamen, wurde für seine Arbeit über Opiumbehandlung bei Blinddarmentzündung gelobt, ging nach Freiburg, wurde Prosektor bei Kobelt. Sein ehemaliger Lehrer Professor Griesinger erhält einen Ruf als Leibarzt an den Hof des Vizekönigs Abbas Pascha nach Ägypten und lädt Theodor ein, der 1850 mit

---

[37] Alle Angaben vor allem aus PETER MARIA ROB (1986) und Chronik Bilharz.

[38] Der gebürtige Hesse Oberhäuser (1798–1868) ist für seine in Paris gefertigten Qualitäts-Mikroskope bekannt, die er seit 1848 mit einem Standfuß (Stativ) in Hufeisenform versah, dem sog. „continental model".

ihm geht. Er wird Professor für Anatomie an der medizinischen Schule von Kasr-el-Ain, verbunden mit der Anstellung als Chefarzt einer Abteilung für innere Kranke. Er erhält die militärische Würde eines Oberstleutnant (Kaimakam). Theodor wohnte bedürfnislos in Alt-Kairo, wo zwar ein alter Diener vorhanden, aber die Einrichtung und die Haushaltung bis auf eine Wasserfilteranlage aus Ton (Sihr) von spartanischer Einfachheit war. Er trägt einen blauen, einfachen Gehrock mit stehendem Kragen. Ein eisernes Bettgestell ohne Matratze, stattdessen eine Wolldecke, ein Klapptisch zum Schreiben neben einem Büroschrank charakterisieren seine Lebensweise. In den zur Obduktion kommenden Soldatenleichen fand er Eingeweidewürmer, darunter das Distoma haematobium, das später von Heinrich Meckel von Hemsbach[39], der als Patient nach Ägypten kam, „Bilharzia haemat." genannt wurde, der im Pfortaderblut lebende Erreger, der damals überaus verbreiteten Bilharzia-Krankheit. Theodors Kunstfertigkeit in der Mikroskopie sicherte ihm einen fortdauernden Ruf als vergleichender Anatom. 1858 machte er eine Europareise, auf der er den Koryphäen seiner Zeit von seinen Forschungen berichten konnte: Alexander v. Humboldt, Joh. Müller, DuBois-Reymond, Virchow, Brugsch, Magnus, und vielen anderen. Im September besuchte er die Naturforscher-Versammlung in Karlsruhe. Wieder in Ägypten widmete sich Theodor der ägyptischen Geschichte, vor allem den Hieroglyphen. Herzog Ernst v. Coburg lädt ihn zu einem Jagdausflug nach den Bogosländereien ein. Dort erkrankte er. Am 9. Mai 1862 starb er an Typhus.

Theodor war ein „kalter" Rationalist ohne jeden Dogmatismus, der die Welt erfolgreich entdeckte, während sich sein Bruder Alfons, der Naturwissenschaften, Medizin und Philosophie zusammenführen wollte, von anderen sich in diesem Bemühen als Forscher und Naturentdecker als Versager ansehen mußte. Das wird auch dem heranwachsenden Gerhard Gentzen nicht entgangen sein, der 1925 im gerade erschienenen zweiten Band von „Meyers Lexikon"[40] allein Theodor aufgeführt sehen konnte. Zum anderen gab es viele Lebensbeschreibungen und Nachrufe auf Theodor, die Gentzen wohl zum Teil gekannt haben mag.

H Gerhards Schwester:
Waltraut Sophie Margarete Gentzen (* 1911)

Am 16.2.1911 wurde in Bergen Waltraut Gentzen in eine intakte, liebevolle und harmonische Familie geboren. Waltraut und Gerhard hatten ein inniges Verhältnis. Gerhard konnte sich zu einem normalen, aufgeweckten und fröhlichen Jungen entwickeln. Er hatte wenige, aber echte Freunde.

---

[39] Dr. Johann Meckel von Hemsbach (1821–1856) leitete in Berlin von 1849 bis 1856 die Charité-Prosektur – zusammen mit Benno Reinhardt (1819–1852) – während Rudolf v. Virchow vorübergehend in Würzburg lehrte, ehe er dann wieder 1856 diese Stelle in Berlin einnahm.
Zur Bilharziose vgl. JOHN FARLEY, Bilharzia. A History of Tropical Medicine. Cambridge University Press 1991. Die Bekämpfung der Bilharziose gewinnt in Afrika wieder aktuelle Bedeutung, da Bilharziose auch Geschwüre an den Geschlechtsorganen verursacht und dadurch die Krankheit Aids verbreiten hilft.

[40] Bibliographisches Institut: Leipzig 1925.

I   Das Schulkind Gerhard Gentzen

1913 erhält der Rechtsanwalt Hans Gentzen den Titel Justizrat und macht Dienst bei der Freiwilligen Feuerwehr. 1914 wird er eingezogen mit dem Dienstrang eines Vizefeldwebels (Offizierstellvertreter). Das sichert ihm Offiziersgewalt, aber er muß nicht als Vorbild für eine Mannschaft an der vordersten Linie Dienst tun, wie ein richtiger Offizier, dessen sozialer Rang deshalb auch viel höher ausfällt. Zunächst wird er dem Heimatschutz der Insel Rügen zugeteilt.

1915 wurde Gerhard Gentzen schulreif, aber seine Mutter unterrichtete ihren Sohn im ersten „Schuljahr" noch lieber alleine in den damals üblichen Fächern.[41] Danach besucht er erst ab Ostern 1916 die Volksschule in Bergen.

1916 schreibt er kleine Gedichte zum Geburtstag seiner Mutter, die von Wald, dem Förster und Blumen handeln. Im Dezember aber, gerade sieben Jahre alt geworden, dichtet er:

> „Die Nacht
> Es ist Nacht
> Niemand wacht
> In weiter Ferne stehen die Sterne
> Ein Posten steht vor manchem Haus
> niemand guckt zur Tür heraus
> die Kinder schlafen feste
> in ihrem kleinen Neste".

Der Mutter hat dieses Gedicht so viel Freude gemacht, daß sie es für sich noch einmal aufschrieb. Zu ihrem Geburtstag 1917 dichtet er erneut:

> „Komm, Mama, das Wetter ist so schön
> Wir wollen ein Weilchen spazieren gehn.
> Und als sie gingen, da kamen sie bald
> In einen wunderschönen Wald,
> Das Kind, das pflückte Blumen dort
> Und ging immer von Ort zu Ort.
> Dann macht es einen Strauß
> Und bringt ihn mit ins Haus.
> Er stellt ihn in ein schönes Glas,
> das macht der Mutter sehr viel Spaß
> Und an Mutters Geburtstag
> Sucht das Kind Blumen, soviel es mag.
> Er stellt sie auf den Geburtstagstisch.
> Die Blumen riechen noch immer frisch."

Der Vater kehrte im November 1918 schwerkrank wieder nach Bergen zurück. Zuletzt hatte er in ungeheizter Stube in Stettin wahrscheinlich Schreibstubendienst machen müssen. Deshalb litt er an Schwindsucht.

Gerhard trat Ostern 1918 in die Septima der Bergener Realschule ein. Er schrieb Schulaufsätze wie „Die Geschichte eines Regentropfens" oder „Ein Besuch in der Schmiede".

---

[41] Chronik Bilharz

Jetzt begann er auch seinen Großeltern in Sigmaringen regelmäßig zu schreiben. Vor allem der „Liebe(r) Großpapa" darf nun zu Geburtstagen und Festen
mit Briefen seines Enkels rechnen. Meistens schrieb er Gedichte.

Gerhard war ein ruhiges, folgsames Kind. Er vertrug sich mit seiner Schwester Waltraut ungewöhnlich gut. Die beiden, das ist außergewöhnlich, zanken
sich fast niemals. Gerhard ist Waltrauts geistiges Vorbild. Er erfindet Rätsel und
Witze und unterhält sie mit selbsterdachten Geschichten und Erzählungen. Er
spielt mit Puppen, schreibt Puppengedichte und bespielt kleine Szenen mit Papp-
figuren. Für seine Schwester bastelte er eine aus zwei Zimmern bestehende mathematisch genau berechnete, maßstabsgetreue Puppenstube. Die Möbel, vorher
sorgfältig auf Papier gezeichnet und dann bemalt, sind aus Karton und Papier
gefertigt und zusammengesteckt. Nichts ist geklebt. Die Kleiderschränke, die
Stühle, Kommoden, Betten und Tische sind derart raffiniert gesteckt, daß man es
auf den ersten Blick nicht erkennt.

J Tod des Vaters bedeutet Wohnortwechsel und eine neue Schule

Am 11. März 1919 stirbt der Vater Hans Gentzen in Bergen an seiner galoppie-
renden Schwindsucht, der Tuberkulose. Der Großvater Dr. Wilhelm Gentzen
stirbt neun Monate später, am 2.12.1919. Auf Wunsch der Schwiegermutter zog
Melanie Gentzen mit ihren beiden Kindern im darauffolgenden Jahr 1920 nach
Stralsund. Die „Jahre des Glücks"[42] sind vorbei. Gerhard wechselt auf ein huma-
nistisches Gymnasium. Großmutter Agnes, aus einer alten Stettiner Hugenotten-
familie stammend, war im Umgang nicht einfach und die Wohnung in der Schill-
Straße 35 mußte in Ordnung gehalten werden. Melanie Gentzen erhielt eine
kleine Kriegsopfer- und Witwenrente. Das bescheidene Vermögen war durch
Kriegsanleihen verloren gegangen. Der Vater hatte nicht auf andere Weise vorge-
sorgt. Gerhards Schwester Waltraut erinnert sich:

> „An Großmutter Gentzen habe ich die Erinnerung, daß sie streng war. Ich bekam
> bei ihr meine ersten Klavierstunden. Sonst waren wir nur zu den Mahlzeiten zu-
> sammen, sie lebte in ihrem Wohnungsteil, las englische und französische Bücher und
> kümmerte sich meines Wissens nicht um uns Enkel. Anders Großpapa Bilharz, der bei
> unseren Besuchen fröhlich mit uns spielte. Wir liebten ihn sehr. Leider waren wegen
> der weiten Entfernung vom Norden zum Süden unsere Besuche sehr selten in
> Sigmaringen. Ich erinnere mich an das Jahr 1922, wo wir den Großpapa zuletzt
> besuchten, er starb 1925. Die Jahre vorher waren wir vielleicht ein- oder zweimal in
> Sigmaringen."[43]

---

[42] Zitiert nach GERD ROBBEL, Aus der Gedankenwelt des jungen Gerhard Gentzen, S. 51–57,
in: Berichte. Humboldt-Universität Berlin. Heft 6 (1986 a) Heft 12.

[43] ebenda.

K Der Beginn von Gentzens geistiger Tätigkeit

Gerhard Gentzen schrieb kleine Dramen für eine Papp- und Papierbühne[44], wie sie um 1900 gerne von der Firma Schreiber in Esslingen gefertigt wurden. Diese fertigen Bühnenbogen, die auf Pappe aufgeklebt wurden, waren ein beliebtes Geschenk für Kinder. Es gab vieles an Kulissen, Figuren, anderem Beiwerk und gedruckten Aufführungsstücken. Gerhard ersann eigene Dramen. Überliefert sind Gerhards Stücke wie „Der Beutel mit Gold", Theaterstück in 3 Akten, „Weihnachten" in zwei Akten und „Ostern" in zwei Akten. Sie zeugen von einem erfinderischen Talent, das sich sprachgewandt in Szene zu setzen weiß. Die Stücke sind effektvoll auf die dramatische Wirkung ausgerichtet und für sein Alter gekonnt durchgestaltet. Mit Otto Michaelis – Bruder von Hertha Michaelis – gründet er das „Dionysos-Theater". Beide schrieben „Rosa v. Tannenberg" und „Die Prinzessin im Zauberwald". Sie fertigten auch Marionetten und Otto Michaelis war für die Beleuchtungseffekte verantwortlich. Ein Stück wurde bis zu 5 mal umgearbeitet und erlebte bis zu 11 Aufführungen. Die Märchenspiele gingen aus von Weihnachts- oder Osterspielen und wurden über mehrere Jahre hindurch gespielt.[45] Eine Fähigkeit Gentzens war auch die, während des Bespielens verschiedener Figuren und Rollen zwischen Berliner und Böhmischem Dialekt hin- und herwechseln zu können.

Gerhard watete mit seiner Schwester im Sund und erzählte dabei wiederum selbst erfundene Geschichten. Auf dem Alten Markt in Stralsund sehen beide einen Sterngucker mit einer astronomischen Karte.

Im Dezember 1922 schreibt der Dreizehnjährige an seinen Großvater Alfons Bilharz:

> „Lieber Großpapa! Da ich weiß, daß Du dich für meine mathematischen Fortschritte interessierst, schicke ich Dir folgende selbstgefundenen und selbstbewiesenen Lehrsätze: Ich zeichne über den Seiten eines beliebigen Dreiecks die gleichseitigen Dreiecke (...) und verbinde ihre Spitzen mit den gegenüberliegenden Ecken des Dreiecks. Diese Linien nenne ich der Kürze halber Pereunten (pereuntes, die Hindurchgehenden)."

Der Lehrsatz 2 lautet:

> „Die Pereunten eines Dreiecks sind gleich, schneiden sich in einem Punkte und bilden um diesen lauter Winkel von 60 Grad. Beweis: (...)".

Für den pythagoräischen Lehrsatz findet er einen „eigenen" Beweis. Mit den Wünschen für ein fröhliches Weihnachtsfest verabschiedet sich der Enkel.[46]

Gleichzeitig widmet er dem lieben Großpapa und der lieben Bertha, der ältesten Tochter von Alfons Bilharz, „Auf Manurga. Eine Indianergeschichte von Gerhard Gentzen". Es handelt sich um eine Indianergeschichte in neun Kapiteln auf 23 Seiten, die in einer Art Detektivgeschichten-Manier eine Mischung von

---

[44] G. Gentzens Theater wurde dem Museum für Figurentheater in Bochum übereignet.

[45] Vgl. MAX EICKEMEYER, Das Kindertheater. Sein Bau und seine Einrichtung. Verlag J. F. Schreiber, Esslingen und München 1900.

[46] Der Brief ist vollständig abgedruckt in G. ROBBEL (1986 b), Ein Brief Gerhard Gentzens an seinen Großvater, S. 28f., in: *alpha*, Berlin 20 (1986) Heft 2.

allerlei Topoi der damaligen Kinderbücher wiederholt. Vom hinterlistigen Chinesen, aufrechten deutschen Seeoffizieren wie Bernhard Maier, Indianern, uneinnehmbaren Felsennestern für Weiße wird alles wiederholt, was man in dieser Zeit in exotischen Kolonialromanen, deutschen Kriegsabenteuern auf See, in „Lederstrumpf", im Gerede von Erwachsenen über schmutzige Kulis, bunt aufgeputzte Fremde aufschnappen konnte, wenn man aufmerksam zuhörte. Das Besondere an Gentzens Erzählung ist nicht allein ihre Länge, sondern die Zusammenführung der disparatesten Topoi zu einer Kriminalgeschichte, wo selbst das fremdeste Element noch einen Sinn ergibt, wenn man den harmonischen Ausgang dieser Geschichte, das Happy End als Zweck in sich selbst zu nehmen vermag. Es handelt sich um einen trivialen Abenteuerroman. Wie viele Jugendliche in seinem Alter mögen so etwas mit Durchhaltevermögen und Erfindungsgabe ebenfalls geschrieben haben?[47]

1923 schreibt er Weihnachten an seinen lieben Großpapa und seine liebe Tante Bertha, daß er sowohl Malzextrakt wie Seidenpapier bekommen habe. Er selbst habe einen Motor und ein Buch erhalten, dazu alte Schachfiguren seines Vaters. Er habe mit seltenen Puppen für das Kasperletheater ein Theaterstück aufgeführt, mit Schwester und Freundin Poch gespielt und dann einen Kran gebaut, den er mit dem geschenkten Motor betrieben habe. Allerdings freue er sich schon wieder auf die Schule.

Zwischen 1923 und 1924 schickt ihm der Großvater Alfons Bilharz eine Planetenkarte, die seine Mutter auf Leinwand aufzieht.

> „Silvester wurde immer mit der Familie Gentzen in meinem Elternhaus gefeiert mit Bleigießen und vorherigem Gesellschaftsspiel. Beim Kartenspielen wurde Gerhard sehr munter, konnte auf atemberaubende Weise die Karten der anderen Mitspieler berechnen und für sein Spiel verwerten."[48]

Weihnachten 1924 erfolgt wieder der obligatorische Dankesbrief an Großpapa und Tante Hertha: er bedankt sich für Birnenbrot und Notizbuch. Er habe Spielkarten bekommen. Allerdings seien seine Berechnungen über Planetenbahnen noch nicht fertig. Es scheint, als ob er seinem Großvater jährlich einen Nachweis über den Fortschritt seiner Bildung abgeben möchte.
Der Fünfzehnjährige schreibt 1925 ein Gedicht über den Sternenhimmel:[49]

> „Blutig rot erglüht's im Westen,
> Und die Sonne sinkt im Meer.
> Unter geht das Licht des Tages,
> Dunkler wird es um uns her.
> In des Himmels Dämmerscheine
> Blitzt es auf: der erste Stern!
> Venus ist's, der Erde Nachbar,
> Und dennoch so fern, so fern.

---

[47] Über die Inhalte von Unterricht und Schule in der Weimarer Republik informiert beispielsweise REINHARD DITHMAR (Hrsg.), Schule und Unterricht in der Endphase der Weimarer Republik. Neuwied: Luchterhand 1993. Wie sich das jedoch auf Gerhard Gentzen ausgewirkt haben mag, darüber ließe sich nur spekulieren.

[48] Hertha Michaelis in einen Brief an den Autor vom 7.2.88.

[49] GERD ROBBEL (1986 b), S. 50; vgl. Fußnote 43.

Dunkler wird's am Firmamente,
Leuchtend flüchtet der Planet.
Seine Stunde ist vorüber
Wenn die Dämmerung vergeht.
Dunkle Nacht! Die Sterne leuchten
Hoch am Himmel klar und hell,
Und in weitem Bogen fliegen
Meteore, flink und schnell.
Ruhig wandeln die Planeten
In der festgesetzten Bahn.
Leuchten uns mit ihrem hellen
Ruhig sanften Schimmer an.
Um des Himmels größten Bogen
Schlingt sich hell ein Sternenband
Wie ein großer Nebelstreifen.
Die Milchstraße wird's genannt.
Tief im Süd am Horizonte
Zieht ein Komet durchs Sternenreich,
Und sein Schweif im langen Bogen
Eilt voraus ihm, matt und bleich.
Eine Wolke zieht vorüber,
Hinter ihr strahlt's hell und klar;
und des Mondes lichter Schimmer
Überstrahlt die Sternenschar.
Und im Osten wird es heller,
Sternenglanz vergeht zu Nichts;
Und ein roter Morgenschimmer
Kündet uns das Nah'n des Lichts."

Hier bestaune ich die poetische und gleichzeitig exakte Kosmosvorstellung eines Jugendlichen[50], der Max Valiers „Der Sterne Bahn und Wesen. Gemeinverständliche Einführung in die Himmelskunde"[51] genau gelesen hatte.[52]

Im Februar 1925 schreibt er mehrere Kapitel in 22 Seiten unter der Überschrift: „Gedankenordnung I: Die Stellung des Mars im Sonnensystem und seine Monde". Darin geht er auf Erscheinungen ein wie Polkappen, Kanäle, Temperatur und diskutiert bestimmte Thesen von Svante Arrhenius, Percival Lowell und Schiaparelli. Er hält es für unwahrscheinlich – „alles spricht dagegen" –, daß Menschen auf dem Mars leben können.[53] Er spielt Schach und entwickelt ein „Rechenlotto". Er liest auch Romane von Karl May.

---

[50] Vgl. FRITZ KUBLI, Kosmosvorstellungen von Kindern und die Astronomie im Unterricht, S. 75–96, in: Uwe Hameyer, Thorsten Kapune (Hg.), Weltall und Weltbild. Institut für die Pädagogik der Naturwissenschaften. Universität Kiel 1984.

[51] Leipzig: R. Voigtländers Verlag 1924.

[52] Das Buch befand sich bei einigen seiner nachgelassenen Kinder- und Jugendbüchern, die im Besitz seiner Schwester Waltraut sind. Auf Seite 164–174 findet sich ein Kapitel zu Johannes Kepler und den Keplerschen Gesetzen, deren intime Kenntnis für ihn noch eine wichtige Rolle spielen wird.

[53] Gerhard muß diese Informationen weitgehend selbst aus verschiedenen Quellen zusammengetragen haben, denn der Duktus ist kindgemäß. Meine kursorische Lektüre von Werken und

Großvater Bilharz stirbt am 23. Mai 1925 mit 89 Jahren und nun konzentrieren sich bei Gerhard alle Arbeiten auf die Schule.

L Gentzens Schulerfolg

Gentzen wurde von seinen Lehrern, die sofort seine Begabung erkannten, auf das vorteilhafteste gefördert. Gentzen hatte ein ganzes Jahr in der Bergener Schule kein Latein gehabt. Sein Klassenkamerad und Conabiturient Burkhart Schwerin, später Oberstudienrat in Schwerin und Hamburg, berichtet:

> „Er holte die erforderlichen Kenntnisse in den Sommerferien nach und setzte sich dann von Anfang an, wie in fast allen anderen Fächern, an die Spitze der Klasse. Er wurde Primus und blieb es bis zum Abitur. Dr. May, dieser hochmusikalische, warmherzige, einfühlsame und tüchtige Pädagoge integrierte Gerhard Gentzen in seiner feinsinnigen Art in die Klasse und wurde ihm ein väterlicher Freund. In der Untertertia übernahm Dr. Herbst, ein exzellenter Mathematiker, den Mathematikunterricht. Er erkannte sehr früh die große mathematische Begabung von Gerhard Gentzen und förderte ihn. In der Unterprima ermunterte Dr. Herbst[54] Gerhard Gentzen, eine Jahresarbeit in Mathematik zu schreiben. Diese Arbeit wurde ‚mit Auszeichnung' bewertet. Die dritte Persönlichkeit, die Gerhard Gentzen geprägt hat, war Dr. Stengel, unser Schulleiter. Dr. Stengel war ein großartiger Lehrer, tief erfüllt und durchdrungen von den Idealen des Humanismus, uns Primanern ein leuchtendes Vorbild. Gerhard Gentzen war eine Art Außenseiter im positiven Sinn. Um seine Stellung als Primus wurde er nie beneidet, sie war ohnehin unantastbar. Er gehörte zur Klasse, die Klasse mochte ihn, der stets freundlich und hilfsbereit war. Einen Schulfreund im echten Sinne hatte er nicht. Seine unsägliche Liebe zur Mathematik füllte sein Leben völlig aus. Seiner außergewöhnlichen Begabung und seiner hohen Leistungen wegen wurde Gerhard Gentzen in die ‚Studienstiftung des deutschen Reiches' aufgenommen."[55]

1926 baut er sein erstes Radio mit Spulen, die er selbst gewickelt hat.

Vermutlich bekam Gerhard – wie sein Vater einst – am 7.3.1927 die von Reichenbachsche Medaille verliehen mit dem Hinweis, daß sie, „einst in schwerer Zeit gestiftet, auch in unseren Tagen mehr denn je ihren alten mahnenden Sinn in sich trage".[56]

> „Meine beiden letzten Schuljahre war ich auf einem Stralsunder Realgymnasium. Ein Jahr davon wohnte ich bei Gentzens. Nach meinen Wochenendbesuchen bei den Eltern in Putbus, holte Gerhard mich regelmässig vom Hafenbahnhof in Stralsund ab,

---

Lexika aus dieser Zeit von 1911 – angefangen mit beispielsweise Jean Henri Fabres „Der Sternenhimmel" (Stuttgart Franckh'sche Verlagshandlung 1911) über Ferdinand Meisel, Wandlungen des Weltbildes und des Wissens von der Erde. Das Weltbild der Gegenwart. Band 1. Stuttgart und Berlin: Deutsche Verlagsanstalt – bis 1922 (Max Valier) hat m.E. ergeben, daß es keinerlei Hinweise gibt, daß er womöglich etwas abgeschrieben oder gar ohne Quellenangabe referiert hat.

[54] Dr. Herbst aus Stralsund war später ein guter Freund Gentzens. Noch 1944 besucht ihn Gentzen in Binz.

[55] Undatierter Brief an Dipl.-Ing. G. Gentzen.

[56] Zitiert nach dem „Jahresbericht der Stralsunder Schulen"; leider werden keine Namen der Medaillenträger genannt. Die Vermutung stammt von Dipl.-Ing. G. Gentzen.

wir machten auch oft lange Spaziergänge im Stralsunder Stadtwald. Er half mir auch oft bei den Schularbeiten, zum Ärger seiner Mutter. In Mathematik war ich sehr schlecht. (...) Einmal kam ich mit einer Erdkundezeichnung nicht zurande, da erbarmte sich Gerhard, schaffte die Sache in zehn Minuten. Als ich sagte, es würde mir niemand als meine Arbeit so abnehmen, er müsse Fehler da hinmachen, dauerte die ‚Berichtigung' das 3fache an Zeit. So wuchsen wir langsam in eine Freundschaft hinein. Nach der Schule besuchte ich eine Haushaltungsschule in Gernrode am Harz, so ergab es sich, dass Gerhard und ich uns im Harz trafen. Ich erinnere mich besonders an einen Sonntag in Thale am Harz, wo wir so vergnügt waren, dass wir die Wiesen herunterkullerten."[57]

M Gentzens Abitur am 29.02.1928

In der „Meldung des Oberprimaners Gerhard Gentzen zur Reifeprüfung" lesen wir folgendes:

> „Von den Unterrichtsgegenständen hat mich die Mathematik am meisten gefesselt, und ich habe mich viel mit ihr beschäftigt. 1922 begeisterte ich mich für die Sternenkunde und versuchte bald, die Stellungen der Planeten am Himmel vorausbestimmen zu können. 1924 bearbeitete ich das Problem mathematisch und löste es nach vielen Versuchen. In demselben Jahr wandte ich mich der analytischen Geometrie zu, worüber ich in Unterprima (1926/27) eine Studienarbeit anfertigte. Ich möchte demnach Mathematik studieren."[58]

Gerhard besteht am 29. Februar 1928 seine Reifeprüfung „mit Auszeichnung" und erhält auf Antrag des Direktors der Schule, deren bester Schüler er in seinem Jahrgang war, ein Stipendium von der „Studienstiftung des Deutschen Reiches", um ein Universitätsstudium durchführen zu können. Die Beurteilung des Oberprimaners Gentzen lautet:

> „Er ist der begabteste Schüler, den die Anstalt seit langem gehabt hat. Seine Neigung und Begabung richtet sich in erster Linie auf Mathematik und Physik, insbesondere Astronomie, aber auch sonst leistet er durchaus gutes und sehr gutes. Das Lehrerkollegium hatte sich im Herbst 1926 mit der Frage befaßt, ob Gentzen nicht springen könne. Zweifellos hätte er schon damals das Ziel der Reifeprüfung erreicht, aber das Lehrerkollegium hatte Bedenken, daß bei seiner Neigung, sich abzuschließen und ständig für sich geistig zu arbeiten, seine Gesundheit gefährdet würde, wenn er in so frühem Alter zum Studium käme. Eine zu diesem Zweck herbeigerufene Besprechung mit der Mutter ergab unabhängig von den Bedenken des Lehrerkollegiums deren dringenden Wunsch, ihren Sohn nicht springen zu lassen. Zweimal, 1926 und 1927 hat der Herr Minister Gentzen durch die Bewilligung einer Erziehungsbeihilfe von 1000 Mk. ausgezeichnet. Die dabei vorgelegten Arbeiten gingen weit über das hinaus, was sonst von Schülern geleistet wird. G. ist im übrigen ein stiller, ernster Junge, und stand längere Zeit seinen Kameraden fern, in neuerer Zeit gewinnt es aber den Anschein, als lebe er nach dieser Seite hin etwas auf. Er nahm an

---

[57] Hertha Michaelis (Düsseldorf) brieflich an mich vom 7.2.88.

[58] GERD ROBBEL, Ein Brief Gerhard Gentzens an seinen Großvater, S.28–29, in: *alpha*, Berlin 20 (1986) Heft 2. Verlag Volk und Wissen: Berlin 1986.

einer geschichtlichen und an einer griechisch-philosophischen A.G. teil.[59] Seine
Freude an der Lösung mathematischer Aufgaben ließ ihn darauf verzichten, um Erlaß
der mathematischen Prüfungsarbeit einzukommen. Die letzte, dem PSK (Abkürzung
für ‚Prüfungskommission‘ oder Preußische Schulkommission, EMT) eingereichte Studienarbeit[60] wurde als lobenswert bezeichnet. (G 5782/27 v. 25. Aug. 27) Es ist anzunehmen, daß G. im späteren Leben auf dem Gebiete der Wissenschaft eine hervorragende Stellung einnimmt, wenn sich seine Gesundheit weiter bessert."[61]

Sein Reifezeugnis („war 8 Jahre auf dem Gymnasium und zwar 2 Jahre in
Prima") verzeichnet folgende Leistungen:

„1. Religion: gut

2. Deutsch: gut

3. Lateinisch: gut

4. Griechisch: sehr gut; er nahm an einer philosophischen Arbeitsgemeinschaft teil.

5. Französisch: gut

6. Englisch: gut

7. Geschichte (Staatsbürgerkunde): gut; er nahm an einer Arbeitsgemeinschaft teil.

8. Erdkunde: sehr gut

9. Mathematik: sehr gut. Er lieferte eine sehr gute Jahresarbeit. Bemerkung: Seine hervorragende Veranlagung für abstraktes Denken führte ihn zu eifriger Sonderbeschäfti-
gung mit mathematischen Fragen. Begabung und Fleiß befähigten ihn wiederholt,
selbstständige mathematische Entwicklungen durchzuführen.

10. Physik: gut

11. Chemie: –

12. Biologie: –

13. Zeichnen und Kunstunterricht: sehr gut

14. Musik: genügend

15. Leibesübungen: gut

16. Handschrift: gut.

Er hat die Reifeprüfung „mit Auszeichnung" bestanden. Der unterzeichnete Prüfungsausschuß hat ihm demnach das Zeugnis der Reife zuerkannt. Gentzen will Mathematik studieren.

Stralsund, den 29. Febr. 1928 Staatlicher Prüfungsausschuß".

---

[59] Der Logiker und Wissenschaftshistoriker Gerd Robbel (1986, a und b) vermutet einen philosophischen Einfluß von Alfons Bilharz auf die Einstellungen Gerhard Gentzens. Ich bezweifle
dies und sehe weder Anlaß noch Nachweismöglichkeit für eine derartige Vermutung. Gentzen
hat zwar an seinen Großvater zwei- bis dreimal jährlich geschrieben, aber eine Einflußnahme
seitens des Großvaters ist nicht dokumentiert oder überliefert. Auch die philosophischen Werke
von Alfons Bilharz hat dieser nicht seinem Enkel geschickt. Seine Schwester kann sich selbst an
eine Lektüre seiner Werke durch Gerhard Gentzen nicht erinnern. Allerdings befinden sich zwei
Werke von Alfons Bilharz im Besitz von Waltraut Student als Erbmasse ihrer Mutter Melanie
Gentzen. Sie sahen 1988 ungelesen aus. Ich glaube dagegen, daß Gentzen aufgrund der Famili-
enfama um Alfons Bilharz als gescheitertem Philosophen, der nirgends Anerkennung erfahren
hat, ein derartiges metaphysisches Philosophieren verabscheut hat.

[60] Die Studienarbeit ist noch nicht aufgefunden worden.

[61] G. ROBBEL (1986 a), S. 55

Es gibt in den Unterlagen des Stadtarchivs Stralsund noch ein Protokoll der mündlichen Reifeprüfung im Fach Mathematik. Es waren Prüfender: Dr. Herbst und Verhandlungsführer: Prof. Dr. Krüger.

> „Dr. Herbst gibt bekannt, daß er den beiden folgenden Prüflingen Aufgaben stellen werde, die über den Rahmen des in der Schule Erwarteten bei Gentzen völlig hinausgehen.
> (...)
> Gentzen: ich will die Integrale für die Kegelschnitte ableiten
> a.) für die Parabel. Darstellung des Parabelinhaltes,
> b.) für den Kreis, dabei leitet der Prüfling den Differentialquotienten von arc sin x/a ab,
> c.) für die Hyperbel
> d.) für die Ellipse
>   sehr gut."[62]

So einzelgängerisch, wie Gentzen geschildert wird, war er gar nicht. Nur lagen seine Freundschaften, Kameradschaften und Bekanntschaften nicht in der Klasse. Mit der Nachbarstochter Hertha Michaelis ist Gentzen sein Leben lang befreundet. Er spielt mit Harald Frese Schach und ist mit Traugott Bartels, der mit ihm einmal gebrochen hatte, wieder befreundet.

Am 5. April (Ostern) wird Gerhard Gentzen eingesegnet. Seinen Unterricht hatte er bei Superintendent Schmidt erhalten. Sein Konfirmationsspruch ist Römer 12,12:

> „Seid fröhlich in Hoffnung, geduldig in Trübsal, haltet an am Gebet."[63]

Melanie Gentzen bedenkt die Vergangenheit und trägt in der Chronik ein:

> „Es folgten Jahre großen Glücks! 2 Kinder wurden uns geschenkt, Gerhard und Waltraut. Im eigenen Haus mit schönem, grossen Garten wuchsen sie fröhlich heran. Der erste Weltkrieg, den mein Mann von Anfang bis Ende mitmachte, brachte ihn im November 1918 als Schwerkranken zurück. Er starb Ende März 1919. Es folgten nun schwere Jahre. Im Jahr 1920 zog ich mit den Kindern auf Wunsch meiner Schwiegermutter zu ihr nach Stralsund. Gerhard galt bald als der beste Schüler des dortigen Gymnasiums; Traute besuchte mit Erfolg das Lyzeum und die Frauenschule. Es kam die unheilvolle Inflationszeit, die uns des Vermögens beraubte und mich nötigte, eine Stelle als Zuschneiderin in einem grossen Kaufhaus anzunehmen. Nach 5 Jahren gab ich die Stelle auf, da Schwiegermutter und Kinder mich dringend brauchten. Nach dem Tode der ersteren folgten ruhigere Jahre. Mein hochbegabter Junge bezog ein Stipendium."

Hertha Michaelis erinnert sich, daß sie als Directrice im Modehaus Zeck beschäftigt war[64]. Aber wir wollen mit Melanie Bilharz auch in die Zukunft sehen:

> „Meine Traute bildete sich nach Beendigung der Schulzeit im Pestalozzi-Froebel-Haus in Berlin zur Kindergärtnerin aus und übte diesen Beruf bis zu ihrer Verlobung mit dem Vermessungs-Assessor Heinz Student, dem sie nach Liegnitz 1937 folgte, aus. Ich folgte den Kindern 1938 nach. Der Krieg führte Hans ins Feld (italienische Gefangenschaft). Nach dem Zusammenbruch flüchteten wir unter Zurücklassung sämtli-

---

[62] Zitiert nach G. Robbcl (1986 a), S. 57.

[63] Vgl. Kapitel 1 Jugend und Studium Fußnote 2.

[64] Hertha Michaelis brieflich an mich aus Düsseldorf vom 7.2.88.

cher Habe mit der 6jährigen Bärbel und dem 3jährigen Hans-Lothar nach Sigmaringen ins ‚Eckhäusle‘, wo wir von den Schwestern auf's liebevollste aufgenommen wurden.“[65]

Gerhard war auf ein Stipendium angewiesen. Der Besuch einer höheren Schule kostete damals Geld. Wer die monatlichen 60.– Mark nicht aufbringen konnte, mußte sich durch besondere Leistungen hervortun. Für gute Leistungen gab es verschiedene Prämien. Gute schulische Leistungen hatten also oft nichts mit Strebertum zu tun, sondern mit materieller Armut und Begabung.

N Beginn des Studiums 1928 in Greifswald

Gerhard immatrikuliert sich an der nahen Universität Greifswald für Mathematik und Physik. Er erhält bis zum Abschluß des Studiums finanzielle Unterstützung durch die „Studienstiftung des Deutschen Volkes“. Er wohnt in der Marienstraße 17 und schreibt am 24.8.1928 an den Schulfreund seines Vaters, „Onkel Willi“, der in Stralsund an der Schule tätig ist, aber in Putbus wohnt, wo er sich mit seinem Zimmer mit Blick auf den Wall zufrieden erklärt. Vor dem Weggange hat er noch seiner Mutter und seiner Schwester die Bedienung des Radios erklären müssen. Er hat auch Kontakt gefunden zu Helmut Michaelis, der ebenfalls in Greifswald studiert. Es ist ein Bruder seiner Jugendfreundin Hertha Michaelis. In Greifswald lernt er auch Lothar Collatz (*06.07.1910 in Arnsberg, †26. September 1990 in Varna/Bulgarien)[66] kennen, der aus Stettin kommt und ebenfalls Mathematik studiert. Lothar Collatz teilt Gentzens Liebe für Spiele, Denksportaufgaben und Astronomie. Warum verlassen Gentzen und Collatz bereits nach zwei Semestern das mathematische Institut und gehen nach Göttingen? Lothar Collatz berichtet:

> „Wir hatten in Greifswald zusammen bei Prof. Hellmuth Kneser[67] ‚Analytische Geometrie‘ gehört und Anfang 1929, also gegen Ende des Wintersemesters luden Herr und Frau Kneser Herrn Gentzen und mich zum Abendessen in seine Wohnung ein, was in der damaligen Zeit etwas ungewöhnlich war; denn wir waren ja ganz junge Studenten im zweiten Semester. Herr Kneser zeigte uns eine Schachvariante (‚Blindschach‘). Dann sagte er zu uns: Ich würde Sie gerne weiter als meine Hörer haben, aber Sie müssen nach Göttingen, wo Ihnen mehr geboten werden kann, als hier bei uns in Greifswald. Er gab uns dann ein Empfehlungsschreiben für uns an Prof. Courant. So kamen wir beide nach Göttingen. In Göttingen störte uns etwas der ‚Massenbetrieb‘. So gingen wir beide nach München und hörten dort die großartigen

---

[65] Chronik Bilharz, Eintrag von Melanie Gentzen, geb. Bilharz, S. 66.

[66] Vgl. die biographischen Bemerkungen in „Lothar Collatz 1910–1990“, Hamburger Beiträge zur Angewandten Mathematik, 2. überarbeitete Auflage. Reihe B, Bericht 23, Dezember 1992 und LOTHAR COLLATZ, Numerik, S. 269–322, in: Gerd Fischer et al. (Hrsg.), Ein Jahrhundert Mathematik 1890–1990. Vieweg: Wiesbaden 1990.

[67] Hellmuth Kneser (1898–1973), der bei Hilbert 1921 promovierte, war vom 1.10.21 bis 31.3.25 Assistent in Göttingen und hat sich dort am 1.12.22 habilitiert. Er wirkte in Greifswald von 1925 bis 1937, danach in Tübingen (vgl. Eintrag Kneser in Siegfried Gottwald, Hans-Joachim Ilgauds, Karl-Heinz Schlote (Hrsg.), Lexikon bedeutender Mathematiker. Bibliographisches Institut Leipzig 1990).

Vorlesungen von Perron über Algebra II und von Carathéodory über Funktionentheorie. Wir wußten, daß wir uns allmählich wegen eines Studienabschlusses für eine Universität entscheiden müßten. So beschlossen wir, noch ein Semester nach Berlin zu gehen, wo hervorragende Mathematiker Vorlesungen hielten. Nach unserem 6. Semester, Frühjahr 1931, hatten wir uns nun für eine Universität zum Studienabschluß zu entscheiden. Gerhard entschied sich für Göttingen und ich beschloß, in Berlin Examen zu machen."[68]

Dieser Brief mag etwas das pompöse Geschichtsbild berichtigen, das manche gemeinhin von der vielgepriesenen Attraktivität und Einzigartigkeit der Göttinger Mathematik besitzen. In der „Provinz" wurde durchaus auch gute Mathematik getrieben.

Lothar Collatz schätzt Gentzen sehr:

„In persönlicher Hinsicht war er für mich ein sehr treuer Freund, er war zuverlässig, ehrlich, charakterfest, gewissenhaft, hilfsbereit und hatte stets ein gerechtes, und wohldurchdachtes Urteil."[69]

O Fortsetzung des Studiums in Göttingen

So finden wir Gentzen und Collatz am 12.5.1929 – am 22.04.1929 hatte er sich in Göttingen immatrikuliert – in der Reinhäuser Landstraße. Er schreibt wieder an „Onkel Willi" und „Tante Iga" nach Putbus und schildert den Tagesablauf. Die Zimmer von Collatz und Gentzen liegen einander gegenüber. Vormittags wird das Frühstück bei Gerhard eingenommen, mittags essen sie in der Mensa, abends wird bei Lothar gegessen. Sie besuchen die Universität täglich 5 bis 6 Stunden. Die Vorlesungen seien kaum schwieriger verständlich als in Greifswald, aber hier würde vieles an Kenntnissen vorausgesetzt. Er freut sich sehr, daß ein neues mathematisches Institut gebaut wurde. Gentzen hat noch zwei philosophische Vorlesungen belegt, ein physikalisches Praktikum für Messungen und eine Veranstaltung, um sich in der Stenographie fortbilden zu können. Er macht mit zwei Kommilitonen längere Spaziergänge und eine größere Tour nach Kassel und an die Weser ist geplant. Am 2.12.1929 bedankt sich Gerhard Gentzen bei Onkel Willi und Tante Iga für den Schlips. An seinem Geburtstag sei er mit Studienstiftlern in Schatzfeld am Südrand des Harzes gewesen, wo sie zum großen Knollen aufgebrochen seien. Sie hätten sich darauf verständigt, sich auch in Göttingen zu treffen und dies habe nun stattgefunden. Sie hätten Max Webers „Wissenschaft als Beruf" gelesen[70]. Er beschäftige sich damit, sein Radio auszubauen,

---

[68] Brief von Prof. Dr. L. Collatz an EMT vom 31. März 1988 (AZ: Co/sch).

[69] Brief von Prof. Dr. L. Collatz an EMT vom 28. Januar 1988 (AZ: Co/sch).

[70] Gentzen benutzte vermutlich die Ausgabe „Max Weber, Wissenschaft als Beruf. Wissenschaftliche Abhandlungen und Reden zur Philosophie, Politik und Geistesgeschichte, Heft VIII. Dritte Auflage. Duncker & Humblot: München und Leipzig 1930. Das Heft fand sich bei Gerhards wenigen Hinterlassenschaften in Rottweil. Folgende Stellen sind angestrichen: S. 12: „Und wer also nicht die Fähigkeit besitzt, sich einmal sozusagen Scheuklappen anzuziehen und sich hineinzusteigern in die Vorstellung, daß das Schicksal seiner Seele davon abhängt: ob er diese, gerade diese Konjektur an dieser Stelle dieser Handschrift richtig macht, der bleibe der Wissen-

spiele Schach und gehe ins Kino und ins Theater. Das Stück „Die andere Seite" von Sheriff habe ihnen nicht gefallen.[71] Am Montag sei das neue mathematische Institut eingeweiht worden. Er sei auch danach bei einer internen Feier dabei gewesen und habe zwei hervorragende Vorträge gehört.[72]

Während Gentzen bei Hilbert seinen Schwerpunkt auf mathematische Grundlagen legt, wird Collatz durch Courant zur Beschäftigung mit Differentialgleichungen inspiriert. Beide hören von Juni bis Juli 1929 bei Hilbert die Vorle-

---

schaft nur ja fern."; S. 13: „Es ist in der Tat richtig, daß die besten Dinge einem so, (...) beim Spaziergang auf langsam steigender Straße, jedenfalls aber dann, wenn man sie nicht erwartet, einfallen, und nicht während des Grübelns und Suchens am Schreibtisch."; S. 14: „"Persönlichkeit" auf wissenschaftlichem Gebiet hat nur der, der rein der Sache dient."; S. 16: „Wissenschaftlich aber überholt zu werden, ist – es sei wiederholt – nicht nur unser aller Schicksal, sondern unser aller Zweck."; S. 21: „Wer – außer einigen großen Kindern, wie sie sich gerade in den Naturwissenschaften finden – glaubt heute noch, daß Erkenntnisse der Astronomie oder der Biologie oder der Physik oder Chemie uns etwas über den Sinn der Welt, ja auch nur etwas darüber lehren könnten: auf welchem Weg man einem solchen „Sinn" – wenn es ihn gibt – auf die Spur kommen könnte?"; S. 22: „Naturwissenschaften wie etwa die Physik, Chemie, Astrononomie setzen als selbstverständlich voraus, daß die – soweit die Wissenschaft·reicht, konstruierbaren – letzten Gesetze des kosmischen Geschehens wert sind, gekannt zu werden."; S. 26: „Ich erbiete mich, an den Werken unserer Historiker den Nachweis zu führen, daß, wo immer der Mann der Wissenschaft mit seinem eigenen Werturteil kommt, das volle Verstehen der Tatsachen aufhört."; „Wissenschaft kennt in der Tat ihrerseits das „Wunder" und die „Offenbarung" nicht. Sie würde ihren eigenen „Voraussetzungen" damit untreu. (...) Und jene „voraussetzungslose" Wissenschaft mutet ihm nicht weniger – aber: auch nicht mehr – zu als das Anerkenntnis: daß, wenn der Hergang ohne jene übernatürlichen, für eine empirische Erklärung als ursächliche Momente ausscheidenden Eingriffe erklärt werden solle, er so, wie sie es versucht, erklärt werden müsse. Das aber kann er, ohne seinem Glauben untreu zu werden. (...) Wenn jemand ein brauchbarer Lehrer ist, dann ist es seine erste Aufgabe, seine Schüler unbequeme Tatsachen anerkennen zu lehren, solche, meine ich, die für seine Parteimeinung unbequem sind; (...)"; "S. 36: „Es ist weder zufällig, daß unsere höchste Kunst eine intime und keine monumentale ist, noch daß heute nur innerhalb der kleinsten Gemeinschaftskreise, von Mensch zu Mensch, im pianissimo, jenes Etwas pulsiert, das dem entspricht, was früher als prophetisches Pneuma in stürmischem Feuer durch die großen Gemeinden ging und sie zusammenschweißte." Dies ist eine Lesart der Sachlichkeit, des wertfreien Spezialistentums, der Voraussetzungslosigkeit der Wissenschaft und der Hingabe – im privaten Kreis. Und diese Les- und Lebensart half dem NS bei seiner Überrumpelung der Wissenschaften und Hochschulen.

[71] Robert Cedric Sheriffs „Die andere Seite" war um 1929 ein Erfolgsstück innerhalb der Gattung „Kriegsdrama", das sich mit dem Krieg literarisch auseinandersetzte. In seiner unpathetischen und nüchternen Sachklarheit ohne jede tendenziöse Denunziation wird bei Sheriff das Kriegsgeschehen in den Schützengräben von englischer Seite aus gesehen. Besser genährt und gekleidet als die deutschen Truppen, sind sie keinesfalls besser dran. Zwei Tage vor dem deutschen Generalangriff werden die Menschen und Situationen unverziert und aufrichtig präsentiert: Krieg als notwendiges Geschäft, möglichst gut zu liquidieren; angedrilltes und freiwilliges Pflichtgefühl, aber noch mehr geheimes Grauen vor dem Warten und der Endlosigkeit; Lebensdrang ohne Heldentum, Vernichtungswillen aus Selbsterhaltungstrieb ohne jeden Haß. Gemeinsames männliches Erleben mit den Schwankenden und Festen, den Angstpsychotischen und Heiteren, den Leidenden und Sterbenden, den Entronnenen und den Phlegmatischen, die man mit Stoikern verwechselt. Alle sind fassungslos, auch wenn sie sich fassen gelernt haben. Alles Menschliche zwischen Zerwühltheit und orgiastischem Feiern wird dargestellt mit leisem Humor und viel Güte. Was mag dem Dramatiker Gentzen, in Dialogen und der Technik des Stückeschreibens ja geübt, nicht daran gefallen haben?

[72] Die Hauptredner bei der Einweihung des Math. Instituts am 2.12.1929 waren Hermann Weyl und Theodor von Kármán.

sung „Mengenlehre" und Lothar Collatz fertigt – wie immer – eine gründliche Vorlesungsnachschrift an.[73] Aus dieser Vorlesung lernt Gentzen alles Notwendige über algebraische Zahlen, Mengen, logische Verstrickungen, Paradoxien von Russell-Zermelo, das Paradoxon der Klasse aller Ordinalzahlen, Aufbau der Dedekindschen Zahlentheorie, erlaubte und unerlaubte Schlüsse, Logik des „tertium non datur", und die Grundbegriffe der mathematischen Logik. Am 15.7. 1929 lernen beide „Das Problem der Widerspruchsfreiheit" kennen, den Beweis der Widerspruchsfreiheit für numerisches Rechnen, Widerspruchsfreiheit bei Zulassung der Reduktion. Die dazugehörigen Beweismethoden mit der Auflösung in einzelne Beweisfäden und das epsilon-Axiom folgen am 22.7., 25.7., und 29.7.1929. Beide werden diese Vorlesung gut nachbereitet haben. Am 17.03.1930 verlassen beide Göttingen, um in München weiter zu studieren.

P   Fortführung des Studiums in München

Gentzen wohnt das Sommersemester 1930 über München in der Hohenzollernstraße 14, im zweiten Stock. Immatrikuliert ist er als Student der philosophischen Fakultät und gibt als Adresse Herzogstraße 82 /2 an.[74] Er schreibt an Professor Dr. Hellmuth Kneser am 2. Juli 1930:

> „Sehr geehrter Herr Professor!
>
> Mein fünftes Studiensemester hat mich nach München geführt, es steht besonders im Zeichen der Museenbesichtigungen und Wanderungen, um die Schönheiten der Stadt und ihrer Umgebung kennen zu lernen. So war ich, meist mit meinem Freund Lothar Collatz und dessen Schwester zusammen, am Starnberger See, Ammersee, zweimal in den Alpen, im Isartal, u.s.w. Die Pfingstferien konnte ich bei meinem Onkel in Meran zubringen, wobei ich viel Neues gesehen habe. Die zweimalige Fahrt über die Alpen war ganz wunderbar.
>
> Neben derartigen Unternehmungen ist aber auch die Wissenschaft nicht zu kurz gekommen. Da kann ich jetzt endlich eine Vorlesung über Funktionentheorie hören, bei Professor Carathéodory. Etwas besser als diese, mit der ich jedoch auch ganz zufrieden bin, gefällt mir die Algebra-Vorlesung (II. Teil) von Professor Perron. Ferner habe ich noch Chemie, Astronomie und eine Einführung in die Topologie belegt. In dieser werden die Grundlagen des Gebietes aus der Lehre von den Punktmengen im n-dimensionalem Raum behandelt (Prof. Tietze).
>
> Zeitweilig beschäftige ich mich privatim mit Sachen, die mich besonders interessieren. Noch in den Sommerferien überlegte ich mir eine Darstellung der Peanokurven

---

[73] Lothar Collatz hat unter vielen anderen Papieren – er war ein fast manischer Aufschreiber und Dokumentar – auch zwei Niederschriften nach den Vorlesungen von Prof. Hilbert nachgelassen: 1.) Theorie der algebraischen Invarianten (Wintersemester 1929/30) (ca. 100 S.) und 2.) Mengenlehre (Sommersemester 1929) (ca. 88 Seiten). Man sollte diese Vorlesungsnachschriften veröffentlichen. Der Nachlaß von Dr. Lothar Collatz ist in 170 (!) Archivkästen bisher nur grob nach Dokumentarten sortiert. Eine erste Durchsicht ergab keine Dokumente zu Gentzen. (Frau Dr. Petra Blödorn-Meyer von der Handschriftenabteilung der Staats- und Universitätsbibliothek Carl v. Ossietzky Hamburg brieflich vom 24.01.1997).

[74] Auskunft von Frau Prof. Dr. Laetitia Boehm vom Archiv der Ludwig-Maximilian-Universität vom 23.2.1988 an EMT (unter Tgb A 29/B – 88): „Da für diese Zeit die Belegbögen fehlen, können wir Ihnen über sein Studium leider keine weiteren Auskünfte geben."

und ihrer nicht differenzierbaren Zielfunktionen mit Hilfe von Trialbrüchen, womit ich die wesentlichen Eigenschaften dieser Funktionen ziemlich einfach, und von der Behandlung in Bieberbachs Differentialrechnung ganz verschieden, beweisen konnte. Ich weiß nur nicht, ob nicht diese Darstellung schon bekannt ist, da ich hier keine Literatur über die Peanokurven finden konnte. Dann habe ich das Buch ‚Theoretische Logik' von Hilbert und Ackermann studiert, da ich gerne zu einer größeren Klarheit über die Grundlagen der Mathematik kommen möchte. Jetzt will ich versuchen, die neueren Abhandlungen von Hilbert hierüber zu bekommen.

> Mit ergebenstem Gruß
>> und Empfehlung an Ihre verehrte Frau Gemahlin
>>> verbleibe ich ihr
>>>> Gerhard Gentzen."[75]

In den Schriften Hilberts wird er auch eine politische Komponente der Grundlagendiskussion mitgekommen haben:

> „Die großen Klassiker und Schöpfer der Grundlagenforschung waren Cantor, Frege und Dedekind; sie hatten in Zermelo einen kongenialen Interpreten gefunden. (...) Eine unglückliche Auffassung Poincarés, betreffend den Schluß von n auf n+1, die bereits zwei Jahrzehnte früher von Dedekind durch einen präzisen Beweis widerlegt worden war, verrammelte den Weg zum Vorwärtsschreiten. Ein neues Verbot, das Verbot der imprädikativen Aussagen, wurde von Poincaré erlassen und aufrecht-erhalten, obwohl Zermelo sofort ein schlagendes Beispiel gegen dieses Verbot angab und dieses Verbot außerdem gegen die Resultate Dedekinds verstieß. Leider auch die sonst so vertreffliche Logik Russells leistete in ihrer Anwendung auf Mathematik der Irrlehre Vorschub. So kam es, daß unsere geliebte Wissenschaft - was die Frage nach ihrem innersten arithmetischen Wesen und Grunde betrifft – zwei Jahrzehnte hin-durch wie von einem bösen Traum heimgesucht wurde."[76]

Wer hat also die mathematische Wissenschaft geschädigt? Ein Franzose und ein Engländer, während der Deutsche international ungehört bleibt! Warum kommt der Niederländer Brouwer nicht vor? Der hatte später geschrieben:

> „Die Widersprüche, auf die man dabei wiederholt gestoßen ist, haben die formalisti-sche Kritik ins Leben gerufen, eine Kritik, welche in ihrem Wesen darauf hinaus-kommt, daß die die mathematische Denkhandlung begleitende Sprache einer mathe-matischen Betrachtung unterzogen wird. Einer solchen Betrachtung bieten sich die Gesetze der theoretischen Logik als auf Grundformeln oder Axiome wirkende Opera-toren dar, und man stellt sich als Ziel, diese Axiome so umzugestalten, daß die sprach-liche Wirkung der genannten Operatoren (die selber ungeändert beibehalten werden) nicht mehr durch die Erscheinung der Sprachfigur des Widerspruchs gestört werden kann. An der Erreichung dieses Ziels braucht keineswegs verzweifelt zu werden, aber damit wird kein mathematischer Wert gewonnen sein: eine durch keinen widerlegen-den Widerspruch zu hemmende unrichtige Theorie ist darum nicht weniger unrichtig,

---

[75] Der Briefwechsel Gentzen – Kneser ist im Besitz von Prof. Dr. Martin Kneser in Göttingen – er ist der Sohn von Hellmuth Kneser –, dem ich für die Möglichkeit der Veröffentlichung viel-mals danke.

[76] DAVID HILBERT, Probleme der Grundlegung der Mathematik, *Math. Annalen*, (17), Bd. 102 (1920), S. 2.

so wie eine durch kein reprimierendes (zurückweisendes, EMT) Gericht zu hemmende verbrecherische Politik darum nicht weniger verbrecherisch ist."[77]

Und das lag daran, daß die Deutschen nach dem verlorenen Ersten Weltkrieg international isoliert waren. Zudem wußte Hilbert bis 1918 recht wenig über Brouwers Ideen zur Grundlagenforschung. Hilberts Konfrontation mit dem Brouwerschen Intuitionismus rührt von Weyls Schriften „Das Kontinuum" (1918)[78] und speziell „Neue Grundlagenkrise der Mathematik" (1921)[79] her, aber Brouwer selbst hat er kaum gelesen.[80]

Hatte Brouwer das nicht hübsch getroffen, die Formalisten als trickreiche Verbrecher ohne jede Moral hinzustellen als diejenigen, die alles tun, um nur ihr Ziel zu erreichen? Aber Hilbert wie Gentzen sehen jenseits aller Polemik deutlich die Herausforderung, die ihnen mit dem Intuitionismus erwachsen und nehmen die Gedanken Brouwers verschieden auf. Hilbert forderte eine prästabile Harmonie von Mathematik und Welt, ganz getreu nach Leibnizschem Muster. Davon war augenscheinlich auch Gentzen überzeugt. Sie wollen die Einheit der Mathematik retten durch die Auszeichnung dieses Faches mit einer einzigen, nur in ihr gültigen Methode. Hilbert kämpft gegen den Zerfall des Fachs Mathematik in unterschiedliche Einzeldisziplinen und sieht in Brouwer irriger Weise einen Vertreter des Chaos. Hilbert will die gesamte Mathematik „retten" und deshalb keine Verbotsdiktaturen zulassen. Er will größtmögliche Freiheit – wie Kant mit „Kritik" und „System" und stellt als Kontrollinstanz, quasi transzendental, eine Metamathematik auf, die diese Einheit garantieren soll.

> „Denn für ihn (David Hilbert, EMT) hatte die Mathematik die Bedeutung einer Weltanschauung, und er ging an jene grundsätzlichen Probleme mit der Gesinnung eines Eroberers, der bestrebt ist, dem mathematischen Denken einen möglichst umfassenden Herrschaftsbereich zu erkämpfen." (Paul Bernays, 1922)

Q Ein Semester in Berlin: Wintersemester 1930/31

Gentzen immatrikulierte sich am 29.10.1930 in Berlin an der Philosophischen Fakultät der Friedrich-Wilhelm-Universität und studierte Mathematik. Er exmatrikulierte sich am 11.03.1931.[81] Mir fehlen alle Angaben über das WS 30/31, das Gentzen in Berlin verbrachte, wo seine Schwester als Kindergärtnerin arbeitete.

---

[77] LUITZEN E. J. BROUWER, Über die Bedeutung des Satzes vom ausgeschlossenen Dritten in der Mathematik, insbesondere in der Funktionentheorie, S. 1, in: *Journal für reine und abgewandte Mathematik*, Bd. 154 (1925).

[78] Das Kontinuum. Kritische Untersuchungen über die Grundlagen der Analysis. Leipzig: Veit 1918.

[79] Über die neue Grundlagenkrise der Mathematik, *Mathematische Zeitschrift*, Bd. 10 (1921), S. 39ff.

[80] Vgl. die Biographie von DIRK VAN DALEN, Mystic, Geometer, and Intuitionist. The Life of L. E. J. Brouwer. Volume 1: The Dawning Revolution. Clarendon Press: Oxford 1999). Sie ist ein exzellentes Beispiel verständlicher, gleichwohl gedankentiefer Biografik, die wissenschaftlichem Ethos verpflichtet ist.

[81] Dr. W. Schultze vom Archiv der Humboldt-Universität brieflich am 15. Januar 1997.

Waltraut Student gibt als Grund für sein Berliner Zwischenspiel allein an, daß er ihr nahe sein und vor allem Mut machen wollte für ihr Examen als Kindergärtnerin, das kurz bevor stand und das sie erfolgreich absolvierte. Ob er bei Richard von Mises (1883–1953), der 1934 nach Istanbul emigrieren mußte, oder Erhard Schmidt (1876–1959) hörte – vielleicht auch Physik bei Erwin Schrödinger –, kann ich nur vermuten, denn auch sein Freund Lothar Collatz hörte bei diesen.[82]

R Zurück in Göttingen: Saunders MacLane und Gentzen als der „Typus des wissenschaftlich gerichteten Menschen" (Richard Courant)

Am 24. April 1931 immatrikuliert sich Gentzen wieder in Göttingen bis zum 24. November 1933 und wohnt in der Schillerstr. 7, Erster Stock. 1931 trifft der amerikanische Student Saunders MacLane (1909) in Göttingen auf Gentzen:

> "Gentzen and I were students of mathematical logic in Göttingen at the same time (1931–1933). I knew Gentzen reasonably well, and had several conversations with him about logic (though I did not in any way have any influence on his important work). After my own Ph.D. thesis ('Abgekürzte Beweise im Logikkalkül', 61 S., Diss. 1934, now published in a volume of my selected papers) had been written in English (June 1933) the authorities told me that it must be written in German. I then asked Gentzen to translate it for me; he began his task, but so slowly that I finished the translation myself. I last saw him in July 1933. Gentzen subsequently sent me (to the USA) reprints of his important papers 1934–1937; I still have these copies, with his signature. (...) Much later, I had occasion to use some Gentzen ideas about cut 'eliminations' in some of my research".[83]

Jacques Herbrand[84] (1908–1931) hielt sich nach seiner Promotion 1930 mit Untersuchungen zur Beweistheorie ein Jahr lang bis 1931 in Deutschland auf und besuchte Berlin, Hamburg und Göttingen. Vielleicht hat Gentzen den nur ein Jahr älteren Herbrand in Göttingen bei Emmy Noether, womöglich noch zusammen mit Jean Cavaillès kennengelernt. Am 14. Juli jedenfalls war Herbrand in Göttingen. Von dort sandte er seinen Aufsatz „Recherches sur la théorie de la démonstration"[85] an das „Journal für die reine und angewandte Mathematik",

---

[82] LOTHAR COLLATZ, Numerik, S. 269–322, hier S. 282 und 284, in: Gerd Fischer et al. (Hrsg.), Ein Jahrhundert Mathematik 1890–1990. Wiesbaden: Vieweg 1990.

[83] Brief vom 18. Februar 1988 an EMT. Der Gebrauch der Gentzenschen Idee findet sich auf S. 392, in: Why commutative diagrams coincide with equivalent proofs, presented in honor of Nathan Jacobson, S. 387–401, in: *Contemporary Mathematics*, Vol. 13 (1982).

[84] „In der finitistischen Tradition D. Hilberts stehend, entwickelte Herbrand unter anderem eine Methode, mit der die Beweisbarkeit prädikatenlogischer Ausdrücke auf die einer Disjunktion aussagenlogischer Ausdrücke zurückgeführt werden kann (Herbrand-Theorem). Mit dieser Methode bewies er die Widerspruchsfreiheit für einen Spezialfall der Arithmetik sowie Entscheidbarkeitstheoreme. Herbrand leistete Vorarbeiten zur Definition des Begriffs der rekursiven Funktion." (GERD ROBBEL, Eintrag „Herbrand" in Siegfried Gottwald et al. (Hg.), Lexikon bedeutender Mathematiker. Bibliographisches Institut: Leipzig 1990).

[85] In: Logical writings by J. Herbrand, ed. by W. D. Goldfarb. Harvard University Press: Cambridge , MA 1971.

wobei er die bisherigen, eingeschränkten Widerspruchsfreiheitsbeweise von Akkermann[86] (1924) und von Neumann (1927) verallgemeinert und damit „ersetzt".
Am 27. Juli verunglückt Herbrand tödlich in den Alpen. Helmut Hasse (1898–
1979) schreibt einen Nachruf und publiziert Herbrands Text.

Nun beschäftigt sich Gentzen auf Anraten von Paul Bernays mit den Ideen
von Paul Hertz[87], der dem „Wiener Kreis" der „Erkenntnis" nahe steht.[88] Intensiv studiert hat er die Hilbertschen Ideen zur Grundlagenforschung, das Hilbertsche Programm von 1924, Klein, den „Göttinger Finitismus" (Karl Schröter). Was
war das Hilbert-Programm und wo lagen seine Ziele für Gentzen?

> „Hilbert wollte die von ihm proklamierte ,Neubegründung der Mathematik' auf
> dem Weg eines metamathematischen Widerspruchsfreiheitsbeweises für die formali-
> sierte Arithmetik unter ausschließlicher Benutzung finiter Beweismittel erreichen. Sein
> beweistheoretisches Programm lief im wesentlichen auf das Ziel hinaus, die als be-
> denklich bzw. anfechtbar eingestuften nichtfiniten Schlußweisen wie das tertium non
> datur in Anwendung auf unendliche Gesamtheiten, die das untersuchte arithmetische
> System in formalisierter Gestalt enthält, durch finite Methoden zu rechtfertigen.
> Letztere hielt er für unbedenklich und sicher, weil sie den methodologischen Prinzi-
> pien der konkreten Aufweisbarkeit, Überschaubarkeit und Kontrollierbarkeit genügen.
> Bekanntlich stellte sich das Ziel einer ,Beherrschung des Transfiniten auf dem Boden
> des Finiten' auf Grund des zweiten Gödelschen Unvollständigkeitssatzes als unerreich-
> bar heraus. Die Gestaltung von Widerspruchsfreiheitsbeweisen für die Arithmetik im
> Licht der von Gödel erbrachten Unvollständigkeitsergebnisse war allgemein von der
> Absicht geprägt, die Verläßlichkeit einer im metamathematischen Beweis angebrach-
> ten, aber im zahlentheoretischen Formalismus nicht enthaltenen Schlußweise durch
> deren Konstruktivität zu sichern. So gelang Gentzen 1936 ein Widerspruchsfreiheits-
> beweis für die reine Zahlentheorie unter Benutzung eines zwar nicht mehr finiten,
> aber konstruktiv zulässigen Beweismittels, nämlich der Schlußweise der transfiniten
> Induktion bis zur ersten ε-**Zahl** ε_0, der von Cantor so genannten zweiten Zahlenklas-
> se." (Matthias Schirn)

Inzwischen hatte sich Gödels Entdeckung über die prinzipielle Schwierigkeit
von Widerspruchsfreiheitsbeweisen herumgesprochen. Am 24. Dezember 1930
hatte Paul Bernays von Kurt Gödel Kopien der Korrekturabzüge erbeten, denn
Courant und Schur hatten Bernays „bedeutsame und überraschende Ergebnisse"
angekündigt. Am 18. Januar 1931 bedankt sich Bernays bei Gödel, bestätigt den
Empfang und charakterisiert die Gödelschen Resultate als „ein(en) erhebliche(n)
Schritt vorwärts in der Erforschung der Grundlagenprobleme". Bernays bleibt mit

---

[86] WILHELM ACKERMANN (29.3.1896–24.12.1962). Studium in Göttingen und Promotion 1924
bei Hilbert. Ein Forschungsstipendium ermöglicht einen Aufenthalt in Cambridge. Von 1927 bis
1961 war Ackermann Gymnasiallehrer. 1953 wurde er Honorarprofessor in Münster und korre-
spondierendes Mitglied der Akademie der Wissenschaften in Göttingen.

[87] Zu den Biographien von Paul Hertz (1881–1940), Paul Bernays (1888–1977), Hermann Weyl
(1885–1955) vgl. RUDOLF HALLER, Neopositivismus. Eine historische Einführung in die Philosophie des Wiener Kreises. Wissenschaftliche Buchgesellschaft: Darmstadt 1993; vgl. ebenfalls:
CHRISTIAN THIEL, Folgen der Emigration deutscher und österreichischer Wissenschaftstheoretiker und Logiker zwischen 1933 und 1945, *Berichte zur Wissenschaftsgeschichte* 7 (1984),
S. 227–256.

[88] Der Anteil von Paul Bernays an Gentzens Ideen müßte m.E. noch genau geklärt werden, aber
ich kann dies hier leider nicht leisten. Zu seiner Biographie vgl. CHR. THIEL (1984).

Kurt Gödel in brieflichem Kontakt, denn Bernays hat Verständnisschwierigkeiten und sieht nicht ein, warum der Widerspruchsfreiheitsbeweis von Wilhelm Akkermann nicht ausreichen könne. Gödel erklärt ihm dies und Bernays sieht seine Irrtümer ein[89]. Ich bin sicher, daß Bernays auch seinem „Schüler" Gentzen davon erzählt haben wird.

Am 31. Juli 1931 schreibt Richard Courant an den Vertrauensmann der „Studienstiftung des Deutschen Reiches", Professor Dr. Hermann Nohl:

> „Betrifft das Mitglied der Studienstiftung Gerhard G e n t z e n.
>
> Verabredungsgemäss berichte ich Ihnen heute über Herrn Gentzen auf Grund seines Seminarvortrages und einer persönlichen Rücksprache mit ihm. Herr Gentzen behandelte in seinem Seminarvortrag ein besonders schwieriges Thema und bewies dabei in der äusseren und in der geistigen Durchdringung des Stoffes eine überlegene Selbstständigkeit, die ihn durchaus als den Typus eines wissenschaftlich gerichteten Menschen kennzeichnet. Ich habe danach wie nach einer mündlichen Besprechung das Zutrauen, dass Herr Gentzen verhältnismässig leicht promovieren und auch dann weiter wissenschaftlich arbeiten kann. Da offenbar seine inneren Neigungen ihn sehr stark auf diese Bahn drängen, so kann ich mit voller Verantwortung der Studienstiftung den Rat geben, ihm die Promotion zu bewilligen."[90]

Tatsächlich erhält Gentzen das in Frage stehende Promotionsstipendium der Studienstiftung. Wenn er nach der Promotion auf eine Schule muß – die Zeiten werden nicht besser –, erhöht dies jedoch auf jeden Fall sein Sozialprestige und das Gehalt.

Gerhard sieht ab und zu seine Freundin Hertha Michaelis.

> „Gelesen hat Gerhard vor allem wissenschaftliche Abhandlungen, keine Belletristik. Er konnte manchmal sehr still sein, es kam vor, dass er Tage lang nur das Nötigste sagte, dann knobelte er eine mathematische Formel aus. Worüber wir uns unterhalten haben, ganz alltägliche Dinge wie alle jungen Menschen und sehr viel über Astronomie. (...) Als lebenslustigen Menschen würde ich ihn eigentlich nicht bezeichnen, er konnte sehr vergnügt sein, aber auch recht in sich gekehrt. Er war sehr bescheiden und genügsam (...)."[91]

Zwei weitere Begebenheiten aus dieser Zeit: Kolmogorov besuchte 1931 zusammen mit Aleksandrov Göttingen. Er war sechs Jahre älter als Gentzen. Vielleicht haben sie sich bereits in Göttingen gesehen. Kolmogorov (1903–1987) kannte Gentzens Arbeiten.

Hans Hermes erinnert sich:

> „Während eines einjährigen Aufenthalts in Göttingen (bei dem ich mich nicht mit Logik beschäftigt habe) habe ich Gentzen gelegentlich nach dem Mittagessen in seinem Domizil getroffen und ein Würfelspiel des Typs ,Ein Räuber und mehrere

---

[89] JOHN W. DAWSON, jr., The Reception of Gödel's Incompleteness Theorems, S. 74–95, hier S. 78f, in: S. G. Shanker (ed.), Gödel's Theorem in focus. London: Croom Helm 1988.

[90] Kopie aus dem Mathematischen Institut Göttingen. Ich bedanke mich dafür recht herzlich bei Prof. Dr. Norbert Schappacher, der die Aktenbestände des math. Institut im Februar 1988 auf Gentzeniana hin durchgesehen hat und zehnmal fündig geworden ist. Zum Begriff des „wissenschaftlichen Menschen" vgl. Britta Scheideler, „Eine besonders edle Gemeinschaft", Preprint 126 Max-Planck-Institut für Wissenschaftsgeschichte (Berlin).

[91] Hertha Michaelis (Düsseldorf) in einer brieflichen Mitteilung an EMT vom 7.2.88.

Polizisten' gespielt, das vermutlich von ihm selbst entworfen und meist gewonnen wurde."[92]

S Die Entscheidung: Gentzens erste Veröffentlichung „Über die Existenz unabhängiger Axiomensysteme zu unendlichen Satzsystemen" und sein Programm von 1932

Aus Göttingen schreibt Gentzen am 13.12.32 aus der Schillerstr. 7 im ersten Stock an Professor Kneser:

„Sehr verehrter Herr Professor!

Für Ihre freundliche Karte danke ich Ihnen vielmals. Die Ihnen zugesandte Arbeit ist noch nicht meine Dissertation. Die enthält Ergebnisse, die ich im Sommer 31 (zum größten Teil) erhalten habe, als ich mich auf Anregung von Herrn Professor Bernays mit jenen Fragen beschäftigte. Ich habe mich dann im vorigen Wintersemester allgemeineren Problemen der Beweistheorie zugewandt. Meine geistige Entwicklung hat mich beinah zwangsläufig zu immer abstrakteren Arbeiten geführt, und so konzentriert sich jetzt mein ganzes Interesse auf die Fragen nach der Wesensart des mathematischen Schließens überhaupt. Allerdings mache ich vor der Grenze des Philosophischen, das mir nicht sympathisch ist, halt, d.h. ich beschäftige mich nur mit Problemen, welche selbst wieder einer mathematischen Behandlung zugänglich sind.[93] Aus diesem Gedankentrieb habe ich mir als spezielle Aufgabe den Beweis der Widerspruchsfreiheit des logischen Schließens in der Arithmetik vorgenommen. Sie wissen wohl, daß die Antinomien der Mengenlehre zu einer weitgehenden Skepsis gegenüber der Zuverlässigkeit gewisser logischer Schlüsse Anlaß gegeben haben, und daß Hilbert eine Rechtfertigung dieser Schlüsse durch den Beweis ihrer Widerspruchsfreiheit anstrebt. Durch die Formalisierung des logischen Schließens wird diese Aufgabe zu einem rein mathematischen Problem. Der Widerspruchsfreiheitsbeweis ist nun bisher nur für spezielle Fälle geführt worden, z.B. für die Arithmetik der ganzen Zahlen ohne den Schluß der vollständigen Induktion. An dieser Stelle möchte ich weiterkommen und wenigstens die Arithmetik mit vollständiger Induktion erledigen. Ich arbeite hieran jetzt bald ein Jahr und hoffe demnächst zum Ziel zu kommen. Mit dieser Arbeit will ich dann promovieren (bei Professor Bernays). Was ich nachher anfange, steht noch nicht fest.

Herr Collatz studiert seit 2 Jahren in Berlin, da er dort bei seinen Eltern in Potsdam wohnen kann. Er bereitet sich zum Staatsexamen vor. Wir treffen uns gelegentlich und korrespondieren miteinander. Er hat sich auf angewandte Mathematik spezialisiert.

    Mit ergebenstem Gruß,
      auch an ihre verehrte Frau Gemahlin
        verbleibe ich Ihr
          Gerhard Gentzen."

---

[92] In einem Brief an den Autor vom 09.08.1988.

[93] Es heißt noch ab 1939 in seinen nachgelassenen Aufzeichnungen: „Sprechen von verschiedenen formalen Möglichkeiten, philosophische Behandlungen: gehören nicht hierher." Quelle und Umschrift verdanke ich Herrn Prof. Dr. Chr. Thiel. – Ich halte diese Entscheidung für eine der wichtigen, die Gentzen traf und die für die Mathematikgeschichtsschreibung beherzigt werden sollte. Damit werden völkischen oder soziologischen oder kontextualistischen Interpretationen und Geschichtsschreibung der Boden innerhalb der Mathematik entzogen.

Welche Arbeit hat Gentzen Professor Kneser zugesandt? Es handelt sich um „Über die Existenz unabhängiger Axiomensysteme zu unendlichen Satzsystemen". *Mathematische Annalen* 107 (1932), Heft 3, S. 329–350, eingegangen am 6. Februar 1932. Das Debut wird wohlwollend aufgenommen. Arnold Schmidt rezensiert sie sehr technisch im Zentralblatt für Mathematik 5 (1933), S. 338f. und 1932 erscheint in den „Jahrbüchern über die Fortschritte der Mathematik" 58 (1932) eine Besprechung dieser Gentzenschen Schrift – der ersten von seinen elf größeren Veröffentlichungen – durch Thoralf Skolem[94].

G. Gentzen. Über die Existenz unabhängiger Axiomensysteme zu unendlichen Satzsystemen. *Math. Ann.* 107, 329–350.

In dieser Abhandlung wird die von P. Hertz aufgeworfene Frage (1929; F. d. M. 55, 627-628) behandelt, ob es abgeschlossene Satzssysteme ohne ein unabhängiges Axiomensystem gibt. Verf. beweist zwei Hauptergebnisse: Erstens gibt es unendliche abgeschlossene Satzsysteme, zu denen kein unabhängiges Axiomensystem existiert, und zweitens hat jedes abzählbar unendliche abgeschlossene lineare Satzsystem ein unabhängiges Axiomensystem." Dann folgen noch 34 Zeilen technisches Referat von Thoralf Skolem.

Gerhard Gentzen ist 22 Jahre alt. Mathematik sieht er unter dem Gesichtspunkt einer besonderen Theorie der Satzsysteme.[95]

Aber viel wichtiger ist die Frage, ob er bei Paul Bernays promovieren wird.

---

[94] "I doubt that Skolem (1887–1963) had any personal contacts with Gentzen, and I have found only one reference to Gentzen in his published works. See his lecture to the 1950 International Congress of Mathematics at Harvard University, pages 695–704 in the published proceedings. I quote: 'The great ingenuity in the setting up of these consistency proofs, especially the proofs by Gentzen and Ackermann of the consistency of formalized number theory, must be admired. But it has happened before that products of great ingenuity have lost their interest, because simpler ways of thinking have been found.' Skolems basic position is rather well indicated (but was never fully spelt out) in a short note – 'A critical remark on foundational research' – which can be found on pp. 581–586 of his Selected Works in Logic, Oslo 1970." Der Nachlaßverwalter und Herausgeber der Schriften von Thoralf Skolem, Professor Dr. Jens Erik Fenstad an mich per E-Mail vom 18.4.1997.

[95] Im Nachlaß kommt er vielfach auf seine Hertz-Arbeit zurück und auf den Begriff einer mathematischen Theorie, beispielsweise am VIII.39: „Eine „mathematische Theorie" (Beispiel die Zahlentheorie, die euklidische Geometrie, die Topologie) wird man provisorisch so ansehen: ein System von Sätzen, in der Weise untereinander zusammenhängend: gewisse Sätze vorweg angenommen, etwa „Axiome" genannt, weitere, einer nach dem anderen, aus diesen abgeleitet durch gewisse Schlüsse. Ein Wesentliches kommt noch hinzu: Definitionen, durch welche neue Begriffe verschiedenster Art eingeführt werden. Es sind auch Begriffseinführungen denkbar, die nicht Definitionen sind, also sagen wir allgemeiner: Begriffsbildungen. Schlüsse zusammengefaßt in Beweisen (...)." oder „Dann die allgemeine Form (?) einer mathematischen Theorie als auf einem Axiomensystem durch logische Schlüsse aufbauend, wobei das Axiomensystem nach einem Schema abzählbar unendlich sein kann. Auch dies leuchtet ein. Schließlich ist die ganze Theorie ja ein Satzsystem solcher Art, indem das Schema zur Gewinnung neuer Sätze durch die formalisierten Schlußweisen gegeben ist. (...)". Ich verdanke Quelle und Umschrift Herrn Prof. Dr. Chr. Thiel.

Kapitel 2

1933–1938: Sechs Jahre Nationalsozialismus im Frieden
Vom Doktorexamen zur Verlängerung der
außerplanmäßigen Assistentenstelle auf ein weiteres Jahr
mit Wirkung vom 1.10.1938

Kapitel 2
1933–1938: Sechs Jahre Nationalsozialismus im Frieden
Vom Doktorexamen zur Verlängerung der außerplanmäßigen
Assistentenstelle auf ein weiteres Jahr mit Wirkung vom
1.10.1938

A   Gerhard Gentzens Leben im beginnenden Nationalsozialismus: Das zurückgezogene Manuskript „Über das Verhältnis zwischen intuitionistischer und klassischer Arithmetik" vom 15. März 1933

Am 15. März 1933 reicht Gentzen bei den Mathematischen Annalen seine Arbeit ein: „Über das Verhältnis zwischen intuitionistischer und klassischer Arithmetik". Nach Angabe von Szabo (1969) zog er den Aufsatz in der Korrekturphase zurück, weil Gödels Arbeit von 1932 bekannt wurde.[1] Gödel und Gentzen haben unabhängig voneinander gezeigt, daß die Widerspruchsfreiheit der intuitionistischen Arithmetik die Widerspruchsfreiheit der axiomatischen Zahlentheorie nach sich zieht.

Gentzens erste zurückgezogene Arbeit erwähnt der Logiker Hao Wang:

> "In 1932 Gödel gave a report to establish that classical number theory is as consistent as intuitionistic number theory (an obervation also made independently by Bernays and G. Gentzen)"[2]

Bernays hat vielleicht nicht verstanden, was genau Gentzen in seinem Aufsatz diskutieren wollte. Sein Aufgreifen der intuitionistischen Idee hätte möglicherweise eine sachgerechtere Diskussion des Brouwerschen Ansatzes nach sich gezogen (vgl. Bernays', Hilberts Untersuchungen über die Grundlagen der Arithmetik, S. 212).

Zu dieser Zeit allerdings hatte Gödel mit Gentzen schon Kontakt gehabt. Gödel schrieb selbst:

> "I visited Göttingen in 1932 and talked about my work. Siegel and Noether talked with me afterwards. I saw Gentzen only once. I had a public discussion with Zermelo in 1931."[3]

B   Dissertation „Untersuchungen über das logische Schließen" vom 12. Juli 1933

Gentzen promovierte am 12. Juli 1933 (Tag der mündlichen Prüfung) auf Anregung von Paul Bernays bei Hermann Weyl mit „Untersuchungen über das logische Schließen". Die weiteren Prüfer waren die Professoren Gustav Herglotz (1881–1953), der Lehrer E. Artins, und Otto Heckmann. Man kann aus einer

---

[1] Die Arbeit erschien aufgrund von Korrekturfahnen, die von PAUL BERNAYS zur Verfügung gestellt wurden, zuerst in Szabo (1969), dann auf deutsch im *Arch. math. Logik* 16 (1974), S. 119–132. KURT GÖDELS Arbeit „Zur intuitionistischen Arithmetik und Zahlentheorie" erschien in: Ergebnisse eines mathematischen Kolloquiums, IV (1933), S. 34–38; vgl. die Bemerkungen zu dieser Arbeit in GEORG KREISELS Rezension von SZABO (1969) in: *Journal of philosophy*, 68 (1971), pp. 238–265.

[2] HAO WANG, Reflections on Kurt Gödel, p. 57. MIT-Press: Cambridge / MA 1987.

[3] p. 84, HAO WANG, A Logical Journey. From Gödel to philosophy. Cambridge (MA): MIT-Press 1996.

späteren Bemerkung Gentzens schließen, daß es für ihn damals nicht leicht war, einen Doktorvater für seine Dissertation zu gewinnen.

Sein geistiger Vater konnte dies nicht mehr begleiten. Paul Bernays wurde innerhalb von zwei Tagen gekündigt, d.h. ihm wurde – zusammen mit Landau, Neugebauer, Lewy und Hertz – die Ausübung der „venia legendi" untersagt und er durfte ab dem 28. April 1933 keine Veranstaltungen mehr abhalten. Als Jude wurde seine Existenz am Göttinger Mathematischen Institut zerstört durch das berüchtigte Gesetz zur Wiederherstellung des deutschen Berufsbeamtentums.[4]

Gentzens fundamentale Dissertation – er entwickelte mit „seinem System des natürlichen Schließens und mit seinem Sequenzenkalkül eine sehr durchsichtige neue Systematik der Prädikatenlogik" (Kurt Schütte) –, mit „sehr gut" auch vom Ko-Referenten Richard Courant beurteilt, erschien in verbesserter Form 1934 in der „Mathematischen Zeitschrift", obwohl sie schon am 21. Juli 1933 eingereicht worden war. Er erhielt offiziell seine Promotionsurkunde am 2. November 1934. Hermann Weyl schrieb am 9. Juni 1933 folgendes Gutachten:

> Bericht über die von G. G e n t z e n
> eingereichte Dissertation:
> <u>Untersuchungen über das logische Schliessen.</u>

In der Arbeit steht die Prädikatenlogik zur Diskussion, welche das „all" und „es gibt" nur für Gegenstandsvariable verwendet. Sie umfasst die in geeigneter Weise formulierte elementare Arithmetik ohne den Schluss der vollständigen Induktion. Es werden zunächst zwei neue logische Kalküle entwickelt. Der erste hat den ausgesprochenen Zweck, den Formalismus dem tatsächlichen Schlussverfahren in der Mathematik besser anzugleichen. Dies geschieht vor allem dadurch, dass statt der logischen Annahme Schlussfigurenregeln des logischen Schliessens benutzt werden und dass Teile der Herleitung unter Annahmen gestellt werden können, die hernach wieder beseitigt werden. Der zweite Kalkül wandelt den ersten so ab, dass sich damit tieferliegende Sätze über die Prädikatenlogik gewinnen lassen. Zu diesem Zweck muss das Operieren mit „Annahmen" wieder ausgeschaltet werden. Die Schlussschritte von Formeln zu Formeln werden durch Sequenzen wiedergegeben, so dass die im Beweis gestellte Folge unterschieden werden muss von dem in den Formeln auftretenden logischen Folgensymbol. (Ähnlich wie das Nebeneinanderstehen zweier Formeln im Beweis etwas anderes ist als die durch Verwendung mit & aus ihnen entstehende Formel). Die Untersuchungen werden stets durchgeführt für die klassische und intuitio-

---

[4] Mit dem nichtbeamteten außerordentlichen Professor Paul Bernays wurden ebenfalls nach §3 aufgrund des Gesetzes zur Wiederherstellung des Berufbeamtentums bis zum 30.9. 1934 entlassen: Paul Hertz und Emmy Noether. Nach §6 wurde der ordentliche Professor Felix Bernstein entlassen und auf eigenen Antrag, ebenfalls nach §6, der ordentliche Professor Edmund Landau (zitiert nach Sybille Gerstengarbe, Die erste Entlassungswelle von Hochschullehrern deutscher Hochschulen, in: *Berichte zur Wissenschaftsgeschichte*, 17 (1994), S. 17–39, hier S. 24. Zu Emmy Noether vgl. Lisa Glagow-Schicha, Die Mathematikerin Emmy Noether (1882–1935), S. 57f. in: *Koryphäe* Nr. 12, Oktober 1992) und DSB. Andererseits wurde die Beurlaubungen von Noether, Courant und Bernstein zum 25.4. 1933 bereits am 26. April 1933 im *Göttinger Tageblatt* angekündigt (vgl. S. 547, Rolf Schaper, Mathematiker im Exil, S. 547–568, in: Edith Böhne und Wolfgang Motzkau-Valeton (Hrsg.), Die Künste und die Wissenschaften im Exil 1933–1945. Gerlingen: Verlag Lambert Schneider 1992. – Mir ist völlig unbekannt ob, und wenn ja, wie oft – das ist ja woanders oft vorgekommen –, man bereits erteilte Dr.-Grade aberkannt hat.

nistische Logik, die sich in den verwendeten Kalkülen durch sehr einfache Züge voneinander unterscheiden.

Der Hauptinhalt der Arbeit besteht in dem Beweis des Satzes, dass in einer Herleitung nach dem zweiten Kalkül die Schlussfigur eliminiert werden kann, welche allein aus Formeln eine Formel herzuleiten gestattet, in der die Stammformeln nicht mehr als Teil enthalten sind. Dadurch wird unmittelbar die Lösung des Problems der Entscheidbarkeit möglich gemacht. Ausserdem ergibt sich auf solche Weise ein erstaunlicher übersichtlicher Beweis für die Widerspruchsfreiheit der elementaren Arithmetik in obengenanntem Umfang.

In einem letzten Abschnitt wird die Äquivalenz des Gentzenschen Kalküls mit den bekannten logischen Formeln von Russell und Hilbert nachgewiesen.

Die Arbeit enthält einen sehr bemerkenswerten Beitrag zu den Fragen der Entscheidbarkeit und Widerspruchsfreiheit. Die verwendeten Formalisierungen der Logik sind offenbar für diese Zwecke besonders geeignet. Durch ihre Aufstellung erwirbt der Verfasser seine grosse Unabhängigkeit gegenüber den bisherigen formalen Ansätzen der Logik. Die Darstellung ist von großer Klarheit, zuverlässig in den kleinsten Details und sehr bequem lesbar. In diesem Gebiet ist das schon für sich eine Leistung und beweist die Güte des verwendeten formalen Arrangements. – Die Arbeit verdient meiner Meinung nach das Prädikat

„sehr gut"[5]

Am 21. Juli 1933 bereits ging die Arbeit bei der *Mathematischen Zeitschrift* ein. Gentzen schreibt darin:

„1. Mein erster Gesichtspunkt war folgender: Die Formalisierung des logischen Schließens, wie sie insbesondere durch Frege, Russell und Hilbert entwickelt worden ist, entfernt sich ziemlich weit von der Art des Schließens, wie sie in Wirklichkeit bei mathematischen Beweisen geübt wird. Dafür werden beträchtliche formale Vorteile erzielt. Ich wollte nun zunächst einmal einen Formalismus aufstellen, der dem wirklichen Schließen möglichst nahe kommt. (...) 2. (...) Der Hauptsatz besagt, daß sich jeder rein logische Beweis auf eine bestimmte, übrigens keineswegs eindeutige Normalform bringen läßt. Die wesentlichsten Eigenschaften eines solchen Normalbeweises lassen sich etwa so ausdrücken: Er macht keine Umwege. Es werden in ihm keine Begriffe eingeführt, welche nicht in seinem Endergebnis enthalten sind und daher zu dessen Gewinnung notwendig verwendet werden müssen."[6]

---

[5]   Das Original befindet sich in den Institutsakten des Mathematischen Instituts Göttingen. Ich verdanke die Kopie Herrn Prof. Dr. Norbert Schappacher. Das Gutachten scheint mir mit einer Schreibmaschine und einer Art der Schreibart so formatiert bzw. eingerichtet zu sein, daß es auch zumindest von Richard Courant bzw. seiner Sekretärin (ab)geschrieben sein könnte. Es ist in dergleichen Art und Form wie Richard Courants Gutachten für seine Empfehlung für Gentzens Studienstiftung geschrieben.

[6]   Vgl. die Rezension von ARNOLD SCHMIDT, *Zbl* 10, Heft 4, S. 145f. Viele polnische Wissenschaftler allerdings kennen die "natural deduction" aus den Warschauer Tagen von 1933, als der Logiker Jaskowski (1906–1965) sie ebenfalls – und unabhängig von Gentzen – entwickelte. JASKOWSKI publizierte seine "On the rules of supposition in formal logic", Studia Logica I, p. 5–32, 1934. Jaskowski hatte seine Ideen bereits 1926 von seinem Lehrer Lukasiewicz bezogen. Hielt der was davon? Auch war der Stil von Jaskowski derart umständlich, daß niemandem seine relevanten Ergebnisse auffielen. Auch in der russischen Literatur kommt allein der Hinweis auf Gentzen vor. In der Sammelschrift „Matematiceskaja teorija logiceskovo vyvoda (Mathematische Theorie des logischen Schließens. Moskau: Verlag Nauka 1967)" sind allein die Gentzenschen Schriften übersetzt und abgedruckt. Die Priorität des „natürlichen Schließens" (dedukcja

W. Ackermann bespricht die „Untersuchungen über das logische Schließen. Teil 1" (*Mathematische Zeitschrift*, 39, Heft 2/3, S. 176–210) in den „Jahrbüchern über die Fortschritte in der Mathematik"[7]:

„Die Formalisierung des logischen Schließens, wie sie in der Logistik üblich ist, entfernt sich ziemlich weit von der Art des Schließens, wie sie in Wirklichkeit bei mathematischen Beweisen geübt wird; es werden die ‚richtigen Formeln' aus einer Reihe von ‚logischen Grundformeln' durch wenige Schlußweisen abgeleitet und dadurch beträchtliche formale Vorteile erzielt. Das natürliche Schließen geht jedoch im allgemeinen nicht von den logischen Grundsätzen, sondern von Annahmen aus, an welche sich logische Schlüsse anschließen. Diesem inhaltlichen Schließen ist der vom Verf. eingeführte ‚natürliche Kalkül' nachgebildet. Wir haben hier keine logischen Grundformeln (Axiome), sondern Schlußfiguren, die angeben, welche Folgerungen aus gegebenen Annahmen gezogen werden können, sowie solche, die Formeln liefern, bei denen die Abhängigkeiten von den Annahmen beseitigt ist. Dieser Kalkül des natürlichen Schließens wird für die klassische und intuitionistische Logik aufgestellt.

Eine nähere Untersuchung der besonderen Eigenschaften des natürlichen Kalküls führt dann zu einem bemerkenswerten Hauptsatz, der besagt, daß sich jeder rein logische Beweis auf eine bestimmte (übrigens nicht eindeutige) Normalform bringen läßt. Die charakteristische Eigenschaft dieses Normalbeweises ist, daß er keine Umwege macht. Es werden in ihm keine Begriffe eingeführt, welche nicht in seinem Endergebnis enthalten sind. Um den Hauptsatz in bequemer Form aussprechen und beweisen zu können, wird abermals ein neuer Kalkül eingeführt, der dem natürlichen eng verwandt ist, aber wieder die Formeln aus einer logischen Grundformel ableitet.

Die angekündigte Fortsetzung der Arbeit soll Anwendungen des Hauptsatzes bringen und die Äquivalenz der aufgestellten Kalküle mit den Formalismen von Russell und Hilbert, bzw. mit dem Heytingschen, soweit es sich um die intuitionistische Logik handelt, zeigen."

---

naturalna) von Gentzen ist in der polnischen Logik anerkannt, vgl. S. 71 ff., in: Formal Logic, ed. WITOLD MARCISZEWSKI. Warszawa: PWN 1987; „Mala Encyclopedia Logiki, ed. WITOLD MARCISZEWSKI. 2nd edition. Warszawa: Ossolineum 1988, Eintrag Gentzen". Diese Hinweise verdanke ich freundlicherweise Herrn Dr. Krzystof Ciesielski. Wirkung hatte Jaskowski auf van Quine: "I began working toward 'Methods of Logic' and mimeographed a draft of it for my spring course under the title 'A short course in Logic'. I handled the logic in quantification in somewhat the style that Gentzen had called 'natural deduction', a formal method deducing consequences from the premises along lines attractiveley akin to ordinary informal reasoning. I had got the idea not from Gentzen but from Jaskowski, when in Warsaw 1933. Cooley had used a form of natural deduction in his 'Primer of Formal Logic', 1942, and Rosser, unbeknownst, had used variants of it in mimeographed teaching aids. Gentzen's rules had been uncomfortably asymmetrical; Cooley brought more symmetry, and this required increased delicacy in framing the rules lest they conflict. I worked on it." WILLARD VAN ORMAN QUINE, The Time of my Life, p. 195. Cambridge (MA): MIT-Press 1985. – Gentzen hat Jaskowski 1936 in Münster getroffen und hatte ab 1939 Jaskowskis Arbeit gelesen. Im Nachlaß heißt es: „Vorschreibung der Annahmen, nach Jaskowski etwa: Numerierung derselben (...) Natürlicher Kalkül, ohne die Zwangsform der Stammbaumgestalt. (...) Übrigens habe ich ja auch in meinem N-kalkül mit Numerierung der Annahmen gearbeitet! Es ist nur ein Schritt zu der entsprechenden Schreibung mit Freimachung von der Stammbaumform." Gentzen war wohl manchmal in einer bestimmten Geisteslage, wo er sich selbst erst wiederentdecken mußte. Zum Verhältnis Hertz, Jaskowski und Gentzen vgl. MARCEL GUILLAUME, La Logique Mathématique en sa jeunesse, S. 250f., in J.-P. Pier, Development of Mathematics 1900-1950. Basel: Birkhäuser 1994.

[7] *JFM*, 60/1 (1934), S. 20f.

Eine weitere Rezension gibt es von A. Schmidt im *Zentralblatt für Mathematik*, 10. Band (1935), Heft 4, S. 145 f. Nachdem Gentzens Vorwort zitiert wird, geht Arnold Schmidt auf die technischen Einzelheiten des Kalkül „des natürlichen Schließens", Sequenzen und Schlußschemata ein. Er schließt:

> „Es gilt nun der ‚Hauptsatz' (für dessen Präzisierbarkeit, wie der Autor hervorhebt, einige Abhängigkeiten im Kalkul L in Kauf genommen worden sind): Aus jedem im Kalkul L geführten Beweis lassen sich alle Schnitte entfernen; man kann zu einem beweisbaren Satz stets durch einen ‚umweglosen' Beweis gelangen, in dem alle Formeln Teilformeln der in der Endsequenz auftretenden Formeln sind. Dieser Hauptsatz wird an Hand einer doppelten finiten Induktion bewiesen. – Wird der Kalkul durch zwei (bei trivialer Interpretation beweisbare) Schlußschematen für $\rightarrow$ ergänzt, so grenzt sich merkwürdigerweise die intuitionistische Prädikatenlogik durch die Bedingung ab, ein Sukzedens dürfe nur ein Glied enthalten. Auch für diesen engeren ‚intuitionistischen' Kalkul gilt der Hauptsatz. Arnold Schmidt (Göttingen)."

Schmidt fährt fort und bemerkt zu:

> „Gentzen, Gerhard: Untersuchungen über das logische Schließen. II. *Math. Z.* 39, 405–431 (1934). Der so verschärfte Hauptsatz liefert einen Widerspruchsfreiheitsbeweis für die ‚Arithmetik mit Ausschluß der vollständigen Induktion', welche durch Hinzunahme einiger Zahlenaxiome zum Kalkul L formalisiert ist. Den Schluß bildet der Beweis der Äquivalenz der Gentzenschen Kalküle, nämlich des klassischen (bzw. intuitionistischen) ‚natürlichen Kalkuls' und des klassischen (bzw. intuitionistischen) Kalkuls L, mit einem Kalkul, welcher dem Hilbertschen (bzw. Heytingschen) Kalkul ‚im wesentlichen gleich' ist. Schmidt (Göttingen)"

Ein zeitlicher Vorgriff: 1938 erwähnt Alfred Tarski Gentzens Arbeit in seiner Arbeit „Der Aussagenkalkül und die Topologie".[8] Er wird also auch in Polen gelesen, in der dortigen exzellenten logischen Schule. Dafür liest Gentzen Tarski und beispielsweise die Arbeiten von Mordchaj Wajsberg.

Gentzen verläßt also explizit den Fregeschen Gedanken, daß die Logik nichts, aber auch gar nichts mit der täglichen, tatsächlich ausgeübten Form des menschlichen Denkens zu tun habe und orientiert seine Form der mathematischen Logik dagegen an „der Art des Schließens, wie sie *in Wirklichkeit* bei mathematischen Beweisen *geübt wird*." (Heraushebung von mir, EMT). Das ist keine Abkehr von der antipsychologistischen Tradition. Aber es ist eine pragmatische Antwort auf die Frage, wie man den Sinn von Beweisformen in einen beweisbaren Formalismus von Herleitungen am leichtesten und plausibelsten überführt.

Am 9. Oktober 1933 erklärt Gentzens Doktorvater, Hermann Weyl, dem Minister für Wissenschaft, Kunst und Volksbildung seine Einsicht, daß er in Göttingen wegen der jüdischen Abstammung seiner Frau „fehl am Platze" sei und er dem Ministerium nach den neuen Gesetzen als Staatsbeamten unerwünscht sein müsse, weil er als Arier eine Nicht-Arierin zur Frau habe und der Minister nichts dagegen haben könne, wenn er deshalb als Professor Dr. Weyl unter Verzicht aller Gehalts- und Pensionsansprüche aus dem Amt entlassen werden möchte:

---

[8]   *Fundamenta Mathematicae*, Bd. 31 (1938) S. 103–134, hier: 133.

„Auch in Amerika werde ich, wie ich es früher in der Schweiz getan habe, Deutschland und dem deutschen Geiste dienen nach bestem Wissen und Gewissen. Ich kann nicht anders als wünschen, dass die neuen Wege, welche die gegenwärtige Regierung beschritten hat, das deutsche Volk zu Gesundung und Aufstieg führen mögen. Infolge der (meiner Ueberzeugung nach) unglückseligen Verquickung mit dem Antisemitismus ist es mir persönlich versagt, direkt und in Deutschland selbst mit hand anzulegen."

Und er schätzt sich glücklich an eine Institution berufen worden zu sein, deren „Einrichtung nicht zum Wenigsten auf das Vorbild der deutschen Universität alten Stils zurückgeht"[9].

Weyl hatte sich in den frühen zwanziger Jahren zum Propagandisten von Brouwerschen Ideen gemacht und hatte sich starke Kritik von Hilbert gefallen lassen müssen. In der Zeit seiner Emigration jedoch – politisch liberal wie immer – hatte er von diesen Ideen schon längst wieder abgelassen.

Gerhard Gentzen verliert – ebenso wie Saunders MacLane – nach seinem prospektiven Doktorvater Paul Bernays nun auch seinen Ersatzdoktorvater Hermann Weyl.

Helmut Hasse wird der Nachfolger des Emigranten Hermann Weyl. Weyl war einer der wenigen, der zwar die politische Sprache in die Mathematik gebracht, aber dies dann wenigstens im zweiten Weltkrieg selbst als „Propagandaschrift" angezeigt hatte[10].

Der Mathematiker Werner Weber, „ehrenwerter Mann und guter Nationalsozialist", soll Helmut Hasse die Herausgabe der Institutsschlüssel verweigert haben, weil er in ihm „eher den Freund der gerade abgetretenen Göttinger Juden als den Exponenten einer neuen Zeit sah"[11]. Hasse dagegen, der wollte, daß der NS „alle Hoffnungen auf mich für einen Wiederaufbau Göttingens" setze, zeigte als Revanche Herrn Weber an, weil der den Reichsminister Rust als „verkappten Reaktionär" bezeichnet habe.[12] Hasse hatte sich für Noether und Courant gegen den NS eingesetzt[13].

---

[9] Zitiert nach NORBERT SCHAPPACHER, Questions politiques dans la vie des mathématiques en Allemagne (1918–1935), p. 51–89, in: Josiane Olff-Nathan (ed.), La science sous le troisième reich. Victime ou alliée du nazisme? Paris: éditions du seuil 1993.

[10] HERMANN WEYL, David Hilbert and his Mathematical Work, *Bulletin of the American Mathematical Society*, Vol. 50 (1944), p. 612–p. 654.

[11] Zur genauen Schilderung dieses Vorfalls vgl. FREDDY LITTEN, Ernst Mohr – Das Schicksal eines Mathematikers, S.192–212, *Jber. d. Dt. Math.-Verein.* 98 (1996) und NORBERT SCHAPPACHER in H. BECKER (1987), WERNER WEBER, „Ursachen und Verlauf meiner Auseinandersetzung mit Prof. Hasse" R 4901/10.091 Bundesarchiv / Dienststelle Berlin-Lichterfelde (Postfach 450569, 12175 Berlin).

[12] HELMUT HEIBER, Der Professor im Dritten Reich, S. 362. München: K.G. Saur 1991.

[13] Vgl. S. 551, in: ROLF SCHAPER, Mathematiker im Exil, S. 547–568, in: Edith Böhne und Wolfgang Motzkau-Valeton (Hrsg.), Die Künste und die Wissenschaften im Exil 1933–1945. Gerlingen: Verlag Lambert Schneider 1992. Zu H. Hasses Tätigkeit als Schriftführer der DMV von 1931–1938 vgl. die DMV-Akten. Zur Situation der Erschließung vgl. den Artikel von Kneser, Epple und Speck „Die Akten der alten DMV. Eine Übersicht über die im Universitätsarchiv Freiburg vorliegenden Bestände", in: *Mitteilungen der DMV*, Heft 97/1. Darin ebenso Akten und Korrespondenz von W. Süß. Volker Remmert hat inzwischen ein Findebuch erstellt und bei

Helmut Hasse, Schüler von Emmy Noether, war – zusammen mit E. Artin – hervorragender Vertreter der algebraischen Zahlentheorie. Am 22.6.1933 schrieben sie an den Herrn Kurator der Albertus-Universität in Königsberg in Preussen eine Eingabe gegen die Beurlaubung von Kurt Reidemeister, die in einer Strafversetzung nach Marburg endete unter anderem die Herren W. Blaschke, H. Hasse in Gemeinschaft mit E. Artin, H. Bohr (Kopenhagen), Caratheodory, G. Herglotz, J. Hjelmslev (Kopenhagen), H. Tietze, R. Weitzenböck (Amsterdam) und H. Weyl[14]. Helmut Hasse (1898–1979), dem von Emmy Noether stark beeinflußten Zahlentheoretiker und Algebraiker, unterhielt noch 1934 mit ihr einen Briefwechsel.[15] So eindeutig war die NS-Unterstützung von H. Hasse also doch nicht! Oder trennte er Politik und fachliche Verbindungen deutlich?

C Das Staatsexamen mit „Elektronenbahnen in axialsymmetrischen Feldern unter Anwendung auf kosmische Probleme" vom 16. November 1933

Nach der Annahme seiner Dissertation zur Veröffentlichung erhält Gentzen den Doktorgrad verliehen:

> Unter der Amtsführung Seiner Magnifizenz des Rektors Professor Dr. phil Friedrich Neumann ernennt die Mathematisch-Naturwissenschaftliche Fakultät der Georg August-Universität durch ihren Dekan Professor Dr. phil. Max Reich
>
> **Herrn Gerhard Gentzen aus Stralsund**
>
> zum Doktor der Philosophie. Die von ihm vorgelegte Dissertation:
> „Untersuchungen über das logische Schließen"
> wurde mit
>
> **„Sehr gut",**
>
> das Ergebnis der in Mathematischer Analysis, Geometrie und Theoretischer Physik am 12. Juli 1933 abgelegten mündlichen Prüfung mit
>
> **„Gut"**
>
> beurteilt. Zum Zeugnis dessen ist diese Urkunde ausgestellt und mit dem Insiegel der Fakultät versehen.
>
> Göttingen, den 2. November 1934
> Der Dekan der Mathematisch-Naturwissenschaftlichen Fakultät[16]

Herrn Alexander Zahoransky bedanke ich mich für die entsprechenden Kopien daraus Gentzen betreffend (November 1999). Im Nachlaß ist noch viel Musik drin.

[14] S. 67, REINHARD SIEGMUND-SCHULTZE, Mathematiker auf der Flucht vor Hitler. Quellen und Studien zur Emigration einer Wissenschaft. Dokumente zur Geschichte der Mathematik, Band 10. Herausgegeben von der Deutschen Mathematiker-Vereinigung. Vieweg Verlag: Wiesbaden 1998.

[15] S. 241, REINHARD SIEGMUND-SCHULTZE, Mathematiker auf der Flucht vor Hitler. Quellen und Studien zur Emigration einer Wissenschaft. Dokumente zur Geschichte der Mathematik, Band 10. Herausgegeben von der Deutschen Mathematiker-Vereinigung. Vieweg Verlag: Wiesbaden 1998).

[16] BAK: Habilitationsakte Gentzen

Im November 1933 absolviert Gentzen aber zunächst sein Staatsexamen für das höhere Lehramt (Mathematik, Physik und angewandte Mathematik) mit der Arbeit „Elektronenbahnen in axialsymetrischen Feldern unter Anwendung kosmologischer Probleme", das „gut" ausfällt[17].

Zeugnis
über die
wissenschaftliche Prüfung für das Lehramt an höheren Schulen.
Herr Gerhard Gentzen,

geboren den 24. November 1903 in Greifswald, lutherischer Konfession, bestand die Reifeprüfung am Gymnasium zu Stralsund am 29. Februar 1928 und studierte Mathematik und Naturwissenschaften von Ostern 1928 bis Ostern 1929 in Greifswald,von Ostern 1929 bis Ostern 1930 in Göttingen, von Ostern 1930 bis Michaelis 1930 in München, von Michaelis 1930 bis Ostern 1931 in Berlin, von Ostern 1931 bis Michaelis 1933 in Göttingen. Am 12. Juli 1933 promovierte er in Göttingen.

Auf die Meldung vom 26. Mai 1933 zur wissenschaftlichen Prüfung für das Lehramt an höheren Schulen zugelassen, erhielt er zur schriftlichen Bearbeitung die Aufgabe:

Elektronenbahnen in axialsymmetrischen Feldern
unter Anwendung auf kosmische Probleme.

Als Ersatz für eine der beiden schriftlichen Hausarbeiten wurde eine von ihm verfasste wissenschaftliche Arbeit angenommen, betitelt:

Untersuchungen über das logische Schliessen.

Der mündlichen Prüfung unterzog er sich am 13.-16. November 1933.

---

[17] Ich habe noch keine Untersuchung über die Entwicklung der angewandten Mathematik in Göttingen lesen können. Vielleicht würde so mentalitätsgeschichtlich klar, warum in Göttingen innerhalb der Mathematik die Beschäftigung mit einer Philosophie der Mathematik verpönt war, wenn diese Beschäftigung nicht selbst wieder mathematisch zugänglich war, also reine Begriffsarbeit blieb. – RICHARD COURANT berichtet (in: *Die Naturwissenschaften* 15 (1927), S. 230) wie Felix Klein zum Entsetzen seiner Fachkollegen „die Abtrennung einer Professur für angewandte Mathematik von der mathematischen Wissenschaft gefördert und gewollt" hatte. Den ersten entsprechenden Lehrstuhl erhielt Carl Runge. Felix Klein förderte den Strömungsmechaniker und Gasdynamiker Ludwig Prandtl. Nachfolger von Runge wurde Gustav Herglotz. Sowohl Prandtl wie Theodor von Kármán waren jeder philosophischen Betrachtung im üblichen Stil abhold und Wortweisheit konnte ihnen kein Ersatz für „ehrliche harte Arbeit" in der Mathematik sein. Über Prandtl sagt H. GÖRTLER (Ludwig Prandtl, S. 158, *Zeitschrift für Flugwissenschaften* 23 (1975) Heft 5): „Sicher war er auch überzeugt von einer großen Harmonie hinter den Erscheinungen der Natur und insbesondere auch hinter den noch nicht verstandenen Dingen. Die Frage aber, wieso denn Mathematik überhaupt anwendbar sei zur Beschreibung der Erscheinungen, insbesondere in seiner Strömungsmechanik, diese Frage hat sich ihm wohl nie gestellt. Daß das Phänomen der Anwendbarkeit der Mathematik für Mathematiker und Naturwissenschaftler ein zentrales Problem sein muß und daß eine Ontologie der Mathematik diesem Phänomen gerecht werden muß, berührte Prandtl kaum. (...) Was Prandtl als „Anschauliche und nützliche Mathematik" ansah, hat er in einer Vorlesung im Wintersemester 1931/32 vorgetragen. Die Ausarbeitung dieser Vorlesung durch G. Mesmer erschien im Selbstverlag 1937." Vor und während des Krieges entwickelte Prandtl übrigens eine Differenzenmaschine, die in dem o.g. Aufsatz von H. Görtler dargestellt und abgebildet ist. Auch der Lebensstil der Göttinger Mathematiker läßt sich als bescheiden, schlicht, einfach, anspruchslos, oft humorvoll beschreiben – gerade wenn jeder um die Bedeutung und Tragweite seiner Leistung Bescheid wußte. Ob das auf Gerhard Gentzen abgefärbt haben kann? – Mathematik als Fachgeschichte ist auch immer Mentalitätsgeschichte.

Herr Gerhard Gentzen hat die Prüfung für das Lehramt an höheren Schulen bestanden. Er erhielt

in Mathematik als Hauptfach das Zeugnis Gut,
In Physik als Hauptfach das Zeugnis Gut,
in Angewandter Mathematik als Zusatzfach das Zeugnis Mit Auszeichnung.

Nach dem gesamten Ergebnis der schriftlichen und mündlichen Prüfung ist ihm das Zeugnis

G u t   bestanden

zuerkannt worden.

Wegen der Meldung zum Vorbereitungsdienst wird auf die Ordnung der praktischen Ausbildung für das Lehramt an höheren Schulen vom 28. Juli 1917 verwiesen.

Göttingen, den 16. November 1933 Wissenschaftliches Prüfungsamt."[18]

Am 5.11.33, tritt er auf Anraten von Freunden als Sturmmann in die (Hochschul-)SA ein, vielleicht um in dieser Zeit seine Universitäts- oder mögliche Schullehrerkarriere nicht zu gefährden. Wer könnte Gentzen zum Eintritt in die SA geraten haben? Der stark konservative Courant, der seinen „Auslandsaufenthalt" in „der rein sachlichen Verbreitung der Deutschen Kulturwerte" sah, riet beispielsweise Helmut Ulm (1908-?) am 22.12.1933, sich nicht aus individualistischen Gründen fernzuhalten, wenn er nicht mit Gewalt ferngehalten wird. „Auch z.B. Rellich empfindet so und fährt mit großer Freude in sein Wehrsportlager."[19] Der Eintritt in die Hochschul-SA war in Göttingen keine Pflicht[20]. 1934 bemüht

---

[18] BAK: Habilitationsakte Gentzen

[19] S. 145, REINHARD SIEGMUND-SCHULTZE, Mathematiker auf der Flucht vor Hitler. Quellen und Studien zur Emigration einer Wissenschaft. Dokumente zur Geschichte der Mathematik, Bd. 10. Hrsg. von der Deutschen Mathematiker-Vereinigung. Vieweg Verlag: Wiesbaden 1998.

[20] „Auf einer Konferenz in Utrecht (September 1996) sprach ich Herrn Dr. Jervell, und das Gespräch kam auf Gentzen. Dr. Jervell erzählte da einige Anekdoten, aus denen hervorging, daß der Gentzen ja ein fanatischer Nationalsozialist gewesen sein soll, der sich schon anfang der dreißiger Jahre in Goettingen mit etwas von Stolz sich mit den Insignien der Partei dekorierte. Diese ‚Fakten' stammten anscheinlich von Herrn Prof. Ketonen, der Gentzen in dieser Zeit persönlich kannte. Die Idee, daß der ‚geistige Vater' meines Fachgebietes ein ‚harter' Nazi gewesen sei, schockierte mich, und da wurde es mir wieder einmal peinlich klar wie wenig biographische Fakten es zu GG gibt." Harold Schellinx (Utrecht) per E-Mail an mich vom 16.6.1997. Jan von Plato, ehemaliger Assistent von Ketonen, bezweifelt dies sehr stark. Erstens hat Gentzen selbst nicht sehr viel zu anderen gesprochen, und wenn dann vorzugsweise über mathematische Probleme. Und auch Ketonen hat – trotz mehrfacher Nachfragen durch von Plato – sich auch nicht zu seiner Göttinger Zeit und Gentzen geäußert. – Ich glaube schon nicht aus „äußeren" Gründen an Gentzen als „harter Nazi": würde Bernays mit ihm bis 1939 verkehrt haben? Gentzen ist erst im November 1933 in die SA eingetreten – ist also nicht einmal „Märzgefallener" – und hat dies Bernays per Postkarte mitgeteilt. Gentzen hatte guten Kontakt mit Saunders MacLane, und dieser hätte bestimmt etwas daüber berichtet, wenn Gentzen sich im Sinne des NS hervorgetan hätte. Ein Vorgriff: 1937 tritt er erst in die NSDAP ein, und zwar genau vor dem Pariser Descartes-Kongreß. Dort lernt er Jean Cavaillès besser kennen, er war 1935 schon in Goettingen und dieser Leiter der Résistance hätte zumindest brieflich oder sonstwie seinem Freund Albert Lautmann mitgeteilt, wenn Gentzen Nazi gewesen wäre. Oder? – Warum will man den immer als zurückhaltend und introvertiert geschilderten Gentzen gerne mit einer NS-Karriere belegen? Weil man sonst seinen Tod zu unerträglich und sinnlos fände? – Manchmal habe ich den Eindruck, daß Gentzen mit irgendjemand verwechselt wird. Auch deshalb gebe ich in diesem Buch die Fotos von Gerhard Gentzen wieder.

sich Gentzen über Hermann Weyl um ein Stipendium der Rockefeller-Foundation für 1935. Da diese Stipendien eingestellt wurden, hofft Gentzen darauf, daß das IAS (Institute for Advanced Study in Princeton) ihm wenigstens für 1936 eine Einladung gibt.

Vom 1.4.1934 rückwirkend bis 30.9.1934 erhält er ein Forschungsstipendium für das Projekt „Beweis der Widerspruchsfreiheit der Analysis" in Höhe von Reichsmark (RM) 150.– von der Deutschen Studienstiftung.

An Paul Bernays schreibt er aus Stralsund am 11.4.34 eine Postkarte nach „Berlin-Wilmersdorf, Holsteinische Str. 38":

> „Sehr verehrter Herr Professor!
>
> Wenn auch kein besonderer Anlass vorliegt, möchte ich doch einmal von mir hören lassen. Die Notgemeinschaft scheint mit der Erledigung meines Stipendiengesuches keine Eile zu haben, jedenfalls habe ich noch immer keine Nachricht erhalten. Auf eine Anfrage von mir vor etwa 6 Wochen erhielt ich den Bescheid, dass meine Unterlagen noch geprüft würden. Ich habe mich zur Sicherheit auch bei der Schule beworben, worüber bisher ebenfalls noch nicht entschieden ist. Ich bin auch in die SA eingetreten, da es mir von verschiedenen Seiten dringend angeraten wurde. – Im übrigen habe ich meine Untersuchungen zur Widerspruchsfreiheit erheblich gefördert: zuerst behandelte ich die Stufenlogik und führte einen Widerspruchsfreiheitsbeweis für diese, der sich an den bekannten einfachen Widerspruchsfreiheitsbeweis für die Prädikatenlogik anschliesst. Dann nahm ich die mathematischen Axiome hinzu, womit natürlich die eigentliche Schwierigkeit erst beginnt. Es zeigte sich, dass die Widerspruchsfreiheit der Mathematik äquivalent ist mit der Übertragung des Hauptsatzes meiner Dissertation von der Prädikaten- auf die Stufenlogik. Ich hoffe, bald einen Widerspruchsfreiheitsbeweis „mit Gewalt" fertig zu haben. Dann ist dieser noch so umzuformen, dass nur zulässige Schlussweisen benutzt werden. Das hoffe ich, analog wie in der Arithmetik allein, mittels der transfiniten Zahlen zu erreichen. – Wieweit ist Ihr Buch? Kommen Sie im S.S. wieder nach Göttingen?
>
> Mit ergebenstem Gruss
>> Ihr
>> G. Gentzen"[21]

Ob dem Mann, neben Emmy Noether bis zur Machtübernahme des NS 1933 immerhin Extraordinarius für die Grundlagen der Mathematik, die materiellen Sorgen von Gentzen sehr viel zu Denken geben, glaube ich weniger. Wie geht es jemandem, dem man 1933 innerhalb von zwei Tagen „gebeten" hatte doch seine venia legendi ruhen zu lassen? Was arbeitet Paul Bernays in Berlin? Und ist Gentzens Frage nach einer Rückkehr von Paul Bernays von „entwaffnender" Naivität? Hat er von der Entlassung Bernays nichts gehört oder verstanden?

D Geldsorgen und Stellensuche

Gentzen schreibt an Hellmuth Kneser[22] aus Stralsund am 5.12.1934 aus der Schillstr. 35:

---

[21] Hs. 975 : 1649. Für eine Kopie des Briefwechsels zwischen Bernays und Gentzen bin ich Herrn Dr. Beat Glaus vom Archiv der ETH Zürich sehr zu Dank verpflichtet.

„Sehr verehrter Herr Professor!

Beiliegend sende ich Ihnen meine Doktorarbeit. Ich habe im vorigen Jahr in Göttingen (bei Professor Weyl) promoviert und das Staatsexamen gemacht. Dann habe ich mit Unterstützung der Notgemeinschaft der deutschen Wissenschaft meine Arbeiten zur Widerspruchsfreiheit der Arithmetik wieder aufgenommen (von deren Anfängen ich Ihnen, wie ich glaube, einmal berichtet hatte). Augenblicklich bereite ich einen Widerspruchsfreiheitsbeweis für die reine (d.h. keine analytischen Hilfsmittel benutzende) Zahlentheorie, den ich fertig habe, zur Veröffentlichung in den Math. Annalen vor. Was ich weiterhin anfangen werde, ist mir noch ziemlich unklar, die Zeitverhältnisse ermutigen zu keinem geistigen Beruf!

Mit ergebenstem Gruss
    Ihr
    Gerhard Gentzen"[23]

Seit dem 30.9.1934 bekommt er keine finanzielle Unterstützung mehr von der Studienstiftung. Am 16.2.35 meldet Gentzen aus Stralsund:

„Sehr verehrter Herr Professor!

Von Geh.-Rat Hilbert erhielt ich die Mitteilung, dass er mir keine Assistentenstelle verschaffen kann. Ferner bekam ich heute ein Schreiben von Prof. Scholz in Münster, an den ich mich auf Empfehlung von Prof. Bernays in derselben Angelegenheit gewandt hatte, nach (der) er mir allenfalls eine recht unsichere Möglichkeit eines Hilfsassistentenpostens in Münster in Aussicht stellen könnte. Unter diesen Umständen wäre es mir sehr angenehm, wenn Sie mich für die Greifswalder Assistentenstelle in Aussicht nehmen können. Wenn Ihnen eine persönliche Rücksprache erwünscht scheint, so bin ich gerne bereit, noch mal nach Greifswald rüberzukommen.

Heil Hitler!
    Ihr
    Gerhard Gentzen"[24]

Die Sorgen werden immer drängender, denn am 27.2.1935 schreibt er erneut an H. Kneser:

„Sehr verehrter Herr Professor!

Gestern erhielt ich einen neuen Brief von Professor Weyl. Er schreibt, dass die Rockefeller-Stiftung neuerdings die Ausgabe von Stipendien für Mathematik, Physik und Chemie ganz eingestellt habe, und dass auch von Seiten des Instituts in Princeton mir in diesem Jahr kein Stipendium gewährt werden könne. Er hoffe jedoch, mir für das nächste Jahr eine Einladung von Seiten des Instituts erwirken zu können. Wenn es sich ermöglichen lässt und Sie für diese Zeit noch nicht anderweitig verfügt haben, würde ich nun gerne für die 2 Semester September 35 bis Mai 36 die Assistentenstelle in Greifswald übernehmen. Ich könnte dann evtl. gleichzeitig meinen ‚Dr. habil.' erledigen.

Heil Hitler!
    Ihr
    Gerhard Gentzen"[25]

---

[22] Zur politischen Auffassung von H. Kneser vgl. die einschlägigen Ausführungen in CONSTANCE REID, Courant. Springer: New York 1976.

[23] Der Brief befindet sich im Archiv von Prof. Dr. Martin Kneser (Göttingen).

[24] ebenda

Schon am 2.3.1935 meldet er sich wieder:

> „Sehr verehrter Herr Professor!
>
> Vielen Dank für Ihren Brief. Es scheint mir denn auch das beste zu sein, wenn ich mich noch einmal bei der Notgemeinschaft bewerbe. Ich hatte dies schon selbst erwogen, wollte aber erst meine jetzige Arbeit fertig haben, um diese dabei vorlegen zu können. Auch hätte ich ganz gerne einmal eine mehr praktische Tätigkeit zwischen die einseitige geistige Arbeit eingeschaltet. Pekuniär bin ich freilich am besten gestellt, wenn ich das Stipendium erhalte, es betrug seinerzeit für mich 150 M monatlich. Ich werde mich für die Bewerbung am besten an Hilbert wenden, auf dessen Antrag ich es damals bekommen habe.
>
> Für den Sommer habe ich nichts bestimmtes vor, ich hätte die Assistentenstelle gegebenenfalls auch schon im April antreten können, wäre dann allerdings mit der Fertigstellung meiner Arbeit etwas knapp dran gewesen.
>
> Ich werde Ihnen von dem Ergebnis meiner Bemühungen berichten.
>
> Mit ergebenstem Gruss und Heil Hitler!
>   Ihr
>   Gerhard Gentzen[26]
>
> Das Schreiben von Bieberbach liegt bei.“

Was schreibt Ludwig Bieberbach (1886–1982)? Daß er sich Gentzen als Beiträger für seine „Deutsche Mathematik" wünscht? Oder hatte Bieberbach an Kneser geschrieben mit der Bitte, Autoren für die „Deutsche Mathematik" anzuwerben? Es wird jedenfalls zwischen Kneser und Gentzen kein Wort darüber verloren[27].

Aus Stralsund schreibt Gentzen an Bernays einen fachlichen Brief am 23.6.35:

> „Sehr verehrter Herr Professor!
>
> Beiliegend schicke ich Ihnen das Schlussstück meiner ‚Widerspruchsfreiheit der reinen Zahlentheorie'. Für Ihre Anmerkungen zu dem Hauptteil danke ich Ihnen vielmals. Die vorgeschlagenen Verbesserungen textlicher Einzelheiten habe ich im wesentlichen in den endgültigen Text übernommen. – Ihre Frage bezüglich des Prozesses 13.6.2 gedachte ich mit dem gleichen Beispiel zu beantworten, dass Sie auf Ihrer Karte (als zweites) angeben. S. auch 15.2 – (...)“

Und so geht es technisch weiter bis zum letzten Absatz:

---

[25] ebenda

[26] ebenda

[27] „Ich habe keine Ahnung, um was es sich bei dem Schreiben von Bieberbach handelte." (Martin Kneser an den Autor am 21.02.1997). – Zuvor jedoch hatte am 25.11.1934 Ludwig Bieberbach unter anderem an Hellmuth Kneser geschrieben: „Noch etwas anderes. Ich plane die Begründung einer neuen Zeitschrift, deren Zweck es sein soll in Selbstzeugnissen und zusammenhängenden Aufsätzen ein Bild von der Deutschen Mathematik zu geben. Die Zeitschrift soll sich entschieden auf dem Boden der nationalsozialistischen Weltanschauung stellen. Sie soll nicht Abhandlung an Abhandlung reihen, sondern eben dem Leser einen wirklichen Einblick in das Deutsche Schaffen geben. Auch die Fragen des Unterrichtes, der Geschichte, der Philosophie, der Biographie sollen Berücksichtigung finden. Gelegentliche Berichte über ausländische Arbeiten sind nicht ausgeschlossen, soweit es deren Bedeutung rechtfertigt. Der Unterstützung durch die Notgemeinschaft und durch die Deutsche Studentenschaft glaube ich sicher sein zu können. Haben Sie Lust da mitzumachen? Heil Hitler". Aber Bieberbach war auch tätig in Stipendien- und Gutachtenangelegenheiten.

„Wissen Sie vielleicht etwas darüber, ob Professor Weyl in diesem Sommer wieder in Europa sein wird, evtl. schon ist? Ich möchte ihm ebenfalls einen Durchschlag meiner Arbeit schicken. – Von der Notgemeinschaft hoffe ich nun wohl bald Bescheid über das Stipendium zu bekommen. Wenn es mir bewilligt wird, beabsichtige ich im Herbst oder Winter nach Göttingen und evtl. auch einmal nach Münster zu fahren. Ich nehme dann die Wf. (‚Widerspruchsfreiheit‘, EMT) der Analysis wieder in Angriff.

Mit ergebenstem Gruss
    Ihr
    Gerhard Gentzen.“[28]

Ich halte es für möglich und wahrscheinlich, daß Gentzen seinem Lehrer Weyl tatsächlich einen Durchschlag seiner Arbeit geschickt hat.
Am 25.6.35 heißt es wieder an Hellmuth Kneser:

„Sehr verehrter Herr Professor!

Heute erhielt ich von der ‚Deutschen Forschungsgemeinschaft‘ die Mitteilung, dass mir auf den Antrag von Geh.-Rat Hilbert ein Forschungsstipendium in Höhe von 125 RM monatlich, zunächst für ein halbes Jahr, vom 1.7. bis 31.12.35, bewilligt sei. Es sei in Aussicht genommen, dieses auf einen nachmaligen Antrag hin zu verlängern. Somit habe ich also fürs erste ein Auskommen und kann meine Arbeiten über math. Grundlagenfragen fortsetzen. Ich will im W.S. wieder nach Göttingen fahren. Evtl. versuche ich, wenn es sich mit dem Stipendium vereinbaren lässt und auch sonst keine Schwierigkeiten bestehen, den Dr. habil. zu machen. Ich werde Ihnen gelegentlich von meinen weiteren Unternehmungen berichten.

Heil Hitler!
    Ihr
    Gerhard Gentzen“[29]

Der verehrte Professor Paul Bernays wird Gentzen zum „Sparringspartner“ und „Coach“ für technische Fragen, denn am 17.7.35 heißt es:

„Sehr verehrter Herr Professor!

Ich danke Ihnen für Ihren Brief. Anbei schicke ich Ihnen noch die endgültige Fassung des IV. Abschnitts meiner Arbeit, sowie ein paar geänderte Seiten aus dem II. Abschnitt, die damit Zusammenhang haben. Alle Änderungen sind nur geringfügig, betreffen das Wesentliche nicht. – (...) Von der Notgemeinschaft, jetzt ‚Deutschen Forschungsgemeinschaft‘, bekam ich inzwischen Nachricht, dass mir das Stipendium, vorerst bis Ende dieses Jahres, mit Aussicht auf Verlängerung, bewilligt ist.

Mit ergebenstem Gruss
    Ihr
    Gerhard Gentzen“[30]

Das Fachliche aber steht für Gentzen zunächst im Vordergrund.

---

[28] Hs. 975 : 1650

[29] Archiv Martin Kneser

[30] Hs. 975 : 1651

E Schwierigkeiten mit der „Widerspruchsfreiheit der reinen Zahlentheorie" vom 11. August 1935

Am 11. August 1935 trifft das Manuskript Gentzens seiner „Widerspruchsfreiheit der reinen Zahlentheorie" in der Redaktion der Mathematischen Annalen bei Prof. Blumenthal ein.

Von Paul Bernays hatte Gentzen wohl beunruhigende Nachrichten erhalten, denn er antwortet am 4. November aus dem Feuerschanzengraben 18, dritter Stock:

> „Sehr verehrter Herr Professor!
>
> Vielen Dank für Ihren Brief, den ich heute erhielt. Ich glaube, Ihre Besorgnisse wegen meines Wfbeweises sind unbegründet. Die Gedankengänge, die Sie in Ihrem Brief anführen, sind mir nicht neu; ich habe mir alle diese Zusammenhänge auch selber schon überlegt, sogar bis zu dem geometrischen Bild der Streckenverzweigung einschliesslich. Sie haben ganz Recht damit, dass (...). Aber das macht nichts aus für meinen Beweisgedanken! Ich muss zugeben, dass die Stelle 14.6.3 missverständlich ist, indem sie den Eindruck erwecken könnte, als ob es sich um eine eindeutig bestimmte Folge von Reduktionen (...) Ich habe mich nun entschlossen, folgende Sätze hinzuzufügen (und habe eine entsprechende Mitteilung noch heute an Prof. Blumenthal gesandt, da ich ihm die Korrekturfahnen schon vor ein paar Tagen zurückgeschickt hatte): (...) Ich möchte meinen, dass gegen diese Art der Beweisidee nichts einzuwenden ist. (...) Die ungeheure Verkettung von Abhängigkeiten bringt es m. E. zwangsläufig mit sich, dass man beim Wfbeweis diese eigenartig verketteten Induktionen benötigt. Es wundert mich nicht, dass Sie beim ‚Auflösen' der sigma-Induktion nicht zum Ziele gekommen sind, denn dann steht man unweigerlich einem Chaos von Verzweigungen gegenüber. Ich habe ja selbst alles mögliche versucht, um beim Hilfssatz die wirkliche Art der Herstellung der Reduziervorschrift (...) etwas deutlicher herauszubringen, doch es gelang mir nicht. In diesem Punkte scheint mir am ehesten ein Angriff auf meine Beweisführung möglich zu sein, und zwar insofern, als der Begriff ‚finit' beim Beweis des Hilfssatzes eben doch etwas weitherzig aufgefasst wird. Auf diesen Punkt können Sie, bitte, jeden hinweisen, der den Beweis kritisieren möchte, wobei ich es allerdings netter fände, man würde eine Verbesserung im Sinne weiterer Finitisierung (s. 15.1.1) durchführen, als die jetzige Fassung unter dem Gesichtspunkt ganz strenger Finitheit anfechten.
>
> Es würde mich sehr interessieren, Ihre Rückäusserung zu diesen Betrachtungen zu vernehmen; leider ist ja der Gedankenaustausch über den Ozean durch die grossen Zeitverluste so behindert.
>
> Mit ergebenstem Gruss – auch bitte an Herrn Professor Weyl, den Sie wohl öfters sehen –
>
> Ihr
>
> Gerhard Gentzen."[31]

Georg Kreisel hält die damaligen Einwendungen für unbegründet. Paul Bernays, der sich damals in Princeton aufhielt, wird die ursprüngliche Version des Widerspruchsfreiheits-Beweises, wie von Gentzen hier im Brief erwähnt – auch Hermann Weyl gezeigt haben. Vielleicht hatte Hermann Weyl den Durchschlag,

---

[31] Hs. 975 : 1652

den er von Gentzen möglicherweise bekommen hatte, auch Gödel und John v. Neumann gezeigt. Bernays, soviel ist sicher, hat Gentzens Resultate in Vorlesungen im Institute for Advanced Study vorgetragen und in seiner Schrift „Logical Calculus ..." von 1935/1936[32] niedergelegt. Gentzens ursprünglicher Beweis wurde 1974 durch Bernays posthum veröffentlicht kommentiert.

Möglicherweise, das insinuiert Kreisel spekulativ, haben Gödel und v. Neumann zu Unrecht diese Beweisform kritisiert[33]. Das bedarf noch der Klärung.

Gentzen rezensiert auch zwischenzeitig im *Zentralblatt für Mathematik*, 14. Band (1935), Heft 9, S. 385:

> Malcev, A.: Untersuchungen aus dem Gebiete der mathematischen Logik: Rec. math. Moscou, N. s. 1, 323–335 (1936). Ein von Gödel bewiesener Satz: „Für die Erfüllbarkeit eines abzählbar unendlichen Systems von Formeln des Aussagenkalküls ist es hinreichend, daß jeder endliche Teil des Systems erfüllbar ist" (s. Mh. Math. Phys. 37, 349–360, Satz X), wird auf Systeme von beliebiger Mächtigkeit verallgemeinert. – Ein zweiter Satz (über die Erweiterung eines unendlichen Erfüllungsbereichs für ein System von Formeln des Prädikatenkalküls), der zu Unrecht als Verallgemeinerung eines von Skolem bewiesenen Satzes (dies. Zbl. 7, 193 u. 10, 49) bezeichnet wird, ist in der vom Verf. bewiesenen Form eine Trivialität. Gerhard Gentzen (Göttingen).

Dann erhält Gentzen Post aus Göttingen wohl von Hasse:

> 19.10.35, Herrn Dr. G e n t z e n, Stralsund Schillstr. 35
>
> Sehr geehrter Herr Gentzen!
>
> Wie Sie wissen, gibt Herr Dr. Arnold Schmidt zum Ende ds. Ws. seine Assistentenstelle am Mathematischen Institut auf, die für besondere Assistenzleistungen bei Hilbert vorgesehen ist. Hilbert hat nach Rücksprache mit mir ins Auge gefasst, Ihnen diese Assistentenstelle zu geben, falls Sie zur Annahme geneigt sind. Allerdings würden sowohl Hilbert als auch ich vorher gerne mit Ihnen persönlich Rücksprache nehmen. Es wäre daher sehr begrüssenswert, wenn Sie es ermöglichen könnten sich sobald wie möglich einmal hier vorzustellen, zunächst natürlich ganz unverbindlich beiderseits. Es wäre dann angebracht, wenn Sie sowohl Hilbert wie mich kurz wissen lassen, an welchem Tage Sie hier zu sein gedenken. Heil Hitler!
>
> Der geschäftsführende Direktor des Mathematischen Instituts.

Gentzen antwortet unverzüglich, er besucht wohl gerade seine Schwester in Berlin:

> Berlin, am 21.10.35.
>
> Sehr geehrter Herr Professor!
>
> Ich danke Ihnen für Ihren Brief vom 19.10. Ich bin gerne bereit, mit Ihnen und Herrn Geheimrat Hilbert über die etwaige Übernahme der Assistentenstelle zu sprechen. Ich fahre daher am Donnerstag, dem 24.10., von hier nach Göttingen, und werde mich am

---

[32] PAUL BERNAYS, Logical Calculus (1935–1936). Notes by Prof. Bernays with assistance of Mr. F. A. Ficken. The Institute for Advanced Study. 125pp. (Kopie des Exemplars aus der Fine Hall Library, Princeton University).

[33] S. 200 f., in: GEORG KREISEL, Wie die Beweistheorie zu ihren Ordinalzahlen kam und kommt, in: *Jber.d.Dt. Math.-Verein.* 78 (1976) 177–223; derselbe, Gödel's Excursions into intuitionistic logic, p. 65–186, in: Paul Weingartner und Leopold Schmetterer (eds.), Gödel Remembered. Napoli: Bibliopolis 1987. Aber daß Gödel und v. Neumann tatsächlich Gentzens Beweisidee kritisierten und nicht allein Bernays und Weyl ist unbelegte Vermutung.

Freitag Vormittag etwa um 10 Uhr im mathematischen Institut einfinden, um zu erfahren, zu welcher Zeit ich Sie aufsuchen darf.

Heil Hitler!

Gerhard Gentzen

z. Zt. Berlin-Lichterfelde W, Gersauerweg 10.

Der Knoten der materiellen Sorgen löst sich dann mit dem Brief vom 27. Oktober 1935 aus Göttingen, aus dem Feuerschanzengraben 18, Dritter Stock an H. Kneser:

„Sehr verehrter Herr Professor!

In meinen Zukunftsplänen hat sich eine plötzliche Änderung ergeben: Hilbert und Hasse haben mir, für mich ganz unerwartet, die zum 1. November freiwerdende ausserplanmässige Assistentenstelle bei Hilbert angeboten. Ich habe natürlich zugesagt, muss allerdings noch die Zustimmung von Rektor und Dozentenschaft abwarten. A. Schmidt, der bisher die Stelle innehatte, will nach Marburg zu Reidemeister gehen, da er glaubt, hier in Göttingen keine Aussicht auf baldige Habilitationsmöglichkeit zu haben. Bei Hilbert gibt es nicht mehr viel zu tun, dafür würde aber erwartet, dass ich mich an sonstigen Institutsangelegenheiten beteilige, insbesondere an anderen Forschungsgebieten, ausser der Logik, mitarbeite, wie ja auch Sie mir geraten haben. Das würde ich auch im Interessse meines Fortkommens gerne tun. Zur Habilitation wird dann vielleicht über kurz oder lang hier in Göttingen Gelegenheit sein. – Von meiner Arbeit habe ich inzwischen die 1. Korrekturen erhalten. Van der Waerden schrieb mir einen Brief, in dem er sich sehr anerkennend über meinen Widerspruchsfreiheitsbeweis äusserte – Grüssen Sie bitte Ihre Frau von mir, Heil Hitler!

Ihr Gerhard Gentzen"

Vom 01.07.1935 bis zum 31.10.1935 wird er als Stipendiats-Assistent von der Deutschen Forschungsgemeinschaft bezahlt.

Gentzen reicht am 11. Oktober einen Antrag auf Verlängerung des Stipendiums ein, zieht den Antrag jedoch wegen der Aussicht auf eine Anstellung als Assistent zurück. Am 16. Oktober werden Ergänzungen angefordert, die am 19. eingehen. Der Verlängerungsantrag mit Ergänzungen geht am 24. Oktober „an Prof. Dingler zwecks Stellungnahme"[34].

Am 28.10.1935 schreibt Hasse an den Dekan:

„Herr Schmidt hatte den speziellen Auftrag Herrn Prof. Hilbert fortlaufende wissenschaftliche Assistenz zu leisten. Mit Rücksicht auf die Persönlichkeit Hilberts erscheint es mir ein unerlässliches Gebot, ihm einen neuen, auf seinem gegenwärtigen Forschungsgebiet beschlagenen Assistenten vom Mathematischen Institut aus zur Verfügung zu halten. Hilbert hat den Wunsch ausgesprochen, Herrn Dr. Gerhard Gentzen zu diesem Zweck zugeteilt zu bekommen."

Und er bittet den Dekan, auf Gentzen die freiwerdende Assistenstelle von Arnold Schmidt zu übertragen.

---

[34] Berlin Document Center, Personalakte „Gentzen, Gerhard". Daß gerade die Deutsche Forschungsgemeinschaft bei Gentzen als Gutachter den Antisemiten und Hilbert-Gegner Herrn Hugo Dingler wählt, ist ein böser Hintertreppenwitz.

F   NS-treue Logik: ein Beispiel für „zeitgebundene Rationalität"

Im S. Hirzel Verlag in Leipzig erscheint 1935 ein Buch von Werner Schingnitz[35], der 1943 die zehnte Auflage des „Philosophischen Wörterbuchs" herausgeben wird. Es heißt „Mensch und Begriff. Beitrag zur Theorie der logischen Bewältigung der Welt durch den Menschen". Darin heißt es:

> „Hat ein Volk sich in allen seinen Volksgenossen auf seinem Grund und Boden verwirklicht und befestigt, und zwar: dinglich mit Hilfe einer ebenso präzisen wie schöpferischen Technik, institutionell in exakten und gleichwohl persönlichkeits-bewahrenden Organisationen, gesinnungsmäßig in einem gerecht waltenden Staate, willensmäßig auf kameradschaftlich-soldatische Art vermittelst personhaften Einsatzes jedes Einzelnen zur einheitlich disziplinierten Macht-Bewahrung, wissensmäßig in einer sachlich ungetrübten und zugleich kämpferisch forschenden Wissenschaft, entwicklungshaft in einem gestalterischen Erziehungs-Wesen, endlich weltanschaulich in einem klaren, d.h. volkgemäß-unmittelbaren Glauben – so eignet dem betr. Volke in diesen einzelnen Momenten und dem sie umfassenden Ganzen jedenfalls auch eine wenngleich noch nicht reflexiv einsichtig gewordene konkret-begriffliche Haltung. Diese aber trägt wesentlich dazu bei, daß sein Wesen Gestalt gewinnt, daß seinen Entschlüssen und Entscheidungen welthafte Durchschlagskraft und menschhafte Greif-barkeit zuteil wird, daß dieses Volk sich durch gleichsam angeborene Begrifflichkeit, d.h. durch den sachlich-welthaften Ertrag seiner Disziplin auf allen Gebieten, im Ver-laufe seiner Volkwerdung Bestand bewahrt und Zukunft sichert. – " (S. XIIff.)

So geht das über 500 Seiten, daß der Staat dafür zu sorgen habe, daß die her-anwachsende Jugend

> „durch Kenner des begrifflichen Wesens über sachliches, exaktes, klares, präzises, diszipliniertes Denken und Handelns (...) unterrichtet und zu ‚Ordnungs-Übungen des Geistes' (den militärischen vergleichbar) angehalten werden (...). Daß sämtliche Errun-genschaften der gegenwärtigen deutschen Wende, nicht nur die geistig-weltanschauli-chen, der Sicherung durch die ‚Zucht des Begriffes' bedürfen, daß also die ‚Zucht des Begriffes' sich der militärischen und politischen Zucht und Disziplin zugesellen muß – darüber dürfte Einhelligkeit bestehen, sowie überhaupt darüber, daß unter den ‚Waffen deutschen Geistes' (Otto Dietrich) die ‚Zucht des Begriffes' mit an erster Stelle steht." (S. XIV)

Logiker wie Wilhelm Burkamp, Schüler von Ernst Cassirer, übernehmen ihre Logikkonzeptionen aus den zwanziger oder frühen dreißiger Jahren und biedern sich geistig an die neuen „organischen" Auffassungen in „Wirklichkeit und Sinn"[36]. Intellektuell war hier auf redliche Weise keine Neuerung mehr zu erwar-ten. Für einen Fachmathematiker war dies alles ohne jedes Interesse, wenn Ferdi-nand Weinhandl bereits 1934 in einem Referat über Allgemeine Wehrpolitik in einem von der Deutschen Dozentenschaft in Berlin-Dahlem veranstalteten wehr-politischem Schulungskurs hinwies, „daß wehrpolitisches Denken, Taktik und Strategie nicht die aristotelische Logik abstrakter Begrifflichkeit, sondern eine

---

[35] W. Schingnitz war zunächst fanatischer Nationalsozialist und Sachbearbeiter für Philosophie und Weltanschauung in der Kulturpolitischen Abteilung der NSDAP (Kreis Leipzig), Pressewart an der Univ. Leipzig. Ab 1944 galt seine politische Karriere als gescheitert.

[36] 2 Bände. Berlin: Junker und Dünnhaupt Verlag 1938.

‚Logik des Raums', das, was Clausewitz das ‚geometrische' Element nennt, zur Grundlage" habe.[37]

G Die außerplanmäßige Assistentenstelle bei Hilbert mit Wirkung vom 1. November 1935: Eine produktive Zeit für die Grundlagenforschung beginnt

Am 1. November 1935 erhält Gentzen die außerplanmäßige Assistentenstelle bei David Hilbert, als Dr. Arnold Schmidt – er fordert Gentzen in der Folgezeit zu Rezensionen im *Zentralblatt für Mathematik* auf – diesen Posten verläßt. Arnold Schmidt hatte wie auch Kurt Schütte 1933 bei Hilbert – unter der Hilfe vom aus Hilberts privaten Taschen bezahlten Paul Bernays – noch promovieren können. Vom 1.10.1934 bis zum 1.7.1935 hat Gentzen sich aus privaten Mitteln finanzieren müssen. Jetzt bekommt er eine monatliche Vergütung von 190 RM, d.h. auf die Dauer von zwei Jahren werden ihm 2.280 RM in Aussicht gestellt. Davon kann er alleine leben. Für seine Anstellung muß er Bescheinigungen beibringen. Am 28. Oktober 1935 bestätigt ihm der Führer des Sturm 16/42 und Obertruppführer Hilgendorff, daß der „SA-Mann" G. Gentzen der SA seit 5.11.1933 ununterbrochen angehört habe: „Er war bisher im Sturm 7 und Sturm 16/42." Fakultät mit Dekan, die Dozentenschaft unter W. Blume[38] und der Rektor sind mit der Besetzung des Assistentenstelle („wissenschaftliche Hilfskraft für Professor Hilbert") durch Gentzen einverstanden. Am 6.12.35 erklärt er schriftlich unter Diensteid, daß er einer „Loge, logenähnlichen Organisation oder der Ersatzorganisation einer solchen niemals angehört" habe.

Von 1935 bis 1938 hält Gentzen Gastvorträge an den Universitäten Greifswald, Göttingen, Leipzig, Münster und Tübingen. Am 1. März 1936 wird er Mitglied des National-Sozialistischen Lehrer Bund (NSLB) mit der Mitglieds-Nr. 335247.
Eine wesentliche Aufgabe Gentzens bei Hilbert ist das Vorlesen.

> "Gentzen came regularly to Hilbert's house and read aloud – at Hilbert's request – the poems of Schiller."[39]

Tatsächlich fand ich zwischen dem Sonderdruck von Gentzens „Widerspruchsfreiheit der reinen Zahlentheorie", den Gentzen etwa 1943 oder später aus Liegnitz zusammen mit anderen Papieren nach Sigmaringen geschickt hatte, die aus einem Gedichtband ausgerissenen Seiten von Schillers Gedicht „Die Künstler", das u.a. Anstreichungen trug an der Stelle:

> „Der Menschheit Würde ist in eure Hand gegeben – Bewahret sie! Sie sinkt mit euch! Mit euch wird sie sich heben!"[40]

---

[37] Vgl. S. 246, FRANK-RUTGER HAUSMANN, „Deutsche Geisteswissenschaft" im zweiten Weltkrieg. Die „Aktion Ritterbusch" (1940–1945). Dresden: Dresden University Press 1998.

[38] W. Blume war alter Kampfgenosse von Freisler in Marburg und Oberhessen.

[39] p. 212, Constance Reid, Hilbert. Springer: New York 1970. Es handelt sich hierbei um eine briefliche Mitteilung von Frau Elisabeth Reidemeister an Frau Reid vom 19.7.1966.

H Widerspruchfreiheit der Stufenlogik

1936 legt Gentzen in der Mathematischen Zeitschrift „Die Widerspruchsfreiheit der Stufenlogik"[41] vor. Die Arbeit wird von F. Bachmann (1909–1982) rezensiert:

> „Man hat die Frage der Widerspruchsfreiheit der reinen Stufenlogik zu unterscheiden von der Frage nach der Widerspruchsfreiheit der angewandten Stufenlogik oder genauer der Formalismen, die entstehen, wenn man die Axiome und Regeln der Stufenlogik durch Hinzunahme von Axiomen, die einen bestimmten Gegenstandsbereich charakterisieren, erweitert. Die reine Stufenlogik muß widerspruchsfrei sein, wenn es einen Gegenstandsbereich gibt, so daß die Stufenlogik in Anwendung auf diesen Bereich widerspruchsfrei ist. Der Verf. beweist daher die Widerspruchsfreiheit der reinen Stufenlogik, indem er zeigt, daß die auf den einfachsten nicht-leeren Gegenstandsbereich, der aus einem einzigen Element besteht, angewendete Stufenlogik widerspruchsfrei ist (mit den gleichen Grundgedanken haben Hilbert und Ackermann die Widerspruchsfreiheit des elementaren Prädikatenkalküls bewiesen). Durch Modifikation des Beweises läßt sich leicht die Widerspruchsfreiheit der Stufenlogik in Anwendung auf beliebig endliche, jedoch nicht auf alle (insbesondere unendliche) Gegenstandsbereiche beweisen.
>
> Unter Stufenlogik versteht der Verf. (wie heute vielfach üblich) die Logik der Principia Mathematica ohne verzweigte Typentheorie und ohne besondere Klassenzeichen."[42]

---

[40] Eine gute kommentierte Ausgabe ist Georg Kurscheidt (Hrsg.), Friedrich Schiller: Gedichte. Deutscher Klassiker Verlag: Frankfurt am Main 1992. vgl. Franz Berger, „Die Künstler" von Friedrich Schiller. Entstehungsgeschichte und Interpretation. (Dissertation bei Emil Staiger) Juris-Verlag: Zürich 1964. Im ersten Teil wird Kant auf eine poetische Ebene transponiert. Die Natur wird nicht durch Vernunft vergewaltigt, sondern die weibliche natura liebt die Fesseln. Geadelt wird der Mensch nur durch den Gedanken. Der Fortschritt der Naturerkenntnis ereignet sich auch in der Kunst! Zivilisationsgeschichte als Emanzipationsgeschichte, andererseits verbleiben wir im Kerker der Natur. Kunst und Wissenschaft ist der Trost an der Kerkerwand. Wenn man will, kann man dieses hervorragende Programmgedicht auch als Zurichtung von Sinnlichkeit und Begierde sehen, wo eine Harmonie von Kultur und Natur als fiktive erscheint. Das Gedicht kann von mir aus auch als Eintrag in eine innere Emigration gelesen werden. Ein weiteres Motiv dieser „Vorlesungen" gibt die Physikerin Maria Göppert (1906-1972), die am 29. April 1935 in einem Brief an Courant von einem Besuch bei dem 73jährigen kranken Hilbert berichtet: „Bei ihm war uns allen die stetig zunehmende Gedächtnisschwäche aufgefallen, die einen manchmal traurig machte. Er will nicht mit der neuen Zeit sich auseinandersetzen, bewußt schiebt er alles von sich und liest keine Zeitung mehr." (S. 133, in: Reinhard Siegmund-Schultze, Mathematiker auf der Flucht vor Hitler. Quellen und Studien zur Emigration einer Wissenschaft. Dokumente zur Geschichte der Mathematik, Band 10. Herausgegeben von der Deutschen Mathematiker-Vereinigung. Vieweg Verlag: Wiesbaden 1998). Zu David Hilbert pathologisierend David E. Rowe, David Hilbert und seine mathematische Welt, S. 34–39, Forschungsmagazin der Johannes-Gutenberg-Universität, Band 10. Hier wird Hilberts Philosophie der Mathematik mit der psychopathischen Wirkung der „perniciösen Anämie" zumindest textlich korreliert. Das liegt unter den Standards der Freiburger Literaturpsychologie von Carl Pietzker und Johannes Cremerius. Soll hier etwa eine Mathematikpsychologie ins Leben gerufen werden?

[41] *Mathematische Zeitschrift* 41, Nr. 3, S. 357–366.

[42] in den *JFM* 62/1 (1936, S. 43f.).

Arnold Schmidt schreibt im *Zentralblatt für Mathematik* 15 (1936), Heft 5, S. 193:

> „Gentzen, Gerhard: Die Widerspruchsfreiheit der Stufenlogik. Math. Z. 41, 357–
> 366 (1936). Der Verf. geht von einer präzisen Formalisierung der Stufenlogik (mit
> unverzweigter Stufenunterscheidung) aus. Ihre Schlußregeln stellen die Ausdehnung
> der Schlußregeln der Prädikatenlogik auf beliebige Stufen dar; als Axiome enthält sie
> außer den richtigen Formeln der Aussagenlogik ein Extensionalitätsaxiom (‚Axiom der
> Gleichheit'), ein Komprehensionsaxiom – (...) – und ein Auswahlaxiom, dagegen kein
> Unendlichkeitsaxiom (bei seiner Einbeziehung ist ja das Widerspruchsfreiheitsproblem
> bislang nicht angreifbar). Für diese Stufenlogik wird – in Verallgemeinerung des
> Grundgedankens zum Widerspruchsfreiheitsbeweis der Prädikatenlogik – ein finiter
> Widerspruchsfreiheitsbeweis geführt. (Der Verf. bat um die Mitteilung, daß wie ihm
> nachträglich bekannt wurde, ein Widerspruchsfreiheitsbeweis für eine derartige
> Stufenlogik bereits von Tarski in Mh. Math. Phys. 40, 97ff., dies. Zbl. 7, 97, erbracht
> wurde. Allerdings sind dort die Umreißung einer Stufenlogik und der Beweis in
> allgemeinere Betrachtungen eingestreut.) Arnold Schmidt (Marburg, Lahn).“

I Umarbeitung des Beweises für die „Widerspruchsfreiheit der reinen Zahlentheorie"

Am 11.12.1935 schreibt Gentzen wieder an Paul Bernays:

> „Sehr verehrter Herr Professor!
>
> Vielen Dank für Ihren Brief. Ich muss zugeben, dass der kritische Schluss in meinem
> Wfbeweis nicht befriedigend ist. Ich habe mich daher entschlossen, den Beweis
> grundlegend umzuarbeiten, und hoffe, dass es mir gelingen wird, die Schwierigkeit
> vollständig zu überwinden. Die Veröffentlichung wird bis auf weiteres zurückgestellt.
> Die von Gödel angegebene Abänderungsmöglichkeit war mir bekannt, ist aber in der
> Tat vom finiten Standpunkt aus wegen ihres imprädikativen Charakters nicht ver-
> wendbar.
>
> Interesse für Grundlagenfragen scheint mir hier in G.(öttingen, EMT) kaum vor-
> handen zu sein. Lediglich mit dem Franzosen Cavaillès[43], der für ein paar Wochen
> hier ist, habe ich mich einigemale darüber unterhalten. Ich soll voraussichtlich die
> durch Herrn Schmidts Weggang freigewordene Assistentenstelle bei Hilbert bekom-
> men; es ist aber noch nicht entschieden. Ich soll Sie von Hilbert grüssen, er lässt Sie
> bitten, ihm gelegentlich von Ihrem Ergehen zu schreiben.
>
> Mit ergebenstem Gruss und vielen Weihnachtswünschen
>
> > Ihr
> > G. Gentzen."[44]

Gentzen berichtet am 15.1.1936 an den verehrten Herrn Professor Bernays:

> „Ich habe in den letzten Wochen eine vollständige Umarbeitung meines Wf.bewei-
> ses vorgenommen und glaube, dass jetzt der kritische Punkt eine wesentlich angeneh-

---

[43] Jean Cavaillès hatte mit Emmy Noether bereits im März 1933 die Vorbereitungen zur Herausgabe des Briefwechsels von Georg Cantor und Richard Dedekind abgeschlossen. Vielleicht
kannte Gentzen daher schon Cavaillès.

[44] Hs. 975 : 1653

mere Form angenommen hat. Es wäre mir sehr daran gelegen, dass auch Sie Ihr Urteil hierüber abgeben möchten, und evtl. auch wieder Herrn Blumenthal davon Mitteilung machten. Daher schicke ich Ihnen beiliegend denjenigen Teil des Beweises, der in knapper Form (und ganz vom übrigen unabhängig) die für die Beurteilung wesentlichen Schlüsse enthält. Der übrige Teil des Beweises ist noch nicht in allen Einzelheiten fertig, doch scheint es mir so gut wie sicher, dass er in Ordnung ist; die darin verwendeten Schlüsse sind jedenfalls ganz elementar und ohne weiteres finit."[45]

Der Brief endet mit der Mitteilung, daß er die Assistenstelle bei Hilbert kürzlich erhalten habe. Am 3.3.1936 teilt Gentzen ihm mit, daß er „die neue Fassung meines Beweises ganz fertig und kürzlich an Blumenthal abgeschickt" habe.[46] Gentzen skizziert weiter seine „Gedanken" über die zukünftigen Möglichkeiten der Beweistheorie:

> „Ich weiss auch nicht, ob ich für alle Einzelheiten eine ‚Priorität' beanspruchen könnte; ich wollte nur gerne einmal von dem jetzt gewonnenen Punkte aus das Programm für die weitere Arbeit überschauen, dessen Durchführung freilich noch Jahre oder Jahrzehnte beanspruchen kann.
>
> Wieweit sind Sie mit dem II. Band Ihres Buches? Es würde mich sehr interessieren, wenn Sie mir einmal etwas davon schreiben würden. Auch wenn ich Ihnen bei der Ausarbeitung irgendwie von Nutzen sein könnte, mit Korrekturlesen oder sonst, bin ich gerne dazu bereit. (...)"

Am 2. Mai 1936 wird in Sigmaringen zur Erbauung des NS die Gedenktafel für Alfons und Theodor Bilharz am „Eckhäusle", Antonstraße 1, in Anwesenheit der örtlichen Parteigrößen enthüllt. Gerhard Gentzen ist, wie alle Familienmitglieder, anwesend.

J   Die „Widerspruchsfreiheit der reinen Zahlentheorie"

„Die Widerspruchsfreiheit der reinen Zahlentheorie" erscheint in den *Mathematischen Annalen* 112 (1936), S. 493–565. Noch heute ist die Leistung Gentzens der besten Enzyklopädie der Welt eine Erwähnung wert:

> "The best known consistency proof is that of the German mathematician Gerhard Gentzen for the system N of classical (or ordinary, in contrast to intuitionistic) number theory. Taking w (omega) to represent the next number beyond the natural numbers (called the „first transfinite number"), Gentzen's proof employs an induction in the realm of transfinite numbers ($\omega + 1$, $\omega + 2$, ...; ω^2, $\omega^2 + 1$, ...), which is extended to the first epsilon-number, ε_0 (defined as the limit of ω^ω, ω^{ω^ω}, ...), which is not formalizable in N. This proof, which has appeared in several variants, has opened up an area of rather extensive work." (...) "Here, „the non-elementary method (non formalizable in N) is an extension of mathematical induction from the natural number sequence to a certain segment of the transfinite ordinal numbers that Cantor had introduced for extending the counting process beyond that provided by natural numbers."[47]

---

[45] Hs. 975 : 1654

[46] Hs. 975 : 1655

[47] Encyclopedia Britannica, 1989, 14. Auflage.

Und Gentzens exzellenter Kollege Kurt Schütte oder Helmut Schwichtenberg schreibt lange nach dem Krieg:

> „Diese transfinite Induktion überschreitet zwar den finiten Standpunkt, wie es nach Gödel erforderlich ist, verläuft aber in einer völlig konstruktiven Weise, so daß der Beweis von Gentzen als ein Evidenznachweis für die reine Zahlentheorie im Sinne des erweiterten Hilbertschen Programms anzusehen ist. (...) Durch die Untersuchungen von Gentzen wurde erstmals erkannt, daß sich die Beweisstärke eines formalen Systems durch eine Ordinalzahl kennzeichnen läßt. Man bezeichnet heute als die beweistheoretische Ordinalzahl eines formalen Systems der Mathematik die kleinste Ordinalzahl a mit der Eigenschaft, daß sich keine rekursive Wohlordnung vom Ordnungstyp a in dem betreffenden formalen System als wohlgeordnet beweisen läßt. Wie Gentzen 1943 in seiner Habilitationsschrift bewies, ist ε_0 die beweistheoretische Ordinalzahl der reinen Zahlentheorie.“[48]

Gentzen schreibt in „Die Widerspruchsfreiheit der reinen Zahlentheorie“ 1936:

> „Als ‚reine Zahlentheorie‘ bezeichne ich die Theorie der natürlichen Zahlen ohne Verwendung von Hilfsmitteln aus der Analysis, wie z.B. von irrationalen Zahlen oder unendlichen Reihen. Das Ziel der vorliegenden Abhandlung ist, die Widerspruchsfreiheit der reinen Zahlentheorie zu beweisen, oder richtiger gesagt, auf gewisse Grundlagen allgemeiner Art zurückzuführen. Wie ein solcher Widerspruchsfreiheitsbeweis überhaupt möglich ist, und aus welchen Gründen er notwendig oder wenigstens sehr angebracht ist, das wird im I. Abschnitt erörtert. Die ganze Abhandlung kann ohne besondere Vorkenntnisse gelesen werden.“

Und ohne Bedenken zitiert Gentzen seine Weyl, Fraenkel, Gödel, J. Herbrand, J. von Neumann, A. Church, also Ausländer, Juden, Emigranten und „Erbfeinde“. Das wird erst nach 1937 wirklich problematisch.

Kurt Schilling attackiert beispielsweise Heinrich Scholz wegen dessen „Was ist Philosophie?“ von 1939/40 so:

> „Das alles geht nicht. Wenn Herr Scholz auch einen gewissen Mut besitzt, indem er mitten im Krieg dem deutschen Volk eine Philosophie als die einzig mögliche empfiehlt, deren führende und von ihm selbst zitierte Träger heute nur Polen, Engländer, Emigranten und Amerikaner sind, und wenn er offen ausspricht, daß er seinen Lehrbetrieb als deutscher Ordinarius in Münster 1939/40 ‚nach dem Warschauer Vorbild‘ gestaltet (51), so erscheint mir dieser Mut doch eigentlich einer besseren Sache wert zu sein.“ (S. 48).[49]

Die zeitgenössische Besprechung von F. Bachmann 1936[50] soll hier wegen ihrer leichten Verständlichkeit einen Platz erhalten:

> „Bisher lagen mit finiten Mitteln geführte Widerspruchsfreiheitsbeweise nur für solche Teilgebiete der Zahlentheorie vor, die das Axiom der vollständigen Induktion

---

[48] KURT SCHÜTTE, HELMUT SCHWICHTENBERG: Mathematische Logik, S. 717–740, hier S. 724, in: Gerd Fischer, Friedrich Hirzebruch, Winfried Scharlau und Willi Törnig, Ein Jahrhundert Mathematik 1890–1990. Festschrift zum Jubiläum der DMV. Wiesbaden: Vieweg Verlag 1990.

[49] Vgl. KURT SCHILLING: „Zur Frage der sogenannten ‚Grundlagenforschung‘. Bemerkungen zu der Abhandlung von Heinrich Scholz: Was ist Philosophie?“, in: *Zeitschrift für die gesamte Naturwissenschaft* (Band 7, 1941, S. 44–48).

[50] in den *JFM* 62/1 (1936), S. 44f.

nicht umfassen. Die Widerspruchsfreiheit der vollständigen Zahlentheorie konnte zwar, nach einem zuerst von Gödel ausgesprochenen Gedanken, aus der Widerspruchsfreiheit der intuitionistischen Arithmetik hergeleitet werden; jedoch konnte diese Lösung vom finiten Standpunkt aus nicht als befriedigend angesehen werden, da von diesem Standpunkt gegen die intuitionistische Verwendung des Implikationszeichens Bedenken erhoben werden müssen. Der Verf. beweist nun zum erstenmal die Widerspruchsfreiheit der Schlußweisen der vollständigen reinen Zahlentheorie mit finiten Mitteln. Die reine Zahlentheorie ist dabei (in der Darstellungsweise von Hilbert und Bernays ausgesprochen) als durch einen Kalkül gegeben gedacht, der den elementaren Prädikatenkalkül einschließlich der Identitätsaxiome, die formalisierten Peano-Axiome und rekursive Definitionen umfaßt. Ein solcher Formalismus kann sich allerdings den praktischen Bedürfnissen der Forschung gegenüber einmal als zu eng erweisen und ist außerdem nach bekannten metamathematischen Sätzen notwendig unvollständig. Es ist daher wichtig, daß der Widerspruchsfreiheitsbeweis des Verf. so angelegt ist, daß er auch bei Erweiterungen des Formalismus anwendbar bleibt.

Nach einem Satz von Gödel ist der Widerspruchsfreiheitsbeweis für die reine Zahlentheorie nur möglich, wenn eine Schlußweise verwendet wird, die in dem Formalismus der reinen Zahlentheorie nicht dargestellt werden kann. Als eine solche Schlußweise verwendet der Verf. in seinem Beweis einen transfiniten Induktionsschluß im Bereich der Ordinalzahlen bis zur ersten Cantorschen epsilon-Zahl. Nach einer Bemerkung von Bernays kann diese transfinite Induktion in einem Widerspruchsfreiheitsbeweis der reinen Zahlentheorie nicht durch eine schwächere Schlußweise ersetzt werden.

Der Verf. schickt seinem Widerspruchsfreiheitsbeweis Abschnitte über die Formalisierung der reinen Zahlentheorie und über bedenkliche und unbedenkliche Schlußweisen in der reinen Zahlentheorie voraus, in denen er eine ausführliche Darstellung des Hilbertschen Programms gibt. Von diesen Ausführungen ist vor allem die in dem dritten Abschnitt gegebene Charakterisierung der finiten Schlußweisen wichtig, da bei den bisherigen eingehenderen Kennzeichnungen des finiten Standpunktes gewöhnlich die ‚finit-kombinatorischen' Schlußweisen in den Vordergrund gestellt wurden, die bekanntlich für den Beweis der Widerspruchsfreiheit der Zahlentheorie nicht ausreichen.

Der Widerspruchsfreiheitsbeweis wird nun so geführt, daß für die beweisbaren Formeln der Zahlentheorie ein Begriff der inhaltlichen Richtigkeit dadurch eingeführt wird, daß für die Herleitungen dieser Formeln ein Reduktionsverfahren definiert wird. Durch dieses Reduktionsverfahren wird die Frage der inhaltlichen Richtigkeit einer Herleitung, und damit der Endformel dieser Herleitung, auf die Frage nach der Richtigkeit einfacherer Herleitungen, und zwar (dies ist für das angewendete Verfahren kennzeichnend) im allgemeinen nach der Richtigkeit von Herleitungen aus einer abzählbar unendlichen Mannigfaltigkeit einfacherer Herleitungen, zurückverlegt. Um nun zu zeigen, daß dieses Reduktionsverfahren stets nach endlich vielen Schritten auf die einfachsten Herleitungen führt, die nur aus einer Formel bestehen, von deren Richtigkeit man sich durch elementares Ausrechnen überzeugen kann, ordnet der Verf. den Herleitungen endliche Dezimalbrüche zu, die eine wohlgeordnete Menge vom Ordnungstypus der ersten epsilon-Zahl bilden. Die Endlichkeit des Reduktionsverfahrens wird dann mit Hilfe des transfiniten Induktionsschlusses im Bereich dieser Dezimalbrüche erschlossen. Der transfinite Induktionsschluß wird finit-konstruktiv interpretiert."

Arnold Schmidt schreibt im *Zentralblatt für Mathematik*[51]:

> „Die bisherigen Ansätze zu einem finiten Widerspruchsfreiheitsbeweis der Arithmetik (Ackermann, v. Neumann, Hilbert-Ackermann, Herbrand u.a.) umfassen zwar einen weiten Teil dieser Disziplin, schöpfen jedoch nicht alle Schlußweisen aus, die man bei der Einteilung der Schlußweisen zu ihr bzw. zur ‚reinen Zahlentheorie‘ zu rechnen pflegt, sondern finden (bei gewissen, gebundene Variablen einbeziehenden Rekursionen) ihre Schranke. Daß eine solche kein Zufall ist, ergibt sich an Hand des Gödelschen Satzes; da die von den genannten Autoren benutzten finiten Schlußweisen sämtlich innerhalb der Arithmetik formalisierbar sind, reichen sie nicht für ihren Widerspruchsfreiheitsbeweis aus. Es erhob sich die Frage, ob alle von einer finiten Einstellung zulässigen Schlußweisen in einem Formalismus A der Arithmetik enthalten sein müssen oder ob sich finite Schlußweisen finden lassen, die über A hinausragen und bei deren Heranziehung ein Widerspruchsfreiheitsbeweis für A gelingt. (Der von Gödel und von Bernays und Gentzen gleichzeitig geführte Widerspruchsfreiheitsbeweis für die Arithmetik vom intuitionistischen Standpunkt aus beantwortet diese Frage nicht, da der Intuitionismus in einigen wesentlichen Punkten über die finite Einstellung hinausgeht; aber es werden auch in diesem Beweis – in Überschreitung der finiten Idee eines Widerspruchbeweises – die intuitionistischen Schlußweisen nicht nur metamathematisch angewandt, vielmehr wird die Voraussetzung, daß die intuitionistische Arithmetik widerspruchsfrei sei, explizite herangezogen.) – In der vorliegenden Arbeit wird nun zum ersten Mal ein Widerspruchsfreiheitsbeweis für die ganze Arithmetik von einem erweiterten finiten Standpunkt aus geführt. Als die hierbei benutzte, über A hinausragende Schlußweise schält sich in diesem Beweise der konstruktive Gebrauch einer ‚transfiniten Induktion‘ heraus (die Übernahme des üblichen Terminus ‚transfinit‘ braucht hier nicht zu stören). Die Widerspruchslosigkeit der Beweisfiguren aus A wird an Hand eines Reduktionsverfahrens erwiesen, hinsichtlich dessen sich die Beweise in Klassen einteilen, die sich wie Zahlen der zweiten Zahlenklasse ordnen. Der Nachweis der Durchführbarkeit des Reduktionsverfahrens für eine beliebige Beweisfigur aus A führt so zwangsläufig auf eine ‚transfinite Induktion‘, diese wird durch den Übergang zu einer isomorphen Dezimalbruchklasse als eine etappenweise konstruktiv überblickbare Schlußweise herausgearbeitet, welche (wenn sie auch den Rahmen des bisher als finit Vorgestellten wohl vergrößert) weitgehend auf finites Denken abgestellt ist. (In der Beschränkung auf eine solche konkrete Schlußweise ist der eingenommene Standpunkt deutlich z.B. gegenüber dem Intuitionismus abgegrenzt.) – Gentzen schickt von seinem Beweis eine ausführliche Erörterung der Notwendigkeit und Möglichkeit von Widerspruchsfreiheitsbeweisen voraus; und er schließt mit einer Betrachtung der Unbedenklichkeit der benutzten Schlußweisen ab.“

Arnold Schmidt rezensiert Paul Bernays' „Quelques points essentiels de la méta-mathématique. *Enseignement Math.* 34 (1935), S. 70–95, im *Zentralblatt*[52] und referiert unter Punkt IV:

> „Der von Bernays und Gentzen und von Gödel gleichzeitig durchgeführte Widerspruchsfreiheitsbeweis für die axiomatische Zahlentheorie Z unter Zugrundelegung der Widerspruchsfreiheit der intuitionistischen Zahlentheorie wird in seinen Grundgedanken geschildert. Nach dem Gödelschen Satz muß ein Widerspruchsfreiheitsbeweis für Z zwar elementar kombinatorisch, jedoch nicht in Z formalisierbar sein. Die ‚transfinite Induktion‘ wird als ein Beispiel einer elementaren (und intuitionistisch

---

[51] 14. Band, Heft 9, S. 386

[52] 14. Band, Heft 3, S. 97.

zulässigen), nicht in Z formalisierbaren Schlußweise aufgezeigt. – Inzwischen (Math. Ann. 112, 493ff.) hat Gentzen einen Widerspruchsfreiheitsbeweis für die Zahlentheorie geführt, dessen elementar kombinatorischer Standpunkt den Rahmen von Z wirklich nur in einer (konstruktiv gefaßten) Anwendung der transfiniten Induktion überschreitet."

Gentzens ursprünglicher Beweis wurde 1974 durch Bernays posthum veröffentlicht kommentiert. Bernays hatte Gentzens Arbeit auch 1936 besprochen.[53]

In der Präsentation von Gentzens ursprünglichem Abschnitt IV seiner Arbeit durch Paul Bernays[54] beschreibt Bernays das Resultat ihrer beider Briefwechsel so:

> „Unter den konstruktiven Beweisen für die Widerspruchsfreiheit der klassischen Zahlentheorie, welche auch nicht – wie derjenige mittels der intuitionistischen Umdeutung der logischen Verknüpfungen – den Allgemeinbegriff des inhaltlichen Beweises benutzen, ist der erste publizierte derjenige in Gentzens Abhandlung ‚Die Widerspruchsfreiheit der reinen Zahlentheorie' (Math. Annalen, 112, 1936). Der hier im Abschnitt IV gegebene Widerspruchsfreiheitsbeweis ist aber nicht der ursprüngliche, von Gentzen konzipierte Beweis, vielmehr eine Umarbeitung von diesem. Gegen jenen ursprünglichen Beweis war methodisch eingewandt worden, daß er implizite jenes heute meist als ‚fan theorem' bezeichnete Prinzip benutze, wonach eine jede Verzweigungsfigur, welche an jeder Stelle nur endlich verzweigt ist und worin jeder Faden nach endlich vielen Teilstücken abbricht, im ganzen nur eine endliche Erstreckung hat.
>
> Gentzen opponierte nicht gegen diesen Einwand, vielmehr gab er seinem Beweis eine andere Form mittels der Einführung konstruktiver Ordinalzahlen und der Anwendung einer ordinalen Induktion, welche das konstruktive Gegenstück ist zu der mengentheoretischen transfiniten Induktion bis zu der ersten Cantorschen ε-Zahl.
>
> Der ursprüngliche Beweis blieb aber in der Fahnenkorrektur noch erhalten, und die Betrachtung dieses Beweises zeigt, daß der erwähnte methodische Einwand ungerechtfertigt war.
>
> Als wesentliches Hilfsmittel wird in diesem Beweise der Begriff einer ‚Reduziervorschrift' benutzt. Die Anwendung einer solchen Reduziervorschrift ergibt freilich, aufgrund gewisser Wahlfreiheiten, eine Art von Verzweigungsfigur. Es wird jedoch nicht ein allgemeines Theorem über Endlichkeit von Verzweigungsfiguren zugrundegelegt, vielmehr gehört es zum Begriff der Reduziervorschrift, daß die durch sie bestimmte Verzweigungsfigur jeweils im Endlichen abbricht, und der Nachweis für die Existenz einer Reduziervorschrift wird jeweils in diesem Sinne geführt.
>
> In der Umarbeitung des Beweises tritt zwar auch der Begriff der Reduziervorschrift auf, wesentlich benutzt wird aber nur der Begriff eines Reduktionsschrittes an einer Herleitung, welcher erheblich elementarer ist. Dafür wird nun das Nichtelementare in die Heranziehung der Ordinaltheorie verlegt, wobei zwar die Einführung der Ordinalzahlen noch ganz finit ist, dann aber eine Art der Induktion erfordert wird, deren Begründung nicht mehr im Rahmen der finiten Betrachtung gelingt.
>
> Angesichts dieser Sachlage kommt gewiß der ursprünglichen Fassung des Gentzenschen Widerspruchsfreiheitsbeweises ein methodisches Interesse zu. Auch dürfte diese Fassung für das Verständnis zugänglicher sein als der umgearbeitete Beweis."

---

[53] Vgl. Paul Bernays Besprechung von Gerhard Gentzen, Die Widerspruchsfreiheit der reinen Zahlentheorie, in: *Journal of Symbolic Logic* 1 (1936), Nr. 2, S. 75.
[54] *Archiv für Mathematische Logik und Grundlagenforschung* 16 (1974), Heft 3-4, S. 97–118.

Am 11.7.1936 möchte Gentzen weiter aus Stralsund mit Bernays streiten:

> „Sehr verehrter Herr Professor!
>
> Ich danke Ihnen für Ihren Brief und für die Zusendung Ihrer Züricher Vorträge, die ich schon in Göttingen gelesen hatte, allerdings erst nach Fertigstellung meiner Wf-Arbeit. Interessant war mir daran besonders, dass Sie bereits die Möglichkeit, den Wfbeweis durch transfinite Induktion bis epsilon index null zu führen, ins Auge gefasst hatten. Nun zu Ihren einzelnen brieflichen Bemerkungen (...) Ich habe im Mai in Göttingen, im Juni in Leipzig und in Münster meine Gedanken vorgetragen. – Wissen Sie näheres über Gödels Schicksal, der, wie ich hörte, in einer Nervenheilanstalt sein soll?“[55]

Am 23.8.1936 meldet Gentzen sich aus Göttingen:

> „Sehr verehrter Herr Professor!
>
> Durch Herrn Prof. Hilbert hörte ich, dass Sie vielleicht im September durch Göttingen kommen wollten. Er lässt Ihnen sagen, dass er voraussichtlich nicht vor dem 20. September von seiner Sommerreise zurück sein wird. Wenn Sie ihn antreffen wollen, müssen Sie also gegen Ende des Monats kommen. Ich selbst würde mich sehr freuen, einmal wieder mit Ihnen sprechen zu können. Nachstehend gebe ich Ihnen noch den Beweis, dass man in einer zahlentheoretischen Herleitung alle vollst. Induktionen zu einer zusammen fassen kann, an: (...)“[56]

Von Paul Bernays bekommt Gentzen mindestens ein Jahr lang zur Verbesserung und Berichtigung des zweiten Bandes von Hilbert-Bernays die entsprechenden Manuskripte.

1936 erscheint Friedrich Waismanns vielgelesenes Buch „Einführung in das mathematische Denken“ (Wien: Gerold & Co.). Im Kapitel 9 „Der gegenwärtige Stand der Grundlagenforschung“ schreibt er unter „A. Der Formalismus“, daß aufgrund der Untersuchung von Gödel sich das Resultat ergeben habe, daß

> „der Nachweis der Widerspruchsfreiheit eines logisch-mathematischen Systems nie mit den Mitteln dieses Systems erbracht werden kann“[57]

Er fährt auf S. 82 fort:

> „Mit alledem ist nicht gesagt, daß das von Hilbert gesteckte Ziel unerreichbar wäre. Jedenfalls wird man den Ausgangspunkt, die Beschränkung auf einen primitiven Teil der Arithmetik und Logik abändern müssen. Ob dann die Widerspruchsfreiheit der klassischen Mathematik (Arithmetik, Algebra, Analysis, Funktionentheorie) erwiesen werden kann, steht heute dahin. Einen wichtigen Vorstoß in dieser Richtung stellt eine kürzlich erschienene Arbeit von Gentzen dar, in welcher tatsächlich die Widerspruchsfreiheit der gesamten Arithmetik auf Grund eines (den Satz vom ausgeschlossenen Dritten nicht enthaltenden) Teiles der Arithmetik und gewisser transfiniter Methoden bewiesen wird.“

Und Gentzen rezensiert wieder im *Zentralblatt für Mathematik*, 15. Band (1936), Heft 5, S. 193:

---

[55] Hs. 975 : 1656

[56] Hs. 975 : 1657; vgl. die Arbeit 1944, die H. Scholz gewidmet ist.

[57] S. 80.

„Post, Emil L.: Finite combinatory processes-formulation 1. J. Symbolic Logic 1, 103–105 (1936). Der Begriff des ‚finiten Ausrechnungsverfahrens' spielt in Betrachtungen über die Möglichkeit eines ‚Entscheidungsverfahrens' für mathematische oder logische Sätze eine grundlegende Rolle. Eine gewisse Präzisierung dieses zunächst recht vagen Begriffs wurde von Church (dies. Zbl. 14, 98) im Anschluß an Gödel und Herbrand angegeben (s. auch Kleene, dies. Zbl. 14, 194). Verf. gibt eine andere mögliche Fassung an: Die einzelnen Operationen des Ausrechnungsverfahrens werden ausgeführt an einer nach beiden Seiten unendlichen Reihe, wie z.B. der Reihe der ganzen Zahlen, und bestehen darin, daß man, an einer Stelle der Reihe befindlich, entweder einen Schritt nach rechts oder nach links zu machen hat, oder aber die Stelle, wo man sich befindet, mit einer Marke zu versehen, oder schließlich eine solche etwa vorhandene Marke zu löschen hat. Eine endliche Anzahl von ‚Vorschriften' bestimmter Form gibt die erforderlichen Anweisungen, welche der möglichen Operationen jeweils auszuführen ist und wann das Verfahren zu beenden ist. Die Art der auszuführenden Operation kann insbesondere davon abhängig gemacht werden, ob die Stelle, an der man sich befindet, markiert ist oder nicht. – Ein solcher Prozeß ist finit, wenn er (in jedem einzelnen Anwendungsfalle) nach endlich vielen Schritten beendet ist. *Von welcher Art der Nachweis der Endlichkeit des Verfahrens zu sein hat, wird, wie auch bei Church, nicht präzisiert.* – Verf. erwartet, daß seine Formulierung sich als umfangsgleich mit dem Begriff der „Rekursivität" von Gödel-Church erweisen werden. Gerhard Gentzen (Göttingen)."

Durch seine Arbeit gewinnt Gentzen viele Kontakte, z.B. zu A. N. Kolmogorov, Lászlo Kalmár[58], A. Markow, und vielen anderen. Einer der wichtigsten Kontakte ist die Freundschaft zu Heinrich Scholz, die sich ergab, als Scholz bei Hilbert 1935 etwa vorhandene Briefe oder Hinterlassenschaften von Frege erbittet.

K Einladung zum Descartes-Kongreß im August 1937 in Paris. Die Einladung zum Vortrag bei der DMV–Tagung in Bad Kreuznach vom 21. September 1937: „Die gegenwärtige Lage in der mathematischen Grundlagenforschung". Die Verlängerung der Dienstzeit des apl. Assistenten am 1. Oktober 1937 um ein Jahr

Dazwischen liegen die Eintrittsdaten eines hilflosen Opportunisten. Opportunist deshalb, weil Gentzen weder mündlich noch schriftlich für den NS eintritt, aber von ihm als Karrierechance zu profitieren wünscht: am 1. März 1936 in den NS-Lehrerbund (Mitglieds-Nr. 335247), am 01.05.1937 in die NSDAP (Mitglieds-Nr. 4237555). Er hatte am 1. Mai 37 die „Parteianwärterkarte" ausgefüllt, am 13. Juni 1937 mußte er erneut einen Aufnahme-Antrag ausfüllen und es wurde dann rückwirkend der Termin der Abgabe der Parteianwärterkarte als Eintrittsdatum genommen. Das Datum deutet[59] auf einen 1. Mai-Eindruck hin. Vielleicht hatte er

---

[58] Vgl. Über die Axiomatisierbarkeit des Aussagenkalküls, S.222–243, in: *Acta scientiarium mathematicarum* (7) 1935, Szeged.

[59] Nach G. LEAMAN, Heidegger im Kontext. Gesamtüberblick zum NS-Engagement der Universitäts-philosophen. Hamburg: Argument Verlag 1993.

sich vorher beworben und die Bedingungen erfüllt; aber es kann nicht ausgeschlossen werden, daß die Bewerbung „rechtzeitig" zum Descartes-Kongreß erfolgte und der Eintritt rückdatiert wurde. Wahrscheinlich sogar wurde die Mitgliedschaft wegen seiner bevorstehenden Abordnung in die deutsche Delegation zum IX. Internationalen Kongreß für die Philosophie in Paris – der Descartes-Kongress von 1937 –, zu deren Führer Alfred Baeumler bestimmt wurde, genau so vorgenommen. Die Teilnahme am Kongreß war genehmigungspflichtig. Husserl zum Beispiel wird diese Genehmigung nicht erteilt, weil man womöglich fürchtet, daß er Ovationen erhält, die NS-feindlich ausgelegt werden könnten.[60]

Gentzen war ein Sohn seiner Zeit, aber nicht ihr Günstling. Am 1.1.1941 wird er Mitglied im NS-Dozentenbund (Er selbst gibt handschriftlich in seinem Lebenslauf für die Dozentur in Prag das Datum 1.1.1939). Vielleicht geschah die Überführung vom NS-Lehrerbund zum NS-Dozentenbund „automatisch"? Zwar war die Mitgliedschaft für Dozenten im NS-Dozentenbund Zwang, aber der Termin ist nicht plausibel. Oder liegt es daran, daß er seine Chancen bei der bevorstehenden Umwandlung seiner apl.-Stelle in eine planmäßige Stellung zu verbessern wünschte? Am 11. März 1937 schreiben Rudolf Carnap und Charles W. Morris an Heinrich Scholz:

> „Das Organisationskommittee der Internationalen Konkresse für Einheit der Wissenschaft ladet Sie ein, an der dritten internationalen Tagung in Paris 1937 teilzunehmen. Die Wichtigkeit, die den Arbeiten der Gruppe von Münster zukommt, legt es uns nahe, Sie zu bitten, Ihren Mitarbeiter Dr. Hans Hermes mitzubringen, sowie Herrn Professor Dr. A. Kratzer zu bitten, auch an unserer Tagung teilzunehmen."[61]

Gentzens Veröffentlichungen werden in den Jahrbüchern über die Fortschritte in der Mathematik immer ordentlich von F. Bachmann, aber meistens durch W. Ackermann gut besprochen. Im *JFM* 62[62] heißt es zu:

> „G. Gentzen, Der Unendlichkeitsbegriff in der Mathematik, Semesterberichte, math. Sem. Münster, 9, 65–80. Verf. berichtet, nach seiner Gegenüberstellung des Hilbertschen und des Brouwerschen Standpunktes bezüglich der Grundlagenfragen der Mathematik, über den gegenwärtigen Stand der Hilbertschen Beweistheorie unter Bezugnahme auf seine Arbeit in den Math. Ann. 112 (1936), 439–565 (JFM 62, I, 44) durch Bachmann."

Während seines zweitägigen Aufenthaltes in Münster ist Gentzen Wohngast bei der Familie Scholz. „In jedem Fall erinnere ich mich aber an einen sehr sym-

---

[60] Vgl. dazu GEORGE LEAMAN und GERD SIMON, Die Kant-Studien im Dritten Reich, p. 443–469, Kant-Studien (85) 1994. Man sollte den Kongreßbericht, den Gerhard Lehmann für das Reichserziehungsministerium verfertigt (Bundesarchiv Potsdam 49.01 REM 2940 Blatt 240) mit dem Zeitungs-Bericht von Heinrich Scholz vergleichen. Lehmann registriert, daß der Kongreß von zahlreichen Emigranten besucht war und die Juden hätten die Gelegenheit wahrgenommen, über die ‚neue ‚Barbarei' (...) de(s) Nationalsozialismus" herzuziehen. Lehmann und REM suchen nach Wegen wie man besser Kulturpropaganda im deutschsprachigen Ausland vorantreiben kann, um die „Machenschaften der jüdischen Emigration zur geistigen Einkreisung Deutschlands" (REM) zu behindern.

[61] Brief im Institut für Zeitgeschichte (München); auch vorhanden als Kopie im Institut für mathematische Grundlagenforschung Münster.

[62] 1936, S. 43 f. Berlin: de Gruyter 1938.

pathischen, sehr bescheidenen jungen Mann", erinnert sich Erna Scholz[63]: „Die Wissenschaft war unentwegt das Hauptthema." Am 12. April 1937 steht Gerhard Gentzen auf der Tagesordnung der „Faculty of the School of Mathematics" des „Institute for Advanced Study" in Princeton.

> "Gentzen is mentioned in a list of 'candidates (not all of whom have applied), who should be particularly considered in future years'(1938-39 or later in his case)."[64]

Gentzen liest Korrektur für die „Theoretische Logik" von Hilbert-Ackermann, Hilbert-Bernays' „Grundlagen der Mathematik" und hält Vorträge an anderen Universitäten (Münster). Für die Jahresversammlung der Deutschen Mathematiker-Vereinigung in Bad Kreuznach wird er von Hellmuth Kneser zu einem Vortrag eingeladen. Gentzen schreibt ihm am 23.4.1937 aus der Prinz Albrecht Str. 22:

> „Sehr verehrter Herr Professor!
>
> Besten Dank für Ihren Brief. Ich bin gerne bereit, auf der DMV Tagung einen Vortrag zu übernehmen, etwa unter dem Titel: ‚Die gegenwärtige Lage in der Grundlagenforschung'. Ich würde es sehr begrüssen, wenn auch ein Intuitionist über seine Richtung sprechen würde, in diesem Falle würde ich mein Thema einschränken und etwa ‚der gegenwärtige Stand der Beweistheorie' betiteln. Vielleicht könnte dann der Vollständigkeit wegen auch noch jemand über den Logizismus sprechen, ich denke etwa an F. Bachmann in Marburg, der ja einige Zeit mit Carnap zusammengearbeitet hat.
>
> Ich werde voraussichtlich Anfang August an dem internationalen Philosophenkongress in Paris, wozu ich eine Aufforderung bekommen hatte, teilnehmen und einen kurzen Vortrag über ‚Unendlichkeitsbegriff und Widerspruchsfreiheit der Mathematik' halten. Ich denke, es wird für mich sehr interessant werden, zumal auch Leute wie Brouwer und Carnap zur Teilnahme gemeldet sind.
>
> Mit meiner Gesundheit steht es besser, aber noch nicht soweit, dass ich eigene Arbeiten oder Vorbereitungen zur Habilitation wiederaufgenommen hätte.
>
> Ich hoffe, dass Ihnen die neuen Verhältnisse in Tübingen gefallen.
>
> Mit herzlichem Gruss und Heil Hitler!
>
> Ihr Gerhard Gentzen"[65]

In der Kongreßberichterstattung hebt Heinrich Scholz in seinem Kongreßbericht „Denken und Erkenntnis des Abendlandes. Der Pariser Descartes-Kongress"[66] neben Tarski, sich selbst und Hermes jemand anderen hervor:

---

[63] Erna Scholz in einem Brief an den Verf. vom 8. Juni 1988.

[64] "He is again to be found in similar lists in the minutes of three other meetings, the last one on February 3, 1938. (...) In particular, no action was taken on him. The minutes always give the names of the people to whom an invitation is issued or whose application is declined. This leads me to conclude that Gentzen never got an official invitation from the institute, and that in fact, he was not viewed as having applied in an official way." Armand Borel in einem Brief an den Autor vom 23. August 1988. Im Courant-Institute, New York, ist ebenso keine Einladung nachzuweisen. Keine Nachricht erhielt ich aus dem Familienarchiv der Markov's in Moskau, von dem Archiv des Steklov Institutes in Moskau, die auch das Archiv von Kolmogorov betreuen und auch nicht vom Archiv der Akademie der Wissenschaften.

[65] Original des Briefes im Archiv von Dr. Martin Kneser (Göttingen).

[66] *Kölnische Zeitung* vom 5.9.1937, Kulturbeilage (vgl. auch seine Berichte in der *Kölnischen Zeitung* vom 29.8. und 19.9.1937).

„Im Ring der neuen exakten Logik und mathematischen Grundlagenforschung haben drei Mitglieder der deutschen Gruppe gesprochen. In seiner klaren, schlichten, eindringlichen Art hat der junge Göttinger Mathematiker Gerhard Gentzen über den Beweis berichtet, den er für die Widerspruchsfreiheit der elementaren, d.i. mit nicht analytischen Beweismitteln auskommenden Zahlentheorie zu führen vermocht hat. Dieser Beweis ist ein Markstein in der Geschichte der Bemühungen um einen Beweis für die Widerspruchsfreiheit der klassischen Mathematik, wie Hilbert ihn seit 1904 aus tiefliegenden Gründen und mit einer Zuversicht, die heldenmütig genannt werden darf, gefordert hat. Heute wissen wir, daß die Durchführung des großartigen Hilbertschen Programms mit grundsätzlichen Schwierigkeiten verbunden ist, die so tiefliegend sind, daß an eine volle Realisierung der Hilbertschen Forderung überhaupt nicht oder nur noch in einem sehr wesentlich eingeschränkten Sinn gedacht werden kann. Aber der großen Aufgaben bleiben auch dann noch genug. Ein erster entscheidender Schritt in der Richtung auf das Hilbertsche Ziel ist in jedem Fall die Lösung der Teilaufgabe, die G. Gentzen gelungen ist. Der Anteil der Hörenden war evident; und für alle Beteiligten war es schön zu bemerken, wie fest in diesem prägnanten Fall die Ehre des deutschen Geistes mit der Ehre des menschlichen Geistes überhaupt verbunden ist."

Dieser letzte Satz war eine Provokation, denn es galt im NS, daß der deutsche Geist an der Spitze des menschlichen Geistes allen anderen Geistern vorangeht und ihm nicht nur nachläuft oder sonstwie nur mit ihm „verbunden" sei. Der letzte Satz von Scholz signalisiert eine Art intellektuellen Internationalismus. Vielleicht beziehen sich diese Worte auf einen Satz von Hilbert. Er benutzt den Ausdruck „Ehre des menschlichen Verstandes" von einem Lieblingstext Gentzens, David Hilbert: Über das Unendliche, in: *Math. Annalen*, 95 (1926), S. 163. Gleichzeitig wurde gesagt, daß Gentzen in mathematisch-logischer Hinsicht in Hilberts Spuren getreten sei und das durch die Gödelschen Hindernisse, diese tiefliegenden „grundsätzlichen Schwierigkeiten" auf dem Wege zum Widerspruchsfreiheitsbeweis nicht etwa die Forschung eingestellt, sondern im Gegenteil nun erst recht vorwärts getrieben wird. Hier wurde also ein Anspruch angemeldet. Aber es wurde auch deutlich, daß außerhalb den Pfaden Hilberts gedacht werden mußte. Ob das dem jungen Gentzen gefallen hat?

Gentzens Vortrag „Unendlichkeit und Widerspruchsfreiheit der Mathematik" auf dem IXe Congrés International de Philosophie, Abteilung VI. logique et mathematiques, genannt „Descartes-Kongreß", erschien auf deutsch – in dieser Sprache wurde der Vortrag gehalten – in den *Actualités scientifiques et industrielles*, no 535, S. 201–205, Paris: Hermann 1937.

Die Enzyklopädiekonferenz des Wiener Kreises um die „International Encyclopedia of Unified Science" in Paris 1937 fand vom 29. bis 31. Juli statt. Im Anschluß tagte der Internationale Philosophenkongreß. Gentzen konnte Carnap, Enriques, Heinrich Behmann, Paul Bernays[67], Tarski, Scholz, Reichenbach, Lukasiewicz, Philipp Frank, Jaskowski, den er schon einmal 1936 in Münster gesehen hatte, kennenlernen und viele andere mehr. Ich glaube jedoch, daß er sich –

---

[67] In den „Abhandlungen der Fries'schen Schule. Neue Folge" publizierten unter den Herausgeberinnen Grete Hermann und Minna Specht und dem Herausgeber Otto Meyerhof 1937 noch Paul Bernays (Grundsätzliche Betrachtungen zur Erkenntnistheorie) mit Adolf Kratzer (Wissenschaftstheoretische Betrachtungen zur Atomphysik) und Heinrich Scholz (Die Wissenschaftslehre Bolzanos). Das ging also noch.

an Heinrich Scholz und seine Frau angeschlossen – mit nur wenigen ausgetauscht hat. Auf dem Kongreß lernt er auch Mostowski kennen, der mit Tarski die Bedeutung des Gentzenschen Widerspruchsfreiheitsbeweis bestritten haben soll.[68] Dies ist vorstellbar, jedoch sind die Erfolge des zweiten Lehrstuhls in Warschau mit Gentzenschen Resultaten verbunden, der von Rasiowa und ihrer Gruppe. Auf keinen Fall hatte die vermutete Einschätzung von Mostowski einen negativen Einfluß auf Gentzens Ruf in Polen.

Vor allem aber trifft er auf dem Kongreß Jean Cavaillès wieder.

Möglicherweise hat Gentzen auch Lautmann durch Bernays kennengelernt. 1940 erscheint eine Besprechung von Paul Bernays zu Albert Lautmann.[69] Dies ist der Beitrag von Lautmann auf dem Descartes-Kongress. Vielleicht haben sie sich auch erst dort kennengelernt. Auch Bernays spricht auf dem Descartes-Kongress: Thesen und Bemerkungen zu den philosophischen Fragen und zur Situation der logisch-mathematischen Grundlagenforschung.[70]

L Jean Cavaillès und Gerhard Gentzen

Am 11.12.1935 hatte Gentzen an Prof. Bernays geschrieben, daß er sich mit dem Mathematiker und Logiker Jean Cavaillès (1903–1944) in Göttingen über Grundlagenfragen unterhalten hatte. Beide sollten sich mindestens noch einmal auf dem Pariser Descartes-Kongreß treffen, wo Cavaillès Sektionspräsident war. Viel-

---

[68] Gerd Robbel in einem Brief an mich vom 3.7.1988 ohne nähere Angabe. Ich habe dagegen folgendes Zitat gefunden: "Furthermore I should like to remark that there seems to be a tendency among mathematical logicians to overemphasize the importance of consistency problems, and that the philosophical value of the results obtained so far in this direction seems somewhat dubious. Gentzen's proof of the consistency of arithmetic is undoubtedly a very interesting metamathematical result, which may prove very stimulating and fruitful. I cannot say, however, that the consistency of arithmetic is now much more evident to me (at any rate, perhaps, to use the terminology of the differential calculus, more evident than by epsilon) than it was before the proof was given. To clarify a little my reactions: let G be a formalism just adequate for formalizing Gentzen's proof, and let A be the formalism of arithmetic. It is interesting that the consistency of A can be proved in G; it would perhaps be equally interesting if it should turn out that the consistency of G can be proved in A." (S. 19 in: ALFRED TARSKI, Discussion of the address of Alfred Tarski, *Revue internationale de philosophie*, 8 (1954), S. 15–21. Georg Kreisel hat Tarskis Zweifel noch populärer gemacht. Aber die Äußerung von Alfred Tarski mag eine Retourkutsche gewesen sein, denn J. A. Robinson schreibt: "Some of the great logical theorists – Herbrand and Gentzen, to name the two most prominent – refused, on principle, to have truck with Tarskian extravagancies (as they saw them) and delicately picked their way to important discoveries by using finitist methodology and purely syntactic throughout." (S. 288, in: J. A. ROBINSON, Logic: Form and Function. The Mechanization of Deductive Reasoning. Edinburgh: Edinburgh University Press 1979). Zumindest Tarski mag das so empfunden haben. Es bleibt ein Problem: Modelle, auf Grund einer bewiesenen oder hypothetischen Widerspruchsfreiheit gewonnen, sind fast unvermeidlich nicht isomorph (bestmögliche Gleichheit) zu dem, worauf man doch heraus bzw. herauf wollte.

[69] Paul Bernay Besprechung zu Albert Lautmann: Essai sur les notions de structure et d'existence en mathématiques, Actualités scientifiques et industrielles, Paris: Hermann & Cie, 1938, S. 590–591, in: *Journal of Symbolic Logic* 5 (1940), 1, S. 20–22.

[70] in: Travaux du IX. Congrés International de Philosophie, S. 104–110, Paris: Hermann 1937.

leicht kannten Sie sich auch schon während Cavaillès Vorbereitungen zu seiner Mitarbeit bei Emmy Noethers Herausgabe des Briefwechsels von Cantor und Dedekind 1937[71]. Cavaillès war nicht nur Grundlagenforscher, sondern auch später ein energischen Widerstandskämpfer, er war einer der Leiter der Résistance, mit dem Gentzen tagelang nützliche logische Dinge besprach:

> „J'ai eu, à Göttingen de longues discussions avec Gentzen – obligation de refaire le passage où je parlais de lui – trop simplifié. Il travaille maintenant à une démonstration analogue pour l'analyse – il pense en avoir pour deux ans."[72]

---

[71] EMMY NOETHER und JEAN CAVAILLÈS (Hrsg.), Briefwechsel zwischen Georg Cantor und Richard Dedekind. Paris: Hermann & Cie. 1937. Vgl. dazu IVOR GRATTAN-GUINNESS, The Rediscovery of the Cantor-Dedekind Correspondence, in: *Jber. Deutsch. Math.-Verein.* 76 (1974) 104–139.

[72] J. Cavaillès am 26. August 1936 an Albert Lautmann (zitiert auf S. 117f. in: GABRIELLE FERRIÈRES, Jean Cavaillès. Philosophe et Combattant 1903–1944. Avec une étude de son oeuvre par Gaston Bachelard. Paris: Presses Universitaires de France 1950). Der 1908 geborene Philosoph und Mathematiker Albert Lautmann wurde von den Deutschen ebenfalls verhaftet und am 1. August 1944 bei Toulouse wegen seiner Aktivitäten für die Résistance erschossen. Zum damaligen Begriff der Mathematik vgl. F. LeLionnais, Great currents of mathematical thought, Vol. 1. Dover: New York 1971 (französische Erstausgabe 1962). F. LeLionnais arbeitete in Mittelbau Dora an der V2-Produktion und wurde bestraft wegen des Beschreibens eines Notizzettels – mit den Namen derjenigen, die als Beiträger für dieses Buch infrage kamen – eine strafbare Benutzung eines deutschen Bleistiftes auf einem Papier des Deutschen Reiches. Das hat – dem Himmel sei Dank – nicht verhindert, daß das geplante Buch zustande kam. Man lese darin beispielsweise Albert Lautmann, Symetry and Dissymetry in Mathematics and Physics, p.44-56. Ungekürzt in der Originalsprache sind die schönen Arbeiten versammelt in Albert Lautmann, Essai su l'unité des mathématiques et divers écrits. Préfaces de Costa de Beuregard, Jean Dieudonné, membre de l'Académie des sciences et Maurice Loi du séminaire de Philosophie et de Mathématiques de l'École normale supérieure. Paris: Union Générale d'éditions 1977. – Jean Cavaillès, Albert Lautmann und Claude Chevalley – er war auch Laien bekannt durch seinen Artikel „Mathématique" in der Encyclopédie francaise –, waren mit Jacques Herbrand befreundet und kannten dadurch die Arbeiten des anderen. Ich bin überzeugt, daß Gentzen durch seine Kontakte mit Cavaillès ebenfalls über die mathematischen Ideen der drei anderen auf dem laufenden war. Vgl. auch die Bemerkungen Lautmann zu Gentzen (a.a.O., S. 93, 141). Albert Lautmann hielt auf dem Descartes-Kongress 1937 (1-16 August) ein Referat: „De la réalité inhérente aux théories mathématiques". Ich halte es für durchaus möglich, daß Lautmann, Cavaillès und Gentzen sich gemeinsam sahen und sprachen. - Was nun hielt Lautmann von Gentzen ? „Les faits montrent qu'il est néanmoins difficile de développer une théorie purement structurale de la non-contradiction. A cet égard la tentative la plus authentiquement structurale de démonstration de non-contradiction de l'arithmétique est celle de M. Gentzen. Nous ne nous proposons pas de l'exposer ici en detail, renvoyant pour cela à la thèse de M. Cavaillès; nous voudrions seulement en rappeler un èlèment essentiel. Loin de chercher comme dans les méthodes extensives à réaliser les axiomes de l'arithmétique, M. Gentzen reste fidèle à la conception de la théorie de la démonstration d'Hilbert et se propose de suivre chacune des opérations qui interveniennent dans une démonstration, pour démonstrer qu'à aucun moment n'a pu se glisser une proposition contradictoire quelconque. M. Gentzen entreprend pour cela, comme l'avait du reste déjà essayé Herbrand, de réduire chacune des opérations d'une démonstration à des opérations de plus en plus simples jusqu'à ce que la formule finale de la démonstration ait été mise sous la forme d'une expression évidement vraie. Pour cela, M. Gentzen coordonne à chaque démonstration un nombre ordinal et démontre un théorème essentiel qui revient à peu près à ceci: les réductions aboutissement parce que ensemble de ces nombres ordinaux est „bien ordonné" au sens de la théorie des ensembles. La démonstration ne repose donc pas sur l'existence d'une interpretation du systéme, elle n'en recourt pas moins à la considération d'un ensemble de nombre dont l'existence est équivalente à l'àchévement de la démonstration de non-demonstration." (p. 93f., ALBERT

Im August heißt es für Cavaillès:

> „Il passe de mois d'août à Paris – il est président de section au Congrès Descartes,
> où il fait une communication – il assiste, aussi, à la commission du cercle de l'École de
> Vienne – et il se félicite de pouvoir causer de ses travaux avec Fraenkel, venu de
> Jérusalem, et avec Gentzen."[73]

Dagegen schreibt er zum spanischen Bürgerkrieg an Lautmann am 3. September 1936:

> „Oui la patience de Gentzen m'a un peu découragé – il est déjà dans son poèle à
> Göttingen. Mais nous sommes un peu jeunes et nous n'avons pas été à la guerre. Les
> histoires espagnoles, ici toutes proches, fournissent à rêver."[74]

Cavaillès wurde später von Raymond Aron zwar gefeiert, ist aber in Deutschland aus obskuren Gründen – vielleicht, weil er von Deutschen ermordet wurde? – kaum bekannt.[75] Dabei war er einer der Teilnehmer der zweiten Davoser Hochschulkurse, dem „Locarno de l'intelligence" 1929, wo Heidegger und Cassirer eine bekannte Disputation hatten, die Emmanuel Levinas, Otto Friedrich Bollnow, J. Ritter, Alfred Sohn-Rethel, H. Marcuse, Leo Strauß, Pinder, Brunschvicg, Przywara, Joel, Sauerbruch, Riezler u.v.a. interessiert verfolgten. Nur Jean Améry erwähnt ihn einmal bewundernd in einer autobiographischen Schrift. Die 1938 erschienenden beiden Bücher Cavaillès „Méthode axiomatique et Formalisme" und „Remarques sur la formation de la théorie abstraite des ensembles" wird Gentzen vielleicht verschlungen haben.[76] Über Gentzens Kontakte

---

LAUTMANN, Essai sur les notions de structure et d'existence en mathématique (Dissertation, ursprünglich 1937 bei Hermann in Paris veröffentlicht), wiederabgedruckt unter p. 21-154, in: Albert Lautmann, Essai sur l'unité des mathématiques et divers écrits. Préfaces de Costa de Beuregard, Jean Dieudonné, membre de l'Académie des sciences et Maurice Loi du séminaire de Philosophie et de Mathématiques de l'École normale supérieure. Paris: Union Générale d'éditions 1977.

[73] G. FERRIÈRES 1950, S. 123.

[74] G. FERRIÈRES 1950, S. 121f. – Im Nachlaß von Jean Cavaillès finden sich keine Briefe oder Materialien zu G. Gentzen. Der Nachlaß befindet sich in der Bibliothek der Ecole Normale Supérieure, 45 rue d'Ulm, Paris 5.

[75] Ein flüchtiger Überblick über seine Leistungen findet sich in: PAUL CORTOIS, Paradigm and Thematization in Jean Cavaillès Analysis of Mathematical Abstraction, p. 343–350, in: Johannes Czermak (ed.), Philosophy of Mathematics. Wien: Hölder-Pichler-Tempski 1993; Philosophen könnten mit ihm Bekanntschaft geschlossen haben durch: MICHEL FICHANT, Die Epistemologie in Frankreich, III. Die mathematische Epistemologie: Jean Cavaillès, S. 141–148, in: Francois Chatelet (Hrsg.), Geschichte der Philosophie, Band VIII, Das XX. Jahrhundert. Ullstein: Berlin 1975. M. FICHANT, MICHEL PECHEUX: Überlegungen zur Wissenschaftsgeschichte, bes. S. 131ff. Suhrkamp: Frankfurt am Main 1977. Der Mathematiker vgl. "J. DIEUDONNE (Hrsg.), Geschichte der Mathematik 1700-1900. Wiesbaden: Vieweg Verlag 1969; HOURYA SINACEUR, Jean Cavaillès. Philosophie mathématique. Paris: PUF 1994; derselbe, Du formalisme à la constructivité: le finitisme, in: Revue internationale de philosophie 4 (1993) p. 251-283.

[76] J. Cavaillès wurde am 28. August 1942 in Paris von der Gestapo verhaftet und nach Compièges gebracht. Im Gefängnis verfaßte er „Sur la logique et la théorie de la science" (posthum veröffentlicht in Paris 1960). Cavaillès wurde von den Deutschen in Arras ermordet. Er ist jetzt in der Nähe von Descartes Grab in der Kapelle der Sorbonne begraben (vgl. HOURYA SINACEUR, Jean Cavaillès. Philosophie mathematique. Paris: PUF 1994; zitiert nach J. W. DAUBEN, Abraham Robinson. Princeton UP 1995). 1958 wurde er auf einer französischen Briefmarke in den damals jährlich herausgegebenen Serien „Heros de la résistance" geehrt.

zur französischen Welt der mathematischen Grundlagenforschung weiß ich nicht viel. Es scheint aber sicher, daß er über Helmut Hasse und Richard Courant seit 1931 – wenn nicht sogar früher – über die Arbeiten Jacques Herbrands und seine Klarstellung des Hilbertprogramms informiert war.[77] Daß Gentzen in der französischen Grundlagenforschung einen festen, angemessenen, klaren und ehrenden, ja heute noch überzeugenden Platz gefunden hat, zeigt die deutliche und umfassende Würdigung seiner Leistungen – so klar ist sie bisher in Deutschland noch nicht aufgeführt worden – durch Marcel Guillaume, La Logique Mathématique en sa jeunesse, S. 185–365.[78]

Albert Lautmanns Arbeiten werden durchaus weltoffen aufgenommen und besprochen, denn Arnold Schmidt bespricht zwei Essays im *Zentralblatt für Mathematik*.[79]

Im *JFM* 1939[80] referiert Naumann die dreiteilige Schrift von Cavaillés „Méthode axiomatique et formalisme. I. Le problème du fondement des mathématiques II. Axiomatique et system formel III. La non-contradiction de l'arithmétique." (*Actual. sci. industr.* 608 (1–75), 609 (76–124), 610 (125–183)):

> „Schließlich gelingt es Gentzen, durch Erweiterung des metamathematischen Bereichs einen vollständigen Beweis für die gesamte intuitionistische Arithmetik zu erbringen. Das Endliche wird zwar überschritten, aber nur durch geordnete Regeln zur Erzeugung neuer Individuen. Der radikale Formalismus hat sein weit gestecktes Ziel zwar nicht erreicht, auch Logizismus und Intuitionismus erweisen sich als unzureichend."

Und auch Arnold Schmidt referiert kurz die Schriften von Cavaillès im *Zentralblatt*.[81] Unklar ist, wie Gentzen und Cavaillès sich möglicherweise gegenseitig angeregt haben.[82]

M Gentzen wird „Mitwirkender" bei der Herausgabe der Scholzschen „Forschungen zur Logik und zur Grundlegung der exakten Wissenschaften"

1937 erblicken auch die „Forschungen zur Logik und zur Grundlegung der exakten Wissenschaften. Neue Folge" das Licht der Welt. Heinrich Scholz gibt sie heraus und ernennt Gentzen zusammen mit W. Ackermann, F. Bachmann und

---

[77] G. Ferrières 1950, S. 69.

[78] In: Jean-Paul Pier (ed.), Development of Mathematics 1900–1950. Basel: Birkhäuser 1994.

[79] *ZM*, 21. Band, Heft 7, 30.12.1939, S. 289.

[80] *JFM* 64/2 (1939) S. 930f.

[81] *ZM* 21, Heft 7 vom 30.12.1939, S. 289f.

[82] Jean Cavaillès, Philosophie Mathématique. Préface de Raymond Aron. Reihe: Collection Histoire de la pensée, Band VI. Hermann: Paris 1962. Gentzen wird erwähnt (S. 262) in dem Artikel „Transfini et Continu", der 1940 oder 1941 für die Zeitschrift *Revue Philosophique* geschrieben wurde. Die Zeitschrift wurde vor Erscheinen des Artikels von den Deutschen verboten.

A. Kratzer zu Mitwirkenden bei der Herausgabe.[83] Und weil diese auch rezensiert werden, steht Gentzen jedesmal auch als Mitwirkender in der Titelleiste der entsprechenden Rezension. Wie zum Beispiel im *Zentralblatt für Mathematik* 16 (1937), Heft 1, S. 1:

> Hermes, Hans, und Heinrich Scholz; Ein neuer Vollständigkeitsbeweis für das reduzierte Fregesche Axiomensystem des Aussagenkalküls. (Forsch. z. Logik u. z. Grundlegung d. exakten Wiss. N. F. Hrsg. v. Heinrich Scholz. Unter Mitwirkung v. W. Ackermann, F. Bachmann, G. Gentzen u. A. Kratzer. H. 1.) Deutsche Math. 1, 733–772 (1936) u. Leipzig: S. Hirzel 1937. 40 S. RM 1.80.

Und es tauchen mittlerweile Rezensionen auf, wo Gentzen in Arbeiten ausländischer Kollegen vorkommt, welche wiederum rezensiert werden (wie im gleichen Heft des *Zbl.*):

> Beth, E. W.: Une démonstration de la non-contradiction de la logique des types au point de vue fini. Nieuw Arch. Wiskunde 19, 59–62 (1936).
>
> In Math. Z. 41 (dies. Zbl. 15, 193) gab Gentzen einen finiten Beweis für die Widerspruchsfreiheit der Stufenlogik (ohne Unendlichkeitsaxiom). Die vorliegende Arbeit stellt (im wesentlichen) denselben Ansatz zum Beweise der Widerspruchsfreiheit dar, den der Verf., wie er betont, unabhängig von Gentzen fand. Beth gibt an, sein Beweis gehe insofern über den Gentzenschen hinaus, als er auch die verzweigte Typentheorie einbeziehe, doch sind faktisch bei ihm nirgends die Daten der Verzweigtheit behandelt. Überhaupt werden die Axiome und Regeln der als widerspruchsfrei zu erweisenden Theorie nicht formuliert; es handelt sich lediglich um eine Schilderung des (eine Erweiterung einer bekannten Methode darstellenden) Grundgedankens für den Ansatz; das weitere, insbesondere die – bei Gentzen im Vordergrund stehende – Durchführung des Ansatzes in bezug auf diejenigen Axiome, bei denen sie nicht trivial ist, fehlt. Arnold Schmidt (Marburg, Lahn).

Die Folge der „Forschungen" wird bis 1943 fortgesetzt. Es kommen acht Hefte zusammen. Danach bekommt Scholz wohl dafür weder Finanzierung noch Papier zusammen. Und wieder erscheint eine Rezension von Gentzen (*Zentralblatt für Mathematik* 16 (1937), Heft 5, S. 194):

> Ackermann, Wilhelm: Die Widerspruchsfreiheit der allgemeinen Mengenlehre. Math. Ann. 114, 305–315 (1937). Die Widerspruchsfreiheit der „allgemeinen Mengenlehre", d.h. der Zermelo-Fraenkelschen Axiome der Mengenlehre unter Ausschluß des Unendlichkeitsaxioms, wird auf die Widerspruchsfreiheit der reinen Zahlentheorie, die von Gentzen bewiesen wurde (dies. Zbl. 14, 388), zurückgeführt. Diese Axiome lassen sich nämlich, wie gezeigt wird, bereits durch ein System von endlichen Mengen erfüllen; und ein solches kann bekanntlich auf die Reihe der natürlichen Zahlen abgebildet werden. – Mit der Hinzunahme des Unendlichkeitsaxioms, d.h. der Forderung der Existenz unendlicher Mengen, wird die Frage nach der Widerspruchsfreiheit natürlich wesentlich komplizierter und harrt noch der Beantwortung. Gerhard Gentzen (Göttingen).

Am 12.8.1937 schreibt er aus Göttingen an Hellmuth Kneser:

> „Sehr verehrter Herr Professor!
>
> Anbei die Inhaltsangabe für meinen DMV-Vortrag; ich habe eine Abschrift an Prof. Müller geschickt – Paris hat mir sehr gefallen und scheint auch meinen Gesundheits-

---

[83] Nachdruck: Verlag Dr. H. A. Gerstenberg (Hildesheim) 1970.

zustand nicht wesentlich beeinträchtigt zu haben. Vorgestern bin ich hier eingetroffen; hoffentlich kommt die Inhaltsangabe nun noch zeitig genug für das Programm. Professor Ewald werde ich aufsuchen - Ich habe es ja versprochen! – und Ihnen davon berichten. Es scheint mir, dass ich immerhin auf dem Wege der Gesundung bin.

Mit herzlichem Gruss und Heil Hitler!
      Ihr
      G. Gentzen"[84]

Am 28.8.1937 heißt es:

„Sehr verehrter Herr Professor!

Vorgestern war ich bei Professor Ewald, der mich dank Ihres Briefes sehr freundlich empfing. Zu meiner Krankheit konnte er im wesentlichen auch nichts weiter sagen, als was ich mir schon selbst gesagt hatte. Doch gab er mir einige vielleicht ganz nützliche Ratschläge. Er wollte mir gerne behilflich sein, wenn ich eine Erholungskur wünschte, aber er stimmte mir darin zu, dass man in der Hauptsache nichts anderes tun könne als abwarten. Er wandte nichts dagegen ein, als ich äusserte, dass ich mir von einem Kuraufenthalt nichts verspräche und am liebsten so weiterleben möchte wie bisher. Ich habe in den letzten Wochen den Eindruck gewonnen, dass sich mein Zustand insgesamt doch gebessert hat, und hoffe, dass eine endgültige Genesung nicht mehr allzufern liegt. Der Vortrag auf der Kreuznacher Tagung wird mir keine Schwierigkeiten machen.

      Bis dahin die herzlichsten Grüsse – und vielen Dank für Ihre freundliche Unterstützung –
          von Ihrem
          Gerhard Gentzen"[85]

N „Die gegenwärtige Lage in der mathematischen Grundlagenforschung"

Am Dienstag, den 21. September 1937 hält Gentzen unter dem Vorsitz von H. Kneser seinen Vortrag „Die gegenwärtige Lage in den Grundlagenforschung", der in erweiterter Form in der Zeitschrift *Deutsche Mathematik* erscheint. Seinen Artikel „Die gegenwärtige Lage in der mathematischen Grundlagenforschung" zusammen mit „Neue Fassung des Widerspruchsfreiheitsbeweises für die reine Zahlentheorie"[86] (es handelt sich hierbei um eine Vereinfachung seiner ersten Arbeit darüber), – die zweite Arbeit wurde von Paul Bernays gegengelesen – überließ er gerne Ludwig Bieberbachs *Deutscher Mathematik* zum Erstdruck. Dieser war im Gegensatz zu anderen „arischen" Mathematikern, wie z.B. der kunstsinnige Geometer, Dürerfreund und Antisemit Max Steck - ein Assistent des judenhasserischen, aus „dem Leben" die Wissenschaft begründen wollenden H. Dingler, heute ein verehrter Ältervater der Erlanger und Konstanzer Schule - von der

---

[84] ebenda

[85] Das Original befindet sich im Archiv von Prof. Dr. Martin Kneser (Göttingen).

[86] erschienen in den „Forschungen zur Logik und zur Grundlegung der exakten Wissenschaften. Neue Folge. Herausgegeben von H. Scholz unter Mitwirkung von W. Ackermann, F. Bachmann, Gentzen und A. Kratzer", Heft 4 (1938).

institutionellen, universitären Notwendigkeit der Logik, und dazugehöriger Forschung und Lehre im NS, damit auch von ihrer Geldwürdigkeit und Papierzuteilung überzeugt.[87] Scholz und Gentzen hielten sich in der ersten Zeit bis zum Kriege an den Mathematiker Bieberbach – er hatte Einfluß auf den Mathematiker und Reichforschungsrat Th. Vahlen –, dessen *Deutsche Mathematik* mit einer Anfangsauflage 6500 Exemplare vierteljährlich seit Kriegsbeginn rasch im Ansehen der Mathematiker und den akademischen NS-Stellen sinken wird.[88]

Ab dem 1. Oktober 1937 wird die Dienstzeit des ausserplanmäßigen Assistenten Gentzen um ein weiteres Jahr verlängert wird. Wie immer, haben weder Dozentenschaft, Fakultät und Rektor etwas dagegen. Im November 1937 wechselt der Sturmmann Gentzen zum SA-Sturm „Na 1/82".

Humor bewiesen die Redaktoren vom *Zentralblatt für Mathematik* 1938.[89] Hier wurde rezensiert: „Gentzen, Gerhard: Die gegenwärtige Lage in der mathematischen Grundlagenforschung, Deutsche Mathematik 3, S. 255–268 (1938)". Und rezensiert wurde die Arbeit in englischer Sprache vom amerikanischen Logiker Haskell B. Curry und ehemaligen Hilbert-Assistenten aus Princeton:

> "The main theme of this expository article is to contrast the constructive and 'an sich' conceptions of infinity, and then to defend the opinion that the Hilbert program makes it possible for the two sides to agree on the retention of classical analysis in its present form. The author begins with a general discussion of the two points of view and the Hilbert program. He then gives an elementary account of the principal metatheoretic theorems relating to consistency and completeness, including certain theorems of Gödel and Skolem. The upshot of this is that although a constructive consistency proof for classical analysis has not yet been found, yet the author thinks it probable that such a proof will be found, using methods which, like those of the authors proof for arithmetic (this Zbl 14, 388) are acceptable from the constructive viewpoint, even though they cannot be formalized within the system. The author devotes a section to the contrast of the two views in regard to the continuum, in which the greater complexity and restrictedness, as well as the greater intuitive evidence of the constructive viewpoint is made clear. In the final section he discusses the unification of the schools. The argument is that the significance of the classical theorems come from their usefulness in physics, and that they can be interpreted from a constructive viewpoint by the methods of ideal elements (Hilbert). Gentzen makes an interesting comparison with another instance of the simplification which come through idealization

---

[87] Gentzens Aufsatz „Die gegenwärtige Situation in der Grundlagenforschung" in der *Deutschen Mathematik* und in den *Forschungen* ist in der Schriftart „Fraktur" gesetzt. Für die jüngere Generation heute und den damaligen internationalen Gelehrtenkreisen ist diese Schriftart kaum lesbar. Erst am 1./2. Juni 1941 wurde die Schrift des *Völkischen Beobachters* und danach die aller anderen NS-nahen Zeitschriften auf Antiqua umgestellt. Die Eroberung Kretas durch die Deutschen sollte international leichter lesbar werden. Ein internes Rundschreiben der NSDAP denunzierte just zu dem Zeitpunkt als der NS glaubte, Europa zu dominieren, die „sogenannte gotische Schrift" als „Schwabacher-Judenlettern" und verfügte die Einführung der Antiqua als Normalschrift. Sie finden im Anhang die Umschrift von Gentzens Aufsatz in Antiqua, weil sie tatsächlich heutzutage die eingänglichere und international lesbarere Schriftart ist.

[88] „Soviel ich weiß, hat Scholz und haben seine Schüler in den Heften der ‚Deutschen Mathematik' publiziert, weil Scholz damals darin die einzige Möglichkeit gesehen hat, Arbeiten aus der in Deutschland noch nicht anerkannten ‚Logistik' drucken zu lassen." (Hans Hermes brieflich an mich vom 22.01.1997).

[89] 19 (1938), S. 97

of experience, viz. geometry; here the constructive analysis is compared to the 'natural geometry' of Hjelmslev (Hamburg 1923), while the classical analysis is analogous to the ordinary geometry of idealized points and lines."

Hier ist gezeigt, daß die *Deutsche Mathematik* im Ausland gelesen wird.[90] Wegen eines Artikels, und der ist aus der Feder eines Logikers: Gerhard Gentzen. Dieser Gentzen behauptet, daß die Bedeutung klassischer Lehrsätze von ihrer Nützlichkeit in der Physik herstamme. Und dies ist keine Verbeugung vor der angewandten und kriegstüchtigen Mathematik.[91]

Im *Zentralblatt* 1939[92] resümiert Arnold Schmidt anschließend für diejenigen, die kein Englisch lesen können:

„Gentzens Bericht (der im wesentlichen dem auf dem Mathematikerkongreß in Kreuznach gehaltenen Vortrag entspricht) gliedert sich in 4 Teile. Zunächst führt G. von den Antinomien[93] ausgehend in die mathematischen Standpunkte zum Unendlichen, insbesondere den intuitio-nistischen und den beweistheoretischen, ein (der Logizismus wird nur kurz gestreift). Sodann werden die Hauptprobleme der Axiomatik – Widerspruchsfreiheit, Vollständigkeit und Entscheidbarkeit – umrissen, und in Gegenüberstellung zum Gödelschen Unvollständigkeitssatz wird der Skolem-Löwenheimsche Satz der abzählbaren Erfüllung beleuchtet. Nach Herausarbeitung der konstruktiven Auffassung der Zahlen, wobei vor allem auf Begriffsbildungen von Weyl (Hilfsmittelbegrenzung), Church und Turing („Berechenbarkeit') sowie Brouwer (Wahlfolge) eingegangen wird, empfiehlt der Autor im Anschluß an Hilbert, die nichtkonstruktive Existenz als ein ‚ideales Element' zu behandeln; diese Einstellung werde (nach Beweis der Widerspruchsfreiheit der Analysis) geeignet sein, zwischen den verschiedenen Standpunkten zur Grundlegung der Mathematik unter Berücksichtigung der Anforderungen der Physik zu vermitteln."

Auch hier wird ein externer Standpunkt, nämlich der der „Anforderungen der Physik", zum Prüfstein einer Vermittlung von Standpunkten eines logischen Problems und damit der Einheit der Mathematik hervorgehoben. Soll das ein Zugeständnis an die praktische Seite der Mathematik sein, sollte es die Bedeutung der Ingenieursmathematik hervorheben? Wäre das anti-modern? Für den harmoniebedürftigen Gentzen ist allein das Wort „Vermittlung" schon Ziel genug.

---

[90] Das Buch von Haskell B. Curry, Foundations of Mathematical Logic. New York: Dover 1977 verdankt Gentzens Ideen sehr viel. Haskell B. Curry, ein Hilbert-Schüler, legt seine Ansichten von der Entwicklung mancher Gentzenscher Ideen in „Historical Remarks" nieder, beispielsweise 245–250, 305f. und an anderen Stellen.

[91] „Evidently vast experience in current proof theory is ready-made material which corresponds to the physicist's experiments and oberservations. Here we have a body of discoveries, of formal facts, by which a theory of proofs can be tested." (Georg Kreisel).

[92] 19. Band, Heft 6, 6. Februar 1939, S. 241

[93] Gegenüber den Antinomien ist Gentzen auch im Nachlaß, also nach 1939, energisch: „Widersprüche in der Logik"? Nein. Ich meine, das heißt den Begriff Logik zu weit fassen. In der Russell-Antinomie gehen Begriff, Menge und Eigenschaft ein, die zu wenig präzisiert sind, um in dieser Allgemeinform zur „Logik" gerechnet zu werden. Wohl kann Logik von Mengen reden, doch von gegeben vorausgesetzten Mengen von Gegenständen gegebener Art. Der Allgemeinbegriff bezieht die wirkliche Welt mit ein, das ist nicht Sache der Logik. (Die Russell-Antinomie in der mathematischen Mengenlehre ist von anderer Art und hier mit dem Unendlichkeitsbegriff verbunden. Die logische Form ist nicht mathematisch, da mit für Mathematik viel zu unbestimmten Begriffen arbeitend.)". Quelle und Umschrift verdanke ich Herrn Professor Dr. Christian Thiel.

Besprochen wird im gleichen *Zentralblatt* auch die „Neue Fassung des Widerspruchsfreiheitsbeweises für die reine Zahlentheorie" von Arnold Schmidt.

> „Es handelt sich um eine vereinfachte Fassung des Gentzenschen Nachweises der Widerspruchsfreiheit der reinen Zahlentheorie, s. dies. Zbl. 14, 388. Statt von seinem logischen Kalkül NK geht der Autor jetzt von seinem Kalkül LK (s. dies Zbl. 10. 145f.) aus, in dem eine Beweisfigur stets zu Formeln höheren Grades (Anzahl der logischen Verknüpfungen) fortschreitet; die Kompliziertheit der Beweise, die durch die Gentzensche Beweisordnungszahl fixiert ist, steht dadurch in naturgemäßem Zusammenhang mit der Kompliziertheit der Endformel. Weiter ist der Begriff der ‚mathematischen Grundsequenz' vereinfacht. Die Auswirkungen dieser Änderungen auf das Gentzensche Reduktionsverfahren werden vorgeführt. – Als Bereich der Beweisordnungszahlen wird nicht mehr eine spezielle Dezimalbruchklasse, sondern explizite der von der 1. Epsilonzahl bestimmte Abschnitt der 2. Zahlenklasse benutzt. Die Konstruktivität des Verfahrens wird dadurch durchsichtiger, und man erkennt, daß dieser Bereich ein ‚sparsamster' ist. – Den Abschluß bilden ein Hinweis auf die Einbeziehbarkeit beliebiger Funktionen und ein Ausblick auf die Möglichkeit eines Widerspruchsfreiheitsbeweises für die Analysis."

O   Briefliche Diskussionen mit Paul Bernays

Am 15. November 1937 geht Bernays brieflich auf die Verbesserungen von Gentzen an Hilbert-Bernays ein:

> „Lieber Herr Gentzen!
>
> Leider hat sich die Beantwortung Ihres Briefes, den Sie mir anlässlich der Durchsicht des zugesandten Teiles von meinem Konzept schrieben, beträchtlich verzögert. (...) Von Ihren verschiedenen Bemerkungen habe ich – wie ich schon schrieb – das meiste verwendet. Ich gebe Ihnen weiter unten auf Blatt 3. die vorgenommenen Veränderungen an. (...)"[94]

Gentzen antwortet aus Göttingen am 30.10.1937:

> „Entschuldigen Sie bitte, dass ich erst jetzt auf Ihre Zusendung antworte. Ich hatte in den letzten Wochen mit der Ausarbeitung eines Vortrags über ‚die gegenwärtige Lage in der Grundlagenforschung' zu tun, den ich vor einer Woche auf der Tagung der D.M.V gehalten habe und später zu veröffentlichen beabsichtige.
>
> Zu Ihrem Manuskript möchte ich im allgemeinen bemerken, dass es mir sehr verständlich geschrieben erscheint, auch für Anfänger, denke ich, leicht lesbar sein wird. Manchmal etwas zu breit für meinen Geschmack; ich meine es liessen sich vielleicht einige Wiederholungen einsparen, (...) In den letzten Wochen kann ich erstmalig in meinem Gesundheitszustand eine deutliche Besserung feststellen. Ich mache schon vorsichtige Versuche, mich wieder mit dem Wfbeweis zu befassen."[95]

Gödel hielt im November 1937 in Wien vor Mitgliedern des Zilsel-Kreises einen Vortrag über Konsistenzfragen der Logik[96]. Er stellt darin fest, daß ein finiter Konsistenzbeweis der Arithmetik unmöglich ist und widmet daher den Rest des

---

[94] Hs. 975 : 1658

[95] Hs. 975 : 1659

[96] 1938a in Collected Works.

Vortrages der Frage, wie die finiten Methoden erweitert werden könnten, um sinnvolle Konsistenzbeweise zu erhalten und führt als dritte Möglichkeit die transfinite Induktion an, wie sie Gentzen verwendete, bis zu gewissen konkret definierten Ordinalzahlen der zweiten Klasse.[97]

Im Dezember 1937 teilte Gentzen zumindest Paul Bernays mit, daß er seinen Wf-Beweis in einfacherer und eingehender Form durchgeführt habe.

Seit Dezember 1937 lebt Gentzens Schwester Waltraut mit ihrem Mann in Liegnitz/Oberschlesien (heute: Lignice/Polen).

Am 3. Januar 1938 teilt Bernays aus Zürich in der Besenrain Str. 30 mit, daß der §11 des Grundlagenbuches seit zwei Wochen zwar fertiggestellt, aber noch nicht in den Satz übertragen sei: „Sobald die Uebertragung erfolgt ist, werde ich ihn Ihnen zusenden".[98]

Es erscheint im *Zentralblatt für Mathematik* 17 (1938), Heft 6, S. 242:

> Rosser, Barkley: Gödel theorems for non-constructive logics. J. Symbolic Logic 2, 129–137 (1937). Das von Gödel (dies. Zbl. 2, 1) behandelte Schlußweisensystem P, das dem System der Principia Mathematica entspricht, wird durch Hinzunahme der folgenden Schlußregel mit unendlich vielen Prämissen erweitert: „Wenn f(0), f(1), f(2), ... gelten, so gilt (x) f(x)." (Vgl. Hilbert, dies. Zbl. 1, 260, und Carnap, dies. Zbl. 12, 145). Nach dem Grade der Übereinanderschachtelung solcher Schlüsse lassen sich Systeme P1, P2, ... , $P\omega$, $P\omega + 1$, ... , usw. durch transfinite Rekursion definieren. Auf solche Systeme werden nun die Gödelschen Ergebnisse ausgedehnt; (...) – Modifiziert man die Schlußregel, indem man an Stelle der unendlich vielen Prämissen die eine Prämisse: „für jedes n ist f(n) – mit bestimmten Mitteln – beweisbar" setzt, so ergibt sich, indem man als Beweismittel zunächst die des Systems P, dann dieselben mit Hinzunahme dieser Regel usw. zuläßt, gleichfalls eine transfinite Reihe von Systemen, für welche analoge Sätze bewiesen werden. – Ferner werden einige Untersuchungen angestellt über das System, welches gegenüber Anwendungen die ersteren Regel abgeschlossen ist. Gerhard Gentzen

Am 9. Mai schickt Bernays

> „den restlichen – recht lang gewordenen – Teil des §12. Damit soll das Konzept des Grundlagenbuchs bis auf noch ein paar Anhänge abgeschlossen sein. Es tat mir sehr leid, aus Ihrer Karte vom Februar zu erfahren, dass Sie wieder gesundheitlich so stark am Arbeiten behindert waren. Ich hoffe sehr, dass dieser unangenehme Zustand in der Zwischenzeit vorübergegangen ist. Haben Sie nun die Neufassung Ihres Wf-Beweises für die Zahlentheorie schon fertigstellen können? (...)"

Anschließend gibt er ihm noch ein paar Ratschläge zur Verbesserung, die ihm bei der Beschäftigung des alten Beweises in den Sinn gekommen seien.

> „Hoffentlich sind Sie in der Lage, die §§11 und 12 bald durchzusehen. (Vielleicht haben Sie den §11 bereits zur Kenntnis genommen). Der Verlag will jetzt mit dem Druck des §9 und 10 beginnen. (...) Sie erhalten natürlich die Korrekturbogen zugesandt. Ackermann hat sich übrigens zur Beteiligung beim Korrekturlesen bereit erklärt."[99]

---

[97] Vgl. zum weiteren Inhalt S. 108, in: JOHN W. DAWSON JR., Kurt Gödel: Leben und Werk. Reihe Computerkultur, Bd. 11. Wien: Springer Verlag 1999.

[98] Hs. 975 : 1660

[99] Hs. 975 : 1661

Am 12.5.1938 antwortet Gentzen:

„Sehr geehrter Herr Professor!

Besten Dank für Ihren Brief und das Manuskript. Es geht mir gesundheitlich in der Hauptsache wieder besser; die Neufassung des Wfbeweises ist fertig und wird jetzt gedruckt; ich habe angegeben, dass Korrekturen auch an Sie geschickt werden möchten. (...) Eine Arbeit von Kolmogorov, ‚Sur le principe de tertium non datur' (1925)[100], die mir, da russisch geschrieben, nicht im einzelnen verständlich ist, macht mir den Eindruck, als ob darin schon im wesentlichen der von Gödel und dann von mir bewiesene Satz über non non A impliziert A bewiesen ist, sodass K. die Priorität zukäme; ähnliches wird im grossen L. V. des J. Symb. Logic bei der Angabe dieser russischen Arbeit gesagt. – Dann hätte der Satz also drei Autoren!

Ihre Behandlung der transf. Induktion im Zusammenhang mit meinem Wfbeweis scheint mir eine recht erwünschte Ergänzung zu meinen Veröffentlichungen zu bieten, insofern als ich die transf. Ind. in meiner Neufassung nicht von neuem bringe, sondern auf die alte verweise, und insbesondere dadurch, dass Sie die von mir nur ohne Beweis erwähnte Tatsache der Darstellbarkeit des Beweises für die transf. Ind. bis zu einer Zahl unterhalb epsilon index null innerhalb des behandelten zahlentheor. Formalismus selbst, beweisen.

Ich habe übrigens in der Neufassung die Dezimalbrüche verlassen und die mengentheoretische Formulierung mit omega-Potenzen gewählt. (...)

Wie ich zu dem Wf.beweis, von der Methode des Beweises in meiner Dissertation aus, gelangt bin, ist, glaube ich, in der Neufassung jetzt ziemlich deutlich zu sehen. Ich habe da ausführlich den Gedankengang des Beweises erläutert.[101]

Die Finslersche Einwendung[102] bleibt wohl in nicht so einfachen Fällen wie den von uns behandelten im Grunde bestehen; dagegen ist, wie ich glaube, erst etwas zu

---

[100] A. N. Kolmogorov, o principe tertium non datur, Matématiceskij Sbornik (Recueil mathématique de la Société Mathématique de Moscou) 32 (1924–25, 646–667 (rés. fr.). Englisch in van Heijenoort (ed.), From Frege to Gödel. Harvard University Press 1963.

[101] Valère Glivenko (1897–1940) konnte „auf Anregung Kolmogorovs (Sur le principe du tertium non datur, *Mat. Sbornik*, 32, S. 646–662 (1925)) zeigen, daß jede Ableitung des klassischen Aussagenkalküls in eine in der intuitionistischen Logik akzeptierte Ableitung übergeht, wenn vor jede Formel zwei Negationszeichen gesetzt werden. Er hatte daraus gefolgert (Sur quelques points de la logique de M. Brouwer, Academie. Royale de Belgique, Bulletin de la Classse des Sciencees, série5, 15, S. 183–188, 1929), daß beide Logiken dieselben negierten Formeln desselben Kalküls anerkennen. Damit verfügte man über eine Interpretation eines Teils der klassischen Logik in der intuitionistischen Logik und über die (schon von Kolmogorov gemachte) Bemerkung, daß dieser Teil der klassischen Logik in der intuitionistischen „steckt" – vorausgesetzt, daß man die Interpretation ändert. Im Jahre 1932 hat dann Gödel unter Verwendung einer anderen Interpretation gezeigt, daß sich auch die klassische Arithmetik in der intuitionistischen Arithmetik interpretieren läßt und daß sie demnach beide dasselbe Vertrauen verdienen." (S. 849, Marcel Guillaume, Axiomatik und Logik, S. 748–882, in: J. Dieudonné (Hrsg.), Geschichte der Mathematik 1700–1900. Berlin: VEB Deutscher Verlag der Wissenschaften 1985.

[102] Paul Finsler, Formale Beweise und die Entscheidbarkeit, in: *Mathematische Zeitschrift* 25 (1926), S. 676–682. Der Mathematiker Finsler, Schüler von Carathéodory, hatte festgestellt, daß es in jedem formalen System Sätze gibt, die inhaltlich gesehen wahr, formal aber nicht ableitbar sind. Kurt Gödel, der von dem Finslerschen Aufsatz nichts hielt, hat das Ergebnis formal bewiesen. Paul Finsler war mit Paul Bernays bekannt. Zu seiner Biographie und wissenschaftlichen Leistung vgl. Herbert Breger, A restoration that failed: Paul Finsler's theory of sets, p. 249–264, in: Donald Gillies (ed.), Revolution in Mathematics. Oxford: Oxford Science Publications 1992.

machen, wenn man allgemeinere Bereiche von höheren Ordnungszahlen betrachtet. Das bleibt für später."[103]

Am 13.6.1938 berichtet Bernays an Gentzen:

> „Von Ihrer neuen Abhandlung empfing ich die Druckbogen und habe mich gleich an die Lektüre gemacht. Schön ist insbesondere auch, dass Sie jetzt wieder mit so einem übersichtlichen Formalismus operieren u. dass die Ordnungszahl einer Herleitung jetzt so einfach definiert wird. – Interessant ist, im Vergleich zu Ihrer Diss., dass, während bei dieser die Schnitte sukzessive eliminiert werden, Ihr jetziges Verfahren darauf hinauskommt, sukzessive die Verknüpfungs-Schlussfiguren zu eliminieren (...)."

Und dann folgen noch Ideen, Verbesserungen, Anregungen und Berichtigungen.[104] Gentzen bedankt sich am 22.6. für die Durchsicht seiner Korrekturen, die er „soweit sie nicht grössere Änderungen im Satz verursachen würden" berücksichtigt habe. Von den Korrekturen des Bernaysschen Buches habe er die Fahnen 1 bis 192 durchgesehen und er nennt Bernays ein Druckfehlerverzeichnis.

> „Ist Ihnen bekannt, dass von Pepis eine neuere Arbeit über das Entscheidungsproblem (weitere Reduktionen) existiert (Fund. math 30, 1938)?"[105]

In der *Deutschen Mathematik* 3 (1938), S. 255–268, erscheint „Die gegenwärtige Lage in der mathematischen Grundlagenforschung". Seine „Neue Fassung des Widerspruchsfreiheitsbeweises für die reine Zahlentheorie" erscheint 1938 zusammen mit mit dem vorhergehenden Aufsatz als Heft 4 der „Forschungen zur Logik und zur Grundlegung der exakten Wissenschaften". Über die Taktik der Veröffentlichung läßt sich nur spekulieren.

1938 erscheint die zweite Auflage von D. Hilbert und W. Ackermann, Grundzüge der theoretischen Logik (Berlin: Julius Springer). Im Vorwort zur zweiten Auflage steht:

> „Verschiedene Anregungen und Hinweise verdanke ich auch den Herren G. Gentzen – Göttingen, der auch das Manuskript durchgelesen hat, Arnold Schmidt – Marburg und H. Scholz – Münster. Ihnen allen gilt mein herzlichster Dank. Burgsteinfurt, im November 1937. W. Ackermann."

Gentzen wird wohl zur Vereinheitlichung der Terminologie beigetragen haben, die in Hilbert-Bernays, Grundlagen der Mathematik, benutzt worden ist und die er mitverbessert hat.

Im August erscheinen wieder zwei Rezensionen Gentzens im *Zentralblatt für Mathematik*, 18. Band (29. August 1938), Heft 8, S. 337:

> Frank jr., Orrin: New algebras of logic. Amer. Math. Monthly 45, 210–219 (1938). Drei neuere aussagenlogische Systeme, nämlich die mehrwertige Logik von Lukasiewicz und Tarski (C. R. Soc, Sci. Varsovie UUU, 23, 1–21 (1930), die intuitionistische Logik von Heyting (S.-B. preuß. Akad. Wiss. 1930, 42–56) und die Logik der Quantenmechanik von Birkhoff und von v. Neumann (dies. Zbl. 15, 146) werden unter dem Gesichtspunkt verglichen, welche der in der klassischen Booleschen Algebra geltende logische Gesetze in den einzelnen Systemen ungültig sind. – Für die Lukasiewicz-

---

[103] Hs. 975 : 1662

[104] Hs. 975 : 1663

[105] Hs. 975 : 1664; vgl. Gentzens Rezension dazu weiter unten.

Tarskische Logik wird ein System von Axiomen angegeben. "(Nr. 5), aus dem alle Gesetze, die für eine beliebige Anzahl von Wahrheitswerten gültig sind, folgen. Gerhard Gentzen (Göttingen).

Schmidt, Arnold: Über deduktive Theorien mit mehreren Sorten von Grunddingen. Math. Ann. 115, 485-506 (1938). Will man den (engeren) Prädikatenkalkül zur formalen Darstellung der Deduktionen einer Theorie mit mehreren Sorten von Grundgegenständen – z. B. einer Geometrie mit Punkten, Geraden und Ebenen – anwenden, so gibt es zwei Wege: 1. Man verallgemeinert den Kalkül zu einem „mehrsortigen Prädikatenkalkül", wobei die zu „alle" und „es gibt" gehörigen Schlußweisen jeweils nur auf Gegenstände einer Sorte angewandt werden dürfen. – 2. Man bleibt beim „einsortigen Prädikatenkalkül" und unterscheidet die einzelnen Sorten durch bestimmte Prädikate, welche die Zugehörigkeit eines Gegenstandes zu einer Sorte bezeichnen. – Verf. beweist die Gleichwertigkeit beider Methoden, wobei er an einen Beweisansatz von Herbrand (Thèse Paris/Warschau 1930), der in dem wesentlichsten Punkte noch unzureichend war, anknüpft. – Beim Beweise wird zugleich eine Umdeutung der Aussagen der mehrsortigen Prädikatentheorie in gleichwertige Aussagen der „einsortigen" Theorie mit Sortenprädikaten angegeben (§3).

Schon einen Monat später heißt es im *Zentralblatt für Mathematik* 18 (1938), Heft 9, S. 385

Pepis, Józef: Untersuchungen über das Entscheidungsproblem der mathematischen Logik. Fundam. Math. 30, 257–348 (1938). Die in einer früheren Arbeit des Verf. (dies. Zbl. 14, 98) erhaltenen Ergebnisse zum Entscheidungsproblem der Prädikatenlogik werden durch Weiterentwicklung der benutzten Methoden verschärft." – Und es folgen 20 Zeilen sehr technisches Referat von Gerhard Gentzen (Göttingen).

Oiva Ketonen bedankt sich im Vorwort[106] bei Gerhard Gentzen, den er 1938 besucht hatte. Oiva Ketonen studierte 1938/39 in Göttingen. Er wollte anschließend sein Studium bei Bernays fortsetzen, was aus verschiedenen Gründen wohl nicht möglich war.

„Mein alter Professor Oiva Ketonen veröffentlichte 1944 seine Doktorarbeit, obwohl er schon 1938-39 in Göttingen bei Gentzen studierte. Oiva Ketonens Arbeit ist das Beste, was über Beweistheorie zwischen den Arbeiten von Gentzen und Kleene in den frühen 50ger Jahren geschrieben wurde. Das wurde z.B. von Haskell Curry anerkannt. Ketonen aber hat seine Logiker-Karriere nicht fortgesetzt. ‚Kopfschmerzen', sagte er. Dann sprach er darüber, daß er nie verstand, warum Bernays eine so lange Rezension über seine Resultate schrieb (das sind drei Seiten im Journal of Symbolic Logic, 1945, vol. 10, pp.127-130): ‚Vielleicht war die Arbeit besser als ich dachte.' Über die politische Seite hat er nicht viel gesagt; einmal, daß man ein Buch von Rosenberg studieren mußte."[107]

Einen möglichen Briefwechsel von Bernays-Ketonen in Zürich bin ich nicht nachgegangen.

„Am 18. November 1938 schrieb der Präsident des schweizerischen Schulrats" eine Einladung an W. Ackermann zu einer internationalen Aussprache über die Grundlagen und die Methoden der Mathematik unter der Leitung von Prof. Dr. F. Gonseth. In dem Brief heißt es: „Ihnen wird unsererseits auch noch Herr

---

[106] Oiva Ketonen: Untersuchungen zum Prädikatenkalkül. Sci. Fennica, Serien A, I, Mathm.-phys., 23, Helsinki 1944.

[107] Jan von Plato, April 1999.

Prof. Dr. G. Gentzen in Göttingen als deutscher Gelehrter eingeladen (...)"[108], obwohl Gentzen im Gegensatz zu Ackermann noch nicht einmal habilitiert war.

P Verlängerung der apl. Stelle um ein weiteres Jahr mit Wirkung vom 1.10.1938

Im November 1938 haben weder Dozentenschaft, Rektor noch Fakultät etwas dagegen, daß die Dienstzeit des aussserplanmässigen Assistenten Gentzen „vom 31.X.38 ab auf weitere zwei Jahre verlängert wird." Aus nicht näher erläuterten Gründen aber verlangt Hasse am 4.11.1938 lediglich vom Kurator die Verlängerung um ein Jahr. Er legt zur Begründung der Verlängerung ein Gutachten bei, das er am 3. November 1938 geschrieben hatte:

> Gutachten über die wissenschaftlichen Arbeiten von Dr. Gerhard Gentzen
>
> Gentzen ist einer der führenden Forscher auf dem Gebiet der mathematischen Grundlagenforschung. Er ist vor allem durch seinen Widerspruchfreiheitsbeweis für die reine Zahlentheorie bekannt geworden, den er erstmalig im Jahre 1936 und dann in verbesserter und vereinfachter Form im Jahre 1938 veröffentlicht hat. Neben anderen Beiträgen zur mathematischen Grundlagenforschung hat er auch zwei klare und vielgelesene zusammenfassssende Berichte über den gegenwärtigen Stand der Grundlagenforschung und die hier noch zu leistende Arbeit geschrieben. Gegenwärtig ist er mit aller verfügbaren Zeit und Kraft an dem grössten noch offenstehenden Problem dieser Art beschäftigt, nämlich der von Hilbert gestellten Aufgabe, die Widerspruchsfreiheit des Analysis zu beweisen. Er beabsichtigt, diese Arbeit nach Abschluss als Habilitationsschrift vorzulegen. Gentzens besondere Aufgabe hier ist, Hilbert für die Auswertung noch unabgeschlossener Gedankenreihen zur Verfügung zu stehen. Er ist in dieser Funktion unersetzlich. Hilbert besitzt nicht mehr die eigene Kraft, die von ihm begonnene Sicherstellung der Grundlagen der Mathematik zu Ende zu führen. Gentzen ist als ausgezeichneter Sachkenner wohl der einzige, dem es gelingen kann, dieses Endziel zu erreichen.
>
> Hasse

Gentzen wird so quasi unter den Schutz des Namens Hilbert gestellt, aber er selbst wird auch verkleinert auf ein „Endziel" hin, nämlich „nur" Hilberts Vollender zu werden. Welcher Erwartungsdruck lastet auf ihm, zumal er ja auch zu nichts anderes mehr fähig gehalten wird? Er bleibt auf seine Vollendung des Hilbert-Programms festgelegt. Wie kann es einem da ergehen? Vielleicht kennt er das Gutachten nicht, aber was treibt ihn an und wo liegt das Geheimnis seines eigenwilligen starken Denkens? Gentzen gilt als Hilbertianer; als Mitwirkender an der Herausgabe der „Forschungen (...)" ist er äußerlich an Heinrich Scholz und seine Schüler gebunden. Aber er ist bei Scholz' Vorhaben eingebunden die Logik als „Logistik" in den Geistes- und anderen Naturwissenschaften denkfähig zu machen. Seine eigenen Interessen sind davon völlig unterschieden. Er ist vollständig auf die Mathematik gerichtet.

---

[108] S. 185 f., in: Hans Richard Ackermann, Aus dem Briefwechsel Wilhelm Ackermann, in: *History and Philosophy of Logic*, 4 (1983), S. 181–202.

Die gegensätzlichen und widersprüchlichen Einflüsse und Erwartungen lassen Gentzen wenig Platz für seine eigene Entfaltung. Das will ja alles nicht nur ausgehalten, sondern balanciert werden.

W. Süss wendet sich in einem „Sorgenkinder"-Brief an das Reichserziehungsministerium und schreibt am 14.10.1938 an den Regierungsrat Dr. Dames unter Punkt 8:

> „G. G e n t z e n, Sonderassistent bei Hilbert (Dozent?), Göttingen. Ich kenne Gentzen schon als jungen Studenten, wo er durch seine Begabung allseits aufgefallen ist. Er steht seit Jahren dem emeritierten Prof. Hilbert zur Verfügung und gehört zu den führenden Grundlagenforschern in der Mathematik. Seine Kenntnisse gehen aber weit darüber hinaus. Durch seine Tätigkeit bei Hilbert ist die bevorzugte Arbeit an den Grundlagen der Mathematik zu verstehen, mit denen sich Hilbert bekanntlich seit 1920 fast ausschließlich beschäftigt hat. Hier möchte ich nun darauf hinweisen, daß man schon jetzt an die Zukunft von Gentzen denken sollte. Was soll aus ihm werden, wenn Hilbert einmal stirbt? Eine Kraft wie Gentzen dürfen wir nicht brach liegen lassen. Als Grundlagenmathematiker hat er nur dann Möglichkeiten des Weiterkommens, wenn sich der Staat dazu entschließt, diesem Gebiet in Deutschland, das im Augenblick sichere Führung darin besitzt, eine Planstelle einzuräumen. Wenn dies aber nicht zu erwarten ist, so müßte man schon heute Gentzen auf eine andere Bahn bringen. Wenn keine anderen Wege offen stehen, so wäre ich in diesem Falle wie in dem von Magnus für einen entsprechenden Wink sehr dankbar."

Gentzen wird von Süss allein aufgrund seiner fachlichen Spitzenleistung empfohlen. Bei einem anderen Sorgenkind beispielsweise kommt zum fachlichen Können und Offiziersstatus hinzu:

> „Weiss ist sicher ein ehrlicher Mensch, jedenfalls kein Konjunkturritter, was manch ältere Kollegen wegen seiner Mitarbeit bei der ‚Deutschen Mathematik' anscheinend befürchtet haben, sodaß sie ihn nicht bei Besetzungen in Vorschlag gebracht haben. Weiss ist überzeugter Nationalsozialist. Er ist uneigennützig, sachlich und idealistisch; das letztere vielleicht mehr, als man einem Menschen seines Alters zutraut."

Bei Gentzen aber sind derartige Kommentare offenkundig überhaupt nicht angebracht.[109]

Gentzen war ungeschickt in Angelegenheiten seines beruflichen Fortkommens. Er ließ derlei Dinge durch andere erledigen, zuerst durch Hasse und dann durch Hans Rohrbach.

Neuentdeckte und übersehene Quellen zeigen, dass Gentzen auch intellektuell völlig auf sich selbst gestellt war. Bernays Haltung zu Gentzen in nicht eindeutig. Es wird aus verschiedenenen Äußerungen klar, dass Bernays den ursprünglichen Ansatz Hilberts und die Arbeiten W. Ackermanns bevorzugte.

Hier zunächst aber die Selbstanzeige von Gentzen: „Die deutsche mathematische Forschung im Jahre 1936. (...) Grundsätzlich werden hier nur Selbstberichte der Verfasser aufgenommen."[110] Also ist der Verfasser der nachfolgenden Zusammenfassungen G. Gentzen. Diese Annahme wird unterstützt durch die Erwähnung Gentzens in der Liste der Mitarbeiter an dieser Nummer.

---

[109] Quelle: Nachlass W. Süss, Bestand C89/53, Universitätsarchiv Freiburg im Breisgau.

[110] *Deutsche Mathematik* (1937), 2, S. 130)

„Gerhard Gentzen

1. Die Widerspruchsfreiheit der reinen Zahlentheorie, *Math. Ann.* 112 (1936), S. 493–565

Ernsthafte Schwierigkeiten in den Grundlagen der Mathematik, die sich mit dem Begriff des Unendlichen verbinden, veranlassten Hilbert, die Forderung aufzustellen, daß die Widerspruchsfreiheit aller Teilgebiete der Mathematik bewiesen werden solle. In den Widerspruchsfreiheitsbeweisen selbst soll der Begriff des Unendlichen nur in möglichst geringem Maße und einer Form, die auf Grund sorgfältiger Erwägungen als hinreichend unbedenklich gelten kann, vorkommen. („Finiter" Standpunkt, „konstruktive" Auffassung des Unendlichen.) – In der genannten Abhandlung wird erstmalig ein solcher Widerspruchsfreiheitsbeweis für den Bereich der reinen Zahlentheorie, d.h. der Zahlentheorie ohne analytische Hilfsmittel, durchgeführt. Die früheren Beweise gelangten nicht bis zur vollständigen Einbeziehung des Schlusses der vollständigen Induktion. An dieser Stelle ergeben sich nämlich Schwierigkeiten von grundsätzlicher Bedeutung; es wurde im Anschluß an einen Satz von Gödel bereits die Vermutung ausgesprochen, dass Hilberts Plan überhaupt nicht so weit durchführbar sei. – In der Abhandlung werden ferner die Gründe dargelegt, die einen Widerspruchsfreiheitsbeweis als angebracht erscheinen lassen, und es wird die „metamathematische" Beweismethode ohne Bezugnahme auf irgendwelche Vorkenntnisse von Anfang an entwickelt.

2. Die Widerspruchsfreiheit der Stufenlogik, *Math. Z.* 41 (1937), S. 357–366

Es wird die Widerspruchsfreiheit der sog. „Stufenlogik" auf einfache Weise bewiesen. Wie sich nach der Drucklegung herausgestellt hat, ist nahezu das gleiche bereits in einer älteren Arbeit von A. Tarski, „Einige Betrachtungen über die Begriffe der ω-Widerspruchsfreiheit und der ω-Vollständigkeit", Mh. Math. Physik 40 (1933), S. 97–112, durchgeführt worden."

Es scheint, dass es sich bei 2. um den ersten Schritt von Gentzen handelt, den Widerspruchsfreiheitsbeweis der Analysis mittels Typentheorie (= Stufenlogik) in Angriff zu nehmen. Klar ist, und das geht auch aus einer nachgelassenen Schrift von Gentzen hervor, dass er darin große Schwierigkeiten sah.[111]

Und das Neue der Gentzenschen Methode wurde dann auch Bernays rasch klar. Paul Bernays rezensiert Gentzens Arbeit im *Journal of Symbolic Logic*:

„GERHARD GENTZEN; Die Widerspruchsfreiheit der reinen Zahlentheorie: Mathematische Annalen, vol. 112 (1936), S. 493–565.

By the name „reine Zahlentheorie" Gentzen denotes the domain of the usual natural number theory, including the classical form of logical reasoning, but not the concept of a set or of a sequence. The formalizing of this domain can be effected on the basis of the logical calculus of first order („engere Funktionenkalkül" or „Prädikatenkalkül") by adding equality axioms, the formalized Peano axioms, and recursive definition.

For the purpose of proving the consistency of this formalism the elementary combinatorial methods of metamathematics have been found to be insufficient.

On the other hand, as first shown by Kurt Gödel, the question of consistency for this formalism can be reduced by a rather simple transformation to the corresponding question for the Heyting calculus of „intuitionistic arithmetic". This leads immediately

---

[111] Vgl. das von Hans Rohrbach (Urban) und H. Kneser transskribierte Manuskript – im Besitz von Prof. Dr. Christian Thiel, Erlangen.

to a proof of consistency for number theory by interpreting the Heyting calculus. However this method of proof is not quite satisfactory from the intuitive point of view, because the interpretation of the Heyting calculus (which must, of course, be made without applying the *tertium non datur*) requires unanalyzed notion of consequence of an assumption, or instead of that, after Kolmogoroff, the general notion of reducing a problem to another (where each of the problems can again consist in a reducing, and so on).

In the present paper Gentzen gives a new consistency proof for number theory. Here the transgressing of the elementary methods is to be found in a transfinite induction up to the first Cantor ε-numer. This induction is used to prove that a certain reduction process, if applied to any deduction of the number-theoretic formalism (the deductions being first brought into a certain normalform), comes to an end after a finite number of steps. In this way the deducible formulas are characterized by a property of „reducibility". The ω-consistency of number theory likewise results.

The Gentzen treatment does not presuppose anything of metamathematics or of set theory. He gives an account of the problems leading to the Hilbert program and discusses the questions connected with the „finite point of view". The form of the calculus which he chooses is close to that of his thesis (*Untersuchungen über das logische Schliessen*, Mathematische Zeitschrift, vol. 39 (1934–35), pp. 176–210, 405–431).

The special transfinite induction applied is handled independently of the general theory of ordinals and of the theory of the Cantor second number class, the ordinals below the first epsilon-number being represented by special finit decimals for which the order of magnitude is already a well-ordering.

By combining the Gentzen proof with the general Gödel theorem on consistency proofs (Monatshefte für Mathematik und Physik, vol. 38 (1931)), the result is gotten that transfinite induction up to the first ε-number cannot be obtained as a derived rule in the formalism of number theory. Also as a consequence of the Gödel theorem it can be shown that, for the purpose of proving the consistency of number theory, this transfinite induction cannot be replaced by a lower one.

Paul Bernays"[112]

In der Tat, Gentzens Bearbeitung der Widerspruchsfreiheit der reinen Zahlentheorie setzt nichts aus der Metamathematik oder Mengenlehre voraus. Im Gegenteil, er zeigt die Probleme auf, die mit dem finiten Standpunkt verbunden sind und sucht eine Überwindung. Es ist wichtig das herauszuheben, weil Bernays in seiner Einordnung Gentzens in der Linie der Hilbertschen Beweistheorie in Hilbert-Bernays 1939 eine derartige Sichtweise natürlich nicht diskutiert.

Im Gegenteil, am 27. November 1936 schreibt Paul Bernays an W. Ackermann:

> „ (...) Die Lektüre des Gentzenschen WF (Widerspruchsfreiheit)-Beweises hat Sie gewiß zur Vergleichung dieses Beweises mit Ihrem früheren WF-Beweis angeregt. Es würde mich sehr interessieren, von Ihnen zu hören, ob Sie der Meinung sind, dass sich die Methode des Endlichkeitsbeweises durch transfinite Induktion auf den Wf-Beweis Ihrer Dissertation anwenden lasse. Ich würde es sehr begrüßen, wenn das ginge. (...)"[113]

---

[112]   Paul Bernays, Besprechung von Gerhard Gentzen, Die Widerspruchsfreiheit der reinen Zahlentheorie, in: *Journal of Symbolic Logic* 1 (1936), 2, S. 75.

[113]   S.183, Hans Richard Ackermann, Aus dem Briefwechsel Wilhelm Ackermann, in: *History and Philosophy of Logic*, 4 (1983), S. 181–202.

Ergänzend schreibt Bernays am 29. Dezember 1936 (maschinenschriftlich mit Handschrift-Zusatz):

„Was die WF-Beweise für die Zahlentheorie betrifft, so sollte die in meinem vorigen Brief gegebene Anregung keineswegs eine Kritik an dem Gentzenschen Beweis in seiner jetzigen Fassung bedeuten. Es könnte aber doch sein, dass sich anhand des Beweisgedankens Ihrer Dissertation die zuordnung zu den Zahlen der zweiten Zahlenklasse etwas angenehmer gestaltet; und jedefalls würde ich es sehr erfreulich finden, wenn durch die Verwertung des erweiterten methodischen Standpunktes das Beweisverfahren Ihrer Dissertation und zugleich der erste Hilbertsche Ansatz für den Wf.-Beweis rehabilitiert würde."[114]

Bernays' Sympathien sind klar verteilt.

Aber Bernays – und auch dem Korrektor Gentzen – waren klar, dass Gentzen in diesem Werk Hilbert-Bernays 1939 ausschliesslich in der Einordnung seiner Ergebnisse im Sinne Hilberts zu würdigen war. Alles was darüber hinaus ging, wurde nicht mehr diskutiert. Niemand konnte ahnen, dass allein diese Lesart aber zunächst Konjunktur haben sollte.

Bernays schreibt im Vorwort:

„Das zweite Hauptthema bildet die Auseinandersetzung des Sachverhalts, auf Grund dessen sich die Notwendigkeit ergeben hat, den Rahmen der für die Beweistheorie zugelassenen inhaltlichen Schlussweisen gegenüber der vorherigen Abgrenzung des „finiten Standpunktes" zu erweitern. Bei diesen Betrachtungen steht die Gödelsche Entdeckung der deduktiven Unabgeschlossenheit eines jeden scharf abgegrenzten und hinlänglich ausdrucksfähigen Formalismus im Mittelpunkt. (...) Die Diskussion der Erweiterung des finiten Standpunktes mündet in die Betrachtung des neueren Gentzenschen Widerspruchsfreiheitsbeweises für den zahlentheoretischen Formalismus. Von diesem Beweis ist hier freilich nur das methodisch Neuartige, nämlich die Anwendung einer speziellen Art der Cantorschen „transfiniten Induktion", zur genaueren Darstellung und Erörterung gebracht. (...) Gegenwärtig ist W. Ackermann dabei, seinen früheren (im §2 des vorliegenden Bandes dargestellten) Widerspruchsfreiheitsbeweis durch Anwendung einer transfiniten Induktion in der Art, wie sie von Gentzen benutzt wird, so auszugestalten, dass er für den vollen zahlentheoretischen Formalismus Gültigkeit erhält. Wenn dieses gelingt – wofür alle Aussicht besteht –, so wird damit jener ursprüngliche Hilbertsche Ansatz hinsichtlich seiner Wirksamkeit rehabilitiert sein. Jedenfalls kann schon auf Grund des Gentzenschen Beweises die Auffassung vertreten werden, dass das zeitweilige Fiasko der Beweistheorie lediglich durch eine Überspannung der methodischen Anforderung verschuldet war, die man an die Theorie gestellt hat. Freilich die ausschlaggebende Entscheidung über das Schicksal der Beweistheorie wird erst an Hand der Aufgabe des Nachweises der Widerspruchsfreiheit für die Analysis erfolgen."[115]

Und damit war Gentzens Problem von nun ab benannt: den Widerspruchsfreiheitsbeweis für die Analysis zu finden. Außerdem war hier eindeutig W. Ackermann zur Erfüllung des Hilbertschen Ansatzes identifiziert, nicht länger G. Gentzen. Bernays erläutert mit Beweis den Gödelschen Anlaß zur Erweiterung des methodischen Rahmens der Beweistheorie, um dann auf Gentzen einzugehen:

---

[114] ebd.

[115] S. VII

„Wir wollen diesen Beweis hier nicht in den Einzelheiten darlegen, jedoch auf eine darin wesentliche benutzte Schlussweise aus der Cantorschen Mengenlehre näher eingehen, die auch denjenigen Bestandteil des Beweises bildet, in welchem die Überschreitung des Formalismus $(Z\mu)$ erfolgt".

Auf den Seiten 360–374 folgt dann die Diskussion der transfiniten Induktion. Der Absatz endet mit den Worten:

„Falls diese Perspektive sich bewähren sollte, so würde mit dem Gentzenschen Widerspruchsfreiheitsbeweis ein neuer Abschnitt der Beweistheorie eröffnet."

Dieser neue Abschnitt aber wird noch immer gerne verkannt.

In Grattan-Guinness (2000) wird Gentzen beispielsweise nur unter dem Gesichtspunkt von Cantor und Russell-Whiteheads „Principia Mathematica" dilatorisch gelesen (S. 545). Das hat aber seinen Grund, denn es heißt deutlich auf Seite 8:

„An important neighbour is metamathematics, which in this period was created and dominated by Hilbert with an important school of followers. The story of his search for mathematical roots from Cantor to Gödel is very important; but it is rather different from this one, more involved with the growth of axiomatization in mathematics and with metamathematics and granting a greater place to geometry, and less concerned with mathematical analysis and the details of Cantor's Mengenlehre. So only some proportions of it appear here (...)."

Dieses Vorgehen, so unangemessen es ist, hat aber lange Tradition.

Aber eben auch Bernays konnte Gentzen lesen, ohne ihn zugleich unter das Hilbert-Programm einzuordnen. Natürlich hat dies auch Wilhelm Ackermann gesehen. Deshalb gab er unbedingt einen Widerspruchsfreiheitsbeweis der Zahlentheorie, der einer älteren Hilbertschen Intention wieder sehr viel näher kam. Ackermann schreibt:

„Ein derartiger Beweis ist, unter Ausnutzung eines besonderen Systems des Prädikatenkalküls, zuerst von G. Gentzen geliefert worden. Der vorliegende Beweis geht auf ältere Methoden zurück, mit denen ich seinerzeit unter Verfolgung eines ursprünglichen Hilbertschen Ansatzes einen Widerspruchsfreiheitsbeweis für die Zahlentheorie ausschließlich der vollständigen Induktion gegeben habe."[116]

Der Grundgedanke des Beweises ist diskutiert in Hilbert-Bernays (1939), Band II, §2, 4. – Bei diesem Beweis wurde ein Formalismus zugrunde gelegt, der statt der All- und Seinszeichen die Hilbertsche ε-Funktion verwendete. Dabei benutzt der neue Ackermannsche Beweis Gedankengänge von Gentzen. Für W. Ackermann aber ist auch klar, dass Gentzen sich weit entfernt hat von Hilberts „ursprünglicher" Einsicht. Hinter Gentzens Erkenntnisse sollten wir aber nur mit sehr guten Gründen zurückgehen.

---

[116] Wilhelm Ackermann: Zur Widerspruchsfreiheit der Zahlentheorie,in: *Math. Ann.* 117 (1940), S. 162–194.

1939–1942: Vom Kriegsanfang zur Entlassung aus der Wehrmacht und die Habilitation im Krieg durch Helmut Hasse

Kapitel 3
1939–1942: Vom Kriegsanfang zur Entlassung aus der Wehrmacht und die Habilitation im Krieg durch Helmut Hasse

A   1939: Auf einem der Höhepunkte der Reputation

Gentzen liest Tarski, Der Wahrheitsbegriff in den formalisierten Sprachen, Studia Philosophica 1 (1935), S. 261–405 und bemerkt ca. 1941 zum Beispiel zu S. 311:

> „Der übertheoretische Charakter des Wahrheitsbegriffs. (...) Wesentlich ist, daß die Wahrheitsdefinition als übertheoretisches Mittel eine gebundene Variable enthält über eine Relation zwischen sämtlichen in der Theorie schon vorkommenden Gegenständen einerseits, und den Formeln, d.h. praktisch: natürliche Zahlen, andererseits. Damit geht man gerade um ein Minimum über die Theorie hinaus.“[1]

Inzwischen denkt man in Göttingen darüber nach, Gentzen eine planmäßige Stelle zu geben:

> „Mathematisches Institut
> der Universität
> Göttingen, den 4.3.39. Bunsenstraße 3/5
>
> An den Herrn Kurator der Universität
> G ö t t i n g e n.
>
> durch den Herrn Dekan der Mathematisch-Naturwissenschaftlichen Fakultät
>
> Zu dem Schreiben des Herrn Kurators Nr. 621II vom 9.2.39. für die Besetzung der 6 in planmässige Assistentenstellen umzuwandelnden ausserplanmässigen Assistentenstellen ab 1.4.39. schlage ich vor.
>
> a.)   Für das Mathematische Institut:
>   1. Dr. Martin Eichler, (bisheriger Inhaber)
>   2. Dr. Uwe Timm Bödewadt (dto)
>   3. Dr. H. Braun, (besonderer Antrag folgt, Neubesetzung.)
>
> b.)   Für das mathematisch-physikalische Seminar:
>   1. Dr. G. Gentzen, (bisheriger Inhaber)
>   2. Dr. R. Kochendörffer (dto)
>   3. Dr. Th. Schneider (Neubesetzung, besonderer Antrag folgt)
>
> Heil Hitler!
>
> Der geschäftsführende Direktor des Mathematischen Instituts.
>
> gez. Hasse“[2]

Vielleicht hat Hasse deshalb lediglich eine Verlängerung der apl. Stelle nur um ein Jahr beantragt.

Anfang 1939 zieht Gentzens Mutter zur Familie Student nach Liegnitz. Er wird deshalb zukünftig öfter nach Liegnitz fahren. Am 5.1.39 zieht er von der Prinz-Albrecht-Straße 22 in die Reinholdstraße 6.

Mitglied der Deutschen Mathematiker-Vereinigung ist Gentzen spätestens seit April 1939.

Im Februar erscheint wieder eine Rezension von ihm (*Zentralblatt für Mathematik* 19 (1939), Heft 6, S. 242):

> Ono, Katudi: Logische Untersuchungen über die Grundlagen der Mathematik. J. Fac. Sci. Univ. Tokyo, Sect. I 3, 329–389 (1938). Verf. legt die Prädikatenlogik in der Formulierung als Sequenzenkalkül (nach Gentzen, dies. Zbl. 10, 145) zugrunde.

---

[1]   Aus dem Nachlaß (Die Entzifferung verdanke ich Herrn Prof. Thiel).

[2]   Sekretariatsakte III D, 335 (52II) des Math. Instituts Göttingen.

Ferner denke man sich einen Grundbereich von Gegenständen mit gewissen endlich vielen Grundprädikaten gegeben, charakterisiert durch eine Axiomenregel, d.h. eine Regel, die für jeden mit den Grundprädikatzeichen und den logischen Verknüpfungszeichen gebildeten Aussagenausdruck festsetzt, ob er ein Axiom darstellen soll oder nicht. Es sei nicht möglich, aus irgendwelchen Axiomen mittels der Prädikatenlogik einen Widerspruch abzuleiten. Verf. gibt nun eine Reihe von Erweiterungen durch zusätzliche Axiome an und zeigt, ausgehend von den Gentzenschen Sätzen über den Sequenzenkalkül, daß die Widerspruchsfreiheit dabei erhalten bleibt. Die zusätzlichen Axiome sind Komprehensionsaxiome, d.h. sie besagen die Existenz von Gegenständen, welche die formal darstellbaren (zusammengesetzten) Prädikate vertreten. Auch Prädikatenprädikate usw. werden so eingeführt; dabei wird jedes „imprädikative" Vorgehen („circulus vitiosus") streng vermieden; vielmehr ergibt sich eine Hierarchie von Typen, die etwa der ursprünglichen „verzweigten Typentheorie" der Principia Mathematica entspricht, aber ohne „Axiom der Reduzierbarkeit". Darüber hinaus werden die Typen noch ein Stück weit gleichsam über epsilon hinaus fortgesetzt, indem auch Aussagen über die Typen selbst gebildet und entsprechende weitere Prädikate eingeführt werden können. – Im zweiten Teil der Arbeit wird, unter Benutzung der vorigen Ergebnisse, die Widerspruchsfreiheit eines Teiles der reinen Zahlentheorie bewiesen, der alle wesentlichen Bestandteile derselben enthält, jedoch die Schlußregel der vollständigen Induktion nur in einer beschränkten Fassung. Die Art der Beschränkung ist kompliziert und ihre Tragweite schwer zu übersehen. Verf. meint, daß fast alle in der Zahlentheorie wirklich vorkommenden vollständigen Induktionen darunter fallen; das ist plausibel, da vollständige Induktionen über Aussagen von etwas verwickelter logischer Stuktur praktisch schon kaum auftreten. Gerhard Gentzen (Göttingen).

Gentzen liest auch eine Abhandlung Hugo Dinglers – eine Korrespondenz zwischen beiden ist nicht nachzuweisen – und schreibt am 14.3.39:

> „Ich habe auf Wunsch von Herrn Professor Scholz das Manuskript von H. Dingler ‚Über das Verhältnis meines Beweises der Widerspruchslosigkeit der Arithmetik zu den Gödelschen Überlegungen' gelesen und bemerke dazu folgendes: Die Abhandlung beruht im wesentlichen auf einem Missverstehen der Ergebnisse Gödels. Der Wf.beweis von Dingler betrifft, wie dieser selbst auf S.10–11 vermerkt, nur einen geringen Bruchteil der Zahlentheorie, der insbesondere die ‚transfiniten' Schlussweisen noch nicht enthält (die z.B. in Hilberts Programm in erster Linie als widerspruchsfrei zu erweisen sind). Der Gödelsche Satz bezieht sich aber gar nicht auf so enge Systeme. (Wenn er auch vermutlich bereits für diese gilt, so ist das doch nicht bewiesen)."[3]

Am 1.4.1939 wird Gentzens apl. Assistentenstelle in eine planmäßige Anstellung umgewandelt. Fakultät, Dozentenschaft, Rektor und Kurator haben keinerlei Gründe vorzubringen, die dagegen sprechen. Am 27.4.1939 wird er mit dem Beamteneid auf Adolf Hitler vereidigt:

> „Ich schwöre: Ich werde dem Führer des Deutschen Reiches und Volkes, Adolf Hitler, treu und gehorsam sein, die Gesetze beachten und meine Amtspflichten gewissenhaft erfüllen, so wahr mir Gott helfe."

Er muß eine „Verpflichtungserklärung über Berufungsverhandlungen mit dem Auslande" unterschreiben. Weil der „Einsatz deutscher Wissenschaftler im Auslande" der Zuständigkeit und Entscheidung des Reichsministers unterstehe, müs-

---

[3] Das Original des Briefes befindet sich im Institut für mathematische Grundlagenforschung in Münster. Ich bedanke mich für diesen Fund bei Enno Folkerts.

se er diesem sofort berichten, falls er mit einer ausländischen Stelle Berufungs-
verhandlungen zu führen beabsichtige, denn sie seien genehmigungspflichtig.
Offiziell bleibt er trotz des Kriegsgeschehens vom 1.4.1939 bis zum 31.3.1944
Assistent in Göttingen, danach bis zu seinem Tod Dozent in Prag.

   Gentzens längste Rezension erscheint über ein Buch, an dessen Ideen er mit-
beteiligt war und in dem auch auf seine Ideen eingegangen wird, und dessen erste
200 Seiten er Korrektur gelesen hatte. Die „Grundlagen der Mathematik" waren
anfänglich als ausführliche Darstellung der Vorlesungsausarbeitungen von Hilbert gedacht. Paul Bernays als alleiniger Autor arbeitete aber die neuesten Ergebnisse der Beweistheorie mit ein, so daß Inhalt und Umfang wesentlich über die
von Hilbert erzielten Resultate hinausgingen (*Zentralblatt für Mathematik* 20
(1939), Heft 5, S. 193f.:

   Hilbert, D., und P. Bernays: Grundlagen der Mathematik. Bd. 2. (Die Grundlehren
   d. math. Wiss. in Einzeldarstell. mit besonderer Berücksichtigung d. Anwendungsgeb.
   Bd. 50.) Berlin: Julius Springer 1939. XII, 498 S. RM 42.–. In diesem 2. Band wird die
   umfassende Darstellung der von Hilbert begründeten Beweistheorie zu einem dem
   jetzigen Stande der Forschung entsprechenden Abschluß gebracht. (Vgl. die Besprechung des 1. Bandes, dies. Zbl. 9, 145.) Das Werk ist wieder von Bernays abgefaßt
   worden. Es enthält eine Fülle von einzelnen, vielfach erstmalig veröffentlichten Ergebnissen, durch welche sich als Leitfaden die verschiedenen Ansätze zu Widerspruchsfreiheitsbeweisen im Bereich der reinen Zahlentheorie hindurchziehen. Inhalt im
   einzelnen: §1–3 handeln von dem epsilon-Symbol und dessen Anwendungen in der
   Beweistheorie. – §1. Einführung des epsilon-Symbols, Ersetzbarkeit der All- und Seinszeichen sowie des epsilon-Symbols durch jenes. Beweis des „ersten epsilon-Theorems",
   welches aussagt: Wenn mit Hilfe der Prädikatenlogik, einschließlich epsilon, aus
   irgendwelchen Axiomen (ohne Formelvariable) eine Folgerung abgeleitet werden kann,
   wobei Axiome und Folgerung keine gebundenen Variablen (also auch kein epsilon)
   enthalten, so können die gebundenen Variablen aus der ganzen Herleitung eliminiert
   werden. Anwendung für Widerspruchsfreiheitsbeweise: Aus Axiomen der genannten
   Art kann mit Hilfe der Prädikatenlogik dann kein Widerspruch abgeleitet werden,
   wenn die Axiome „verifizierbar" sind, d.h. „richtig" in dem elementaren Sinne der
   Ausrechnung von Wahrheitswerten. Als Beispiel werden gewisse Axiomensysteme der
   Geometrie behandelt; die Wahrheitswerte hierfür werden durch arithmetische Modelle
   der üblichen Art geliefert. – §2. Desgleichen wird die Widerspruchsfreiheit der Zahlentheorie, unter Beschränkung der „vollständigen Induktion" auf elementare Anwendungen, gefolgert. Dann wird das erste epsilon-Theorem ausgedehnt auf den Fall, daß zu
   den Axiomen das allgemeine Gleichheitsaxiom a = b impliziert (A(a) impliziert A(b))
   hinzukommt. Es folgt eine Darstellung des ursprünglichen Hilbertschen Ansatzes (in
   der von Ackermann gegebenen Ausgestaltung), die Widerspruchsfreiheit der Zahlentheorie, ausgehend von deren Darstellung mittels des epsilon-Symbols, zu beweisen.
   Das Ergebnis erweist sich als nicht wesentlich stärker als das aus dem ersten epsilon-
   Theorem gewonnene. – §3. Es folgt ein „zweites epsilon-Theorem", welches aussagt:
   Wenn mit Hilfe der Prädikatenlogik, einschließlich epsilon, aus irgendwelchen Axiomen (ohne Formelvariable) eine Folgerung abgeleitet werden kann, wobei Axiome und
   Folgerung kein epsilon enthalten, so können die epsilon-Zeichen aus der ganzen Her-
   leitung eliminiert werden. Der Beweis gründet sich auf das erste epsilon-Theorem. Er
   liefert zugleich eine Normalform für prädikatenlogische Herleitungen, die im wesentlichen auf Herbrand (dessen „Fundamentaltheorem") zurückgeht. – Es folgen die
   Beweise des Löwenheimschen Satzes (Erfüllbarkeit im abzählbaren Bereich) und des
   Gödelschen Vollständigkeitssatzes für die Prädikatenlogik sowie ein Ausblick auf das

„Entscheidungsproblem". – §4. Ausführliche Durchführung einer Arithmetisierung der Metamathematik. Anwendung derselben zum Beweis eines gewissen finiten Gegenstücks des Gödelschen Vollständigkeitssatzes. – §5 behandelt zunächst „Grenzen der Darstellbarkeit und der Ableitbarkeit in deduktiven Formalismen": Die Unmöglichkeit, innerhalb eines Systems selbst einen sachgemäßen Wahrheitsbegriff für dieses zu definieren (Tarski) sowie dessen Widerspruchsfreiheit zu beweisen (Gödel), und weitere Unvollständigkeitssätze werden, unter weitgehender Einschränkung der jeweils über das System zu machenden Voraussetzungen, bewiesen. Es wird ausführlich gezeigt, daß insbesondere das System der reinen Zahlentheorie die Voraussetzungen erfüllt (ein voll ausgeführter Beweis des genannten Gödelschen Satzes lag bisher noch nicht vor), und eine „Wahrheitsdefinition" für dieses angegeben, die durch Verwendung eines nichtfiniten rekursiven Definitionsschemas den Rahmen des Systems überschreitet und auch einen nichtfiniten, formalen Widerspruchsfreiheitsbeweis für dieses ermöglicht. Es folgen Betrachtungen über die Formalisierbarkeit der Schlußweisen der Beweistheorie und über die Frage, wieweit diese als „finit" gelten können. In diesem Zusammenhang wird der Gödelsche Beweis der Eliminierbarkeit des Satzes vom ausgeschlossenen Dritten aus zahlentheoretischen Herleitungen, mit Umdeutung der V- und Seinszeichen, vorgeführt und dann der Widerspruchsfreiheitsbeweis von Gentzen besprochen, insbesondere die darin benutzte spezielle transfinite Induktion. Es wird gezeigt, daß ein formalisierter Beweis für diese nur eine geringe Überschreitung der Beweismittel der reinen Zahlentheorie enthält. – Als Anhang sind noch vier „Supplemente" angefügt; sie enthalten: I. Eine Zusammenstellung der Grundbegriffe der Prädikatenlogik und einfacher Sätze über diese. II. Begriff der berechenbaren Funktion; Satz von Church über die Unmöglichkeit einer allgemeinen Lösung des Entscheidungsproblems. III. Die Vollständigkeit von Formulierungen von Teilbereichen der Aussagenlogik. IV. Formalismen für die Analysis; Entwicklung der Theorie der reellen Zahlen sowie der Zahlen der II. Zahlklasse. (Gerhard Gentzen)

Zentralblatt für Mathematik 20 (1939), Heft 5, S. 194:

Rosser, Barkley: On the consistency of Quine's new foundations for mathematical logic. J. Symbolic Logic 4, 15-24 (1939). Quine machte den Ansatz (dies. Zbl. 16, 193), die Vieldeutigkeit wesentlicher Begriffe in der (einfachen) Typentheorie dadurch zu beheben, daß er die Typenunterscheidung aufhob, jedoch die Komprehension (= abstraction) nur auf solche Formeln anzuwenden gestattete, die sich mit Typenindizes entsprechend den Forderungen der Typentheorie versehen lassen. Es lag nahe zu befürchten, daß dieses System widerspruchsvoll sei. Verf. prüft diese Frage. Das System von Quine wird zur bequemeren Handhabung durch den Grundbegriff i (derjenige, welcher) ergänzt, der als an und für sich eliminierbar erwiesen wird. Ferner wird für alle Grundzeichen und damit überhaupt alle Formeln und Terme eine Schreibweise angegeben, die nur die Ziffern 0 und 1 benutzt; dadurch ist jeder Formel ohne weiteres eine natürliche Zahl (in Dualdarstellung) zugeordnet (für Arithmetisierung bequem). Es wird weiter gezeigt, wie innerhalb des Systems die natürlichen Zahlen, Summe und Produkt von solchen sowie beliebige rekursive Funktionen zu erhalten sind. Schließlich wird noch eine Schlußregel einer vom Verf. früher behandelten Art (dies. Zbl. 17, 242) hinzugefügt, die eine gewisse Abrundung des Systems ermöglicht, ohne etwa, inhaltlich betrachtet, unrichtige Folgerungen neu hineinbringen zu können. – Verf. teilt dann mit, daß alle Versuche, mittels der bekannten Methoden aus dem Gesamtsystem einen Widerspruch abzuleiten – insbesondere auch, nach dem von Kleene und

Rosser auf andere Systeme mit Erfolg angewandten Verfahren (dies. Zbl. 12, 146) –
keinen Erfolg hatten. Gerhard Gentzen (Göttingen).[4]

Am 16.7.1939 schreibt Gerhard Gentzen an den sehr geehrten Professor Paul
Bernays „bezüglich der Elimination von ‚non non A impliziert A'" und erklärt
ihm nach seiner „Umdeutung" aller Herleitungsformen.

> „Sie äusserten nun Bedenken wegen des Falles, dass das tertium non datur als
> impliziter Bestandteil eines Definitionsschemas vorkommen könne. Ich kann mir aber
> nicht denken, dass hier eine Schwierigkeit liegen könnte. Denn: Man kann doch in der
> Analysis die rekursiven Definitionen (nach Dedekind, wenn ich nicht irre) in explizite
> Definitionen umwandeln. Dann tritt aber das t.n.d. nicht mehr als Bestandteil der
> Definition, sondern als Schluss im Beweis (etwa im Existenznachweis für das
> definiendum) auf, und fällt unter die Behandlung der Schlussweisen. (...)"[5]

In dem *Jahrbuch über die Fortschritte in der Mathematik* 64 (1939), Heft 2,
S. 923 läßt er eineinhalb Zeilen erscheinen:

> A. Padoa. Come si deduce. Periodico Mat. (4) 18, 228–236 Betrachtungen über
> Grundbegriffe der logischen Deduktion und deren Formalisierung. Gentzen.

Über Gentzen wird auch referiert:

> *Jahrbuch über die Fortschritte in der Mathematik* 64 (1939), Heft 2, S. 26
>
> G. Gentzen. Die gegenwärtige Lage in der mathematischen Grundlagenforschung.
> Deutsche Math. 4, 255–268. Verf. berichtet ausführlich über den gegenwärtigen Stand
> der Hilbertschen Beweistheorie und über damit zusammenhängenden Fragen. Der
> intuitionistische Standpunkt bezüglich der Mathematik und die An-sich-Auffassung
> Hilberts werden einander gegenübergestellt und hauptsächlich an der verschiedenen
> Auffassung des Kontinuums näher erläutert. Die Konsequenzen des Gödelschen Un-
> vollständigkeitssatzes für die Führung der Widerspruchsfreiheitsbeweise werden näher
> besprochen. Zum Schluß wird auf die Frage eingegangen, wie weit die Möglichkeit
> einer Vereinigung der beiden gegensätzlichen Anschauungen besteht. Ackermann.

> *Jahrbuch über die Fortschritte in der Mathematik* 64 (1939), Heft 2, S. 26f.
>
> G. Gentzen. Neue Fassung des Widerspruchsfreiheitsbeweises für die reine Zahlen-
> theorie. 44 S. Leipzig, S. Hirzel. (Forschungen zur Logik und zur Grundlegung der
> exakten Wissenschaften, Neue Folge, Heft 4.) Verf. gibt eine neue, durchsichtigere
> Fassung des in Abschnitt IV seiner Arbeit „Die Widerspruchsfreiheit der reinen
> Zahlentheorie" (Math. Ann. 112 (1936), 493–565; F. d. M. 62, 44) gelieferten Wider-
> spruchsfreiheitsbeweises für die Arithmetik. Ackermann.

Und Hans Hermes rezensiert Gentzen via K. Ono:

> *Jahrbuch über die Fortschritte in der Mathematik* 64 (1939), Heft 2, S. 26f.
>
> K. Ono. Logische Untersuchungen über die Grundlagen der Mathematik. J. Fac. Sci.
> Univ. Tokyo I 3, 329–389. Verf. geht aus von den Schlußregeln des Prädikatenkalküls

---

[4] Und es folgen noch achtzeilige Referate zweier sehr technischer Arbeiten von E. V. HUN-
TINGTON, Note on a recent set of postulates for the calculus of propositions. *J. Symbolic Logic* 4,
10–14 (1939) und LÁSZLÓ KALMÁR, On the reduction of the decision problem. I. Ackermann
prefix, a single binary predicate. *J. Symbolic Logic* 4, 1–9 (1939). Genannt werden anschließend
noch je eine Arbeit von THOMAS GREENWOOD, GEORGE D. BIRKHOFF (Intuition, reason and faith
in science. *Science*, 88, 601–609, 1938) und IGNACIO M. AZEVEDO DO AMARAL.

[5] Hs. 975 : 1665

in der Form von G. Gentzen (Math. Z. 39 (1934); 176-210, 405–431; F. d. M. 60, 846) und zeigt, daß irgendein widerspruchsfreies Axiomensystem widerspruchsfrei bleibt, wenn gewisse „Mengen-(bzw. Relationen-)bildungsaxiome" hinzugenommen werden. (...) Auf dieser Grundlage werden ausführliche Untersuchungen über die vollständige Induktion angestellt. Abschließend wird eine nicht einfache formale Bedingung angegeben, der der „Kern" eines Induktionsaxiomes genügen muß, damit die Hinzunahme dieses Axiomes zu einem Axiomensystem der Zahlentheorie (mit Gleichheitsaxiomen, ohne Induktionsaxiom) widerspruchsfrei möglich ist. (Dieser Bedingung genügen fast alle vollständigen Induktionen, die effektiv in der Zahlentheorie vorkommen.) Hermes.

Es fällt auf, daß immer dieselben Autoren auch als Rezensenten ihrer Kollegen auftreten: Gentzen, Scholz, Bachmann, Hermes, Ackermann, Skolem, Kalmár, Hornich, Aumann. Es fällt deutlich auf, daß spätestens seit 1935 emigrierte, verstorbene, arbeitsunfähige oder arbeitsunwillige Kollegen fehlen. So entsteht der Eindruck eines inzestuösen Zitier- und Kommentarkartells. Aber da sich nur wenige Spezialisten um diese Grundlagen der Mathematik kümmern ist dieses Bild nur allzu verständlich, denn es ist richtig. Scholz kämpft hart um die Anerkennung der „Logistik" innerhalb des geisteswissenschaftlichen Lagers. Gentzen steht für die Rückendeckung der „Mathematiker", denn weder Schröter, Hermes oder andere stehen im Mittelpunkt der mathematischen Aufmerksamkeit. Die Geschlossenheit der Rezensenten hält die Qualität hoch (Man stelle sich vor, daß jemand wie Steck, Dingler oder May Platz bekommen hätten! Hier war Zensur durch eine peer-group angebracht und wichtig!). – Trotzdem funktioniert der Buch- und Sonderdruckaustausch problemlos, selbst Scholz kann noch 1941 eine Arbeit von Alonzo Church aus dem gleichen Jahr besprechen. Danach ist bis 1945 dieser Austausch fast vollständig unterbrochen, wenn man dies nicht über neutrale Länder organisierte.

Schon zu Beginn der dreißiger Jahre war das Feld der mathematischen Logik in den Rezensionsorganen von den Göttingern Finitisten und Münsteranern Logizisten abgesteckt. Die Isolation im NS läßt die Münsteraner Schule das Feld der mathematischen Logik noch fester besetzen. Gentzen konnte aufgrund seiner Verbindungen daran teilnehmen. Das konnte von außen – beispielsweise von den NS-Denkern Steck und Dingler – leicht als „Clique" gesehen werden. Die Logiker besprechen sich gegenseitig, sprechen Rezensionen ab und sind in allen führenden Blättern unter sich bei diesem Thema. Einerseits ist es der Versuch, die deutsche logische Forschung auf internationalem Niveau unter erschwerten Umständen hochzuhalten. Gegenseitiges Besprechen hebt den eigenen Bekanntheitsgrad und womöglich die Reputation (aber es gilt anderen als Zeichen von Degeneration und Inzucht). Scholz, Schmidt und Gentzen beabsichtigten eine gleichbleibende Qualität des Rezensionen (man stelle sich als Rezensenten den wirren Antisemiten Hugo Dingler vor). Den anderen gilt dies als Geschäftigkeit, die von einer gewissen Isolation ablenken soll. Statt internationale Anschlußfähigkeit wünscht sich dieses Publikum eine Konzentration auf „Deutsche Mathematik" und die Abschaffung der mathematischen Logik und der Logistik vor allem.

Warum gelang es Gentzen in den engeren Kreis um den Logiker Heinrich Scholz vorzustoßen? Eine der wenigen Verbindungen aus dem Scholzschen Kreise war der vielversprechende Gentzen, den man auch international vorzeigen konnte. Er schien der einzige, der Gödel im Sinne Hilberts Paroli bieten konnte.

Aber diese Münsteraner Gruppe ließ auch niemand anderes an die Logik – und auch da hatte Scholz Unterstützung von Bieberbach. So kam Dingler zwar nicht „rein", aber auch keine anderen. Warum legte auch Bieberbach Wert auf diese Art von Geschlossenheit? Weil es internationale Anerkennung versprach oder nicht viel mehr, weil es aus innermathematischen Gründen wichtig erschien? Weil es gegen den Emigranten Gödel zu gehen schien? War ihm diese Selbstbeschränkung angenehm, weil kontrollierbarer? In den zeitgenössischen Besprechungen sehen wir also die Themen, auf die die Göttinger und Münsteraner großen Wert legten. Die Leute um und mit Scholz funken sozusagen Morsemeldungen in die internationale Logiker- und Mathematikergemeinschaft und die Nachricht besagt: wir forschen weiter im „alten" Stil, nämlich nach Hilbert und Frege, auf jeden Fall aber nach wissenschaftlicher Art. Wie wirkte dies international? Und welche Folgen hatte dies nach dem Krieg? Und welche Folgen hatte es für Gentzen? Gentzen bewegte sich in den „richtigen" Kreisen, erhielt Schützenhilfe aus Münster und Göttingen und hatte die richtigen Kontakte. Sie halfen ihm wissenschaftlich, aber in der ersehnten Hilfe zur Lebensgestaltung nicht ein bißchen.

B Aktiver Wehrdienst im Heimatkriegsgebiet als Funker beim Flugwachkommando

Am 28. September 1939 zieht Gentzen angewidert, gelangweilt, mit äußerstem Unwillen und mit der Angst, niemals wieder produktiv denken zu können, in den Krieg.

Im *Zentralblatt* 1939[6] erwähnt Gentzen den mathematischen „Streifzug" Max Benses durch den „Geist der Mathematik. Abschnitte aus der Philosophie der Arithmetik und Geometrie"[7] wegen seiner populären Darstellung. Als Hauptprobleme Benses nennt er einige Kapitelüberschriften: „Das Irrationale in der Mathematik", „Mathematik und Ästhetik", „Intuitionismus, Logizismus und Formalismus".[8]

Es gibt Hinweise, daß er ab April 1939 – „spannend wie ein Krimi" – selbst eine populäre Darstellung der mathematische Grundlagenforschung schreiben wollte.[9]

---

[6] 21 (1939), S. 97.

[7] München: Oldenbourg 1939.

[8] Vgl. die schöne Polemik von JÜRGEN V. KEMPSKI, Max Bense als Philosoph, S. 270 – 280, in: *Archiv für Philosophie* (4) Heft 3. Stuttgart: W. Kohlhammer 1952. J. v. Kempski, der über sein Leben im NS schweigt, wird Benses Leistung im NS nicht gerecht. v. Kempski schrieb keinen „Anti-Klages oder von der Würde des Menschen" (München/Berlin: Oldenbourg 1938. Manche Exemplare tragen die überklebte Verlagsangabe: Berlin, Widerstandsverlag (Anna Niekisch) 1937). Woher kommt der plötzliche Haß auf Max Bense? Max Bense promovierte 1937 bei Oskar Becker über „Quantenmechanik und Daseinsrelativität". Eine ausführliche Aufklärung dessen, was er anfänglich im NS tat und dachte, steht noch aus.

[9] Notizen dazu werden gerade – seit 1988 – von Christian Thiel ins Geschick gebracht: „Jedoch auf „Philosophie" nicht eingehen. Die Eleganz der Methode zuzugeben. Sprechen von verschiedenen formalen Möglichkeiten, philosophische Behandlungen: gehören nicht hierher." –

Er hat das Glück, im „Heimatkriegsgebiet", zwischen Münster und Braunschweig, bei der Luftwaffe, der Flugaufklärung stationiert zu sein: „(...) habe einen verhältnismäßig erträglichen Dienst, freilich für irgendwelche andere Tätigkeit keine Zeit dabei." Dennoch beginnt er Ideen und Skizzen für ein Lehrbuch der mathematischen Grundlagenforschung auf Zettel, darunter Meldezettel des Flugwachkommandos zu stenographieren.

Am 12.10.39 schreibt der „Soldat Gentzen, 12. Flugm. Res. Komp./6, Braunschweig, Ärztehaus"[10] auf einer Postkarte an den Kurator der Universität:

> „In Ergänzung meiner Mitteilung vom 27.IX. betreffs meiner Einberufung zum aktiven Wehrdienst teile ich noch folgende Angaben mit: Tag des Dienstantritts war der 28.IX.39, mein Dienstgrad: Soldat i. Mannschaftsgrade, Bezüge von der Wehrmacht: monatlich 30,– RM Wehrsold.
>
> Heil Hitler!
>
>   Dr. phil. G. Gentzen,
>
>   pl. Assistent am Mathem. Institut
>   der Universität Göttingen."

Von der Universität erhält er sofort eine Berechnung nach dem Einsatz-Wehrmachtsgebührnisgesetz vom 28.8.1939 folgende „Friedensdienstbezüge": 229,02,– RM. Gentzen erhebt mit einer Postkarte vom 31.10.1939 Einspruch gegen den Ausgleichsbetrag und nach einer offiziellen Bescheinigung des „Fun-

---

Warum erwähnt Gentzen das Buch von Max Bense? Erstens gefällt ihm vielleicht die Idee eines populären, gleichwohl wissenschaftlich gegründeten Buchs über Logik. Möglicherweise hat dieses Buch als Vorbild für Gentzens Projekt eines populären Buches über Beweistheorie gedient. – Zweitens gehört Max Bense zu einem der wenigen, die die Idee einer mathematischen Logik im NS verteidigen, obwohl er kein Fachmathematiker oder Fachphilosoph ist. Max Bense schrieb beispielsweise „Aufstand des Geistes. Eine Verteidigung der Erkenntnis" (DVA: Stuttgart und Berlin 1935). Was war der Inhalt? Erkenntnis sei Lebenssicherung. „Die höchste Objektivität kann nur durch höchste Subjektivität geschehen." (18); „Das Leben muß dem Geist begegnen, und das Maß der Erkenntnis ist ein Maß der Sicherung der Existenz." (33); „Man wirft der Physik und Mathematik in einem Atemzuge Krisis und Höhe vor. Aber die Physik und Mathematik der Heisenberg, Minkowski, Weyl und Bohr hatte doch noch Ideen und versank nicht in Reflexion. (...) Denn die ewige, abgestandene Reflexion, die unaufhörliche Langeweile des Geistes kann nur durch eine große Idee, durch eine Erkenntnis getötet werden. Wir haben Anschauung und Reflexion verwechselt und darum auch Klarheit und Unklarheit." (36); „Hilbert weiß um die geheime Mitte der Mathematik und stellt die gesamte mathematische Methodik und Axiomatik in den Dienst der Aufgabe, das Unendliche in seiner Transparenz zu erfassen. Er gießt das Unendliche gewissermaßen in Zeichen, um seiner habhaft zu werden, und schafft so die „Symbolische Mathematik"."(38f.). Max Benses Anliegen, daß man Blut nicht gegen Geist ausspielen dürfe war zwar mutig, aber dennoch ein mißlungener Eiertanz, denn er mußte an die NS-Ideen, allein um sie schon zu erwähnen, eine gewisse Glaubwürdigkeit und Attraktivität zugestehen. Es ist aber ein achtenswerter Versuch einer Philosophie neben der NS-Philosophie ein Lebensrecht zuzugestehen. „Ich glaube mich zu erinnern, daß Max Bense H. Scholz bei der Rückführung von evakuiertem (Seminar- oder persönlichem) Eigentum aus der späteren SBZ behilflich war, was aber nicht ausschloß, daß H. Scholz sich auch zu späteren Publikationen kritisch äußerte." (Prof. Dr. Gisbert Hasenjaeger an mich vom 11.03.97).

[10] Die Feldpostnummer 38650 war wie folgt zugeteilt: 1.) bei Mobilmachung: 12. Flugmelde-Reserve-Kompanie/Luftgau-Nachrichten Regiment 6; 2.) ab Sommer 1940: 12. Kompanie/Lg.-Nachr. Rgt. 6; 3.) ab Winter 1942/43: 12. Kp./Lg.Nachr. Rgt. 11. (Mitteilung des Militärarchivs Freiburg vom 13.1.97). Die Tätigkeit bestand in der Überwachung des Luftgaues per Funk und Weitergabe per Fernsprecher und Fernschreiber an Flakkorps.

kers" Gentzen über den Wehrsold von RM 30,– erhält er ab 1. November 1939 monatlich 260,18.– RM.

Zu Beginn des Krieges besucht er im Arbeitsdienstlager Gailsdorf in Thüringen seine langjährige Freundin Hertha Michaelis – sie ist neun Jahre jünger – und macht ihr einen Heiratsantrag. Er fürchtet an die Front zu müssen und will jemanden in Deutschland haben, an den er mit Liebe denken kann. Hertha Michaelis vereinbart mit ihm, daß sie sich regelmäßig schreiben wollen. Beide kennen sich so lange sie an sich selbst zurückdenken können.[11]

Hans Student wird ebenfalls eingezogen, und so leben die Mutter und Schwester Gentzen in Liegnitz mit den Kindern Barbara und Hans-Lothar.

Am 15. Dezember 1939 trifft Gentzen in Göttingen zum letzten Mal auf Kurt Gödel, wo dieser auf dem Wege nach Berlin zur Visabeschaffung für seine Amerikafahrt einen Vortrag hält: „Die Frage der Bestätigung seiner Wiener Dozentur durch das Ministerium war damals im Flusse, ich habe seitdem nichts mehr von ihm gehört." Er hatte ihn vielleicht schon einmal vorher getroffen:

> "Gödel visited Göttingen in 1932 and saw Siegel, Gentzen, Noether, and probably also Zermelo there."[12]

Gödel dagegen schrieb selbst:

> "I visited Göttingen in 1932 and talked about my work. Siegel and Noether talked with me afterwards. I saw Gentzen only once. I had a public discussion with Zermelo in 1931."[13]

Und am 5. Dezember schrieb er an Helmut Hasse, damals Vorstand des Mathematischen Instituts in Göttingen:

> „Ich habe in nächster Zeit in Berlin zu tun und beabsichtige, mich auf der Rückreise (...) in Göttingen aufzuhalten. Ich könnte die Gelegenheit benützen, in einem Vortrag über meinem Beweis für die Widerspruchsfreiheit der Cantorschen Kontinuumshypothese zu referieren, wenn dafür Interesse besteht."[14]

Er ließ besonders Gerhard Gentzen grüßen. Hasse schrieb zwei Tage später, daß er Gödels Vortrag für Freitag, 15. Dezember, 20 Uhr 30 abends angesetzt und Gentzen informiert habe, der damals in Braunschweig Militärdienst leistete, um ihm vorzuschlagen, sich für den Vortrag beurlauben zu lassen.[15] Der Vortrag war das einzige Mal, bei dem er seine Cantorschen Kontinuumshypothese-Resultate vor einem europäischen Publikum vortrug, und er entwarf das Kurzschriftmanuskript sorgfältig. Wie meistens war seine Präsentation von vorbildlicher Klarheit. Nach einer kurzen Übersicht des historischen Hintergrunds der Kontinuumshypothese stellte Gödel die wichtigsten Schritte seines Beweises vor. Er vermied ein Übermaß an technischen Details, brachte aber dennoch eine gut-

---

[11] Brief von Hertha Michaelis (Düsseldorf) an mich vom 2.3.1988.

[12] p. 44, HAO WANG, Reflections on Kurt Gödel. Cambridge: MIT Press 1987.

[13] p. 84, HAO WANG, A Logical Journey. From Gödel to philosophy. Cambridge (MA): MIT Press 1996.

[14] Kurt Gödel an Helmut Hasse, 5. Dezember 1939, Gödels Nachlass 010807,4 Folder 01/68.

[15] S. 127, Kapitel VII: Heimkehr und Vertreibung, in: JOHN W. DAWSON JR., Kurt Gödel: Leben und Werk. Reihe Computerkultur, Bd. 11. Wien: Springer Verlag 1999. Im Folgenden referiere ich Dawson.

motivierte Darstellung der zugrundeliegenden Ideen. Wie es sich bei diesem Anlaß gehörte, zollte er Hilbert Tribut, indem er bestimmte Analogien zwischen seinen eigenen Argumenten und denen Hilberts betonte, die dieser 1925 in seiner Vorlesung „Über das Unendliche" (...) postuliert hatte. Insbesondere erinnerte Gödel daran, daß Hilbert „eine gewisse Klasse von Funktionen ganzer Zahlen ausgesondert (hatte), nämlich die rekursiv definierten". Dem entsprechend, sagte Gödel, habe er selbst eine bestimmte Klasse von Mengen (die konstruktiblen) definiert und zwei analoge Tatsachen über sie bewiesen: Die Menge der konstruktiblen Teilmengen der natürlichen Zahlen hat Kardinalität kleiner gleich Aleph Index 1, und die Klasse der konstruktiblen Mengen ist abgeschlossen unter den in der Mathematik verwendeten Definitionsmethoden (selbst den nichtprädikativen). Darüber hinaus verwende der Beweis der ersten Tatsache dieselbe Idee, die Hilbert einzusetzen versuchte, um sein erstes Lemma zu demonstrieren, nämlich, „die Vermeidbarkeit allzu hoher Variablentypen in der Definition von konstruierbaren Mengen"[16]. Gödel verließ Göttingen am Morgen des 17. Dezember und kam einige Stunden später in Berlin an.[17]

Gödel hält in Yale Vorlesungen:

> "I obtained my interpretation of intuitionistic arithmetic and lectured on it at Princeton and Yale in 1942 or so. Artin was present at the Yale lecture. Nobody was interested. The consistency proof of arithmetic through this interpretation is more evident than Gentzen's."[18]

Gentzen war seit 1935/36 bereits in den USA bekannt. Durch Bernays, dann durch Arbeiten von H. Curry. Die bedeutenden US-Logiker wie Church, Kleene, Rosser und Post kannten alle Gentzens Arbeiten.

Im *Zentralblatt für Mathematik* 21 (1939), Heft 7, erscheinen auf S. 290 einige Rezensionen von Gentzen:

> Moisil, Gr. C.: Recherches sur le syllogisme. Ann. Sci. Univ. Jassy, I: Math. 25, 341-384 (1939): Die aristotelische Syllogistik des „Klassenkalküls" wird nach verschiedenen Gesichtspunkten untersucht und verallgemeinert. So insbesondere für den Fall, daß man die auftretenden Klassen als nicht leer, bzw. als nicht allumfassend, voraussetzt; ferner für mehr als zwei Prämissen; dann auch mit der Modifikation, daß der Begriff „alle" durch „fast alle", in verschiedenen Bedeutungen, ersetzt wird, wodurch sich u.a. Beziehungen zum Wahrscheinlichkeitsbegriff ergeben. Es folgen Anwendungen auf den Aussagenkalkül, insbesondere den Kalkül von Heyting; es werden ferner einige Ableitungen in dessen Prädikatenkalkül durchgeführt und gezeigt, daß die Verknüpfungsbegriffe der Syllogistik hierin (da der Satz vom ausgeschlossenen Dritten

---

[16] Gödels Vortrag wurde posthum in Band III seiner Collected Work veröffentlicht, S. 126–155. Für eine detailliertere Analyse des Inhalts siehe die einführenden Bemerkunden dazu von Robert M. Solovay, S. 114 ff. und 120–127.

[17] S. 127, Kapitel VII: Heimkehr und Vertreibung, in: JOHN W. DAWSON JR., Kurt Gödel: Leben und Werk. Reihe Computerkultur, Bd. 11. Wien: Springer Verlag 1999.

[18] p. 86, HAO WANG, A Logical Journey. From Gödel to philosophy. Cambridge (MA): MIT Press 1996. Veröffentlicht in der Zeitschrift *Dialectica* 12 (1958): p. 280–287 als „Über eine bisher noch nicht benützte Erweiterung des finiten Standpunktes". Vgl. SOLOMON FEFERMAN, Gödel's ‚Dialectica' interpretation and its two-way stretch, p. 209–225, in: derselbe, In the Light of Logic. Oxford University Press 1998.

nicht zur Verfügung steht) auf mannigfach verschiedene Weise definiert werden könnten.

Novikoff, P.: Sur quelques théorèmes d'existence. C. R. Acad Sci. URSS, N.a. 23, 438–440 (1939). Der klassische Aussagenkalkül wird durch Zulassung von Disjunktionen und Konjunktionen mit abzählbar unendlich vielen Gliedern erweitert; hierfür wird der Begriff der „wahren Formel" definiert und gezeigt, daß, wenn eine unendliche Disjunktion von endlichen Formeln wahr ist, bereits ein endlicher Teil derselben wahr sein muß.

Menger, Karl: A logic of the doubtful. On optative and imperative logic. Rep. Math. Colloq., Publ. Univ. Notre Dame, II. s. Nr1, 53–64 (1939): 1. Verf. entwickelt Ansätze zu einer Aussagenlogik, die zu den Wahrheitswerten „wahr" und „falsch" eine dritte Modalität „zweifelhaft" hinzunimmt. Im Unterschied zu den mehrwertigen Systemen von Post (Amer J. Math. 43, 180 ff.) und Lukasiewicz (C.R. Soc. Sci. Varsovie, DL III,23) wird, wie bei Reichenbach (dies. Zbl.10, 364; §74), die Modalität einer Verknüpfung zweier Aussagen nicht allein von den Modalitäten beider Aussagen abhängig angesetzt, sondern erweist sich – wenn man dem Sprachgebrauch entsprechen will – für den Fall, daß beide Teilaussagen „zweifelhaft" sind, als abhängig von einer gewissen Kopplungsart beider Aussagen (vgl. den „Kopplungsgrad" bei Reichenbach, l. c.); es erweisen sich 7 verschiedene Kopplungsarten als möglich. – 2. Verf. entwirft dann, nach einer Kritik eines Systems von Mally (Grundgesetze des Sollens. Graz 1926), Grundzüge einer Logik des Befehlens und Wünschens. Dieses bezieht sich naturgemäß auf „zweifelhafte" Aussagen. Gewünschte Ereignisse lassen sich anordnen nach dem Grad ihres Erwünschtseins. Ferner sind Wünsche häufig von der Gültigkeit gewisser Bedingungsaussagen abhängig, oder auch gegenseitig untereinander. Diese Möglichkeiten werden für den Fall von einer und von zwei Aussagen durchdiskutiert.

C 1940: Vorbereitung für die Habilitation „Beweisbarkeit und Unbeweisbarkeit von Anfangsfällen der transfiniten Induktion in der reinen Zahlentheorie"

Scholz hat die Habilitationsarbeit von Gentzen zur offiziellen Begutachtung spätestens im Februar 1940 erhalten, denn der Dekan der Mathematisch-Naturwissenschaftlichen Fakultät bestätigt den Eingang des diesbezüglichen Empfangsschreibens von Scholz am 27.2.1940 mit den Worten: „Sie haben damit der Fakultät einen wertvollen Dienst erwiesen".

Der Cambridge-erfahrene Hilbert-Schüler Dr. Wilhelm Ackermann aus Burgsteinfurt, Moltkestr. 9, – selbst ein origineller Kopf und im Schuldienst tätig – schreibt aufgrund einer Bitte vom Göttinger Dekan ein Gutachten über die Gentzensche Habilitationsschrift:

„Bei den Untersuchungen über die Grundlagen der Mathematik im Sinne der Hilbertschen Beweistheorie hat es sich, auf Grund eines von Gödel 1931 bewiesenen Satzes, herausgestellt, daß man die Widerspruchsfreiheit der reinen Zahlentheorie nicht mit den Beweismitteln derselben Theorie erschliessen kann, sondern daß dazu höhere Hilfsmittel erforderlich sind. Aus einem vom Verf. 1936 gelieferten Widerspruchsfreiheitsbeweise für die Zahlentheorie ergibt sich, dass die Hinzunahme der transfiniten Induktion im Bereiche des Abschnitts der zweiten Zahlenklasse, der bis ε null (nach der Hessenbergschen Bezeichnung) reicht, genügt, um die notwendige Erweiterung der Schlussweisen sicher zu stellen. Man kann daher folgern, daß die transfinite Induktion bis ε null aus den zahlentheoretischen Schlussweisen nicht abgeleitet werden kann. Für dieses Ergebnis gibt in der vorliegenden Arbeit der Verfasser einen neuen, direkten Beweis, der von dem Gödelschen Satz und von der Gödelschen Arithmetisierung der Metamathematik keinen Gebrauch macht.

Um die Bedeutung des erwähnten Satzes, für den hier ein neuer Beweis geliefert wird, zu verstehen, sind noch einige Bemerkungen erforderlich. Auf den ersten Blick scheint der Satz nämlich trivial zu sein. Denn ein System der reinen Zahlentheorie enthält ja an und für sich überhaupt keine transfiniten Ordnungszahlen und daher auch keine Sätze über solche, also auch nicht die transfinite Induktion. Jedoch ist hier das System der reinen Zahlentheorie so zu verstehen, daß in den natürlichen Zahlen als weitere Gegenstände transfinite Ordnungszahlen sowie gewisse dazu gehörige Funktionen und Prädikate und mathematische Axiome (vgl. §1, Seite 10 der Arbeit) hinzugenommen werden. Diese Hinzunahme von transfiniten Ordnungszahlen ist, wie der Verfasser bemerkt, grundsätzlich von der gleichen Art wie die Hinzunahme von negativen Zahlen, Brüchen u. dgl., sodaß dadurch kein der reinen Zahlentheorie nicht gemässes Element hineinkommt. Verf. weist dazu auch auf seine oben zitierte Arbeit hin, in der gezeigt wurde, daß man an Stelle der Ordnungszahlen ebenso gut gewisse Dezimalbrüche verwenden kann. Die neu hinzugefügten Axiome sind übrigens nur solche, die die Definition der für die Ordnungszahlen eingeführten Prädikate und Funktionen enthalten. Es wird dann gezeigt, daß die Formel, die die transfinite Induktion bis ε null ausdrückt, nicht Endformel eines Beweises sein kann. Andrerseits läßt sich aber, wie ebenfalls gezeigt wird, die transfinite Induktion, die nur bis zu irgendeiner festgewählten, aber sonst beliebigen Ordnungszahl unterhalb ε null geht, im Rahmen des Systems auf die gewöhnliche Induktion zurückführen. Für diesen zweiten Satz liegt übrigens (wie auch vom Verf. angegeben) schon ein Beweis vor (Hilbert-Bernays, Grundlagen der Mathematik, II. Band. §5, 3c).

Um die Bedeutung des vom Verf. erzielten Ergebnisses klar herauszuarbeiten, wäre es übrigens wünschenswert gewesen, wenn Verf. überhaupt auf die Einführung der transfiniten Ordnungszahlen verzichtet hätte. Man ist ja doch zu sehr geneigt, schon in der blossen Einführung von Bezeichnungsschemata für die Ordnungszahlen ein der Zahlentheorie fremdes Element zu sehen. Dieser Verzicht ist möglich, da die natürlichen Zahlen selbst bei geeigneter Anordnung einen bestimmten Abschnitt der zweiten Zahlenklasse repräsentieren können. Das ordnende Prädikat läßt sich für den bis ε null gehenden Abschnitt durchaus im Rahmen der reinen Zahlentheorie durch gewöhnliche Rekursion definieren. Die transfinite Induktion ließe sich dann als ein rein zahlentheoretischer Satz formulieren, bei dem irgendwelche Symbole für Ordnungszahlen nicht auftreten. Der Nachweis der Unbeweisbarkeit dieses Satzes könnte genau in der vom Verf. angegebenen Art erfolgen. Auf diese Weise wäre noch klarer zum Ausdruck gekommen, daß die Unvollständigkeit der Beweismittel das reine System der Zahlentheorie ohne irgendwelche Zusätze betrifft.

Was den vom Verf. gelieferten Beweis selbst anbetrifft, so bedient er sich dabei ähnlicher Überlegungen wie bei seinem früheren Widerspruchsfreiheitsbeweise. Jeder Herleitung (Beweisfigur) wird eine bestimmte Ordnungszahl unterhalb ε_0 als Wert zugeordnet. Ferner wird gezeigt, daß man mit einer Herleitung vom Wert alpha höchstens eine Formel beweisen kann, die die transfinite Induktion bis alpha symbolisiert, nicht aber eine solche, bei der die transfinite Induktion weitergeht. Daraus folgt dann das gewünschte Ergebnis. – Die Schlüsse sind sämtlich korrekt und übersichtlich ausgeführt.

> Zusammenfassend sei zur Beurteilung der Arbeit folgendes gesagt:
>
> Für den zuerst von Gödel bewiesenen Satz, daß ein formales System von Axiomen und Schlussregeln der reinen Zahlentheorie notwendig unvollständig ist, indem sich unzweifelhaft richtige zahlentheoretische Sätze mit den Mitteln des Systems formulieren, aber sich nicht mit ihnen ableiten lassen, gibt Verf. einen neuen direkten Beweis, der die Gödelsche Arithmetisierung nicht benutzt. Bei der Wichtigkeit des genannten Satzes, der unter anderem geeignet ist, auf die Tatsache einiges Licht zu werfen, daß gewisse zahlentheoretische Vermutungen bisher allen Beweisversuchen trotzten, ist dieser neue Beweis eine wissenschaftlich durchaus bedeutsame Leistung".[19]

Und Heinrich Scholz schließt sich am 24. Februar 1940 in seinem „Urteil über die Habilitationsschrift Gentzens" den Ausführungen Ackermanns über den neuen originellen Beweis des Gödelschen Unvollständigkeitssatzes, des mit Abstand „tiefliegenste(n) Theorem(s) der ganzen modernen Grundlagenforschung" an – immer mit dem Hinweis auf den zweiten Band des Hilbert-Bernays und überhöht sie noch:

> „Urteil über die Habilitationsschrift Gentzen ‚Beweisbarkeit und Unbeweisbarkeit von Anfangsfällen der transfiniten Induktion in der reinen Zahlentheorie'
>
> Das vorstehende Urteil von Herrn Ackermann ist so erschöpfend und klar, daß ich mich auf folgende Zusätze werde beschränken dürfen:
>
> (1) Herr A. hat selbst in der Richtung gearbeitet, in der Herr Gentzen vorgestoßen ist. Er beherrscht nicht nur die schwierige Problemstellung vollkommen, sondern er ist eine anerkannte Autorität auf diesem Gebiet. Ich habe es daher für notwendig und angemessen gehalten, das mir anvertraute Urteil abhängig zu machen von der Entscheidung von Herrn A. Jetzt darf ich mich mit Nachdruck, der keinen Zweifel entstehen lässt, mit seiner Entscheidung identifizieren.
>
> (2) Der Gödelsche Unvollständigkeitssatz, auf welchem die Arbeit Gentzen Bezug nimmt, ist ein Theorem von der ersten Ordnung. Er ist mit Abstand das tiefliegenste Theorem der ganzen modernen Grundlagenforschung. Der ursprüngliche Hilbertsche Ansatz für den Beweis der Widerspruchsfreiheit der klassischen Mathematik mit dem transfiniten Gebrauch des ‚Tertium non datur' ist durch diesen Satz umgestoßen worden. Vgl. Hilbert-Bernays, Grundlagen der Mathematik, 2. Band, 1939, §5. Ein neuer Ansatz ist nötig geworden. Im Sinn dieses Ansatzes hat Herr Gentzen durch seinen Beweis für die Widerspruchsfreiheit der reinen Zahlentheorie (vgl. Anm. 2 u.4 der kommenden Habilitationsschrift) Entscheidendes geleistet.
>
> Der Gödelsche Satz steht seit Jahren im Mittelpunkt von höchst bedeutungsvollen Diskussionen. Er hat noch ein zweites wesentliches Resultat zur Folge gehabt. Mit Hilfe der originellen Methoden, die Gödel für den Beweis dieses Satzes entdeckt hat, ist es im Lauf der letzten Jahre auf überraschend verschiedenen Wegen gelungen, die Unlösbarkeit des so genannten Entscheidungsproblems zunächst so zu präzisieren, daß sie überhaupt mathematisch diskutiert werden konnte, und als dann die so präzisierte Unlösbarkeit des beweistheoretischen (in Carnaps Sprache: syntaktischen) Entscheidungsproblems schon für den so genannten engeren Prädikatenkalkül der ersten Stufe (ohne Identitätstheorie) zu beweisen. Dies ist der beschränkte Logik-

---

[19] Das Original befindet sich im „Logistischen Seminar der Universität Münster i./W. Prof. Scholz", d.h. heute im Institut für Grundlagenforschung. Ich bedanke mich für diesen Fund bei Herrn Dr. Enno Folkerts. In der Abschrift vom 9.2.1943 für seine Dozentur in Prag steht statt dem letzten Wort „Leistung" einfach „Angelegenheit", außerdem ist der letzte Absatz unterstrichen (Personalakte).

kalkül, der bei dem gegenwärtigen Stande der Dinge einer strengen Formalisierung der Arithmetik der natürlichen Zahlen überhaupt zu Grunde gelegt werden kann. Zu diesem Komplex ist jetzt vor allem das Supplement II des zweiten Bandes von Hilbert-Bernays zu vergleichen.

Ein neuer origineller Beweis für einen Satz von dieser Bedeutung ist eine Leistung, für die man sich einzusetzen hat. Herr G. hat in seiner Habilitationsschrift einen solchen Beweis entwickelt.

(3) Schon Herr A. hat darauf hingewiesen, daß die Einbeziehung eines gewissen Abschnittes der Ordnungszahlen der zweiten Zahlenklasse in die elementare Zahlentheorie den Mathematiker zunächst sehr befremden wird. Er hat aber auch gesagt, wie dieses Befremden zum Verschwinden gebracht werden kann. Ich möchte mich hierzu ausdrücklich auf seine Seite und in seine Nähe stellen. Auch dieser Punkt ist jetzt im zweiten Bande von Hilbert-Bernays 360 ff. so aufgeklärt, dass man das Erforderliche dort nachlesen kann. Man vergleiche besonders, was hier S. 362 über ein verallgemeinertes Prinzip der kleinsten Zahl gesagt ist.

Münster i.W., den 24. Februar 1940 Heinrich Scholz"[20]

Am 28.9.1940 teilt Gentzens Oberleutnant und stellvertretender Kompanieführer dem Kurator der Universität Göttingen mit („Betr.: Ausgleichsantrag"), daß der Kompanieangehörige Gerhard Gentzen mit Wirkung vom 1. Oktober 1940 zum Gefreiten befördert worden sei und von diesem Tage an einen monatlichen Wehrsold von RM. 36.– erhalte. Sein Universitätsgehalt steigt damit auf RM 289,22.– Im Dezember 1940 wird Gentzen durch den Mathematiker Gustav Herglotz (1881–1953) zur wissenschaftlichen Aussprache wegen der Beendigung seiner Habilitation aufgefordert.

Der Gefreite G. Gentzen (L 38650 Lg.postamt Münster) schreibt am 7.12.40:

„An den Herrn Direktor des Math. Institutes, Göttingen

Vom Dekanat erhielt ich die Aufforderung zur Wissenschaftlichen Aussprache am 12. Dez., 18 Uhr s.t. Ich habe hierzu von meiner Kompanie Urlaub ab 11. Dez., mittags, erhalten und beabsichtige am Nachmittag dieses Tages in Göttingen einzutreffen und sofort, voraussichtlich zwischen 16 und 17 Uhr, das Math. Institut aufzusuchen.

Ich weiss nicht, an wen ich dieses Schreiben richte; ich nehme an, an Herrn Professor Herglotz? Jedenfalls würde ich Sie, verehrter Herr Professor, möglichst noch am 11. Dez. aufsuchen. Ich bin für die Wissenschaftliche Aussprache nach Lage der Dinge wenig gerüstet; ich habe mich sehr einseitig mit dem Grundlagengebiet beschäftigt und bin durch den Kriegsausbruch verhindert worden, mein fachliches Wissen im Hinblick auf die Habilitation nach anderen Richtungen zu erweitern. Ich hoffe aber, dass es möglich sein wird, auf diese besonderen Umstände Rücksicht zu nehmen.

Mit ergebenstem Gruss und Heil Hitler!

Ihr Gerhard Gentzen"[21]

---

[20] Das Original befindet sich im „Logistischen Seminar der Universität Münster i./W. Prof. Scholz", d.h. heute im Institut für Grundlagenforschung. Ich bedanke mich für diesen Fund bei Herrn Dr. Enno Folkerts. In der Abschrift für die Prager Dozentur vom 9.2.1943 ist noch angegeben: „Mit der Zulassung einverstanden. 20.2.1940 gez. Kaluza". Gleichlautende Bemerkungen von Herglotz und Hasse. Zusätze sind „Gesehen Siegel 1940 Februar 29. (...) 5.3.1940 gez. R. Becker" und „Herr Dr. Gentzen ist auf dem Gebiete der Grundlagenforschung eine anerkannte Autorität und ich lege Wert darauf ihn dem Göttinger Dozentenstab zu erhalten. Die heute abwesenden Collegen Hasse und Kaluza nehme ich damit gleicher Meinung an. 13.12.40. gez. Dr. G. Herglotz".

[21] Ich verdanke diesen Brief Dr. Ulrich Hunger vom Universitätsarchiv Göttingen.

Die wissenschaftliche Aussprache wird er, vom Krieg erschöpft, am 12. Dezember 1940 von G. Herglotz, H. Hasse – der Zahlentheoretiker hatte am 15. März 1939 gegenüber dem amerikanischen Mathematiker Marshall Stone alle NS-Maßnahmen gegen die Juden verteidigt ("Looking at the situation from a practical point of view, one must admit that there is a state of war between the Germans and the Jews (...).")[22] und wurde 1940 als Kapitänleutnant des Oberkommandos der Marine in Paris eingesetzt[23] – und Theodor Kaluza (1885 – 1954) geprüft, gleichwohl glänzend bestehen, „wobei über meinen Mangel an mathematischer Allgemeinbildung mit Rücksicht auf meine Uniform hinweggegangen wurde, nicht gerade von allen Herren mit gleicher Bereitwilligkeit – aber ich hatte ein ungetrübtes Gewissen dabei."[24]

Einer der vielleicht nicht sogleich bereitwilligen Herren dürfte der Marinesoldat Hasse gewesen sein, der das Gebiete der Logik in der Mathematik genau eingegrenzt hatte. Hasse schrieb im Auftrag des Reichsministers Rust – wie alle Fachvertreter der deutschen Wissenschaften – anläßlich Hitlers 50sten Geburtstags 1939 einen Beitrag für einen Sammelband. Dort übte er wieder seine politische Sprache:

> „Schließlich hat die großartige Idee Hilberts, die Mathematik durch eine tiefgehende logische Analyse vor unberechtigten Angriffen gegen ihre Strenge zu schützen, zu

---

[22] Man mag die Ansicht einer „jüdischen Verschwörung" für kriminell oder fahrlässig halten, aber sie hatte im rechten Lager viele Anhänger wie beispielsweise den Rechtsanwalt Professor Dr. FRIEDRICH GRIMM (Mit offenem Visier. Aus den Lebenserinnerungen eines deutschen Rechtsanwalts. Leoni: Druffel Verlag 1961). Grimm selbst war für jüdische Rechtsanwälte eingetreten und war 1933 der Anwalt der Synagogengemeinde gegen die Hitlerjugend in Essen. Auf S. 272 schildert er einen Wortwechsel mit seinem Ankläger während der Nürnberger Prozesse und sagt ihm 1947: „Man kann doch nicht leugnen, daß es einen deutsch-jüdischen Krieg gegeben hat; nicht im völkerrechtlichen Sinn. Denn es gab keinen Judenstaat, aber es gab doch eine jüdische Macht, mit der ein de facto – Kriegzustand herrschte." – Zu Verschwörungstheorien immer noch exzellent ist JOHANNES ROGALLA VON BIEBERSTEIN, Die These von der Verschwörung 1776–1945. Philosophen, Freimaurer, Juden, Liberale und Sozialisten als Verschwörer gegen die Sozialordnung. Flensburg: Flensburger Hefte Verlag 1992.

[23] Zitiert nach S.164, R. SIEGMUND-SCHULTZE, Mathematische Berichterstattung in Hitlerdeutschland. Göttingen: Vandenhoeck & Ruprecht 1993 (zitiert nach S. 331, NATHAN REINGOLD, Refugee mathematicians in the United States of America (1933–1941): reception and reaction, in: *Annals of Science*, 38, 313–338, 1981). Ebenfalls zitiert in: ROLF SCHAPER, Mathematiker im Exil (S. 547–568), und ANDREAS KAMLAH, Die philosophiegeschichtliche Bedeutung des Exils nicht-marxistischer Philosophen zur Zeit des Drittens Reiches, (S. 299–312) in: Edith Böhne und Wolfgang Motzkau-Valeton (Hrsg.), Die Künste und die Wissenschaften im Exil 1933–1945. Gerlingen: Verlag Lambert Schneider 1992.

[24] Gustav Herglotz scheint ein launiger Prüfer gewesen zu sein, mit dem man eher weniger Schwierigkeiten hatte. Eine Anekdote: „Als ich mich 1940 der gesamten Göttinger Naturwissenschaftlichen Fakultät zu meinem Habilitationskolloquium stellte und die Frage des Physikers Joos nach Extremalprinzipien in der Physik von dem Mathematiker Herglotz fortgesponnen wurde zu der Aufforderung an mich, mich kritisch zu dem sogenannten ontologischen Gottesbeweis zu äußern, hat Prandtl verärgert mit der Bemerkung eingegriffen: „Das gehört doch wirklich nicht hierher!" Vielleicht wollte er mich aber nur schützen, denn er wußte nicht, daß ich ein ausgedehntes Studium der Philosophie hinter mir hatte und über die Frage von Herglotz eher glücklich war." H. GÖRTLER, Ludwig Prandtl, S. 159, *Zeitschrift für Flugwissenschaften* 23 (1975), Heft 5.

einem schönen Erfolg geführt. Es gelang einem seiner Schüler, die Widerspruchsfreiheit der reinen Zahlentheorie zu beweisen." (S. 151).[25]

Und mit diesem Schüler ist gewiß Gerhard Gentzen gemeint. Aber wir sehen
auch, welche Aufgabe Gentzen immer noch ausschließlich zugewiesen bekommen hat und mit demjenigen, der „unberechtigte(n) Angriffe" gegen die Strenge
der Mathematik führe, nur Gödel gemeint sein kann. Das ist die Rechtfertigung
für den Geist der Forschung, der getragen ist,

> „von einem hohen Idealismus, verbunden mit einer echten Wirklichkeitsnähe, die
> von deutschen Forschern niemals im Sinne einer bloßen Zweckmäßigkeit verstanden
> wurde, sondern bei den logisch-erkenntnistheoretischen Forschungen in gleicher Wei-
> se Leben besitzen wie solche, die auf die Anwendungen ausgerichtet sind." (S. 149).

Hasse rechtfertigt zweimal die logisch-erkenntnistheoretische Arbeit in der
Mathematik. Was Hasse störte, war die „Anhäufung von Einzeltatsachen ohne
inneres Band", das „letztes Ziel der Forschung werden zu sollen" schien. Das
geschah „unter der Einwirkung der rationalistischen Bestrebungen der Aufklärung und der damit verbundenen Überbetonung des ungebundenen Intellekts".
Hasse will Gesamtausrichtung, organische Tiefe und Vielseitigkeit, Größe und
Tradition, lebensvolle Gestaltung des „Echt-schöpferischen" statt die Verfälschung des Inhalts der mathematischen Forschung durch „ausgeklügelte Schlußweisen und logische Spitzfindigkeiten eines ungebundenen Intellekts" (S. 149).
Mir scheint Hasse zuviel dessen zitiert zu haben, was er an Topoi gefunden hat,
die wohl seiner Ansicht nach dem entsprechen sollten, was er für NS hielt:

> „Die Mathematik ist die Lehre von den Gesetzmäßigkeiten in der Welt der Zahlen,
> der Funktionen und der geometrischen Gebilde. (...) Auch auf diese Geisteswelten
> erstreckt sich der tief in uns wurzelnde faustische Drang, zu erkennen, was die Welt im
> Innersten zusammenhält. Je weiter die mathematische Erkenntnis vordringt, um so
> machtvoller wird die Mathematik in der Hand des Menschen als Rüstzeug für die
> großen Aufgaben, die von Naturwissenschaft und Technik gestellt werden, um so
> gründlicher und umfangreicher kann sie dem menschlichen Leben dienen. In dem
> Streben nach solchem kraftvollen Können und stolzen Beherrschen liegt ein treiben-
> der Ansporn zu mathematischer Forschung. Dazu kommt die Bewunderung vor der
> Schönheit und Erhabenheit der mathematischen Welt, vor ihrer kristallenen Klarheit
> und unantastbaren Strenge."

Als deutsche Mathematik werden die Hauptgebiete Zahlentheorie (Göttingen), Funktionentheorie (Münster) und Geometrie (Hamburg) – „vielfach miteinander verkettet" – vorgestellt.[26] Die Topoi von Weltbeherrschung, Schönheit und
Klarheit der Mathematik, wobei der Mathematiker in einer Tradition steht, die
sich eigentlich nur künstlerisch begreifen kann, hat Hasse oft wiederholt. Die
Anbiederung, ja gerade Unterordnung an Naturwissenschaften und Technik wie

---

[25] Deutsche Wissenschaft. Arbeit und Aufgabe. S. Hirzel Verlag 1939. – Zu H. Hasse vgl. auch
S. L. SEGAL, Helmut Hasse in 1934, S. 46–50, in: *Historia Mathematica* 7 (1980). Ein Desiderat
ist eine richtige Biographie von H. Hasse.

[26] Von Bieberbach oder Vahlen keine Rede. – Der Auftritt der Mathematik in Festschriften
sollte dokumentieren, daß das wissenschaftliche Leben auch ohne Juden mindestens wie bisher
funktionierte. Und diesem Verlangen kommt Hasse nach. Für Gentzen heißt dies aber auch, daß
er die Position, d.h. die Leerstelle, von Hilbert-Bernays u.a. zu füllen hatte.

die pathosgeladene Sprache ist Kniefall vor dem Zeitgeist, wenn nicht markin-
nerliche Überzeugung. Dennoch sehen wir hier, warum die mathematische Logik
hochgehalten wird. Sie wird vor den drei Hauptgebieten und danach erwähnt als
Sicherung, als Kontrolle und Nachweis der Stringenz der mathematischen Argumentation. Zudem setzt Hasse in der Traditionsfolge deutscher Mathematiker die
Akzente der Reihung anders als Max Steck oder Hugo Dingler: „Leibniz, Gauß,
Dirichlet, Riemann, Weierstraß, Felix Klein und Hilbert" (S. 150).

Noch nach dem Krieg vertrat Hasse ähnliche Ansichten, ein wenig vorsichti-
ger ausgedrückt, in einem Vortragsteil, den er nach dem Krieg oft vortrug: „Tra-
gik des Mathematikers durch Streben nach Formalisierung". Er vertritt darin eine
Stecksche Gestalttheorie:

> „Bei jedem dieser Schritte (von der intutitiv konzipierten Idee, Entwurf, vielfache
> Überarbeitung, Verbesserung, Ergänzung, Umgestaltung bis zur endgültigen Gestalt,
> EMT) geht nun etwas von dem ursprünglichen Leben, von der intuitiven Erfaßbarkeit,
> von der dem Ganzen innewohnenden Dynamik, kurz von der Schönheit im Großen
> verloren, während die Schönheit im Kleinen vielleicht gewinnt. Treibt man diesen
> Prozeß bis zum äußersten, so bleibt schließlich ein blutloses, totes Gebilde von der
> nüchternen Struktur: Definition, Satz, Beweis in vielfacher Wiederholung; und es ist
> damit in eklatanter Weise das schon genannte Lebensgesetz der Mathematik verletzt."

Und nachdem Hasse als Musterbeispiel für einen „lebenslosen Endzustand"
die „Elemente" von Euklid vorführt, heißt es:

> „Der Zug zu einer derartigen, in der äußeren Form vollendeten, aber innerlich
> blutleeren Gestaltung, nach Formalisierung und Axiomatisierung (...) ist seit Euklids
> Zeiten erst in diesem Jahrhundert wieder aufgelebt. Höchste Blüten treibt dieses
> Bestreben, wie schon gesagt, gegenwärtig in Nordamerika. Aber auch bei uns greift es,
> teils als Folge des Lebenswerkes unseres großen Hilbert, der in seinen „Grundlagen
> der Geometrie" direkt an Euklid anknüpfte, teils auch als Rückwirkung der amerikani-
> schen Geschmacksrichtung auf die europäische Mathematik, immer mehr um sich. Ich
> sehe darin eine Tragik, die jedem Mathematiker innewohnt: Der an sich gesunde
> Trieb, das Erschaute und Erkannte formvollendet zu gestalten, endet, wenn man ihn
> sich bis zur letzten Konsequenz auswirken läßt, mit dem völligen Abtöten alles Leben-
> digen in dem ursprünglich von sprühendem Leben durchströmten eigenen Werk."

Und wie gegen „Lebensabtreiber" vorzugehen sei, wußten Teile der Bevölkerung nach dem Kriege noch sehr genau. Mathematiker wie Hasse sahen ihre
Macht in der „Macht über die Begriffswelt unseres Denkens".[27]

---

[27] HELMUT HASSE, Mathematik als Wissenschaft, Kunst und Macht. Wiesbaden: Verlag für
angewandte Wissenschaft 1952. Helmut Hasse (1898–1979) hat in seiner Hamburger Antrittsvorlesung von 1951 Idee und Gestalt des reinen Mathematikers gegenüber dem nur auf die
Anwendungen gedrillten Industriemathematiker emporgehoben und aristokratisch verteidigt.
Das hatte natürlich seine Gründe in den politischen Erfahrungen, die Hasse machen musste
während des Dritten Reiches. Und wer weiß, was Gentzen passiert wäre, wenn Hasse nicht seine
positive Haltung zu Mathematikern mit Weltabgewandtheit, auf das rein geistige gerichtete
Menschen mit ihren aus lautersten Idealismus gewonnenen Erkenntnissen gehabt hätte. Seine
Habilitiation hätte sicherlich in den Sternen gestanden. – Wie arbeitete Hasse in der Nachkriegszeit? So professionell wie immer. Ein Beispiel: In Würzburg wurde im Herbst 1952 zunächst wieder die außerordentliche Professur mit Herbert Bilharz (1910–1956) besetzt. War das
ein Verwandter Gentzens? Bilharz war ein Schüler von Helmut Hasse und war mit einer
zahlentheoretischen Arbeit promoviert worden. Er arbeitete mehrere Jahre in der Deutschen

D 1941: Ermutigung von Hellmuth Kneser

Am 1.1. 1941 wird Gentzen Mitglied im NSD Dozentenbund[28].

Die Habilitationsschrift „Beweisbarkeit und Unbeweisbarkeit von Anfangsfällen der transfiniten Induktion in der reinen Zahlentheorie" wird 1943 in den „Mathematischen Annalen" veröffentlicht. Die Arbeit war 1942 eingegangen und sie wird von W. Ackermann im *Zentralblatt* 1943[29] gut rezensiert. Er referiert, daß der Begriff der Zahlentheorie erweitert wird, die Schlußweise der transfiniten Induktion formalisierbar und die Herleitung für Schlußweisen jeweils angebbar seien.

> Gentzen, Gerhard: Beweisbarkeit und Unbeweisbarkeit von Anfangsfällen der transfiniten Induktion in der reinen Zahlentheorie, Math. Ann. 119, 140.161 (1943): Der Begriff der reinen Zahlentheorie, wie ihn Verf. in früheren Arbeiten (vgl. dies. Zbl. 14, 388) entwickelt hatte, wird hier in der Weise erweitert, daß zu den natürlichen Zahlen als weitere Gegenstände transfinite Ordnungszahlen hinzugenommen werden, ferner dazugehörige Funktionen und Prädikate, die entscheidbar definiert sind. In dem so gebildeten System läßt sich die Schlußweise der transfiniten Induktion formalisieren, und es läßt sich angeben, was unter einer Herleitung für diese Schlußweise zu verstehen ist. Es ergibt sich dann das folgende bemerkenswerte Resultat: Die transfinite Induktion ist bis zu jeder Ordnungszahl unter epsilon index null in der reinen Zahlentheorie beweisbar; dagegen ist sie nicht beweisbar bis zu epsilon index null selbst und jeder höheren Ordnungszahl. Der Satz ist in Übereinstimmung mit der von Gödel gezeigten Unvollständigkeit jedes genügend ausdrucksfähigen und widerspruchsfreien Formalismus; er zeigt für den Spezialfall des zahlentheoretischen Formalismus diese Unvolständigkeit von einer neuen Seite. Daß es sich wirklich um eine Unvollständigkeit des zahlentheoretischen Formalismus handelt, wäre noch deutlicher zum Ausdruck gekommen, wenn die Einführung der transfiniten Ordnungszahlen ganz unterblieben wäre. Das ist möglich, da ja die natürlichen Zahlen selbst bei passend gewählter, rekursiv definierbarer Ordnungsbeziehung die in Frage kommende Ordnungszahlen repräsentieren. Die Schlußregel der transfiniten Induktion bezieht sich dann nur auf natürliche Zahlen. Diese Möglichkeit wird auch vom Verf. selbst angedeutet. Ackermann

Gentzen selbst schreibt in seiner Arbeit:

> „Daß die transfinite Induktion bis zu der Ordnungszahl epsilon index null mit rein zahlentheoretischen Beweismitteln nicht bewiesen werden kann, läßt sich indirekt aus folgenden zwei Tatsachen erschließen: 1. Satz von Gödel: Die Widerspruchsfreiheit der reinen Zahlentheorie läßt sich nicht mit den Beweismitteln derselben Theorie beweisen. 2. Die Widerspruchsfreiheit der reinen Zahlentheorie ist bewiesen worden unter Anwendung der transfiniten Induktion bis epsilon index null und im übrigen rein zahlentheoretischer Beweismittel. Im folgenden gebe ich einen direkten Beweis für die

---

Forschungsanstalt für Luftfahrt in Braunschweig. Mit seiner Berufung war nun auch in Würzburg Angewandte Mathematik gebührend vertreten. Dies führte dann im Frühjahr 1956 zur Gründung des „Instituts für Angewandte Mathematik" in Würzburg. Die Naturwissenschaftliche Fakultät hatte für Bilharz die Ernennung zum persönlichen Ordinarius beantragt, aber eine tückische Krankheit machte alle weiteren Pläne zunichte.

[28] Nach dem Selbsteintrag der Prager Akte. In den Göttinger Unterlagen heißt es als Datum: 1.1.1939.

[29] *Zbl* 28 (1943) S. 102

Unbeweisbarkeit der transfiniten Induktion bis epsilon index null in der reinen Zahlentheorie an. Das Verfahren gestattet überdies den Nachweis, daß weitere Anfangsfälle der transfiniten Induktion, bis zu Zahlen unterhalb epsilon index null, in gewissen Teilbereichen des zahlentheoretischen Formalismus nicht beweisbar sind. Andererseits läßt sich bekanntlich die transfinite Induktion bis zu einer beliebigen Ordnungszahl unterhalb epsilon index null rein zahlentheoretisch beweisen."

Paul Bernays rezensiert im *Journal of Symbolic Logic* 1944[30] – ein Schade, dass Gentzen das Manuskript nicht vorher gelesen haben wird – die Habilitationsschrift Gentzens und macht sie damit international bekannt:

„GERHARD GENTZEN. Beweisbarkeit und Unbeweisbarkeit von Anfangsfällen der transfiniten Induktion in der reinen Zahlentheorie.

Mathematische Annalen, vol. 119 no. 1 (1943), pp. 140–161.

As Gentzen stated in I 75 – it is one of the final observations he adds in §16 to his proof of the consistency of 'reine Zahlentheorie' – this proof can be formalized itself within 'reine Zahlentheorie' by the Gödel method of arithmetizing metamathematics, with the exception only of the transfinite induction used for it.

Concerning the way of formalizing 'reine Zahlentheorie' it is necessary to notice (what was not expressly mentioned in the review I 75) that Gentzen admits, as a means of introducing symbols of numerical predicates or numerical functions, any schema which, like that of primitive recursion, has a constructive interpretation under which the predicate is decidable or the function is computable; likewise that he allows to be chosen as axioms any formulas without bound variables which (in the sense defined in Grundlagen der Mathematik, cf. vol.2, pp. 35-36) are verifiable with respect to the constructive interpretation of the arithmetical symbols occurring, or else are formally equivalent ('deduktionsgleich') to such a formula.

As to the transfinite induction in question, this is of the restricted form extending only over the ordinals below epsilon null – i.e., the first Cantor epsilon – number, which is the limit of the sequence omega index null, omega index 1, ... , defined recursively by the equations omega index null = 0, omega index k + 1 = ω^ω k (In I 75 the ordinal numbers below epsilon index null are represented by certain finite decimal fraction; in the newer version IV 31 of the consistency proof Gentzen goes back to the usual notation for ordinals.)

It follows, by the second Gödel theorem on formally undecidable propositions, that it is impossible to replace transfinite induction up to epsilon index null (as we may call it briefly) by an inference formalizable in a system of 'reine Zahlentheorie'.

This way of obtaining the indicated impossibility is very indirect and includes several complicated discussions. In the present paper Gentzen gives a more straightforward demonstration of it by stengthening the method of proof used in IV 31; and at the same time he obtains in this way some further results.

These results refer to an enlarged formal system of number theory which surpasses 'reine Zahlentheorie' by including among the 'Zahlterme', or numerical terms (substitutable for the numerical variables), expressions for transfinite numbers representing the elements of a certain segment of the Cantor second number class, extending at least as far as epsilon index null (for the ordinal numbers below epsilon index null Gentzen refers to the symbolism used already in IV 31, which without difficulty can be continued quite as elementarily somewhat beyond epsilon index null) In connection with the new numerical terms, new symbols of predicates and functions and also new

---

[30] 1944, vol. 9, S. 70–72.

formal axioms are allowed to be introduced, but these must satisfy the above indicated conditions with respect to a constructive interpretation. (...)"

Am 11.1.1941 macht sich der Kurator Sorgen um Gentzen, denn seine Stelle läuft am 31.3.1941 ab. Er fragt beim Ministerium an und bittet um Äußerung darüber, ob angesichts der Bestimmung von Ziff. 3 des Ministerialerlasses vom 27. Januar 1940 die Entlassung durch Widerruf während der Dauer der Einberufung Gentzens unterbleiben soll:

„Bei der Rückkehr des Assistenten Dr. Gentzen wird es alsdann eines besonderen Antrages auf ausdrückliche Verlängerung des Anstellungsverhältnisses bedürfen."

Am 10.5.1941 notiert der Kurator:

„Die Verlängerung des Anstellungsverhältnisses erfolgt nach Rückkehr Dr. Gentzens aus dem Wehrdienst."

Am 11.5.41 – 14.5.41 schreibt Gentzen aus B.(raunschweig?) an Hellmuth Kneser, der Gentzen ein paar Fragen aufgibt, über die er in seinem geplanten Vortrag „notio et notatio" wohl schreiben möchte:

„Sehr verehrter Herr Professor!

Ich danke Ihnen für Ihren Brief, der mir fast wie eine Kunde aus einer anderen, vergangenen Welt erschienen ist. Sie haben mir keine geringe Freunde damit gemacht. Heute finde ich endlich Zeit, Ihnen in Ruhe zu antworten. Zunächst auf Ihre erste Frage. Ich wüsste bei Hilbert und Bernays keine Stelle einer Bezugnahme auf Leibniz, während andrerseits die ‚Logizisten' sich gern auf diesen als einen Initiator ihrer Wissenschaft berufen, aber hinsichtlich seiner Gedanken einer Universalsprache der Wissenschaft, von mathematischer Natur. Für Hilbert ist die „Formalisierung" ja mehr ein Hilfsmittel, kann freilich auch gerade als solches auf die von Ihnen angedeutete Weise durch Leibnizens Gedanken als schon im Grundsätzlichen vorweggenommen gelten.

(Logizistische Hinweise auf Leibniz sind vermutlich in Scholz ‚Geschichte der Logik', oder mit Sicherheit in den Bänden der Zeitschrift ‚Erkenntnis' zu finden; auch noch bei Carnap „Der logische Aufbau der Welt" oder vielleicht bei Couturat, bei Frege und Russell wüsste ich nicht.)

Nun zu der Frage der Zukunft der math. Grundlagenforschung in Deutschland. Dass zur Zeit alle ‚anwendbaren' Wissenschaftszweige im Vordergrund öffentlicher Förderung stehen, ist durchaus verständlich. Ich hoffe aber sehr, dass nach dem Kriege hierin ein Ausgleich erfolgen möchte. Und gerade die math. Grundlagenforschung und mathematische Logik hat durch ihren grossen Aufschwung in der letzten Zeit eine Bedeutung gewonnen, die in manchen Staaten des Auslandes, besonders in den U.S.A., weit mehr anerkannt wird als bisher in Deutschland, das doch ursprünglich durch Frege und Hilbert gerade der Ausgangspunkt dieser Forschungen gewesen ist, – und einen Umfang, den zu überblicken und zu verarbeiten ein Einzelner schon seine ganze Arbeitskraft einsetzen muss. Einer oder zwei Lehrstühle für dieses Fach wären natürlich ein grosser Fortschritt, aber auch notwendig, um das bestehende Missverhältnis einigermassen wieder auszugleichen. Als Ort dafür würde sich Göttingen durch seine Anziehungskraft für die Mathematikstudenten und durch seine reichhaltige Bücherei, in der auch das Grundlagenfach mit fast allen einschlägigen Veröffentlichungen vertreten ist, empfehlen. In Münster fehlt es zwar an der reichlichen Zahl der Mathematikstudierenden, doch hat Herr Scholz es immerhin fertiggebracht, einen gewissen Kreis von jungen Mitarbeitern um sich zu vereinen und so wenigstens eine Stätte in Deutschland zu schaffen, wo mit einiger Mühe und Not ein regelmässiger

Vorlesungsbetrieb und eine fortlaufende Reihe von Veröffentlichungen aus dem Grundlagengebiet unterhalten werden. (Durch den Krieg sind die Vorlesungen zur Zeit weggefallen.) Er hat ja auch erreicht, dass sein Lehrstuhl in einen solchen für ‚Philosophie der Mathematik und Naturwissenschaften' umgewandelt wurde – was freilich nur ein Kompromiss ist. Ferner besitzt Münster gleichfalls eine umfangreiche Sammlung der einschlägigen Literatur.

Was die Personalfrage betrifft, so steht natürlich der Name Gödel bei weitem an der Spitze. Ich weiss nicht, ob Sie davon gehört haben, dass G. noch vor dem Kriege aus Amerika nach Wien zurückgekehrt ist. Er war im Dezember 39 kurz in Göttingen, und ich hatte dort Gelegenheit, ihn kennenzulernen. Die Frage der Bestätigung seiner Wiener Dozentur durch das Ministerium war damals im Flusse; ich habe seitdem jedoch nichts mehr von ihm gehört. Von den übrigen jüngeren Mathematikern, die durch eigene Veröffentlichungen aus dem Grundlagenbetrieb hervorgetreten sind, wie Ackermann, Behmann[31], Bachmann, Hermes, Arnold Schmidt, der Holländer Heyting, u.a., wäre wohl Ackermann an die erste Stelle zu setzen.

Zum Schluss noch ein paar Worte über mein eigenes Ergehen: Seit September 39 bin ich Soldat, habe einen verhältnismässig erträglichen Dienst, freilich für irgendwelche andere Tätigkeit keine Zeit dabei. Lediglich meine ‚wissenschaftliche Aussprache' habe ich im Dezember 40 in Göttingen absolviert, wobei über meinen Mangel an math. Allgemeinbildung mit Rücksicht auf meine Uniform hinweggesehen wurde, nicht gerade von allen Herren mit gleicher Bereitwilligkeit – aber ich hatte ein ungetrübtes Gewissen dabei.

Mit herzlichen Grüssen, auch an Ihre verehrte Frau Gemahlin

Ihr G. Gentzen"[32]

Man stelle sich vor, daß Gentzen es im Bereich des Möglichen und Wahrscheinlichen hält, daß Kurt Gödel eine Dozentur an der Wiener Universität wahrnimmt und für Besetzungsfragen in Deutschland zur Verfügung steht. Ich frage mich wirklich, wie er den NS und seinen politischen und geistigen Effekt auf die mathematische Logik gesehen hat.

Am 20. Juni 1941 setzt die Universität die Bezüge von Dr. Gentzen auf RM 387,47.– fest.

László Kalmár publiziert in *Math.fiz. Lap.* 48 (1941) 1, S. 65–119 „Zielsetzungen, Methoden und Ergebnisse der Hilbertschen Beweistheorie"; darin wird auch Gentzen erwähnt:

Zentralblatt für Mathematik 24 (8. August 1941), Heft 6, S. 241

Kalmár, László: Zielsetzungen, Methoden und Ergebnisse der Hilbertschen Beweistheorie. Mat. fiz. Lap. 48, 65–116 u. dtsch. Zusammenfassung 116–119 (1941) (Ungarisch). Für die Hilbertsche Beweistheorie wird ein zusammenfassender Überblick hinsichtlich ihrer Entstehungsgründe, Ziele und Methoden gegeben. Nach einer Schilderung der Grundlagenkrise und einem Überblick über die axiomatische Methode im allgemeinen und die mathematische Logik wird die älteste Methode der Widerspruchsfreiheitsbeweise (Konstruieren eines Modells, d.h. Zurückführung der Widerspruchsfreiheit eines Axiomensystems auf die eine anderen) an den bekannten klassischen

---

[31] Vgl. GERRIT HAAS, ELKE STEMMLER: Der Nachlaß Heinrich Behmanns (1891–1970). Gesamtverzeichnis. Heft 1 (42 S.) der Aachener Schriften zur Wissenschaftstheorie, Logik und Logikgeschichte. Hrsg. von Christian Thiel. Aachen: Lehrstuhl für Philosophie und Wissenschaftstheorie der RWTH Aachen: Juli 1981.

[32] Das Original des Briefes befindet sich im Archiv von Prof. Dr. Martin Kneser.

Anwendungen (Widerspruchsfreiheit der nichteuklidischen Geometrie usw.) besprochen. Es folgt die Darstellung der Hilbertschen Beweistheorie im eigentlichen Sinne, die den absoluten Widerspruchsfreiheitsbeweis zum Ziel hat. Von den hierhin gehörenden Methoden wird zunächst die auf J. König zurückgehende Wertungsmethode besprochen, die dann in erweiterter Form, als sog. Teilwertungsmethode, von Hilbert, Ackermann, v. Neumann und Herbrand benutzt wurde, die Widerspruchsfreiheit der Arithmetik unter gewissen Einschränkungen hinsichtlich der Verwendung der vollständigen Induktion zu zeigen. Es folgt weiter eine Darlegung der Methode der Beweistransformation, mit Hilfe derer es Gentzen zuerst gelungen ist, die Widerspruchsfreiheit der Arithmetik ohne irgendwelche Einschränkungen zu zeigen. Daß auch die ältere Teilwertungsmethode den vollen Widerspruchsfreiheitsbeweis für die Arithmetik ermöglicht, wie Ref. neuerdings gezeigt hat, wird ebenfalls erwähnt. Zum Schluß wird eine kurze Gegenüberstellung von Hilbertscher Beweistheorie und Intuitionismus gegeben. Ackermann (Burgsteinfurt).

Überhaupt wird Gentzens Genie gelobt von Ackermann, Bernays, bis Scholz und Schröter. Selten hat ein junger Logiker wie Gentzen so viel Lob von Kollegen bekommen und ebenso selten hat es sich für ihn und seine Lebenschancen so wenig ausgezahlt. Denn was hatte der Soldat davon?

1943 erscheint im Jahresbericht d. Deutschen Mathem.-Vereinigung[33] „Notio und notatio. Aufzeichnung zu einem Vortrag in Heidelberg im Juni 1941" von Hellmuth Kneser aus Tübingen. Darin heißt es:

> „Ich will hier versuchen, zwei große Prinzipien des wissenschaftlichen Fortschrittes vorzuführen, zu zeigen, wie sie sich in der Mathematik gegenüberstehen und einander ergänzen."

Und es geht weiter, denn Gentzen wird als scharfsinniger Vollstrecker des kühnen Planes von Hilbert gefeiert. Die Ergebnisse Gödels werden erwähnt und Gentzens Beweis gegenübergestellt. Die Ergebnisse der Metamathematik werden als wert- und sinnvolle Kulturleistung hingestellt und verteidigt. Gödels Arbeit zeige,

> „daß unter Umständen die Betrachtung des Kalküls selbst zu den Gedankengängen führt, die über ihn hinausweisen und Aufgaben bewältigen können, denen er nicht gewachsen ist" (S. 20).

Im *Zentralblatt* 28 (1943) wird die Arbeit durch Eugen Löffler so besprochen, daß Gentzen gut erwähnt ist:

> Der Verf. nennt diese Arbeit im Untertitel eine „Aufzeichnung zu einem Vortrag in Heidelberg im Juni 1941". Begriff und Bezeichnung sind zwei große Prinzipien des wissenschaftlichen Fortschritts, die sich in der Mathematik gegenüberstehen und einander ergänzen. (...)" (Es wird Leibniz gelobt, EMT). „Schließlich wird die Kunst, schwierige Überlegungen mit Hilfe eines geeigneten Zeichenapparates durch mechanische Handlungen zu ersetzen, in ihrer Bedeutung für die moderne Grundlagenforschung gewürdigt. Als Beispiel wird das von Hilbert aufgezeigte Problem der Widerspruchslosigkeit der Axiome der Zahlenlehre gewählt, das in neuerer Zeit durch den sogenannten Unvollständigkeitssatz von K. Gödel und den Nachweis der Widerspruchsfreiheit der Lehre von den ganzen Zahlen durch G. Gentzen einen wesentlichen Schritt seiner Lösung näher gekommen ist. – So weist die vorliegende Arbeit in knappster Form nicht nur den großen Wert einer zweckmäßig gewählten Bezeichnung

---

nach, sondern sie zeigt auch, daß die großen Forscher unserer Wissenschaft sich stets des Zusammenwirkens von Notio und Notatio, aber auch des Vorrangs des überlegenden Geistes vor dem angewandten Zwang der Formel bewußt waren. Löffler.

E 1942: Entlassung aus dem Wehrdienst

Am 21.1.1942 erleidet Gentzen einen „nervösen Erschöpfungszustand"[34] und kommt am 22.1.1942 in ein Lazarett. Aus Braunschweig schreibt Gentzen am 23.4.1942 an Hellmuth Kneser:

„Sehr verehrter Herr Professor!

Meine Tage im Lazarett dürften bald gezählt sein; dann geht es nach Münster zur Entlassungsstelle, wo ich u. U. immerhin noch mit ein paar Wochen Aufenthalt rechnen kann, bis alle Formalitäten erledigt sind. Von dort will ich nach Göttingen, und dann gedachte ich ein Sanatorium aufzusuchen. In Göttingen werde ich Prof. Ewald nochmal besuchen, der mir zumindest der Universität gegenüber meine Erholungsbedürftigkeit wohl noch wird bescheinigen müssen und vielleicht auch hinsichtlich der Wahl des Ortes Ratschläge geben kann; es ist heute wohl nicht so ganz einfach, irgendwo gut unterzukommen. Die finanzielle Seite macht mir keine Schwierigkeiten; ich nehme doch an, dass die Universität mich mit Gehalt beurlauben würde, und im übrigen habe ich im Kriege einiges erspart und eine nicht ganz unbedeutende Erbschaft gemacht. – Mein Befinden ist gut, solange ich ruhig leben kann, wie es hier überwiegend der Fall ist. Der Dauerzustand von geistiger Schlaffheit und Benommenheit ändert sich allerdings wochenlang kaum merklich.

Mit ergebensten Grüssen

Ihr G. Gentzen"[35]

Bis zum 5.6.1942 liegt er im Lazarett. Am 8.6.1942 wird er aus dem Wehrdienst ohne UK.-Stellung als Kriegsteilnehmer (unversehrt) entlassen.

Die Beschäftigung mit mathematischer Logik, insbesondere der Beweistheorie, scheint für Gentzen ein Sog zu sein, der ihn aber manchmal zu einer Art Kolik und Denksperre führt, und vor dem er sich in acht nehmen muß. Gentzens fortwährendes Nachdenken über mathematische Probleme wird ihm eines teils einen festen Halt in verschiedenen Situationen gegeben haben, wie jede manische Tätigkeit. Dieser Sog aber zog ihn anderen teils auch immer wieder in diesen Zustand der Krankheit, wo er benommen, schlaff und ohne jeden Gedanken war. Manchmal mußte er sich zum geistigen Arbeiten zwingen. Welcher Art war dieser Sog zur Beweistheorie dann? Es war kein in selbstzerstörerischer Befriedigung leerlaufender Begehrungsprozeß. Aber er befand sich offenkundig immer in der Nähe eines „Maelstroms", der von Descartes, Edgar A. Poe und Jules Verne in seiner ganzen Existenzbedrohung beschrieben und ernst genommen wurde. Der Maelstrom drohte mit Subjektauslöschung. Und die Mathematik erforderte

---

[34] Gerhard Gentzen in seinem Lebenslauf vom 25. August 1943, Bundesarchiv R 31/377 fol.1 –, Der Kurator der deutschen wissenschaftlichen Hochschulen in Prag, Habilitationsakte Dozent Dr. Gerhard Gentzen.; in Teilen vorhanden unter Sen.Prot.Nr. 876/1943 im Archiv Univerzity Karlovy Prag.

[35] Das Original befindet sich im Archiv von Prof. Dr. Martin Kneser (Göttingen).

das Zurücktreten des Subjekts hinter die Sache, hinter die Gedankengänge. Wer da nicht mit einem „stahlharten Panzer" (Max Weber) gesegnet war, konnte vielleicht den Maelstrom spüren, den gewaltigen Sog, dem der leichte Gedankengang nur zu gerne bereit war zu folgen. Gentzens Denken über die Beweistheorie hatte möglicherweise schon eine Suchtform. Sie half ihm vielleicht über die Unerträglichkeiten der Kriegsumstände hinweg, forderte auf der anderen Seite auch einen Teil an Gesundheit. Man lese Wittgensteins (geheime) Tagebücher aus der Zeit des Ersten Weltkriegs und kann, meine ich, ein wenig von der geistigen und körperlichen Qual erahnen, die einem geistig gestimmten Menschen widerfahren kann. Das Denken, das einen über die Risse, Spalten, Unerfreulichkeiten der Existenz hinwegretten soll, kann sich vom Medium der Kompensation zu einem Teil der Ursache der bohrenden Verzweiflung machen.

Gentzens Lebensideologie, wenn man eine feststellen möchte, wäre wohl mit „neuklassischer Sachlichkeit" am besten zu beschreiben. Fremd waren ihm Vitalismus, Lebensphilosophie, Darwinismus, Rassismus, Pathos der Existenz, Mythos oder Opfertodgläubigkeit, heroische Erlösungsvisionen, Apokalypsen, Tatgesinnung u.v.a.m.[36] Auch dem pessimistischen Fatalismus ist er nicht zuzurechnen, weil er sich der reißenden Flut der Geschichte wenigstens mit einer bestimmten Negation, einer gezielten Verweigerung, entgegenzustellen versuchte. Er war liberaler, sachlich distanzierter Beobachter, der Politik ablehnte und neben seinem Alltag allein die Mathematik akzeptierte. Er kapselte sich selbst ein, um den geistigen Funken wenigstens in seinem Kopf durch die dürftige, schlimme, mörderische Zeit in eine neue Zukunft zu tragen.

Gentzen ist Aufklärer und kein Romantiker. Wo der Romantiker Ursprung sieht und mit einer Kreislaufvorstellung erst revolutionär zurückstrebt und begründen will und dann wieder hervorbrechen will aus den identitätsversichernden Dingen wie Blut, Boden, Sippe und schließlich die feste Ontologie feiert und alles, was sich nicht dorthinein pressen läßt als Verrat, Zersetzung und Zerstörung wertet, will Gentzen – bürgerlich wie er ist – Harmonie herstellen und nicht nur denken. Er ist kein dynamischer Revolutionär, sondern der liberale Bürger, der Berechenbarkeiten, hier als Metapher gebraucht, rational herstellen möchte.

„Das Ineinander von Liberalismus und Demokratie erfährt noch eine Vertiefung durch den gemeinsamen Harmonieglauben. Der Liberalismus glaubt an die natürliche Harmonie, die durch das freie Wirkenlassen der Produktivkräfte zustande kommt. Die Demokratie glaubt nicht an die natürliche Harmonie, aber sie glaubt an die Unterwerfbarkeit der Natur unter die Vernunft. Sie glaubt an eine metaphysische Harmonie, die sich im Geschichtsprozeß notwendig durchsetzt. Die Natur ist erkennbar und kann in den Dienst des Menschen gestellt werden, weil die Kategorien des menschlichen Geistes die strukturgebenden Elemente der Natur sind. Die Gesellschaft kann vernünftig gestaltet werden, weil das menschliche Geschlecht in einem Prozeß der Erziehung zur Vernunft steht, dessen Ziel irgendwann einmal erreicht werden muß. Dieser Harmonieglaube, sei es in der einen, sei es in der anderen Form, ist das tiefste, wenn auch vielfach überdeckte Prinzip der abendländischen Aufklärung. Es ist das Prinzip, das der Aufklärung den Optimismus und der bürgerlichen Gesellschaft ihre weltgeschicht-

---

[36] Vgl. dazu MARTIN LINDNER, Leben in der Krise. Zeitromane der neuen Sachlichkeit und die intellektuelle Mentalität der klassischen Moderne. Stuttgart: Metzler 1994.

liche Kraft gegeben hat. Jede Erschütterung des Harmonieglaubens ist eine Erschütterung des bürgerlichen Prinzips."[37]

David Hilbert hatte diesen Harmonieglauben als Voraussetzung seiner Wissenschaft gemacht und Gentzen war ein Anhänger davon. Die Bestätigung des Prinzips der Harmonie zwischen Geist, Mathematik und Natur mag wohl ein innerer Antrieb zur Verfertigung seiner Beweistheorie gewesen sein.

Der Begriff „prästabilierte Harmonie" wurde 1918 von Felix Klein benutzt, dafür, dass Forschungen auch anwendungsrelevant werden konnten.[38] NB: Leider ist der Gebrauch von Metaphern, philosophischer Begriffe und anderen Sprachformen weder bei Klein noch bei Hilbert bislang untersucht worden. Die „prästabilierte Harmonie", die Hilbert in der Entwickelungsgeschichte der Wissenschaft bemerkt, beschert der Mathematik den Logikkalkül mit dessen Hilfe logische Operationen und mathematische Beweise selbst zu formalisieren.[39] Überhaupt wird erkenntlich, dass Hilbert das Wirken dieser „prästabilierten Harmonie" auch in der Geschichte von Mathematik und Physik voraussetzt und sieht.

---

[37] S. 71, Paul Tillich, Die sozialistische Entscheidung. Alfred Protte Verlag: Potsdam 1933.

[38] *JDMV* 27 (1918), S. 219.

[39] David Hilbert, Über das Unendliche, S. 176, in: *Math. Annalen*, 95 (1926).

Kapitel 4
Der Kampf um eine „Deutsche Logik"
von 1940 bis 1945
Ein Streit unter „Fach-Fremden"?

Kapitel 4
Der Kampf um eine „Deutsche Logik" von 1940 bis 1945
Ein Streit unter „Fach-Fremden"?

Einleitende Bemerkung

Zwei Dinge werden in diesem Kapitel betrachtet: Einerseits wird Gentzen ohne sein Wissen und Wollen zu einem unfreiwilligen Zeugen einer völkisch-rassistischen Grundlageninterpretation der Mathematik durch Steck und Requard gemacht und in eine Diskussion hineingezogen. Gentzen wird für eine völkische Begründung der Mathematik und dabei gegen H. Scholz in Stellung gebracht. Wie perfide das geschieht, wird hier ab Seite 196 beschrieben, ebenso die Ursachen und Gründe dafür.

Wissenschaft ist ja wegen ihrer Leistungen immer metaphysischen Ansprüchen ausgesetzt, aber erstmals wurde eine negative Lösung der mathematischen Logik als Nachweis für eine Notwendigkeit einer rassischen Begründung der Mathematik benutzt. Das Kapitel ist eine Beispiel, daß man die Grenze, an der die mathematische oder philosophische Diskussion aufhört sinnvoll zu sein, immer wieder den Zeitläuften gemäß neu bestimmen muß. Man kann die ganze Diskussion ablehnen, wie es Gentzen tat, aber dann kann man nicht mehr mitreden wollen. Darf man als Fachmathematiker anderen Leuten unredliche Interpretationen der Grundlagenforschung überlassen? Eine völkische Interpretation der Grundlagenforschung durch Steck, Requard, Dingler und May war nur möglich, weil die offizielle Mathematik dies kaum kommentierte, von H. Scholz und K. Schröter abgesehen. Die Fachmathematik war sich unsicher: Handelte es sich bei der mathematischen Logik um jenes metaphysische „Zwischenreich", wo vielleicht mittlerweile der Nationalsozialismus in erster Linie zuständig war? Bieberbach entschied, daß für die mathematische Grundlagenforschung die Mathematik selbst zuständig war und übertrug H. Scholz die Verteidigung des Hilbert-Programms[1] gegen Steck und Konsorten. Grundsätzlich erhebt sich die Frage danach, wie Funktionäre einer Wissenschaft auch die Richtung und Grenzen der Diskussion mitbestimmen können.

Andererseits ist in diesem Kapitel von etwas Grundsätzlichem und Modernem die Rede, nämlich vom Verhältnis Wissenschaft und Staat oder, wenn man so will, vom Verhältnis von freier Forschung und Fachaufsicht.

Endlich aber soll auch hier noch das Verhältnis von Freiheit und Schicksal bei einem Menschen wie Gentzen kurz angestoßen werden. Aber zunächst wenden wir uns dem Verhältnis von Wissenschaft und Staat zu.

Man kann die bisher zitierte Propaganda von H. Hasse so lesen, daß er sich eine „effiziente", hier sind die Fetischwörter des damaligen Verwaltungs- und Bürokratendeutsch wichtig, Forschung der NS-Ministerialverwaltung vorstellen kann und daß sogar die Grundlagenforschung in diesem zugerichteten Sinn präsentabel wird. Der Nationalsozialismus wollte selbstverständlich die Fachaufsicht über die Wissenschaft führen, traute sich aber einerseits nur die administrativ-technokratische Kontrolle zu und vertraute darauf, daß überzeugte Nationalsozialisten in der Professorenschaft die ideologische Weltanschauung für die in-

---

[1] Ich lese das Wort „Programm" im Zusammenhang mit Hilberts Heidelberger Vortrag von 1904 „Über die Grundlagen der Logik und Arithmetik" zuerst in Felix Kleins, Elementarmathematik vom höheren Standpunkte aus. Dritte Auflage. Erster Band. Berlin: Julius Springer 1924.

haltliche Führung lieferten. Aber weil er nicht wußte, ob und wie das funktionierte, verweigerte der Nationalsozialismus in diesen Kämpfen seine Parteinahme.

Bislang galt vor dem Nationalsozialismus, daß die Freiheit der Wissenschaft der Garant des Fortschritts der Wissenschaft war. Alle Widersprüche und Konflikte innerhalb der freien Forschung kamen insofern der Wissenschaft zugute als sich die Wahrheit innerhalb des Bereichs Lehren, Lernen und Forschen durchsetzte: Gefährliches, also die Wissenschaft Zerstörendes wurde selbsttätig paralysiert und Gegensätzliches und Kontroverses entpuppte sich auf lange Sicht als eine Art, der Wahrheit endlich zum Ruhm zu verhelfen. Viele Forschungsmethoden waren deshalb keine Gefahr für die Wissenschaft selbst. Pluralismus und Toleranz waren deshalb erlaubt, weil durch eine Art Harmonie von Wissenschaft und Welt sichergestellt war, daß sich das Wahre und Gute zum Wohle der Menschheit oder des jeweiligen Faches auch tatsächlich am Ende darstellte. Mit der Kaiser-Wilhelm-Gesellschaft und dem Stipendienwesen aber wurde klar, daß der Staat und die Wirtschaft ausgewählte Grundlagenforschung betreiben konnte und so über die Finanzierung von Forschungsvorhaben bereits Forschungsschwerpunkte mit Ressourcen bedachte oder nicht. Es entstand der Berufsstand eines Wissenschaftlers, der mehr Wissenschaftsmanager war, d.h. Wissenschaft durch Administration lenkte und dadurch beaufsichtigte. Die freie Wissenschaft wurde – in der Tendenz – zur festgelegten Wissenschaft. Eine Harmonie zwischen wissenschaftlicher Wahrheit, Weltsicht und freier Forschung wurde nicht nur brüchig, sondern mehr und mehr als ungültig angesehen. Was wichtig war, wurde positiv beschieden und finanziert. Der Nationalsozialismus radikalisierte diese finale Weltsicht der modernen Wissenschaft nur in seinem Sinn, änderte aber nichts grundsätzlich am Verhältnis zwischen Staat und Wissenschaft. Er nahm nur die Möglichkeiten der Reglementierung sehr stark wahr und pfiff auf freie Vielfalt und liberalistisches Harmoniemodell. Der Nationalsozialismus suchte die Fachaufsicht zunächst möglichst nicht in den Händen der Wissenschaftler selbst zu lassen, gab darin aber wegen mangelnder persönlicher Ausstattung und ideologischer Rechtfertigung darin nach – als die Wissenschaft bereits in ihren formellen Wegen, Entscheidungsgremien und ähnlichem gleichgeschaltet war. Und genau dazwischen, nach dem Anfang der NS-Machtausübung in der Wissenschaft von 33–39 und ab 1943, als die Führung des Nationalsozialismus wußte, daß sie den Krieg gegen die Alliierten nicht gewinnen würde, stießen in der mathematischen Logik die Fachfremden Steck, May und Dingler vor – sie konnten dies auch nur, weil viele der Besseren an der Front oder woanders beschäftigt waren – , um ihrerseits eine Fachaufsicht über die Grundlagen der Mathematik, der Naturwissenschaften und der Philosophie zu gewinnen. Denn sie hielten diese Disziplinen wiederum für eine Instanz, um damit alle anderen Wissenschaften reglementieren zu können. Sie wußten, daß Kontrolle am besten über „Qualitätssicherung" zu rechtfertigen war und meinten mit der Herausforderung der „Grundlagenkrise" der Mathematik auf ein – in ihrem Sinn – leicht darzustellendes Problem zu stoßen, um ihre Form der NS-Wissenschaft durchzusetzen.

Im Bereich der Mathematik ist ihnen dies nicht gelungen. Ich traue mich nicht zu entscheiden, warum. Einerseits funktionierte die Idee, daß die Fachaufsicht der Mathematik die Mathematiker selbst zu tragen hatten, und so gab Bieberbach die Verteidigung der Logistik an H. Scholz gegen die Angriffe von Steck,

May und Dingler weiter. Und andererseits konnte gerade im Fach Mathematik gezeigt werden, daß selbst die Grundlagenforschung der Mathematik, zum Beispiel Gentzen, „effizient" arbeitete. „Nationale Wissenschaftspflege" war somit gegenüber der Mathematik überflüssig und es erscheint beispielsweise in der Publikation der ersten Reichstagung der Wissenschaftlichen Akademien des NS-Dozentenbundes (München: J. Lehmanns 1940) auch kein Mathematiker als Referent. Auch hier gibt der Reichsdozentenführer Walther Schultze in seinem programmatisch entwickelten nationalsozialistischen Wissenschaftsbegriff nur an, daß sich Wissenschaft an den Erfordernissen des Volksganzen auszurichten habe und dies sei ein „ausdrücklicher Auftrag". Gegenüber anmaßenden Ansprüchen und Zumutungen von selbsternannten Experten und Gutachtern funktionierte sozusagen die Selbstevaluierung des Fachs Mathematik, weil es Qualitätsstandards und Ergebnisse vorweisen, darstellen und nachweisen konnte. In dieser Auseinandersetzung um Autonomie und Kontrolle aber – und das ist das beunruhigende – hat sich an der grundsätzlichen Verquickung von Staat und Wissenschaft und seinen administrativen Kontrollen weder im Nationalsozialismus noch in der Nachkriegszeit etwas geändert: die Muster der Reglementierungsformen blieben gleich, wenn sich selbstverständlich auch die Muster der Intervention, der Stellung der Hochschulen und ihr Personalgeschäft demokratisierte und die Gleichschaltung aufgehoben wurde. Die Verwebung von Staat und Wissenschaft ist ein Kennzeichen moderner Wissenschaft. Was fehlt, ist die Auseinandersetzung mit dem Wissenschaftsbild Leibnizens, Wolffs, Kants und Humboldts mit ihrer Idee der prästabilierten Wissenschaft und der Idee einer kontrollierten, arbeitsteiligen und modernen Wissenschaft mit ihren Folgen. Insofern Gentzen an das erstere glaubte, war er romantisch. Insofern Hilbert an das erstere glaubte, aber – wie Klein oder Courant ebenfalls – durch das zweite das erstere effizienter machen wollte, war er realistisch.

Noch einmal: Die Arbeitsteilung in der „modernen NS-Wissenschaft" wird so definiert: Die Wissenschaft erkennt den Primat des Nationalsozialismus in politischen Fragen an und erhält als Gegengabe die Anerkennung der Wissenschaft mit ihren eigenen Methoden. Um aber diese unabhängige Wissenschaft mit dem Nationalsozialismus zu verbinden, behält sich der Nationalsozialismus die Kompetenz vor für die philosophischen Grundlagen der Wissenschaft und ihrer Voraussetzungen, da es ein Mittel ist, in die Wissenschaft hineinzureden. Wenn aber diejenigen Teile der Wissenschaft, die nicht durch ihre wissenschaftliche Teilgebiete und ihrer Anwendungen, selbst nicht von der Wissenschaft diskutiert werden, schafft man ein Herrschaftsvakuum für die Definition und Interpretation dieser Teile und ihrer Begriffe. Die Drohung heißt: vielleicht bringt der Nationalsozialismus auf diesem Gebiet keine neuen Ergebnisse hervor, aber er kann alte Verfahren und Begriffe von einzelnen Wissenschaftlern – dazu gehören auch May, Dingler oder Steck – kritisch diskutieren. Aber sie tun dies als private Wissenschaftler und erhalten dafür keine parteiamtliche Zustimmung einer offiziellen NS-Wissenschaft. Wie der Dachau-Entomologe E. May selbst schrieb, war er – als Privatperson – der Überzeugung, „daß das vernachlässigte und der Willkür jedes einzelnen preisgegebene Zwischenreich zwischen Philosophie und Naturwissenschaften einer strengen systematischen Durchforschung bedürfe." Warum aber sollte es nicht als offizielle NS-Doktrin erscheinen dürfen?

Warum nicht? Weil die Wissenschaft eine Drohung aussprach: Wissenschaft durfte dem Nationalsozialismus nicht als Monolith feindlich gegenüberstehen, sondern mußte in die NS-Weltanschauung anschlußfähig sein. Gelang dies nicht, konnte nämlich auch der Nationalsozialismus daran Schuld sein, und mehr sein als unwissenschaftlich, nämlich unwahr. Deshalb verfuhr der Nationalsozialismus mit seiner Weltanschauung und sich wie dem ehemaligen Verhältnis von Religion und Wissenschaft. Nachdem die Ansprüche des Nationalsozialismus sich nicht in der Mathematik durchsetzen: die Deutsche Mathematik wird ja dekretiert und niemals diskutiert, aber wie Volker Peckhaus bemerkt (1984, S. 135): „Kein „Deutscher Mathematiker" hat jemals eine Definition von „Deutscher Mathematik" gegeben." Und ich füge hinzu, außer der programmatischen Erklärung in der Einleitung der *Deutschen Mathematik* (1936, Bd.1): „Deutsche Mathematik gibt ein lebendiges Bild von der gesamten mathematischen Arbeit deutscher Volksgenossen (...), wir dienen der deutschen Art in der Mathematik und wollen sie pflegen.". Wenn aber die wissenschaftliche Feststellung dieser völkischen Eigenart in der Mathematik nicht gelang? Dann blieb zumindest das „lebendige Bild von der gesamten mathematischen Arbeit deutscher Volksgenossen übrig". Da aber die Grundlagendiskussion der Voraussetzungen der Mathematik nicht wieder innerhalb einer mathematischen Fachzeitschrift diskutiert werden konnte, veröffentlichte Bieberbach keinen seiner Definitionsversuche deutscher Eigenart in der Deutschen Mathematik selbst. Und selbst Bieberbachs Versuche stießen bei keinem Mathematiker – bis auf Steck – auf irgendeine nennenswerte Resonanz. Viele sahen in seinem Bemühen seine persönlichen Rivalität mit Landau nachträglich zu einem weltanschaulichen Streit hochzustilisieren.

Und noch eins war wichtig: Der Nationalsozialismus – es waren ja bereits viele Mathematiker vertrieben oder ermordet – wollte die anderen Wissenschaftler der Hochschulen hinter sich zusammenbinden. Jedes weitere, dezimierende Kriterium hätte weitere Verlierer oder Außenseiter produziert und das konnte man sich bei der vorliegenden Personallage gar nicht leisten. Deshalb geschah weiterhin sehr wenig innerhalb der Mathematik für einen „Aufbruch" im NS-Sinn. Und deshalb lautet bei Funktionsträgern und Denunzianten, von A. Rosenberg bis zu M. Steck, das Verdikt: „Es ist ja alles wie früher geblieben!"

Nehmen sie also das nachfolgende Kapitel auch zum Gegenstand der grundsätzlichen Diskussion um die Freiheit von Forschung und Lehre[2].

Wie steht es aber in diesen Verhältnissen um das Lebensglück des Einzelnen? Was tun mit Schreckenserfahrungen oder Zerstörerischem, das einem zustößt. Gentzen war aufgrund seines Alters und seiner Stellung nicht in der Lage, sich als Komplize der Zeitläufte als Funktionswissenschaftler zu bedienen. Was tun, um nicht eine festgelegte Figur innerhalb eines abgekarterten Spiels zu sein? Wenn die Zukunft für ein „normales" Wissenschaftlerleben nicht länger offen war, muß man sich gegenüber den Ängsten nicht einer Art stoischen Schicksals-

---

[2] Die heutige Gesprächslage ist sehr schön nachzulesen im 5. Heft der Zeitschrift *gegenworte*: Gütesiegel für die Wissenschaft? Zur Diskussion über Qualität, Evaluierung und Standards. Berlin: Frühling 2000. – Das grundsätzliche Problem wird auch in dem Beitrag von GERNOT BÖHME „Was ich nicht erforschen durfte" nur gestreift.

unempfindlichkeit wappnen? Rettet man sich da auch vielleicht unwillkürlich in eine Krankheitsform? Inwieweit ist man als einzelner gezwungen, Opfer zu werden, um zu Einsichten zu kommen, ohne gleich als kämpferischer Widerständler zu enden, der erst auf dem Scheiterhaufen zum Philosophen wird? Welche Chance einer Autonomie lag für das Individuum Gentzen in der reinen Selbstbescheidung auf seine mathematische Tätigkeit mit allen Erfahrungen der Ohnmacht und der Resignation. Man kann nicht aufrechnen, was das mathematische Genie Gentzen geistig für die Gattung Mensch hinterlassen hat und was er vom blinden und zufällig wütenden Schicksal, der Moira, dafür geschenkt bekam, weil er – möglicherweise zumutbare – Verantwortungen für das Fach als Disziplin und als Diskussion mit Fachfremden nicht wahrnahm oder nicht wahrnehmen konnte, weil sie abgetreten war an die Repräsentanten Hasse oder beispielsweise W. Süß. Aber diese Verquickung von Wissenschaft und Staat, freie Forschung und Fachaufsicht, Lebensglück und individuelle Entscheidung innerhalb der NS-Diktatur: am Beispiel Gentzen sollen sie zum Nachdenken anrühren. Geschichte tritt dann in ihr Recht als Aufklärung, wenn es für die Personen zu spät ist, über die berichtet wird. Nachher aber wird die Überlegung zu den verhandelten Themen Pflicht, damit es zu keinen weiteren Opfern kommt.

A   Weltanschauung, Wissenschaft und Sachlichkeit im Nationalsozialismus

Gab es eine verbindliche NS-Weltanschauung? Was nicht direkt satzgleich auf Hitler oder Krieck, Darré, Rosenberg oder Baeumler zurückführbar ist, wird oft als ein eigener, utopischer Privat-NS – als ob dies schon Widerstand zu einem realen Nationalsozialismus gewesen sei, was einige ja bei Martin Heidegger vermuten – vorgeführt und als dem Nationalsozialismus fremd denunziert. Das nationalsozialistische Weltbild war

> „ein höchst diffuses System divergierender Annahmen. (...) ein Potpourri der verschiedensten und unverträglichsten Ideen. Wenn die Einheitlichkeit der Perspektive die notwendige Bedingung einer Weltanschauung ist, dann (können wir sagen) gab es die nationalsozialistische Weltanschauung eigentlich nie. Stattdessen gab es Dutzende verschiedener auseinanderstrebender Ansatzpunkte, deren Komposition und Bedeutung sich auch noch über die Zeit hin verschob, und die alle zusammen irgendwie die nationalsozialistische Weltanschauung ausmachen sollten. In ihr formten deutschnationalistische und internationalistisch-faschistische Motive ein Amalgam; traditionsorientierte und revolutionäre Elemente kamen hier zusammen; mythologisierend irrationalistische und sozialdarwinistisch ‚wissenschaftliche‘ Auffassungen trafen sich hier. (...) Da wurde Blut und Boden gepriesen, aber auch die totale technologische Mobilmachung.“

So schildert es Hans Sluga 1993[3] nach den Auffassungen Franz Neumanns 1944[4] („nationalsozialistische Ideologie ohne innere Konsistenz“, „constantly shifting“), die auch von Karl Dietrich Bracher 1960[5] geteilt wurde:

---

[3] Hans Sluga, Heideggers Crisis. Philosophy and Politics in Nazi Germany. Harvard University Press (Cambridge / MA) 1993.

„Gewiß war es ein überaus heterogenes Konglomerat von halbdurchdachten Ideen nationalsozialistischen und sozialen Ressentiments, romantischen Gefühlswallungen und aggressiv-revolutionären Aktivismustheorien, die sich in dem philosophisch kaum erfaßbaren Gebilde der ‚nationalsozialistischen Weltanschauung' zusammenfanden." (zitiert nach Schorcht 1990[6]).

„Als Synkretismus ist die nationalsozialistische Ideologie weder dem konservativen noch dem faschistischen Denken klar zuzuordnen. Man würde ihre Beliebigkeit verkennen und ihrer Selbstdarstellung aufsitzen, wenn man sie durch solche Zuordnung zu einem geschlossenen ideologischen Gebäude stilisiert." (Christoph Janssen 1992)[7].

Kurt Sontheimer sieht in der Vieldeutigkeit und Dehnbarkeit der Ideologie des Nationalsozialismus – eine Folge der Unfähigkeit, Unmöglichkeit und Unzulänglichkeit der NS-Weltanschauung selbst zur systematischen Geschlossenheit – eine Grundvoraussetzung ihres Massenerfolgs.[8] In der Nachkriegszeit haben

---

[4] Franz Neumann, Behemoth: The structure and Practice of National Socialism. New York: Oxford University Press 1944.

[5] K. D. Bracher, W. Sauer, G. Schulze, Die nationalsozialistische Machtergreifung. Köln / Opladen 1960; vgl. auch K.-D. Bracher, Die deutsche Diktatur. Entstehung, Struktur, Folgen des Nationalsozialismus. Köln: Kiepenheuer & Witsch 1976 (5. Auflage).

[6] Claudia Schorcht, Philosophie an bayerischen Universitäten 1933–1945. Erlangen: H. Fischer Verlag 1990.

[7] Vgl. Michael Grüttner, Eintrag „Wissenschaft", S. 135–153, in: Wolfgang Benz et al. (Hrsg.), Enzyklopädie des Nationalsozialismus. München: dtv 1997. Zum administrativen Chaos als pars pro toto – Beispiel Reinhard Bollmus, Das Amt Rosenberg und seine Gegner. Studien zum Machtkampf im nationalsozialistischen Herrschaftssystem. Stuttgart 1974.

[8] Antidemokratisches Denken in der Weimarer Republik. Die politischen Ideen des deutschen Nationalismus zwischen 1918 und 1933, München 1962. S. 135f. Volker Peckhaus schildert, wie später auch H. Mehrtens u.v.a., schön die Unterwerfung, die Selbstausrichtung der mathematischen Institutionen und die Unwägbarkeiten ministeriellen und universitären Verwaltungshandelns. Aber es heißt auch: „Die genannten Beispiele belegen, wie sich die Vertreter der mathematischen Wissenschaft des ideologischen völkischen Gedankens bedienten, um tiefgreifende Veränderungen am status quo vermeiden zu können." (S. 78). Vgl. auch Reece C. Kelly, Die gescheiterte nationalsozialistische Personalpolitik und die mißlungene Entwicklung der nationalsozialistischen Hochschulen, S. 61–76, In: Heinemann (Hrsg.), Erziehung und Schulung im III. Reich, Bd. II. Stuttgart 1980. – Peckhaus bemerkt zu recht (S. 18): „Wissenschaft ist nie eigentliches Thema Hitlerscher Äußerungen." Die Frage ist also, wie von einzelnen Personen oder kondensiert in Institutionen, deren Berichte und Gutachten diese „Winke" Hitlers verstanden wurden. Methodologisch ginge es also bei der Erforschung der Geschichte um den Niederschlag der Hitlerschen Gedanken in Äußerungen, die in der Mathematik als Disziplin, die in Schriften von Mathematikern zu finden sind. Um dies nämlich erst zu erkennen, was Hitlersche Gedanken sind, geht Peckhaus einen anderen Weg: „Seine Ansichten zum Wissenschaftsbegriff müssen aus verstreuten Bemerkungen und allgemein pädagogischen Ansichten erschlossen werden." Genau das aber haben die Zeitgenossen nie getan (statt Lesemeister waren sie eher Lebensmeister). Aus der ex post-Interpretation kann vielleicht jemand erkennen, wer das Hitlersche „Programm" am besten formuliert, mit eigenen Worten wiedergegeben, verbessert oder effektiv umgesetzt hat, aber dies interessiert hier nicht. Peckhaus selbst bezieht seine Quellen aus Reden bzw. deren Nachdrucken in Sammelwerken oder Traktätchenliteratur. Warum, frage ich mich, ist nie ein großes Buch, eine schöne Darstellung erschienen mit dem Titel „Wissenschaft im NS" oder „Nationalsozialistische Mathematik", warum Zeitschriften überall, kleine Abhandlungen, gedruckte Reden? Nicht nur weil man am Anfang war, keine Zeit hatte neben dem „Aufbau", sondern, weil man auch keine Phantasie dort hineinsteckte. Und deshalb die Reden und Broschüren von Lenard, Stark, Max Steck, Dingler, Jaensch, Rust, Krieck, oder W. Müller –

Leute wie Reinhard Höhn, Konrad Fiedler, Franz Alfred Six, Werner Best, Theodor Maunz u.v.a.m. allerdings in ihrer Rehabilitation des Nationalsozialismus gegenüber Ansprüchen auf Strafverfolgung, Schadensersatz etc. gerade in der Systematisierung und Entkriminalisierung des Nationalsozialismus als wertneutrale Weltsicht bemerkenswerte Fortschritte gemacht. Diese Standpunkte sind auch folgenreich in die bundesrepublikanische Rechtssprechung eingegangen.[9] Ich kenne keine Literatur, die die Unmöglichkeit einer systematischen Darstellung des Nationalsozialismus zweifelsfrei nachweist. Immer wird gebetsmühlenhaft wiederholt: „Der Inhalt dieser Weltanschauung, der Ideengehalt des Nationalsozialismus, blieb ungewiß und unklar, ohne Systematik und Geschlossen-

---

die wir alle kennen und bis zum Erbrechen zitieren – die aber von der akademischen Wissenschaft kaum oder gar nicht rezipiert wurden. Peckhaus stellt aber die Begriffe der Wissenschaft: Objektivität und Wahrheit – das ist sehr schön strukturiert geschehen – in eine geschichtliche Entwicklung, die auch Rust und Göring – speziell für die Wissenschaften vollzogen –, nämlich die von der Gesinnungsprotzerei zur „Objektivität".
Man fürchtete in den Institutionen vielleicht die „monokratische Durchsetzung" (K. D. Bracher) eines Führerwillens und reagierte beispielsweise im „Verein zur Förderung des mathematischen und naturwissenschaftlichen Unterrichts" mit der Einführung des „Arierparagraphen" im Sinne des Berufsbeamtengesetzes auf der 36. Hauptversammlung vom 2. bis 7. April 1934 in Berlin. Von 3165 Mitgliedern waren 10 von der Maßnahme betroffen (Angaben nach Peckhaus 1984, S. 70). Karl Georg Wolff wurde von Bruno Kerst, einem Nationalsozialisten, ersetzt. Auf der 37. Hauptversammlung 1935 in Kiel trat der Verein dem NS-Lehrerbund bei. Den Einzelmitgliedern wurde empfohlen dem NSLB (National-Sozialistischer Lehrer-Bund) beizutreten. Und in der Folge beherrschte der NSLB das Wirken des Vereins. Wie die Eingliederung der Mathematik, d.h. der „Reichsverband Deutscher Mathematischer Gesellschaften und Vereine", dem 1930 16 mathematische Gesellschaften und Vereine angehörten, kann bei Peckhaus 1984 (S. 73) nachgelesen werden. – Die gegenseitige Konkurrenz von Institutionen, Amt Rosenberg, Ahnenerbe, Reichsinstitute und dergleichen mag als Scheinpluralismus gelten, der gegebenenfalls beiseite tritt, wenn ein monokratischer Anspruch – sprich Staat, Partei, Hitler oder einer seiner Paladine – durchgesetzt wird. Wann er jeweils durchgesetzt wurde, von wem und mit welchen Ergebnissen: das hätte ich dann schon gerne gewußt. Ich denke aber, daß alles, was Hitler in der Wissenschaft durchgesetzt haben wollte, bereits durch die neuen Beamten- und „Blut"- Gesetze durchgesetzt wurde. Ich denke, daß die Tatsache, daß Hitler selbst wenig zur Wissenschaft bemerkt hat, die Interpretationen und die Ideen, den Führer darin zu führen, hervorsprießen ließen, von der Partei aber als fruchtlos angesehen wurde. Vgl. dazu Volker Peckhaus, Der nationalsozialistische „neue Begriff" von Wissenschaft am Beispiel der „Deutschen Mathematik" – Programm, Konzeption und politische Realisierung. Qualifikationsarbeit zur Erlangung des Grades eines Magister Artium. Philosophische Fakultät der RWTH Aachen 1984. – Allerdings lasse ich Meinungsverschiedenheiten nicht als Beispiel für Synkretismus gelten: Zu den internen Kämpfen des NS untereinander – von Freikorps, Fememord bis zu den Exzessen an dem Kreis um Röhm – vgl. SUSANNE MEINL, Nationalsozialisten gegen Hitler. Die nationalrevolutionäre Opposition um Friedrich Wilhelm Heinz. Berlin: Siedler Verlag 2000. Dabei wird der Widerstandsbegriff nicht länger an moralische Integrität gebunden, und es wird nicht lange dauern, da wird A. Hitler als besonderer nationalrevolutionärer Widerständler des NS gefeiert; schließlich hat er nachweislich Röhm und Konsorten ausgeschaltet, während anderen nicht einmal Attentate gelangen ... Das Widerständige der DMV gegen die „Deutsche Mathematik" und ihre Zumutungen wird auch deutlich aus der Geschichte der DMV 1933–145. Vgl. den gleichlautenden Abschnitt in HELMUTH GERICKE, Aus der Chronik der Deutschen Mathematiker-Vereinigung, S. 46 (2) – 74 (30), in: *JDMV* 68 (1966).

[9] Vgl. JOACHIM PERELS, Die Abwehr der Erinnerung und die Zurückhaltung der Justiz. Über die geplante Aufhebung der NS-Unrechtsurteile und ihre Vorgeschichte. *Kritische Justiz*, Heft 3/97. Nomos Verlag: Baden-Baden 1997.

heit."[10] Aber dann folgt auf mehr als 450 Seiten eine systematische Abhandlung über das nationalsozialistische Privatrecht, die noch detaillierter hätte ausfallen können. Zum anderen ist denjenigen Zeitgenossen, die das NS-Unrecht ausbildeten, wie Th. Maunz etc., davon nichts aufgefallen. Die Originalliteratur ist beträchtlich und Legion ist das Schrifttum zur NS-Rechtswissenschaft: so viel Mühe um „inhaltsleere" Lehre und folgenreiche Praxis?

Etwas anderes ist die Anwendung eines „völkischen Sittengesetzes" oder des „Geistes des Nationalsozialismus" auf ein bereits bestehendes Normensystems wie in der Rechtswissenschaft, das nicht vom Nationalsozialismus geschaffen wurde.[11] Die Scheu vor theoretischer Fixierung von Grundsätzen lag darin, daß man anfänglich neue und veränderte Umstände nicht erschöpfend festlegen und daran geknüpfte Rechtsfolgen nicht vorhersehbar machen konnte und wollte. Wo Altes und Neues zusammentraf, mußte man erst noch proben. Deshalb entstanden Lücken, Generalklauseln, Auslegungen, Kompetenzüberschreitungen usf.

Kompetenzwirrwarr, Eitelkeit, Ehrgeiz, Rivalität, Reibereien sind Kennzeichen der Wissenschaftspolitik des Nationalsozialismus.

Wie da jemand ohne jeden Nachweis behaupten kann, ob eine Ansicht zum NS-Weltbild gehöre oder nicht, und wer als Spezifikum des Nationalsozialismus einzig einen „biologistisch begründeten Rassismus" nennte, hätte keine Kompetenz.[12]

Kennzeichen der NS-Ideologie waren aber auf jeden Fall (oft unausgesprochener, weil als „selbstverständlich" empfundenem) Antisemitismus, Antiliberalismus, Antirelativismus, Antipositivismus, heroische Kultur des Willens, alldeutschvölkische Gesinnung, Antibolschewismus, Anti-Freimaurertum, Ideologie der Härte und Entschlossenheit, Anti-Parlamentarismus, Rassenbiologie, und andere Bruch- und Versatzstücke aus der „Konservativen Revolution". Wer nur auf „Blu(t)Bo(den)" geht und Walter Darré zitieren möchte, irrt sich in der „Bewegung" sehr.[13]

---

[10] Vgl. Fußnote 11, S. 102.

[11] Vgl. BERND RÜTHERS, Die unbegrenzte Auslegung. Zum Wandel der Privatrechtsordnung im Nationalsozialismus. Tübingen: J.C.B. Mohr (Paul Siebeck) 1968.

[12] Zur Problematik der Frage, ob es eine offizielle, verbindliche NS-Doktrin bis wenigstens 1933 gegeben hat und wie polyzentrisch sie ausgesehen hätte, vergleiche das informative Buch von THOMAS KLEPSCH, Nationalsozialistische Ideologie. Studien zum Nationalsozialismus, Band 2. Münster: LIT-Verlag 1990. Zum Begriff des Konglomerats vgl. MARTIN BROSZAT, Das weltanschauliche und gesellschaftliche Kräftefeld, S. 95–107, in: Martin Broszat, Norbert Frei (Hrsg.), Das Dritte Reich im Überblick. München: Piper Verlag 1989.

[13] Man schlage einfach mal im „Nazi-Meyer" (Meyers Konversationslexikon, das während der NS-Zeit entstanden ist) die entsprechenden Artikel zur „Nationalsozialistischen Deutschen Arbeiterpartei" auf oder in der zehnten Auflage des „Philosophischen Wörterbuchs" (1943 bei A. Kröner in Leipzig erschienen) auf, um eine kleine Ahnung davon zu gewinnen, wie weit und unterschiedlich die Weltanschauung, die Begriffe, diese Ideen-Cluster interpretierbar waren. Eine der Bestimmungen des Nationalsozialismus ergab sich aus denjenigen Menschen, die diesen Gewaltverhältnissen zum Opfer gefallen waren, sei es durch Emigration oder Tod, Verfolgung und Zwang, Leiden und Angst, Ohnmacht und geistige Starrheit. Das „Tagebuch" von VIKTOR KLEMPERER (Berlin: Aufbau Verlag 1996) gibt Auskunft darüber, was an der NS-Weltanschauung wirksam war, auf welche Weise und warum.

Es kommt aber nicht darauf an, eine NS-Ideologie zu postulieren oder zu definieren und dann herauszufinden, ob sich darunter etwas subsumieren ließe. Dagegen kommt es aber darauf an herauszufinden, welche Arten der Ideologie es im Nationalsozialismus gegeben hat. Richard Wagner schrieb im 11. Kapitel seiner Schrift „Deutsche Kunst und deutsche Politik" bei der Behandlung des Verhältnisses der humanistischen Schule zum Theater:

> „Hier kam es zum Bewußtsein und erhielt seinen bestimmten Ausdruck, was deutsch sei; nämlich: die Sache, die man treibt, um ihrer selbst und der Freude in ihr willen treiben, wogegen das Nützlichkeitswesen (...) sich als undeutsch herausstellte."

Adolf Hitler ging in seiner Eröffnungsrede von 1937 im Haus der Deutschen Kunst weiter und sprach:

> „Deutsch sein, heißt klar sein. Das aber würde besagen, daß deutsch sein damit logisch und vor allem auch wahr sein heißt."

Auf dem Reichparteitag 1938 in Nürnberg rief er:

> „Der Nationalsozialismus ist eine kühle Wirklichkeitslehre schärfster wissenschaftlicher Erkenntnisse und ihrer gedanklichen Ausprägung. Indem wir für diese Lehre das Herz unseres Volkes erschlossen haben und erschließen, wünschen wir nicht, es mit einem Mystizismus zu erfüllen, der außerhalb des Zweckes und Zieles unserer Lehre liegt. (...). (Der) Nationalsozialismus ist eben keine kultische Bewegung, sondern eine aus ausschließlich rassischen Erkenntnissen erwachsene völkisch-politische Lehre. In ihrem Sinne liegt kein mystischer Kult, sondern die Pflege und Führung des blutbestimmten Volkes."[14]

Bei Goebbels hieß es früher:

> „In der nationalsozialistischen Revolution ist eine Weltanschauung zum Durchbruch gekommen! Eine Weltanschauung hat – und das ist ihr wesentliches Charakteristikum – nichts mit Wissen zu tun."[15]

> „Ein klares, nationalsozialistisches Wissenschaftsprogramm gab es eigentlich nicht, unbeschadet manch anderer Meinung. Wie mit den wissenschaftlichen Institutionen, den Hochschulen, Akademien, der Kaiser-Wilhelm-Gesellschaft und anderen Verfahren werden sollte, beschäftigte zwar eine ganze Reihe mehr oder weniger kompetenter Mitglieder der nationalsozialistischen Bewegung. Jedoch gab es eigentlich die ganze Zeit des Dritten Reichs über keine klare Meinung und schon gar keine vom „Führer" abgesegnete offizielle Lesart, welche Rolle Wissenschaft und Forschung im neuen Staatswesen spielen sollten."[16]

---

[14] S. 12 f., zitiert nach Dr. med. habil. Lothar Stengel-v. Rutkowski. Dozent für Rassenhygiene, Kulturbiologie und rassenhygienische Philosophie an der Friedrich-Schiller-Universität Jena, Medizinalrat am Thüringischen Landesamt für Rassewesen: Wissenschaft und Wert. Rede anläßlich der Arbeitstagung der Gaustudentenführung Thüringen am 8. Februar 1941 in Altenburg. Jena: Verlag von Gustav Fischer 1941. Jenaer Akademische Reden, Heft 29. In Teilen abgedruckt S. 221 f., bei Yvonne Karow, Deutsches Opfer. Kultische Selbstauslöschung auf den Reichsparteitagen der NSDAP. Berlin: Akademie Verlag 1997.

[15] S. 10, in: *Wesen und Gestalt des Nationalsozialismus.* Schriften der Deutschen Hochschule für Politik, Heft 3, Berlin 1935.

[16] S. 118, Notker Hammerstein, Die Deutsche Forschungsgemeinschaft in der Weimarer Republik und im Dritten Reich. Wissenschaftspolitik in Republik und Diktatur. München: C. H. Beck 1999.

Die programmatischen Reden zu einer NS-Wissenschaft sind von einer beispiellosen Inhaltslosigkeit.[17] Nicht einmal Krieck konnte erklären, was Inhalt und Kern der NS-Wissenschaftsanschauung denn nun sei. Der SS-Satrap Heinrich Harmjanz sieht in der Tatsache, daß eine politische Bewegung die Fähigkeit und den Willen in sich trage, eine große Anzahl von Wissenschaftlern zusammenzuziehen, um jenseits „voraussetzungsloser" Wissenschaft öffentlich in einer Gemeinschaft deutsche Wissenschaft zu betreiben und zu bekennen[18], ein Kennzeichen von NS-Wissenschaft. Das ältere Ideal der Voraussetzungslosigkeit sei überwunden. Die nationalsozialistische Wissenschaftsgemeinschaft sei gerade

> „von Volkstum und vom deutschen Menschen her willensmäßig, inhaltsmäßig und wieder zweckmäßig bestimmt. In unserer Wissenschaft geht es uns allein, und nur allein, um den deutschen Menschen, um unser deutsches Volk. Das ist unsere Voraussetzung!".[19]

Prof. Dr.-Ing. Otto Kirschmer, der Rektor der Technischen Hochschule Dresden, tönte in dem Vorwort seines Vortrags „Wissenschaft und Staat"[20]:

> „Die Auffassung des Nationalsozialismus, daß die Wissenschaft nicht über alle Wandlungen der Weltanschauung erhaben, zeitlos und ohne Bindung an Volk und Raum leben dürfe, sondern ‚Dienst am Volke' sein müsse, birgt so starke Abweichungen von herkömmlichen Ansichten in sich, daß viele Gelehrte erst allmählich den Geist der neuen Zeit werden ganz verstehen können. Ich mußte mir daher im klaren sein, daß ich mit meinen Anschauungen bei einem Vortrag über ‚Wissenschaft und Staat' auf gegenteilige Meinungen stoßen und Kritik auslösen würde, (...). Die Tagespresse hat in überraschend weitem Umfange Gelegenheit genommen, meinen Vortrag teils in bejahendem, teils in zurückhaltendem oder gar verneinendem Sinne zu beurteilen."

Und deshalb läßt er einen verbesserten Druck im Oktober 1934 erscheinen. Und auch dies ist mir ein Zeichen der mangelnden Akzeptanz des „schwierigen Themas" einer NS-Wissenschaftsauffassung, die eben nur von wenigen vertreten und vorangetrieben wird. Kirschmer fordert „eine mit Körperertüchtigung verbundene weltanschaulich theoretische und praktische Schulung" einer „unerschütterlichen Grundanschauung" und „eine gediegene fachliche Ausbildung". Zitiert werden die bekannten „Wissenschaftler" Hitler, Frick, Mussolini, Gürtner. Und Wissenschaftler sollten sich von dem Grundsatz leiten lassen: „Wissenschaft nicht um der Wissenschaft, sondern um meines Volkes willen". Die Äußerungen Heideggers sind bekannt.

Welche Mathematikformen und welche Ideologien darüber beispielsweise gab es im NS, die für ihn spezifisch waren?

---

[17] ebenda S. 284.

[18] S. 286, ebenda.

[19] S. 287, ebenda.

[20] Erweiterte Fassung eines Vortrages vor der Kaiser Wilhelm-Gesellschaft zur Förderung der Wissenschaften im Harnack-Haus Berlin am 11. Mai 1934. Verlag B. G. Teubner in Dresden 1934.

B   Naturwissenschaft und Mathematik im Nationalsozialismus

Was nationalsozialistische oder arische Naturwissenschaft sei, ist im Nationalsozialismus noch mehr umstritten gewesen als das, was NS-Weltanschauung sei
oder zu sein habe. Als Corona in den Wissenschaften wurden die „Deutsche
Mathematik" und die „Deutsche Physik" sichtbar, aber selbst diese Formen wurden nicht eindeutig vom Nationalsozialismus oder einer seiner Formationen amt-
lich unterstützt[21]. Die „Deutsche Mathematik" – eine Mißgeburt von Bieberbach,
Kubach[22], Tornier[23], Teichmüller, u.a. – verlor sofort ihre Gültigkeit als Theodor
Vahlen seine Macht verlor[24]. Unter dem Nationalsozialismus wird das universali-
stische Prinzip

---

[21] Es ist deshalb nicht besonders glücklich, wenn man einen Vertreter einer Wissenschaft aufgrund unausgesprochener Kriterien herauspickt, ihn als „nationalsozialistisch" betitelt und an
der – meistens unglücklichen – Exegese an seinen Aufsätzen und Büchern und dem persönlichen Verhalten das ganze Fach messen möchte. Auch einzelne Dossiers helfen nicht weiter; vgl.
GEORGE LEAMAN und GERD SIMON, Deutsche Philosophen aus der Sicht des Sicherheitsdienstes
des Reichsführers SS, S. 261–292, in: Jahrbuch für Soziologie-Geschichte 1992. Herausgegeben
von Carsten Klingemann. Leske + Budrich: Opladen 1994.

[22] Fritz Kubach war Heidelberger Kommilitone von F.A. Six und beide hatten Kontakt in den
1000 Jahren. (S. 83, LUTZ HACHMEISTER, Der Gegnerforscher. Die Karriere des SS-Führers Franz
Alfred Six. München: Verlag C.H. Beck 1988).

[23] Zu Erhard Tornier vgl. THOMAS HOCHKIRCHEN, Wahrscheinlichkeitsrechnung im Spannungsfeld von Maß- und Häufigkeitstheorie – Leben und Werk des „Deutschen" Mathematikers Erhard Tornier (1894–1982), S. 22–41, *NTM* 6 (1998) und Leserzuschrift S. 257 *NTM* 6 (1998).
Tornier, der mit Hasse zusammen eine Publikation 1928 veranstaltete, scheiterte politisch und
fachlich nach 1933 in Kiel und Göttingen und ging endlich zu Bieberbach nach Berlin. Bieberbach stimmte ausdrücklich am 6. April 1938 einer Versetzung Torniers in den Ruhestand zu –
sie wurde 1939 ausgesprochen –, damit dieser nicht einem Dienstverfahren unterliegen mußte.
Tornier hatte wohl zuviel Eggers gelesen und wollte als Lanzknecht der NS-Bewegung in die
Mathematik eingehen. Die NS-Bewegung scheint aber im Bereich der Mathematik ihre Anhänger, nach anfänglichen Erfolgen, eher tief zerrüttet zu haben. Die Geschichte der Deutschen
Mathematik ist ja leider noch immer nicht geschrieben. Vor allem finde ich keine Dokumente
aus der Perspektive der Opfer.

[24] HERBERT MEHRTENS insinuiert, daß die „Deutsche Mathematik" als Verteidigung gegen eine
Abwertung der Mathematik durch Philipp Lenard ins Leben gerufen wurde (DERSELBE, Mathematik als Wissenschaft und Schulfach im NS-Staat, S. 205–216, in: Reinhard Dithmar (Hrsg.),
Schule und Unterricht im Dritten Reich. Luchterhand: Neuwied 1995). Das ist m. E. nicht zu
belegen. Ich halte die „Deutsche Physik" für eine folgenschwere politische Größe, die jedoch fast
keinen Einfluß auf die normale fachliche physikalische Forschung im NS-Deutschland hatte,
abgesehen von der Opposition in den *Physikalischen Blättern*. Ich habe mir für die Jahre 1933
bis 1945 aus den Verlags- und Rezensionsverzeichnissen alle zur populären, also wissenschaftspolitisch und öffentlich wirksamen Physik rechenbaren Bücher (260) genommen und jedes
zehnte daraufhin durchgeblättert, ob es Abstreifungen der „Deutschen Physik" enthält, dann
kann ich sagen, daß allerhöchstens 3% davon derartige Sätze als Zitat beinhalten – wenn man es
aus den nachkriegszeitgeordneten Publikationen kennt wie ich. Was aber sagen die Zeitzeugen?
Damalige Physiker und Kenner sahen Veröffentlichungsorte und wußten zu unterscheiden, was
sie anrührten und lasen und was nicht. Nehmen wir ein Buch wie HEINRICH KONENS „Physikalische Plaudereien" (Bonn: Verlag der Buchgemeinde 1937) mit großer Auflage: da hat kein Nationalsozialist reinregiert, wenn auch in dieser fachlich sachlichen Sprache mitunter „sorgfältig"
formuliert wird. Aber die Leute, selbstverständlich nicht alle, lasen doch damals auch auf ganz
andere Weise. Ich begehre mal eine Studie zu sehen – und die von Klaus Hentschel berührt
dieses Thema kaum – die endlich mir widerspricht, indem sie quantitativ und qualitativ arbeitet

> „jeder Art beendet und durch das rassisch-völkische Prinzip ersetzt. (...) Man suchte
> das Weltanschauungsprinzip von Philosophie und Wissenschaft fernzuhalten. Als
> Mensch und Volksgenosse verpflichtete man sich auf die rassisch-völkische Weltan-
> schauung; in Philosophie und Wissenschaft, die ohnehin in den Händen der Epigonen
> schon im Niedergang begriffen waren, geriet man dagegen in völlige Unsicherheit,
> Unproduktivität und Rückwärtsschau."[25]

Sein Rivale Alfred Baeumler sieht größere Schwierigkeiten:

> „Das nationalsozialistische Wirklichkeitsbewußtsein kennt die Problematik der
> alten Ideenlehre, die durch ihren Ansatzpunkt dazu verpflichtet war, das Relative dem
> Absoluten, das Bedingte dem Unbedingten, das Endliche dem Unendlichen gegenüber-
> zustellen, nicht mehr. Die diesem Bewußtsein entsprechende Philosophie hat ihre
> Problematik an anderer Stelle, und zwar da, wo die Frage der allgemeinen Mitteilbar-
> keit auftaucht. Zur überlieferten Ideenlehre gehört die absolute Logik. Aus dem An-
> satzpunkt der nationalsozialistischen Philosophie ergibt sich das Problem einer Logik,
> die zwar im Umkreis unseres Bezugssystems entspringt, dieses aber zugleich trans-
> zendiert. Alle Fragen, die durch die nationalsozialistische Weltanschauung aufgewor-
> fen werden, sind von dem absolutistischen und universalistischen Ansatzpunkt der
> überlieferten Ideenlehre aus theoretisch und praktisch grundsätzlich unlösbar." (S. 33)[26]

Eine „arische Logik", die sich durch Führerbefehl nur auf deutsche Ahnen,
Enkel, Menschen und Persönlichkeiten zu beziehen vermag und sich direkt in
die Willenssphäre umsetzt, aber auch für den Rest der Welt verbindlich sein
kann, hatten wenige im Sinn. Im Gegenteil, der Reichsminister für Wissenschaft,
Erziehung und Volksbildung Rust, plädierte anläßlich der Eröffnung des Reichsforschungsrats am 25. Mai 1937 für Freiheit der Wissenschaft durch ihre eigenge-
setzlichen Verfahren:

> „Die Freiheit der Wissenschaft wird nicht gewährleistet durch die Allgemeinheit
> und Zeitentrücktheit ihrer Gegenstände, sondern durch die Eigengesetzlichkeit ihres
> Verfahrens. (...) Das deutsche Volk verlangt nicht nach einer Wissenschaft, die nur
> nachredet, was die politische Führung für richtig erkannt hat, (...), das hieße wirklich
> Ergebnisse der Wissenschaft vorweg- nehmen und ihr damit ihr Hoheitsrecht nehmen.
> (...) Unfrei ist die Wissenschaft, wenn ihre Ergebnisse von einer außerwissenschaftli-
> chen Macht vorgeschrieben werden, frei aber, wenn sie souverän die Probleme
> meistert, die das Leben ihr stellt. Gerade weil wir die Eigengesetzlichkeit der Wissen-
> schaft erkennen und respektieren, können wir uns in der Wahl der Gegenstände
> unseres Forschens bestimmen lassen von den politischen und völkischen Notwendig-
> keiten des geschichtlichen Augenblicks. (...) Mit der Gründung des Reichsforschungs-
> rats wird nicht ein neues Prinzip wissenschaftlichen Verfahrens eingeführt, weiterhin

---

und nicht bloß immer dieselben Zitate bringt, die damals kein Mensch gelesen hat. Man zeige
mir die tatsächlich nachgewiesene Wirkungsmächtigkeit dieser Ideologie einer „Deutschen
Physik" in der deutschen Physik während des Nationalsozialismus im europäischen Vergleich.
Ansonsten bin ich für ein „Niedriger hängen!".

[25] ERNST KRIECK, Philosophie, S. 29–31, in: „Deutsche Wissenschaft. Arbeit und Aufgabe". Dem
Führer und Reichskanzler legt die Deutsche Wissenschaft zu seinem 50. Geburtstag Rechen-
schaft ab, über ihre Arbeit im Rahmen der ihr gestellten Aufgabe. S. Hirzel Verlag: Leipzig 1939.
Darin auch ein Hasse-Beitrag.

[26] ebenda, ALFRED BAEUMLER, Philosophie, S. 33 (Die Rubrik Philosophie hat als einzige zwei
Autoren und das allein zeigt die offene Konfrontation, die in der Öffentlichkeit ausgetragen wird.
Die Idee einer einheitlichen NS-Ideologie war für Zeitgenossen schon barer Unsinn).

brauchen die einzelnen Wissenschaften die Richtung ihrer bisherigen Arbeit nicht zu ändern."[27]

Selbstverständlich gab es im Nationalsozialismus auch die „Freiheit der Wissenschaft", aber die Wissenschaft sei niemals voraussetzungslos.

> „Nicht nur aus dem Munde des politischen Gegners, sondern auch aus dem des ehrlichen Freundes deutscher Kultur vernehmen wir mit Besorgnis, daß der Nationalsozialismus die Wissenschaft zur Magd der politischen Gewalt erniedrige, daß er sie in ihrer Freiheit und Unabhängigkeit beraube (...). Aber die Lehre des Nationalsozialismus selbst, wird man sagen, stellt ja die Grundlage aller Wissenschaft, ihre Voraussetzungslosigkeit und Wertfreiheit, ihre Objektivität und Autonomie in Frage."[28]

Frage: Wie steht der Nationalsozialismus zur Wissenschaft? Erstens: Entfernung der marxistischen Leugner des nationalen Prinzips von allen verantwortlichen Stellen des öffentlichen Lebens, aber nicht als Vertreter der Wissenschaft, sondern als Parteigänger einer umstürzlerischen politischen Lehre. Diese mißbrauchten die Freiheit der Wissenschaft und dem trat der Nationalsozialismus scharf entgegen. Zweitens: mit Plato wird gefordert, daß nur Echtbürger und keine Mischlinge philosophieren dürfen. Wissenschaft ist ohne Voraussetzungen und wertmäßige Grundlagen nicht möglich. Die „voraussetzungslose" Wissenschaft gründet in einem positivistischen und liberalistischen Menschenbild, das in einer Zerreißung der Lebenswirklichkeit ihr Ende fand. Ergebnis war die völlige Standpunkt- und Richtungslosigkeit des Forschers. Der tatsächliche Mensch aber lebe in Traditionen und Blut und Geschichte bestimmten Bindungen in einer gemeinsamen Wirklichkeit. Erst das Durchschauen dieser Bindungen läßt uns ein aktives, lebendiges Verhältnis zur Wirklichkeit gewinnen.

> „Auch der Nationalsozialismus bekennt sich zu einer recht verstandenen Objektivität."[29]

Dieser Begriff darf nicht mit Weltanschauungslosigkeit oder einer Haltung des Allesverstehens verwechselt werden. Der Nationalsozialismus mache der Wissenschaft keinerlei Vorschriften, wenn es auch technische Zielsetzungen gebe und der Staat die Wissenschaft bei der Bewältigung seiner Probleme heranziehe.

> „Wir verlangen nicht vom Gelehrten, daß er die Schöpfungen des nationalsozialistischen Staates verherrliche. Wir sehen allerdings auch nicht seine Aufgabe darin, als

---

[27] Ein Ehrentag der deutschen Wissenschaft, Die Eröffnung des Reichsforschungsrats am 25. Mai 1937, Rede des ˌREICHSMINISTERS RUST, S. 12ff. Herausgegeben von der Pressestelle des Reichserziehungsministeriums. Berlin 1937; vgl. auch: „Was er (der NS, EMT) bekämpft, ist die zum Grundsatz erhobene Weltanschauungslosigkeit, die Verwechslung von Objektivität mit jeder Haltung des Allesverstehens, welche die Kraft der Entscheidung lähmt und auch den unwürdigen Zustand der Welt rechtfertigt. (...) Die wahre Autonomie und Freiheit der Wissenschaft liegt darin, geistiges Organ der im Volke lebendigen Kräfte und unseres geschichtlichen Schicksals zu sein und sie im Gehorsam gegenüber dem Gestz der Wahrheit darzustellen." BERNHARD RUST, S. 12 ff., in: Schriften des Reichsinstituts für Geschichte des neuen Deutschlands. Das nationalsozialistische Deutschland und die Wissenschaft. Heidelberger Reden von Reichsminister Rust und Professor Ernst Krieck. Hamburg: Hanseatische Verlagsanstalt 1936.

[28] BERNHARD RUST, Nationalsozialismus und Wissenschaft. S. 683, in: *Hochschule und Ausland*. Monatsschrift für deutsche Kultur und zwischenvölkische geistige Zusammenarbeit. Organ des Deutschen Akademischen Austauschdienstes e.V. 14. Jahrgang, Heft 8, August 1936.

[29] ebenda S. 686.

Richter über die politische Tat ihr nachträglich die wissenschaftliche Weihe und Berechtigung zu geben, von einer Grundlage aus, die nicht die des politischen Handelns ist. Wir lehnen eine verordnete Wissenschaft ab, aber wir dulden auch nicht den politisierten Gelehrten."[30]

In der wahren Objektivität erblicke man die Bedingung des wissenschaftlichen Eigenlebens. Der Nationalsozialismus habe es nicht nötig, die Wissenschaft zu reglementieren oder ihr gar Resultate vorzuschreiben, weil dies das Ende der Wissenschaft bedeuten würde. Eine neue Blüte der Wissenschaft könne nicht durch organisatorische Maßnahmen bewirkt werden, sondern eine wirkliche Wandlung des wissenschaftlichen Lebens könne nur durch eine neue Idee von Wissenschaft geschehen.[31]

Gerade Himmler hatte die freie Setzung von Hypothesen – im scharfem Gegensatz zu Newton – verlangt.[32] Allerdings wurde die Freiheit der Wissenschaft immer auf eine genau bestimmte Bezugsgröße festgelegt und definiert:

> „Die Forderung nach der ‚Freiheit der Wissenschaft' ist uns überkommen als Erbe aus der Zeit der Reformationskämpfe. Ihren wesentlichen Ausdruck findet sie in der Freiheit von Forschung und Lehre, der akademischen Freiheit schlechthin. Sie gehört ebenso wie die Idee der Universitas zum Lebensprinzip unserer Hochschulen. Gerade die Freiheit der deutschen Wissenschaft wurde durch das Ausland seit 1933 in stärksten Zweifel gezogen, ja sogar völlig bestritten. Man wollte uns glauben machen, daß es eine solche Freiheit im nationalsozialistischen Deutschland nicht mehr gäbe, sondern daß die Wissenschaft lediglich einem riesigen propagandistischen Ziele diene. (...) So ist denn die deutsche Freiheitsidee niemals lebendiger gedacht worden als in unserer heutigen Zeit. Träger einer solchen wahrhaft sittlichen Freiheit aber kann niemals das abstrakte Individuum sein, das jegliche Bindung leugnet. Denn es ist weit davon entfernt, frei zu sein, da es niemals die höchste und wahre Freiheit erreichen kann: Die Freiheit in sich selbst. Nur wer die letzten Urgründe kennt, auf denen jede wahre Persönlichkeit aufbaut, nämlich die Volksgemeinschaft, wird zu einer wahrhaft befreienden Tat vordringen können. (...) Und von diesen Zusammenhängen aus müssen wir auch die Freiheit der Wissenschaft, die Freiheit von Forschung und Lehre begreifen; sie ist letztlich nichts anderes als verantwortungsbewußter Dienst an den Urwerten unseres völkischen Seins."[33]

---

[30] ebenda S. 688.

[31] BERNHARD RUST, Nationalsozialismus und Wissenschaft. S. 679–689, in: *Hochschule und Ausland*. Monatsschrift für deutsche Kultur und zwischenvölkische geistige Zusammenarbeit. Organ des Deutschen Akademischen Austauschdienstes e.V. 14. Jahrgang, Heft 8, August 1936. Berlin: Herbert Stubenrauch Verlagsbuchhandlung. Koreferat: ERNST KRIECK, Die Objektivität der Wissenschaft als Problem, S. 689–696, in: ebenda.

[32] Es gibt zu Himmlers oder überhaupt zur NS-Wissenschaftsauffassung bis heute keine Untersuchung bis auf die treffende Analyse der volkskundlichen Ansätze des „Ahnenerbes", vgl. WOLFGANG JACOBEIT (Hrsg.), Völkische Wissenschaft. Wien: Böhlau Verlag 1994; cf. besonders GISELA LIXFELD, Das „Ahnenerbe" Heinrich Himmlers und die ideologisch-politische Funktion seiner Volkskunde; darin: „Zum Wissenschaftsbegriff Heinrich Himmlers und seines „Ahnenerbes", in: Jacobeit 1994.

[33] S. 635 f., Rede des REICHSDOZENTENFÜHRERS REICHSAMTSLEITER PROFESSOR DR. SCHULTZE über „Grundfragen der deutschen Universität und Wissenschaft" anläßlich der Einweihung der ersten Akademie des NS-Dozentenbundes zu Kiel vom 21. Januar 1938, in: F.A. SIX (Hrsg.), Dokumente der deutschen Politik. Reihe: Das Reich Adolf Hitlers. Band 6/1. Berlin: Junker und Dünnhaupt. Vierte Auflage 1942.

Und diese Bezugsgröße „Volksgemeinschaft", die „werdende Wirklichkeit unseres Volkes" (Paul Ritterbusch), stiftet eine einheitliche und gemeinschaftliche, total bestimmende und durchdringende echte Wissenschaft.

> „Es gibt eben keine echte Wissenschaft und keine Einheit der Wissenschaften, in der nicht ein substantieller, einheitlich und ganzheitlich wirkender Geist aktiv entfaltet und gestaltet würde. Ohne diesen gibt es auch keine echte wissenschaftliche Gemeinschaft. Die Reichsuniversität kann daher als diese Gemeinschaft des wissenschaftlichen Geistes keine Sphäre neutraler, indifferenter und passiver Geistigkeit sein. Sie kann keine Eremitage sein, wo man sich, aus der Härte und Differenz des Daseins geflüchtet, einem beschaulichen Wesen hingibt und in der eigenen Indifferenz die Wahrheit sucht."[34]

Um die Freiheit der Wissenschaft zu verteidigen, müssen diejenigen, die den Freiheitsgrund, das deutsche Volkstum bedrohen – also Juden, feministisch gerichtete Frauen, Katholiken, Sozialdemokraten und so fort – aus der Wissenschaft und aus dem Volk ausgeschieden werden. Rassenlehre wird mit Krieck und Jaensch, Rust und Rosenberg zum Grundprinzip, zur primären Voraussetzung deutscher Naturwissenschaft. Gleichzeitig führen Eduard May und Hugo Dingler von der wissenschaftstheoretischen, „internen" Seite den Kampf gegen Objektivismus, Relativismus, Beliebigkeit, Historismus, Bodenlosigkeit und für den logisch stringenten Aufbau einer deutschen Wissenschaft aus der deutschen Lebenspraxis.[35]

---

[34] S. 27f., in. PAUL RITTERBUSCH, Idee und Aufgabe der Reichsuniversität. Heft 8 der Schriftenreihe „Der deutsche Staat der Gegenwart". Hrsg. von Carl Schmitt. Hamburg: Hanseatische Verlagsanstalt 1935. Paul Ritterbusch (1900 – Freitod am 26. 4. 1945) war Dozentenbundführer und Rektor der Universität Kiel. Er war Nachfolger von Carl Schmitt als Reichsgruppenleiter der Reichsfachgruppe Hochschullehrer im NSRB und seit 1940 Bevollmächtigter des REM für den Kriegseinsatz der Geisteswissenschaften. Bis 1944 war er stellv. Amtschef im Amt Wissenschaft des REM. Zu seiner Biographie vgl. CHRISTIAN TILIZKI, Carl Schmitt in Berlin, S. 62–117, in: *Siebte Etappe*. Etappe – Zeitschrift für Politik, Kultur und Wissenschaft. Bonn: Oktober 1991. Ritterbusch war markiger Verfechter der „Entjudung" der deutschen Wissenschaft und früher NSler. Ritterbusch leitete den „Kriegseinsatz der deutschen Geisteswissenschaft" mit einer Publikationsoffensive mit circa 500 Wissenschaftlern (vgl. dazu genau FRANK-RUTGER HAUSMANN, „Deutsche Geisteswissenschaft" im zweiten Weltkrieg. Die „Aktion Ritterbusch" (1940–1945). Dresden: Dresden University Press 1998. Vgl. PAUL RITTERBUSCH, Wissenschaft im Kampf um Reich und Lebensraum. Vortrag zur Eröffnung der gleichnamigen Ausstellung Stuttgart. Kohlhammer 1942. In den 21 Seiten ist auch nicht die Mathematik erwähnt. – Hr. Prof. Dr. Hausmann will mit seinem Buch u.a. die Kontinuität der Wissenschaft vom Nationalsozialismus in die Nachkriegszeit der BRD nachweisen). Bei Hausmann heißt es: „Als erstes Resümee aller Disziplinen kann man festhalten, daß grobe Verstöße gegen die Gebote der Objektivität und Neutralität bis auf wenige Ausnahmen (Philosophie, Staatsrecht, Zivilrecht u.a.) vermieden wurden, obwohl von allen Teilnehmern die Berücksichtigung rassenbiologischer Aspekte sowie ein Bekenntnis zur Superiorität des „Deutschen Geistes" erwartet wurde." (S. 275).

[35] Dingler hat von Eduard May das Prinzip der pragmatischen Ordnung übernommen (Prof. Dr. Peter Janich an EMT vom 15.7.1997). Die Abhängigkeiten dieser Münchner Gruppe, die eine innernationalsozialistische Alternative zur bestehenden „Deutschen Mathematik" und „Deutschen Physik" betreiben wollten, sind noch nicht untersucht. Dingler verteidigt nicht explizit die „Deutsche Mathematik" von Vahlen, Bieberbach, Tornier oder Teichmüller, sondern bestimmt – er macht es Steck deutlich vor – ex negativo eine neue deutsche Mathematik, zu der er wesentlich seine „Begründung von Mathematik und Logik" zählt. Wie Dingler sich das explizit vorstellt, ist in dem an Erbärmlichkeit kaum zu übertreffenden „Memorandum betreffend: Die Herrschaft der Juden auf dem Gebiete der Mathematik" nachzulesen, das er mit einem

Geist – Quelle von Sacherkenntnis, Sachvergleich und Sachfolgerung –, Seele (als Organ der Sachwertung) und Wille (als Organ des Sachgestaltungsdranges) seien demnach an Blut, Rasse, Volk, Stand und Heimat gebunden, aber durch sie nicht getrübt oder verdunkelt, sondern lebensrechtliche Gestaltung und Zweck jeder Wissenschaft. Nicht Milieu oder „Umweltwahn" (Stengel-v. Rutkowski) bestimmen den Menschen und seine Denkweise, sondern mit den Worten von Adolf Hitler heißt es:

> „Die größte Revolution des Nationalsozialismus ist es, das Tor der Erkenntnis dafür aufgerissen zu haben, daß alle Fehler und Irrtümer der Menschen zeitbedingt und damit wieder verbesserungsfähig sind, außer einem einzigen: dem Irrtum über die Bedeutung der Erhaltung seines Blutes, seiner Art und damit der ihm von Gott gegebenen Gestalt und des ihm von Gott geschenkten Wesens."

Nihilistische Objektivität vergesse dabei den Sinn jeder Vernunft. Diese als Zusammenschau von Geist, Gemüt und Wille aber liege in der Aufrechterhaltung

---

Begleitbrief von P. Lenard 1933 an den Bayerischen Kultusminister sandte und sofort den Weg zum Preußischen Innenminister fand. So richtete das Ministerium genau den Blick auf die von Dingler angeregte Vernichtung der Göttinger Mathematik. Hugo Dingler war ein „widerlicher Charakter", aber noch heute beschäftigen sich einige – ausschließlich deutsche Foscher – mit seinen Gedanken. Seine Faszination in Deutschland ist ungebrochen. KIRSTIN ZEYER („Die methodische Philosophie Hugo Dinglers und der transzendentale Idealismus Immanuel Kants. Mit einem Geleitwort von Ulrich Hoyer. Hildesheim: Olms 1999) verkündet: „Der nur wenigen bekannte Zeitgenosse Hugo Dingler (1881–1954) zeigt, daß subjektive Gründe nicht nur immer schon stillschweigend die Forderung nach Objektivität begleiten, sondern für den synthetischen Aufbau eines Systems der Erkenntnis sogar zwingend sind." Dieser These würden sich Krieck, Rust, Rosenberg, Frank und viele andere „Wissenschaftstheoretiker" gerne anschließen. Dinglers vehementer „Certismus", sein Streben nach Letztbegründung wurde schon immer richtig gesehen. Vgl. HERMANN NOACKS, Symbol und Existenz der Wissenschaft. Untersuchungen zur Grundlegung einer philosophischen Wissenschaftslehre. Halle/Saale. Max Niemeyer Verlag 1936: „Die Gewißheit (certitudo) höher zu schätzen als die Sicherheit (securitas) ist als nordisch-germanische Haltung sowohl im Heidentum als auch im Christentum (Luther) nachweisbar." Daraus ergibt sich ein Begriff der Wissenschaft als Weltanschauung. Der jenenser Wissenschaftler Frank Stäudner sieht die Dinglersche Ansicht so: „Ein stabiles Bild der Welt entsteht nur, wenn die ihm zugrundeliegenden Ereignisse reproduzierbar sind. Dies geschieht durch einen aktiven, kontrollierenden Eingriff in das Naturgeschehen, durch experimentelles Handeln . Reproduzierbar allerdings nur, weil der Meßprozeß und die Konstruktion von Meßgeräten auf ‚elementaren Form- und Wirkungsgestalten' beruhen. Diese Elementarformen (Ebene, starrer Körper) sind daher unverzichtbar (normative Letztbegründung!) und finden im wesentlichen in der Euklidischen Geometrie und der Newtonschen Mechanik ihre begriffliche Formulierung. Ein weiteres Charakteristikum von Dinglers Darstellung ist die strikte Trennung von experimenteller Praxis und theoretischer Analyse. Weil die eigentliche wissenschaftliche Leistung im experimentellen Handeln zu sehen sei, kommt der Theorie nur die Rolle einer ‚Hilfswissenschaft' zu – nämlich die ‚Zahlenwolke' (= Meßtabellen, beide Zitate Dingler), das Produkt des Experimentierens, zu ordnen." Und was kann Dingler dafür, wenn die Weltanschauung des Nationalsozialismus für eine wissenschaftliche, kontrollierte Wissenschaft sich am besten eignet? Das wird man doch heute noch sagen dürfen! „Wir glauben nicht mehr, daß objektivgültige Erkenntnis der Wirklichkeit die geistige Haltung des ‚theoretischen Menschen' voraussetze, der unberührt und unbeeinflußt vom Sturm des Lebens ein zurückgezogenes Gelehrtendasein führt; sondern wir nehmen umgekehrt an, daß im Kampf um die objektiv-geltenden Formen, in denen der Geist Macht und Gestalt gefunden hat, die Vorbedingung für ernste Besinnung und gewissenhafte Forschung, also für die Wahrheit menschlicher Welt- und Selbstauslegung zu suchen sei." (H. Noack, S. 226).

des anvertrauten überindividuellen Lebens, der Aufrechterhaltung menschlicher Lebensordnung.

„Die wichtigste naturgesetzliche Lebensordnung des Menschen aber ist die Rasse."[36]

Rassische Unterschiede in den Fertigkeiten, sich den Herausforderungen des Lebens zu stellen, bedeuten Kampf. Besinnen kann man sich nur auf das, was man auch bejahen kann. Und das sind die Werte des germanischen Menschen. Denn es gilt folgendes:

> „Die letzte Wahrheit für den Innerasiaten ist das Streben nach Enthebung von der Welt und die Erreichung der absoluten Ruhe auf dem Wege ausgeglichenster Harmonie. Die letzte Wahrheit für den Mediterranen ist die formale Stimmigkeit von Wort, Gestalt und Gesetz. Die letzte Wahrheit für uns nordisch bestimmtes Volk der Gegenwart ist die Erkenntnis der für unsere Lebensordnung wesentlichen Naturgesetzmäßigkeit und deren Berücksichtigung in Politik, Wissenschaft und Religion. Wir sehen, daß wir keineswegs trotz der Einschaltung unseres seelischen Sachwertungsvermögens uns von dem germanischen Drang, logisch zu denken, und unserem nordischen Erbe der Naturwissenschaft abkehren. Das Vermögen des nordischen Menschen, sachliche Arbeit zu leisten und im guten Sinne ‚objektiv' sein zu können, beruht auf der Fähigkeit, zwischen den folgerichtigen Gesetzen der Natur und dem folgerichtigen Erkennen seines Verstandes auch vor dem Wertmaßstab seiner Seele keine Kluft klaffen zu sehen, sondern beides als beglückende Einheit erleben zu können." (S.11f).

Und deshalb – das ist eine Folgerung für diejenigen, die dem Nationalsozialismus nicht sehr nahestehen – sei eine sachliche, objektive Wissenschaft auch im Nationalsozialismus möglich.

> „Aus diesem Wertungsvermögen heraus geben wir der Wissenschaft den Vorrang, die das zum Leben notwendigste erkennt und durch ihre Erkenntnis ordnen hilft." (S. 13).

Selbstverständlich stehe über der Wissenschaft der Wert des deutschen Lebens, einer deutschen Lebensordnung. Jede wissenschaftliche Erkenntnis könne dem Leben dienen.

> „Denn nur aus dem Zusammenwirken von beidem, Sacherkenntnis und Sachwertung, kann das Organ unseres Wollens und Handelns, unser Sachgestaltungsdrang und unser Sachgestaltungsvermögen, lebensgerechte Impulse empfangen."

Und deshalb dürfe Wissenschaft nicht wertfrei sein. Und doch sei wertfreie Wissenschaft innerhalb dieser Wissenschaft möglich. Gewertet wird bei diesen halben Wissenschaftlern dann durch andere.[37]

Für den Nationalsozialismus hatten die Begriffe wie Freiheit der Wissenschaft, Eigengesetzlichkeit des wissenschaftlichen Verfahrens, Objektivität etc. in erster Linie taktisch bestimmte Inhalte. Einerseits sollte die NS-Revolution in die Wissenschaft hineingetragen werden, aber andererseits mußten auch unangreif-

---

[36] S. 10, STENGEL-V. RUTKOWSKI 1941, vgl. Fußnote 37.

[37] Dr. med. habil. LOTHAR STENGEL-V. RUTKOWSKI. Dozent für Rassenhygiene, Kulturbiologie und rassenhygienische Philosophie an der Friedrich-Schiller-Universität Jena, Medizinalrat am Thüringischen Landesamt für Rassewesen: Wissenschaft und Wert. Rede anläßlich der Arbeitstagung der Gaustudentenführung Thüringen am 8. Februar 1941 in Altenburg. Jena: Verlag von Gustav Fischer 1941. Jenaer Akademische Reden. Heft 29.

bare, technisch umsetzbare wissenschaftliche Ergebnisse gezeitigt werden, die durch eben dieselbe Ideologie nicht verhindert oder behindert werden durften. Auch in der Personal- und Berufungspolitik ging es immer um die Gradwanderung von fachlicher Kompetenz und politischem Willen. Nach 1935 – die Folgen des Röhmputsches wirken noch – setzte sich immer mehr die Ansicht durch, daß fachliche Kompetenz in jedem Fall als erstes Entscheidungskriterium für jegliche Beurteilung und Rekrutierung zu dienen habe. So schreibt noch 1936(!) ein Mitglied des Wissenschaftsministeriums an den Philosophen Heyse:

> „Die deutschen, noch völlig unausgegorenen philosophischen Meinungen sind der Weltöffentlichkeit gegenüber noch nicht vorzeigbar. Die Philosophie soll meines Erachtens einstweilen auf den Universitäten bleiben und die Öffentlichkeit vermeiden."[38]

Carsten Klingemann schreibt – zwar auf das Fach „Soziologie" bezogen, aber dennoch auch für die Mathematik gültig:

> „(...) eine nationalsozialistische Hochschulpolitik im eigentlichen Sinne gab es nicht. Der anfänglich rabiate Studentenbund verlor bald seinen Einfluß auf die Personalpolitik, und der Dozentenbund trat bei der Partei-Kanzlei sogar für die Wiedereinstellung von Professoren ein, die auf Verlangen des Studentenbundes vorzeitig pensioniert worden waren. Andererseits verfügte der Dozentenbund im Gegensatz zu den Schutzbehauptungen vieler daheimgebliebener Hochschullehrer in der Nachkriegszeit nie über viel Macht, so daß der Leiter der Partei-Kanzlei Martin Bormann im Januar 1943 dessen Stillegung forderte. (...) Ab 1934 mußten nach Habilitation und Lehrprobe zur Gesinnungsprüfung ein Dozentenlager und eine Dozentenakademie absolviert werden. Nachdem Dozentenlager und -akademie bald zusammengelegt und ihre Dauer auf insgesamt drei Wochen reduziert worden war, wurde die letzte Dozentenakademie bereits 1938 geschlossen."[39]

Die Nationalsozialisten würdigten vordergründig die „Objektivität" in Wissenschaft und Literatur. Goebbels Kunstbetrachtererlaß von 1936 setzte anstelle wertender Kritik vielmehr die Betrachtung als Darstellung und Würdigung. Das „Objektivitätsgebot" sollte Kleinkämpfe befrieden und Geschmacksdiskussionen unmöglich machen, weil die einzige Wertung dem zuständigen Propagandaminister und der Partei des Führers zustehe:

> „Man stelle sich vor, der Herr Kritiker A. nähme eine ablehnende Haltung zu irgendeiner Sache ein, von deren Wert, er, der Minister, überzeugt wäre. (...) Er würde sich dann nicht wundern dürfen, wenn plötzlich vor seinem Fenster einige 100 SA-Männer stehen und rufen: ‚Heraus Du Saboteur!'".

Deshalb war die Verpflichtung von Wissenschaft und Literatur auf allein wissenschaftliche und literarische Qualitätsnormen ein Gebot im Nationalsozialismus.

Die Kampfzeit war vorüber, denn bei Hermann Göring hatte es am 3. März 1933 noch geheißen:

> „Hier habe ich nur zu vernichten und auszurotten, weiter nichts!"[40]

---

[38] S. 447, in: GEORGE LEAMAN UND GERD SIMON, Die Kant-Studien im Dritten Reich, S. 443–469, *Kant-Studien* (85) 1994.

[39] CARSTEN KLINGEMANN, Wissenschaftskontrolle durch die „Hauptstelle Soziologie" im Amt Rosenberg, "S. 230–243, hier: S. 230, in: Jahrbuch für Soziologiegeschichte 1990.

[40] Dieses und das nächste Zitat in: JOSEF UND RUTH BECKER (Hrsg.), Hitlers Machtergreifung 1933. Dokumente vom Machtantritt Hitlers. München: dtv 1983, S. 117 f. und 138 f.

Den „Todeskampf" wollte er mit der SA führen. Am 11. März 1933 sprach er:

> „Ich habe erst angefangen zu säubern, es ist noch längst nicht fertig. Für uns gibt es zwei Teile des Volkes: einen, der sich zum Volk bekennt, ein anderer Teil, der zersetzen und zerstören will. Ich danke meinem Schöpfer, daß ich nicht weiß, was objektiv ist. Ich bin subjektiv. Ich stehe einzig und allein zu meinem Volke, alles andere lehne ich ab."

Anläßlich der offiziellen Gründung eines neuen Reichsforschungsrats 1942 aber setzte Göring harsche Akzente:

> „Eins möchte ich aber gleich vorweg sagen, was der Führer ablehnt, ist eine Reglementierung der Wissenschaft als solche, daß etwa nach Grundsätzen gemacht wird: ja dieses Produkt ist zwar sehr wertvoll, äußerst wertvoll und würde uns sehr weit bringen. Wir können es aber nicht verwerten, weil zufällig der Mann mit einer Jüdin verheiratet ist oder weil er Halbjude ist. – Sie wackeln mit dem Kopf, Schultze! Ihr Dozentenbund ist am allerschlimmsten dabei. Das wollte ich nur nebenbei gesagt haben. Er ist der Schrecken überhaupt der Hochschule in dieser Richtung. – Aber ich wollte nur sagen: das muß eben vermieden werden."[41]

Das Amt Rosenberg beklagt in einer Denkschrift an Reichsmarschall Göring, daß es bisher nur gelungen sei

> „die Universität von Juden und Staatsfeinden zu reinigen, aber es gelang nicht eine wirkliche nationalsozialistische Durchdringung unserer Hochschulen"[42].

Aber den Vernichtungskampf führte ab 1935 die SS unter Himmler und Heydrich.

Vor allem erhoffte man sich von einer Art Objektivität eine gewisse Attraktivität auf unpolitische Fachleute:

> „Ihre uns vorgetragene Absicht, die besten jüngeren philosophischen Forscher Deutschlands in einem Arbeitskreis ohne irgendwelche dogmatische Festlegung auf eine bestimmte Schule zu sammeln, findet unsere Zustimmung."[43]

Der Wirtschaftswissenschaftler W. Weddingen schrieb 1944, daß sich die politische Praxis verbat, daß die Wissenschaft in ihr Handwerk pfuscht:

> „Wenn heute z.B. ein deutscher Wirtschaftsminister eine Maßnahme im Bereich seiner politischen Führungsgewalt von einem Vertreter der Wissenschaft beurteilt haben will, so will er ja von diesem in dessen Eigenschaft als Forscher nicht hören, ob er sie für politisch gut oder böse, für nationalsozialistisch oder nichtnationalsozialistisch hält. Er will von ihm vielmehr wissen, ob sie ihm geeignet erscheint, den von der politischen Führung gewollten Zweck zu erreichen, dessen Geltung die Untersuchung zu unterstellen hat. Jede Überschreitung dieser Grenze durch die Wissenschaft ver-

---

[41] S. 385, in: NOTKER HAMMERSTEIN, Die Deutsche Forschungsgemeinschaft in der Weimarer Republik und im Dritten Reich. Wissenschaftspolitik in Republik und Diktatur. München: C. H. Beck 1999.

[42] ebenda, S. 360.

[43] Walther Wüst, wissenschaftlicher Leiter des SS-Ahnenerbes, brieflich am 27. Februar 1939 an den Münchner Hochschulprofessor Kurt Schilling; zitiert nach S. 453, in: GEORGE LEAMAN UND GERD SIMON, Die Kant-Studien im Dritten Reich, p. 443–469, *Kant-Studien* (85) 1994. Zu Kurt Schilling vgl. GEORGE LEAMAN und GERD SIMON, Deutsche Philosophen aus der Sicht des Sicherheitsdienstes des Reichsführers SS, S. 273–292, in: CARSTEN KLINGEMANN (Hrsg.), Jahrbuch für Soziologiegeschichte 1992. Opladen: Leske + Budrich 1994.

bietet sich schon infolge der Beschränkung, die die Erfordernisse der wissenschaftlichen Arbeitsteilung für den einzelnen Forscher mit sich bringen."[44]

Diese harte und kämpferische nationalsozialistische Einstellung von Trennung zwischen Wissenschaft und Politik verhieß aber nicht, daß man sich als Mensch und „Volksgenosse" nicht öffentlich positiv über den Nationalsozialismus auslassen mußte, zumal wenn man Feierlichkeiten gewärtigen mußte oder Dozentenlager angesagt waren.

Der Tübinger Philosoph Max Wundt wurde in der NS-Zeit wie der Nobelpreisträger Philipp Lenard, der Berliner Anthropologen Eugen Fischer, der Kirchenrechtler Johannes Heckel, der Orientalisten und Neutestamentler Karl-Georg Kuhn eifriger Mitarbeiter des vom prominenten NS-Historikers geleiteten „Reichsinstitut für Geschichte des neuen Deutschlands", wo sie in der Abteilung „Judenfrage" eine „deutsche Wissenschaft" entwickeln sollten, die „die geistige Aufrüstung der Nationalseele betreibt". Und die Wissenschaft solle immer daran denken, was Walter Frank, der Stoecker-Spezialist, in seiner programmatischen Rede über „Deutsche Wissenschaft und Juden" schreibt:

> „Wir hegen dabei keineswegs den anmaßenden Glauben, daß die politischen Machtkämpfe durch wissenschaftliche Forschung entschieden werden könnten. Nur kränkliche Geister können es vergessen, daß die deutsche Judenfrage durch den Ansturm einer großen Massenbewegung entschieden wurde und daß der Kampf um die durch Juden geführten roten Massen nicht mit wissenschaftlicher Methodik gewonnen wurde, sondern mit der brutalen Willenskraft und dem rücksichtslosen Mut des Agitators und Kämpfers. Auch die internationale Judenfrage, die sich heute stellt, wird selbstverständlich im politischen Machtkampf entschieden werden. Aber damit ist nicht gesagt, daß dieser Kampf um eine Lösung der internationalen Judenfrage der Hilfe der Wissenschaft entbehren müßte oder dürfte."[45]

Sind hier nicht alle Forderungen Max Webers nach Objektivität und Wertfreiheit der Wissenschaft gewissenhaft erfüllt, wird nicht sogar die heute viel beschworene Trennung von Forschung und Anwendung strikt eingehalten?

Daß Max Weber behauptete, daß in Wertkonflikten nicht mehr rational vermittelt werden kann, sondern nur durch Kampf – eine zeitgenössische und überall beliebte „Lösung" – bis aufs Blut wie zwischen Gott und Teufel, ließ Wertkonflikte gerne durch Macht entscheiden und die Nazis haben das sofort gemerkt. Deshalb wurden die Werte vom Nationalsozialismus bestimmt und jedermann – denn man kann nicht alle Gegner, die Feinde werden, ausrotten und muß deshalb einen riesigen Sicherheitsapparat aufbauen – zur zweckhaften, sachlichen Arbeit angehalten. Der vom Antisemiten Walter Frank gefeierte NS-Wissenschaftler Christoph Steding, der von Heinrich Himmler verehrt wurde, hat von „Politik und Wissenschaft bei Max Weber"[46] bis zu „Das Reich und die Krankheit der europäischen Kultur"[47] diesen geistigen Weg zurückgelegt, wo Max Weber als zu überwindende, aber dennoch letzte Stufe zu wahrer nationalsozialistischer

---

[44] Das Werturteil in der politischen Wirtschaftswissenschaft, in: Jahrbücher für Nationalökonomie und Statistik Bd. 153, S. 269.

[45] Forschung zur Judenfrage 1, S. 28.

[46] W.G. Korn Verlag: Breslau 1932.

[47] 3. Auflage. Hanseatische Verlagsanstalt: Hamburg 1942.

Wissenschaft gepriesen wird. Zu dieser Vorstufe gehörte die sachliche Arbeit. Und alle Wissenschaftler wurden zu dieser Sachlichkeit angehalten. Albert Speer und Werner Best sind beste Beispiele für diese „unüberholbare" Sachlichkeit. Die von Max Weber geforderte Hingabe an die Aufgabe hatte im Nationalsozialismus sehr große Resonanz gefunden. Der Generalgouverneur Hans Frank bat im November 1944 Alfred Weber um einen Aufsatz über seinen Bruder, damit „von berufener Stelle aus dieses einzigartigen Mannes gedacht" werde.[48] Denn in Krakau hatte sich ein kleiner Kreis von früheren Schülern Max Webers versammelt. Im folgenden Monat lud Otto Ohlendorf, der Leiter des Sicherheitsdienstes-Inland der SS und ehemalige Kommandant der Einsatzgruppe D, im Rahmen des Reichswirtschaftsministeriums Vertreter soziologischer Arbeitsrichtungen zu einer Aussprache nach Berlin in die Villa der Wannsee-Konferenz. Hier plädierte Karl Heinz Pfeffer, der Prototyp des NS-Karrieresoziologen für eine an Max Weber orientierte empirische Sozialforschung,

> „die fotografische Methode, die gar nicht klar genug sein kann"[49].

Max Weber galt auch und gerade im Nationalsozialismus als Autorität, weshalb ihn jeder – ungeachtet der tatsächlichen politischen Ansicht – unverdächtig zitieren konnte.

Zu Eigen gemacht haben sich die Wissenschaftler aus Not dann die Begriffe der Sachlichkeit und des Sachzwangs, die sie mit Erfordernissen oder Fachnotwendigkeit, Eigengesetzlichkeit übersetzten. „Sachlichkeit" ersetzte bei den NSlern den verhaßten Begriff der „Objektivität".[50] Weltanschauung ersetzt nämlich kein Fachwissen.

Mit „Sachlichkeit" will man eine Eigengesetzlichkeit des „Parlamentes der Dinge" (Bruno Latour) beschwören, um die politische und moralische Veranwortung für Vorgänge minimieren, indem man sie als naturgesetzlich hinstellt. Viele Menschen üben gegenüber gesellschaftlichen Vorgängen eine „stoische Gelassenheit", die wie souveräne Gelassenheit aussehen soll. Plausibel erscheint ihnen, daß es selbstläufige Prozesse gibt, die uns keine Wahl lassen. Der richtige Sinn für diese „Realität", nämlich seine Bejahung, wird zur „moralischen Qualität" (Arnold Gehlen), weil man sich „Sachzwängen" ausliefern muß, aber nur soweit, daß man sich in ihnen Entscheidungsfreiheit gibt, wenn es glücklich verläuft, aber wenn es schlecht ausgeht, man sich auf den Befehlscharakter der Situation (Pflicht) und ihre Schicksalsgebundenheit berufen darf.

---

[48] Hans Frank, der Generalgouverneur Restpolens wünschte sich 1941 eine „zusammenfassende wissenschaftliche Erforschung des bürokratischen Phänomens", und wie Werner Best, Adolf Eichmann oder Himmler war natürlich Max Webers Forschung der Schlüssel dazu (vgl. WERNER BEST, Grundfragen der Großraum-Verwaltung, S. 33–60, in: Festgabe für Heinrich Himmler. Zweite Auflage 1941).

[49] Vgl. erhellend dazu CARSTEN KLINGEMANN, Soziologie im Dritten Reich. Baden-Baden: Nomos Verlagsgesellschaft 1996.

[50] Die schlechte Pathosformel von der „Sachlichkeit" oder des „Sachzwangs" in der Weimarer Republik werden ihrer Schicksalshaftigkeit entbunden von WILLIBALD STEINMETZ, Anbetung und Dämonisierung des „Sachzwangs". Zur Archäologie einer deutschen Redefigur, S. 293–333, in: Michael Jeismann (Hrsg.), Obsessionen. Beherrschende Gedanken im wissenschaftlichen Zeitalter. Frankfurt am Main: Suhrkamp 1995; und HELMUT LETHEN, Verhaltenslehren der Kälte. Lebensversuche zwischen den Kriegen. Frankfurt am Main: Suhrkamp 1994.

„Sachlich sein heißt deutsch sein!",

spricht Diederich Heßling in Heinrich Manns „Der Untertan" (1918).[51]

„Der Fachmann aber ist sachlich, das heißt unpolitisch, das heißt undemokratisch.",

sekundierte Thomas Mann[52].

Man unterwirft sich mit Max Weber Anweisungen, verspricht sich darin einen Zuwachs an Rationalität, Berechenbarkeit, Regelgebundenheit und Disziplinierung, auch wenn dieselben Prozesse menschenvernichtend sein sollten. Die sachliche Ordnung der Dinge führt in der Moderne ein eigenes, äußeres Leben gegenüber den Individuen: Sach- und Fachparlamente sollen ein Gegengewicht zu den politischen Parlamenten entwickeln. Sachlich ist das wirtschaftliche Leben, sachlich ist der Schützengraben, sachlich ist die Kampfgemeinschaft, die sich dem Sachzwang unterwirft, um dadurch die Freiheit zurückzugewinnen: Freiheit heißt das zu tun, was man tun soll! So unpolitisch führt der Führer.

Die „Sachlichkeit" wird als trügerisch dann erkennbar, wenn die Judenvernichtung als sachnotwendig, schlüssig und zwingend ausgegeben wird, wie es Himmler in Reden macht. Dann kann man dagegen protestieren durch das Mitmachen, und sachlich werden, um das Schlimmste zu verhüten. Unentrinnbar ist die Erfüllung des Zweckes, sinnlos der krakeelende, von einem etwa äußeren Standpunkt, womöglich die Gesellschaft verlassende Rationalitätsform des Protestes dagegen. Sachlichkeit produzierte gläubigen Fatalismus. Sachlichkeit wurde einfach Hingabelust. Der glückhaft bejahte, in den eigenen Willen aufgenommene Zwang ist das endliche Ziel der Sachlichkeit und dies die angemessene einzige Behandlung der technischen Welt. Die sachbedingten Zwangsläufigkeiten werden von der Bürokratie formuliert, die ihre moralische Berechtigung darin sieht, das „Stimmrecht der Sachen" (A. Gehlen) zu vertreten. Die diskreditierten Autoritäten aus der NS-Zeit bezogen ihre Anweisungsbefugnis aus der sachlichen Objektivität ihrer Realitätssicht und der vorhandenen Sachzwänge, der sich niemand entziehen könne, wer auf sich halte.

„Sachlichkeit" ließ die Menschen gefühlsfrei und umstandslos miteinander umgehen: Albert Speer[53] lobt den korrekten „versachlichten Stil" Heinrich Himmlers, und findet die „sachliche Kühle" des „kalten Rechners" Kammler als angenehm, und beschuldigt sich selbst während des Nürnberger Militärtribunals der Sachlichkeit als Anhänger der Technokratie.

Sachlichkeit zwischen den Menschen, die mit dem ideologischen Zierrat zwischen ihnen aufräumt, wird – einer Idee von Theodor W. Adorno zufolge – selber zur Ideologie dafür, die Menschen als Sachen zu behandeln. Rassenlehre ist aber keineswegs ein kontrolliertes, objektiviertes systematisches Beurteilungsverfahren, auch wenn Himmler, Eichmann, Six, Best, Freisler, Schmitt u.a. das vielleicht dachten. Auch wenn Heydrich die Verfolgung sportifizierte, immer Gelegenheiten eröffnete, wo seine Untergebenen Punkte machen oder Wetten abschließen konnten. Bei der Verfolgung dieser Aufgabe, der Vernichtung der Juden, ist aber Kreativität und Individualität nicht erwünscht. Die Verfolger werden

---

[51] dtv München 1964, S. 176.

[52] Betrachtungen eines Unpolitischen, S. 253, Frankfurt am Main: S. Fischer 1988.

[53] Albert Speer, Erinnerungen. S. 382. Berlin: Ullstein 1969.

zum Werkzeug mechanischer Verwirklichung eingestanzter Verhaltens- und Problemlösungsmuster. Gewünscht wird das Leben und Wollen des Einzelnen nur als das tausendfach widerhallende Echo eines dirigierenden Willens. Diese Instrumentalisierung von Menschen zerstört Subjektivität. Dies ist sehr erwünscht, weil der Mensch damit Objekt und Akteur von berechenbarem Verwaltungshandeln wird. Zwar wird die Kreativität beschränkt, aber die hervorgelockte Leistungsfreude wird auf eine effektive Verwaltungshandlung gehoben. Der Mensch wird sachlich. Das war die Voraussetzung der industriellen Judenvernichtung und des Generalplan Ost.

Natürlich erleichtert ein Heroismus der Illusionslosigkeit, die Vorstellung, die Dinge unmaskiert derart sehen zu können, wie sie seien, den Rückzug in die entlastendende Idee, daß alles andere, was einen im Leben belästigt, lediglich Politik und allein deshalb unanständig sein müsse. Die existentielle Hinwendung zur Objektivität der kalten Welt ist sachlich und entlastet, indem man die Verantwortung für alle Geschehnisse in die „objektive", dort draußen liegende Welt hinein verlagert, wo man selbst nicht ist, und – wenn überhaupt – andere zuständig seien. Innerlich, im Kern seines Selbst, gilt man als entbunden von jeder Äußerlichkeit, die nur Schmutz sein kann.

Alles, was ich unter dem Stichwort „Sachlichkeit" darstelle, geschieht immer – das darf man nicht vergessen – unter der Prämisse der bereits erfolgten oder noch erfolgenden Vernichtung, der Ausrottung, der Verschleppung, des Totschlags oder der langsamen Tötung durch Steuerverordnungen und anderer das Lebensrecht beschneidender Gesetze. Das heißt, daß von einer Diskussion über die Sachlichkeit oder Rassengebundenheit der Mathematik alle diejenigen bereits von vornherein physisch ausgeschlossen sind, die die völkischen NS-Prämissen nicht teilen können oder wollen.

C Was hatte das für den Bereich Mathematik zu bedeuten?

Gelesen wird gerne „Geschichte", die „einfach" erzählt, wie es „wirklich" war. Interessierte ergänzen dies durch die Lektüre von Geschichten, die erzählt, wie es für die Betroffenen und Beteiligten, für Beobachter und Betrachter war. Vernachlässigt und wird dagegen Geschichte, die versucht, die verschiedenen Perspektiven darzustellen, blinde Stellen erläutert, Leerstellen benennt, unterschiedliche Maßstäbe erklärt, Verdecktes, Verdrängtes, Unerwünschtes aufzählt oder gar analysiert und Sphären vermischt, Geschichte mit Kulturgeschichte, Politik mit Soziologie und anderes Verwirrende, das Kategorien der Geschichtsschreibung bestimmen wird.[54]

In diesem Abschnitt muß ich leider übliche Lesererwartungen enttäuschen. In einem Kapitel über Nationalsozialismus und Mathematik erwartet der Leser normalerweise eine „objektive und externe" Darstellung einer Verfallsgeschichte der Mathematik. Objektiv und extern nenne ich eine Darstellung der Geschichte

---

[54] vgl. MARY HESSE, Reasons and Evaluation in the History of Science, p.127–147, in: MIKULÁS TEICH AND ROBERT YOUNG (eds.), Changing Perspectives in the History of Science. Essays in Honour of Joseph Needham. London: Heinemann 1973.

in Anlehnung an eine Idee von Michael Walzer, der meint, daß man sich mit dieser Kritik oder Geschichtsschreibung außerhalb dessen stelle, was *in* dieser Zeit *innerhalb* der betreffenden Gesellschaft gedacht, gefühlt und gewertet wurde. Sie wird im Bereich der Mathematik meistens so abgehandelt: zunächst wird als Beispiel pars pro toto die große Tradition von Hilbert und Klein in Göttingen beschworen. Sie wird gerne überzeichnet und als letzten Triumph des einstmals vorbildlichen Universitätswesens betrachtet. Nach dem pompösen Knall wie in einer Händelschen Feuerwerksmusik wird der unheilvolle und schmachvolle Einbruch des Nationalsozialismus dargestellt, der diese Tradition abrupt und grausam beendet hat.[55] Es folgen die Namen der Emigranten, die diese Tradition – wider Willen und ohne Benutzung der deutschen Sprache – in die Welt tragen mußten und die Namen derjenigen, die noch als zu vernachlässigender Rest in Deutschland verblieben sind. Den Emigranten und Exilanten, den Verfolgten und Vertriebenen – vor allen denjenigen, die nach Amerika emigriert oder zurückgekehrt sind – wird die Hilbertsche Vision einer großen, zusammengehörigen Mathematik zugesprochen. Die Hilbert-Kleinsche Tradition habe sich vor allem in Amerika fortgesetzt. Die Namen und Taten der Zurückgebliebenen tauchen nur als kurze Erwähnung auf, denn sie sind nicht einmal Opfer, sondern nur Mitläufer. Im Umgang mit ihnen ist sich die objektive und externe Geschichtsschreibung sehr unschlüssig. Sie kennt nur die völlig unzutreffende Perspektive von „Verfolgung" oder „Widerstand" und ist immer ratlos gegenüber der Realität. Da die im Land Verbliebenen – wenn auch oft nur sehr vermittelt – mit zur Kriegsführung herangezogen worden waren und damit auf der Seite des Bösen kämpften, umgibt die Geschichtsschreibung sie mit Schweigen, kurzen Andeutungen oder in der Verstrickung mit dem Bösen. In dieser Form der Geschichtsschreibung stehen die Beiträge von Schappacher, Rowe und MacLane[56]. Besonders

---

[55] Das wird immer mit derselben Anekdote belegt. Auf einem Bankett 1934 fragte der „Reichsminister für Wissenschaft, Erziehung und Volksbildung, Bernhard Rust, den alten Hilbert: „Stimmt es denn wirklich, Herr Professor, daß Ihr Institut durch den Weggang der Juden und Judenfreunde so gelitten hat?" Hilbert erwiderte: „Jelitten? Dat hat nich jelitten, Herr Minister. Dat jibt es doch jaanich mehr!" (S. 159, ABRAHAM A. FRAENKEL, Lebenskreise. Aus den Erinnerungen eines jüdischen Mathematikers. Stuttgart 1967). „Auf die besorgte Frage des für die deutsche Wissenschaft zuständigen NS-Kultusministers Bernhard Rust anläßlich eines Festessens, das ihm die Universität Göttingen gab, ob denn das berühmte mathematische Institut unter den durch die „Arier"gesetzgebung bedingten personellen Veränderungen wirklich, wie man gelegentlich höre, etwas gelitten hätte, erwiderte der aus Ostpreußen stammende greise Professor David Hilbert trocken „Jelitten? Ne, Her Minister, dat jibt es jar nicht mehr (...)" (S. 122, BERNT ENGELMANN, Deutschland ohne Juden. Eine Bilanz. München: Schneekluth Verlag 1970). In anderen Versionen heißt es beispielsweise: „Ne, Herr Minister, det hat nich jelitten, det jibt es ja nich mehr." – Wer nennt die Quellen, zählt die Namen? „Hilbert besaß eine berühmte Sammlung von Grammophonplatten. Es gab kein Konzert, bei dem man ihn nicht in der vordersten Reihe hätte sitzen sehen. (...) Ein begabter Mathematiker, der eine Zeitlang sogar Hilberts Assistent war, gab seine Studien auf und wurde Schriftsteller. Hilbert, einige Jahre später nach dem Verbleib seines Schülers befragt, gab zur Antwort: „Ach, wissen Sie, der is Dichter geworden. Für die Mathematik hatte er nich jenuch Phantasie." (S. 35, PETER BAMM, Eines Menschen Zeit. München: Droemer-Knaur. 1972).

[56] Zu Göttingen vgl. NORBERT SCHAPPACHER, Das mathematische Institut der Universität Göttingen 1929–1950, S. 345–373, in: Heinrich Becker et al. (Hrsg.), Die Universität Göttingen unter dem Nationalsozialismus. München: K.G. Saur 1987. Die Vorgeschichte ist solide beschrieben von DAVID E. ROWE, "Jewish Mathematics" at Göttingen in the Era of Felix Klein, p.

MacLane beharrt auf eindeutigen Sätzen und einem holzschnittartigen Bild mit deutlicher schwarz-weiß Zeichnung:

> "I suggest you would do well to be clear: The boycott of Landau was evil. The pursuit and murder of Jews was evil."[57]

Das Unbestreitbare wird auch hier von mir explizit und gerne wiederholt. Ich bin weit davon entfernt Böses zu bemänteln, zu verharmlosen, zu beschönigen oder zu beschwichtigen. Die große liberale Tradition innerhalb der Mathematik in Göttingen wurde vom Nationalsozialismus tatsächlich – mehr als in anderen Städten – brutal zerstört. Mich aber interessiert, was als Schwundstufe der ehemaligen Mathematik unter dem Nationalsozialismus noch möglich war. Ich frage nicht, inwieweit innerhalb der Mathematik Widerstand gegen den Nationalsozialismus möglich war.

Meine Fragestellung begrenzt sich allein auf das immanente Funktionieren eines akademischen Faches, innerhalb derer Mathematik mehr oder weniger gut betrieben werden konnte.

Ich behaupte *keinesfalls*, daß sich die Wissenschaftspolitik der Mathematik allein einer wertfreien Wissenschaftsethik verpflichtete, die um so eher ihre Selbstbehauptung gegenüber einer NS-Politik von außen defensiv zu verteidigen suchte.

> „Selbstverständlich können wissenschaftliche Tatsachen nicht vom Nationalsozialismus beeinflußt werden: so ist z.B. der pythagoreische Lehrsatz oder eine Formel zur Berechnung einer Kometenbahn einer besonderen nationalsozialistischen Betrachtungsweise unzugänglich. Damit scheiden bestimmte Wissenschaftsgebiete, z.B. die Mathematik, aus dem Bereiche dieser Forderung aus." (S. 18). „Der Nationalsozialismus wird sich auch niemals gegen ein wohlbegründetes Forschungsergebnis stellen. Denn die Wahrhaftigkeit gehört ja mit zu den Eigenschaften der nationalsozialistischen Haltung. (...) Im deutschen Reiche kann jeder somit nach seiner Veranlagung und nach den Entwicklungsmöglichkeiten seines wissenschaftlichen Faches arbeiten." (S. 21). „Eine richtig ermittelte wissenschaftliche Tatsache bleibt auch dann eine Tatsache, wenn sie von einem Juden einwandfrei festgestellt wurde."[58]

Aber die Art und Weise wie Juden ihre wissenschaftlichen Ergebnisse lehrten, veröffentlichten, vortrugen und unterrichteten sei nur ein Beitrag des jüdischen Strebens nach Weltgeltung und Weltbeherrschung. Deshalb bekämpfe sie der Nationalsozialismus mit aller Schärfe.

Und daß der Preis für diese relative Unabhängigkeit darin bestand, jüdische, oppositionelle und unerwünschte Personen in ein sehr gewisses „Schicksal" zu entlassen und auf offiziellen Terminen dem Regime festlich und feierlich nach dem Munde zu reden.

422–449, *ISIS* (1986) 77. David E. Rowe, Klein, Hilbert, and the Göttingen Mathematical Tradition, p. 186–213, in: *OSIRIS*, 2nd series 1989 (5). Herausragend ist Herbert Mehrtens, Moderne – Sprache – Mathematik. Frankfurt am Main: Suhrkamp 1990. Erinnerungen erzählt Saunders MacLane, Mathematics at Göttingen under the Nazis, *Notices of the American Mathematical Society*, Volume 42, No. 10, October 1995, p. 1134–1138. Im Internet finden sich Kommentare dazu.

[57] In einem Brief an mich vom 5. Mai 1997.

[58] Fr. Knoll, Die Wissenschaft im Neuen Deutschland. Wiener wissenschaftliche Vorträge und Reden. Herausgegeben von der Universität Wien. Heft 1. Wien-Leipzig: Ringbuchhandlung A. Sexl 1942.

Die Fachverbände, Fachbereiche an Universitäten und Technischen Hochschulen beispielsweise waren keineswegs unpolitisch arbeitende Institutionen, die einem aufgenötigten Anpassungsdruck folgen mußten, der ihnen Kompromisse aufgenötigt hatte. Weit davon entfernt generelle Thesen aufstellen zu wollen, interessieren mich allein die Umstände, in denen Gentzen seine Form der Mathematik betreiben konnte.

In meiner Darstellung ist Focus und Scopus von dieser objektiven Geschichtsschreibung sehr verschieden. Ich möchte ihn subjektive und interne Darstellung der Mathematik nennen. Es ist die Überlegung, wie nach dem Sündenfall einer politisch gewordenen Mathematik dennoch Mathematik möglich war. Der Antrieb dieser Darstellung ist die Frage, ob die in Deutschland verbliebenen Mathematiker sich überhaupt noch mit Mathematik beschäftigen konnten. Ich beantworte dies im Fall von Gentzen mit ja. Noch mehr, sie konnten Mathematik im Sinne des Hilbertschen Programm treiben. Und noch mehr: sogar Mathematiker wie Thoralf Skolem oder aus dem teils „feindlichen" Ausland wie H. B. Curry, W. V. O. Quine arbeiteten – dem Himmel sei Dank! – mit ihren Rezensionen in den deutschen Organen mit, wie auch Weyl und Bernays im Journal of Symbolic Logic und anderen ausdrücklich englischsprachigen und amerikanischen Medien die Forschung in Deutschland verfolgten und besprachen. Das Mitarbeiten in diesen Referateorganen war kein bloßes „Abladen" seiner Forschungen und Ergebnisse, sondern tatsächliche Mitarbeit. Hätte es eine ernstzunehmende Forschung in dieser Zeit des NS-Deutschland nicht gegeben, dann hätten diese Forscher sie auch nicht rezensiert. Bestimmte Vertreter des Nationalsozialismus interessierte die Grundlagenforschung und die mathematische Logik allein aus den Gründen der Sicherung einer allgemeingültigen Mathematik.

Niemand und schon gar nicht ich bestreiten, daß Hamel, Bieberbach und andere mit der Einführung des Führerprinzips und des Arierparagraphs in den mathematischen Gesellschaften schreckliches, scheußliches und die Mathematik zerstörendes angerichtet haben. Aber das erklärt eben nicht, warum sich Bieberbach und Hamel mit Rückhalt bei den anderen, die mindestens auch Hilbert-Verehrer waren, für Hilbert einsetzten. Ich möchte ja der Frage nachgehen, warum Bieberbach sich gegen die Ideologen des Nationalsozialismus wie May, Dingler und Steck und für Hilbert und die mathematische Logik einsetzte. Ich möchte klären, unter welchen Umständen Gentzen Mathematik treiben konnte. Wer behauptet, wie Rene König dies für die Soziologie im Nationalsozialismus getan hat, daß diese merkwürdige Tätigkeit der Mathematiker irgendwas genannt werden könne, nur eben nicht mehr Mathematik, der erklärt nicht, was in diesen Jahren passiert ist, sondern verklärt die Ereignisse zu einer „black box", die jedem Verständnis entzogen worden ist, und damit wurde noch keinem geholfen. Saunders MacLane schreibt in seinen Erinnerungen:

> "The speaker (a prominent Nazi professor on Berlin) did not demand that Wissenschaft be completely bound down by politics. He said that Wissenschaft should be independent but not autonomous (...)"[59]

---

[59] *Notices of the American Mathematical Society*, Vol. 42, No. 10, October 1995, p. 1134–1138, hier p. 1137.

Ich will klären, was das bedeutete und unter welchen Umständen Mathematik noch gemacht wurde.

Wenn sich jemand wie Süß professionell auf die administrative Seite schlägt als Wissenschaftsorganisator, ist der gleich Nazi? Ist in einer Diktatur jeder schuldig, der versucht innerhalb einer Fachpolitik alles für seine Wissenschaft herauszuschlagen oder zu bewahren, was die Gelegenheit hergibt? Gibt es im falschen Leben kein richtiges Denken? Können wir Nachgeborenen den Fachmathematikern Vorschriften machen zur Beseitigung oder Mediatisierung von üblicherweise entgegengesetzter Interessen und Wünsche, die aber unter Umständen eine gemeinsame Wegzeit gleich lauten können? Wie bewältigt man destruktive Konfliktmuster in einer Diktatur? Dies ist keine Entschuldigung für den furchtbaren Wissenschaftsorganisator W. Süß.[60]

Wer eine Staatsstellung als Angehöriger der Elite „Professor" innehatte und seinen Eid deshalb auf Adolf Hitler abgelegt hatte, mußte sich nicht unbedingt mit dem Nationalsozialismus arrangieren. Vor allem mußte er sich weder an der Duldung noch aktiven Vertreibung seiner jüdischen oder oppositionellen Kollegen und Kolleginnen beteiligen. Er mußte nur dagegen aufstehen und möglicherweise seine Karriere woanders fortsetzen oder einfach aus dem Amt scheiden. Einige haben dies getan.[61]

Allerdings mußte er, falls er im Wissenschaftsbetrieb weiterhin organisatorisch tätig sein wollte, seine Sprache an die der Ministerialbürokratie assimilieren, um sein Fach „anschlußfähig" zu halten, um Mittel und Wege zu finden, damit das Fach durch Forschung im Ausland nicht überholt wurde. In dem Bestreben das Forschungsniveau der Mathematik hoch zu halten, mag manches übertrieben oder opportunistisch erscheinen, aber nach welchen offenzulegenden Kriterien soll das entschieden werden?

Die Mathematiker zeigten eine „widerwillige Loyalität" gegenüber den ministeriellen Gesetzen, Erlassen und Beschlüssen. Tatsächlich zeigte sich an den Nahtstellen von Instituten, korporativen Verbänden und institutionellen Zusammenschlüssen einen vorauseilenden Gehorsam mit Einführung des Führerprinzips, um für das Fach – oft auch für sich als Person und Amtsinhaber – am meisten „herauszuholen". Nach außen hin zur Öffentlichkeit wurde ein Bekenntnis dazu und zum nationalsozialistischen Staat von wenigen vertreten, die heute allesamt namentlich bekannt sind.

Natürlich finden sich auch Mathematiker, die sich anglichen, gerade weil sie den NS-Ideen positiv gegenüberstanden. Aber auch sie mußten ab 1939 sehen, wie sie das Niveau durch „kriegswichtige" Arbeit retteten. Nur unter diesem Titel wurden Ressourcen bewilligt. Daß man nicht wußte, woran man arbeitete, ist oft ein Kennzeichen für kleinteilig aufgesetzte Arbeit bei Entzifferungsanalysen oder Konstruktion von Kriegswaffen. Handelten die Mathematiker unter einem Druck, der von außen kommt? Oder machten sie sich zu einer treibenden Kraft der Ideologisierung und Gleichschaltung?

---

[60] Vgl. Volker R. Remmert, Griff aus dem Elfenbeinturm. Mathematik, Macht und Nationalsozialismus: das Beispiel Freiburg, S. 13–24, in: *DMV-Mitteilungen* 3/99.

[61] Kurt v. Fritz u.a.

Große Weltanschauung war in der tätigen Mathematik nicht länger gefragt. Was dabei empfunden wurde, was es ausgelöst hat: das wüßte ich gerne von den Tätern. Die Form der Selbstmotivation für die Aktivitäten im Fach möchte ich beschrieben haben. Statt Thesen möchte ich Beschreibungen und zeitgenössische Berichte. Bernays zum Beispiel war ein Wissenschaftsorganisator, der gute Ideen – einmal begriffen wie beispielsweise diejenigen Gödels – sofort aufnahm und verbindlich integrieren konnte. Er wäre sicherlich gerne in Deutschland geblieben, wie viele andere, aber man hat ihm nicht die Chance zum Bleiben geboten. Er ist hinausgeworfen worden. Und dieses Erlebnis hat viele Opfer so stumm gemacht, daß sie darüber nicht gerne redeten. Sie fühlten sich wegen dieses Rauswurfs nicht als Triumphator oder etwa Widerständler gegenüber dem 3. Reich, vor allem wenn sie selbst nationaldeutsch dachten. Wie man hinausgeworfen wurde, das schildert eine Vielzahl von Literatur aus Sicht der Täter.[62] So unklar die Motive der Täter sind, so unklar sind auch die Erfahrungen derjenigen, die diese Dinge erleiden mußten.

Die Professoren suchten nicht die Reihen des Widerstands oder oppositioneller Gruppen, aber was heißt denn „Unabhängigkeit" gegenüber politischer Umständen, was Protest, was Diplomatie? Wenn die Haltung von Karl Kraus heute noch respektabel ist, dann sind angesichts einer Bestialität ohne jede Kultur auch die schweigenden Mathematiker zu respektieren, denen das Wort erstarb angesichts eines unvorstellbaren Grauen. Sowenig man Mathematikern eine Weltfremdheit zugutehalten will, umso weniger darf man ihnen eine größere Weltweisheit als andere Berufsgruppen zuweisen. Noch heute ist das Attentat (Bürgerbräu-Anschlag) des Georg Elser umstritten, weil dieser nach dem Hochschullehrer Dr. Lothar Fritze von der TU Chemnitz aufgrund seiner beschränkten Einsicht in gesellschaftliche Zusammenhänge dazu keinerlei Berechtigung gehabt habe. So wird wohl auch ein Chinese eingestuft, wenn der etwa Menschenrechte westlicher Provenienz forderte. Jeder Mensch kann für sich entscheiden, wie weit er bei einer Sache mitmacht. Wer sich aber der Organisation oder Leitung eines Kollektivs verschrieben hat, trägt nicht nur die Verantwortung für sich. Für den einzelnen ist es leicht zu sagen: Da mache ich nicht mehr mit! Verlässt er sich nicht dann weiterhin auf den, der die Angelegenheiten besorgt? Ein Gedankenexperiment im Klartext: Wenn Hasse und andere ihre Ämter niedergelegt hätten, wäre was geschehen? Wäre eine ministerielle Entscheidung zurückgezogen worden? – Und wie weit darf ein Gedankenexperiment lebensfremd werden? Es hätte W. Süss nicht geschadet, wenn er sich seinen Antisemitismus verboten hätte. Er war nicht zur Durchführung seiner Aufgaben befördernd.

Verständlich vielleicht, wenn jemand gegen die Zumutungen des Nationalsozialismus seine „Unabhängigkeit" wahrte, indem er versuchte seine Berufschancen „zu bewahren" (Jean Grondin über H. G. Gadamer, wenngleich ich nicht weiß, wie ich mir das vorzustellen habe). Mathematiker hatten es durchaus noch gut. Mathematiker pazifizierten keine eroberten Gebiete, bereiteten keine ethni-

---

[62] Vgl. VOLKER R. REMMERT, Griff aus dem Elfenbeinturm, a.a.O.; NORBERT SCHAPPACHER, Das Mathematische Institut der Universität Göttingen 1929–1950, S. 345–373, in: BECKER, DAHMS, WEGELER (Hrsg.), Die Universität Göttingen unter dem Nationalsozialismus. München: K. G. Saur 1987, R. Siegmund-Schulze, u.v.a.

sche Säuberung vor wie Geographen, Volkstumsforscher und viele andere Beruf-
gruppen.[63]

Niemand behauptet, daß es eine wie auch immer geartete Normalität einer
traditionellen Wissenschaft gab und daß die Ideologisierung nur in Festschriften,
Reden, Vorworten, Programmschriften und Vorreden stattgefunden habe. Ich
zeige ja gerade, daß die Diskussion sogar bis in die Grundlagen der mathematischen Logik hinein verbissen geführt worden ist und es nicht einmal dort einen
politikfreien Raum gab (wobei die „Gegner" meinen, daß doch $1 + 1 = 2$ für alle
gelte und es keinerlei Anlaß für eine Mathematikdiskussion geben könne).

Dennoch war im Nationalsozialismus eine Form der Mathematischen Logik
möglich, die sich ihre Wissenschaftlichkeit erhalten konnte. Aber ist im Nationalsozialismus jeder in irgendeiner Form arbeitsteilig am Fließband der industriellen
Vernichtung von Menschen beteiligt gewesen? Und ist dies nicht eine zu weit
gefaßte vera causa? Sophistische Funktionäre mögen die Mathematik Kategorien
unterworfen haben, die sich äußerlich orientierten an Nützlichkeit, Brauchbar-
keit im Kriege und anderen willkürlich festgelegten Zwecken der militärischen
Kriegsführung, aber ist deshalb jeder einzelne Mathematiker an diesen Formulierungen und Zurichtungen individuell schuldig? Von jedem, der das sagt, verlange
ich ab einer gewissen Position den Nachweis von jedem Mathematiker, wie dort
das eilfertig-unterwürfige und überzeugt-freudige Zustimmen zum Nationalsozialismus einherging mit Denk-, Lebens- und Handlungsbildern des Heroischen,
Elitären, oder des Verwaltungshandeln zum Ziel der Vernichtung. Wie wurden
Partikularinteressen der Elite nützlich für den Nationalsozialismus? Verwaltungshandeln hat immer die „strengste Sachlichkeit" als Ideologie, und der Wissenschaftsorganisator als Sachverständiger stabilisiert als Berater gerne die vorhandenen Strukturen, aber man zeige mir dies an Beispielen, aus denen sich
tragfähige Verallgemeinerungen ergeben können. Vorwürfe, gar unbelegt, bringen
nichts ein. Bei den Geographen wurden die „Lebensräume der Leistungsvölker
nach Gegebenheiten der Natur abgesteckt". Und diese Grenzen müsse man mit
wissenschaftlicher Objektivität erkennen lernen. Das bedeutete Auschwitz.

Die Frage ist doch eher: Haben sich die von den Nationalsozialisten favori-
sierten Fragestellungen und Forschungsprogramme in der Nachkriegszeit oder
gar bis heute behaupten können? Weist die deutliche Übernahme und Propagierung des Nationalsozialismus auf methodische und theoretische Schwächen des
Autors in der Mathematik selbst hin und wie ist dies nachweisbar? Methodischer
Zugang zu Problemen, verwendetes Vokabular: das alles muß bei Mathematikern
erst noch untersucht werden. Eine detaillierte Studie, inwieweit sich in der Mathematik und insbesondere auf dem Gebiet der mathematischen Logik wissenschaftliche und politische Verflechtungen personell, institutionell und geistig-
publizistisch nachweisen lassen und welche Konsequenzen für die Wissenschaft
und die Nachkriegszeit daraus resultierte, fehlt völlig.[64] Auch vorsätzliche Beteiligung an der NS-Ideologie wie die von Süß, diese Selbstindienstnahme für den

---

[63] Vgl. MICHAEL FAHLBUSCH, Wissenschaft im Dienst der nationalsozialistischen Politik? Die
„Volksdeutschen Forschungsgemeinschaften" von 1931–1945. Baden-Baden: Nomos Verlagsgesellschaft 1999.

[64] trotz der wundervollen Studien von Mehrtens, Siegmund-Schultze, Schappacher u.a.

Endsieg, muß in einem Beziehungsgeflecht von Wissenschaft und Verwaltung, Wehrmacht und Wirtschaft, Technik und SS, Krieg und Fachinstitutionen gesehen werden.

Wir sehen die Zurückgebliebenen: Wilhelm Ackermann, Arnold Schmidt, Gerhard Gentzen, Ernst Witt, Lothar Collatz, Helmut Hasse, Gustav Herglotz, Theodor Kaluza und andere. Was mögen sie sich gedacht haben? Darüber finde ich in der Geschichtsschreibung kein Wort. Die externe und objektive Geschichtsschreibung würde gerne ableugnen, daß diese Menschen überhaupt noch Mathematik machen konnten oder das dies Mathematik im Sinne der Tradition von Klein und Hilbert war. Aber genau dies behaupte ich. Ich weise Gentzen nach, daß seine Arbeit ideologiefrei vor sich ging und daß deshalb auch Wilhelm Süß für die Amerikaner den FIAT-Bericht[65] über die Fortschritte der Mathematik unter dem Nationalsozialismus hat herausgeben können.

Für die objektive Geschichtssschreibung steht das Zitat Hilberts, der ja – ich finde allerdings für dieses Zitat, bis auf eben die Erzählung der Anekdote durch Fraenkel, keine nachprüfbaren Belege – auf die Frage des REM[66] Bernhard Rust, wie es denn dem Mathematischen Institut in Göttingen nach dem Weggang der Juden und Judenfreunde ginge, gesagt haben solle, daß es in Göttingen überhaupt keine Mathematik mehr gäbe. Ich nehme dies, wenn er es gesagt haben sollte, als Solidaritätsadresse an Bernays, Hertz, Weyl, Noether, Courant und all die anderen. Sollte er den Dagebliebenen aber damit den Respekt versagt haben? Das glaube ich nicht. Näme ich dies wörtlich, dann allerdings wäre es Wasser auf die Mühle des Herrn Dingler, der in seiner Denkschrift „Die Juden in der Mathematik" – nimmt man es grob – behauptet hatte, daß es sich bei der Klein-Hilbertschen Angelegenheit in Göttingen um ein jüdisches Komplott gegen deutsche Mathematik gehandelt habe. Und nun sollte es sich tatsächlich so verhalten? Kaum sind die Juden weg, und schon soll es keine Mathematik in der Hilbertschen Tradition gegeben haben? Das ist eindeutig falsch, und es gibt auch Zitate von Hasse, Bieberbach, Hamel und anderen, wo diese sich explizit auf Hilbert berufen. Tatsächlich waren die Juden Leistungsträger in Mathematik, Physik, Naturwissenschaften und den freien Berufen. Dafür gibt es einleuchtende Erklärungen, darunter die einfache und plausible, daß sie sich als emporschraubende Familienmitglieder in der Phase des sozialen Aufstiegs auf die neuen Wissenschaftsbereiche konzentrierten, die noch nicht durch alte Eliten fest besetzt und damit für Juden unzugänglich geworden waren. Aber gerade in der Phase der Konsolidierung des Hilbert-Programms waren auch viele nichtjüdische Mathematiker beteiligt: nämlich auch Gentzen.

Mein Fokus betrifft also die Frage, warum und wie die mathematische Logik weiterhin im Nationalsozialismus betrieben werden konnte. Gentzen beispielsweise hatte seine Arbeit aufgrund der Hilbertschen Tradition und des Hilbertschen Programms aufnehmen können, aber er arbeitet dennoch unter dem National-

---

[65] „Naturforschung und Medizin in Deutschland 1939–1946. Für Deutschland bestimmte Ausgabe der FIAT Review of German Science. Band 1: Reine Mathematik, Teil 1. Herausgegeben von WILHELM SÜSS. Mathematisches Forschungsinstitut Oberwolfach/Baden". Dieterich'sche Verlagsbuchhandlung (W. Klemm): Wiesbaden 1948.

[66] Reichserziehungsminister.

sozialismus und sogar trotz des Krieges weiter innerhalb dieser Tradition. Wie seine Kollegen Ackermann, Schröter, Scholz und die vielen anderen. Und der Nationalsozialismus war keineswegs ein Gegner dieses Programms.
Natürlich stimmt es, wenn Saunders MacLane schreibt:

> "(...) the former glory was not restored."[67]

Darum geht es aber nicht. Keiner, außer vielleicht der NS, hatte gedacht, daß die Wissenschaft und vor allem die Mathematik ohne die jüdischen Mathematiker ihre dominante und brillante vorherrschaftliche Stellung weiter behält, wie es vorher in der Weimarer Republik der Fall war.

Gentzen hat sich nicht zu politischen Themen geäußert. Jedenfalls kann sich sein ehemaliger Kommilitone Saunders Mac Lane nicht daran erinnern. Und er ist der einzige, der Gentzen ein paar Mal gesehen und gesprochen hat. Kurt Schütte hat Gentzen ein einziges Mal gesehen und kann darüber ebenfalls nichts sagen. Aber was soll ich von jemandem halten, der 1935 bei Paul Bernays anfragt, ob er nicht nach Göttingen zurückkehre? Und dies wohl nicht privat meint, sondern Bernays weiterhin offensichtlich als Hochschullehrer sieht? Was soll ich über jemanden denken, der 1943 in dem Brief an Helmuth Kneser und 1939 an Paul Bernays sich darüber Gedanken macht, ob Gödel nicht wieder nach Europa komme? Hat sich Gentzen nicht überlegt, was er da möchte und schreibt? Sind seine Gedanken nicht jenseits aller damaligen Möglichkeiten? Wer seine Arbeit „Die gegenwärtige Situation der mathematischen Grundlagenforschung" von 1937 liest[68], der spürt, wie Gentzen von eben der Hilbertschen Vision einer allumfassenden, harmonischen und einheitlichen Mathematik beseelt ist und eben auch in dieser Tradition weiterdenkt und arbeitet. Das mag, zusammen mit seiner harmoniesüchtigen Auffassung von der Welt, der physikalischen Gesetzen und der Unendlichkeit des Sternenhimmels, ein Antrieb zu seinen Widerspruchsfreiheitsbeweisen gewesen sein. Das Hilbert-Programm traf auf fruchtbaren Geist, der sich zeitverzögert entwickelte in eine geistlose und humanitätsvergessene Zeit hinein. Dafür konnte er nichts.

Hilberts weltzusammenhaltender Gedanke von der Einheitlichkeit einer Wissenschaft stammt aus dem deutschen Idealismus:

> „Eine Wissenschaft soll Eins, ein Ganzes sein. Der Satz, daß eine auf einer horizontalen Fläche in einem rechten Winkel aufgestellte Säule perpendikular stehe, ist für den, der keine zusammenhängende Kenntnis von der Geometrie hat, ohne Zweifel ein Ganzes, und in so fern eine Wissenschaft. Aber wir betrachten auch die gesamte Geometrie als eine Wissenschaft, da sie doch noch gar manches andre enthält, als jenen Satz. – Wie und wodurch werden nun eine Menge an sich höchst verschiedener Sätze zu Einer Wissenschaft, zu Einem und eben demselben Ganzen? Ohne Zweifel dadurch, daß die einzelnen Sätze überhaupt nicht Wissenschaft wären, sondern daß sie erst im Ganzen, durch ihre Stelle im Ganzen, und durch ihr Verhältnis zum Ganzen es werden. Nie aber kann durch bloße Zusammensetzung von Teilen ein etwas entstehen, das nicht in einem Teile des Ganzen anzutreffen sei. Wenn gar kein Satz unter den

---

[67] S. 1138. Vgl. auch zur geschichtlichen Entwicklung des Nationalsozialismus in der Mathematik CONSTANCE REID, Courant/Hilbert. New York: Springer 1976.

[68] Manche Leser fühlen sich an Karl Jaspers „Die gegenwärtige Situation der Zeit" erinnert. Das prüfe jeder selbst.

verbundnen Sätzen Gewißheit hätte, so würde auch das durch die Verbindung entstandene Ganze keine haben. Mithin müßte wenigstens Ein Satz gewiß sein, der etwa den übrigen seine Gewißheit mitteilte; so daß, wenn, und in wie fern dieser Eine gewiß sein soll, auch ein Zweiter, und wenn, und in wie fern dieser Zweite gewiß sein soll, auch ein Dritter, u.s.f. gewiß sein muß. Und so würden mehrere, und an sich vielleicht sehr verschiedene Sätze, eben dadurch daß sie alle – Gewißheit, und die gleiche Gewißheit hätten, nur eine Gewißheit gemein haben, und dadurch nur Eine Wissenschaft werden."[69]

Und wie man diese Gewißheit von Satz zu Satz weitergibt, auf welche Weise sich die je verschiedene Wahrheit am Rockschößchen halten muß, um eine einheitliche Wissenschaft zu bilden, darüber herrschen bis heute verschiedene Auffassungen: die Vision ist für viele Mathematiker noch die gleiche geblieben. Gentzen hat sich die mathematische Theorie als Satzsysteme mit Schlußregeln vorgestellt und er ist weit damit gekommen. Diese Idee stammt aus der Tradition des Wiener Kreises und dann aus dem Hilbert-Programm. Daß Gentzen diese Ideen weiterführen konnte, ist mein Problem. Die externe und objektive Geschichte haben wir als Beschwörung einer großen Tradition, die durch den Nationalsozialismus abgetötet worden sei, überall sonst gehört und gelesen. Hier ist anderes zu lesen.

In der Jahresversammlung des Mathematischen Reichsverbandes in Würzburg am 20. September 1933 wird die Treueverpflichtung, später das „Führerprinzip" zur Annahme vorgeschlagen:

> „Wir wollen also im Sinne des totalen Staates aufrichtig und getreu mitarbeiten. Wir stellen uns, was für jeden Deutschen selbstverständlich ist, unbedingt und freudig in den Dienst der nationalsozialistischen Bewegung, hinter ihren Führer, unseren Reichskanzler Adolf Hitler."[70]

Die Politik will organisatorisch die Ausrichtung von Fachverbänden auf das Führerprinzip und vor allem den Arierparagraphen, besteht aber gleichzeitig auf technisch umsetzbaren und anwendbaren Theorien mit gleichzeitiger Sicherung

---

[69] Johann Gottlieb Fichte, Über den Begriff der Wissenschaftslehre, Erster Abschnitt. §1, S. 21. Herausgegeben von Wilhelm G. Jacobs. Frankfurt am Main: Deutscher Klassiker Verlag 1997.

[70] *JMDV* 43 (1934) S. 81. Ich habe noch keine Untersuchung darüber gelesen, wie das Führerprinzip auf welche Zeitlänge hin welche Auswirkungen zeitigte. Wurde es durchgehalten? War es rhetorische Pose? Wie prägte das Führerprinzip faktisch die Arbeit von „Fach – Verband – Mathematiker"? Es kann nicht sein, daß Mathematikhistoriker den Geist unter den Mitgliedern einer Vereinigung durch ein paar – immer die gleichen werden zitiert – antreibende Zitate einiger, meist nur zweier Vereinsfunktionäre darstellen möchten. Diese Wunschvorstellungen einer deutschen Art der Mathematik war reines Wunschdenken, wenn überhaupt Zielvorstellung und nicht nur Lippenbekenntnis. Was aber genau und wie hatten diese Äußerungen mit Geist und Tätigkeit der einzelnen Mitgliedern zu tun? Was ist der Wert verbaler Treue- oder sonstiger Bekenntnisse? Die Mathematik täte gut daran zu lernen wie andere Vereine und Fachgruppen ihre Vergangenheit aufarbeiten, beispielsweise der Deutsche Alpen-Verein. By the way: Die Hälfte der deutschen Mediziner war am Ende der NS-Zeit Mitglied in der NSDAP. Wie hoch war der Organisationsgrad der Mathematiker? Zum Mißlingen der Tätigkeit von des aktiven Nationalsozialisten Bieberbach, Vahlen oder Stark als Wissenschaftsorganisatoren vgl. die entsprechenden Stellen in: Notker Hammerstein, Die Deutsche Forschungsgemeinschaft in der Weimarer Republik und im Dritten Reich. Wissenschaftspolitik in Republik und Diktatur. München: C. H. Beck 1999.

ihrer inneren, fachlichen Stringenz. Die Mathematik hat durch die NS-Gesetzgebung überdurchschnittliche Verluste zu verkraften und deshalb mußte man vorsichtig sein. Zwischen 1932 und 1937 fiel die Zahl der Studenten der Mathematik und Physik in Göttingen um circa 90 Prozent. Der Nationalsozialismus zerstörte eine ständische Homogenität der Leistungseliten an den Universitäten und das Wort „Divide et impera!" war mangels einer zentralen Kraft, die über die einzelnen Teile herrschte, gar nicht einzuhalten. Der Nationalsozialismus sah zudem, daß gerade Mathematiker sich ungern eine politisierende Haltung, überhaupt normative Aussagen abfordern ließen und sich bei etwaigem Verlangen dann gerne bockig stellten.

> „Ein systematischer Wandel der Berufungspolitik, über die Anwendung politischer und ‚rassischer' Kriterien hinaus, ist für die Mathematik nicht sichtbar. Das Bild ist immer weit mehr von lokalen Eigenheiten bestimmt als von systematischer Politik."[71]

Und

> „In der disziplinären Organisation der Mathematik war die Anpassung an die Verhältnisse des NS-Staates weitgehend vollzogen, die wichtigen Positionen von Gesellschaften, Redaktionen und Instituten mit Männern besetzt, von denen politische Probleme nicht zu erwartet werden brauchten."[72]

Tatsächlich werden Zeitschriften im Nationalsozialismus zu quasi-staatlichen Organen, wo die Schriftleiter politische Qualifikationen vorweisen müssen.

Und für alle diese Dinge sind unterschiedliche Leute zuständig, die im Streite liegen. Da kommt der davon, der sich auf das „Sachliche" konzentriert. Denn dann werden die „Systemgrenzen" tatsächlich respektiert und nicht überschritten. Wenn es völkische Voraussetzungen der Mathematik geben sollte, dann möchte Rust nicht, daß sie zum Thema innerhalb der Mathematik gemacht werden. Ihm geht es nur um die Auszeichnung der Eigengesetzlichkeit der Mathematik wie der ganzen Naturwissenschaften. Die Notwendigkeiten der Rüstungswirtschaft und deren Anforderung an die Fachwissenschaften ließen die NS-Ideologie zurücktreten. Noch einmal: Weltanschauung ersetzt kein Fachwissen. Das war dem Nationalsozialismus völlig klar.

Da das Hilbert-Programm die Mathematik mit der Induktion als eigener Methode auszeichnen kann, die damit eine reine Wissenschaft wird, und Hilbert als ein deutscher Meister gefeiert wird, gibt es hier keine Probleme. Gentzen wird also in Ruhe gelassen; im Gegenteil. Die weitere Ausarbeitung des Hilbert-Programms wird von Bieberbach durchaus sympathisch gesehen wie von Mathematikern auch, die dem Nationalsozialismus nahestehen[73]. Auch Georg Hamel ar-

---

[71] HERBERT MEHRTENS, Angewandte Mathematik und Anwendungen der Mathematik im nationalsozialistischen Deutschland, *Geschichte und Gesellschaft* (Göttingen) 12. Jahrgang, (1986) Heft 3, S. 317–347, hier S. 324.

[72] HERBERT MEHRTENS, Angewandte Mathematik und Anwendungen der Mathematik im nationalsozialistischen Deutschland, *Geschichte und Gesellschaft* (Göttingen) 12. Jahrgang, (1986) Heft 3, S. 317–347, hier Seite 330.

[73] Bieberbach mag Hilbert 1925/6 stark kritisiert haben, weil dieser mit seinem – von Bieberbach falsch verstandenem „Formalismus" – die Anschauung zurückgedrängt haben soll, aber ab 1941 unterstützte er Hilbert über Scholz. Vgl. S. 205 ff., in: HERBERT MEHRTENS, Ludwig Bieberbach and „Deutsche Mathematik", p. 195–241, in: Esther R. Phillips (ed.), Studies in the History of Mathematics. Studies in Mathematics, Vol. 26. The Mathematical Association of America

1987. Zum geistigen Umfeld Bieberbachs vgl. HERBERT MEHRTENS, Anschauungswelt versus Papierwelt. Zur historischen Interpretation der Grundlagenkrise der Mathematik, S. 231–276, in: Hans Poser und Hans-Werner Schütt (Hrsg.), Ontologie und Wissenschaft. Philosophische und wissenschaftshistorische Untersuchungen zur Frage der Objektkonstitution. Berlin: Technische Universität Berlin 1984. – Es ist aber völlig falsch, wenn es heißt: „Bieberbachs neue Kampagne ab Sommer 1933 war also auch der Versuch einer Revanche gegen „Hilberts Programm" auf der ganzen Linie." (S. 23, NORBERT SCHAPPACHER, Auswirkungen des Nationalsozialismus auf die mathematische Forschung in Deutschland. Vorläufiges Material zu einer Antrittsvorlesung Bonn 8.6.1988, Version II). Wenn es so gewesen wäre, dann hätte er mit einem Schlag die Unterstützer eines Hilbert Programms ideologisch zum Schweigen bringen können. Zu Bieberbachs Verhalten vgl. HERBERT MEHRTENS, „Was verstehen Sie von deutscher Wissenschaft?" Das „Dritte Reich" und die politische Moral der Naturwissenschaften, S. 181–200, in: Christoph Hubig (Hrsg.), Verantwortung in Wissenschaft und Technik. Berlin: Technische Universität 1990. NB: Wenn E. J. Gumbel den „Sauherdenton" Bieberbachs kritisiert, dann soll nicht vergessen werden, daß es sich hierbei um eine Retourkutsche handelt. Der Erfinder des „Sauherdentons" war der sozialdemokratische Professor Paul Lensch, der aufgrund seiner Leitartikel in der *Leipziger Volkszeitung* diesen Ehrentitel erhielt. Hugo Stinnes holte ihn deshalb an sein nationales Blatt, die *Deutsche Allgemeine Zeitung*, S. 94, in: PAUL FECHTER, An der Wende der Zeit. Menschen und Begegnungen. Gütersloh: C. Bertelsmann Verlag 1949. – Auch DAVID E. ROWE schreibt in seiner Rezension zu Gerd Fischers „Ein Jahrhundert Mathematik 1890–1990" (*Mathematical Intelligencer* Vol. 13 (1991), No. 4 p. 70–74, hier: p. 73): "For example, they note Bieberbach's role in the earlier battle that ensued when Hilbert sought to oust Brouwer from the editorial board of 'Mathematische Annalen', an episode recently chronicled by Dirk van Dalen in the 'Mathematical Intelligencer' (vol. 12, no.4). The authors (Schappacher und Kneser, EMT) conclude quite correctly that this battle and the whole intuitionist-formalist debate that echoed throughout the Weimar period carried broader political implications, and these set the stage for much of what followed during the early Nazi years." Ich erwarte Antworten darauf, warum der Intuitionismus nicht von wenigstens einem NS-Mathematiker als offizielle Grundlagenforschung öffentlich erwähnt oder – weitaus wichtiger – in seinen mathematischen Schriften benutzt worden ist. Ich erwarte eine Diskussion dieser "broader political implications", die angeblich im Nationalsozialismus das Bühnenbild für die Auseinandersetzungen innerhalb der Mathematik gespielt haben sollen. Bieberbach aber verteidigte und ließ verteidigen: den Formalismus. Warum schalteten sich die anderen NS-Mathematiker sich nicht in diese Diskussion ein, sondern waren offensichtlich zufrieden mit den Ausführungen von H. Scholz? „Dass meinem Vater so viel Feindseliges nach dem Kriege entgegentrat, lag u. a. im persönlichen Bereich der Herren Einstein und Perron. Ich habe nirgendwo eine fachlich begründete Herabsetzung gefunden. Mein jüngerer Bruder, damals 5 Jahre alt, hat Herrn Einstein, als er uns mal besuchte, befragt, warum er in nackten Füßen in den Schuhen stand. Albernheiten und Eitelkeiten sind überall." (Ulrich Bieberbach, Oberaudorf, am 27.11.1998 an den Autor). Und diese Eitelkeiten – auf seiten Ludwig Bieberbachs – sind angeblich bezeugt durch Albert Einstein in einem Brief an Max Born aus dem Jahr 1919: "Herrn Bieberbach's love and admiration for himself and his muse is most delightful." (Zitiert nach NORBERT SCHAPPACHER, The Nazi era: the Berlin way of politicizing mathematics, p. 131, in: H. G. W. Begehr et al. (eds.), Mathematics in Berlin. Basel: Birkhäuser 1998. Dort keine Quellenangabe). Der Text im deutschen Original bei Einstein geht allerdings weiter und ich habe in Erinnerung, daß Einstein ausdrücken wollte, daß Bieberbach ganz wie ein klassischer Gelehrter aus vergangenen Zeiten, ein „Original", nur auf seine Fachinteressen hin lebt. In den zwanziger Jahren war Bieberbach ja auch mit H. Weyl bekannt und sie tauschten Briefe aus (vgl. Teilnachlaß L. Bieberbach). Ein Antisemit scheint er damals nicht gewesen zu sein. Das Bild, daß in diesem Sammelband von Ludwig Bieberbach vor uns erscheint (vgl. die im Register erwähnten Stellen) ist das eines eitlen Geometers, der in der Weimarer Republik loyal zur Republik stand, der aber verletzbar war durch Bemerkungen von Issai Schur und anderen Situationen. Mir scheint, daß sein aktives Eintreten für den Nationalsozialismus als einer ihrer Wortführer innerhalb der mathematischen Gemeinschaft beflügelt war durch die Gelegenheit, Rache üben zu können an allen, die ihm jemals – bewußt oder unbewußt – Schmach angetan hatten oder deren Stil wie Landau ihm zu langwierig und langweilig waren.

beitete auf dem Gebiet der Axiomatisierung der Physik und war dem Hilbert-Programm gewogen[74]. Das Hilbert-Programm war bei den NS-Mathematikern bekannt und es war – und das ist weitaus wichtiger! – auch von den Nazis anerkannt. Es war von Vahlen, Bieberbach über Hasse oder Scholz – wenn der auch nach der „Frege-Krise" eine „Hilbert-Krise" sah[75] – bis zu Tornier oder Teich-

---

Auch die Verteidigung des Hilbertschen Programms und speziell die Metamathematik gegen die Angriffe des Geometers Max Steck scheinen sich auch zu speisen aus einer vielleicht persönlichen Aversion gegen einen Hochschulgeometer, der sich anmaßt, Richter zu spielen auf einem Universitätsgebiet. Seine Eitelkeit ließen es vielleicht auch nicht zu, geniale Schüler zu fördern oder überhaupt jemanden um sich zu haben, der mal Anspruch auf diejenigen Ehrenämter haben könnte, wie er sie innehatte. Ich betone, daß dies nur ein Motivstrang sein kann in einem vielsträhnig gedrillten Lynchseil, mit dem er andere zu erdrosseln gedachte. In der Tat versammelte er NS-Mathematiker um sich: Teichmüller, Tornier, Weber oder Geppert. Und dies vielleicht, weil er in der Nähe des Ministeriums in Berlin saß, sich davon Ehre versprach als Begründer einer neuen Tradition und was man noch mehr darüber spekulieren könnte. Es gibt eine Geschichtsschreibung, die im Eintreten Bieberbachs für den Nationalsozialismus eher alte Schlachten geschlagen sieht, selbstverständlich ohne jeden Nachweis dieser These, die durch ständige Wiederholung deshalb nicht plausibler wird. Schappacher wiederholt (NORBERT SCHAP-PACHER, The Nazi era: the Berlin way of politicizing mathematics, p. 131, in: H. G. W. Begehr et al. (eds.), Mathematics in Berlin. Basel: Birkhäuser 1998.), daß Bieberbach seit des ICM-Kongresses in Bologna 1928 auf Seiten Brouwers gegen Hilbert gestanden habe. Schappacher sieht sogar 3 grundsätzliche Konflikte in dieser Kontroverse, wovon eine sei: "the debate about intuitionism vs. formalism, which Bieberbach could share in, on Brouwer's side, thanks to his predilection for the geometric approach over the algebraic one, and his emphasis of the role of intuition in mathematics." Nur schlug sich Bieberbach explizit, der die Linie von Felix Klein vertrat, dann – als es wirklich darauf ankam – auf die Seite des "formalism", auf die Seite von Hilbert, Scholz, Schröter, Ackermann, Gentzen, etc., so wie Hasse dies ebenso getan hatte. Für die These von Schappacher und Rowe gibt es keinerlei Hinweise.

[74] „Ist die reine Anschauung Grund und Boden der Mathematik, so ist die Axiomatik ihr Betonfundament und die Logik ihre Eisenkonstruktion. Deshalb ist die Arbeit Hilbert's nicht nur wünschenswert, sondern sie ist sogar notwendig." (S. 15, in: GEORG HAMEL, Über die Philosophische Stellung der Mathematik. Akademische Schriftenreihe der Technischen Hochschule Charlottenburg, Heft 1. Herausgegeben von der Gesellschaft von Freunden der Technischen Hochschule Berlin 1928). Wenn Georg Hamel Mathematik als Mittel zur Erlangung von Zucht und Ordnung sah – auch Hilbert sah in der Mathematik auch immer eine ethische Komponente – und in der Befolgung des mathematischen Geistes eine heroische Haltung zur Gegenwart sah, dann ist es der Schwulst einer rhetorischen Anlehnung an die vermeintlichen Erfordernisse des NS, aber es hat seinen wahren Kern in der Ideologie der mathematischen Ausbildung von Soldaten und Offizieren seit Scharnhorst. Georg Hamels Berliner Vortrag vom 17. Oktober 1933 „Die Mathematik im Dienste des Dritten Reiches, ein weiterer Beitrag zur philosophischen Grundlegung der Mathematik" war mir nicht zugänglich (Quelle: HANS HARTMANN, Denkendes Europa. Ein Gang durch die Philosophie der Gegenwart. Berlin: Batschari-Verlag 1936; S. 124). Handelt es sich dabei vielleicht um G. HAMELS Beitrag „Die Mathematik im Dritten Reich", in den Unterrichtsblättern für Mathematik und Naturwissenschaften 1933 "(Bd. 39)? – In den „Unterrichtsblättern für Mathematik und Naturwissenschaften" veröffentlichte nach LUDWIG BIEBERBACHS „Persönlichkeitsstruktur und mathematisches Schaffen" (1934) auch WALTER DUBISLAV „Der universale Charakter der Mathematik" (1935).

[75] „Jetzt war also die Frege-Krisis ergänzt durch eine Hilbert-Krisis von wesentlich demselben Rang. Um so denkwürdiger ist die Tatsache, daß auch diese Krisis hat überwunden werden können. Dies ist gelungen durch die Entdeckung von Gentzen, daß der finitäre Charakter einer Schlußweise, auf den es entscheidend ankommt, unabhängig davon ist, ob sie unter die Schlußweisen einer formalisierten Zahlentheorie fällt oder nicht. Nur das Hilbertsche Restriktionspostulat kann in seiner ursprünglichen Bedeutung nun nicht mehr gehalten werden. Hilbert ist aber noch nicht erschöpft" (wegen des Entscheidungsproblems, EMT), HEINRICH SCHOLZ, Zum ge-

müller klar, daß Hilbert auf keinen Fall abzumeiern[76] war! Hilbert war die gemeinsame Grundlage aller Fachmathematiker im Nationalsozialismus.

Natürlich gibt es rhetorische Anbiederungen an den Nationalsozialismus. In dem Buch: „Mathematik im Dienste der nationalpolitischen Erziehung"[77] heißt es:

> „Jeder verantwortungsbewußte Mathematiker erkennt an, daß die wichtigste Aufgabe in der Erziehung des deutschen Menschen zum politischen Menschen liegt mit dem Ziele, jeden Deutschen in allen Fragen, die sein Volk und Vaterland berühren, so instinktsicher urteilen zu lassen, wie es andere Völker schon von jeher taten. Und hier helfen wir mit. Es gibt eine politische Mathematik! (...) Von Anfang an können dem Schüler die Grundtatsachen eingehämmert werden, die für das Handeln der Regierung richtunggebend sind."

Aber Völkische Mathematik trifft man nur selten an.[78] Es gibt einzelne Bücher zu „Mathematik und Wehrsport", Völkische Erziehung, Statistik, Erbstatistik, Luftschutz, Biologie, Bevölkerungswissenschaft, Geländemathematik, Luft- und Erdbildmessung, und „Nationalpolitische Übungshefte für den Mathematischen Unterricht" von Otto Köhler und Ulrich Graf[79]. Und sicher gibt es rassistische Mathematik, die mit Hilfe der unschuldigen Mathematik „Bevölkerungsmathematik" betreibt, wo „Vierteljuden" berechnet wurden. Aber das prägte nicht die Mathematik als Wissenschaft und nicht Mathematik als Unterrichtsfach[80].

---

genwärtigen Stande der mathematischen Grundlagenforschung (Rezension von STEPHEN COLE KLEENE, Introduction to Metamathematics. North-Holland: Amsterdam 1952), S. 322–331, hier S. 327, in: *Archiv für Philosophie* 5/3. Herausgeber: Jürgen v. Kempski. April 1955. Stuttgart: W. Kohlhammer.

[76] Leider in den Jargon der deutschen Sprache übergegangen. Verlöre ein Bauer eines Erbhofes seine Ehrbarkeit oder seine Wirtschaftsfähigkeit, so könne er „abgemeiert" werden, d.h. ihm könnten Verwaltung und Nutznießung, unter Umständen auch das Eigentum am Hofe entzogen werden. Vgl. Reichserbhofgesetz vom 29.9.1933 und die Ergänzungen.

[77] Im Auftrage des „Reichsverbandes Deutscher Mathematischer Gesellschaften und Vereine" hrg. von A. DORNER. 3. durchgesehene Auflage. Moritz Diesterweg: Frankfurt am Main 1935/36.

[78] z.B. Rechenbücher für die Volksschule.

[79] Dresden: Ehlermanns 1937.

[80] Vgl. die beiden biographischen Angaben für die Rubrik „Nationalsozialistische Mathematik" S. 1 in „Leben im Dritten Reich" Hrsg. Bundeszentrale für politische Bildung 1989. Es handelt sich um Brennecke, Handbuch für die Schulungsarbeit der HJ, S. 53 und „Mathematik im Dienste der nationalpolitischen Erziehung", zitiert nach KURT ZENTNER, Illustrierte Geschichte des Widerstandes in Deutschland und Europa 1933–1945. Südwest Verlag: 2. Auflage München 1965, S. 348. – Wir sehen uns als Kontrast das Jahr 1957 in der Bundesrepublik an. Was erscheint? ROBERT SCHMIDT, Praktische Ballistik. Artilleristisches Rechnen, Einführung in die Ballistik und in die Lehre von der Treffwahrscheinlichkeit. Das ist das Beiheft 1 der *Wehrtechnischen Monatshefte*. Verlag E.S. Mittler & Sohn: Berlin und Frankfurt/Main 1957. Neuauflagen wie Kutterer, Ballistik (Vieweg 1957) oder Athen, Ballistik (Quelle & Meyer 1957) gehen zurück auf die Anwendung der Wahrscheinlichkeitsrechnung auf das Schießen aus dem Jahr 1906 (EBERHARD VON SABUDSKI, Wahrscheinlichkeitsrechnung, Stuttgart) und vor allem CRANZ, Lehrbuch der Ballistik (4 Bde., Springer Verlag 1925). Geschützmechanik enthält HÄNERT, Geschütz und Schuß (Springer 1935). – Aber: der Jahrgang 1957 wird begleitet von Büchern wie PROF. DR. WILHELM TREUE, Invasionen 1066 – 1944, Gen.Maj. a.D. ALFRED PHILIPPI, Das Pripjet-Problem, DR. WOLFGANG MARIENFELD, Wissenschaft und Schlachtflottenbau, Oberstleutnant EIKE MIDDELDORF, Handbuch der Taktik, Oberst a.D. K.A. MÜGGE, Fernmeldetechnik, etc. – allein in demselben Verlag. Was ist geschehen? Die Ideologie hat sich kaum geändert, aber man differenziert Wissenschaft, Ideologie und Geschichte in eigenständige Bereiche. Alles bleibt fast

Heinrich Dörrie dankt 1941 im Vorwort seines guten Buches „Vektoren"[81] seinen Setzern so:

> „Den Setzern des Hauses R. Oldenbourg, München, die in dieser schweren Zeit trotz stärkster Arbeitsbeanspruchung mit steter Sorgfalt und unermüdlichem Eifer den nicht leichten Satz des Buches hergestellt haben, möchte ich an dieser Stelle meinen herzlichen Dank zum Ausdruck bringen."

Kritik dagegen übt er daran, daß die Vektorrechnung noch nicht Gemeingut aller mathematisch interessierten Kreise sei, obwohl sie auch dem Techniker und dem Ingenieur bei seinen theoretischen Arbeiten wertvolle Dienste leiste:

> „Fest dürfte nur stehen, daß der Ausbreitung der Vektorrechnung befremdlicherweise die Geringschätzung im Wege stand, die viele Mathematiker dem neuen Kalkül zeigten. Hat doch sogar ein so genialer und weitblickender Mathematiker wie Felix Klein die Bemühungen der Vektorrechner ‚nicht verstehen können' (Elementarmathematik vom höheren Standpunkt aus, Bd.II)."

Wie sah es tatsächlich aus? Wie viele Dozenten und Professoren veröffentlichten in der *Deutschen Mathematik*? Wie viele Mathematiker waren in der NSD-Dozentenschaft tätig und wirksam organisiert? Was bewirkten sie tatsächlich? Wie sahen die Früchte die ihrer Arbeit aus? Der Reichsdozentenführer Prof. Dr. Walther Schultze aus München schämt sich:

> „Der politische Kampf, der doch buchstäblich um die nackte Existenz geführt wurde, hat die Hochschullehrer, in ihrer Gesamtheit betrachtet, nur mit verschwindenden Ausnahmen an der Front gesehen. Entweder lehnten sie die Beteiligung aus einer pseudowissenschaftlichen Haltung heraus ab, oder sie verhielten sich ihm indifferent gegenüber, oder sie stellten sich gar in die Reihen der Gegner des völkischen Deutschland. Zum allermindestens handelte es sich um eine kaum zu überbietende Verständnislosigkeit gegenüber den dringendsten Notwendigkeiten eines völkisch-politischen Kampfes, der um nicht mehr und weniger entbrannt war, denn um das Leben des eigenen Volkes. (...) Diese historische Stunde hat die Intelligenz nicht, oder sagen wir, in nur verschwindendem Maße erkannt. Sie widmete sich ihrem kleinen Aufgabenkreis, ohne Anteil zu nehmen an den gewaltigen Geschehnissen der Zeit. Diese Kritik ist hart, aber zweifellos berechtigt. Und als dann der 30. Januar 1933 kam, da war die deutsche Hochschule ehrlich überrascht."[82]

Das grundsätzliche Ziel der Sicherstellung der weltanschaulichen und geistigen Einigung des deutschen Volkes durch die Wissenschaft, wie sie der NSD-Dozentenbund versteht, hat aber 1938 noch immer ein großes Hindernis: Es gibt keinen Nachwuchs! Dabei verteidigt der NSD-Dozentenbund die Einheit von

---

unmerklich gleich in den Bereichen Wissenschaft, Ideologie, angewandter Mathematik (Ballistik), aber durch die Entmischung wird alles „reiner", unverfänglicher und jeder Zusammenhang darf und wird – das ist die Ideologie bis zum heutigen Tag – geleugnet werden. Ab 1957 ist alles „ideologiefrei". Warum schätzen wir seitdem aber die angewandte Mathematik als moralisch besser ein? Weil sie in der BRD keiner Diktatur zu Diensten war. Über die entsprechende angewandte Mathematik in der DDR habe ich bisher nur viel beredtes Schweigen gehört.

[81] „Dem Andenken meiner Frau gewidmet", München und Berlin: Verlag von R. Oldenbourg.

[82] S. 12, WALTHER SCHULTZE, Die Hochschule im deutschen Lebensraum, in: Werden und Wachsen des Deutschen Volkes. Wiedergabe der auf der Hochschultagung des NSD-Dozentenbundes Gau Berlin am 24. Und 25. Februar 1938 gehaltenen Ansprachen und Vorträge. Hrsg. vom NSD-Dozentenbund Gau Berlin: Berlin 1938.

Forschung und Lehre, sieht deutlich die Zweitrangigkeit der augenblicklichen Zweckforschung gegenüber der Grundlagenforschung und beteuert eine gemeinsame Basis aller Wissenschaften gegen restlose Entsittlichung, fachliche Zersplitterung und Erstarrung.

> „Und hier liegt die große Aufgabe des NSD-Dozentenbundes, der vom Führer als Treuhänder der Partei dafür eingesetzt ist, daß sich das nationalsozialistische Gedankengut auch an den Hochschulen durchsetzt. (...) Dabei müssen wir uns immer vor Augen halten, daß die Hochschulen stehen und fallen mit dem Typ eines einsatzbereiten, politischen und gemeinschaftsgebundenen und fachlich hochstehenden Dozenten, der sich nicht abschließt von den Notwendigkeiten der deutschen Volksgemeinschaft, sondern mitten in ihr steht."

Aber die Mathematiker waren schon 1934 das lebendige, wenn auch erfundene Beispiel derjenigen Studenten, die „einer wohl vergangenen Zeit" angehörten:

> „Ein Musterbeispiel für den liberalistischen Freistudenten. Frei: Ohne Gesinnung, ohne Lebensanschauung, ohne Pflichten und Verpflichtungen und daher auch ohne Kraft, Freude und Einsatz!"[83]

In diesem Buch ist ein Berliner Student unterwegs zum Bahngleisebau nach Schlesien. Dort leistet er seinen freiwilligen Arbeitsdienstes während der Semesterferien ab. Er trifft im Bahnabteil auf einen anderen Studenten:

> „Er studiert tatsächlich Mathematik und hat wirre Haare. Er fühlt in Potenzen und denkt in Wurzeln." (S. 24).

Der Mathematikstudent hält nichts von der inneren Pflicht des freiwilligen Arbeitsdienstes während der Semesterferien. Er empfiehlt den Arbeitsdienst den Arbeitslosen an, behauptet, das sein Arbeitsdienst die Universität sei und will vom Zusammenhalten von Arbeitern und Studenten nichts wissen. Scharf entgegnet ihm der Arbeitsdienstler:

> „Aber wofür arbeiten Sie denn auf der Universität? Für ihr eigenes Wohl? Als Selbstzweck? Oder für Ihr Volk? Das war immer ein Fehler des Akademikers, daß er den Anschluß an die Gedanken- und Gefühlswelt des arbeitenden Volkes versäumte. Wen ich nicht kenne und schätze, mit dem kann ich auch nicht zusammenarbeiten! Nur aus Tat und Verzicht wachsen Führer! Wir sind zu Führern nicht bestimmt mit dem Studienbuch in der Tasche! Wir haben uns diese Position zu erkämpfen. Ihr Seminar oder Ihre Bücherstube indessen dünkt mir ein schlechter Kampfplatz!"

Der Mathematiker verweist darauf, daß er seinen Eltern in erster Linie durch seinen fachlichen Erfolg den Dank für die Ermöglichung des Studiums zu erweisen habe und dem Volk zu dienen gedenke, indem er im Ausland seinen Gesichtskreis erweitere. Die Prüfung sei also gegenwärtig das Wichtige. Der Arbeitsdienstler aber fordert Rechenschaft vor dem Volk und kämpft gegen den Objektivismus:

> „Das lebensfremde Bücherwissen ist wertlos, wenn es nicht durch Einfühlung und Einfügung in die Geschehnisse des tatsächlichen Lebens Sinn und Berechtigung erhält! Blutfrisch, nicht verstaubt sollen wir sein!" (S. 27).[84]

---

[83] S. 28, GUSTAV FABER: Schippe, Hacke, Hoi! Erlebnisse, Gestalten, Bilder aus dem freiwilligen Arbeitsdienst. Mit 35 munteren Zeichnungen vom Verfasser. Berlin: Verlag Kulturpolitik 1934.

Aber die Ideologie überzeugt nicht, weshalb der Mathematiker abgetan wird:

> „Ohne Opfer wollen Sie Erzieher der Jugend werden? Ohne Opfer junge Menschen ins Leben führen? Schön! Lernen Sie Ihre Logarithmentafel auswendig! Aber auf die Frage des jüngsten Ihrer dereinstigen Schüler, wo Sie standen, als Deutschland uns alle rief, muß Ihre Antwort lauten: ‚Ich hatte damals anderes zu tun!'"

Und so ist der „Mathematiker", der 1934 im sechsten Semester ist, bereits aufgegeben. Gentzen, so füge ich scherzhaft ein, war zu diesem Zeitpunkt bereits promoviert. Er zählte für die „echten" NSler nicht mehr zum Nachwuchs, und auf ihn wurde keine Mühe mehr verwandt, um ihn etwa nationalsozialistisch auszubilden. Das wollte man sich für die Jüngsten aufheben. Der NS-Studentenführer Andreas Feickert sprach 1934:

> „Die Hauptschwierigkeit für die Hochschule ist heute, daß wir keine nationalsozialistischen Dozenten haben."

---

[84] Eine kleine Nebenbemerkung: Das paßt zur Erkenntnistheorie von Dr. Roland Freisler. Ihm ging es um ein neues Wissen. Wodurch sei das alte juristische, bürgerliche Attrappenwissen gekennzeichnet: „Ein Wissen, das unabhängig von der Fähigkeit, es zu verwerten, unabhängig von der Fähigkeit des Urteils, unabhängig von dem klaren Blick für das Leben und seine Notwendigkeiten, unabhängig von allen Beziehungen zum Volksganzen vorhanden ist und doch nicht bestehen kann. Ein Wissen, das deshalb, lediglich für sich bestehend, wertlos ist. Ein Wissen, das ohne Zusammenhang mit Urteilsfähigkeit, klarem Lebensblick, bewußter Wertung aller Dinge und Kräfte in ihrem Verhältnis zum Volksganzen zwar nicht wertlos, aber doch von nur untergeordneter Bedeutung ist." Dagegen setzte er das neue Recht: „Gesetze sind gewiß wichtig, aber Gesetze allein schaffen kein neues Recht und erst recht kein neues Leben und ganz gewiß keine neuen Lebenskräfte." Wichtiger seien Männer, die über die Reinheit des Rechts herrschen, die Diener am Recht und zum Kämpfer für das Recht werden sollen. Lagerleiter Spieler (Vorgesetzter meines Vaters, EMT) ergänzt: „Selbstverständlich ist sich die Lagerführung darüber klar, daß man den Nationalsozialismus weder erlernen noch lehren kann. Nationalsozialist muß man seiner ganzen Einstellung nach sein, sonst wird man es nie werden. Aber in vielen Menschen, die bisher infolge ihres Umgangs oder ihrer bisherigen Lebensform mit dem Nationalsozialismus nicht bekannt geworden sind oder ihm sogar ablehnend gegenübergestanden haben, schlummert unbewußt nationalsozialistisches Empfinden, das nur eines Anstoßes bedarf, um geweckt zu werden." Der weltanschauliche Unterricht ist nur ein Mittel von vielen. Worauf setzt man noch? „Durch die Zusammensetzung des Führerpersonals und diese Berührung mit anderen Volkskreisen ist Sorge dafür getragen, daß der alte echte SA-Geist, d.h. also nationalsozialistische Weltanschauung auf die Referendare übertragen wird und in ihnen erhalten bleibt." Deshalb die Lager, aus Not. „Die im Lager beschäftigten Abteilungsführer sind zum Teil Juristen, die bereits das Jüterboger Lager als Referendare hinter sich haben und ehemalige Frontsoldaten sind, zum Teil aktive SA-Führer. Die Zug- und Gruppenführer sind SA- bzw. SS-Führer und Ausbilder vom ehemaligen Reichskuratorium für Geländesport." Ziel ist die Simulation einer „echten Volksgemeinschaft" unter dem absoluten Führerprinzip, eine Abbildung des Ziels, eine Vision, wie der Nationalsozialismus sich die große Gesellschaft da draußen in Berlin und anderswo vorstellt: „Die Führer sind aus den verschiedensten Berufen hervorgegangen. Sie rekrutieren sich aus Handwerkern, Bauern, Juristen, Kaufleuten usw. und geben den Referendaren damit Gelegenheit, auch andere Kreise kennenzulernen. So kann keinerlei Standesdünkel aufkommen." Diese Durchmischung zusammen mit der Vorbildfunktion der Lager-, Zug- und Gruppenführer wird ständig betont. Das Lager erscheint Außenstehenden als eine Brutstätte der permanenten Revolution im Sinne von Ernst Röhm und Gregor Strasser.

Der Mangel an wissenschaftlichem Nachwuchs wurde ab 1937 virulent.[85] –
Für die Generation von Gentzen ging es also weniger darum, etwa „schauende"
Wissenschaft mit „schöpferischer Intuition" zu propagieren, sondern für die
Zweckwissenschaft innerhalb eines nationalsozialistischen Vierjahresplans zu
gewinnen.[86]

Nicht einmal das gelingt und erst der verbrecherische Angriffskrieg Adolf
Hitlers „zwingt" die Wissenschaft wieder, „um die nackte Existenz des Volkes
ringen zu müssen".

Hitler verachtete den Professorenstand[87] und deshalb wurde auch niemals
ein Wissenschaftspolitiker ermächtigt, im Namen des Nationalsozialismus ein
Wissenschaftsprogramm zu propagieren. Private Querelen, streitende Gruppie-
rungen wurden so möglich und gefördert.

Adolf Hitler selbst hat gewußt, daß die Intelligenz nicht hinter dem Nationalsozialismus stand. Am 11. November 1938 betonte er in seiner „Rede vor der
Deutschen Presse", daß die Erfolge des Jahres 1938 der „ungeheuren Erziehungs-
arbeit, die der Nationalsozialismus am deutschen Volk vorgenommen" habe und
der „Entschlußkraft der Führung" zu verdanken seien und fuhr fort:

> „Denn es ist natürlich nicht so, daß nun die ganze Nation, insonderheit in ihren
> intellektuellen Schichten, etwa hinter diese Entschlüsse getreten wäre; sondern es gab
> naturgemäß sehr viele geistreiche Menschen – sie bilden sich wenigstens ein, daß sie
> geistreich sind –, die mehr Bedenken als Zustimmung zu diesen Entschlüssen auf-
> bringen konnten. Um so wichtiger war es, erst recht mit eiserner Entschlußkraft die
> einmal gefaßten, schon in den Mai zurückdatierten Entschlüsse durchzuhalten und
> durchzusetzen gegen alle Widerstände."

Und er geht im weiteren auch auf jene „überzüchteten Intellektuellen" ein,
die sich nicht psychologisch auf den Krieg vorbereiten ließen.

> „Was wir benötigen, ist eine in sich gefestigte starke öffentliche Meinung, wenn
> möglich sogar noch hineinreichend in unsere intellektuellen Kreise. (Bewegung und
> Gelächter)".

Und er macht sich lustig über die Honoratiorenpolitik der oberen Zehntau-
send, die ihm sich widersprechende Denkschriften schickten. Er bezeichnet diese
Menschen als hysterisches Hühnervolk, das sich abscheulich und ekelerregend
geriert. Gegen diese zukunftsscheue Menschen setzt Hitler den bedingungslosen

---

[85] Vgl. dazu S. 247 in: Notker Hammerstein, Die Deutsche Forschungsgemeinschaft in der
Weimarer Republik und im Dritten Reich. Wissenschaftspolitik in Republik und Diktatur. München: C. H. Beck 1999).

[86] Vgl. dazu Professor Bachér, Naturerkenntnis und ihre Auswirkung auf das tätige Leben, S.
103–117, in: Werden und Wachsen des Deutschen Volkes. Wiedergabe der auf der Hochschultagung des NSD-Dozentenbundes Gau Berlin am 24. Und 25. Februar 1938 gehaltenen Ansprachen und Vorträge. Herausgegeben vom NSD-Dozentenbund Gau Berlin: Berlin 1938.

[87] Vgl. S. 119 in: Notker Hammerstein, Die Deutsche Forschungsgemeinschaft in der Weimarer Republik und im Dritten Reich. Wissenschaftspolitik in Republik und Diktatur. München: C.
H. Beck 1999.

Glauben an sich und den Nationalsozialismus.[88] Und in „Mein Kampf" führt er ein Kriterium für die Wirkung einer Rede an:

> „Die Rede eines Staatsmannes zu seinem Volk habe ich nicht zu messen nach dem Eindruck, den sie bei einem Universitätsprofessor hinterläßt, sondern an der Wirkung, die sie auf das Volk ausübt. Und dies allein gibt auch den Maßstab für die Genialität des Redners."[89]

Mir kommt es vor als ob gewisse Fachwissenschaftler deshalb besonders um die Gunst des Nationalsozialismus buhlten, weil der sie kaum ernst nahm. Die Nationalsozialisten verachteten Intellektuelle, wenn sie nicht in der Bewegung rest- und rückhaltlos „aufgingen". Andererseits fiel ihnen mehr als die „Reinigung" der deutschen Wissenschaft durch Ausschluß von Juden, Kommunisten, Sozialisten oft nicht ein. Und „völkische" Wissenschaft meinte nicht in erster Linie die Naturwissenschaften. Deshalb aber konnten dort eilfertige Wissenschaftler ihre Eitelkeiten und Resentiments befriedigen. Nur muß das nicht unbedingt dem Nationalsozialismus angelastet werden, wenngleich er auch diesen Karrieristen in oft antibürgerlicher Verkleidung die Gelegenheit und die Mittel an die Hand lieferte. Ab 1943 wurden aber Schulstreitigkeiten völlig unerheblich, weil jeder Deutsche an der Heimatfront kämpfen mußte, und die Wissenschaftler eben an der ihren, speziellen Wissenschaftsfront.

Die Rede von der „Selbstmobilisierung" oder der „Selbstgleichschaltung der Mathematik" ist ein schiefer und verdunkelnder Begriff, der den Tatsachen nicht gerecht wird. Zwar haben einzelne Mathematiker und diejenigen, die an entscheidenden Stellen von Verbandsspitzen standen, tatsächlich vorauseilenden Gehorsam gezeigt und waren gegenüber Terror und Vertreibung duldend, aber Verbände und Korporationen führen ein gewisses Eigenleben, das einzelnen Mathematikern oder gar der vermeintlichen schweigenden Mehrheit anzulasten ich nicht bereit bin. Sieht man sich einzelne Berufsgruppen wie Ärzte, Tiermediziner oder Lehrer an, wie die sich bedingungslos, schnell und fanatisch hinter die Ziele des Nationalsozialismus gestellt haben, dann stehen die Mathematiker dazu vergleichsweise weit ab. Es ist eher anzunehmen, daß die Mehrzahl der deutschen Hochschullehrer innerhalb der Mathematik vom „Gesetz zur Wiederherstellung des Berufsbeamtentums" vom 7. April 1933 und den nachfolgenden Verordnungen zur Durchführung dieses Gesetzes mehr als überrascht worden sind. Anhand der Akten der TU München beispielsweise kann man ersehen, daß das „rassische Argument" gegen eine Weiterbeschäftigung derart neu war, daß man sich um andere Argumente noch bemühte.[90] Wie weit die „reservatio mentalis" in der Physik beispielsweise ging, zeigt folgende Korrespondenz: Der herausragende Spektroskopiker Heinrich Kayser – er verdankte der Kaiserzeit Ausbildung, Beruf, weitgehende Freiheit in der Forschung, ein neues Institut, hohes soziales

---

88 ADOLF HITLER, Rede vor der deutschen Presse. Hrsg. von Wilhelm Treue. *Vierteljahreshefte für Zeitgeschichte*, 6. Jahrgang 1958, 2. Heft. April. Dort weitere Hinweise.

89 Zitiert in: UWE JENS KRUSE (Broder Chritiansen), Die Redeschule. Fünfte, neubearbeitete Auflage (13.–16. Tausend). Philipp Reclam: Leipzig 1939.

90 S. 224ff., in: ULRICH WENGENROTH (Hrsg.), Die Technische Universität München. Annäherung an ihre Geschichte. München: Technische Hochschule München 1993.

Prestige als Professor, finanzielle Sicherheit und internationales Renomée – schrieb am 13.7.1933 an den amerikanischen Spektroskopiker William Meggers:

> „Täglich muß man zusehen, wie die Universitäten und die Wissenschaften planmässig und systematisch vernichtet werden. Professor wird jetzt nicht mehr, wer etwas weiss und geleistet hat, sondern wer sich politisch eifrig betätigt hat. Von der Physik. Tech. Reichsanstalt werden Sie ja wissen, dass dort Paschen als Präsident abgesetzt ist, und an seine Stelle Stark gekommen ist, ein Lump durch und durch, kenntnislos, frech, gemein. Das Denunziantenwesen blüht; Recht und Gesetz gibt es nicht mehr. – Aber ich will davon nicht weiter reden; zu helfen ist da nicht. Es hat sich eine Geisteskrankheit, wie eine Pest, über das Volk ergossen."

Und an denselben Adressaten heißt es am 13.3.1936:

> „Haben Sie von dem blödsinnigen Lenard gehört, der ein Lehrbuch der ‚Deutschen Physik' herausgibt? Er unterscheidet sie von jüdischer Physik, worunter er Relativitätstheorie, Wellenmechanik, auch Quantenmechanik versteht, die alle ächt jüdischer Unsinn seien. Sein Freund Stark erhebt ihn dafür in den Himmel. Hoffentlich findet sich jemand, der ihn gründlich abführt, die beiden brüsten sich immer: ‚Wir zwei Nobelpreis-Träger'. Wirklich Physik verstehen kann nur ein Germane, ein Nationalsozialist mit Hakenkreuz."[91]

Wie steht es mit der logischen Grundlagenforschung? Sie wird nicht beachtet, so lange sie sich im Bereich der Mathematischen Seminare abspielt.

Warum wurde Gentzen, ja der Bereich der mathematischen Logik, von Bieberbach gefördert? Keinesfalls wegen Gentzens Nähe zu einem Intuitionismus. Erstens galt Hilbert als unbestrittene Galionsfigur der wirklichen deutschen Mathematik; die Grundlagenproblematik war ebenso wie der Bereich der mathematischen Grundlegung international anerkannt und hier war die Möglichkeit gegeben, mit der Vollendung des Hilbertschen Programms internationale Anerkennung zu bekommen. Der Bereich der mathematischen Logik war derart begrifflich eingegrenzt und methodisch scharf definiert, so daß die Partei keine Angst zu haben brauchte, daß diese Form von Rationalität – Schlußketten, Beweisbarkeit etc. – außer in metaphorischer Form in andere Bereiche eingeführt werden konnten. Deshalb konnte die mathematische Logik keine Gefahr für den Nationalsozialismus sein. Die Physiker Dingler und Thüring dagegen wollten wie der Biologe May eine ganz andere Mathematik, mit der man weder international anschlußfähig gewesen wäre, noch hätte sie für die gesamten Zwecke einer Deutschen Mathematik irgendeinen Nutzen gehabt: Man hätte wirklich die Mathematik zerschlagen. Und gegen die Ideologen tritt Bieberbach auf.[92] Hier akzeptierte der Nationalsozialismus auch durchaus „Modernes", wie er es immer dann tat, wenn es ihm wichtig erschien.

---

[91] S. VIII, Heinrich Kayser, Erinnerungen aus meinem Leben. Annotierte wissenschaftshistorische Edition des Originaltyposkriptes aus dem Jahr 1936. Herausgegeben von Matthias Dörries und Klaus Hentschel. Reihe Algorismus. Heft 18 (1996). München: Institut für Geschichte der Naturwissenschaften.

[92] Vgl. zum Mit- und Gegeneinander der verschiedenen wissenschaftspolitisch aktiven Staats- und Parteidienststellen, Carsten Klingemann: Social-Scientific Experts – No Ideologues: Sociology and Social Research in the Third Reich, in: Stephen Turner and Dirk Käsler (eds.), Sociology responds to Fascism. London 1992.

Mit der Studie von Reinhard Siegmund-Schultze, Mathematiker auf der Flucht vor Hitler,[93] liegt endlich eine Arbeit vor, die die Folgen der erzwungen Emigration, Verschleppung und Ermordung deutscher Mathematiker im Nationalsozialismus qualitativ und quantitativ dokumentiert. Dennoch sind mir die Größenverhältnisse nicht klar. Wer war für welche Maßnahme verantwortlich, d.h. es fehlt mir eine Täterliste. Die Vertreibung ging ohne Zweifel von den Ministerien aus, die Studentenboykotts gegen einzelne Lehrer wie Landau waren dagegen eine nicht notwendige, sondern allerhöchstens unterstützende, aber keineswegs entscheidende Maßnahme. Sie mehrten das Leid des Dozenten, aber entschieden keinerlei Maßnahmen. Die Entfernung aus dem Fachverband dagegen war ureigene Sache der Mathematiker selbst. Hier tauchen dann auch die immergleichen Namen auf wie Bieberbach, Teichmüller, Tornier, Vahlen etc. Aber sie werden recht selten mit tatsächlichen Entscheidungen und Maßnahmen verbunden. Bieberbachs Denunzierung von Issai Schur oder Eduard Embs, seine Verteidigung des Studentenboykotts gegen E. Landau ist dargestellt. Ein mögliches Motiv dafür taucht in einem Brief von Karl Löwner (Prag) vom 2. August 1933 an Professor Silverman (USA) auf:

> "It was evident that Bieberbach was afraid for himself since he had earlier denounced the Nazis."[94]

Läßt sich die „Atmosphäre willkürlicher Beschuldigung und Denunziation und durch Studentenboykotts" nicht quantitativ besser darlegen und aufzählen? Wie kommt es dann beispielsweise, daß der von Hasse nicht gut behandelte nationalkonservative Courant, er lebt und lehrt in den USA, noch 1935 mit dem Gedanken spielt, Alwin Walther in Darmstadt zu besuchen? Wie unterschiedlich wurde die tatsächliche Vertreibungssituation, die Siegmund-Schultze exzellent darstellt, tatsächlich wahrgenommen? Die definite Schuld der Mathematiker an der Vertreibung und Emigration ihrer jüdischen, sozialistischen, feministischen oder sonstwie oppositionellen Kolleginnen und Kollegen scheint mir durch die Binnenperspektive derjenigen, die emigrierten, nicht genügend aufgedeckt. Damit will ich sagen: für eine Fachgeschichte, die institutionelle und ministerielle Geschichte berücksichtigen möchte, ist sowohl die Perspektive, aus der ich die Entwicklung der mathematischen Logik im Nationalsozialismus sehe, als auch die Perspektive, die lediglich die Perspektive der Vertriebenen und Ermordeten einnimmt, wichtig. Die Vernetzung von einzelnen Mathematikern, den Fachverbänden und politischen und administrativen Machtzentren und Ideologien ist bisher nur sehr unzureichend aufgearbeitet. Es fehlt die Synthese, die namentlich angibt, wer was mit welchen Folgen gemacht hat: einfach erzählt, wie es gewesen ist und dies mit quantitativen Werten beschwert. Die Fachgeschichte der Mathematik in dieser Periode steht noch am Anfang.

Was hat bei der Vertreibung, der Emigration, der Ermordung der jüdischen und oppositionellen Mathematiker der Staat durch Ministerien oder Parteiorganisationen, was der Fachverband, was einzelne Funktionäre oder Mathematiker

---

[93] Quellen und Studien zur Emigration einer Wissenschaft. Dokumente zur Geschichte der Mathematik, Band 10. Herausgegeben von der Deutschen Mathematiker-Vereinigung. Vieweg Verlag: Wiesbaden 1998.

[94] ebenda S. 312.

gemacht und welchen Anteil hatten sie? Das scheint mir noch immer ungeklärt, wenn auch erahnbar. Gerade darum müssen Täterlisten erarbeitet werden, um nicht alle Mathematiker, die in Deutschland verblieben oder sogar eingewandert oder zurückgewandert sind, über einen Kamm scheren zu müssen.

Es gab vielfältigen Widerstand gegen den Nationalsozialismus. Sie kamen aus der Arbeiterbewegung, dem katholisch-konservativen Milieu und es waren auch darunter Jugendliche, (sehr wenige) Wissenschaftler, Künstler und Intellektuelle, Zeugen Jehovas, Juden, die evangelische Kirche, Kriegsgefangene und Zwangsarbeiter, Kriegsdienstverweigerer und Deserteure und es gab auch spontane und individuelle Verweigerung im Alltag.[95] Es gibt vielfältige zeitgenössische Literatur zur Warnung vor dem NS, die man lesen kann. „Wer die Opfer vergißt, tötet sie noch einmal." (Ignaz Bubis), „Vergessen führt in die Gefangenschaft, Erinnern ist das Geheimnis der Erlösung." (Baal Schem Tov). Heutzutage aber liegen ja die Dokumente des Warnens und des Widerstands vor. Das Übergehen, das Ignorieren, das nicht wissen wollen ist entweder eine Ergebung in die Ideologie Goebbels und Hitlers oder endlich der feste Wille zum Haß auf die historische Wahrheit. Wer „davon" nichts verstehen will, ist hemmungsloser Ideologe und Geschichtsfälscher. Putative Ignoranz in der Wissenschaft aber ist nicht zulässig.

D Einflüsse von NS-Ideologie und NS-Politik auf die Praxis des Fachs Mathematik

Die Mathematik im Nationalsozialismus[96] wird in erster Linie durch die rassistische Vernichtungpolitik geprägt, die in Beamten- und Steuer- und später in ein-

---

[95] Vgl. beispielsweise MARION DETJEN, „Zum Staatsfeind ernannt ..." Widerstand, Resistenz und Verweigerung gegen das NS-Regime in München. Hrsg. von der Landeshauptstadt München. München: Buchendorfer Verlag 1998. Zur frühen Warnung vor dem Nationalsozialismus vgl. dagegen: KLAUS SCHÖNHOVEN, HANS-JOCHEN VOGEL (Hrsg.), Frühe Warnungen vor dem Nationalsozialismus. Ein historisches Lesebuch. Bonn: Verlag J.H.W. Dietz Nachfolger 1998.

[96] Zur Mathematik im Nationalsozialismus vergleiche die einschlägige Literatur von Norbert Schappacher, Reinhard Siegmund – Schulze und Herbert Mehrtens. Literaturangaben findet der interessierte Leser insbesondere in: NORBERT SCHAPPACHER und MARTIN KNESER, Fachverband – Institut – Staat, S. 1–82, in: Gerd Fischer et al. (Hrsg.), Ein Jahrhundert Mathematik 1890–1990. Wiesbaden: Vieweg 1990; HELMUT LINDNER, „Deutsche" und „gegentypische" Mathematik. Zur Begründung einer „arteigenen" Mathematik im „Dritten Reich", „S. 88–115, in: Herbert Mehrtens und Steffen Richter (Hrsg.), Naturwissenschaft, Technik und Ideologie. Frankfurt am Main: Suhrkamp 1980; R. SIEGMUND-SCHULTZE, Mathematische Berichterstattung in Hitlerdeutschland. Göttingen: Vandenhoeck & Ruprecht 1993. Zu Göttingen vgl. auf alle Fälle NORBERT SCHAPPACHER, Das mathematische Institut der Universität Göttingen 1929–1950, S. 345–373, in: Heinrich Becker et al. (Hrsg.), Die Universität Göttingen unter dem Nationalsozialismus. München: K.G. Saur 1987. Die Vorgeschichte ist solide beschrieben von DAVID E. ROWE, „Jewish Mathematics" at Göttingen in the Era of Felix Klein, p. 422–449, ISIS (1986) 77. Herausragend ist HERBERT MEHRTENS, Moderne – Sprache – Mathematik. Frankfurt am Main: Suhrkamp 1990. Über Göttingen informiert SAUNDERS MAC LANE, Mathematics at Göttingen under the Nazis, *Notices of the American Mathematical Society*, Volume 42, No. 10, October 1995, p. 1134–1138). Über die Blüte der mathematischen Logik in den zwanziger und dreißiger Jahren in Deutschland und nach dem plötzlichen Übergang in den Nationalsozialismus vgl. CHRISTIAN THIEL, Folgen der Emigration deutscher und österreichischer Wissenschaftstheoretiker und Logiker zwischen 1933 und 1945, *Berichte zur Wissenschaftsgeschichte* 7 (1984) 227–256. Vgl.

deutige Rassegesetze gefaßt wurde. Dann kam die willkürliche Behandlung durch wahlfreie Anordnungen der Gesetze auf Betroffene durch die Partei- und Staatsbürokratie. Hinzu kam die berechtigte Angst vor Verfolgung, Überfällen, Verschleppung, Totschlag oder Schutzhaft. Erst dann folgen die juristischen Grauzonen, der „zivile Ungehorsam" von Uniformträgern, die Vorlesungen boykottieren oder Seminare in Uniform besuchen, die entlassene Hochschullehrer aus Not in ihrem Haus abhalten. Hinzu kam der Einfluß des Staates mittels einer ausgefeilten Propaganda der Verführung, dann die Institutionen wie des Führers der Dozentenschaft, die Studenten- und Dozentenlager, die Politisierung und Instrumentalisierung der Forschung u.v.a.m. Das alles geschah in einer niederdrückenden Stimmung, die schon zur Emigration hindrängte, geradezu aufforderte. Die rassische Säuberung der Wissenschaft, die politische Auswahl von Stellenanwärtern, das Entfernen von Juden und Kommunisten auch aus untergeordneten Stellungen hinterließ nahezu eine, etwas übertrieben gesagt, geistige Wüste. Der Fachverband DMV isolierte die Wissenschaft gegen einen „Internationalismus" in der Wissenschaft. Aber als zweites prägende Element in der mathematischen Wissenschaft ist der Krieg anzusehen, den Hitler der Welt erklärt. Die Wissenschaften werden auf einen Zweck verengt, das Klima der Denunziation wächst, die Wahrheit schwindet zunehmend, Wahrhaftigkeit als bekennende Aufrichtigkeit kann tödlich sein. Konnte man bis Kriegsanfang in einer geistfeindlichen Umgebung relativ unangefochten „eigenen" Gedanken nachgehen, wenn man stark war?

---

zwischen 1933 und 1945, *Berichte zur Wissenschaftsgeschichte* 7 (1984) 227–256. Vgl. dagegen ROLF SCHAPER, Mathematiker im Exil (S. 547–568), und ANDREAS KAMLAH, Die philosophiegeschichtliche Bedeutung des Exils nicht-marxistischer Philosophen zur Zeit des Drittens Reiches, (S. 299–312) in: Edith Böhne und Wolfgang Motzkau-Valeton (Hrsg.), Die Künste und die Wissenschaften im Exil 1933–1945. Gerlingen: Verlag Lambert Schneider 1992. Als neuere Überblicke zu den Naturwissenschaften im Nationalsozialismus eignen sich MONIKA RENNEBERG and MARK WALKER (eds.), Science, Technology and National Socialism. Cambridge: Cambridge University Press 1994 oder J. OLFF-NATHAN (ed.), La science sous le Troisième Reich (Paris: 1993) und CHRISTOPH MEINEL, PETER VOSWINCKEL (Hrsg.), Medizin, Naturwissenschaft, Technik und Nationalsozialismus. Stuttgart: GNT-Verlag 1994. HELMUTH ALBRECHT (Hrsg.), Naturwissenschaft und Technik in der Geschichte. Stuttgart: GNT-Verlag 1993. Die Literatur zu „Wissenschaft im Dritten Reich" (vgl. das gleichnamige Buch von PETER LUNDGREEN (Frankfurt am Main: Suhrkamp 1985) ist uferlos und von äußerst verschiedener Qualität. Unzuverlässig, aber enzyklopädisch ist HELMUT HEIBER, Universität unterm Hakenkreuz. München: K.G. Saur 1991. Interessant ist die „graue Literatur" wie beispielsweise ASTA der Goethe-Universität Frankfurt am Main (Hrsg.), Die braune Machtergreifung: Universität Frankfurt 1930–1945. Frankfurt am Main 1989. Klassiker in der Physik sind die Arbeiten von Paul Forman, Alan D. Beyerchen, Karl von Meyenn und Klaus Hentschel. Für die Technik ziehe man neben K.H. LUDWIG und H. L. DIENEL zu Rate: Ich diente nur der Technik. Sieben Karrieren zwischen 1940 und 1950. Schriftenreihe des Museums für Verkehr und Technik Berlin: Band 13. Berlin: Nicolaische Verlagsbuchhandlung 1995; für die Raketentechnik: MICHAEL J. NEUFELD, The Rocket and the Reich. Peenemünde and the Coming of the Ballistic Missile Area. Free Press / Simon & Schuster: New York 1995. Für die Biologie vgl. ÄNNE BÄUMER, NS-Biologie. S. Hirzel Verlag: Stuttgart 1990.

E Ausgangspunkte und Bedingungen für die mathematische Logik

Gentzen und Scholz haben in der *Deutschen Mathematik* Artikel veröffentlicht. Heinrich Scholz hat im *Reich* und in C. A. Emges und J. v. Kempskis[97] *Archiv für Rechts- und Sozialphilosophie* publiziert.[98] Natürlich war Gentzen und Scholz nicht entgangen, daß Bieberbach harsche Briefe an diejenigen Institutionen verschickte, die jüdische Referenten beschäftigten. Aber Ihnen war irgendein institutionelles „backup" wichtiger als gar keine „Sicherheit", zumal ihre Tätigkeit von den Leitern kriegswichtiger Anwendungsformen der Mathematik, die meist an technischen Hochschulen saßen, auch im Namen einer deutsch-technischen Mathematik kritisiert wurde. Bieberbach scheint in der Frage nach dem Nutzen der Logik in der Mathematik noch zivil zu sein:

> „Als Beleg für die Volksnotwendigkeit der Mathematik beruft man sich meist auf die Anwendung. Mir scheint, es genügt, sich darauf zu beziehen, daß sich im mathematischen Schaffen völkische Eigenart kraftvoll offenbart."[99]

Diese Sätze sind wichtiger als man denkt. Sie bedeuteten: 1. L. Bieberbach verteidigt die Mathematik nicht wegen ihrer Anwendungen – und das unterscheidet ihn von vielen Mathematikern. 2. Im mathematischen Schaffen offenbart sich völkische Eigenart. Der Freiheitsgrad dieses Satzes ist um einiges höher als beispielweise der Satz: Das mathematische Schaffen wird daraufhin untersucht, ob sich unsere völkische Eigenart darin kraftvoll offenbart. Es gibt auch andere Ansichten, die vom Bieberbachschen Ansatz stark abweichen. Bei Erhard Tornier „Die Wirklichkeit der Deutschen Mathematik"[100], hört sich das gefährlicher an:

---

[97] Jürgen von Kempski wurde 1910 geboren und studierte von 1930–35 Rechtswissenschaft, Mathematik, Philosophie und Nationalökonomie. Er studierte in Freiburg unter Heidegger und in Berlin bei Carl Schmitt, brach sein Studium ab; nach Jahren als freier Schriftsteller wurde er 1939 Referent für Völkerrecht am Deutschen Institut für außenpolitische Forschung. Eine genaue Biographie wäre vonnöten.

[98] CLEMENS ALBRECHT schreibt in „Zur soziologischen Vergangenheitsbewältigung", in: *Soziologie*. Mitteilungsblatt der Deutschen Gesellschaft für Soziologie, Heft 1, Verlag Leske und Budrich, Opladen 1998: „Hat sich eigentlich schon jemand um die Akkomodation von Heinz Maus gekümmert, als er 1940 *in dem sicher nicht für seinen Widerstand bekannten „Archiv für Rechts- und Sozialphilosophie"* (von mir hervorgehoben, EMT) einen Aufsatz über die politische Funktion der Soziologie veröffentlichte und zu diesem Zweck ausgiebig und positiv A. Walther, H. Freyer, K.H. Pfeffer und C. Schmitt zitierte? Wenn es mit dieser Zeitschrift so einfach wäre! Albrechts Nebensätzchen verdeckt mehr und unterstellt zu viel als er selbst eine Analyse wagte: diese Feigheit wird Albrecht zum Verhängnis, weshalb der ganze Satz und der Aufsatz verdorben ist. Heinz Maus, Jürgen v. Kempski, C. A. Emge, Heinrich Scholz waren 1940 möglicherweise nicht die größten Widerstandskämpfer, aber sie hatten sich bereits vom Hitlerismus losgesagt, wenn sie ihm überhaupt angehangen haben sollten, wie ich es bei C. A. Emge sehe.

[99] L.B., Stilarbeiten mathematischen Schaffens, S. 358f., in: Sitzungsberichte der Preußischen Akademie der Wissenschaften, Physikalisch-mathematische Klasse, Berlin 1934.

[100] S. 8 f., in: *Deutsche Mathematik*, Jg. 1 1936. Was bedeutet es, wenn in mathematikhistorischen Arbeiten Spätgeborener immer die gleichen Zitate auftauchen, die Zeitgenossen der Autoren als nicht wirkungsmächtig erachten? Der Zitatenschatz der Hitler, Rust, Krieck, Tornier, Bieberbach zur Rolle der Wissenschaften im Nationalsozialismus ist derart klein, daß er immer wieder zitiert wird. Rassegebundenheit, Anschaulichkeit, Anwendungsbezogenheit wurden zwar

„Auch die reine Mathematik nämlich hat reale Objekte, (...) und das sind in der Hauptsache die natürlichen Zahlen und die geometrischen Gebilde. Jede Theorie der reinen Mathematik hat Lebensrecht, die wirklich im Stande ist konkrete Fragen zu beantworten, die sich auf reale Objekte beziehen (...) oder wenigstens den Aufbau dazu befähigter Theorien dienen. Andernfalls ist sie entweder ein unvollendeter Anfang, nämlich wenn weiterer Ausbau ihr dazu helfen kann, oder aber sie ist ein Dokument jüdisch-liberalistischer Vernebelung, entsprungen dem Intellekt wurzelloser Artisten, die durch Jonglieren mit objektfremden Definitionen sich und ihrem gedankenlosen Stammpublikum mathematische Schöpferkraft vorgaukeln, einem Stammpublikum, das froh ist, langsam einige Tricks abzulernen, um vor noch Bescheideneren damit zu glänzen als Rastellis dritter Güte."

Ludwig Bieberbach hat – nach Mehrtens – zwar „gegenmoderne" Mathematik gemacht, aber er hat Platz für moderne Logik von Scholz, Schröter und Gentzen und vielen anderen mehr gelassen! Inwieweit das „moderne" mathematische Logik gewesen sein kann, darüber will ich gerne streiten. Aber es gilt auch: wiewohl als unverständiger Mathematiker kritisiert[101], und zu Recht als kopfloser und aggressiver NS-Funktionär, der sich wohl gerne einmal ausleben wollte, hatte er viel für die Popularisierung der Mathematik getan[102].

---

in Festreden beschworen, aber welche spezifischen Auswirkungen hatte das genau und nachweisbar? Im Ernst: wer hat sich denn darum gekümmert. Sind diese Reden, die ja in sehr kleinem Kreis vorgetragen wurden, nicht vielleicht mehr versickert als die Neujahrsreden unserer Bundeskanzler – denn damals gab es fast keine Kabarettisten mehr, die diese Reden weitertrugen! Ein Beispiel: Leni Riefenstahls „Triumpf des Willens" muß immer als ein Exempel meisterhafter NS-Propaganda herhalten. Dabei wurde der Film weder von Goebbels als ein Mittel der „Volkserziehung" gutgeheißen noch hat ihn eine nennenswerte Anzahl Deutscher gesehen, außer ein paar Schüler und Jugendliche (vgl. BRIAN WINSTON, Triumpf of the Will, in: History Today, Bd. 47, Heft 1, Januar 1997). Wieviele Mathematiker haben tatsächlich die berüchtigten Zitate von Bieberbach und Tornier gelesen und gefürchtet?

[101] Vgl. die zu Recht kritische Literatur zu Ludwig Bieberbach von REINHARD SIEGMUND-SCHULTZE oder HERBERT MEHRTENS. Cf. im Literaturverzeichnis.

[102] Man sehe sich allein die Anzahl seiner Rezensionen im „Deutschen Literaturblatt" an. Ja, es stimmt, er hat sogar übersetzt: FEDERIGO ENRIQUES, Zur Geschichte der Logik. Grundlagen und Aufbau der Wissenschaften im Urteil der mathematischen Denker. Deutsch von Ludwig Bieberbach. Leipzig: Teubner 1937 (!). Bieberbach war durchaus ein kreativer Mathematiker. Die „Bieberbachsche Vermutung" (gehört zur Geometrie der konformen, d.i. winkeltreuen Transformationen) von 1916 wurde am 1. März 1984 von dem 52jährigen amerikanischen Mathematiker Louis deBranges (Purdue University in Lafayette, Indiana) bewiesen: auf 400 Seiten in der Erstfassung, auf 21 Seiten in der Zweitfassung. Die Bieberbachsche Vermutung, von vielen eher als ästhetisches Problem betrachtet, befaßt sich mit den möglichen Deformationen von Kreisen unter der Voraussetzung, daß sich darauf markierte Winkel nicht ändern. Das Resultat lautet: „Ist $f(z)$ eine konforme und schlichte Abbildung des in der komplexen Ebene gelegenen Einheitskreises, die den Nullpunkt festhält und außerdem dort die Ableitung 1 besitzt, so ist der Betrag des n-ten Koeffizienten in der Potenzreihenentwicklung von $f(z)$ für alle $n = 2,3,4,...$ stets höchstens gleich n." In der Vor- und Nachkriegszeit haben viele Mathematiker und Ingenieure aus Bieberbachs Lehrbüchern die Kostbarkeiten der Differentialgeometrie gelernt und so das hohe Niveau deutscher Mathematik gehalten. – Daß Bieberbach eine gewisse Nähe zu Brouwer gehabt habe, mag vielleicht eine lokalgeschichtliche Ursache haben. Hans Freudenthal erinnert sich: „Der Intuitionismus war, wie ich bald lernte, in Berlin das Tagesgespräch. War es Sympathie für den Aufruhr im Grundlagenstreit, oder betrachteten die Berliner den Holländer Brouwer als einen der ihren im Gegensatz zum Göttinger Hilbert? Keine Revolution, sondern ein Putsch – so hatte Hilbert den Intuitionismus verurteilt, und „Putschist" wurde der Ehrenname, den die Brouwer-Supporter annahmen, wie man es bei Hubert Cremer (Häufungspunkte. Berlin: 1927,

Es kommt oft nicht darauf an, ob und wie oft sich jemand auf die Gegenmoderne beruft, sondern ob er sie tatsächlich praktisch ausgeführt hat. Ist die Mathematik im Nationalsozialismus durch eine „Gegenmoderne" geknebelt worden? Eine andere Sache wiederum ist, ob er beamtenrechtliche, verfahrenstechnische oder institutionelle Richtlinien in Kraft gesetzt oder überwacht hat. Auch das hat Bieberbach; aber: Warum hat er sich sogar in seiner *Deutschen Mathematik* für die verfemte Hilbert-Schule stark gemacht?

Nicht Wissenschaft, sondern die Technik[103] war nach Adolf Hitler der Ausdruck des Schöpfertums der Rasse. Ingenieure waren die Gestalter neuer Lebensformen in neuen Lebensräumen. Eine Verkürzung der Wissenschaft auf Kriegszwecke war das Ziel.

> „Es ist also nicht überlegene Strategie oder Taktik, die dem Gegner den Sieg im U-Boot-Krieg jetzt hat erringen lassen, sondern die Überlegenheit der physikalischen Forschung auf der anderen Seite".[104]

Da es keine zentrale oder einheitliche Führung in der Wissenschaftspolitik gab, waren die Professoren abstrakter, reiner Fachbereiche – im Gegensatz zu kriegswichtigen, angewandten, technischen Fächern immer schon im Nationalsozialismus etwas verachtet – von den Stimmungen und Einschätzungen, dem Konkurrenzdenken der Gauleiter, Gaudozentenführer und deren persönlichen Beziehungen zu bestimmten Vertretern der Mathematik oder deren Weltanschauungen abhängig, gefährdet und leicht verletzbar. Der „Kampf gegen den Objektivismus" (Adolf Hitler) wurde nicht geführt, sondern der beliebigen Ansicht selbsternannter Wissenschaftserneuerer überlassen, der Kampf wurde den Wissenschaftlern „geschenkt", die NSDAP, das Ahnenerbe und das Amt Rosenberg ließ sie gewähren.

Walter Gross[105] will den täuschenden Gegensatz von Wissenschaft und Nationalsozialismus auflösen und überwinden, um das Verständnis beider Seiten für die gemeinsame Aufgabe zu vertiefen. Einen unvereinbaren Gegensatz dagegen zum echten deutschen Gelehrten und Wissenschaftler stelle der betriebsame Intellektuelle der neuen liberalen Geistigkeit dar, die im jüdischen Wissenschaftsbetrieb ihr Vorbild und Vollendung gefunden habe. Nur böser Wille und zerset-

---

S. 14) nachlesen kann." (Hans Freudenthal, Berlin 1923–1930. Studienerinnerungen von Hans Freudenthal, S. 113, in: Heinrich Begehr (Hrsg.), Mathematik in Berlin. Geschichte und Dokumentation. 2. Halbband Aachen: Shaker Verlag 1998).

[103] Zur Auffassung der Technik in der „Konservativen Revolution" und dem Nationalsozialismus vgl. Rolf Peter Sieferle, Modernität, Technokratie und Nationalsozialismus, S. 198–221, in: derselbe, Die Konservative Revolution. Frankfurt am Main: S. Fischer 1995.

[104] Großadmiral Dönitz, Befehlshaber der deutschen Marine im Dezember 1943. Zitiert nach S. 396, Georg Schmucker, Radartechnik in Großbritannien und in Deutschland von 1918–1945, S. 379–398, in: Technik und Kultur, Bd. 10. Düsseldorf 1992.

[105] Prof. Dr. Walter Gross, Nationalsozialismus und Wissenschaft. Kriegsvorträge der Rheinischen Friedrich-Wilhelm-Universität Bonn am Rhein. Herausgeber: Gaudozentenführer und derzeitiger Rektor Prof. Dr. Karl F. Chudoba. Heft 158. Aus der Vortragsreihe: „Europäischer Geist – Europäische Kultur". Als Vortrag gehalten vor der Dozentenschaft und Studentenschaft der Universität Bonn am 15. Februar 1944 in der Neuen Aula. Bonn 1944. Den vorhergehenden Vortrag 157 hatte Prof. Dr. Oskar Becker zum Thema gehalten „Leibniz, der deutsche Denker und gute Europäer". Heft 97 war sein berüchtigtes: „Gedanken Nietzsches über Rangordnung, Zucht und Züchtung".

zender Judengeist habe die Weltgeltung deutscher Wissenschaft zu einem Zerrbild verfälscht. Der Typus des echten Gelehrtentums stehe vollgültig neben dem Offizier: nicht sich selbst, sondern einer Sache leben. Dieses Gelehrtentum hebe sich gerade im 19. Jahrhundert vor dem schillernden Hintergrund liberalen Geistes und jüdischer Emanzipation deutlich ab. In der letzten Zeit sei zunehmend ein Typ in den Vordergrund getreten und habe die Wissenschaft in eine ernste Krise geführt. Der neue Typus nehme Wissenschaft als bürgerlichen Beruf, als sichere Erwerbsquelle und er treibe Geschäftigkeit, um sich selbst Geltung zu verschaffen. Er wolle eine Rolle spielen, in die Zeitung kommen, berühmt sein. Er vertreibe reklamemäßig seine unfertigen Forschungsergebnisse und wirke für den Tag. Die Unabhängigkeit des Gelehrten werde ersetzt durch Devotheit und Liebedienerei gegenüber der öffentlichen Meinung, der gerade siegreichen Tagesmeinung. Kurzum: der Ich-süchtige neue Gelehrtentypus sei der Gegentypus des echten deutschen Gelehrtentums. Und so werden alle Konsequenzen und „Segnungen" der modernen Wissenschaft dem schwatzenden liberalen Intellektuellen als Verursacher angedichtet, während der deutsche Wissenschaftler in seinem selbstlosen Streben nach dem Wahren, Guten und Schönen allein stehe in seiner Bindung an Volk und Nationalbewußtsein. Was aber geschah als doch der Führer dem deutschen Wissenschaftler wieder die ihm zukommende Geltung verschaffen wollte?

> „In jenen Jahren jedoch, da der Führer die ersten Zehn- bis Hunderttausend im Lande um seine Fahne sammelte, hat die Welt der deutschen Wissenschaft zum großen Teil abseits gestanden." (S. 10) Und das sei eben das Verhängnis gewesen: „(...) ihren innersten Kräften nach hätte die deutsche Wissenschaft politisch ein Bannerträger der Freiheitssehnsucht und des Freiheitskampfes der Nation sein müssen".

Es ständen sich gegenüber das Primat der Politik und die grundsätzliche Freiheit der Wissenschaft. Festzuhalten aber sei, was der Nationalsozialismus für die Wissenschaft getan habe:

> „Sie ist gerettet und kann nach Abwendung der drohenden Gefahr getrost und in Ruhe wieder ihrem hohen Werke nachgehen, wenn dieser Krieg siegreich beendet und die neue bessere Ordnung der Welt begründet ist; im anderen Fall würde der bolschewistische Blutrausch mit Staat und Volk auch die Wissenschaft und ihre Träger ausrotten." (S. 12).

Es folgt dann der übliche rhetorische Trick: Der Wissenschaftler habe in politischen Fragen eine beschränkte Urteilskraft und möge das Denken über die großen politischen Fragen denen überlassen, die den Überblick über das Gesamtspiel haben:

> „So erwünscht deshalb jeder Beitrag des Fachmannes irgendeiner Disziplin auch an den Fragen der allgemeinen Politik und der Kriegsführung ist, so ist er wegen der fachlichen Begrenzung des Standpunktes, von dem aus er gegeben wird, stets ohne Anspruch auf grundsätzliche Gültigkeit."

Nur der Führer habe den klaren Überblick über die Tatsachen, um wirklich zutreffende Urteile zu finden. Zum anderen lägen die geschichtlich oft so entscheidenden Werte wie Glauben und Wille außerhalb der Zuständigkeit der Wissenschaft: „Die echte Wissenschaft vergibt sich nichts, wenn sie anerkennt, daß in den letzten Auseinandersetzungen menschlicher und völkischer Leidenschaf-

ten nicht sie, sondern die aus geheimnisvollen Tiefen geschichtlichen und menschlichen Lebens wirkende Kraft der politischen Führung entscheidend ist, die ihren eigenen Gesetze gehorcht."
Für dieses Anerkenntnis gibt es auch ein „Guterl":

> „Ebenso unbestreitbar ist auf der anderen Seite für uns die Freiheit der Wissenschaft innerhalb ihres eigenen Reiches. Die Wissenschaft ist frei und muß frei sein, sowohl nach dem Gegenstand wie nach der Methode ihres Forschens. Der Nationalsozialismus hat niemals einen Zweifel darüber gelassen, daß ihm diese Freiheit der Wissenschaft als eine Sache der eigenen geschichtlichen Sendung erscheint." (14).

Der Nationalsozialismus nämlich befreit die Wissenschaft aus den Händen einer dogmatischen Kirche. Voraussetzungslose Wissenschaft sei ein Mißverständnis:

> „Gemeint war mit ihr, ob die Wissenschaft vorurteilsfrei sein könne und müsse oder nicht. Es ist selbstverständlich, daß sie das sein muß." Und es geht so weiter: „Wenn gelegentlich die merkwürdige Sorge auftaucht, der Nationalsozialismus könne einzelne Gegenstände wissenschaftlicher Forschung ablehnen, dann ist das eine groteske Verkennung seiner weltanschaulichen Grundeinstellung." (S. 15).

> „Eine kurze Erörterung verdient jedoch noch der Grundsatz von der Freiheit der Methodik innerhalb der wissenschaftlichen Arbeit. Er erscheint völlig selbstverständlich, und es gibt auf politischer Seite keinen einzigen Versuch, ihn ernsthaft in Frage zu stellen. Trotzdem sind hier in Kreisen der Wissenschaft selbst gelegentlich Sorgen aufgetaucht: sie befürchten, daß die stärkere Betonung nicht rationaler Kräfte, die in der Erziehung heute lauwerdende Warnung von der Überschätzung des bloßen Intellekts, des reinen Verstandes, der formalen Logik auch auf die Methoden der Wissenschaft Anwendung finden und erprobte Verfahren wissenschaftlicher Forschung verdrängen können. In diesem Zusammenhang wird auf Auseinandersetzungen um die theoretische Physik oder etwa um die Grundsätze der biologischen Forschung hingewiesen. Hier muß mit aller Deutlichkeit festgestellt werden, daß, so oft immer solche methodischen Auseinandersetzungen unter Berufung auf politische Gesichtspunkte geführt worden sind, die Urheber derartiger Erörterungen nicht die politische Führung, nicht die NSDAP, oder der Staat, sondern stets und ausnahmslos Wissenschaftler selbst gewesen sind, die, innerhalb der wissenschaftlichen Welt stehend und wirkend, eine Veränderung der Methoden und eine Kritik an dem Überkommenen für notwendig gehalten und darüber eine wissenschaftliche Erörterung begonnen haben. Das Recht dazu muß unantastbar und unbestritten bleiben. So groß die Erfolge der bisherigen Methoden auf wissenschaftlichem Gebiet gewesen sind, so wenig läßt sich von vornherein entscheiden, ob nicht ein Methodenwandel zu neuen, noch größeren Ergebnissen oder wenigstens zu Ergänzungen der bisherigen führen kann." (S. 16 f.).

Innerwissenschaftliche Entwicklung dürfe nicht durch einen von außen stammenden politischen Machtanspruch behindert werden, und dies sei auch nirgends geschehen.

> „Wohl hat man sich gelegentlich in solchen methodologischen Auseinandersetzungen auf politische Gesichtspunkte und auf die Weltanschauung des Nationalsozialismus berufen. Es muß aber festgehalten werden, daß das dann von seiten einzelner Eiferer in eigener Sache geschah, von geltungssüchtigen Gelehrten, die sich der Politik bedienen, um ihre eigene Schule durchzusetzen."

Die Partei dürfe sich auf keinen Fall zum Büttel solcher Gelehrtenstreite machen. Und so konnten die Steck, Dingler, Müller und Konsorten niemals auf höheren Beistand hoffen; und selbst Bieberbach wartete vergebens auf ein Führer-wort. Natürlich gebe es Grenzen der Wissenschaft. Wissenschaft habe zur Aufgabe die Erforschung und Feststellung von Tatsachen mittels Theorien- und Hypothesenbildung. Das können aber nicht bedeuten,

> „daß irgendein blut- und geistloser Schwächling in der Form einer wissenschaftlich aufgeputzten Ethik Kosmopolitismus als Ideal lehrt oder Kraft und Heldentum als Unwerte gegenüber einem abgeklärten Pazifismus herabsetzt." (S. 20).

Und da Wissenschaft nur einen Teil der Bildung der Grundhaltung des deutschen Menschen ausmache liege hierin die Begründung dafür,

> „daß bei Berufungen und Besetzungen neben der ausschlaggebenden wissenschaftlichen Eignung auch die politische und persönliche Haltung im Einzelfall berücksichtigt werden" (S. 20) müsse.

Auch der Tendenz, aus wissenschaftlichen Einzelfakten ganze Weltbilder zu zimmern, müsse entgegengetreten werden, denn auch hier habe nur der Führer den Überblick. Der Forscher gerät auf diesem Feld als übergriffiger Privatmann in Gefahr, daß er seine private Überzeugung als wissenschaftliche Tatsache ausgebe. Der Führer aber als politische Macht gibt der Wissenschaft das Ziel vor.

Fazit: Die Wissenschaftler haben dort, wo sie politisch eingreifen konnten, nicht eingegriffen. Daß sie dem Nationalsozialismus nicht zur Seite standen beweist, daß sie keinen politischen Überblick haben. Deshalb haben sie aufgrund ihrer Stellung in der Wissenschaft keinen privilegierten Zugang zur politischen Wahrheit. Wenn sie den Nationalsozialismus auf seinem Feld anerkennen, dann erkennt auch im Gegenzug der Nationalsozialismus die Freiheit der Wissenschaft an: in Wahl des Gegenstands und der Methode. Da der Nationalsozialismus diese Freiheit der Wissenschaft sicherstellt, hat er Anspruch darauf, von der Wissenschaft deshalb rückhaltlos unterstützt zu werden. Damit ist dem Grundsatz fairen Gebens und Nehmens von beiden Seiten genüge getan.[106]

Der Nationalsozialismus hatte keine geschlossene Weltanschauung über Logik und Wissenschaft, sondern eine Leerstelle, die das SS-Ahnenerbe anders auslegte als das Amt Rosenberg oder der Physiker und Mathematiker Franz Kröner:

---

[106] Als Nachweis mag diese Anzeige (zitiert nach Gross) dienen:

Für die Freiheit der Forschung

Aus gegebenem Anlaß gibt der Beauftragte des Führers für die gesamte geistige und weltanschauliche Erziehung und Schulung der NSDAP, Reichsleiter Rosenberg, folgende parteiamtliche Stellungnahme bekannt:

Verschiedene Probleme der Kosmophysik, der experimentellen Chemie und der vorzeitlichen Erdkunde wurden in letzter Zeit durch eine größere Anzahl von Veröffentlichungen in den Vordergrund des Interesses gerückt. Vom nationalsozialistischen Standpunkt aus stellen die behandelten Fragen naturwissenschaftliche Probleme dar, deren ernste Prüfung und wissenschaftliche Untersuchung jedem Forscher frei steht.

Die NSDAP kann eine weltanschauliche dogmatische Haltung zu diesen Fragen nicht einnehmen; daher darf kein Parteigenosse gezwungen werden, eine Stellungnahme zu diesen Problemen der experimentellen und theoretischen Naturwissenschaft als parteiamtlich anerkennen zu müssen. In der Schulung der gesamten Bewegung, soweit diese Themen überhaupt behandelt werden, ist diese Haltung mit allem Nachdruck zu berücksichtigen.

Berlin, den 7. Dezember 1937   gez. A. Rosenberg

„Kampf gegen den Neopositivismus ist ein wesentlicher Teil des Kampfes gegen den Bolschewismus".

Urheber dieses Vorwurfs eines Bolschewismus war Hugo Dingler[107], der im Vorwort seiner „Grundlagen der Geometrie" fein ausführte, daß „Einstein, der sogenannte Wiener Kreis, Gesellschaft für wissenschaftliche Philosophie in Berlin, Kreis der Zeitschrift Erkenntnis bei Felix Meiner" – unter vielen weiteren auch die Logik von Hans Reichenbach – als mit starker Analogie zum „politischen Bolschewismus" behaftet denunzierte; ein lebensgefährlicher Vorwurf, den Reichenbach dann auch 1934 in der Zeitschrift *Erkenntnis* „In eigener Sache" zurückwies:

> „Der Verfasser (Dingler, EMT) verspricht im Vorwort weittragende Konsequenzen seiner Lehre – er sagt dem Formalismus, dem Empirismus und der modernen Physik, Hilbert, Carnap, Einstein und Eddington den Kampf an, aber es bleibt bei dieser allerdings gewitterschweren Ansage, und so mag die Verteidigung der betroffenen Autoren noch bis zu einem ernsteren Anlaß verschoben werden."

Das war falsch. Hugo Dingler blieb bis mindestens 1951 der Ansicht treu, daß „Szientismus" auf geradem Wege zum „Bolschewismus" führe. Zum „Szientismus" gehörte für Dingler auch der Formalismus, das „rein formalistisch-rechnerische Denken". Gentzen wurde dieser Richtung zugerechnet.

Der Leiter des Münchner Instituts für Rassenhygiene der Ludwig-Maximilian-Universität von 1933–1936, Lothar G. Tirala, charakterisierte bei der Einweihungsfeier für das Heidelberger Philipp-Lenard-Institut am 13. und 14. Dezember 1935 den „Wiener Kreis" höhnisch in seinem Vortrag „Nordische Rasse und Naturwissenschaft" so:

> „Selbst auf dem Gebiet der Logik als der Grundlage aller Wissenschaften müssen Unterschiede sich geltend machen, die den Denker und Forscher zwingen, nicht nur für diese oder jene Art zu denken oder zu forschen, Stellung zu nehmen, sondern selbst im rein Formalen verschieden zu arbeiten. Die Logik ruht auf dem Bau der indogermanischen Sprachen und gilt nur in ihrem Bereich. Die andern schließen sich ihr an, weil unsere Logik sich am besten der Natur anpaßt und die Erfolge des Lebens der nordischen Rasse alle andern in ihren Bann zwingen. Schon in der lateinischen Sprache gibt es gegenüber den germanischen Sprachen bedeutende und wesentliche Unterschiede. Die Vorliebe für eine passive Konstruktion ist für den Lateiner gerade so kennzeichnend wie für den Deutschen die Vorliebe für das Aktive. Und das sind zwei Sprachen zweier rassisch ziemlich nah verwandter Völker! (...)" (S. 28)
>
> „Der sogenannte Wiener Kreis, eine Vereinigung von größtenteils fremdrassigen Menschen, zum großen Teil vorderasiatischer und orientalischer Rasse, verkündet eine neue Logik, die sich von der arischen Logik durchaus unterscheidet. Dieser ‚Wiener Kreis', dem auch Einstein nahesteht, behauptet, daß es für sie keine feste Logik gäbe, das formalistische rechnerische Denken sei das Primäre, die Logik sekundär. Man hört förmlich den Vorderasiaten, der solange rechnet, bis die Wirklichkeit verschwindet. Hugo Dingler hat nachgewiesen, daß die Stimmführer dieses Wiener Kreises, Reichenbach, Russel (sic), Wittgenstein und Schlick eine andere Logik vertreten als die, von

---

[107] Zur Rolle Hugo Dinglers 1933 und sein „Memorandum betreffend: Die Herrschaft der Juden auf dem Gebiete der Mathematik" vgl. DAVID E. ROWE, "Jewish Mathematics" at Göttingen in the Era of Felix Klein, in: *ISIS* 77 (1986), pp. 422–449. Auf das Memorandum wird von den Dingler-Apologeten wie Ulrich Weiß oder Claudia Schorcht u.v.a. niemals verwiesen.

der die wissenschaftliche Welt bisher meinte, daß sie allgemeingültig sei. Diese europäische, in Wirklichkeit, arische Logik, so sagt Reichenbach, einer aus dem Wiener Kreise, müsse ersetzt werden durch eine neue Logik, die, wie es die Führer des Wiener Kreises tun, als Wahrscheinlichkeitslogik zu bezeichnen sei. Wenn wir diesen Männern zubilligen, daß sie ernstlich ihre Meinung, und zwar aus ihrer innersten Anlage heraus vertreten, dann kann es für meine Behauptung der rassischen Bindung der Logik keine schönere Beweisführung geben. Diese Männer versuchen eben nach einer formalistischen, ihnen eigenen Art zu denken und wollen, unterstützt durch eine von der Anschauung vollkommen unabhängige mathematische Geheimlehre, eine neue, artgemäße Logik nichtarischer Gelehrter der wissenschaftlichen Welt offenbaren. – Für uns ist dieser merkwürdige Versuch Einsteins und des Wiener Kreises, die Klarheit nordischen Denkens durch ein Übermaß von Mathematik zu zerstören und die einfache Grundlage unseres logischen Denkens zunichte zu machen, von allerhöchstem Interesse. (...):" (S. 29)

„Wenn eingewendet wird, daß gerade die Juden von ganz besonderer Tüchtigkeit auf dem Gebiet der Mathematik seien und ganz besondere Anlagen zu scharfem, logischem Denken entwickeln, so muß ich darauf hinweisen, daß unter den großen schöpferischen Mathematikern sich keine Juden befinden, sondern daß im Vergleich zu einem Gauß und Euler die jüdischen Mathematiker doch immer nur Größen zweiten oder dritten Ranges sind. Bei den germanischen Naturforschern aber ist die Mathematik immer nur Hilfswissenschaft. Sie sind sich auch bewußt, die Mathematik nur zu gebrauchen, wenn es gilt, Verhältnisse in der Natur, die sie bereits durchschaut haben, darzustellen. Gauß selber hat die mathematische Darstellung erst dann angewendet, wenn er die Erscheinungen der Natur vollkommen erfaßt hatte. Niemals benützte er die Mathematik, um in die Tiefen der Erfahrung selbst vorzustoßen. Zuerst kommt Beobachtung und Logik und dann die Mathematik. Auch die Mathematik ist nur ein Instrument des menschlichen Geistes.(...)" (S. 29)

Und der „blonde Langschädel" resümiert:

„Unter diesen Gesichtspunkten lehnen wir die jüdische ‚Wissenschaft', deren Spitzengruppe sogar unsere Logik nur als einen Teil der Mathematik gelten lassen will und eine neue Logik aufstellt, ab." (S. 31)[108]

Aber diese „SS-Auffassung" hatte, soweit ich es übersehen kann, weiter keinerlei Anhänger.[109]

---

[108] S. 29, in: A. BECKER (Hrsg.), Naturforschung im Aufbruch. München 1936. August Becker (Hrsg.), Naturforschung im Aufbruch. Reden und Vorträge zur Einweihungsfeier des Philipp Lenard-Institutes der Universität Heidelberg am 13. und 14. Dezember 1935. München: J.F. Lehmanns Verlag 1936. Zitiert nach Christian Thiel, Folgen der Emigration deutscher und österreichischer Wissenschaftstheoretiker und Logiker zwischen 1933 und 1945, *Berichte zur Wissenschaftsgeschichte* 7 (1984) 227–256. Im Zusammenhang: Nordische Rasse und Naturwissenschaft. Gekürzte Wiedergabe des Vortrags (der Herausgeber). Von Dr. phil. et med. LOTHAR G. TIRALA, o.ö. Univ.-Professor, München, S. 27–38, in: AUGUST BECKER (HRSG.), Naturforschung im Aufbruch. München: J. F. Lehmann: München 1936.

[109] Zu den Vorgängen um den Hochstapler Tirala, der vom Verleger J.F. Lehmann, den Herren Streicher, Bouhler und Philipp Lenard gefördert wurde, vgl. HELMUT HEIBER, Universität unterm Hakenkreuz. Teil 1, Der Professor im Dritten Reich, S. 445–460. München: K.G. Saur 1991. cf. CLAUDIA SCHORCHT, Gescheitert – der Versuch zur Etablierung nationalsozialistischer Philosophen an der Universität München, S. 291–327, in: Ilse Korotin (HRSG.), „Die besten Geister der Nation". Philosophie und Nationalsozialismus. Wien: Picus Verlag 1994. „Lothar Gottlieb Tirala wurde am 17. Oktober 1886 in Brünn geboren und war bereits ab 1927 Mitglied der nationalsozialistischen Partei in der CSR und ab 1928 Vertrauensarzt der Partei. Ab "1. November 1933

Carl August Emge (1886–1970) gehörte mit Max Wundt, Hermann Schwarz, Eugen Herrigel, Erich Jaensch, Otto Friedrich Bollnow u.v.a. zu Alfred Rosenbergs „Kampfbund für deutsche Kultur":

> „Der Kampfbund für deutsche Kultur hat den Zweck, inmitten des heutigen Kulturverfalles die Werte des deutschen Wesens zu verteidigen und jede arteigene Äußerung kulturellen deutschen Lebens zu fördern. Der Kampfbund setzt sich als Ziel, das deutsche Volk über die Zusammenhänge zwischen Rasse, Kunst und Wissenschaft, sittlichen und willenhaften Werten aufzuklären."[110]

Unter Eugen Herrigel[111] schrieb Friedrich Kaulbach – später einer der Herausgeber der Werke Gottlob Freges – seine Dissertation „Zur Logik und Kategorienlehre der mathematischen Gegenstände"[112]

---

war er Professor für Rassenhygiene und Direktor für Rassenhygiene und Direktor des Instituts für Rassehygiene an der Universität München und ab 1. März 1934 Mitglied der NSDAP (S. 168, Anm., in: Markus Vonderau, „Deutsche Chemie"). „Die Anlagen zur Wissenschaft kommen nur in wenigen Völkern vor, die Anlagen aber zu schöpferischer Wissenschaft nur bei den Ariern, im besonderen bei der nordischen Rasse. (...) Nur aus einem Weltbild (kann) echte Naturwissenschaft entstehen (...), und das ist das Weltbild der arischen Rasse." Tirala (1936), S.27f. zitiert nach S. 169, in: Markus Vonderau, „Deutsche Chemie". Der Versuch einer deutschartigen, ganzheitlich-gestalthaft schauenden Naturwissenschaft während der Zeit des Nationalsozialismus. Marburg: Dissertation Fachbereich Pharmazie und Lebensmittelchemie 1994)

Und was zeichnet den arischen Wissenschaftler aus?

1. „Hingebungsvolle Treue an die Natur.

2. Freude am Beobachten.

3. Abstraktionskraft.

4. Entscheidung für Wichtiges und Unwichtiges, d.h. also der Blick für das Wesentliche.

5. Freude an der Erscheinung.

6. Freude an der Wiederholung.

7. Bescheidenheit, um nicht vorzeitig mit seinem Ich in den Vordergrund zu treten.

8. Konzentrationskraft.

9. Ein Zug zur Askese oder (...) Einsamkeit, denn ohne diesen Zug wird man vom Leben fortgerissen und kann nicht forschen.

10. Freude am Kampf mit dem Objekt, Freude an der Jagd."

(Tirala (1936) S. 32, zitiert nach S. 169, in: Markus Vonderau, „Deutsche Chemie".)

[110] Vgl. GEORGE LEAMAN, Deutsche Philosophen und das „Amt Rosenberg", S. 41–65, in: Ilse Korotin (Hrsg.), „Die besten Geister der Nation". Philosophie und Nationalsozialismus. Wien: Picus Verlag 1994. Leaman übrigens macht in seinen Veröffentlichungen die Namen, Mitgliedsnummern und Verstrickungen unserer Philosophen deutlich (Joachim Ritter, Hermann Lübbe, A. Gehlen, E. Metzke, Bollnow, Gadamer, Liebrucks, Schlechta, J. Hoffmeister, u.v.a.m.); vor allem: derselbe, Heidegger im Kontext. Gesamtüberblick zum NS-Engagement der Universitätsphilosophen. Argument-Verlag: Hamburg/Berlin 1993. Nützlich auch THOMAS LAUGSTIEN, Philosophieverhältnisse im deutschen Faschismus. Argument-Verlag: Berlin 1990. Für die Technik informativ ist „Ich diente nur der Technik". Sieben Karrieren zwischen 1940 und 1950. Berlin: Museum für Verkehr und Technik 1995. – C. AUGUST EMGE faßte 1924 zwei Vorträge zusammen in: Die Idee des Bauhauses. Kunst und Wirklichkeit. Berlin: Pan-Vlg. Rolf Heise.

[111] Zum Nationalsozialisten E. Herrigel vgl. CLAUDIA SCHORCHT, Philosophie an den bayerischen Universitäten 1933–1945, Erlangen: H. Fischer Verlag 1990 und DIESSELBE mit demselben Titel, S. 10–18, in: IWK-Mitteilungen (Institut für Wissenschaft und Kunst, Wien, Berggasse 17/1), Philosophie und Nationalsozialismus, hrsg. von Ilse Korotin. 47. Jahrgang, 1992, Nr. 2). Zur Angelegenheit Herrigel wird gerne darauf hingewiesen, daß er durch seinen Japan-Aufenthalt und sein Buch über Zen-Buddhismus von allem Bösen „gereinigt" sei. Vgl. zum brutalen Nationalismus Japans und seinen Verbindungen zum Zen-Buddismus beispielsweise JAMES W.

Carl August Emge, er war auch der politische Aufpasser der Schopenhauer- und der Nietzsche-Gesellschaft, wiederum hatte gute Kontakte zu Jürgen v. Kempski, der sich ebenfalls mit Frege-Forschungen befaßte[113]. Von Kempski gab mit dem harten Nationalsozialist C. A. Emge das Heft 3 (Scholz-Festschrift) des *Archiv für Rechts- und Sozialphilosophie* (XXXVII) heraus. Der Bankier Dr. W. Britzelmayr beschäftigte sich privat mit Logik, gründete nach dem Krieg in München ein „Büro für logistische Forschung". Er hielt logische Colloquien ab, wozu er auch Georgi Schischkoff und Kurt Schilling einlud, der vom „Ahnenerbe" immerhin mit der Vorbereitung zur Gründung einer Lehr- und Forschungsstätte für Philosophie beauftragt worden war.[114] Über seine politischen Ansichten damals ist ebensowenig bekannt wie die des Logistikers und Wissenschaftsphilosophen Robert Heiss[115]. Jeder hatte eine andere Auffassung von der Rolle einer Logik und Logistik innerhalb der Philosophie, der Mathematik und den Naturwissenschaften. Dieses Geflecht von Philosophie, Logik und Nationalsozialismus ist bisher ebenso wenig erforscht worden wie die verschiedenen und jeweils anderslautenden Auffassungen über die Vernetzungen von Logik und Nationalsozialismus. Sie bleiben auch hier außer acht. Die Logikauffassung von Wilhelm Burkamp dürfte die noch liberalste innerhalb des Nationalsozialismus sein. Nur soviel ist zu sagen: es gab weder eine „natürliche" Opposition von Logikern gegenüber dem Nationalsozialismus noch stand der Nationalsozialismus der Logistik prinzipiell feindlich gegenüber. Das lag daran, daß es nie gelungen ist, aus den diversen Vorstellungen der NS-Ideologie von Hitler, Rosenberg, Baeumler, Krieck[116], Partei, Ämtern, etc. eine eindeutige nationalsozialistische Weltanschauung zu schmieden. Die Weltanschauung wurde symbolisch großartig repräsentiert, aber taktisch in kleiner Münze ausgegeben, nämlich in Traktaten, Heftchen, Studienheften, Schulungsheften, Broschüren, Tagungen, Vorträgen, Gemeinschaftslagern, und ähnlichem mit dem Erfolg, daß man – nicht nur anläßlich

---

HEISIG, JOHN C. MARALDO, Rude Awakenings. 1995; BRIAN DAIZEN A. VICTORIA, Zen, Nationalismus und Krieg. Eine unheimliche Allianz. Berlin: Theseus Verlag 1999.

[112] FRIEDRICH KAULBACH (*16.6.1912), S. 189–235, in: Ludwig J. Pongratz (Hrsg.), Philosophie in Selbstdarstellungen III. Felix Meiner Verlag: Hamburg 1977.

[113] J. v. KEMPSKI (Hrsg.), Frege-Studien, Berlin 1941. Diese Hinweise sollen nicht bedeuten, daß ich Emge insgeheim für einen bösartigen NSler halte. Im Gegenteil, Emge ist für mich der Typus des durchgeistigten, rational gebildeten und ironisch alle Barrieren und Distanzen durchsehenden NSlers in der Justiz, wie er sich mit Glacehandschuhen in Salons bewegte. Mit Gewinn habe ich gelesen: CARL AUGUST EMGE, Diesseits und jenseits des Unrechts. Citra et ultra injustum. Sonderheft des Archivs für Rechts- und Sozialphilosophie. Dem Andenken an Georg Christoph Lichtenberg geboren vor 200 Jahren am 1. Juli 1742 sei dieses Archivheft gewidmet. Berlin: Verlag Albert Limbach 1942.

[114] ALEXANDER V. PECHMANN, Die Philosophie der Nachkriegszeit in München (1945–1960). Eine Dokumentation, S. 39–62, hier: S. 49, in: *Widerspruch.* Münchner Zeitschrift für Philosophie. Heft 18: Restauration der Philosophie nach 1945. München 1990.

[115] Vgl. LEAMAN (1993), S. 48.

[116] Zur Ideologie von Ernst Krieck, dem „Eklektizismus" seiner und der NS-Ideologie vgl. ERNST HOJER, Nationalsozialismus und Pädagogik. Umfeld und Entwicklung der Pädagogik Ernst Kriecks. Würzburg: Königshausen & Neumann 1997. Krieck wurde bald „kaltgestellt" aus dem Ressentiment des Nationalsozialismus gegenüber aller „Philosophie", die nicht im Nationalsozialismus aufging.

der Ermordung von Ernst Röhm – immer mit tagespolitischen Erfordernissen auf die Ideologie rückwirken konnte wie man mit prinzipiellen Richtlinien, die man sich dann zurechtlegte, auf die Tagespolitik reagieren konnte.

Das einzig andauernde einer praktischen Umsetzung spezifischer NS-Ideologie war die Judengesetzgebung und die darauf aufbauenden Beamtengesetze, Steuergesetze, etc. Alles andere hing von Richtlinien ab, die sich die diversen Parteistellen, Ministerien, Gauleiter, gegenseitig gaben. Aber was nicht unterschätzt werden darf bei den Intellektuellen ist die Bereitschaft gewesen, sich selbst in den Dienst eines Nationalsozialismus zu stellen und dafür selbst eine Ideologie zu erstellen (Heidegger, Baeumler, etc.) und diese als fortschrittliche NS-Weltanschauung auf ihrem spezifischen Gebiet auszugeben. So hatten Wissenschaftliche Schrifttumskammern etc. genügend damit zu tun zu überprüfen, ob die Ansprüche stimmen, die SS überprüfte die politischen Konsequenzen von wissenschaftlichen Diskussionen dieser selbsternannten Ideologen. Dennoch galt:

> „Maßgeblich für die Geltung der deutschen Wissenschaft im Ausland und ihre Stellung im Bereich der internationalen wissenschaftlichen Organisationen ist ihre Leistung, nicht eine machtpolitische Einflußnahme auf den organisatorischen Apparat."[117]

So konnte jeder buchstäblich jeden im Namen einer eigenen NS-Ideologie angreifen. Diese Unsicherheit untergrub das Selbstbewußtsein und die Grundlagen der Wissenschaft. Der Reichsforschungsrat war ineffektiv und machtlos. Für die Mathematiker war Wilhelm Süß verantwortlich, der in seiner Freiburger Rektoratsrede ein Hohelied auf die deutsche Geometrie sang, aber dann Gentzen Aufgaben – vermutlich für die V2 – anonym übergeben ließ. In dieser Zeit müssen fachliche Diskussionen immer vor dem Hintergrund von Brotneid, Intrigen, Wettbewerb um Macht, Geldmittel, Papier, Dozentenstellen, Institute und deren Ausrüstungen gesehen werden. Und nicht zu vergessen: Viele waren vom „Endsieg" überzeugt oder wollten sich eine gute Ausgangsposition im Verteilungskampf der Nachkriegszeit erkämpfen.

F Angriffe von außen: Dingler, Steck und May

Dingler und Steck fördern den Intuitionismus, weil er den gehaßten „Formalismus" ebenso wegsprengen soll wie den Scholzenschen „Logizismus". Aber Gentzen nimmt den Intuitionismus von Brouwer bis Kolmogorow und Markow mathematisch ernst. Er berücksichtigt ihn und will ihn mit einem erweiterten Finitismus „transzendieren", um so – auch über Gödel hinaus – wieder zu einer integralen mathematischen Theorie mit einer nur sie kennzeichnenden Methode zu kommen. Gentzen ist von dem Reichtum der intuitionistischen Logik sehr beeindruckt. Aber die „Konstruktivität" sieht er als mathematische Praxis – und ist vermutlich gegen den „Fundierungswahn" als philosophische Bewegung eines „mathematischen Konstruktivismus" von Dingler und seinen Epigonen.

---

[117] S. 5, in: REINHARD SIEGMUND-SCHULTZE, Faschistische Pläne zur „Neuordnung" der europäischen Wissenschaft. Das Beispiel Mathematik, *NTM*, Leipzig 23 (1986), 2, S. 1–17.

Beide fachfremden Philosophen wollen Mathematik völkisch-weltanschaulich im NS-Sinn formieren und rassisch begründen.[118] Das ist Ideologie und wird deshalb Kampfplatz. Die „Münchner Schule" – sie war mit führend in der Begründung der „Deutschen Physik" – Müller, Dingler, May, Steck und Thüring sehen in dem Logizismus und der Philosophieauffassung von der Scholzschen Schule in Münster die Nachfolger der Carnap, Popper, Dubislav etc., d.h. derjenigen, die exiliert oder umgebracht worden sind. Dingler und seine Münchner Schule möchte die völkischen Voraussetzungen innerhalb der Wissenschaftstheorie und der Mathematik diskutieren. Die Philosophie ist aber besetzt von den Rivalen Krieck und Baeumler: Dingler, Steck und May neigen Baeumler zu. Gleichzeitig wacht Bieberbach eifersüchtig darüber, daß die Physiker, Biologen und Astronomen nicht einen Fußbreit der Diskussion über rassenpolitische Voraussetzungen oder Struktur in die Mathematik, in „seine" Deutsche Mathematik tragen.

Da Bieberbach seine „arteigene" Mathematik vertrat, empfand er jede Einmischung in dieses Gebiet als persönlichen Affront. Er wußte, daß er die Voraussetzungen für die „Deutsche Mathematik" nicht in seiner Zeitschrift diskutieren wollte beziehungsweise oktroyieren konnte. Sein Ruhm hing davon ab, daß sich viele bekannte, befähigte und kompetente Mathematiker in seiner Zeitschrift fachlich äußerten und nicht ideologisch.[119]

---

[118] Eine Analyse der „Zeitschrift für die gesamte Naturwissenschaft" ist dringend erforderlich, denn Thüring, May und Müller besangen H. Dingler als Meister der nationalsozialistischen Naturphilosophie (vgl. die Aufsätze Bruno Thüring, Hugo Dinglers Zeitschrift für die gesamte Naturwissenschaft 7 (1941), darin auch E. May, Dingler und die Überwindung des Relativismus; darin auch: Wilhelm Müller, Dinglers Bedeutung für die Physik; darin auch Max Steck, Mathematik als Problem des Formalismus und der Realisierung. In der gleichen Nummer – ich bin versucht es für eine abgesprochene, konzertierte Aktion zu halten – veröffentlicht der Trittbrettfahrer KURT SCHILLING seinen Aufsatz „Zur Frage der sogenannten „Grundlagenforschung". Bemerkungen zu der Abhandlung von Henrich Scholz „Was ist Philosophie?" S. 44–48, der mit den Worten endet: „Das alles geht nicht. Wenn Herr Scholz auch einen gewissen Mut besitzt, indem er mitten im Krieg dem deutschen Volk eine Philosophie als die einzig mögliche empfiehlt, deren führende und von ihm selbst zitierte Träger heute nur Polen, Engländer, Emigranten und Amerikaner sind, und wenn er offen ausspricht, daß er seinen Lehrbetrieb als deutscher Ordinarius in Münster 1939/40 „nach dem Warschauer Vorbild" gestaltet (51), so erscheint mir dieser Mut doch eigentlich einer besseren Sache wert zu sein." (S. 48). – Interessant wird es aber, wenn der Münchner Universitätsprofessor Schilling in seinem „Studienführer zur Geschichte der Philosophie. Heidelberg. C. Winter 1949 meint, daß Philosophie jedem Menschen zugemutet werden könne, wenn „innerer menschlicher Wert, Anteilnahme und Interesse, Sauberkeit und Echtheit der eigenen Lebensführung, Ehrlichkeit und Klarheit des Fragens und Antwortens" vorhanden sei. Mir fehlt die Aufzählung des Kardinalwertes, den Himmler so verehrte, die Anständigkeit.

[119] Hilbert war ein Mann des 19. Jahrhunderts, der diese Stellung eines Professors, eines „Mandarins" (Fritz Ringer) in der Weimarer Republik und seine Position als Geheimrat bewusst auch für seine fachpolitischen Belange einsetzte und dabei souverän blieb mit allen guten Eigenschaften wie Ehrbegriff, Aufrichtigkeit. Eine derartige Stellung und Macht – aber frei von den damit verbundenen Tugenden –, ja die Herrlichkeit der Position und des Einflusses wollte der eitle Bieberbach reproduzieren und potenzieren in Akademie, Reichsforschungsrat und ministeriellen Kontakten und dabei kam ihm zupaß, daß alle diejenigen, die ihm in dieser Hinsicht gefährlich werden konnte – inhaltlich vom Fach her und von der wissenschaftspolitischen Stellung her – durch den Nationalsozialismus aus dem Ämtern gejagt wurden. Bieberbach war gewisslich in seiner Jugend linksliberal, aber der innere Antrieb zur Karriere um der Karriere willen

Zudem hatte Bieberbach zwar Deckung von Vahlen, aber dies konnte durch einen Rivalen, vom „Amt Rosenberg" oder sonstwem umgestoßen werden: keine Linie, nicht einmal die Wortschöpfung „Deutsche Mathematik" war von der Partei offiziell befürwortet oder ausgegeben worden. Deshalb überläßt er auch Heinrich Scholz – der gilt als deutschnational und kennt auch Hasse durch eine gemeinsame Veröffentlichung[120] aus seiner Kieler Zeit – Erwiderungsplatz auf die Angriffe, die Steck in seinem Buch „Das Hauptproblem" publiziert hat.

Aber Scholz muß an zwei Fronten kämpfen. Heinrich Scholz' „Geschichte der Logik"[121] wird von E. Ahrends in den Jahresberichten der Deutschen Mathematiker-Vereinigung[122] besprochen. Nachdem Scholz für die Ansicht gelobt wird, daß logisches Denken für die Strenge und Schärfe des philosophischen Denkens wichtig sei, wird kritisch angemerkt:

> „Die Kritik, die Scholz in diesem Abschnitte den antimetaphysischen Bestrebungen des ‚Wiener Kreis' angedeihen läßt, (...) scheint mir allerdings nicht sachlich gerechtfertigt zu sein."

Denn für Ahrends gehören Sätze der Metaphysik – und gerade sie will H. Scholz „retten" – nicht zum Bereich der Wissenschaft, weil sie nicht sachhaltig seien. Doch Scholz möchte ja „Metaphysik als strenge Wissenschaft" aufbauen, d.h. er benutzt die formale Logik als denjenigen Teil einer Wissenschaftslehre, der die zum Aufbau irgendeiner Wissenschaft erforderlichen Schlußregeln formuliert und selbstverständlich auch alles das liefert, was für eine pünktliche Formulierung dieser Regeln erforderlich ist. Scholz ist sich sicher, daß so auch eine Theologie unangreifbar aufgebaut werden kann. Seine Grundlegung endet aber auch in „Evidenzen" – und dieser „Evidenz" gilt der Haß von Hugo Dingler[123].

---

liessen ihn fast gewissenlos werden. Bei der Publikation seiner rassentypologischen Ansichten aber – und das zeigte ihm die weltweite Reaktion darauf – war er zu weit gegangen, weil dies auch Einfluss auf seine fachliche Reputation hatte. Er publizierte derartiges nicht wieder und es ist zu fragen, was diese Episode für sein Leben bedeutete. Dabei zeigt sich Bieberbach noch 1930 natürlich als Anhänger Hilberts. Eine Diskussion der von Hilbert umrissenen Probleme nach dreissig Jahren findet man in L. Bieberbach, Über den Einfluß von Hilberts Pariser Vortrag über „Mathematische Probleme" auf die Entwicklung der Mathematik in den letzten dreißig Jahren, in: *Naturwissenschaften* 18, 1101–1111 (1930).

[120] Helmut Hasse und Heinrich Scholz, Die Grundlagenkrisis der Griechen. Metzner: 1928.

[121] Junker u. Dünnhaupt: Berlin 1933.

[122] 42 (1933), S. 136.

[123] „Evidenz ist stets ein Verzicht auf wirkliche Begründung". Man glaubt es nicht, aber das schmettert Hugo Dingler dem vertriebenen Juden Paul Bernays entgegen. Im Jahr 1954. Das war das geübte Argument gegen die Axiomatik mit ihrer beliebigen Fortsetzung von Axiomen und daraus entstehenden Antinomien und für die völkische Interpretation der ‚Grundlagenkrise'. Dagegen wendet sich W. Stegmüller 1954 in seinem Buch „Metaphysik, Wissenschaft, Skepsis" (Wien). Dingler, der Gegner nicht-euklidischer Geometrie will dann die Wissenschaft aus Erfahrung des Alltags konstruieren. Und Tarski, Behmann und Arnold Schmidt hören regungslos zu. Vgl. Alfred Tarski, Discussion of the address of Alfred Tarski, Revue internationale de philosophie, Bd. 8 (1954), S. 15–21. Die Zivilisierung der Bundesrepublik geschah immer auf dem Rükken der Opfer. NB: H. Behmann hat in seinen „Beiträgen zur Algebra der Logik und zum Entscheidungsproblem (*Math. Ann.* 86 (1922) S. 163–229) ein übersichtliches Entscheidungsverfahren für den engeren Funktionenkalkül angegeben und deshalb mit Gödel einen lustigen Prioritätsstreit geführt. – Überhaupt waren die alten NS-Satrapen in der Mathematik dreist: Fritz Requard publizierte, Georg Hamel nahm wie selbstverständlich 1953 an der DMV-Tagung teil,

Aber die Beherrschung der „Logistik"[124] macht für Scholz nicht schon den Philosophen aus. Logistik ist notwendig, aber keine hinreichende Bedingung zum Philosophieren. Scholz stellt sich deutlich gegen den Wiener Kreis und seine Ziele. Er ist Anti-Positivist. 1943 verteidigt sich Scholz gegen Steck, Dingler, May und Konsorten in seinem Vortrag „Logik, Grammatik, Metaphysik" mit den Worten:

> „(...)es versteht sich, daß ich dem in seiner Art meisterhaften Werk von Herrn Carnap (Logische Syntax der Sprache. Wien 1934, EMT) genau so viel schuldig bin wie irgend jemand, der es gründlich studiert hat. Aber die Bescheidenheit seiner Forderungen an einen Logikkalkül ist nichts für mich. Ich würde mich überhaupt nicht als einen Logiker betrachten, wenn dies die ganze Herrlichkeit wäre. Und ich würde es ebenso wenig vermögen, wenn ich mir die Philosophie von Herrn Carnap aneignen müßte, um mich als Logiker betrachten zu können. Wenn es wirklich so wäre, wie Herr Carnap es darstellt, so müßte jeder ernst zu nehmende Logiker zugleich ein Positivist nach dem Bilde von Herrn Carnap sein. Hierzu bin ich gänzlich ungeeignet."[125]

Diesen Spagat, gegen die NS-Wissenschaftsphilosophen die Logistik zu verteidigen und bei den Mathematikern für eine Anschlußfähigkeit der Logik für Metaphysik als formale Ontologie zu werben, hält Scholz durch den Nationalsozialismus hindurch bis in die geistige Situation der Nachkriegszeit. Das war bereits im Umgang mit kritischen Philosophen schwierig.

Karl Jaspers, der 1931 seinen Essayband (erschienen als Band 1000 der Sammlung Göschen) mit „Die geistige Situation der Zeit" betitelte, hielt nicht viel von der „formalen Logik"[126] Er sah sie zwar als hilfreich zur Überwindung von absichtlichen Täuschungen und Irrtümern an, hielt aber das ständige Aufklären von Sophismen für eine Zeitverschwendung, die von der Sache nur entferne.[127] Von Logistik, was immer er darunter verstehen mag, hält er erst gar nichts:

---

und die Vertriebenen, mit dem Tod Bedrohten wie Paul Bernays und Alfred Tarski, mußten sich an einen Tisch mit den Schreibtischtätern setzen und sachlich diskutieren. In der Nachkriegszeit geschah dies ständig. Ohne diese wunderbare Bereitschaft der Emigranten, Flüchtlinge, Vertriebenen wäre Deutschland möglicherweise noch heute so provinziell wie unter dem Nationalsozialismus. – „Wir fragen uns: „Wie soll man sich zu früheren Freunden verhalten? Auf der Straße grüßen? Die Hand reichen?" Wie sich verhalten 1) gegen die Nazis? 2) gegen die Mitmacher. Opportunisten mit sarkastischem Lächeln. Jeder hat ein Alibi; gemurmelt: „Im Grunde verurteilen wir die Nazis". Sie haben Ehren und Geld eingesteckt. Während wir bestohlen und gejagt durch vier bis fünf Länder irrten – seit 12 Jahren!" ALFRED KERR, PEN-Club, London 1945. Zitiert nach Alternative 52: Berlin 1967, darin: Briefe aus dem Exil. Täter und Mimacher aber zeigten ihre unbelehrbare politische Dummheit, ihre unerbetene, lästige und gefährliche Rechthaberei, indem sie Emigranten nicht auf Stellen und Lehrstühle berufen wollten.

[124] 1904 schlugen L. Couturat, Itelson und Lalande auf dem internationalen Philosophiekongreß in Genf das Wort „Logistik" als Bezeichnung für die symbolische Logik vor. Es hat sich nicht durchsetzen können.

[125] HEINRICH SCHOLZ, Logik, Grammatik, Metaphysik, hier S. 423, in: Archiv für Rechts- und Sozialphilosophie 36 (1943), 393–433; Neuabdruck mit geringfügigen Veränderungen in: Archiv für Philosophic (1) 1947, "S. 39–80. Hrsg. Jürgen von Kempski. Stuttgart: W. Kohlhammer 1947.

[126] Vgl. die entsprechenden Seiten in „Karl Jaspers, Nachlaß zur Philosophischen Logik", herausgegeben von HANS SANER UND MARC HÄNGGI. München: Piper 1991.

[127] ebenda S. 132

> „Das Vergnügen, mit dem man von der ersten Seite an unablässig Eulers Algebra liest – das Mißbehagen, als ob man nichts in die Hand bekäme, beim Studium von Logistik, Grundlagenmathematik, theoretischer Physik der Quanten." (S. 432).

Und dieses Ressentiment teilten viele, die politisch anderer Ansicht waren als Karl Jaspers. Zeitweilige politische Gegner des Nationalsozialismus müssen also nicht einmal in den verwendeten Mitteln zur geistigen Analyse oder Bekämpfung dumpfer Ideologie übereinstimmen.

Scholz verteidigt sein Institut – es wird in der *Deutschen Mathematik* seit 1936 zu den mathematischen Instituten gerechnet – und das sichert zunächst sein Überleben – und holt sich den Hilbert-Schüler – dieses Kriterium „zieht" immer – und Mathematiker Gentzen zu Hilfe, obwohl er den Göttinger Finitismus nicht schätzt, aber durchaus toleriert. Gentzen wird von Hasse als Hilbert-Helfer eingestellt und kriegt von daher auch seinen Stempel aufgedrückt: er wird nicht mehr als selbstständiges Wesen, eigene Persönlichkeit gesehen, sondern als Vollstrecker Hilberts, als Mittel zum Zweck – sonst nichts. Und von daher wird er auch als eine Art „Gegen-Gödel" aufgebaut in den Veröffentlichungen von Hasse und Scholz, die sich seit ihrem Artikel „Die Grundlagenkrisis der griechischen Mathematik",[128] kannten.

Bei Berufungsverhandlungen philosophischer Lehrstühle wird Scholz aber auch als Philosoph gewertet und gerne befragt.

G Der Angegriffene: Heinrich Scholz (1884–1956)

Heinrich Scholz wurde am 17.12.1884 in Berlin geboren[129]. Sein Vater war an der Marienkirche lange erster Geistlicher. Von 1903 bis 1907 studierte er Philosophie bei Friedrich Paulsen und Aloys Riehl und Theologie bei dem Kirchenhistoriker und Wissenschaftsorganisator A.v. Harnack. Am 28. Juli 1910 habilitierte er sich für Religionsphilosophie und systematische Philosophie und arbeitete danach als Privatdozent. Während des Ersten Weltkrieges beteiligte sich der Annexionist Scholz als Propagandaschreiber: „Der Idealismus als Träger des Kriegsgedankens" (1915)[130]. An seiner deutschnationalen Gesinnung gab es von da her keinen Zweifel. Mit Fichte, Clausewitz, Moltke, Kant und Böhme wird der unverführbare, starke Mensch gefeiert, dem die psychophysische Selbstbehauptung, soweit sie der sittlichen Selbsterhaltung diene, ein sittlicher Zweck sei:

> „Die Prämissen des Willens zum Kriege werden bleiben, solange wir Menschen sind." (S.29).

---

[128] Kant-Studien 33 (1928), S. 1–27.

[129] Für uns spielt hier H. Scholz lediglich als Wissenschaftsorganisator eine Rolle und in seiner starken Verteidigung einer Konzeption der „Logistik". Zur Biographie und Philosophie besonders ausführlich ARIE L. MOLENDIJK, Aus dem Dunklen ins Helle. Wissenschaft und Theologie im Denken von Heinrich Scholz. Mit unveröffentlichten Thesenreihen von Heinrich Scholz und Karl Barth. Amsterdam: Rodopi 1991. Vgl. "dazu die Rezension von VOLKER PECKHAUS, Essay Review, *History and Philosophy of Logic*, 14 (1993), "p. 101–107.

[130] FRIEDRICH PERTHES: Gotha 1915.

„Wir fühlten Preussisch bis auf den Grund" erinnerte sich H. Scholz und bestimmt dies genauer als Wehrhaftigkeit, Arbeitsamkeit, Ertüchtigung des Willens und die Früchte der Selbstbeherrschung wie Gehorsam, Pünktlichkeit, Ausdauer, Selbstverleugnung und Leistungsfähigkeit. Vorbild ist der preussische Offizier.[131] 1917 ging er als Ordinarius nach Breslau. Auf Veranlassung von W. Jaeger wird er als Nachfolger Paul Deussens nach Kiel berufen. 1921 erscheint seine „Religionsphilosophie". 1921 stößt er auf die „Principia Mathematica". Er will sich sofort in Mathematik und theoretische Physik einarbeiten und liest Frege und Bolzano. Von 1922 bis 1928 hört er regelmäßig bei den Professoren Toeplitz, Hasse und Steinitz mathematische Vorlesungen und bei Kossel theoretische Physik. Im Sommersemester 1922 kündigt er ein Seminar mit Moritz Schlick über philosophische Analyse der Relativitätstheorie an. Mit Helmut Hasse (1898–1979) veröffentlicht er auch einen Aufsatz zur Grundlagenforschung (Kant-Studien 1928). Im Oktober 1928 wird er als Philosoph nach Münster berufen[132]. 1929 lernt er den Theologen Karl Barth kennen.

---

[131] ARIE L. MOLENDIJK, Aus dem Dunklen ins Helle. Wissenschaft und Theologie im Denken von Heinrich Scholz. Amsterdam: Rodopi 1991, S. 39.

[132] Auf die mathematische Logik oder Philosophie von Heinrich Scholz gehe ich nicht ein, weil sie weder von mathematischer noch von philosophischer Relevanz ist (vgl. den Eintrag von Eckehart Köhler (p. 324f.) in Vol. 7 von Paul Edwards (ed.), Encyclopedia of Philosophy. London: Collier 1967), der Scholz als Platonist vorstellt. Gleichwohl ist sie wegen seiner Schulbildung nicht folgenlos geblieben. Deshalb wird Scholz in diesem Buch lediglich unter dem Gesichtspunkt des wirkenden Organisators und erfolgreichen Schützers der Logistik im Nationalsozialismus gesehen. Scholz ist ein Politiker, der eine wissenschaftliche Linie verteidigt. Er setzt an einer philosophisch gerichteten Fakultät eine mathematische Orientierung in einer dürftigen Zeit durch und beweist darin sehr großes Können. Mathematische Logik setzt sich mit ihm ab von einer Philosophie, die vom Nationalsozialismus besetzt wird und heiß umkämpft wird. Das Zusammentreffen seiner „exakten Philosophie" als eigensinniges Absetzen von Ideologie trifft seinen Willen und Weg und ist keine Flucht. Zunächst war Scholz ein fester Anhänger der Fregeschen Theorie (vgl. HERMES 1986, S. 48). Dieses Programm gab er 1941 selbst auf (HERMES 1986, S. 49). Er geht dann zum Hilbert-Programm über, für das er selbst jedoch keine Affinität entwickelt (HERMES 1986, S. 49). Er sitzt quasi überall zwischen den Stühlen. Zur mathematischen Auffassung nur das, was Hans Hermes berichtet: „In dieser Stufenlogik (von Bertrand Russell, EMT) konnten Freges arithmetische Konstruktionen nachvollzogen werden, allerdings nur dann, wenn ein Unendlichkeitsaxiom adjungiert wurde, das bei Frege entbehrlich war. (...) Es ist mit anderen Worten denkbar, daß man die Arithmetik bereits in einem – natürlich stufenlosen – Teilsystem aufbauen kann, welches vielleicht widerspruchsfrei ist." (HERMES 1986, S. 48) HEINRICH BEHMANN zeigte 1931 (Zu den Widersprüchen der Logik und der Mengenlehre, *JDMV* 40, S. 37–48), daß man in einer stufenlosen Logik die Russellsche Antinomie vermeiden konnte. Scholz regte dann F. Bachmann zu einer Vereinfachung der Fregeschen Logik an (FRIEDRICH BACHMANN, Untersuchungen zur Grundlegung der Arithmetik mit besonderer Beziehung auf Dedekind, Frege und Russell. Dissertation: Münster 1934). Hermes merkt an: „Allerdings muß man sagen, daß es letzten Endes offen bleibt, ob die verwendeten stufenlosen logischen Prinzipien wirklich widerspruchsfrei sind, da diese nicht losgelöst von den einzelnen Konstruktionen angegeben werden. Es sei bemerkt, daß 1941 Ackermann versucht hat, die Behmannsche Idee zu systematisieren; er wurde dabei allerdings zu weitergehenden Eingriffen in den Bestand der klassischen Logik gezwungen." (Hermes 1986, S. 48) Freges Programm war erledigt, es blieb nur Hilberts Weg offen. Dagegen standen die Ergebnisse Gödels und so setzte Scholz seine Hoffnungen auf Gentzen – und Ackermann mit ihren Widerspruchsfreiheitsbeweisen. Aber jedem (Hilbertschen) Formalismus wollte Scholz eine präzise Semantik zur Seite stellen, damit die ontologische Dimension der Logik deutlich werde. Die reservatio mentalis von Scholz gegen den Formalismus als syntaktisches Glasperlenspiel verhinderte jede Annäherung

Bereits 1936 erhält der Philosoph einen Lehrauftrag für mathematische Logik und Grundlagenforschung[133]. Scholz hatte 1936 von der DFG einen Druckkostenzuschuß für 3 Bände zu Forschungen zur Logistik[134] und zur Bearbeitung des Frege-Nachlasses erhalten. Er möchte eine Monographie zu Frege erarbeiten

---

an Hilbert und damit auch an Gentzen. Bei Gentzen jedoch spürte Scholz echtes Bemühen um eine Vermittlung aller drei bis dato bekannten Grundlagenformen.

[133] Gegen welche traditionelle Vorurteile Heinrich Scholz selbst in Münster zu kämpfen hatte geht aus der Kritik des Münsteraner Logikers WILHELM KOPPELMANN hervor (Logistik, S. 106–111, in: Wilhelm Koppelmann, Logik als Lehre vom Wissenschaftlichen Denken. Zweiter Band: Formale Logik. Pan-Verlagsgesellschaft: Berlin 1933). Hier wird die Herleitung der Logik aus einem Axiomensystem als Rückfall in die Berufung auf Evidenz als unmöglich gewertet: „Denn wie kann die Logik ein Organon, ein Werkzeug zur Beurteilung der Deduktionen der Mathematik und womöglich auch anderer Wissenschaften sein, wenn die Axiome, von denen sie ausgeht, „ohne Beweis zugelassen" sind, und infolgedessen auch ein anderes Axiomensystem und mit ihm eine andere Logik als Werkzeug zur Beurteilung der Richtigkeit der wissenschaftlichen Deduktionen möglich wäre." (S. 109). – Das wurde nicht besser durch eine „Geburt der Logik aus der Metaphysik", wie es sich HANS HEYSE in „Idee und Existenz" (1935) vorzustellen beliebte. – Im Nachlaß von Richard Hönigswald, 1938 ins KZ Dachau eingeliefert, findet sich folgendes zeitgenössisches Zitat: „Logistik fundiert ihr Verhalten nicht; was sie bietet, ist eine mathematisierende Naturgeschichte ‚gegebener' Beziehungen. Um den dabei in Betracht kommenden Sinn und das Recht der ‚Gegebenheit' von Beziehungen sorgt sie sich nicht." S. 26, in: RICHARD HÖNIGSWALD, Philosophie und Kultur. Herausgegeben von Günter Schaper und Gerd Wolandt. Nachlaß Band 6. Bonn: Bouvier 1967. Fundierung verstanden – im Gegensatz zum von Heidegger denunzierten Juden Hönigswald – die NS'ler und ihre „Philosophen" als Ursprungsmythos. Und Begriffe wie Volk, Evidenz und Feinmechanik gingen unheilvolle Allianzen ein.

[134] 1934 war erschienen das Heft 1 der *Forschungen zur Logistik und zur Grundlegung der exakten Wissenschaften* auf 78 maschinenschriftlich autographierten Seiten Friedrich Bachmann, „Untersuchungen zur Grundlegung der Arithmetik mit besonderer Beziehung auf Dedekind, Frege und Russell" und erschien bei Meiner in Leipzig in Kommission. 1937 erschien dann die N.H.F. (Neue Heft Folge). Wie „die Partei" dachte, ist leicht in den Einträgen in „Meyers Lexikon. Achte Auflage" nachzulesen. Hilbert wird hochgelobt (vgl. Bd.5, Kolumne 1202, Eintrag: Hilbert. Leipzig: Bibliographisches Institut 1938): „In „Grundlagen der Geometrie" (1899, 1909 3. Auflage) legte er neue Gedankengänge dar (Axiome der Anordnung, Verknüpfung und Stetigkeit). Die „Grundzüge der theoret. Logik" (mit W. Ackermann 1928) behandeln Prinzipienfragen der Math., bes. die Grundlegung der Arithmetik." Dagegen wird die „Logistik" abgestraft (Meyers Lexikon, 8. Auflage, Band 7, Kolumne. Leipzig: Bibliographisches Institut 1939). Sie steht „im Gegensatz zur traditionellen (aristotelisch-scholast.) Schul-Logik samt ihren psycholog. und erkenntnis-theoret. Abhandlungen bez. für die Gesamtheit der Versuche, mit Hilfe der Denkmittel der Mathematik, aber nicht einfach unter Übernahme math. Lehrsätze, die Lehrsätze der formalen Logik neu zu formulieren und dementsprechend neue logische „Rechnungsverfahren" (>Algorithmen<) zu entwerfen und anzuwenden. Es gibt heute vielerlei nicht auf einen exakten Nenner zu bringende Systeme der L. Das heute verbreitetste fußt auf dem Begriff bzw. der Operation der Implikation; es stammt von G. Frege (*1848, †1925) und wurde bes. durch Russel (sic) und Whitehead systematisch ausgebaut. Ansätze zur L. finden sich schon im M.A., u.a. bei Nikolaus von Amiens und Raymundus Lullus, zu Beginn der Neuzeit in den vielfachen Ansätzen zur „geometrischen" Methode in der Philosophie, u.a. bei Descartes, Spinoza, Erhard Weigel. Leibniz erfaßte das Problem der L. erstmals in grundsätzl. Klarheit. Begründer der modernen L. ist der Amerikaner George Boole (*1815, †1864) – (sic! Boole war Brite. EMT). Die jüngsten Vertreter, philosophisch mitunter dem Materialismus nahestehend, huldigen oft dem unduldsamsten Intellektualismus, so bes. der „Wiener Kreis"." – Und in der Literatur wird neben Frege, Couturat, Whitehead und Russel, Carnap und die Zeitschrift Erkenntnis angeführt, aber auch Hilbert und Ackermann. Man versteht nun aber leicht, warum es für H. Scholz wichtig war, sich aus der „guten" Traditionslinie zu bedienen bzw. sich zu versichern, und das war für ihn Gentzen.

und weiß deshalb seit dem 21. April 1936, daß Frege in politischen Ansichten stramm rechts, aber kein „Nazi" war. Heinrich Scholz hat mit Brief an Gentzen am 20.4.1936 Briefe von Frege an Hilbert an diesen zurückgereicht, die er für die Herausgabe des Briefwechsels Frege-Hilbert benötigte. Beide finden an der Art ihres Denkens vermutlich gegenseitiges Gefallen.

Im März hatte Scholz vermutlich in Berlin Leopold Löwenheim aufgesucht, der 1933 wegen „nicht arischer Abstammung" beurlaubt und zum 01.04.1934 in den „Ruhestand" versetzt wurde.1936 hatte Kurt Grelling in Berlin ein ständiges Kolloquium eingerichtet, an denen u.a. Jürgen v. Kempski und Leopold Löwenheim teilnahmen[135].

Bei den Gesprächen Scholz mit Gentzen spielte die Politik offenbar keine Rolle. Heinrich Behnke – etwas neidisch auf die Weltläufigkeit und den imposanten Briefwechsel Scholzens mit den Größen seiner Zeit – fand seinen Nationalismus engstirnig und sein Preußentum zu arrogant.

> Die „Würde der Universität ging mit der Machtübernahme verloren. Eines Tages – es war schon das Ende des Wintersemesters bemerkbar – lagen auf den leeren Plätzen der Astadiele lauter Flugblätter der NS-Partei. Spontan kritisierten Kratzer und ich das. Scholz wollte es verteidigen, zögerte dann aber. Mir war das unheimlich. Heinrich Scholz nahm die äußerste Korrektheit für sich in Anspruch. Außerdem pflegte er schnell zu reagieren und das besonders, wenn ihm der akademische Raum gefährdet erschien. Und nun diese lahme Ente! Das war ein Signal."[136]

Vielleicht hat auch Scholz dem in gesellschaftlichen und politischen Dingen unsicheren Gentzen angetragen, in die SA einzutreten. Scholz war anfänglich ein starker Sympathisant des Nationalsozialismus – wie seine Jugendfreunde Eduard Spranger und Werner Jaeger. Aber mit guten Gründen kann ich behaupten, daß seine politische Haltung später in diejenige mündete, die das Attentat vom 20. Juli 1944 verübten, ermöglichten oder das geistige Klima dafür geschaffen haben. Gerade manche derjenigen, die auf konservative Art und Weise deutsch-national waren, wurden angesichts der später unübersehbaren Untaten wichtige Gegner des Nationalsozialismus. Während sich ein NS-kritischer Kreis um die Professoren Behnke und den Physiker und Wissenschaftstheoretiker Kratzer[137] bildete, galt zur gleichen Zeit: „Professor Stählin bemerkte in seinen „Lebenserinnerungen"[138], daß man mit „nur ganz wenigen Kollegen" wie zum Beispiel Heinrich Scholz „in vertrauensvoller Offenheit" hätte sprechen können."[139] Alle Münsteraner Professoren aber leisteten uneingeschränkt und ausnahmslos den rückhaltlosen Treue- und Gehorsamseid auf Adolf Hitler:

> „Ich schwöre: Ich werde dem Führer des Deutschen Reiches und Volkes, Adolf Hitler, treu und gehorsam sein, die Gesetze beachten und meine Amtspflichten gewissenhaft erfüllen, so wahr mir Gott helfe."

---

[135] S. 63, in: VOLKER PECKHAUS, Von Nelson zu Reichenbach: Kurt Grelling in Göttingen und Berlin, S. 52–73, in: Lutz Dannenberg (Hrsg.), Reichenbach und sein Kreis: Vieweg Verlag 1995.

[136] HEINRICH BEHNKE, S. 116, Semesterberichte. Göttingen: Vandenhoeck & Ruprecht 1978.

[137] Adolf Kratzer hatte David Hilbert über die Fortschritte der Relativitätstheorie unterrichtet und reiste auch mit Heinrich Scholz nach Polen zu Lukasiewicz.

[138] (1968, S.268)

[139] Hinweis von Petra Kess (1993, S. 148).

Die Verweigerung der Eidesleistung vom 20.08.1934 hätte nur zum Ausscheiden aus dem Staatsdienst geführt. Stattdessen beachteten die Eidesleister pünktlich die Gesetze gegen jüdische und politisch unerwünschte oder bloß mißliebige Professoren.

In der *Deutschen Mathematik* 1 (1936), S. 274 ist verzeichnet:

> „L o g i s t i s c h e L o g i k u n d G r u n d l a g e n f o r s c h u n g:
>
> Der Fachvertreter dieses Feldes, für welches Münster die erste Deutsche Hochschule mit eigenem Unterrichts- und Forschungsbereich ist, ist o. Prof. S c h o l z.
>
> Prof. S c h o l z liest 4 stündig über die Grundlagen der Arithmetik in logistischer Darstellung. Die Vorlesung ist fest verbunden mit Übungen zu D e d e k i n d s Zahlenbüchlein.
>
> In der in Verbindung mit dem Hilfsassistenten H e r m e s durchgeführten 2 stündigen L o g i s t i s c h e n A r b e i t s g e m e i n s c h a f t werden Hauptfragen der Syntax des Aussagen- und des erststufigen Prädikatenkalküls behandelt. In dem gleichfalls in Verbindung mit Herrn H e r m e s durchgeführten 2 stündigen L o g i s t i s c h e n R e p e t i t o r i u m wird der Aussagen- und Prädikatenkalkül auf nichtaxiomatischer Grundlage eingeübt. In der in Verbindung mit Prof. K r a t z e r 14 tägig durchgeführten 2 stündigen L o g i s t i s c h - P h y s i k a l i s c h e n A r b e i t s g e m e i n s c h a f t wird eine logistische Axiomatisierung der Punktmechanik vorbereitet.
>
> Im Juni wird Herr Dr. J a s k o w s k i – Chozyw (Polen) hier sprechen über eigene Arbeiten und über das System des Warschauers Logistikers St. Lesniewski, Herr Dr. G. Gentzen – Göttingen über seinen WF-Beweis für die elementare Zahlentheorie."

Und nicht genug damit. In der Rubrik „Forschung" ist veröffentlicht: „Ein neuer Vollständigkeitsbeweis für das reduzierte Fregesche Axiomensystem des Aussagenkalküls. Von Hans Hermes[140] und Heinrich Scholz." S. 734–758. Warum war das Fach „Logistik" in Münster so erfolgreich? Jeder Student, der ein Examen für das Lehramt an höheren Schulen ablegen wollte, mußte sich einer philosophischen Zusatzprüfung unterziehen. Das Oberschulamt legitimierte die Logistik als Philosophie im Sinne der Prüfungsordnung allein schon wegen der angehenden Mathematiker.[141]

Welch ein aufrechter Mann Scholz war, läßt sich unschwer aus seiner Personalakte ersehen[142]. 1938 übergibt Heinrich Scholz dem Herrn Reichs- und Preussischen Minister für Wissenschaft, Erziehung und Volksbildung Bernhard Rust seine „Denkschrift über die neue mathematische Logik und Grundlagenfor-

---

[140] Hans Hermes (*1912) Er studierte von 1931 bis 1936 Mathematik und Philosophie an den Universitäten Freiburg i. Breisgau, München und Münster i.W. Promotion 1936 in Münster; Staatsexamen 1937; 1938 Assistent am Mathematischen Seminar der Universität Bonn, wo er sich im wesentlichen mit der komplexen Funktionentheorie befaßt hatte. 1941 wurde Hans Hermes Soldat. Nach Kriegsende Wiedereintritt ins Mathematische Seminar als Assistent. Habilitation 1947 in Bonn. 1953 Professor für mathematische Logik und Grundlagenforschung an der Universität Münster. 1966 Professor für mathematische Logik und Grundlagen der Mathematik an der Universität Freiburg. Hans Hermes wurde bekannt wegen seiner Arbeit „Eine Axiomatisierung der allgemeinen Mechanik" (*Forschungen zur Logik und zur Grundlegung der exakten Wissenschaften*, Heft 3. Leipzig 1938); vgl. dazu S. 120–122 in: Max Jammer, Der Begriff der Masse in der Physik. Darmstadt: Wissenschaftliche Buchgesellschaft 1964.

[141] Vgl. HERMES 1986, S. 43.

[142] Heinrich Scholz (Reichserziehungsministeriums – Personalakte „Sch.188" des „Berlin Document Center"). Seine Personalakte der Universität Münster habe ich nicht eingesehen.

schung". Er beklagt darin, daß die mathematische Logik trotz Hilbert und seiner Schule „ganz unverhältnismässig zurückgeblieben" sei. Zur Überprüfung gibt er seiner Denkschrift das Urteil des *polnischen* Logikers Jan Lukasiewicz bei.

Dieser hatte 1937 in seiner Schrift „W obronie logistyki" (In defence of logistic) geschrieben:

> "(...) whenever I work even in the tiniest logistic problem, e.g. trying to find the shortest axiom of the implicational calculus, I always have the impression that I am confronted with a mighty construction, of indescribable complexity and immeasurable rigidity. I sense that structure as if it were a concrete, tangible object, made of the hardest of materials, a hundred times stronger than steel and concrete. I cannot change anything in it; by intense labour, though, I discover in it ever new details, and attain unshakable and eternal truths. Where and what is this ideal structure? A believing philosopher would say: it is in God and His thought."[143]

Das Philosophie-Ordinariat wird 1938 in eines für Philosophie der Mathematik und Naturwissenschaften umgewandelt, und es wird ein Logistisches Seminar gegründet. Zwar folgt auf diese Umwandlung vom 21.5.1938, einen Monat zuvor hatte der polnische Logiker Lesniewski elf Tage lang Münster besucht, am 5.12.39 eine „Mitgliedschaft" (aber worin?), aber bereits am 17.4.40 wird die „mangelnde Vorbildung der Studierenden" gerügt, aus der am 19.8.40 eine „undeutsche Haltung" geschlossen wird. Hatte er am 23.1.1936 noch einen Druckkostenzuschuß für Bd. 3, 4, 5 der *„Forschungen zur Logistik (...)"* erhalten – richtig hieß es *„Forschungen zur Logik und zur Grundlegung der exakten Wissenschaften. Neue Folge.* Unter Mitwirkung von W. Ackermann, F. Bachmann, G. Gentzen, A. Kratzer, herausgegeben von Heinrich Scholz. Stuttgart: S. Hirzel 1937" –, am 6. Juni 36 die „Bearbeitung des Frege-Nachlasses" und am 12. Juni ein Stipendium für Dr. Hermann Schweitzer beantragt und erhalten, so wird ihm am 13. Februar 1939 ein „Roto-Dreh-Vervielfältiger" „Abgelehnt" und es trifft ihn am 3.12.41 der Bannstrahl wegen einer „Fühlungnahme mit polnischen Wissenschaftlern". Am 5.12.42 beantragt er ein Papierkontingent für Arbeit Dr. Schröter[144] der Logistischen Forschungen im Rahmen der „Deutschen Mathematik", das er am 6.1.43 wieder anmahnt. Aber schon sein Projekt „Hilbert-Denkmal" wurde am 16.1.42 lediglich notiert und nie ausgeführt.

1943 wird sein Lehrstuhl für Philosophie in einen „Lehrstuhl für mathematische Logik und Grundlagenforschung"[145] umgewandelt.[146] Damit gibt es in

---

[143] Reprinted in: „Z zagadnien logiki i filozofii" (ed. J. Slupecki), Warszawa 1961.

[144] „Karl Schröter war mein Lehrer, er ist vor ungefähr 10 Jahren gestorben (22.8.1977). Schröter war bis 1948 in Münster, er hat Gentzen gut gekannt, sich aber nie über ihn geäußert, zumindest was persönliche Dinge betrifft. In gewisser Weise gehören beide zu einer logischen Richtung. Schröter war aber älter, geb. 7.9.1905 in Wiesbaden.", Gerd Robbel brieflich an EMT vom 3.7.1988. „Nach der Promotion 1941 mit der Arbeit ‚Ein allgemeiner Kalkülbegriff' und der Habilitation 1943 über die Axiomatisierung der Fregeschen Aussagenkalküle war S. ab 1943 Dozent an der Universität Münster," Er wurde von H. Scholz stark beeinflußt.

[145] Warum ist es kein „Institut für Logistik"? Steck hatte die „Logistik" angegriffen. Das scheint als eine „Spätfolge" bewirkt zu haben, daß H. Scholz sein Seminar in ein „Institut für Mathematische Logik und Grundlagenforschung" umbenennen ließ; rechtzeitig bevor „Logistics" nach dem Vorbild vom militärischen Sprachgebrauch auch für industrielles Nachschubwesen benutzt wurde. (Prof. Dr. Gisbert Hasenjaeger an mich vom 11.03.97).

Deutschland zum ersten Mal ein mathematisches Institut, welches die Mathematik philosophisch trägt und selbst mathematisiert, um einen Standard von Exaktheit selbst bilden zu können. Erst in den fünfziger Jahren wird der Lehrstuhl, das Seminar, in ein richtiges Institut umgewidmet.

Die Finanzierung des Hilbert-Denkmals wurde später von der DMV versucht. Dennoch veröffentlicht der außerordentliche Professor der Philosophie in Jena, Dr. Paul A. Linke – einer derjenigen, die mit Gottlob Frege einen Briefwechsel hatten – am 25.2.1944 ein Gutachten: „Die Philosophische Fakultät schliesst sich der vorstehenden Denkschrift vollkommen an", nämlich daß ausgerechnet Heinrich Scholz der geeignete Mann sei, für die Wiederbesetzung der ordentlichen Lehrstelle für Philosophie (Nachfolge Bruno Bauch!) an erster Stelle mit einem Gutachten einzutreten für den Altonaer Bibliothekar Dr. phil. habil. Helmut Groos. Scholz steht an der Spitze der Gutachter vor Th. Haering, Herrigel, Glockner, Spranger, Max Wundt, alles – der heutigen Forschungsliteratur nach – überzeugte 150%ige Nationalsozialisten! – und andere folgen, und die einen – ich komme aus dem Staunen nicht mehr heraus – wirklich einen „Selbstdenker", „Forscher" und strengen „Lutheraner", starken Gegner des Idealismus und konsequenten Determinist, loben. Scholz gilt allen als tiefer, echter und glaubwürdiger Vertreter der Logik. Was Max Planck für die Physik war, war Heinrich Scholz für die Sache der mathematischen Logik! Scholzens Gutachten zu den Büchern von Groos „Der deutsche Idealismus und das Christentum" (1927) und „Die Konsequenzen und Inkonsequenzen des Determinismus" (1931) zeigt eine Idee der Logik als einer unerbittlichen Kontrollinstanz, dessen Denken nur Männer von Wittgensteinschem Format aushalten können.

Während Scholz sein Institut unter der Herrschaft von NS-Gruppen an der Universität Münster institutionalisiert und damit für andere als rettendes Leuchtfeuer klarmachen konnte, lernte er polnisch, um die Forschungen der Warschauer Schule verfolgen zu können. Auf S. 73 seiner „Geschichte der Logik" (1931) hatte er geschrieben:

> „Und überhaupt ist Polen im letzten Dezennium ein Hauptland (...) logistischer Forschungen geworden."

Im Dezember 1938 reist er nach Warschau, um Lukasiewicz den Grad und die Würde eines Doktors der Philosophie ehrenhalber der Universität Münster zu verleihen. Lukasiewicz feierte gerade seinen sechzigsten Geburtstag. „Offenbar hat ein Gutachten von Lukasiewicz eine wichtige Rolle bei der Erteilung des

---

146 Entscheidend für die tatsächliche Umwandlung des H. Scholzenschen Instituts mit Genehmigung des Reichserziehungsministeriums, d.h. Minister Bernhard Rust, war das befürwortende Gutachten von Ludwig Bieberbach. Zu H. Scholz und seinem Verhältnis zu den polnischen Wissenschaftlern in ihrer Rolle bei seiner Denkschrift an Rust zur Umgestaltung des Instituts vgl. jetzt besonders sehr schön Volker Peckhaus, Moral Integrity during a Difficult Period: Beth and Scholz, p. 151–173, in: *Philosophia Scientiae* 3 (4), 1998/1999, Nancy. Aber auch woanders gibt es durchaus seriöse Veränderungen. Ein Beispiel: Am 1. April 1943, zwanzig Monate vor dem Ende des „Dritten Reiches", mitten in den Wirren des Weltkriegs, wurde in Frankfurt am Main das „Institut für Geschichte der Naturwissenschaften" (IGN) gegründet. Fast ein Jahr später, im Mai 1944, war es durch alliierten Bombenhagel völlig zerstört worden. Gegründet wurde das Institut durch Willy Hartner, der 1935 eine Gastprofessur in Harvard wahrnahm. Hartner war ein Spezialist der Astrolabien.

Lehrauftrages für Logistische Logik und Grundlagenforschung an Scholz gespielt." (Peter Schreiber). 1939 veröffentlicht Heinrich Scholz in „Organon" 3 des
polnischen Mianowski-Institutes den Aufsatz „Sprechen und Denken. Ein Bericht
über neue gemeinsame Ziele der polnischen und der deutschen Grundlagenforschung" auf 30 Seiten.

Hinter den Kulissen arbeitet Heinrich Scholz an der Aufrechterhaltung inter-
nationaler Beziehungen[147]. Er versuchte einen Logiker zu retten und damit die
Ehre seines Institutes zu bewahren:

> „Die Furcht vor den Folgen des Krieges, unter anderem der Ermordung so vieler
> polnischer Mathematiker, für die mathematische Kommunikation, wurde in den
> Bemühungen des Münsteraner Logiker Scholz deutlich, dem polnischen Mathematiker
> J. Lukasiewicz, mit dem er eng zusammenarbeitete, die Übersiedelung nach Münster
> zu ermöglichen. Scholz schaltete dabei auch Bieberbach ein."

Über Bieberbachs schüchternem Versuch Lukasiewicz nach Deutschland zu
holen heißt es im Protokoll der Gesamtsitzung der Berliner Akademie vom 16.
November 1939:

> „Hr. Bieberbach teilt mit, daß angeregt sei, sich für eine Unterstützung des polni-
> schen Gelehrten Prof. Lukasiewicz einzusetzen. Hr. Konrad Meyer spricht sich gegen
> jedwede Unterstützung polnischer Gelehrter aus, weil gerade die Kreise der polnischen
> Intelligenz den Volkstumskampf am schärfsten geführt haben. (...) Es wird darauf
> beschlossen, lediglich den Sachverhalt dem Herrn Reichsminister zu berichten, jedoch
> ohne irgendeine Befürwortung." (...) Wenn schließlich Lukasiewicz doch die Freiheit
> erlangte, so war dies jedenfalls nicht auf die Bemühungen der Berliner Akademie
> zurückzuführen, an der Männer wie der Mitautor des faschistischen ‚Generalplans Ost'
> Konrad Meyer das Sagen hatte."[148]

Heinrich Scholz lobt weiterhin die „kristallinische Klarheit" der Schriften J.
Lukasiewicz[149] und die der Warschauer Schule – beispielsweise in den Jahrbüchern über die Fortschritte der Mathematik 1941[150] –, rezensiert unerschrocken
mit Vorliebe die Schriften von Sobocinski, Lesniewski, Wladyslaw Hetper und
vielen anderen. Vergessen wir nicht, daß der Chef der Planungsabteilung des
Reichssicherheitshauptamtes, Professor Dr. Konrad Meyer, im Auftrag Himmlers
den „Generalplan Ost" erstellte, der vor der Germanisierungspolitik des Ostens
die erfolgreiche „Endlösung der jüdischen Frage" voraussetzte[151]. Daß Bieber-

---

[147] Ich habe nicht versucht herauszufinden, ob seine Handlungen nicht auch religiös motiviert
sein könnten. Es ging aber hier, so glaube ich, um die schiere Rettung eines Logikers.

[148] REINHARD SIEGMUND-SCHULTZE, Über die Haltung deutscher Mathematiker zur faschisti-
schen Expansions- und Okkupationspolitik in Europa, S. 189–195, hier S. 193, in: Martina
Tschirner, Heinz-Werner Göbel (Hrsg.), Wissenschaft im Krieg – Krieg in der Wissenschaft. 2.
Auflage: Interdisziplinäre Arbeitsgruppe Friedens- und Abrüstungsforschung an der Philipps-
Universität Marburg 1992.

[149] Zu Lukasiewicz' Denkweise in der Mathematischen Logik vgl. JAN WOLENSKI, On Tarski's
Background, p. 331–341, in: Jaakko Hintikka (ed.), From Dedekind to Gödel. Reidel: Kluwer
1995.

[150] 65, S. 23, 1939, Berlin: de Gruyter 1941.

[151] Der rationale Planer Konrad Meyer wurde folgerichtig 1956 an der Technischen Universität
Hannover Ordinarius für Landesplanung, 1957 Mitglied der entsprechenden Akademie. – Konrad Meyer diente vorher dem Reichsführer SS im Range eines SS-Standartenführers. Seit 1942

bach, ob schüchtern und verhalten, sei hier nicht die Frage, überhaupt dem Wunsch von Scholz folgte und vor der SS für den deutschfreundlichen Lukasiewicz[152] eintrat, halte ich schon für beachtenswert.

Heinrich Scholz berichtet in einem Brief an Evert Willem Beth vom 24. August 1946:

> „Ich habe nicht nur Herrn und Frau Lukasiewicz gerettet, sondern ich habe auch die Verbindung zwischen Herrn Tarski in USA und seiner mit seinen beiden Kindern in Warschau zurückgebliebenen Frau auf eine unterirdische Art so lange aufrecht erhalten, bis Frau Tarski unter meiner Mitwirkung auf mühevollsten Umwegen für sich und ihre Kinder schliesslich den Ausreisepass nach USA erhalten hat. Ich habe endlich einen der besten theologischen Schüler von Herrn Lukasiewicz, Herrn Salamucha, aus dem Konzentrationslager gerettet, bevor das Schlimmste geschehen war. Es ist ein Unglücksfall, den ich nicht vergessen werde, dass dieser ausgezeichnete Mensch in den Kämpfen um Warschau im August 1943 ermordet worden ist * (* Nicht von den Deutschen!) (...) Ich erzähle Ihnen hier nicht, was ich alles riskiert habe. Aber ich werde sagen dürfen, dass die Gestapo dreimal bei mir gewesen ist und dass unser Minister mich nach der Befreiung von Herrn S. aus dem Konzentrationslager hat wissen lassen, dass im Wiederholungsfalle ein Disziplinarverfahren mit dem Ziel der Amtsenthebung gegen mich eröffnet würde."[153]

Das weiß man bis in die sechziger Jahre hinein:

> „Während des Krieges konnte er den Krakauer Professor Salamucha O.P. aus dem KZ erretten, wofür ihm im Wiederholungsfall die Amtsenthebung angedroht wurde. Im Juli 1944 gelang es ihm, Professor Lukasiewicz und seine Frau unmittelbar vor dem Einrücken der Russen aus Warschau nach Münster zu holen."[154]

---

war er Planungsbeauftragter für die Siedlung und Landesneuordnung beim Reichsleiter für Agrarpolitik, beim RMEuL und beim Reichsbauernführer und Leiter des Siedlungsausschusses für die besetzten Ostgebiete (zitiert nach Buchheim, Rechtsstellung des Reichskommissars für die Festigung des Deutschen Volkstums, in: Gutachten des Instituts für Zeitgeschichte, S. 274, München 1958). Zu dem irrsinnigen Plan einer ethnischen Säuberung vgl. MECHTHILD RÖSSLER und SABINE SCHLEIERMACHER (Hrsg.), Der „Generalplan Ost". Hauptlinien der nationalsozialistischen Planungs- und Vernichtungspolitik. Akademie Verlag: Berlin 1993; BRUNO WASSER, Himmlers Raumplanung im Osten. Birkhäuser Verlag: Basel 1993; GÖTZ ALY, „Endlösung". Fischer Verlag: Frankfurt am Main 1995. Zur Biographie Konrad Meyers S. 378 und S. 175 in: NOTKER HAMMERSTEIN, Die Deutsche Forschungsgemeinschaft in der Weimarer Republik und im Dritten Reich. Wissenschaftspolitik in Republik und Diktatur. München: C. H. Beck 1999.

[152] Lukasiewicz hatte eine Sinekure durch eine formale Anstellung in Mülheim an der Ruhr einmal erhalten, vermittelt durch den Oberbürgermeister Hasenjaeger (Vater des Logikers Gisbert Hasenjaeger). Als Lukasiewicz später eine Professur in Dublin erhielt, machte man ihm einen Vorhalt wegen „Kollaboration" (Brief von Gisbert Hasenjaeger an mich vom 13.6.1997).

[153] S. 61, ARIE L. MOLENDIJK, Aus dem Dunkeln ins Helle. Wissenschaft und Theologie im Denken von Heinrich Scholz. Amsterdam: Rodopi 1991.

[154] S. 13, in: HERBERT LUTHE, Die Religionsphilosophie von Heinrich Scholz. Diss. München 1961. Vgl. dazu ausführlich Text und die Dokumente in PETER SCHREIBER (1995), Über Beziehungen zwischen Heinrich Scholz und polnischen Logikern, 17 S., im Erscheinen. Beachte auch die Literatur in DAVID PEARCE und JAN WOLENSKI (Hrsg.), Logischer Rationalismus. Philosophische Schriften der Lemberg-Warschauer Schule. Athenäum Verlag: Frankfurt am Main 1988. Sehr gut jetzt PETER SIMONS, Philosophy and Logic in Central Europe from Bolzano to Tarski. Dordrecht: Kluwer 1992. Zu Jan Salamuchas (1903–1944) Rolle im Kreis der Krakauer Logiker als „life and soul of the circle" vgl. JOSEPH M. BOCHENSKI, The Cracow Circle, p. 9–18, in: Klemens Szaniawski (ed.), The Vienna Circle and the Lvov-Warsaw School. Dordrecht: Kluwer

Im November 1943 hält er in Zürich und Basel den Vortrag „Logik, Grammatik, Metaphysik"[155], wo er den Begriff der allgemeingültigen und eindeutigen Wahrheit – auch gegen Nicolai Hartmann – innerhalb einer formalen Sprache mit den Ideen Tarskis, Carnaps und Russells verteidigt. Aber er kämpft gegen zwei Seiten: Er läßt sich nicht als Positivist denunzieren und ist offen für die „Metaphysik als strenge Wissenschaft"[156]. Er ist zwar formaler Metaphysiker, aber deshalb gegenüber einer folgerichtigen Logik nicht feindlich eingestellt. Darüber geht sein Kampf mit Steck 1943. Nur wird Steck nicht gemerkt haben, wie weit innerlich Heinrich Scholzens Ideen mit denen der Lemberg-Warschauischen Schule, hier besonders das Herangehen an metaphysische Fragen, zusammenhing[157].

Jedes Ressentiment (Rückschlagsgefühl) gegenüber Scholz' nationaldeutscher Einstellung sollte wegen der Fakten skeptisch bei einer Bewertung von Scholzens

---

1989. Salamucha soll später während des Warschauer Aufstandes getötet worden sein. Es ist möglich, daß es doch deutsche Täter waren. – Zum späteren Zusammenhang von Logik und Politik in der Nachkriegszeit hier nur das: Eine Lichtfigur der bundesrepublikanischen Logik in der Zeit des Kalten Krieges war der polnische Dominikanerpater Joseph Maria Bochenski, dessen Geschichte der „Formalen Logik" weit verbreitet ist. Der Neuthomist bekämpfte lebenslang energisch den Marxismus in Gestalt des dialektischen Materialismus. „Als der Prozeß (gegen die KPD 1956 in der Bundesrepublik, EMT) vor dem Bundesverfassungsgericht in Karlsruhe ins Schwimmen geriet, bat man Bochenski um ein Gutachten. Er lieferte, und das gab letzlich wohl den Ausschlag. Die KPD ist jedenfalls verboten worden." (Konrad Adam, Scholastik. Joseph Bochenski gestorben, Frankfurter Allgemeine Zeitung 11.2.1995). Bochenski jedenfalls hielt sich für den Urheber. Vgl. NIKLAUS MEIENBERG (Heimsuchungen. Ein ausschweifendes Lesebuch. S. 103 f. Zürich: Diogenes 1986), der Bochenskis Biographie, besonders aber seine Liebe zum Jaguar E fahren schildert. – Merkwürdig, daß seine „Logik der Religion" (1982, zweite Auflage) oder die Studie zu Autorität, Glaube und Liebe, seine Einstellung zur Religion, nicht selbst als Weltanschauung angesehen wurde. Wie unterschiedlich selbst Logiker einer Nationalität sein können, verblüfft auch JAN KOTT (Leben auf Raten. Versuch einer Autobiographie. Berlin: Alexander Verlag 1993). Über den Logiker, Künstler und Schriftsteller Leon Chwistek (1884–1944) berichtet er, daß er als polnischer Patriot vielleicht in Moskau aus politischen Gründen vergiftet worden sei (S. 69), während der Logiker und Widerstandskämpfer Boleslaw Sobocinski (1906–1980), „ein verbissener Antisemit" Hanna Krahelska und Professor Handelsmann „wegen Gesprächen mit Kommunisten" denunziert haben soll, worauf beide entführt und ermordet worden seien. Der „Vielheit der Realitäten" (so ein Buchtitel von Leon Chwistek) konnte man damals nicht mit mathematischer Logik beikommen. In einer Glosse über die No. 23 auf der Liste der hundert Nonfiction-Bände des Jahrhunderts des Verlags Random House heißt es: „Keiner wird das wohl von vorn bis hinten durchlesen", räumte selbst Russell ein: „Ich kannte einst sechs Leute, die den hinteren Teil des Buches gelesen hatten (...) drei von ihnen waren Polen und wurden, glaube ich, von Hitler umgebracht. Die Anderen drei waren Texaner." (*Süddeutsche Zeitung*, 12. Juni 1999). Aber die Principia Mathematica wurde doch von mehr Leuten gelesen.

[155] HEINRICH SCHOLZ, Logik, Grammatik, Metaphysik, S. 39–80, in: *Archiv für Rechts- und Sozialphilosophie* 36 (1943), 393–433; Neuabdruck mit geringfügigen Veränderungen in: *Archiv für Philosophie* (1) 1947. Herausgeber Jürgen von Kempski. Stuttgart: W. Kohlhammer 1947. Eingeladen wurde er womöglich auf Initiative von Karl Barth.

[156] In einem Atemzug werden „Carnap, Dubislav, Scholz, Burkamp" genannt von GERHARD LEHMANN, Die deutsche Philosophie der Gegenwart. Stuttgart: Kröner 1943. Im Kapitel „Rudolf Carnap" wird Heinrich Scholz genannt, der sich gegen eine notwendige Verbindung von Logistik und Positivismus „energisch zur Wehr" setze (S. 293).

[157] Darüber gibt es leider noch keine Arbeit. Vgl. wenigstens die Beiträge in: KLEMENS SZANIAWSKI (ed.), The Vienna Circle and the Lvov-Warsaw School. Dordrecht: Kluwer 1989.

Logik und Politik sein[158]. Scholz war immer gegen den Versailler Vertrag und gegen die Weimarer Republik eingestellt. Aber aus seiner protestantischen Theologie schöpfte er – im Gegensatz zu seinen Kollegen Emmanuel Hirsch und vielen anderen – die Kraft gegen den Nationalsozialismus.

H Die Ausnahme: Der überzeugte Nationalsozialist, Logiker und Mathematikhistoriker Oskar Becker bleibt neutral

Einer, der sich nicht beteiligte in diesem bitteren Streit war Oskar Becker:

> „Oskar Becker war eine physisch überaus zarte, geradezu ängstliche Natur."[159]

Die Theorie der „Para-Existenz" hatte Becker erst 1943 aus der Taufe gehoben. Der Mittäter des Kapp-Putsches, er war im Ersten Weltkrieg übrigens ausgezeichnet worden – soviel zu seiner „ängstlichen" Natur –, und Autor von „Deutschlands Erneuerung" war ein scharfer Wegbereiter des Nationalsozialismus. Seine Mitgliedschaften im Nationalsozialistischen Lehrerbund und in der Nationalsozialistischen Kulturgemeinde machten eine Mitgliedschaft in der NSDAP unnötig. Seine „Nordische Metaphysik"[160] ist deswegen nicht „antisemitisch", weil alle Juden an der Universität entfernt, Thomas Mann der Doktorgrad aberkannt und er davon ausgehen konnte, daß Deutschland prinzipiell „judenrein" war. Das Nichterwähnen von „Selbstverständlichem" kann auch Indiz für „gelungenen" Antisemitismus sein. Deshalb kam er später auf bloße „Züchtungsideen" zurück, wozu er noch Nietzsche mißbrauchte. Oskar Becker, den ein Gelehrtenkalender ab 1940 zu Recht auch als „Rassenseelenkundler" wie seinen Kollegen und ebenfalls Husserl-Assistenten L. Clauß, führte, war ein Anführer der NS-Rassentheorie, der gegen den „vorderasiatisch-wüstenländischen Erlösungsmenschen" polemisierte und folgerichtig 1951 wieder in Bonn Professor wurde.

Gadamer, dessen einzelne Beiträge zu einer Sicht des Nationalsozialismus auch eine Untersuchung wert sind – vgl. die Arbeit von Teresa Orozco –, erinnert sich dann auch später anders:

---

[158] Heinrich Scholz wird zurecht dafür gerühmt, daß er mit seinem Institut die Logik außerhalb von Mathematik und Philosophie institutionalisiert hat und dies noch im Nationalsozialismus erreicht hat. Er hat von Ernst Tugendhat über Karl Schröter bis zu Hans Hermes viele Schüler herangezogen. Ein Teil von diesen hat sich emanzipiert und ihre Ergebnisse auch erst nach dem Kriege errungen. Allerdings hat dies dazu geführt, daß sich die Emigranten weiterhin als „Die Peripheren" gefühlt haben (ERNST GRÜNFELD, Die Peripheren. Ein Kapitel Soziologie. Amsterdam 1939). Denn sie haben keine Stellen in Deutschland angeboten bekommen. Das „state of the art" von H. Scholz in der Logik war provinziell; man vgl. einfach die Publikationen von 1945 bis 1965 in Deutschland und den USA. Das ist dann auch so geblieben. Nicht zu unterschätzen dagegen ist die Mittlerfunktion von Scholz und seiner Schule von Münster, denn auch die konservativen Philosophiebeamten wie Odo Marquard, Hermann Lübbe, Joachim Ritter lernten zumindest neuere Logik von Leibniz über Bolzano und Frege zu Brouwer, Hilbert und Weyl kennen.

[159] HANS-GEORG GADAMER, Philosophische Lehrjahre, S. 174. Frankfurt am Main: Vittorio Klostermann 1977.

[160] OSKAR BECKER, „Nordische Metaphysik", in: *Rasse*. Monatszeitschrift der nordischen Bewegung. 5. Jahrgang (1938).

> „Wer in die Partei gegangen ist, um sich in seiner Position zu halten oder eine zu
> gewinnen, und dann als Lehrer der Philosophie vernünftige Philosophie betrieben hat,
> ist mir zehnmal lieber als etwa Leute wie (Oskar) Becker oder (Hans) Freyer, die nicht
> in der Partei waren, aber wie die Nazis geredet haben."[161]

Hans Heiber berichtet, daß Becker – ein Freund des Ludwig Ferdinand
Clauß, Autor von „Rasse und Seele. Eine Einführung in den Sinn der leiblichen
Gestalt"[162], ebenfalls Husserl-Schüler, aber später von den Nazis drangsaliert
wegen seiner jüdischen Ehefrau – auf einen Herrn Mense mit der Habilitationsschrift „Die metaphysischen Grundlagen der nationalsozialistischen Politik" be-
geistert reagierte. Eine solch lebendige Schilderung der im Führer verkörperten
arteigenen Kräfte sei noch nie geboten worden, hier liege ein von großen Gesichtspunkten getragener Versuch einer Deduktion des gesamten nationalsozialistischen grundlegenden Gedankengutes aus letzten metaphysischen Grundsätzen
und Grundhaltungen vor, mit dem sich der Verfasser ein wesentliches Verdienst
um die deutsche Staatsphilosophie erworben habe. Oskar Becker galt als anerkannter Philosoph und Logiker. Oskar Becker bestimmte in „Mathematische
Existenz. Untersuchungen zur Logik und Ontologie mathematischer Phänomene"[163] den „Lebens-Sinn" von Formalismus und Intuitionismus. Der Gegensatz
‚Intuitionismus – Formalismus' sei verwurzelt in dem philosophischen Grundge-
gensatz der anthropologischen und der absoluten Auffassung der Erkenntnis und
letztlich des Lebens selbst. Der Formalismus in der Mathematik gehe mit dem
Absolutismus zusammen, der Intuitionismus mit dem Anthropologismus. In der
Besprechung dieses Werkes stellt H. Scholz[164] die Einordnung von Poincaré der
Pragmatisten (= Intuitionisten) und Cantorianer (= Formalisten) „in diesselben
Rubriken" gegenüber. Und mit den Kategorien des Intuitionismus und Formalismus wird die Mathematikgeschichte kujoniert als eine phänomenologische Begründung des Transfiniten. Was aber als Problem bleibt, zusätzlich von denen in
der Rezension von H. Scholz aufgeführten, ist die Verbindung und die direkte
Zuordnung von den diversen Konzepten mathematischer Existenz, intuitionistischen Brouwerschen Wahlfolgen und historischen Zeitbegriffen, exakter Philosophie und Mathematik, Philosophie und Metaphysik. Oskar Becker war offenkundig überzeugter Nazi, wie aus einer Quelle indirekt hervorgeht. Oskar Becker
(1889–1964) forderte im Dezember 1938 in einen Brief an Otto Neugebauer den
Rücktritt von Otto Toeplitz als Mitherausgeber der „Quellen und Studien zur Geschichte der Mathematik" wegen dessen jüdischer Abstammung. Neugebauer antwortete:

> „Sie schrieben mir, daß sie als Nationalsozialist anscheinend eine von der meinen
> verschiedene Auffassung haben, trotz ihrer persönlichen Hochachtung vor Herrn
> Toeplitz. Ich kann darauf nur antworten, daß ich nicht im glücklichen Besitz irgend-
> einer „Weltanschauung" bin und daher genötigt bin, mir in jedem einzelnen Fall zu

---

[161] Gadamer 1990, zitiert nach George Leaman 1993, S. 145.

[162] 122. Tausend der Auflage. München: J.F. Lehmanns Verlag 1943.

[163] Halle: Niemeyer 1927, S. 184 ff.

[164] *Deutsche Literaturzeitung*, 1928, Heft 14, Kol. 685.

überlegen, was ich tun soll, ohne mich auf ein vorneherein gegebenes Dogma zurückziehen zu können".[165]

Warum denunzierte der Nationalsozialist Oskar niemanden im Bereich der Mathematischen Logik? Weil diese bereits, wie die Universität Bonn, „judenfrei" war und er im Gegensatz zu Steck wußte, daß man keinen verhängnisvollen Einbruch der „jüdischen Abstraktion" in die Logik konstruieren konnte und das eine „Deutsche Mathematik" nicht erfolgreich sein konnte? Aber positiv ist hier zu vermerken, daß sich Oskar Becker niemals an Aktionen einer „Deutschen Mathematik" beteiligt hat. Das also gab es durchaus und war ohne Risiko möglich.

I Exkurs: Max Steck und der Hallesche „Gestaltkreis"

Von 1940 bis 1945 wurde vom Kreis um Hugo Dingler, einer der Exponenten der „Deutschen Physik", ein Streit um die richtige Grundlegung der Mathematik vom Zaun gebrochen. Der „Münchner Kreis" um Dingler, der im wesentlichen aus Bruno Thüring, Eduard May und Max Steck bestand – aber von Ph. Lenard, J. Stark, Th. Vahlen und W. Müller eifrig unterstützt, ermutigt und befördert wurden – bekämpften jede wissenschaftliche Grundlegung der Wissenschaft, die von ihnen als mit der Dinglerschen nicht vereinbar empfunden wurde[166].

Max Steck „kümmerte" sich um die Mathematiker und redete einer „Morphologie der exakten Wissenschaften" das Wort. Seine Morphologie sprach von der Existenz- und Gestaltfrage als dem Hauptproblem einer Deutschen Mathematik.

Es erschienen zwischen 1940 und 1958 genau 29 Hefte von *Die Gestalt*. Begründet und herausgegeben von dem Kunsthistoriker Wilhelm Pinder, der Chemiker Karl Lothar Wolf und Wilhelm Troll. Ab 1950 waren die Herausgeber der Theologe Friedrich Karl Schumann, Wilhelm Troll und Karl Lothar Wolf. In der Zeit von 1940 bis 1945 erschienen 19 Hefte. Die letzten acht Hefte tragen die zusätzliche Bezeichnung „Colloquium Palatinum". Max Steck ist mit dem Heft 3, Beitrag 2, und den Heften 5 und 12 vertreten. Weitere Autoren waren beispielsweise Friedrich Karl Schumann, Viktor v. Weizsäcker, Ernst v. Hippel, der antisemitische „Deutsche Chemiker" Conrad Weygand, Kurt Hildebrandt, Robert M. Müller, Lottlisa Behling, Ulrich Gerhardt, Friedrich Waaser, Otto Julius Hartmann, Karl Lothar Wolf, Dorothea Kuhn u.a. Am Gestalt-Kreis waren auch Hans-Georg Gadamer und der Chemiker Hermann Staudinger, der Kunsthistoriker Hans Sedlmayr und andere beteiligt. Zu diesem Kolloqium, zu dessen Besuch man gewisse weltanschauliche Verpflichtungen eingehen mußte, luden Troll,

---

[165] S. 142, REINHARD SIEGMUND-SCHULTZE, Mathematiker auf der Flucht vor Hitler. Quellen und Studien zur Emigration einer Wissenschaft. Dokumente zur Geschichte der Mathematik, Band 10. Herausgegeben von der Deutschen Mathematiker-Vereinigung. Vieweg Verlag: Wiesbaden 1998.

[166] Eine Motivation Stecks, Mays und Dinglers Kampf kann gewesen sein, daß Scholz und alle anderen bekannten Philosophen, Logiker und Mathematiker jedes Buch von Dingler ausdrücklich in den Rezensionen schon vor der Machtübernahme des Nationalsozialismus abgelehnt hatten.

Schumann und Wolf ein. „Es stellt sich da weiterhin heraus, dass dieser Hallische Kreis offenbar aus dem früheren Bereiche des Herrn Wolf infiziert war."[167] Karl Lothar Wolf war Rektor der Kieler Universität gewesen und ist ein Mitbegründer der „Deutschen Chemie". Man gab sich aristokratisch nach dem George-Kreis und versuchte eine elitäre Erneuerung nationalsozialistischer Wissenschaft.

Die Zeitschrift bzw. Heftchenreihe propagierte die Morphologie des Pflanzenbiologen Wilhelm Troll (1897–1978) frei nach Goethe. Morphologie war danach weder eine „kausalanalytische noch ausschließlich deskriptive Wissenschaft". Sie sei vielmehr anschaulich, deutend, vergleichend und betrachte Gestalt nicht als Materie, sondern als in ihr ausgedrückte Erscheinung, und diese Erscheinung könne nur durch „Anschauung" erschlossen werden. Der Begriff „Anschauung" steht für die Duplizität der Wahrnehmung. Die unmittelbare sinnliche Wahrnehmung durch die „Augen des Körpers" werde verbunden mit der durch die „Augen des Geistes" gewonnene Vorstellung. Anschauung heiße, sich von dem konkreten äußeren Bild zu lösen und in dem sinnlich Wahrgenommenen das Wesentliche erkennen".[168] Wenn aber das Zufällige, von außen Bedingte der Einzelerscheinung ausgeschaltet werden soll, und nur die wesentlichen Gestaltbeziehungen enthüllt werden, dann möchte man die in konkreten individuellen Einzeldingen waltende Gesetzmäßigkeit unmittelbar wahrnehmen. Troll entwikkelt ein „mit der urbildlichen Denkweise operierendes Vorgehen", eine morphologische Methode. Es klingt schön, die lebendigen Bildungen erkennen und ihre äußeren sichtbaren, greifbaren Teile im Zusammenhang zu erfassen, sie als Andeutungen des Innern aufzunehmen und so das Ganze in der Anschauung gewissenmaßen zu beherrschen, wie Goethe schreibt, und mag bei der Bestimmung von Blüten und Infloreszenzen hilfreich sein. Trolls morphologische Methode wendet sich scharf gegen Phylogenetik, die er ablehnt, und genealogische Beziehungen, da er seine typologischen Zusammenhänge als „Formgesetzmäßigkeiten" für übergeordnet hält. Er läßt gnädig zu, daß typologische Reihen sich genealogisch darstellen lassen können, aber lange nicht müssen. Der Paläobotaniker Walter Zimmermann (1892–1980) erkennt die Gefahr – schließlich ist die Rassenlehre nicht nur in der Biologie vorherrschend – und schreibt:

> „Ich nenne als Beispiel nur die Auswahl des ‚Typus‘, der nach der Redeweise der ‚Typologen‘ ‚geschaut‘ wird. D.h. diese Irrationalisten wählen nach subjektivem Ermessen ‚intuitiv‘ aus der Fülle der Erscheinungen eine Form als ‚Typus‘ aus, von der sie dann andere ‚ableiten‘".

Schon Frege hatte Schwierigkeiten darin gesehen, Juden zu bestimmen.

> „Der Typus schafft die Einheit in der Mannigfaltigkeit der Formen. Er ist die in den speziellen, sinnlich wahrnehmbaren Gestalten vorhandene und ihnen zugrundeliegende allgemeine Gestalt. Diese allgemeine Gestalt besitzt keinen stofflichen Charakter, ist aber in idealler Weise real." (Gisela Nickel)

---

[167] Schreiben des Universitätsrektors Weigelt an den Mitarbeiter des Reichserziehungsministeriums Professor Dr. Paul Ritterbusch vom 31.03.1941, UAH, Rep 4 Nr. 198.

[168] Gisela Nickel, Wilhelm Troll (1897–1978). Leben und Werk. Mainz, Universität, Diss., 16. Juli 1993.

Troll ist gegen eine „Verabsolutierung" der „mechanistischen Kausalanalyse".
Die Zeitschrift *Gestalt* „wandte sich gegen eine einseitige Technisierung der Wissenschaft und gegen eine ausschließliche Dominanz kausalanalytischer, positivistisch-mechanistischer, letztlich auf mathematisch exakte Definierbarkeit ausgerichteter Vorgehensweise." (Gisela Nickel). Diese Strömung aber wurde vom Halleschen Rektor Weigelt in einem Schreiben an Paul Ritterbusch als elitäre, scholastische, dünkelhafte, altmodische Metaphysik abgetan, die sich goethisch und deutsch, also gut gäbe, und gegen „Galileier" als undeutsch, westlich und so weiter vorgehe. Und dieses subjektive Vorgehen sei gefährlich.[169] Wie kämpferisch Troll war, ersieht man aus folgendem Zitat:

> „Wer heute die Frage nach dem Wesen deutscher Wissenschaft beantworten, ja überhaupt ernsthaft verstehen will, kann dies nur, wenn er sich des Gegensatzes, man kann wohl sagen der unüberbrückbaren Kluft bewußt ist, welche das innere Leben des deutschen Geistes von dem positivistischen Wissenschaftsideal der Westvölker trennt."

Mit Schelling, Goethe, K. Ch. Planck, Paracelsus und Kepler soll Wissenschaft und Religion zusammengeführt werden. Troll beschwört den Zauber der deutschen, der innerlich-ideellen Denkweise gegen die empirische Äußerlichkeit und die Sinnenfälligkeit der Westvölker, die sich im flachen Denken bewegten. Troll zitiert auch den Physiker Philipp Lenard,

> „aber nur aus Passagen, die Anklänge an seine eigene Vorstellung einer von transzendenten Mächten durchwirkten Natur zeigen, und eine solche Naturanschauung ist nach Troll eben charakteristisch für die deutsche Wesensart. Interessant ist in diesem Zusammenhange, daß Troll mehrmals auch die von den ‚Deutschen Physikern' ja so vehement bekämpfte Quantenmechanik als Beispiel für die Beschränktheit der kausalanalytischen Methode auch in der modernen exakten Naturwissenschaft anführte" (Gisela Nickel)

Frau Nickel sieht in den Ausführungen Trolls keine pronationalsozialistischen Auffassungen. Wie drückt sie das aus?

> „Viel eher scheinen die Trollschen Auffassungen Parallelen zu den oben beschriebenen, mit der allgemeinen Akzeptanzkrise der Naturwissenschaften zusammenhängenden neuromantisch-ganzheitlichen Bewegungen der ersten Jahrzehnte des 20. Jahrhunderts zu besitzen. Da deren Gedankengut vom nationalsozialistischen Regime ideologisch ausgewertet oder gar ausgebaut und überhöht wurde, entstehen allerdings oft Schwierigkeiten bei der Einordnung und Interpretation entsprechender Äußerungen, wenn sie nicht ausdrücklich nationalsozialistische Ideologie propagieren sollen."[170]

---

[169] Gisela Nickel sieht in diesem Kommentar Weigelts eine „Bespitzelung" dieses Kreises und stellt apologetisch sofort diesen Kreis als Widerstand gegen den Nationalsozialismus dar. Natürlich handelt es sich um eine Diskussion um den „rechten Weg" *innerhalb* des Nationalsozialismus. Daran ändern auch alle 1946 oder danach gesammelten Persilscheine nichts. Sicher waren die Gestalt-Herren Hildebrandt und Wolf böse, daß der offizielle Nationalsozialismus ihnen die *Zeitschrift für die gesamte Naturwissenschaft* entzogen hatte. Genauso achteten die anderen darauf, was diese nun mit *Der Gestalt* veranstalteten.

[170] Es folgt keine einzige Begründung dieses Urteils. Frau Nickel übt sich wohl in morphologischer Typus-Methode. Wir Leser kriegen keine Beispiele, keine Analysen, weder von der Auswertung, Ausbauung oder Überhöhungen der Akzeptanzkrise durch das nationalsozialistische Regime noch von der Propagierung nationalsozialistischer Ideologie. Und wir erhalten keine Analyse der Trollschen Schriften. Und wir erhalten keine beispielhafte Analyse der morphologi-

Als methodisches Minimum wäre ein Vergleich der Trollschen Lehre mit derjenigen von Ernst Krieck erforderlich gewesen. Krieck ist Befürworter der „ge-
schauten Ganzheit" und baut auf dieser Morphologie sein NS-Menschenbild, wo
Morphologie und Rasse zusammenwirken. Auch deshalb brauchte, die ist nur
eine Vermutung, die nachzuprüfen wäre, Troll derartige verfängliche Dinge nicht
bearbeiten, weil sie bereits vorhanden waren.[171]

J   Max Steck als denunzierender Publizist

Max Steck (1909–1971) erhält nach seiner Habilitation 1939 am 1.4.41 eine Diä-
tendozentur für Allgemeine Wissenschaften im Fachbereich Mathematik an der
Technischen Universität München. Sie gilt schon vor 1933 als „judenfrei". Er
lehrt am Lehrstuhl für darstellende Geometrie von Prof. Dr. F. Loebell nichts als
Geometrie.

Am 12. März 1944 macht er sich in einem Brief an Rektor Pistor wichtig[172].
Zusammen mit Dinglers „Memorandum" ist dieser Brief der widerlichste Text,
der je von einem Mathematiker geschrieben worden ist. Er, Max Steck, sei

> „von der Kanzlei des Führers aufgefordert worden, aktive Mitarbeit in der Partei-
> amtlichen Prüfungskommission für das wissenschaftliche, insbesondere mathematische
> und naturwissenschaftliche Schrifttum (...) zu leisten."

Und fährt fort:

> „Des weiteren (...) bin ich ebenfalls von der Kanzlei des Führers aufgefordert wor-
> den, einmal einen Lagebericht über die Mathematik an den deutschen Hochschulen"

zu geben. Die Kanzlei des Führers wünsche daraus zu erkennen,

> „wie 1933 die jüdischen Professoren entfernt wurden, welche deutschen Talente
> dafür berufen und ob überhaupt ein Wandel und eine Ablösung der stark jüdisch
> beeinflussten Wissenschaft erzielt wurde."

---

schen Methode noch eine Begriffsklärung des Konzepts der „Gestalt" und seiner Geschichte im
Nationalsozialismus. Alles bleibt seltsam nebulös. Nichts wird im Zusammenhang gesehen. Das
erschwert jedes Verstehen der Lehre von W. Troll und seiner Arbeitskollegen vom Gestalt-Kreis
in Halle. Struktur, Stil und Geist von Troll liegen offen, aber keine Morphologie ist dafür zu
haben. – In bestimmten Formen des Arrangements liegen Herzenskälte, moralische Verworfen-
heit, Angst, und das klare Morgensternsche Prinzip, das nicht sein kann, was nicht sein darf. Das
Ausblenden und Übergehen vorheriger Wissenschaft mit Abwesenheit der exilierten und ermordeten, dieses glimpfliche Beiseitedrängen aller anderen Auffassungen und Kämpfe durch Schweigen und schiefe Textanalysen, ist offenkundig ein methodischer Grundsatz moderner deutscher
Wissenschaftsgeschichte an bestimmten Universitäten.

[171] Die Legitimität der Trollschen Lehren wird begründet mit seinem Schaffen an der Mainzer
Universität nach dem Kriege, damit, daß er nicht Mitglied der NSDAP war, seiner Standardwer-
ke, mit der erfolgreichen Tätigkeit seiner Schülerin Dorothea Kuhn bei der Edition der Naturwissenschaftlichen Schriften von Goethe. Frau Gisela Nickel ist in der Leopoldina untergekom-
men und ist dort in einem Editionsprojekt tätig. Diese Dissertation unter Herrn Krafft rechtfertigt das nicht, jedenfalls nicht aus wissenschaftlichen Gründen. Und was Troll angeht: wird in
Mainz noch seine Methode gelehrt, war nicht Albert Wellek aus dem Halleschen Gestaltkreis
ebenfalls in Mainz tätig? Viele offene Fragen und keine Antworten.

[172] Ich verdanke die Kenntnis dieses Briefes und die der Personalakte Frau Fuchs vom Universitätsarchiv der Technischen Universität München.

Er will Belege für die „Machenschaften" der (...) „jüdisch infiltrierten Mathematikerclicque" und „jüdisch infiltrierten Arier" liefern für einen bestimmten Zweck: für ihre „rückhaltlose Ausmerzung". Er kann sich darüber, und daß seine Berufung seit drei Jahren hintertrieben werde, nicht beruhigen und schreibt weiter:

> „Ich werde eine umfangreiche Monographie mit allen Belegen und Unterlagen ausarbeiten, von der ich Ihnen, hochverehrter Herr Rektor, falls Sie es wünschen und Interesse daran haben, vertraulich eine Abschrift zu übermitteln bereit bin."[173]

Meines Erachtens ist die Erfassung von Juden als einer Vorarbeit zur Ermordung nur in der Disziplin der Musik vollständig durchgeführt worden, im Lexikon der Juden in der Musik, herausgegeben von Herbert Gerigk. Die Erfassung diente laut Vorwort der

> „schnellsten Ausmerzung aller irrtümlich verbliebenen Reste aus unserem Kultur- und Geistesleben. (...) Da soll das Lexikon ein sicherer Wegweiser sein."[174]

Die Liquidationsgelüste von Dingler und Steck finden aber innerhalb der Fachmathematik keinerlei Resonanz. Aber Dingler und Steck gingen über den üblichen Opportunismus hinaus, der allein in der inneren Bereitschaft zum Mitläufertum um des Vorteils willen besteht. „Ausmerzung" war die Vorstufe der Ermordung. Inwieweit die späteren Ansprüche der beiden auf „Systemnähe" oder Leistung beruhte, ist von der Fachmathematik eindeutig beantwortet worden. Allerdings hält sich allein in Deutschland innerhalb einer bestimmten Philosophie der Wissenschaft hartnäckig die Faszination durch H. Dingler.

Seit 1943 schreibt Steck für die Reichsstudentenführung (Kubach) an einem Studienführer „Mathematik" für alle Studenten, insbesondere für Wehrmachtsstudenten im Rahmen der Studienbetreuungsschriften des Oberkommando der Wehrmacht (OKW).[175]

---

[173] Einen Abdruck dieses ekelerregenden Briefes überlasse ich denjenigen, die sich mit Max Steck oder seiner Doxographie insgesamt beschäftigen möchten.

[174] Vgl. dazu EVA WEISSWEILER: „Ausgemerzt!" Das Lexikon der Juden in der Musik und seine mörderischen Folgen. Köln: Dittrich Verlag 1999.

[175] „Man muß sich (...) bewußt bleiben, daß wissenschaftliche Mathematik ohne eine sichere weltanschaulich-volkliche Grundhaltung unmöglich ist und daher alle Betrachtung des mathematischen Geistes in einer Sinnbetrachtung schlechthin zu gipfeln hat." MAX STECK, Mathematik, S. 10–21, in: Das Studium der Naturwissenschaft und der Mathematik. Einführungsband, bearbeitet von Fritz Kubach. Heidelberg: C. Winter 1943. Wie, das ist ja die Frage des NS, kann ich begründen, daß wissenschaftliches Schaffen rassisch bedingt ist? Und wie kann ich das in der Mathematik tun, gerade wenn ich weiß, daß sowohl im Bolschewismus als auch im Nationalsozialismus die Differentialrechnung inhaltlich wesentlich gleich ist, nur stilistisch anders sich darstellen kann. Ich benutze einen Zaubertrick: ich gehe auf die Philosophie, auf die Grundlagen der Mathematik zurück, zähle die drei Grundlagenschulen auf, schreibe, was ich mir bei Gödels Sätzen denke und sage ex falso aliquot sequitur, aus einem Widerspruch folgt alles (aber nur in der Logik!), und setze in diese „Sicherheitslücke" etwas anderes, sei es Rassenlehre, sei es kontextuelle Geschichtsschreibung oder Soziologie der Mathematik oder gar Philosophie der Mathematik. Ich behaupte also, daß etwas anderes als die Mathematik selbst der Mathematik eine Sicherheit bringen wird. Die „Sicherheitslücke" beschreibe ich als „Relativismus" (vgl. S. 86 Peckhaus, 1984). Rasse bringt Sicherheit, sicheres Fundament einer sonst relativistischen Mathematik. Und dieser Relativismus wird beispielsweise heute in der Diskussion um den mathematischen Beweis angesichts der Grundlagenproblematik und der Programmverifizierung inner-

Am 6. März 1943 hält er einen Vortrag im Gestalt-Kolloquium in Halle (Saale). Ziel ist die Erarbeitung einer übergreifenden Nomographie des Mathematischen als Gestaltlehre innerhalb einer allgemeinen Morphologie der Wissenschaften:

> „Es wird damit eine gestaltmäßige Beschreibung derjenigen Gesetzlichkeiten gemeint, denen alle mathematischen Ideen ausnahmslos und totaliter unterstehen und folgen."

Und dieser Versuch eine Diktatur in der Welt der Mathematik zu etablieren wird von ihm selbst bewertet:

> „Möge die Schrift daher als ein Beitrag zu einer neuen idealistischen Standortbestimmung der Mathematik verstanden und ihre Gedanken für die gegenwärtige Neufassung des Wissenschaftsbegriffs im allgemeinen und im besonderen gewertet werden. Der Geist orientiert sich wieder!".

---

halb der Informatik benutzt von der Soziologie der Mathematik. Es wird Zeit, daß die Mathematik wieder für sich selber sorgt – mit einer plausiblen mathematischen Beweistheorie. – Gibt es ein rationalen Kern der Ideen von Steck, May, Dingler, Requard oder Müller? Sie behaupten, daß die pluralistische, liberalistische Mathematik sich auf Axiome und Evidenzerlebnisse beruft, die sie zurückdrängen wollen durch Argumentation mit dem Begriff der Rasse. Sie behaupten, daß jede Wissenschaft auf Metaphysik beruhe, die Mathematiker dies aber ausblenden und nicht wahrhaben wollten. Es kommt also nun darauf an, welche Argumentationsketten Evidenzkraft und Überzeugung zugesprochen werden. Die Mathematiker kümmern sich um diese Argumentationsketten nur, insofern sie die Mathematik direkt berühren, wie es Gentzen ausführt und überläßt alles andere den Philosophen. Sie wollen metaphysikfreie Mathematik praktizieren. Das bedeutet, daß Mathematik nur Mathematik als Kontrollvernunft benötige, und diese Kontrollvernunft mußte verteidigt werden. Denn sie garantierte die Freiheit der Mathematik, auch ihre Unabhängigkeit von der äußeren Welt, ganz wie es Cantor dargestellt hatte mit dem Begriff der „Freien Mathematik" im § 8 seiner „Grundlagen einer allgemeinen Mannigfaltigkeitslehre" (1883). WOLFGANG STEGMÜLLER aber hat gesehen, warum dieses „Überlassen" gefährlich sein kann – gerade nach der NS-Erfahrung – und versucht in seinem Buch „Metaphysik, Wissenschaft, Skepsis" (Wien: Humboldt Verlag 1954) zu zeigen, daß allein der skeptische Weg offen ist und man das „aushalten" muß. Allerdings diskutiert auch er nicht Brouwers Versuch Mathematik, Metaphysik, Mystik und tiefen Humanismus zusammenzudenken. Stegmüller läßt sich wieder auf einen unbestimmten Pluralismus ein, der tief harmoniesüchtig verspricht, daß nichts Negatives passiert. Aber er sagt nicht, wer das sicherstellt und verfällt seinerseits wieder einer Metaphysik, indem er das tatsächliche Problem nicht radikalisiert, sondern ihm ausweicht. – DIRK VAN DALEN: Der Grundlagenstreit zwischen Brouwer und Hilbert, S. 207–212, in: E. Eichhorn und E.J. Thiele, Vorlesungen zum Gedenken an Felix Hausdorff. Berlin: Heldermann Verlag 1994, behauptet, daß der „Grundlagenstreit" im Jahr 1928 beendet gewesen sei. Und daß Logiker wie Gentzen ganz klar gesehen hätten, daß der Intuitionismus Mittel schafft um die gewünschten Konsistenzbeweise, „allerdings nur teilweise" (211) zu erbringen. Hier soll mit dem Hinweis auf die praktische Durchführung von Konsistenzbeweisen – vgl. vor allem „Die Widerspruchsfreiheit der reinen Zahlentheorie" (1936 von Gentzen) – mit Mitteln des Intuitionismus der grundsätzliche Streit entschärft werden. Wie wir an der Legion von Literatur über die Grundlagenforschung sehen, faszinieren aber gerade die bisherigen negativen Lösungen der mathematischen Grundlagenforschung, und auch Gentzen sah den „grossen Streit um die Grundlagen der Mathematik", hervorgerufen durch den Unendlichkeitsbegriff und daraus folgenden Paradoxien sehr wohl. Es ist aber wohl so, daß Gentzen die Resultate von Gödel mehr als Bereicherung seiner eigenen mathematischen Bemühungen statt eines „Schocks" genommen hat. Man sollte mal untersuchen welche „philosophische" Grundeinstellungen Gentzen teilte, d.h. bis zu welcher Grenze ging er bei der Aufnahme „philosophischer" Ideen oder Termini. Vielleicht sehen Sie sich die drei populären Abhandlungen am Ende daraufhin einmal an?

Steck dankt dem Präsidenten der Leopoldina, Prof. Dr. Emil Abderhalden, dafür, daß Steck dort seine Edition des Euklid-Kommentars des Proklus Diadochus als Sonderveröffentlichung herausbringen darf. Und nicht minder dankt er den Professoren Dr. W. Troll und Dr. K. L. Wolf,

> „die als Herausgeber der Schriftenreihe „Die Gestalt" meinen Plan förderten und ihn mit mir geistig haben tragen helfen".

Und wieder wird eine nominalistisch-positivistische Wissenschaft kritisiert[176] und ein Seitenhieb[177] gegeben auf „Heinrich Scholz und die moderne Logistik des Münsterer Kreises".

Für seine Lambert-Edition erhält er Mitte 1944 den Lambert-Preis der Schnyder von Wartensee-Stiftung in Zürich mit einer Preissumme von 700.- sFr. Er wird von Professor Dr. Mentzel aufgefordert, eine Lambert-Gesamtausgabe durchzuführen, die auch vom Reichsforschungsrat gefördert wird. Seine Reise zur Preisübergabe in die Schweiz will er dazu benutzen, ein deutsch-schweizerisches Kulturunternehmen in Gang zu setzen. In Zürich übergeben ihm Dr. A. Speiser und R. Fueter den Preis und Dr. Wilhelm Müller lobt den Preisträger im Völkischen Beobachter am 14. Juni 1944. Am 11. April 1945 meldet der *Völkische Beobachter / Neueste Nachrichten*, daß der Dozent Max Steck ordentliches Mitglied der Leopoldina geworden sei (am 3. April 1945). Diese Mitgliedschaft führt er zeitlebens im Briefbogen und bei allen Gelegenheiten auf. Er läßt von sich Reliefpostkarten seines Portraits drucken und all das machen, was ihn kompensieren läßt, nicht deutscher Professor zu sein.

Am 2. 11. 45 wird Max Steck auf Weisung der Militärregierung vorläufig seines Amtes erhoben. „Die Neue Zeitung" empört sich am 6.1.1947 über Max Stecks Buch „Grundgebiete der Mathematik". Dort werde in einem Bereich, in dem man es nicht für möglich halte, wie in Nazi-Reden gehetzt. Das Papier sei rar und für derartiges wohl nicht gedacht. Der Vertrieb des Buches sei nach Protesten eingestellt worden.

Ich schätze, daß Steck seine Aussichten auf eine Professur verbessern wollte. Das Werk, vielleicht handelt es sich ja um eine weitere Ausarbeitung des oben erwähnten Studienführer Mathematik für das OKW, war vielleicht als Stehsatz bereits vorhanden, und dann hieß die Alternative: Publikation in geänderter Form in einigen Jahren oder sofort veröffentlichen und hoffen, daß es von den Intellektuellen unbemerkt blieb oder – falls entdeckt – als Idealismus im Abendland ausgegeben werden könne. Die Möglichkeit, daß Steck bis in seine Nürnberger Tätigkeit am Georg Simon Ohm Polytechnikum hinein scharfer Nationalsozialist blieb, möchte ich hier nicht erörtern, obwohl es natürlich Hinweise dafür gibt.

Max Steck stellt mehrfach Anträge auf Wiederanstellung, die wiederholt abschlägig beschieden werden. Am 29.7.48 schreibt beispielsweise Dekan Gistl an Rektor Föppl: „Aus dem Vorwort („Hauptprobleme der Mathematik", EMT) wurde zum 1. Mal einiges über Stecks Beziehungen zu maßgebenden NS-Kreisen bekannt; im eigentlichen Buch zeigte sich zum schmerzlichsten Erstaunen all derer, die ihn vorher gekannt

---

[176] S. 136.

[177] S. 149.

hatten, nicht nur eine hemmungslose antisemitische Tendenz, es machte sich darin auch eine alle Ehrfurcht verleugnende, ungerechtfertigte Kritik an den bedeutensten Mathematikern, vor allem Hilbert, breit. (...) Der Versuch, den Verfasser zu einer Umarbeitung zu veranlassen, blieb im wesentlichen ergebnislos, wie die ein Jahr später erschienene zweite Auflage zeigte."

Steck, der in diesen neuen Zeiten sich in Briefen als Schüler von Heinrich Liebmann bezeichnet, wird dem Kreis um den Physiker Wilhelm Müller zugeordnet. Am 3. April 1954 wird Max Steck zum Studienrat am Ohm-Polytechnikum in Nürnberg ernannt. Der oben erwähnte Stecksche „Lagebericht zur Situation der Mathematik" ist bisher nicht aufgefunden worden. Das Thema allerdings ähnelt sehr der Dinglerschen „Denkschrift" von 1933.

Über die Zusammenarbeit von Wilhelm Müller, Eduard May, Hugo Dingler, Bruno Thüring vgl. Freddy Litten, Mechanik und Antisemitismus, München: IGM 2000. Es reicht durchaus, daß es eine große Gemeinsamkeit gewisser Denk- und Argumentationsfiguren gab, daß – vielleicht voneinander unabhängig –, aber dennoch gemeinsame oder ähnliche Ziele verfolgt wurden und vieles andere mehr. Aber sowenig es einen bestimmten Menschentypus „Alkoholiker" gibt, sowenig gibt es „den Nazi" in der Mathematik und den Naturwissenschaften.

Max Steck hatte zwischen 1934 und 1945 mehr als 20 Veröffentlichungen aufzuweisen, darunter auch einen Beitrag in Ernst, P. (Hrsg.), Mathematische Abhandlungen. Heinrich Liebmann zum 60. Geburtstag am 22. Oktober 1934.[178] Deshalb ist seine spätere Einlassung, daß er Schüler von H. Liebmann sei, ernst zu nehmen. Die Anschuldigung von Loebell, daß die Qualität seiner Arbeit nicht für eine Hochschule ausreichend seien, ist m.E. nicht zu halten. Stecks bibliographische Arbeiten zu Euklid, Lambert und Proklos sind auch heute noch von großem Nutzen.

Steck war Geometer[179] – der einzige Mathematiker im Dingler-Kreis – und lehrte als Privatdozent Geometrie an der Technischen Hochschule München. Er war offensichtlich empört, daß der Bereich der mathematischen Logik noch lange in den Fachzeitschriften und Referateorganen international gestaltet wurde und sich dieser Bereich gegen die „Aufnahme" in den Ring „deutscher Wissenschaften" wehren konnte.

Der „Kampf um eine deutsche Logik" wurde in Zeitschriften ausgekämpft und ein Desiderat ist das Nachzeichnen aller Kämpfe in allen entsprechenden Zeitschriften. Hier als ein Beispiel die *Geistige Arbeit*: „Dozent Dr. Steck, T.H. München" rezensiert Mays Buch „Am Abgrund des Relativismus" in der *Geisti-*

---

[178] Gewidmet von Freunden und seinen Schülern. Mit Beiträgen von: F. Engel, S. Finsterwalder, G. Kowalewski, Max. Müller, O. Perron, A. Rosenthal, S. Salkowski, W. Schaaf, M. Steck, O. Volk. – (Heidelberger Akademie der Wissenschaften. Math.-nat. Klasse, Sitzungsberichte, 1934, 8.–17. Abhandlung). Heidelberg, 1934, XII, 96 S.m. 1 Abb.

[179] Die Bemerkungen von Aristophanes in den „Wolken" zu Geometern kennt jeder. Aber auch beim „Maler Nolten" von Mörike heißt es: „Ein zierlicher Laffe kam ins Haus, Geometer, oder was er ist, ein weitläufiger Vetter aus der benachbarten Stadt." (Eduard Mörike, Hrsg. von Albrecht Goes, Werke in einem Band, "S. 153. Tempel-Klassiker (ohne Angabe von Verlagsort und -jahr). Die Geometer, und damit sind schon im allgemeinen die Mathematiker jeglicher Couleur gemeint, sind in der schöngeistigen Literatur meist grobschlächtigem „Humor" ausgesetzt. Woher kommt das?

gen Arbeit (Heft 1, Seite 5, 5. Januar 1942) als „eine der bedeutensten Neuerscheinungen im philosophischen und philosophisch-naturwissenschaftlichen Schrifttum der Gegenwart", weil es um das Zentralproblem der Wissenschaft, der Geltung wissenschaftlicher Aussagen ginge. Gegen den Relativismus wird das Zurückgehen auf ein „Apriori" gefordert und es wird May zitiert: „Die Namen M. Schlick, H. Reichenbach, R. Carnap, O. Neurath, Ph. Frank, H. Hahn und K. Popper bedeuten (...) den Höhepunkt, auf dem sich konsequenterweise der vollständige Apriori-Verfall bzw. der fanatischste Kampf gegen das Apriori mit dem offenen Bekenntnis zur unumschränkten Herrschaft des Relativismus verbindet (S. 197). Man braucht nicht das Wort „Rasse" als das Apriori einzusetzen, um zu wissen warum Steck das Buch beachtet und anerkennt mit den Worten: „Man wird dieses Buch noch heranziehen, wenn die Elaborate des früheren „Wiener Kreises", der Logistik und der Relativitätstheorien längst in die ewigen Jagdgründe der Makulatur eingegangen sind; man wird es heute auch nicht mehr „totschweigen" und mit jüdischer Frechheit einfach „umgehen" können. Die Wahrheit muß und wird siegen. Die Wege zu diesem Sieg hat May durchleuchtet und den Sinn des Wissenschaftlichen überhaupt in einer Deutlichkeit gesehen und erschlossen, wie wenige Denker vor ihm." – Aber am 20. April 1942, am Vortage von Hitlers Geburtstag, erscheint in ebender *Geistigen Arbeit* ein wunderbarer Artikel von Jürgen von Kempski (Berlin): „Ernst Schröder – der Algebraiker der Logik", worin es unter anderem auch heißt: „Er (der wissenschaftliche Nachlaß Schröders, EMT) ist dort von Prof. Heinrich Scholz, der in seinem Logistischen Seminar an der Universität die zentrale Stelle für diese Forschungen in Deutschland geschaffen hat, und seinem Mitarbeiter Friedrich Bachmann gesichtet worden und harrt weiterer Bearbeitung" (S. 2). Am 20. Mai 1942 eröffnet H. Scholz selbst die *Geistige Arbeit* mit seinem eher aphoristisch gestalteten Text „Leibnizsprachen". Darauf antwortet Steck in Heft 19 am 5. Oktober 1942 mit „Mathematik und Erkenntnis", wo er die „Formalismus und die Logistik" erneut denunziert: „Es bleibt nur mehr der idealistische Ansatz des Mathematischen als Totallösung übrig, die übrigens der Intuitionismus Brouwers und Weyls noch nicht hat." (S.2). Weiterhin wird die Auffassung der Riemannschen Anschauung vertreten, wie sie Max Kommerell sah: „Diese Schau, wie sie insbesondere im Riemannschen Habilitationsvortrag niedergelegt ist, ist leider durch die Bemächtigung der Riemannschen Gedanken von seiten der mathematischen Vertreter des „Wiener Kreises" fast gänzlich getilgt und uminterpretiert worden zugunsten des rein mengentheoretisch-formalistisch-logistischen Aufbaues der Mathematik und ihrer Anwendungen im Rahmen der sog. „Relativitätstheorien", deren originäre Wurzeln kürzlich Th. Vahlen so einzigartig bloßgelegt hat.". Steck beruft sich auf dessen Buch: Paradoxien der relativen Mechanik. Leipzig 1942. – In den beiden letzten Absätzen empfiehlt Steck der Logistik – also H. Scholz – sich genau zu überlegen, ob sie ihr Leibniz-Bild nicht überprüfen und korrigieren möchte. Aber Steck ist sich offenkundig über seinen Einwurf und dessen Wirkung im Unklaren und er läßt im Oktober 1944, im letzten Heft der *Geistigen Arbeit* „Die moderne Logistik und ihre Stellung zu Leibniz" erscheinen (S. 5ff.), wo er auf Scholzens Aufsatz in hetzerischer Weise „antwortet" und gegen Scholz, Bachmann, Kratzer und Hermes herausfindet, daß sich die Logistik zu Unrecht auf Leibniz berufe. Jürgen v. Kempski rezensiert in der *Geistigen Arbeit* (Heft 12,

20. Juni 1941, S.7) Alfred Tarskis, Einführung in die mathematische Logik und in die Methodologie der Mathematik (Julius Springer: Wien 1937) und empfiehlt das Buch auch für Anfänger als besonders brauchbar, für Philosophen „zu eingehendem Studium", weil es trefflich den Geist dieser Disziplin vermittele.

Gegen einen Nominalismus, Tautologismus, Schematismus, Formalismus bekannte Steck eine urbildlich-noetische Denkweise, wo geometrische Vorstellungen niemals in abstrakte Operationen mit Formeln zu bannen sei. Mit Descartes sei eine Verfälschung der richtigen Mathematik in die Welt getragen worden. Ganzheitlich, idealistisch und total-umfassend deutsch sei die zukünftige Mathematik, aber Steck konnte keine praktischen Vorgaben oder positive Ziele formulieren. Mit seinen Anfällen gegen Hilbert als „dekadent" geriet er auf das Gebiet von Ludwig Bieberbach, der sich gegen die Anwürfe durch Heinrich Scholz in der *Deutschen Mathematik* verteidigen ließ. Auch Scholz war, wie Steck, kein anerkannter Fach-Mathematiker, denn beide hatten keinen Lehrstuhl für Mathematik inne. Die *Deutsche Mathematik* zählte aber Scholz' Institut seit 1936 zur Mathematik. Bieberbach ist es ebenfalls zu danken, daß er dem Kreis um Dingler keinerlei Gelegenheit zur Erwiderung auf Scholz' Ansichten gab. Er ließ es auch nicht zu, daß in den *Jahrbüchern über die Fortschritte in der Mathematik* etwa Diskussionen dieser Dinge durch Steck und Konsorten einen Platz fanden.

Der glühende Agitator der „Deutschen Mathematik", der Dozent Dr. habil. Max Steck von der Technischen Hochschule München, suchte die Lehre für „Logistik", „mathematische Grundlagenforschung" von den Universitäten, insbesondere den Universitäten Münster und Göttingen zu vertreiben. Inwieweit Max Steck in die Vorgänge um die „deutschen Physiker" wie Wilhelm Müller, Wilhelm Führer, Bruno Thüring, Rudolf Tomascheck verstrickt war und ob er eine Rolle in der an der TH München von Hans Frank im Dezember 1941 gegründeten und im September 1942 wieder eingegangenen „Institut für die Technik des Staates" spielte, konnte ich aus Zeitgründen nicht recherchieren.[180]

Um 1940 lag die mathematische Grundlagenforschung, vor allem der von der Hilbert-Schule propagierte Formalismus, fast ohne jeden Einfluß darnieder. An der Universität Göttingen war Grundlagenforschung nicht mehr vorhanden. Umso eifriger arbeitete das Münsteraner Institut unter Scholz. Obwohl Anhänger von Ludwig Bieberbach neigte Steck aus taktischen Gründen kurz zur Weylschen Form des Intuitionismus.

Mit der Publikation von Teilen der Korrespondenz Frege-Hilbert bezüglich der Fragen von Axiomen und impliziten Definitionen, Wahrheit und Existenz wollte der furiose, judeophobe Steck nachweisen, daß Frege seinen Widersacher Hilbert im Kern zwar mißverstanden, aber doch irgendwo recht gehabt habe. So baute Steck Hilbert zum größten Logiker aller Zeiten auf, um ihn später um so besser vernichten zu können. Steck sah durch den Hilbertschen Formalismus die völkische Verwurzelung der Mathematik in der deutschen Kultur gefährdet.

---

[180] Vgl. S. 256f., in: ULRICH WENGENROTH (Hrsg.), Die Technische Universität München. Annäherung an ihre Geschichte. München: Technische Hochschule München 1993.

Max Steck, Ein unbekannter Brief von Frege, 1940 wird rezensiert von Ruth „Moufang"[181] in *JFM* 66, S. 24, 1940, Berlin: de Gruyter 1942:

> „Herausgeber versieht den originaltreu wiedergegebenen Brief mit einem Vorwort, in dem er auf die Bedeutung der Grundlagenforschung Hilberts und auf dem heute nur noch historischen Wert der Einwände Freges eingeht. Freges Kritik richtet sich allgemein gegen den Charakter der Hilbertschen Axiomatik und speziell gegen den Beweis der Unabhängigkeit der Axiome der Euklidischen Geometrie."

Aber was hat Steck mit dieser „Präsentation" vor? In demselben Band[182] rezensiert Steck Hermann Weyls, The mathematical way of thinking[183]. Nach einem Lob auf Andreas Speisers „Die mathematische Denkweise" geht es wieder los:

> „Endlich beschreibt Verf. als charakteristischen Zug jeder mathematischen Denkweise die axiomatische Methode. Dabei wird zuerst der Standpunkt des Formalismus auseinandergesetzt, aber seine Kritik auch nicht hintangehalten. (...) Die Schwäche der axiomatischen Methode wird aber gerade durch die Untersuchungen von K. Gödel offenbar."

Man glaubt es kaum, Steck will sich die Emigranten Weyl und Gödel als Verbündete im Kampf gegen Hilbert heranziehen.

In seinem Buch „Das Hauptproblem der Mathematik"[184], veröffentlicht im NS-nahen Verlag Dr. Georg Lüttke, werden Scholz und Hilbert – wie alle Vertreter der modernen Grundlagenforschung – sogar verhöhnt. Die Angriffe des eitlen Geometers Steck waren gefährlich, denn sie liefen womöglich auf die Abschaffung des Faches und die Schließung des entsprechenden Instituts hinaus. Aber für den amtlichen Nationalsozialismus galt:

> „Dem Amt Rosenberg war seine (H. Scholz, EMT) Arbeit zu formal und substanzlos." W. Erxleben an den NS-Mathematiker Fritz Kubach[185].

Reichsstudentenführer Kubach hatte 1935 Vorlesungsboykotte gegen „nichtarische" Mathematiker organisiert und gehörte zum Kreis um Eduard May, Thüring und Dingler. Kubachs Desinteresse rettet Scholz. Und deshalb erhielt er

---

[181] Ruth Moufang (1905 bis 1977, 1937 war ihr der Antrag auf eine Dozentur abgelehnt worden), Tochter des ehemaligen Direktors der Staatlichen Porzellan-Manufaktur Berlin, Dr. Nicola Moufang, der von den Nazis wütend angegriffen wurde. Vgl. GOTTFRIED ZARNOW, Gefesselte Justiz. Politische Bilder aus Deutscher Gegenwart, Bd. 1, S. 95. München: J. F. Lehmanns Verlag 1931. Auch Paul Bernays schreibt eine Besprechung im *Journal of Symbolic Logic* 7 (1942), S. 92. Bernays geht auf Hilberts Ideen ein. Ruth Moufang ist nicht vergessen. Sie kommt beispielsweise vor in WILHELM P.A. KLINGENBERG, Mathematik und Melancholie. (Von Albrecht Dürer bis Robert Musil. Stuttgart: Franz Steiner Verlag 1997): „Mein akademischer Lehrer, Friedrich Bachmann in Kiel, hatte mich auf ein Problem aufmerksam gemacht, mit dem sich eine Schülerin von David Hilbert, die in Frankfurt lehrende Ruth Moufang, jahrzehntelang beschäftigt hatte, ohne die Lösung zu finden. Die Fragestellung entstammt Hilberts Untersuchungen zu den Grundlagen der Geometrie vom Anfang des Jahrhunderts. (...) Es handelt sich darum, in einer allgemeinen affinen Ebene die Beziehung zwischen zwei sogenannten Schließungssätzen, den Figuren (D) und (S) zu klären." Die Lösung von Klingenberg folgt dann.

[182] *JFM* 66, S. 1190.

[183] *Science* 92, p. 437–446, New York.

[184] Berlin 1942 (2. Auflage 1943).

[185] 18.02.1943, Brief im Institut für Zeitgeschichte, nach G. Leaman 1993.

1943 die Umwandlung seines philosophischen Instituts in eines für mathematische Logik und Grundlagenforschung (Gutachten Bieberbach). Dennoch schreibt H. Scholz an Evert Willem Beth am 24.8. 1946:

> „Ich werde Ihnen nicht sagen müssen, was wir auf Grund dieses Buches (Max Stecks "Das Hauptproblem der Mathematik", EMT) von gewissen Stellen für uns zu befürchten hatten. Ich musste einen Gegenzug riskieren oder ich war mitverantwortlich dafür, dass unsere Forschung zu Grunde ging; denn damals musste noch mit der Möglichkeit gerechnet werden, dass der Krieg so ausgehen würde, dass das System ihn irgendwie überstand."[186]

Es ist müßig darüber nachzudenken, ob Scholz deshalb im „Reich" publizieren mußte. Klar ist, daß er wohl ohne Rückhalt und Veröffentlichungen in NS-nahen Zeitschriften es mit der Einrichtung und Verteidigung seines Institutes, seiner Mitarbeiter und deren Arbeit, ja die gesamte mathematische Grundlagenforschung in Deutschland, viel schwerer mit dem Überleben in diesen Institutionen gehabt hätten. Wer will das aufrechnen? Wer die Adäquatheit bestimmen?

Gentzen gilt als „Formalist". Er wird achtmal von Steck erwähnt, und zwar weil er mit seiner Schrift „Die gegenwärtige Lage in der mathematischen Grundlagenforschung" (1938) wider Willen als Zeuge für den Relativismus des Hilbertschen Programms herhalten soll:

> „G. Gentzen hat den diesbezüglichen Hilbertschen Standpunkt, den alle Formalisten – und die meisten Mathematiker sind Formalisten – mehr oder weniger teilen, einmal so gekennzeichnet, und er ist als typischer Vertreter der Logistik sicher nicht verdächtig, in diesem Bezuge gegen den Formalismus Stellung genommen zu haben: ‚Ein Hauptmerkmal des Hilbertschen Standpunkts scheint mir das Bestreben zu sein, das mathematische Grundlagenproblem der Philosophie zu entziehen und es soweit wie irgend möglich mit den eigenen Hilfsmitteln der Mathematik zu behandeln. Ganz ohne außermathematische Voraussetzungen freilich kann man das Problem nicht lösen.' Der Hilbertsche Plan beschränkt diese auf ein Mindestmaß. Wir können nur fragen: Wo hat Hilbert diese außermathematischen Voraussetzungen angegeben, ohne die man also das Problem nicht lösen kann, und wo ist dieses Mindestmaß derselben systematisch und axiomatisch gefaßt; wo gehen diese ‚außermathematischen' Voraussetzungen in seinem Aufbau ein? Uns ist darüber auch gar nichts bekannt geworden, außer den Stellen, die wir später von Hilbert selbst benützen und anführen werden, um zu zeigen, daß er wohl vielleicht das richtige Gefühl hat, daß er aber diesem in keiner Weise Rechnung trägt, woraus bereits hier schon die Einseitigkeit des Ansatzes des Formalismus ersehen werden kann, der eben den zweiten Problemkreis B des Hauptproblems wohl vielleicht gefühlsmäßig gelten läßt, sich aber nirgends bemüht, ihn zu erforschen, ihm in seinem Aufbau der Mathematik Rechnung zu tragen und ihn in die ‚Grundlagen' selbst eingehen zu lassen." (S. 65).

Die außermathematischen Voraussetzungen interessieren aber den Nationalsozialismus besonders, denn das wäre sein ureigenes Gebiet. Und wieder wird Gentzen als Zeuge herbeizitiert:

> „G. Gentzen, der direkt in das logistische Lager gehört, sagt vom Logizismus folgendes: „Kurz erwähnt sei noch der sog. ‚Logizismus', der gewöhnlich neben dem Intuitionismus und der Hilbertschen Auffassung als dritter wesentlicher Standpunkt

---

186 ARIE L. MOLENDIJK, Aus dem Dunklen ins Helle. Wissenschaft und Theologie im Denken von Heinrich Scholz. Amsterdam: Rodopi 1991, S. 60.

zur Grundlegung der Mathematik genannt wird. Seine Thesen liegen in bestimmten philosophischen Anschauungen' (lies: logischer Empirismus) ‚begründet, auf die ich nicht eingehen will (!). Zu dem für die praktische Mathematik in erster Linie wichtigen Antinomien- und Unendlichkeitsproblem hat diese Richtung bisher im wesentlichen eine abwartende oder unentschiedene Stellung eingenommen und liefert zu dessen Entscheidung kaum einen Beitrag, da ihr Interesse in der Hauptsache anderen Fragen, z. B. der Begründung des Zahlbegriffs, gilt.'

Trotzdem meldet die Logistik immer erneut ihren Totalitätsanspruch auf die (mathematische und philosophische!) Grundlegung der exakten Wissenschaften an, wo sie doch durch einen ihrer eigenen Vertreter in ihrem Aufgabenbereich so beschränkt worden ist.

Das Eingeständnis von H. Scholz ist ähnlich; auch er geht um die eigentlichen Schwierigkeiten nur herum, wenn er schreibt: ‚Über die metaphysischen und erkenntnistheoretischen Voraussetzungen der Russellschen Logik – denn selbstverständlich ist auch die neue Logik mit solchen Voraussetzungen belastet, nur in einem sehr viel geringeren Umfange, als irgendeine frühere formale Logik (...)' (Geschichte der Logik, Berlin 1931, S. 74)." (S. 127)

Danach wird Gentzen zum Zeugen der angeblichen Zerstörung der klassischen Mathematik durch Antinomien (S.131) und durch unsinnige „Widerspruchsfreiheitsbeweise":

„G. Gentzen charakterisiert in diesem Zusammenhang den Standpunkt des Formalismus so: ‚Damit komme ich zu der Auffassung Hilberts. Dieser stellt das Programm auf, die ganze klassische Mathematik, soweit möglich, aus ihren bedenklich gewordenen Lage dadurch zu retten, daß man ihre Widerspruchsfreiheit auf exakt mathematischem Wege nachweist. Die Durchführung dieses Programms steht leider zum großen Teil noch aus. Es hat sich erwiesen, daß die Schwierigkeiten solcher Widerspruchsfreiheitsbeweise größer sind, als man zunächst anzunehmen geneigt war (Satz von Gödel).'

Gödel hat nämlich im Rahmen einer rein formalistischen Theorie der Mathematik eine Reihe von Sätzen beweisen können, die Gentzen in der folgenden Weise bespricht und ihre Tragweite andeutet: ‚Da ist zunächst der Satz über Widerspruchsfreiheitsbeweise, welcher besagt, daß sich die Widerspruchsfreiheit einer mathematischen Theorie, welche die reine Zahlentheorie enthält und wirklich widerspruchsfrei ist, nicht mit den Beweismitteln dieser Theorie selbst beweisen läßt, insbesondere natürlich nicht mit einem Bruchteil dieser Beweismittel. Dieser Satz ist vielfach so ausgelegt worden, als ob damit das Hilbertsche Programm als undurchführbar erwiesen sei (...) Ein anderer der Gödelschen Sätze betrifft das Entscheidungsproblem, und zwar für die sog. „Prädikatenlogik". Er besagt, daß gewisse Sätze dieses Systems mit bestimmten sehr weit gehenden mathematischen Hilfsmitteln nicht entschieden werden können. Der Satz ist (...) von Church (...) wesentlich verschärft worden (...) daß es überhaupt kein allgemeines Entscheidungsverfahren für die Prädikatenlogik geben kann (...) Ein drittes der Gödelschen Ergebnisse betrifft das Vollständigkeitsproblem. Es besagt, daß jede formal abgegrenzte widerspruchsfreie mathematische Theorie unvollständig ist in dem Sinne, daß man zahlentheoretische Sätze angeben kann, die richtig, aber mit dem Mitteln dieser Theorie nicht beweisbar sind (...) Der Satz offenbart natürlich eine gewisse Schwäche der axiomatischen Methode.'

Gentzen fährt dann in der Kennzeichnung des Hilbertschen Standpunkts folgendermaßen fort: (...) doch steht der praktisch vor allem wichtige Beweis für die Analysis noch aus.

Um einen Widerspruchsfreiheitsbeweis zu führen, braucht man natürlich gewisse mathematische Beweismittel' (also ‚voraussetzungslos' kann man offenbar doch nicht arbeiten!) ‚deren Unbedenklichkeit man voraussetzen muß' (ein glänzendes Eingeständnis!) ‚und auf diesem Wege schließlich nicht weiter begründen kann. Ein absoluter, d.h. voraussetzungsloser Widerspruchsfreiheitsbeweis ist selbstverständlich unmöglich (...) Es scheint allerdings, daß man für Widerspruchsfreiheitsbeweise doch etwas weitergehende Hilfsmittel braucht, als wie Hilbert sie ursprünglich ins Auge gefaßt und unter dem Begriff der ‚finiten Beweismittel' verstanden hatte.'" (S. 142 ff.)

Gentzen wird also von Steck mangelndes Durchdenken der Grundlagenproblematik vorgeworfen. An einer Diskussion über etwaige philosophische Begründungen des mathematischen Grundlagenstreits hat Gentzen keinerlei Interesse, liest aber die Logizisten, Leibniz, Carnap und Couturat. Er steht auf dem Standpunkt von Hilbert und für „Hilbert ist die ‚Formalisierung' ja mehr ein Hilfsmittel". Gentzen macht „vor der Grenze des Philosophischen, das mir nicht sympathisch ist, halt, d.h. ich beschäftige mich nur mit Problemen, welche selbst wieder einer mathematischen Behandlung zugänglich sind."

Was bedeutet das? Erstens verzichtet Gentzen auf die Erforschung von Ursprüngen, einer Ontologie der mathematischen Logik. Zweitens überläßt er dadurch dieses Terrain Bieberbach und anderen.

K   Gentzen als „Zeuge" für eine völkisch-rassistische Interpretation der mathematischen Grundlagenforschung durch Steck und Requard

Der Kölner Professor Friedrich Requard war ebenfalls der Meinung, daß man anstelle der Fiktion der Voraussetzungslosigkeit die Bedingtheit der exakten Naturwissenschaften durch die rassisch-völkische Gegebenheit setzen müsse. Mit Dingler geht es gegen E. Cassirer:

„Der physikalische Begriff ist kein ‚Substanzbegriff' der traditionellen Begriffstheorie, der als das Gemeinschaftliche einer Gruppe von Dingen nur ein Auszug und ein Abbild aus der Wirklichkeit ist. Aber auch die Charakterisierung als ‚Funktionsbegriff' gibt nur die rein formal-logische Seite des physikalischen Begriffs wieder, wie sie allein durch die mathematische Funktion erfaßt werden kann. Der Sinn unserer Begriffe erschöpft sich eben nicht in ihrer bloßen Funktion im Urteil; die Zusammenhänge sind nicht ausschließlich formal-logischer Natur. Vielmehr wird der Begriff zum wirklich physikalischen erst durch die heroische geistig-seelische Grundhaltung."[187]

Wo aber finden wir die Begriffe als „Wirkungsgestalten" der heroischen geistig-seelischen Haltung des nordischen Menschen in der Mathematik? Rassische Bedingheit der Mathematik als Wille der Mathematik wird bewiesen in der Uneindeutigkeit der Grundlagen der Mathematik.

---

[187] F. REQUARD, Heldische Weltanschauung und schöpferische Leistung in der exakten Naturwissenschaft. Eine Untersuchung über das Wesen der nationalpolitischen Ausrichtung des Unterrichts in der exakten Naturwissenschaft, S. 4–7, in: Der deutsche Erzieher, Klett: Stuttgart 1940.

> „Der Russellsche Logizismus, der Brouwersche Intuitionismus und der Hilbertsche Formalismus (ringen) vergeblich um eine von Grund auf streng eindeutige Grundlegung der Mathematik"[188]

> „Wenn die Verfahren, die der Mathematik die ihr eigene ‚Strenge' verleihen, wirklich begründet werden sollen, dann dürfen diese nicht selbst schon angewandt werden. Der Mathematiker kommt daher nicht umhin, sich mit dem Gedanken vertraut zu machen, daß es ein den logischen Verfahren vorgelagertes Gebiet gibt, wo diese noch nicht benutzt werden dürfen, weil sie darin selbst erst gewonnen werden müssen."(S. 12)

Die Denker vor Requard haben nicht erkannt, was das richtige Problem war und bedauert die „alte" Mathematik:

> „Die wissenschaftliche Strenge bestand also nur noch in der Verknüpfung der mathematischen Sätze untereinander. Hiermit hatte den Platz der alten Mathematik eine neue Meta-Mathematik eingenommen, eine reine annahmemäßig-ableitende Beziehungslehre, eine Theorie logischer Leerformen ohne jede Beziehung zu der Wirklichkeit. Wahrheit war nun nichts anderes mehr als bloß logische Widerspruchslosigkeit." (S. 12)

> „Auch die ‚Rechenregeln' der sogenannten Logistik (rein formelmäßigen Erfassung des Logischen) sind ihrer Natur nach nichts als verfahrensmäßige Handlungsanweisungen." (S. 17)

Diese Handlungsanweisungen aber, die zur Gewißheit führen, sind Zeichen nordrassischer Wissenschaft:

> „Die Mathematik als rassisch bedingt erkennen, heißt nichts anderes als die Herstellung streng eindeutiger Beziehungen als rassenhaft, d.h. Ausformung, Ausprägung, Ausdruck einer rassenseelischen Grundhaltung verstehen. Es ist das große Verdienst von Hugo Dingler, die innere Natur und Möglichkeit streng eindeutiger Beziehungen erstmalig vollständig durchschaut und damit endlich eine in jeder Weise befriedigende Lösung der Frage der ‚Herkunft der Axiome' gefunden zu haben." (S. 17).

Gentzens Rolle erscheint klar: Er soll als Zeuge herhalten für die großen Widersprüche innerhalb der verschiedenen Schulrichtungen bei der Untersuchungen der Grundlagen der Mathematik.

Friedrich Requard beginnt seinen Aufsatz „Probleme streng-mathematischen Denkens im Licht der Erbcharakterkunde"[189] mit einem „bemerkenswerten Ergebnis der kürzlich erschienenen verdienstvollen und scharfsinnigen Untersuchung" von Gerhard Gentzen „Die gegenwärtige Lage in der mathematischen Grundlagenforschung" – er erwähnt die Ausgabe der *Forschungen* und nicht die Quelle der *Deutschen Mathematik*:

> „Dieser Gegensatz (der ‚konstruktive' und der ‚an-sich-Standpunkt', EMT) geht bekanntlich soweit, daß die Anhänger der konstruktiven Mathematik z. B. alle Sätze der an-sich-Auffassung des Unendlichen beruhenden Mathematik für sinnlos, ihre Schlußweisen für ein leeres Spiel mit Zeichen ohne irgendeine Bedeutung erklären." (S. 351).

---

[188] F. Requard, Strenge Mathematik und Rasse, S. 11–22, in: *Rasse. Monatsschrift der nordischen Bewegung.* Jhg. IX, 1942.

[189] Friedrich Requard, Probleme streng-mathematischen Denkens im Licht der Erbcharakterkunde, S. 351–370, in: *Zeitschrift für angewandte Psychologie und Charakterkunde* (59), 1940.

Gentzens Harmonieversuch wird gerügt:

> „Wenn nun Gentzen in seiner Untersuchung den an sich erstrebenswerten Versuch
> macht, beide grundsätzlich verschiedenen Standpunkte für die Beibehaltung der klassi-
> schen Analysis in ihrer bisherigen Form zu gewinnen, so darf doch nicht übersehen
> werden, daß beide Auffassungen zutiefst im innersten Wesen der Forscherpersönlich-
> keit verankert sind und in ihrer letzten Grundhaltung eine Vereinigung nicht zulas-
> sen." (S. 352).

Und nun:

> „Gentzen betont in seiner Untersuchung immer wieder, daß ganz ohne außer-
> mathematische Voraussetzungen das wichtige Grundlagenproblem nun einmal nicht
> gelöst werden kann, daß dem Schließen gemäß der konstruktiven Auffassung ein we-
> sentlich größeres Maß an Gewißheit zukommt, daß ein konstruktiver Existenzbeweis
> mehr bedeutet als ein indirekter an-sich-Beweis und daß dem konstruktiven Stand-
> punkt wegen der besonderen Bedeutung seiner Ergebnisse innerhalb der Gesamt-
> mathematik mehr als bisher ein Platz eingeräumt werden muß." (S. 353).

Requard folgert:

> „Die der konstruktiven Auffassung zugrundeliegenden Ansprechweise des lebendi-
> gen Leib-Seele-Organismus auf Welt und Leben schafft nicht nur die wirklich strenge
> Mathematik, sondern auch die wirklich strenge exakte Naturwissenschaft." (S. 353).

Als Ergebnis einer „völkischen" Lektüre von Gentzen, Weyl und Dingler hält
Requard fest:

> „Die konstruktive und die an-sich-Auffassung sind zwei grundsätzlich verschiedene
> Arten des Denkens, die weit über das Arbeitsgebiet der Mathematik hinaus die gesam-
> te wissenschaftliche Tätigkeit des Menschen beherrschen und zutiefst im Charakter
> und damit im vererbten und unveränderlichen Wesen des Einzelnen verankert sind."
> (S. 370).

Dann wird eine Lesart für Menschen „in der Mitte" gegeben.

Man kann hier deutlich sehen, daß Gentzen eindeutig mißbraucht wird vom
Dingler-Anhänger Requard, und daß sich die Rolle der Erwähnung von Gentzen
derjenigen ähnelt, die Weyl bei Steck spielen muß.[190]

Steck selbst zeigt ja auf, daß Gentzen als pars pro toto zwar um die Fragen
wissen muß, aber sich ihnen nicht stellt. Für Steck liegt darin eine Form der
Selbstzerstörung der Mathematik. Steck setzt auf das Gegenprogramm einer ar-
chaisierenden Ursprungsgenealogie deutscher Mathematik. Gentzen aber igno-
riert diese ganze Form romantischer, nationalistisch geprägter Mathematikideo-
logie. Dies ist einerseits eine Entlastung, aber die – für einen Fachmann selbstver-
ständliche – Abspaltung von Mathematik und philosophischer Grundlagenfor-

---

[190] Das Verhältnis von Wissenschaft, Lebenswelt und ihren Voraussetzungen oder ihrer Voraussetzungslosigkeit konnte auch durchaus anders beantwortet werden. Man lese dazu MAX
PLANCK, Die Frage an die exakte Wissenschaft, S. 362ff., in: *Deutsche Luftwacht* / Ausgabe
Luftwelt 10 (1943). Hier wird der Ausgangspunkt „an dessen Festigkeit sich keinerlei Skepsis
heranwagen kann" in dem gefunden, was wir mit unserer Leiblichkeit durch unsere Sinnesorga-
ne von der Außenwelt empfangen können. Und so geht der Weg von der erlebten Sinnenwelt
über Erfahrungen zu Vorstellungen, aus denen wir ein praktisch brauchbares Weltbild machen,
das sich wandelt und ständig berichtigt wird, daher unabgeschlossen ist. Der Weg vom Alltag zur
Wissenschaft geht also auch ohne Gebrauch des Rassebegriffs.

schung läßt eben auf diesem Gebiet sich die NS-Ideologen tummeln. Einen Machtkampf konnte er nicht gewinnen. Aber der Rückzug auf das Fach hinterließ die Grenzgebiete mit verdünnter Herrschaft der Rationalität und dieses Gelände verblieb nicht unberührt wie eine Wildnis, die man später urbar machen konnte, sondern wurde Aufmarschplatz von politischen Ideen in der Mathematik. Aber indem Gentzen sich zurückzog, verlagerte er die Verteidigung des Hilbert-Programms von einer geschichtlichen, genealogisch geprägten Ideologiediskussion auf den logisch-systematischen Bereich einer Sicherung wahrer mathematischer Sätze. Gentzen balancierte nicht die Spannung zwischen philosophischer, ideologisch geprägter auf der einen und der mathematisch behandelbaren Grundlagenforschung. Er entschied sich für eine Seite. Damit halbierte er die Diskussion und half mit, die Diskussion in der Sphäre der „Subjektlosigkeit" zu führen. Die realen Zerreißungen des Subjekts, die Steck und Dingler mit Begriffen wie Wille, Volk, Kampf, Geschichte u.a. fanden keine Entsprechungen in der mathematischen Logik, in der Beweistheorie. Inwieweit er dafür, stellvertretend für die Auslöschung von Subjekt und Volk, sich und Gattung, unter der Zerreißung durch Kopfschmerzen litt, kann ich nicht beurteilen. Es stimmt nämlich nicht, daß sich die politischen Diskussionen etwa im mathematischen Streit der Intuitionisten, Logizisten und Formalisten widerspiegelte. Die innermathematischen Diskussionen klärt Gentzen ja in seinen Beiträgen, macht sie explizit, erklärbar und für andere verständlich. Und in dieser Diskussion legt Gentzen Wert auf die mathematischen Anteile und wehrt sich so gegen jede geschichtliche Ursprungsfaszination, die jede dieser Schulen zu einer bestimmten Zeit mal pflegte. Denn jede hielt sich mal für den Ursprung, für die hinreichende Begründung der Mathematik.

Steck aber folgt nicht der Linie einer „Fachmathematik" – die immer auch in dürftigen Zeiten einfach eine Abwehr von überzogenen Ansprüchen ist, die von außen an sie herangetragen wird – und will darauf hinaus, daß sich Hilbert mit seinem Programm und seinen Schülern, damit auch Gentzen, der Irrelevanz und des Relativismus schuldig mache und einfach undeutsch sei:

> „Die für die Denker der deutschen Linie entscheidenden Probleme sind also für den Formalismus trivial" (S. 159)

und Steck zitiert aus einem Brief Hilberts an Freges:

> „Eine jede Theorie kann stets auf unendlich viele Systeme von Grundelementen angewandt werden."

und zieht den Schluß

> „Das bedeutet aber, wie E. May überzeugend gezeigt hat, Relativismus der Wahrheit."

L Zwischenspiel: May und Dingler liefern Argumente für Max Steck

Der Zoologe Eduard May – er leitete das entomologische Institut des SS-„Ahnenerbes" im Konzentrationslager Dachau und „forschte" im Auftrag des Reichsführer SS über „naturgemäß-biologische" Schädlingsbekämpfung und das war nichts anderes als Heinrich Himmlers „Pestprojekt" – war ein enger Verbündeter Hugo Dinglers. May bildete sich nach 1929 in Mathematik, Physik und Philosophie weiter,

> „und dies umso intensiver, als ich durch das Studium der Einsteinschen Relativitäts
> theorien und die Unsicherheiten in den philosophisch-naturwissenschaftlichen Grund
> lagenfragen die Überzeugung gewann, daß das vernachlässigte und der Willkür jedes
> einzelnen preisgegebene Zwischenreich zwischen Philosophie und Naturwissenschaft
> einer strengen systematischen Durchforschung bedürfe."

Er veröffentlichte einige naturphilosophische Abhandlungen in der *Zeitschrift für die gesamte Naturwissenschaft,*

> „die im Hinblick auf die Reform und Grundlegung der Naturwissenschaft aus dem
> Geist des Indogermanentums heraus die gleiche Tendenzen verfolgen wie ich."[191]

Zur *Zeitschrift für die gesamte Naturwissenschaft* als „Kampfschrift gegen den zunehmenden Positivismus" vgl. die apologetischen Zitate eines Herausgebers K. L. Wolf im Rahmen der „Entnazifizierung"[192]. K. L. Wolf und Wilhelm Troll gaben dann die Broschürenreihe *Die Gestalt* heraus. Markus Vonderaus unterscheidet und trennt in *Die Gestalt,* in der Max Steck mehrmals veröffentlichte, einen Hallenser „Gestaltkreis" von der „völkischen Wissenschaft" in der *Zeitschrift für die gesamte Naturwissenschaft.* Diese Unterscheidung (aber es ist wohl keine Trennung) möchte ich gerne ausgeführt sehen.

> „Dingler wurde von May in seinem Buch ,Am Abgrund des Relativismus' von 1941
> als eigentlicher Begründer der exakten Wissenschaft bezeichnet. Dieses Buch wurde
> von der Preußischen Akademie der Wissenschaften preisgekrönt. Die Preisfrage laute
> te: ,Die inneren Gründe des philosophischen Relativismus und die Möglichkeiten sei
> ner Überwindung'; Preisrichter waren Eduard Spranger und Nicolai Hartmann. May
> wandte sich darin gegen Karl Poppers Forderung, nur prinzipiell falsifizierbaren
> Erkenntnissen Wissenschaftscharakter zuzugestehen (Logik der Forschung, 1935) und
> bemühte sich, Poppers Folgerung, weder Wahrheit noch Wahrscheinlichkeit sei durch
> Wissenschaft zu erreichen, als unhaltbar hinzustellen. Auf der Grundlage seiner Preis
> schrift ,Am Abgrund des Relativismus' wurde May am 13.3.1942 gegen den Widerstand
> des Mathematikers Oskar Perron an der Universität München in der Naturwissen
> schaftlichen Fakultät (Dekan Wilhelm Müller) für ,Naturphilosophie und Geschichte
> der Naturwissenschaft' habilitiert."[193]

Oskar Perron (1880–1975) schrieb am 31. Mai 1942:

> „Nachdem der Herr Dekan in der Fakultätssitzung am 29. 4. 42 mitgeteilt hat, daß
> das Reichsministerium die Dozentur des Herrn Dr. M a y in unserer Fakultät wünscht,
> ist diese Frage für mich selbstverständlich erledigt und ich mache keine Opposition
> mehr. (...) Denn von Mathematik hat Herr May nur eine ganz stümperhafte Kenntnis

---

191 Zitiert nach Ute Deichmann, Biologen unter Hitler. Portrait einer Wissenschaft im NS-Staat. Zweite Auflage. Frankfurt am Main: S. Fischer 1995, S. 233.

192 S. 90 f., in: Markus Vonderau, „Deutsche Chemie". Der Versuch einer deutschartigen, ganzheitlich-gestalthaft schauenden Naturwissenschaft während der Zeit des Nationalsozialismus. Marburg: Dissertation Fachbereich Pharmazie und Lebensmittelchemie 1994.

193 S. 234, in: Ute Deichmann, Biologen unter Hitler. Portrait einer Wissenschaft im NS-Staat. Zweite Auflage. Frankfurt am Main: S. Fischer 1995, S. 233.

und von Physik versteht er, wie ich mir von einer Reihe heute in Deutschland führender Physiker sagen ließ, ebenfalls nichts."

Perron verwahrt sich gegen die Verleihung der Dozentur als Freibrief für Inkompetenz und führt Dingler an:

> „Dessen Lehrauftrag hat mit Mathematik so wenig zu tun, daß die Mathematiker weder von Erteilung des Lehrauftrages als Sachverständige befragt noch nach Erteilung anders als durch eine Zeitungsnotiz davon in Kenntnis gesetzt worden sind. Aber im Vorlesungsverzeichnis erscheinen trotz des Einspruchs der Mathematiker Herrn Dinglers Vorlesungen unter dem Schlagwort Mathematik und sie sind auch am Schwarzen Brett des Mathematischen Seminars angeschlagen – ich weiß nicht, auf wessen Weisung, jedenfalls ohne Befragen des Vorstands. Im vergangenen Semester hielt Herr Dingler eine rein mathematische Vorlesung über ‚Grundlagen der Geometrie‘, in der, wie einzelne Hörer bemerkten und mir erzählten, mancherlei Falsches über die Hilbertsche Axiomatik vorgetragen wurde, was zum Teil auch in Dinglerschen Schriften steht. Herr Dingler hat ja über Mathematik nach seiner Habilitation neben einigem, was richtig, aber kaum neu war, auch sehr viel geschrieben, was man nur als baren Unsinn bezeichnen kann, und – nebenbei bemerkt – haben auch seine physikalischen Theorien mit der wirklichen Physik nichts zu tun, wie sich z.B. aus einer Besprechung seines jüngsten Opus in Band 5 der von dem Oberführer <u>Vahlen</u> herausgegebenen und daher gewiß keines jüdischen Geistes verdächtigen Zeitschrift ‚Deutsche Mathematik‘ ergibt. (...)"

W. Müller gibt diesen Brief weiter an H. Dingler mit Ersuchen um möglichst umgehende Stellungnahme und Rückleitung. Dingler giftet am 11. Juni 1942:

> „Schon vor 1932 war Herr Perron ein treibendes Element jener Gruppe der Fakultät, die sich unter Führung von Sommerfeld (und im Gegensatz zu den noch wirklich bedeutenden Köpfen der vorhergehenden Professorengeneration Lindemann, Seeliger, Voss) den Kampf für die sog. Moderne theoretische Physik und die Einstein'sche Relativitätstheorie auf ihre Fahnen geschrieben hatte. Seit Sommerfeld's Abgang hat Hr. P. offenbar die stille Führung dieser Gruppe übernommen. Die Gegnerschaft dieser Gruppe gegen mich rührte her von meiner kritischen Einstellung gegen die Mengenlehre des Juden Georg Cantor (seit 1911) und gegen die Relativitätstheorie des Juden Einstein (ebenfalls seit 1911, besonders aber seit 1919). Diese Gruppe bejammert seit 1933 die Entfernung der jüdischen Mathematiker und Physiker aus der deutschen Wissenschaft, da diese die Hauptvertreter der von ihr vertretenen Wissenschaftsrichtung gewesen waren."

Dann wird Perron charakterisiert als inkompetenter, verbitterter, kleinlicher Nörgler, ein ehemaliger Fachhandwerker, der nie sein Ziel als Forscher erreicht habe und der primitivsten Anschauungen über wissenschaftlichen Grundlagenfragen huldige.[194]

Bei der Erwähnung seines von Perron erwähnten „Opus", Dinglers Buch „Die Methode der Physik" läuft Dingler zur Hochform auf.

> „Wenn er ehrlich wäre, hätte er erwähnen müssen, dass in <u>derselben</u> Zeitschrift kurz vorher eine außerordentlich anerkennende Kritik von erster Fachseite über dasselbe Buch stand (von Prof. Bruno Thüring). Der Verfasser der zweiten Rezension, auf die allein sich Herr P. bezieht, Prof. Kratzer in Münster i.W., ist Sommerfeld-Schüler und ein führender Vertreter der formalistisch-logistischen Schule von Münster,

---

[194] PERRON, Irrationalzahlen, zweite Auflage 1939.

die ein Ableger des berüchtigten jüdischen ‚Wiener Kreises' ist, und die ganz offen auf Seiten der Einsteinschen Physik steht."

Fußnote zu Thüring: Wer immer sich – auch heute noch – den Physiker Bruno Thüring als Zeuge holt, muß sagen, warum er das will. Thüring hat ja ein Interesse daran, daß seine kompromittierten Ideen über den Umweg Dingler – er stellt diesem NS-Wissenschaftler einen Persil-Schein aus – noch heute in die Wissenschaftswelt wirken, und wenn nicht direkt in der Physik, dann über den Umweg der Wissenschaftstheorie der „Erlanger Schule".

> „Bruno Thüring, Inhaber des Lehrstuhls für Astronomie in Wien – auch Schwarzkünstler der Astrologie des Gelben Sterns – wies in einer Aufsatzreihe auf das Verderben jener Weltalltheorien hin, welche – wie in dem Titel eines seiner Aufsätze zu lesen ist – sich einer nichteuklidischen Geometrie bedienen. Gemeint ist die Relativitätstheorie Einsteins. Hugo Dingler, ein Lyssenko der Physik im Dritten Reich, setzte sich mit den zerstörerischen Auswirkungen der Quantentheorie von Planck und Einstein auseinander."[195]

Und die Schriften von Thüring, der nach dem Krieg noch fröhlich weiterpublizierte, sind für jedermann heute noch in der *Zeitschrift für die gesamte Naturwissenschaft. Organ der Reichsfachgruppe Naturwissenschaft der Reichsstudentenführung*[196] zugänglich (Bd. IV, S.134–162), so kann man ebenfalls hier lesen: „Albert Einsteins Umsturzversuch der Physik und seine inneren Möglichkeiten und Ursachen". Wahrlich, wer so gut wie er Juden und deutsche Physiker zu unterscheiden wußte, wird exzellenter Zeuge dafür sein, ob jemand – vor allem, wenn es sich um einen sehr engen Freund und Arbeitskollegen handelt – der NS-Wissenschaft zuzurechnen sei oder nicht.

Und Dingler weist auch noch darauf hin, wie es zur Doppelrezension kam: „Der geschäftsführende Herausgeber, Prof. Bieberbach – Berlin hatte das Buch zuerst an Kratzer geschickt, worauf Protest von der Gegenseite erfolgte, der zu der ersten Rezension führte. Um aber dem Drängen von Kratzer und Genossen Rechnung zu tragen, wurde dann auch noch die Gegenrezension veröffentlicht." – In seiner Einlassung vom 30.8.1946 vergleicht May – er versucht seine unbesoldete Dozentur wieder zu erhalten – seine Schwierigkeiten bei der Habilitation mit „der nachmals stattgefundenen Habilitation des Herrn Georgi Schischkoff" und vermißt kompetente Beurteiler für wissenschaftsgeschichtliche und naturwissenschaftlich-philosophische Grenzgebiete. Dirlmeier lobt in seinem Gutachten die Zucht und Sauberkeit des Mayschen Denkens und spricht sich für die Zulassung Mays zu den weiteren Habilitationshandlungen aus:

> „In der Tat ist die Grundrichtung des Weges, den Herr May geht, durch den kritischen Realismus von Nicolai Hartmann und den voluntaristischen Einschlag der Philosophie von Hugo Dingler, sowie durch gewisse Elemente der Philosophie von Dilthey und Driesch festgelegt."

---

[195] IMRE TÓTH, S.106, Wissenschaft und Wissenschaftler im postmodernen Zeitalter. Wahrheit, Wert, Freiheit und Kunst und Mathematik, S. 85–153, in: Hans Bungert (Hrsg.), Wie sieht und erfährt der Mensch seine Welt? Buchverlag der Mittelbayerischen Zeitung: Regensburg 1987.
[196] HRSG. E. BERDOLT, F. KUBACH, B. THÜRING, Physik und Astronomie in jüdischen Händen.

Peter Koch präzisiert:

> „Am 4.10.1943 erhielt May für seine Forschungen einen Auftrag des Reichsforschungsrates ‚Menschenschädigende Insekten' mit einer Wehrmachtsauftragsnummer der Dringlichkeitsstufe SS. Dieser Auftrag stand im Zusammenhang mit den von Kurt Blome durchgeführten Forschungen zur Biologischen Kriegsführung (...)" (S. 236).

May arbeitete Tag für Tag an einer Tür mit denjenigen, die Menschenversuche in Dachau durchführten.196 E(duard) May (*14.06.1905 – †10.07.1956) schreibt in seinem Lebenslauf anläßlich seiner Habilitation am 10.11.1941:

> „Die Veröffentlichung dieser Preisschrift brachte mich in Berührung mit der ‚Zeitschrift für die gesamte Naturwissenschaft' (Organ der Fachgruppe Naturwissenschaft der Reichsstudentenführung; Ahnenerbe Stiftung Verlag, Berlin-Dahlem), die im Hinblick auf die Reform und Grundlegung der Naturwissenschaft aus dem Geist des Indogermanentums heraus die gleichen Tendenzen verfolgt wie ich."

Und er schreibe im Auftrag des Dr. Georg Lüttke Verlags eine „Einführung in die philosophischen und erkenntnistheoretischen Hauptprobleme unter besonderer Berücksichtigung rassischer und völkischer Gesichtspunkte."[197] Am 30.8.1946 – in seiner Bitte um Erhalt seiner früheren unbesoldeten Dozentur – führt er an, daß er niemals in der NSDAP war, keinen Rang in der Wehrmacht besaß und keine Stellung in der Wirtschaft habe. Und dann folgt:

> „Als ein in den einschlägigen Fach- und Industriekreisen allgemein bekannter Spezialist für angewandte Entomologie erhielt ich 1943 einen Forschungsauftrag des Reichsforschungsrates betr. Insektenvernichtende Mittel, gleichzeitig wurde ich im Rahmen des zivilen wissenschaftlichen Kriegseinsatzes (ich war wegen doppelseitiger chronischer Otitis ausgemustert) mit der Errichtung und Leitung eines entomologischen Laboratoriums für die Polizei und Waffen-SS beauftragt. Ich führte diesen Auftrag, wie alle meine anderen behördlichen und privaten Aufträge, gegen Honorar durch. (...) Im Juni 1944 wurde das Laboratorium in Betrieb genommen und im Mai 1945 übergab ich die Kopien meiner bis dahin erzielten Resultate der amerik. Security Police in München. Im Juli 1945 suchten mich dann noch einmal zwei amerikanische Militärentomologen in meiner Wohnung auf und befragten mich über Einzelheiten der von mir neu entwickelten Insektizide."

Kurzum: May wurde von der Militärregierung die Fortführung seines Brotberufs erlaubt, da er politisch einwandfrei sei. Ein Spruchkammerverfahren kam für seinen Fall nicht in Betracht. Aufgrund der Einreichung des gleichen Meldebogens bei der Universität München wurde er jedoch dienstenthoben, seine Bankkonten wurden gesperrt. In den 50er Jahren wurde er an der Freien Universität Berlin der Nachfolger von Hans Leisegang. Mays Schüler, der Prof. H. Stachowiak äußert sich leider nicht zu Mays Karriere in Berlin.

> „Im Jahre 1951 wurde er (May, EMT) zum ordentlichen Professor der Philosophie an der Freien Universität Berlin ernannt. Sein Mitarbeiter Schütrumpf habilitierte sich in Köln und wurde 1970 zum apl. Professor ernannt." (S. 237).

In einer entschärften Fassung nach „Poggendorf" liest sich dies so:

> „Eduard May (geb. 14. Juni 1905 in Mainz, gest. 10. Juli 1956 in Berlin-Kladow) wurde 1930 Dr. phil. nat. an der Universität Frankfurt am Main. Von 1942 bis 1945

---

197 Habilitationsakte E II 2412, Archiv der Ludwig-Maximilian-Universität München.

war er Privatdozent an der Universität München. Ab 1951 war er außerordentlicher Professor für Geschichte und Methodik der Naturwissenschaften an der Freien Universität Berlin." [198]

Warum fehlt mindestens der Hinweis darauf, daß May Preisträger der Akademieaufgaben Leipzig 1936 und Berlin 1941 war? Das betonte May in den Klappentexten seiner 1949 erschienenen Bücher. Weiter heißt es bei Vonderau:

> „Möglicherweise zielt Ernst Krieck bei seinen Ausführungen unter anderem auf einen Aufsatz in der „Zeitschrift für die gesamte Naturwissenschaft", in dem E. May die mechanische Naturerklärung in ihrer Bedeutung für die Physik hervorhebt: Eduard May, Die Idee der mechanischen Naturerklärung und ihre Bedeutung für die physikalische Wissenschaft, S. 2–23, in: Zeitschrift für die gesamte Naturwissenschaft 5 (1939)".

Aber Krieck war trotz seiner biologischen Weltanschauung gegen eine Ablehnung oder etwa gar Feindschaft der mechanischen Wissenschaften.[199] Und Krieck kämpfte gegen Dingler und May:

> „Lenard hatte den Empirismus als deutsch, den konstruktiven Rationalismus als jüdisch erklärt. Seine Schüler verkünden nun, nachdem sie das Dingler-Ich auf den Schild erhoben hatten, den apriorischen Rationalismus als deutsch und den Empirismus als jüdisch. Der preisgekrönte May aber wirft den Empirismus und Relativismus in denselben Topf. Mir wird von alledem so dumm, als ging mir ein Mühlrad im Kopf herum. Nur eines steht in diesem Tohuwabohu fest: den Empiristen und Rationalisten, den Relativisten und Absolutisten, den Juden und Antisemiten ist Newton gleich heilig: sie alle sind seine Nachzügler am Ende der Physik." [200]

Bezeichnend dafür, wie laut 1937 über die „Deutsche Physik" von Lenard und Stark nachgedacht wurde, ist die Besprechung zu A. Becker (1936) von W. Hillers (1937), S. 99:

> „Geist und Inhalt der einzelnen Beiträge sind ganz verschieden voneinander, wenn sie auch alle dieselbe Grundeinstellung haben. Lenard und J. Stark betonen nachdrücklich ihre Auffassung, daß die Physik Anschauungswissenschaft bleiben müsse, daß zu weit getriebene Mathematisierung zu Hirngespinsten – zur Relativitätstheorie – und zur Gaukelei geführt habe. In unübertreffbar schroffer Weise verwerfen sie rücksichtslos auch jene deutschen Physiker – trotz sonstiger Verdienste –, die sich unanschaulicher mathematischer Forschungsmittel (Relativitätstheorie, Matrizenrechnung) bedienten, als im jüdischen Geist befangen und warnen die Öffentlichkeit vor ihnen."

Auch die von den „Deutschen Chemikern" als nicht dem deutschen Wesen entsprechend abgeurteilte mechanische Naturerklärung war in der gleichgeschalteten Presse durchaus diskutierbar.[201]

---

[198] S. 183, Anm., in: MARKUS VONDERAU, „Deutsche Chemie". Der Versuch einer deutschartigen, ganzheitlich-gestalthaft schauenden Naturwissenschaft während der Zeit des Nationalsozialismus.Marburg: Dissertation Fachbereich Pharmazie und Lebensmittelchemie 1994.

[199] Vgl. S. 22, in: ders., Völkisch-politische Anthropologie. Erster Teil. Die Wirklichkeit. Weltanschauung und Wissenschaft. Band 1. Leipzig: Armanen Verlag 1936.

[200] KRIECK, S. 222, in: Natur und Wissenschaft. Leipzig: Quelle und Meyer 1942. – Vgl. dazu S. 181, in: Markus Vonderau, „Deutsche Chemie".

[201] Siehe hierzu E. MAY (1939), 23 (S. 81, Anm., in: MARKUS VONDERAU, „Deutsche Chemie". Der Versuch einer deutschartigen, ganzheitlich-gestalthaft schauenden Naturwissenschaft wäh-

Trotzdem war der Antisemitismus und der Nationalsozialismus die verbindende Grundlage von Krieck, Dingler und May. Das wird heutzutage immer mehr aus leicht einsehbaren Gründen ausgeblendet. – Dr. habil. Eduard May schreibt 1949 weiter, wo er im Nationalsozialismus stehengeblieben war. Er verweist stolz in seinen Büchern „Kleiner Grundriß der Naturphilosophie" und „Einführung in die Naturphilosophie"[202] auf seine Veröffentlichungen im Nationalsozialismus und kritisiert – nun aber sehr vorsichtig und kaum angreifbar – mathematische Grundlagenforschung, Logistik und Relativitätstheorie. Und zwar so, daß er und Dinglers Theorien international anschloß. 1956 veröffentlichte Eduard May das Buch: Heilen und Denken (Arzt und Arznei 1). Mit einer medizinischen Einführung von Hans Freiherr von Kress. Hrsg. von Hans Haferkamp. Berlin, Lüttke, 1956. Wie man ersieht, hat sich auch nach dem Krieg der ehemals der SS-nahestehende Verlag nicht geändert. Der Honorarprofessor Herbert Stachowiak schreibt:

> „Mit Hans Leisegang, dem Erforscher philosophischer ‚Denkformen', verband mich ein achtungsvoll aufblickendes, dabei aber auch herzliches Verhältnis. Nach seinem plötzlichen Tod trat Eduard May an seine Stelle. Auch er, der mir zum philosophischen Lehrer und Freund wurde, starb viel zu früh. Mit dem Tode dieser Philosophen war für lange Zeit und eigentlich bis heute ein philosophischer Denkstil eigener Art untergegangen."[203]

Nun „trat" E. May nicht an irgendjemandes Stelle, sondern er wurde berufen – gegen den eindrücklichen Einspruch von Oskar Perron übrigens – und gerade die Autobiographie von Stachowiak ist ein Beispiel einer unkritischen, apologetischen Geschichtsschreibung, die sich als Erinnerung ausgibt und dabei das Wichtige verschweigt. In der von E. May begründeten Zeitschrift „Philosophia naturalis. Archiv für Naturphilosophie und die philosophischen Grenzgebiete der exakten Wissenschaften und Wissenschaftsgeschichte" (Vittorio Klostermann: Frankfurt am Main) habe ich in den bisher 32 Jahrgängen keinen kritischen Artikel zu E. May gefunden. Ich halte es für einen Skandal, daß sich die Zeitschrift nicht ausdrücklich von Mays Wissenschaftsphilosophie und -geschichte der menschenverachtenden SS absetzt. Warum beharrt die Herausgeberschaft auf Eduard May als Traditionsgeber? Soll das SS-Ahnenerbe wenn nicht gefeiert, so doch nicht beleidigt werden? Warum gehen Herausgeber und Redaktionsbeirat nicht ausdrücklich zu Eduard May auf Distanz? Ein Herausgeber schrieb mir am 21. Januar 1998:

> „Lieber Herr Menzler-Trott, in der Tat haben wir den Namen von E. May aus dem Titelblatt der Philosophia naturalis verschwinden lassen. Darüber hinaus ist in der letzten Nummer unserer Zeitschrift eine kurze Erklärung zu den Gründen, die uns dazu gebracht haben, von den Herausgebern veröffentlicht worden. Die einhellige Meinung der Herausgeber ist, daß der Fall für uns damit erledigt ist. (...)".

---

rend der Zeit des Nationalsozialismus.Marburg: Dissertation Fachbereich Pharmazie und Lebensmittelchemie 1994).

[202] beide: Meisenheim am Glan: Westkultur Verlag Anton Hain 1949.

[203] S. 262, in: HERBERT STACHOWIAK, Berlin 1945 bis 1951: Rückblick auf eine unvergeßliche Zeit, S. 243–264, in: HEINRICH BEGEHR (Hrsg.), Mathematik in Berlin. Geschichte und Dokumentation. Zweiter Halbband. Aachen: Shaker Verlag 1998. E. May war erster Referent von Klaus Heinrichs Dissertation „Versuch über das Fragen und die Frage", mit der er am 22.12.1953 promovierte.

Die Erklärung lautet:

> „Von diesem Heft an wird der Name Eduard Mays als des Begründers der Philoso-
> phia naturalis nicht mehr auf dem Titelblatt erscheinen. Verlag und Herausgeber sahen
> sich zu dieser Maßnahme veranlaßt, nachdem sie erfahren haben, daß Eduard May in
> der Zeit des Nationalsozialismus eine ihn belastende Rolle gespielt hat."

M Stecks Angriffe auf Hilbert veranlassen Bieberbach, eine Verteidigung der mathematischen Logik bei H. Scholz in Auftrag zu geben und in der *Deutschen Mathematik* zu publizieren

Und dieser Vorwurf des Relativismus war gefährlich. Denn es stand geschrieben
mit Segen der „Parteiamtlichen Prüfungskommission zum Schutze des NS-Schrift-
tums":

> „Der Relativismus ist eine die moderne liberalistisch-individualistisch Rat- bzw.
> Grundsatzlosigkeit besonders deutlich verkörpernde Geisteshaltung, aus Veranlagung
> und zu Zersetzungszwecken vom Judentum (bes. Sp. 605) mit Absicht und Berech-
> nung eingenommen." (Nazi-Meyer, Bd. 9, SP. 290).

Wer mit diesem Vorwurf belegt war, wurde kein Dozent mehr.

Eduard May hatte ein prämiertes Buch geschrieben: „Am Abgrund des Relativismus. Preisgekrönt von der Preussischen Akademie der Wissenschaften zu
Berlin".[204]

Nachdem May (1941) sich bei Nicolai Hartmann und Eduard Spranger bedankt, geht er in die Vollen:

> „Nicht geringeren Dank schulde ich dem Präsidenten der Preußischen Akademie
> der Wissenschaften, SS-Oberführer Professor Dr. Theodor Vahlen, der die Mühe nicht
> gescheut hat, meine Arbeit nochmals in der Fahnenkorrektur durchzulesen. (...) Ich
> muß dies deshalb mit besonderem Nachdruck betonen, weil es mir ohne die Beleh-
> rung, die ich aus den Werken und Briefen Dinglers schöpfte, nicht möglich gewesen
> wäre, das Relativismusproblem in seiner ganzen Tiefe zu erfassen und mit so schönem
> Erfolg zu bearbeiten. So gilt denn mein Dank nicht zuletzt dem hochverdienten und
> eigentlichen Begründer der exakten Wissenschaft, dem großen „Denklehrmeister", wie
> ihn Philipp Lenard mit Recht genannt hat." (Göttingen, am Jahreswechsel 1940/41,
> Eduard May).

Der Kampf gegen Relativismus wird von Eduard May im Namen Dinglers
und seines überempirischen, in dem vorwissenschaftlichen Erlebnis des Apriori
gefunden und in eindeutige Handlungsanweisungen willenhaft umgesetzt. Statt
aber im Wirklichkeitsbezug unfundierte Formen des Aprioris nachzujagen, wird
operativ das Erlebnis von Handlung aktiv durchdrungen und dadurch dem vo-
luntaristischen und aktivistischen Primat der Philosophie genüge getan: nur so
kann der Zusammenbruch der Wissenschaft vermieden werden. Der Wille ist der
absolute Geltungsgrund und das Geltungsprinzip auch der Logik! Dabei wendet
sich May gegen die Theorie der rassisch-völkischen Bedingtheit des Erkenntnis-

---

[204] Berlin: Dr. Georg Lüttke 1941.

gewinns wie er sich bei Krieck, Böhm und E. R. Jaensch darstellt und vertreten wird. Stattdessen werden belanglose Zitate und Briefstellen von P. Lenard zitiert als Gegenargumente. Popper wird als erbittertster Gegner von Dingler bezeichnet (S. 276), dessen relativistische Fortbildung eines Pragmatismus (S. 86 ff.) in der modernen Physik der Einstein „eine ihrer besten Stützen erblickt". Sie wird von May (S. 110 ff.) deshalb kritisiert. Nur Dingler und Lenard seien Manns genug, diesem Unfug Einhalt zu gebieten. Höhepunkt des modernen Apriori-Verfalls aber erhielte ihre Rechtfertigung von „M. Schlick, H. Reichenbach, R. Carnap, O. Neurath, Ph. Frank, H. Hahn und K. Popper" (S. 197). Der fanatischste Kämpfer gegen das Apriori mit dem „offenen Bekenntnis zur unumschränkten Herrschaft des Relativismus" sei R. Carnap:

> „Zieht man beispielsweise aus Carnaps Hauptwerk die letzten Folgerungen, so kommt man zu einem Ich, das als ein wahrhaft gott- und wirklichkeitsverlassener „solus ipse" aus einer fernen, fremden, ihm niemals auch nur analogienhaft erkennbaren Wirklichkeit einzelne Sinnesdaten empfängt, mit denen es unter Zuhilfenahme selbstgemachter tautologischer Umformungsregeln sein Ordnungsspiel treibt, streng darauf bedacht, nur jedem Datum auch einen Gewinnplatz einzuräumen. An Stelle eines auf der Wahrheitslinie befindlichen Aussagegefüges über diesen und jenen Wirklichkeitsteil tritt so eine Vielzahl einander widersprechender Verknüpfungsschemata, von denen kein einziges etwas aus der Wirklichkeit verkündet und die somit alle theoretisch gleichberechtigt sind."

Aber da Gentzen sich nicht an dieser Diskussion beteiligte, weil er in der Wehrmacht Dienst tat und deshalb nur pro forma an einer Universität arbeitete, gehen die Vorwürfe einiger Vertreter der „Deutschen Mathematik" an Heinrich Scholz, den verstorbenen Hilbert und seine Schüler. Steck, May, Dingler, Thüring u.v.a. forderten deutlich, klar und ausdrücklich ihre Beseitigung zugunsten einer „deutschen Linie". Diese „deutsche Linie" der Mathematik (N. v. Cues, Kepler, Dürer, Leibniz, Lambert etc.) müsse wieder an deutschen Universitäten gelehrt werden, und

> „die Formalisten und Logizisten, die diese Linie und ihre Leistungen verneinen, müssen fallen."[205]

Es gab damals Anlaß ängstlich zu fragen, auf welchem Felde und an welcher Front die Vertreter dieser Schulrichtungen der Mathematik fallen sollten. Theodor Haering – er ist auch Gutachter in der Frage der Nachfolge Bauchs in Jena wie Scholz, Max Wundt u.v.a. – aber begrüßt in einer Besprechung[206] die Thesen Stecks. Nur Edmund Hlawka und J. Jorgensen[207] kritisieren Steck. Hans Hofer schreibt:

> „Ähnlich wie die beiden Letztgenannten urteilt auch Heinrich Scholz in seiner Stellungnahme zu Stecks mathematisch-historischer Arbeit ‚Unbekannte Briefe Freges

---

[205] MAX STECK, Das Hauptproblem der Mathematik. S. 210, Berlin: Georg Lüttke 1942.

[206] *Zeitschrift für Deutsche Kulturphilosophie*, Bd. 9, 1943, S. 66 f.

[207] Jorgensen, Professor für Philosophie in Kopenhagen, galt als Anhänger der Art wissenschaftliches Philosophierens, wie sie der Wiener Kreis um die Zeitschrift „Erkenntnis" repräsentierte. Jorgensen galt als Anti-Nazi und wurde eine zeitlang von den Deutschen interniert (vgl. S. 4, in: MOGENS BLEGVAD, Vienna, Warsaw, Copenhagen, S. 1–8, in: Klemens Szaniawski (Ed.), The Vienna Circle and the Lvov-Warsaw School. Dordrecht: Kluwer 1989.

über die Grundlagen der Geometrie und Antwortbrief Hilberts an Frege' im Zentralblatt der Mathematik: ‚Hilbert wird zwar sehr gelobt, aber dieses Lob ist inzwischen paralysiert worden durch eine revidierte Auffassung des Herausgebers, die genau denselben Hilbert für die Dekadenz des mathematischen Geistes in Deutschland verantwortlich macht.' Steck habe Hilberts Hauptverdienst ‚(...) überhaupt nicht bemerkt, sondern durch neue ‚ontologische' und ‚erkenntnistheoretische' Fragestellungen verdeckt (...), über die man lange wird ergebnislos diskutieren können. Über den effektiven Briefwechsel Frege-Hilbert und die Standorte der ihm unbekannt gebliebenen unverkürzten Originale hätte sich der Herausgeber durch eine Anfrage beim Referenten lückenlos unterrichten können.' (Zentralblatt, Band 36, 1942). Und Scholz geht auf den offenliegenden und an vielen Stellen intendierten Antisemitismus von Steck nicht ein. Max Bense versteckt sein Buch ‚Geist der Mathematik. Abschnitte aus der Philosophie der Arithmetik und Geometrie.' (München/Berlin 1939) auf dem Deckblatt hinter einem Zitat von L. Bieberbach: ‚Als Beleg für die Volksnotwendigkeit der Mathematik beruft man sich meist auf die Anwendungen. Mir scheint, es genügt, sich darauf zu beziehen, daß sich im mathematischen Schaffen völkische Eigenart kraftvoll offenbart.' Und man soll nicht nach Voraussetzungen dieser ‚Offenbarungen' suchen. Aber Steck versteht nicht, wittert ‚Universalismus' und kritisiert Bense: ‚Er überschätzt dabei (...) die Leistungen dieser Schule (des Logizismus), die hauptsächlich auf logischen nicht auf mathematischen Gebieten liegen und vor allem nicht den Universalitätsanspruch erheben können, den ihnen Bense gerne einräumen möchte.' (Geist der Zeit, Jahrgang 7, 5. Mai 1940). Bense aber weiß Bieberbach hinter sich."

Scholz wird aber regelrecht von Steck und Konsorten durch ihre Hilbert-Kritik angegriffen. Bieberbach versteht sofort:

> „Die Angriffe Stecks auf Hilbert veranlaßten schließlich den Schriftleiter der Deutschen Mathematik, L. Bieberbach, Heinrich Scholz – Mitglied der Schule von Münster – aufzufordern, über den ‚effektiven Sinn der Hilbertschen Grundlagenforschung' zu berichten (Heinrich Scholz, Was will die formalistische Grundlagenforschung?, in: Deutsche Mathematik 7, S. 206–248)." [208]

---

[208] S. 94 f., zitiert nach: HANS KARL HOFER, Deutsche Mathematik. Versuch einer Begriffsbestimmung. Dissertation: Wien 1987. Aus dem Teilnachlaß Ludwig Bieberbach hat sein Sohn Ulrich Bieberbach (Oberaudorf) einen gewissen Teil Ende 1998 an Herrn Prof. Dr. Menso Folkerts zur Bearbeitung übergeben. Daraus sind für meine Thesen von Bedeutung:

1. Leitzordner, Rückenaufschrift „Fachaufsätze", darin: 2 Briefe H. Kneser an Bieberbach und 1 Brief Bieberbach an Kneser (zur Klärung des Verhältnisses Bieberbach-Kneser-Gentzen, auch wg. Mitarbeit an der „Deutschen Mathematik")

2. Kasten ohne Nr., Rückenaufschrift „Mathem. Manuscripte. Tschebyscheff": Mappe mit Manuskript „Zur Ontologie" der Mathematik (mit Kritik an Dingler und Steck") und „Form, Inhalt, Gestalt und Sinn" wegen des Verhältnisses zu Dingler und Steck im Gegensatz zu H. Scholz, Schröter, Gentzen etc.

3. Kasten 3, Mappe 1: Zeitungsausschnitt O. Perron und Eva Manger sowie „weitere Zeitungsausschnitte, Arbeiten und Manuskripte von Bieberbach und anderen zu diesen Themen". Bei „diesen Themen" handelt es sich um den Begriff der Deutschen Mathematik, die Meinung von Oskar Perron und Eva Manger dazu, u. ähnliches.

4. Kasten 6, Mappe Arithmetik: Manuskript „Der Zahlenbegriff" und Neubearbeitung des Manuskripts. Hier sind vielleicht Bieberbachs Meinungen zu Frege, zur Logik oder ähnliches mitverarbeitet.

Das Verhältnis von Scholz zu Bieberbach läßt sich indirekt aus zwei Briefen erschließen. Scholz schreibt aus Münster am 28.11.1947 an L. Bieberbach: „Dass ich mich endlich melde, ist durch einen Anstoss von aussen veranlasst. Morgen fährt mein Dr. Schröter für ein paar Tage nach

Warum aber läßt Bieberbach nicht einen Fachmathematiker auf die Angriffe Stecks gegen den allgemein verehrten Hilbert antreten? Warum stärkt er die Position von Heinrich Scholz? Warum läßt er diesen als offizielle Stimme in der *Deutschen Mathematik"* auftreten? Paul Bernays kommt Scholz 1944 im *Journal of Symbolic Logic* entschieden zur Hilfe:

Heinrich Scholz, Was will die formalisierte Grundlagenforschung? Deutsche Mathematik, vol. 7 no. 2/3 (1943), pp. 206–248.

"Max Steck, in his book ‚Das Hauptproblem der Mathematik' (Berlin 1942), attacked the formal methods of Hilbert's axiomatics and metamathematics, characterizing them as a phenomenon of decadence. The author was asked to answer this attack by a report on the effective meaning of the Hilbertian method of foundational research, and has taken this as an oppportunity to render prominent some main aspects of recent foundational investigations.

Concerning axiomatics he emphasizes the requirement, in connection with the theory of models, that the primitive or indefined concepts of an axiom system under consideration – the example is used of Peano's axioms for number theory – be replaced by

---

Berlin, um auf Grund einer Einladung der mathematischen Fakultät einen Vortrag zu halten über die Widerspruchsfreiheit der Zahlentheorie. Ich habe ihn gebeten, dass er Sie, wenn es möglich ist, in meinem Namen aufsuchen möchte, um etwas Gutes von mir zu sagen und sich nach Ihrer gegenwärtigen Existenz zu erkundigen. (...) Da er aber nicht übersehen kann, ob seine Zeit zu einem Besuch in Dahlem ausreichen wird, so schicke ich dieses Blatt für alle Fälle getrennt; denn Sie sollen nun endlich wissen, dass ich <u>nicht</u> vergessen habe, was Sie Gutes getan haben für uns, und dass ich einen ehrlichen Anteil genommen habe an den schweren Dingen, die Ihnen zugestossen sind. (...) Ich werde jetzt durch Herrn Dr. Schröter entlastet, der sich noch während des Krieges hier habilitiert hat, und ich habe die beiden besten jungen Mathematiker als Mitarbeiter für unsere gute Sache gewonnen. Im September ist Herr Bernays aus Zürich für 14 Tage hier gewesen: der erste Fall dieser Art in Münster. Wir haben die Resultate, die wir erarbeitet haben, gründlich mit ihm durchdiskutiert, und wir haben feststellen können, dass wir nicht überholt worden sind. Sie werden in der Zeitschrift unserer transatlantischen Freunde erscheinen, die uns auf eine exemplarische Art die Treue gehalten haben. Dies gilt auch von unsern übrigen Freunden in der grösseren Welt, mit Einschliessung der wenigen guten polnischen Freunde, die <u>nicht</u> von den Deutschen ermordet worden sind. Keiner von allen hat bis heute vergessen, wo ich während des Krieges und bis zuletzt für sie zu finden gewesen bin. In diesem Punkte habe ich mich <u>nicht</u> geirrt. Nun habe ich das Notwendigste gesagt von dem, was Sie interessieren könnte. Und jetzt sage ich Ihnen noch einmal, dass ich Sie nicht vergessen werde." Und Bieberbach antwortet aus der Dahlemer Gelfertstraße am 7.12.47. Er lobt Scholz' unabhängigen Sinn, hält die Zeiten für unehrlich und unaufrichtig, was ihn aber nicht hindere, sich in den Verhältnissen einzurichten und ihnen das abzugewinnen, was sie für die Wissenschaft hergeben können: „So habe ich es auch im Interesse anderer mit der Deutschen Mathematik gehalten. An sich der Wissenschaft feindliche Elemente kamen mehr und mehr in ihren Dienst. Dazu habe ich das bischen Ansehen benutzt, das ich mir in den führenden Kreisen zu erwerben gewusst hatte. Davon haben viele gezehrt, die mich heute „vergessen" haben. Das stört mich nicht." – Er beklagt mit zeitüblicher Larmoyanz sein Schicksal und fährt fort: „ (...) Ich beklage mich darüber nicht. Denn nach dem, was ich von Ihnen weiss, haben Deutsche ihre polnischen Freunde noch weit schlechter behandelt. Dass ich meinerseits dazu keinen Beitrag geleistet habe, wissen Sie vielleicht noch. Ich habe mich seinerzeit bemüht, die Akademie auf Ihren Wunsch für einen Ihrer Freunde, Ihren Münsteraner Ehrenbürger zu interessieren. Von Vahlen ermuntert – Sie werden wissen – wie kläglich man ihn sterben hiess und liess – brachte ich das vor mit dem Hinweis, wen man zum Ehrenbürger gemacht habe, zu dem müsse man auch stehen. Ein Akademiemitglied, dessen Namen ich auch heute nicht preisgeben möchte, fuhr mir dann derart über den Mund, dass Vahlen als Präsident unmittelbar erklärte, unter diesen Umständen könne man die Sache nicht verfolgen. (...)". (Ich verdanke die Einsicht in den Briefwechsel Herrn Ulrich Bieberbach, Oberaudorf).

corresponding variables, and also the requirement, which apppears in connection with questions of deductive independence, of making the rules of logical inference precise. Apropos of the first point Scholz brings out the inadequacy of the often used manner of characterizing formal axiomatics by speaking of ‚implicit definitions.‘ The second point is illustrated by the instance of the principle of duality in projective geometry. In fact, for the proof of this principle it is essential to see that the automorphism effected upon the axions of projective geometry by the dual transformation of the primitive concepts extends to the consequences derived from the axions by logical deduction, in virtue of the circumstance that the logical deduction makes no reference to other properties of the primitive concepts than those formulated by the axioms. However, in order to make this character of logical deduction really evident (not merely plausible) it is necessary to state explicitly the processes by which it is constituted, and this means formalizing the logical deduction.

Generally, the need for strengthening the preciseness even beyond the degree which usually suffices in mathematics is noticed by Scholz as a characteristic feature of metamathematical inquiries. As an instance of what can be accomplished by such increased preciseness he mentions the result concerning the non-existence of certain decision procedures, obtained by rendering precise the notion of a decision procedure.

Two examples of method are discussed in detail by Scholz. One of these is Dedekind's logical definition of an enumerable class (‚einfach unendliches System‘) as given in 70 1/2 1(§§5–6), together with the passage therefrom to Peano's axioms for number theory and to the ordering relation for numbers. The other is the characterization of the system of implication logic, on the one hand by its formal structure (the calculus being defined as a certain quadruplet of sets), on the other hand with respect to its interpretation. The way of doing the ideas of Tarski and is in particular directed to the aim of avoiding references to processes (actions).

Discussing the Hilbert problem proper in metamathematics, Scholz expresses a view concerning the failure of Frege's system of classical logic similar to that expressed by Quine in his VII 100 (end of §VII). He says that by this failure our feeling for what is evident has been discredited. On account of this situation, he argues in accordance with Hilbert's point of view, it would be very unsatisfactory simply to transfer our trust to a revised system of classical logic without something's being done of a decisive nature by which, so far as it is possible, our renewed trust shall be justified. And he maintains Hilbert's confidence that a proof of non-contradiction for a revised system of classical logic will succeed in such a way that the consistency of our trust in the revised logic will be implied by it.

At the end of the paper, in addition, the Eudoxus theory of proportions is treated as the first known historical instance of a foundational inquiry which had already the tendency of abstraction that appears in the modern theories of abstract algebra and foundations.”

Was schreibt Scholz selbst dazu?

„Verblüffend ist allerdings die Beurteilung Hilberts, die den Altmeister der deutschen Mathematik für eine angebliche Dekadenz des mathematischen Geistes im deutschen Raum verantwortlich macht. Mit Beziehung auf dieses Urteil hat der Schriftverwalter der Deutschen Mathematiker Herr Bieberbach mich zu einem kurzen Bericht über den effektiven Sinn der Hilbertschen Grundlagenforschung aufgefordert.“ (S. 207 f.)

Und zum Kern der Verhältnisse Frege-Hilbert schreibt er auf S. 242 f.:

„Frege hat den Grund unseres Glauben an die Wahrheit der klassischen Logik verlegen wollen. (...) Es ist jedoch unleugbar, daß dieser Versuch nicht gelungen ist. Trotzdem ist zu hoffen, daß der Fregesche Versuch nach 40 Jahren doch noch eine Art von

Auferstehung erleben wird, die den gegenwärtigen Forderungen genügt: (...) Dann aber bleibt uns nur noch das Hilbert-Programm."

Im *Zentralblatt* 28 (1943) S. 101f. bespricht W. Ackermann die Arbeit von Heinrich Scholz, Was will die formalisierte Grundlagenforschung?, *Deutsche Mathematik* 7, 1943, S. 206–248:

> „Der Aufsatz enthält eine ausführliche Auseinandersetzung über die Methoden und Ziele der formalisierten Grundlagenforschung, veranlaßt durch eine Kritik, die M. Steck (Das Hauptproblem der Mathematik, Berlin 1942) an dieser geübt hat. (...) Scharf wird die Meinung zurückgewiesen, daß mit der Formalisierung die Mathematik zu einem sinnlosen Formelspiel ausarte, sondern es wird gerade die Deutung des Kalküls als unbedingtes Erfordernis einer vollständigen, formalisierten Theorie erkannt. (...) Gegenüber dem von Max Steck der formalisierten Grundlagenforschung entgegengestellten Evidenzgefühl wird betont, daß der Übergang von Frege zu Hilbert, oder von der Wahrheit zur Widerspruchsfreiheit, gerade durch eine durch das Evidenzgefühl veranlaßte Grundlagenkrise bewirkt wurde."

Und das heißt, daß der Herausgeber des Briefwechsels Frege-Hilbert keinerlei Ahnung von der verhandelten Angelegenheit haben kann.

Scholz hätte sich wohl große Meriten bei den NSlern verdienen können, wenn er Freges Tagebuch[209] – er war seit dem 3. oder 4. 11. 1938 in dem Besitz einer Kopie des kompromittierenden Tagebuchs, die ihm dessen Pflegesohn Alfred Frege (1903–1945) zur Verfügung gestellt hatte. Aber Scholz sah klar, daß die Veröffentlichung des Fregeschen Tagebuches nur eine unsinnige, unfruchtbare, ja schädliche Tat in dieser Situation gewesen wäre. Er sah Stecks Stoßrichtung gegen die gesamte mathematische Grundlagenforschung. Der Ansicht Stecks, daß die richtige, deutsche, völkische Mathematik an den Technischen Hochschulen gelehrt wurde, sich die dekadente, nicht-arische Irrlehre einer durch fehlerhafte Begriffe und Problemstellungen entarteten Mathematik an den Universitäten vollzog, konnte man nicht mit einem Tagebuch-Scharmützel entgegentreten. Scholz hat aber auch genügend Deckung von Ludwig Bieberbach, so daß er die ungewollte „Unterstützung" von Frege nicht benötigt.

Der Logiker und Mathematiker Karl Schröter, ein Mitarbeiter von Scholz, hielt im August 1943 vor der Philosophischen und Naturwissenschaftlichen Fakultät der Universität Münster die dreistündige Probevorlesung „Der Nutzen der mathematischen Logik für die Mathematik". Darin wird Scholz und das Fach eindeutig verteidigt:

> „Der Titel des Aufsatzes kann den Eindruck erwecken, als ob im folgenden eine Rechtfertigung der mathematischen Logik versucht werden soll durch den Nutzen, den die mathematische Logik für eine andere Wissenschaft, nämlich der Mathematik, besitzt. Von einer derartigen Rechtfertigung wird jedoch in keiner Weise die Rede sein. Denn die mathematische Logik bedarf ebensowenig wie irgendeine andere abstrakte Wissenschaft, etwa die theoretische Physik oder die Mathematik selbst, irgendeine Art von Rechtfertigung (Diese Überzeugung steht im Gegensatz zu derjenigen von M. Steck; vgl. M. Steck, das Hauptproblem der Mathematik, München, 1941 (recte: Berlin

---

[209] vgl. ECKART MENZLER-TROTT, Ich wünsche die Wahrheit und nichts als die Wahrheit ... Das politische Testament des deutschen Mathematikers und Logikers Gottlob Frege. Eine Lektüre seines Tagebuchs vom 10.3. bis 9.5.1924. *Forum* (Wien) 36. Jahrgang, Nr. 432 (20. Dezember 1989), S. 68–79.

1942, jedoch datiert das Vorwort vom Juni 1941 aus München-Solln, EMT)) durch irgendeine Art von Nutzen. Denn die Beschäftigung mit rein theoretischen Fragen nur im Hinblick auf den hierbei gewonnenen Beitrag zur Erkenntnis. Nach M. Steck liefert die mathematische Logik keinen derartigen Beitrag; denn sie beschäftigt sich angeblich nur mit abstrakter Kalkülforschung. Zu einem derartigen Urteil kann man nur dann kommen, wenn man willkürlich gewisse Teile der Literatur übersieht. Herrn Stecks „Hauptproblem" ist von mehreren mathematischen Logikern behandelt worden, mit letzter Genauigkeit z.B. von A. Tarski (Der Wahrheitsbegriff in den formalisierten Sprachen. Studia philosophica I, 1936, S. 261–405). Der von M. Steck so sehr von oben herab verurteilte H. Scholz hat eine dreisemestrige Vorlesung (Formalisierte Sprachen mit einem widerspruchsfreien Wahrheits- und Allgemeingültigkeitsbegriff. Vorlesungen SS 1938, WS 1938/39, SS 1939, Münster i.W.) über derartige Kalküldeutungen gehalten. Es muß mit Nachdruck festgehalten werden, daß die Initiative zur Beschäftigung mit dieser Fragestellung (vgl. auch K. Schröter. Was ist eine mathematische Theorie? Jahresberichte der Dt. Mathematiker-Vereinigung, Bd. 53, 1943, S. 69–82) nicht von Herrn Steck stammt."[210]

Mir ist kein Fall bekannt, daß jemand Herrn Steck auf ebenso deutliche Weise widersprach.

Max Stecks Buch , „Das Hauptproblem in der Mathematik", wird durch seinen verehrten Andreas Speiser besprochen[211]. Speiser bescheinigt Steck, daß er „umfassende Sachkenntnis auf dem Gebiet der Mathematik" habe und seine „Gedanken in eindrucksvoller Weise darstellen" könne. Aber auch Speiser schlägt zu:

> „Bedenken erregt Verfassers Polemik gegen Hilbert und vor allem gegen Scholz. Jener ist doch auch in seinen späten Untersuchungen noch immer ein echter Mathematiker, und das Problem der Widerspruchslosigkeit kann so gut eine ‚Idee' sein, wie das Fermatsche Problem. Scholz ist sachlich ebenfalls mit dem Verf. einverstanden, denn er will ja nicht bloß Formeln, sondern Metaphysik. Aber diese Einwände hindern nicht zuzugeben, daß das Buch einem Bedürfnis der Zeit entspricht, und daß man es nur begrüßen kann, wenn derartige Gedanken an ein größeres Publikum gelangen."

N Steck und Scholz im Disput

Max Steck steht auf der Seite Dinglers in seinem entschlossenen Kampf gegen Hilbert und seine Mathematikauffassung. Hilbert wird mit schlechtem Begriffsformalismus kurzgeschlossen und auf Seiten Hugo Dinglers ständen dagegen die guten Werte des inhaltlich materialen, der sinnvollen Deutung und der Bestimmtheit der Formeln. Diese Unterstützung für Dingler[212] wird von W. Acker-

---

[210] Nachgedruckt von den alten Matrizen in: Archiv für Mathematische Logik und Grundlagenforschung, September 1950, S. 1–16, in: Jürgen v. Kempski (Hrsg.), *Archiv für Philosophie* (4) Heft 1, S. 81–96. Stuttgart: W. Kohlhammer 1950.

[211] Im *JFM* 68, S. 20, 1942, Berlin: de Gruyter 1944. Andreas Speiser (1885–1970) schrieb u.a. das erste in Deutschland erschienene Lehrbuch über Gruppentheorie, „die schönste Einführung in die Gruppentheorie" (v.d. Waerden). Speiser studierte ab 1904 in Göttingen und promovierte bei H. Minkowski. Von 1932 bis 1955 beschäftigte er sich mit der Philosophie der Mathematik.

[212] MAX STECK, Mathematik als Problem des Formalismus und der Realisierung, *Zeitschrift für die gesamte Naturwissenschaft*, 7, 156 –163.

mann[213] entsprechend besprochen. Steck hatte sich in seinem Kampf noch seine Spießgesellen zuziehen wollen:

> „Das formale, nominalistische Denken führt in eine Schematik des Denkens hinein, die (...) zu einer Dekadenz des mathematischen Geistes geworden ist, die sich gerade in der reinen Mathematik noch ganz abwegig und als eigentliche Fehlentwicklung auswirken wird und bereits ausgewirkt hat, als in allen anderen mathematisierten Wissenschaften, wo diese Fehlentwicklung schon ganz deutlich erkannt und durch P. Lenard, J. Stark, H. Dingler, W. Müller, B. Thüring, E. May u.a. herausgestellt worden ist."[214]

Als Gegenprogramm zu „rationalen Verfahren", die Steck im „Hauptproblem"[215] kritisiert hat, will Steck den Geist des Volkes in ganzheitlicher Betrachtungsweise sichtbarmachen:

> „Wir erstreben auch in der Darstellung dieses Gesamtwerkes das Nahekommen an die Leistung des Geistes in seiner ideenschaffenden und -schauenden Tätigkeit und Funktion nur im Zusammenhang mit seinen volklichen, rassischen, blut- und heimatmäßigen Bindungen. Wir suchen auch in der Wissenschaft wieder die deutsche Geist-Gestalt schlechthin. (...) Indem wir vom Ganzen in seiner volklichen Einordnung ausgehen, sind wir den Teilen nur insoferne verhaftet, als wir sie als Sinnträger des Ganzen zu sehen und zu erkennen vermögen. Kosmopolitisch-internationale Sichten werden dabei bewußt abgelehnt. Abgesehen davon, daß sie den Menschen in seiner schöpferischen Eigenart verderben und sein Werk entstellen, geben sie, wie uns die bisherige geistesgeschichtliche Entwicklung aller Kulturen gelehrt hat, nur Einseitigkeiten und bieten sich mit ihrer angeblich „streng wissenschaftlichen Objektivität" zumeist als Tarnungen für das Zusammensein heterogenster Mentalitäten dar." (S. X ff.)[216]

Max Steck, ehemaliger Assistent des Antisemiten und „arischen" Physikers Hugo Dingler, schreibt in seinem Pamphlet „Mathematik als Begriff und Gestalt", das er „Herrn Geheimrat Prof. Dr. P. Lenard zum 80. Geburtstage am 7.6.1942 ehrfurchtsvoll gewidmet" hat, zunächst:

> „Das neben dem waffenmäßigen einhergehende geistige Ringen, in dem unser Volk steht, wird auch die Freimachung des deutschen Geistes in der Wissenschaft vom westlichen Einfluß bringen und bedeuten und alle seine bisherige Botmäßigkeit und Beugung unter die Herrschaft des englischen Empirismus und Sensualismus und unter die des westlichen Nominalismus wird gebrochen und in der zukünftigen deutschen Wissenschaft endgültig abgestreift werden müssen.",

bevor er „zeigt", daß weder Hilbert noch Brouwer das „Wesen des Mathematischen" erfassen könne und schreibt weiter:

> „H. SCHOLZ und der frühere sog. ‚Wiener Kreis', die an FREGE mit seiner ‚Begriffsschrift', an WHITEHEAD-RUSSELL und ihre ‚Logistik' anknüpfen, haben schließlich zur erkenntnistheoretischen Problemlage nur ein rein Logisches beigesteuert, das Gestaltproblem in der Mathematik sogar geleugnet, wenn sie alles aus Logik und logischen Gründen ableiten wollen, es zumindest aber nicht ebenso gesehen und nicht das Wesen des Mathematischen erkannt. Vielmehr ist gerade die Logistik

---

213 *JFM* 67, S. 30, 1941 Berlin: de Gruyter 1943.

214 S. 214, Hauptproblem, 1942.

215 1943, 2. Auflage.

216 MAX STECK (Hrsg.), Johann Heinrich Lambert: Schriften zur Perspektive. Georg Lüttke: Berlin 1943.

einer Einseitigkeit ohnegleichen verfallen, die sie weder als mathematische Theorie, noch als logische Disziplin auffassen läßt. Unter vollständigem Mißverstehen einiger fragmentarischer Stellen bei LEIBNIZ, auf den sie sich immer beruft, hat sie in einem ungreifbaren Zwischengebiet zwischen Logik und Metaphysik ‚theologisiert‘ und dabei entsprechende ‚Ergebnisse‘ erhalten.“

Da kann er nicht einmal mehr spotten: „Die Mathematiker rechnen ihn zu den Philosophen, und die Philosophen rechnen ihn zu den Mathematikern“, sondern Steck wirft hier der universitären Logik – er spricht einem Ausdruck wie „mathematische Logik“ jede Bedeutung ab (S. 8) – allein Scharlatanerie, Unwissenschaftlichkeit und implizit unter Kuratel der westlichen Feinde stehend vor.

Scholz antwortet umgehend. Er hält einen Vortrag „Leibniz und die mathematische Grundlagenforschung“ in der Kaiser-Wilhelm-Gesellschaft zur Förderung der Wissenschaften am 21. Januar 1942. Er wird veröffentlicht[217] und eröffnet eine ganz andere Traditionslinie „deutschen Denkens“. Scholz lobt beispielsweise und ausdrücklich Hilbert, Max Planck, Leonardo, Leibniz, Mahnke, Schröder, Frege und Boole. Er macht daraus – in einer gegenrhetorischen Wende zu Max Steck – ebenfalls eine „Schicksalswende“:

> „Wir warten auch noch immer darauf, daß die verantwortlichen Herausgeber unserer großen Nachschlagewerke dafür sorgen, daß man etwas über Frege durch sie erfährt. Sie schweigen sich hartnäckig aus über ihn. Auch in unsern Geschichten der Philosophie wird man Frege genauso vergeblich suchen wie den Leibniz, den er auf so exemplarische Art zu Ehren gebracht hat. Das Standardwerk für diesen Leibniz hat ein Franzose geschaffen: Louis Couturat, La Logique de Leibniz. Paris: Alcan 1901.
>
> Es ist an der Zeit, daß wir uns endlich darauf besinnen, was wir diesem Leibniz schuldig geworden sind. Und jetzt erst recht; denn wir sind wieder einmal und im ernstesten Sinne vor eine Schicksalsfrage gestellt. Es ist die Frage nach dem Wesen des deutschen Geistes. Sehe jeder, wo er bleibe! Aber wie diese Frage auch beantwortet werde: jede Antwort wird lückenhaft sein, die diesen Leibniz nicht einkalkuliert.“

Und dann schwärmt Scholz von der erleuchtenden Art von Klarheit und der Treue im Kleinen, wenn sie auf große Dinge gerichtet ist. Und zu dem Begründer der deutschen logischen Tradition schrieb ein Franzose das Standardwerk. Und die Frage nach dem Wesen des deutschen Geistes wird mit einer Liedverszeile „Ein jeder sehe, wo er bleibe!“ jeder Beantwortung enthoben.

Steck[218] kritisiert H. Scholz mit einem Rickert-Zitat und geht mit den Leibniz-Deutungen von H.L. Matzat und G. Doetsch – der auch einmal Dingler positiv rezensierte – dagegen vor, daß Scholz sich auf Leibniz als einen Begründer der exakten Wissenschaft und Logik beruft. Er verweist gegen die „Thesen der Logistik“ auf sein Buch „Das Hauptproblem der Mathematik“.

Karl Schröter sekundiert Scholz fachlich mit „Was ist eine mathematische Theorie?“ (JDMV 53 (1943), S. 69–82; eingegangen am 15.2.1942); Ausdrücklich wird Hilberts 80. Geburtstag am 23.01.1942 erwähnt. Der Aufsatz nimmt gerade Hilberts Ideen als Ausgangspunkt seiner eigenen und er zitiert Hermes, Scholz, Frege, Tarski u.a.

---

[217] *JDMV* 52 (1942), S. 217–244.

[218] MAX STECK, Die moderne Logik und ihre Stellung zu Leibniz (Geistige Arbeit, Jg. 11, Nr. 10–12, Oktober 1944).

Hilbert wird von Steck als Formalist tituliert, dessen Erfolg der „Grundlagen" auf einem jüdischen Gesichtspunkt der Philosophie beruhe, der durch die Arbeiten von Cohen, Vaihinger, Schlick u.a. vorbereitet worden sei. Der Formalismus wandele die Mathematik in ein „System einer Wissenschaft aus reinen Tautologien". Dabei schließt sich Steck eng an Tornier:

> „Es ist nämlich die typisch jüdisch-liberalistische These, Kriterium des Daseinsrechtes einer mathematischen Theorie sei ihre 'ästhetische Schönheit', wobei ein logisch geschlossener (...) Aufbau auf Definitionen gemeint wird." (E. Tornier, *Deutsche Mathematik*, Heft 1, S.8f).

Der Formalismus zeuge, immer komplizierter und differenzierter werdend, eine Subtilität, die nur einem Kreis von Esoterikern zugänglich sei, die deutsche mathematische Idee verbanne und nur noch endlich mit willkürlich gesetzten Nomina arbeite. Den Formalismus bezeichnet Steck als mathematischen Futurismus und Kubismus:

> „Auf die Spitze getrieben findet sich diese abwegige Entwicklung in den Büchern und Arbeiten von E. Landau, A. Rosenthal, H. Minkowski, M. Dehn, I. Schur, S. Bochner und vielen anderen Juden in der Mathematik." (Das Hauptproblem in der Mathematik, S. 184).

Die richtige Mathematik aber gehe von Euklids Geometrie aus, wo die Anschauung die entscheidende Rolle spiele:

> „(...) die Anschauung, als das höchste Seelenvermögen des Menschen, in reinen Ideen des Mathematischen zu forschen, das Ideelle adäquat anzuschauen und zu symbolisieren." (Das Hauptproblem, S. 5)

Die Widerspruchsfreiheit eines Axiomensystems sei durch die Geometrie gegeben, denn wenn die Grundaussagen der Axiome eines Systems logisch oder anschaulich zwingend und einleuchtend seien, seien sie auch als wahr zu betrachten.

Steck selber frönt einer Abart des Konstruktivismus. Er will „bauschrittig, synthetisch-konstruktiv vollständig aufgebaut und begründet" – wie in der Wissenschaft Herr Dr. Dingler – die Mathematik aufbauen, und dabei ist ihm der idealistische Sinn mathematischer Gegenstände des Intuitionismus – den er polemisch aber auch mit der Verfallserscheinung Logistik gleichsetzt, wenn es ihm günstig erscheint sich originell darzustellen – sehr sympathisch, „indem er Zurückführung aller Wahrheit auf das Anschaulich-Gegebene fordert"[219]. „Steck versucht eine Synthese (...), die ‚idealistisch' in ihrer Hauptrichtung unter Bedachtnahme der Forderungen der Widerspruchsfreiheit des Formalismus vorgeht"[220]. Neben formalen Axiomen müßte ein „Axiom der Gestalt" gegeben werden, um zu einer „Morphologie der exakten Wissenschaften" zu kommen.

Die Stecksche Ansicht einer „Deutschen Mathematik" ließ sich bestens mit der Krieckschen Ansicht einer ganzheitlichen, holistischen Wissenschaft verbinden. In seinem Aufsatz „Zur Wissenschaftslehre der Mathematik und der exakten

---

[219] Mathematik als Begriff und Gestalt.

[220] Hans Hofer, S. 88. Eine Nebenbemerkung: Die „Gestaltmathematik" von Hermann Friedmann, skizziert in seinem Buch „Wissenschaft und Symbol. Aufriss einer symbolnahen Wissenschaft" (München: Biederstein Verlag 1949) hat mit dieser Form der Mathematik nichts zu tun.

Wissenschaften" schreibt der nationalsozialistische Philosoph und Pädagoge Ernst Krieck, wie man sich aller schematischen Abstraktheit und falscher „Objektivität" entschlagen muß, damit auch der Mathematiker wieder in der völkischen Lebenswirklichkeit seinen Platz finden darf:

> „Wissenschaftliche Wahrheiten, Denkformen und Weisen können nur an einem bestimmten völkischen Ort und zu einem geschichtlichen Zeitpunkt geboren werden. (...) Auch Mathematik und exakte Wissenschaften werden, ob sie wollen oder nicht, in die revolutionäre Entscheidung hineingezwungen werden. Dieser Zwang wird ihnen den Untergang bringen, wofern nicht der Mathematiker selbst mit seiner Arbeit und Erkenntnis sich in die Entscheidung einzuordnen vermag, um von ihr neue Kraft und Sicht, eine neue, der Gesamtverantwortung und Gesamtaufgabe eingegliederte Art der Fragestellung und Antwortfindung zu gewinnen."

Aber auch „innermathematisch" sind die Thesen Stecks anschlußfähig an diejenigen Dinglers. Sie werden von Steck daraufhin gearbeitet. Dinglers Versuch einer empirischen Begründung der Geometrie aus a priori gültigen Handlungsnormen wurde von dem NS-Mathematiker Friedrich Requard als willkommener Voluntarismus akzeptiert:

> „Strenges, eindeutiges, schöpferisches mathematisches Schaffen ist nicht, wie viele glauben, ruhiges Schauen, reine Beobachtung, willenloses Versenken in das Reich der Wahrheit, sondern (...) Herstellung wirklicher Tathandlungen. Der wahre Begriff des Wirklichen ist nicht der eines vom Bewußtsein überhaupt unabhängigen Daseins, sondern alleine der eines von dem handelnden Ich entgegen Wirkenden."[221]

Und bei diesem mißverstandenen Fichte-Unsinn ist das „handelnde Ich" für ihn rassisch bedingt.[222] Das alles paßte wiederum wunderbar auch in die Auffassung der Krieck und Rust von Wissenschaft. Gegen den „abendländischen Imperialismus" einer Wissenschaftsideologie von Objektivität, Voraussetzungslosigkeit, Unbedingtheit, Internationalität, Wertfreiheit, Neutralität und Abgelöstheit werden die individuellen Elemente von Volk, Rasse und Geschichte ins Feld geführt. Wahrheit bleibe Weg und Gestaltungsgesetz der Wissenschaft, aber sie bleibe an völkische Lebensordnung gebunden und finde ihren Wurzelgrund in der Weltanschauung, etwas, was nicht selbst Wissenschaft sei. Die völlige Stand- und Richtungslosigkeit der Wissenschaft, liberalistische Idee von Humanität und Objektivität, werde durch eine nationalsozialistische Wissenschaft endgültig abgelöst: Wissenschaft sei wirklichkeitsbedingt, also auf völkischen und rassischen Ursprung bezogen. Zwar gelte die Bindung an Herkunft, Standort, Konfession, Beruf und Heimat, aber die Ergebnisse gelten in den Kulturkreisen dauernd, die in derselben Sinnrichtung gemeinsamen Lebens stehe. Der Wissenschaftler komme aus dem Volksganzen, arbeite im Rahmen einer völkischen Wissenschaft und führe seine Ergebnisse in das Volksganze zurück. Weil Wissenschaft an konkrete Umstände gebunden sei und in ihr entstehe, hieße dies noch lange nicht, daß sie deshalb diesen Umständen unterworfen sei.

---

[221] FRIEDRICH REQUARD, Strenge Mathematik und Rasse, S. 17, in: *Rasse*. Monatszeitschrift der nordischen Bewegung. Jg. IX, 1942.

[222] Auf dem II. Kongreß für Anthropologie und Ethnologie in Kopenhagen vom 1.-6. August 1936 wurde die „Rassenlehre" wissenschaftlich anerkannt.

Aber Steck hat mit seinen Thesen keinen Erfolg. Seine „Wissenschaftliche Grundlagenforschung und die Gestaltkrise der exakten Wissenschaft"[223] wird im *Zentralblatt*[224] von dem Dänen J. Jorgensen kurz und vernichtend rezensiert:

> „Die Abhandlung ist hauptsächlich programmatischen Charakters und enthält keine neuen bewiesenen Ergebnisse."

So der mathematische Beweis als eine Form des Abweisens ideologischer Ansprüche, geht es auch mit anderen tendenziösen Schriften. Max Draegers „Mathematik und Rasse" – er beruft sich auf die Schriften von F. Klein, Vahlen und Bieberbach –[225] wird im *Zentralblatt* 27[226] durch den Stuttgarter Mathematiker Eugen Löffler abgefertigt:

> „Im Schlußabschnitt wird die Zahlentheorie als wesentlicher Bestandteil deutscher Mathematik gerühmt und die Überbetonung der Anwendungen als Amerikanismus getadelt. (...) Zu den einzelnen Urteilen und Deutungen kritisch Stellung zu nehmen, ist hier nicht der Ort."

Max Steck bleibt unbelehrbar. Noch 1945 „rechtfertigt" Max Steck im Vorwort – wie kam er in diesen Zeiten der scharfen Kontingentierung an das Papier zum Drucken? – die Herausgabe von „Proklus Diadochus, Kommentar zu Euklids Elementen. Deutsche Akademie der Naturforscher: Halle 1945" aus „inneren Gründen":

> „Es geht um das Ganze der griechischen Mathematik als derjenigen mathesis universalis, die in den deutschen Geistraum hinaufgewirkt hat, nicht so sehr als Rationalismus, sondern in den entscheidenden Bezügen als Idealismus der Deutschen schlechthin, in Wissenschaft und Kunst und in der Gestaltung des Reiches. Diese Thesen werden zwar den Widerspruch der meisten modernen Mathematiker des Formalismus und der Logistik hervorrufen. Sie werden auch bei den Philosophen des Empirismus, Sensualismus und Positivismus, wie auch bei all den Denkern, die sich in der Konstruktion des Seienden auf nur-rationale Methoden, Verfahrensweisen und Elemente stützen zu dürfen und berufen zu müssen glauben, wenig oder keinerlei Zustimmung finden. Die moderne formalistische Mathematik und ihre Sonderform des Logizismus haben Euklid und sein Werk bisher in einer Einseitigkeit aufgefaßt, die gerade seine eigentlichen Tiefenwirkungen auf die Formung der Geistigkeit des Abendlandes und seiner Kultur verschüttete, weil sie sie nicht mehr beachtete und (teils bewußt, teils unbewußt) glaubte ausschalten und außer acht lassen zu dürfen. Man wird aber inskünftig darum herumkommen, die Euklidischen ‚Elemente' auf dem Hintergrunde der Platonischen Philosophie, aus der sie herausgewachsen sind, zu betrachten und in der mathematischen Grundlagenforschung gerade darauf entscheidenden Wert legen."

Aber der Siegeszug rationalistischer, mechanischer, empiristisch-sensualistischer und positivistischer „Philosopheme, die den Lauf der wissenschaftlichen und geistigen Dinge – und vielfach auch der politischen Entwicklungen" bestimmten, mit „ihren so zahlreichen, auch heute noch wesentlich fungierenden und an den hohen Schulen des Reiches amtierenden Vertretern materialistischer

---

[223] Leipzig: Akademische Verlagsgesellschaft Becker & Erler 1941.

[224] *Zentralblatt* 25 (1942) S. 3.

[225] *Deutsche Mathematik* 6, 1942, S. 566–575.

[226] *Zentralblatt* 27 (1943) S. 145.

Geisteshaltung" – außer Nicolai Hartmann und Andreas Speiser – hassen den deutschen Idealismus. Positivismus, Mechanismus, Materialismus, Empirismus, Nominalismus, „metaphysikfeindlicher Formalismus und Logizismus" sind dem deutschen Idealismus feindlich gesinnt.

> „Aus dem gegenwärtigen schweren Ringen um einen neuen Aufgang des Abend-
> landes muß sich zielsicher die deutsche Geistgestalt abheben und vor allen Dingen im
> Bewußtsein all derer treten, die nach uns kommen und das geistige Erbe des Reiches
> antreten und weiterführen müssen. Möge das Prokleische Werk dabei ein sicherer
> Führer sein, der uns vor den Abwegen, Umwegen und Sackgassen bewahrt, in die wir
> durch die ausgebreitete Machtfülle des Positivismus und Materialismus auch in den
> Wissenschaften geraten sind. (...) Der Geist wird und muß siegen!"

Das schreibt Max Steck und gibt eine Form der Mathematik als Durchhalteparole aus für einen Endsieg, für den es zu diesem Zeitpunkt gewiß keinerlei Aussicht mehr gab. Und weil erkennbar war, daß es kein militärischer Sieg mehr wird, kommt die Denkform der Wissenschaftler nach 1919 wieder zum Vorschein: es geht um das Abendland und es geht um den deutschen Geist und die deutsche Wissenschaft. Vorerst trieb Max Steck in der Einleitung zu Proklus bis S. 152 die Hetze seiner Hilbert-Kritik weiter im Namen eines „mathematischen Idealismus".

Max Steck setzte seine Thesen ungebrochen fort in „Grundgebiete der Mathematik"[227]. Max Steck sieht sich 1946 in diesem Buch „wieder an einer bedeutsamen Wende des Geistes des Abendlandes" und „bezirkt" in der Mathematik „recht eigentlich die *Gesetze des Geistes*". Mathematik soll helfen die geistige Mitte zu finden. Im Kapitel 1, „Die Bedeutung der Mathematik und ihre geistesgeschichtliche Stellung unter den Wissenschaften" bleibt er sich treu. Er beschwört den Zusammenhang von Mathematik und Kunst, Weltanschauung und Urgründe und feiert den deutschen Idealismus „auf der großen Linie von Nikolaus von Kues über Kopernikus und Kepler zu Leibniz, Lambert, Kant und Fichte". In Kapitel 2 „Abgrenzung, Gliederung und Methode" trennt er Arithmetik und Geometrie, Raum und Zahl, Anschauliches und Begriffliches, und Mathematik und Logik. Logik sei nicht charakteristisch für die Denkweise der Mathematik: „Wer das Methodische der Mathematik im Logischen erschöpft und beschlossen sein läßt, der zeigt damit nur, daß er in die Tiefe des Wesens dieser hohen Wissenschaft nicht eingedrungen und hinabgestiegen ist." (S. 71). Es ist das alte Lied: er kämpft gegen Aussagen, die niemand behauptete, er kämpft gegen einen Popanz. Dann aber wieder lobt er die „regelrechte Beweistheorie der Mathematik": „Über sie als ein methodisches Kernstück der Mathematik weiß man einiges mehr als bei den Lehren der vorhergehenden Fälle, hauptsächlich durch die neueren Forschungen der Axiomatik und die sich auf den logischen Teil des mathematischen Beweises beschränkenden Forschungen der Logistik" (S. 75), d.h. Gentzen bleibt diesmal unerwähnt. Nachdem mit W. Troll, „der führende Morphologe der Biologie" und A. Speiser „die mit dem Universalitätsanspruch weitester Art auftretende Logistik in den Formulierungen von H. Scholz" auf den S. 81 und 82 erneut kritisiert werden folgt noch ein Ausfall gegen Schlick, Reichenbach und Carnap wegen „fatale(r) Vermischung von Ideal- und Realgel-

---

[227] Vgl. MAX STECK, Grundgebiete der Mathematik, Heidelberg: Winter Verlag 1946.

tung des Mathematischen" (S. 90), Theodor Vahlen ist „verdienstvoller Altmeister der Mathematik" (S. 91, 92, 95) und Dingler wird auf S. 92 leicht problematisiert. Es hat sich also nicht viel geändert.[228]

In der Nachkriegszeit kaprizierte sich Steck auf Kunstgeschichte und feierte den deutschen Geist bei Albrecht Dürer in verschiedenen auflagenstarken Büchern ungebrochen. Das sollte – gerade bei diesem Hintergrund ausgeführt werden.

Obwohl der Weggang Vahlens im Reichsforschungsrat Bieberbachs Stellung schwächt, werden die Thesen von Steck, Dingler, Thüring und Konsorten vorher schon nicht mehr von NS-Verantwortlichen oder Fachmathematikern ernst genommen und werden so ihrer Gefährlichkeit beraubt.

Max Stecks mathematische Ideen zu einem „fiktiven An-sich-Bestand" mathematischer Gegenstände hält der Erlanger Philosophieprofessor und Logikhistoriker, der liebenswerte Christian Thiel heute für „ein wenig zu Unrecht in Vergessenheit" geraten[229].

O NS-Ideologie in der Mathematik durch Bieberbach erhält negative Resonanz auch im eigenen Lager

Ich will dahin gestellt sein lassen, ob mit Bieberbachs Veröffentlichungen und Vorträgen ein Paradigmenwechsel in der Mathematik eingeleitet wurde. Aber klar ist, daß ein wohl von Teilen des Nationalsozialismus gewünschter Paradigmenwechsel der Mathematik hin auf eine „Deutsche Mathematik" nicht gelungen ist. Und das, obwohl Judenermordung, Vertreibung mißliebiger Personen und die Gleichschaltung von Verbänden unstrittig ist. Aber das Fach Mathematik wurde nicht im Sinne des Nationalsozialismus betrieben oder gelehrt.
Gängige Geschichtsschreibung geht so[230]:

> „Im Wintersemester 1933/34 war er Leiter einer Arbeitsgemeinschaft über große deutsche Mathematiker, dessen Ergebnis ein Vortrag mit dem Titel ‚Persönlichkeits-

---

[228] MICHAEL TOEPELL, Mathematiker und Mathematik an der Universität München. 500 Jahre Lehre und Forschung. Reihe: Algorismus, Heft 19 (1996). München: Institut für Geschichte der Naturwissenschaften. Darin heißt es: „Max Steck, * 1907 in Basel, † 1971 in?, 1935–39 Ass. TH München, 1938 Habil., vertritt 1941 Robert Schmidt, 1952 Akad. Für angewandte Technik Nürnberg, 1957 Akad. Für Bautechnik München (Poggendorf) 7a, 504". Von 1941 bis 1944 ein spezieller Lehrauftrag für Geometrie. Beispielhaft für eine kastrierte Geschichtsschreibung ist folgende Wertung: „In seiner Monographie über ‚Das Hauptproblem der Mathematik' (Berlin 1942, 2. Aufl. 1943), die vor dem Hintergrund ihrer Entstehungszeit zu sehen ist, verfolgt Steck den Übergang von anschaulicher zu formaler Mathematik und sucht zugleich eine Verbindung mit philosophischen Grundlagen herzustellen." (S. 314). Die freche und verlogene Phrase „(...) die vor dem Hintergrund ihrer Entstehungszeit zu sehen ist (...)" ist die unannehmbare Formulierung, die jedem zum zweiten Mal bespeit, der wegen Steck um seine körperliche Unversehrtheit fürchten mußte. Auf die gleiche kastrierte Un-Art wird dann selbstverständlich auch noch Hugo Dingler erwähnt.

[229] CHRISTIAN THIEL, Philosophie der Mathematik, S. 16f. Darmstadt: Wissenschaftliche Buchgesellschaft 1995.

[230] Ich möchte hier keinesfalls erneut die „Bieberbach"-Publikationsgeschichte neu schreiben, sondern nur einige andere Akzente setzen.

struktur und mathematisches Schaffen' ist. Bieberbach veröffentlichte diesen Vortrag als Herausgeber der DMV 1933 ohne Wissen der beiden Mitherausgeber und brachte darin eine Polemik gegen den dänischen Mathematiker Harald Bohr (1887–1951), worauf es zu einer Kontroverse kam, und Bieberbach nicht mehr zum Schriftleiter dieser Zeitschrift bestellt wurde."[231]

Seine – diesen Vortrag im wesentlichen wiederkauenden – Aufsätze „Stilarbeiten mathematischen Schaffens" (1934) und „Die völkische Verwurzelung der Wissenschaft" (1940) erscheinen nicht etwa in der Zeitschrift *Deutsche Mathematik*. Warum nicht? Hier eine kleine „Publikationsgeschichte":

Von der 36. Hauptversammlung der Mathematiker und Naturwissenschaftler, 2.-7. April 1934 in Berlin berichtet die *Geistige Arbeit*[232]:

> „In der Reihe mathematischer Vorträge sprach Prof. Dr. Bieberbach über Persönlichkeitsstruktur und mathematisches Schaffen. Er wies darauf hin, daß die Göttinger Studentenschaft die Tätigkeit des Zahlentheoretikers E. Landau abgelehnt hat, weil seine Darstellungen fremdartig seien, und begründete dies mit der Tatsache, daß die Mathematik zwar in ihren Ergebnissen international sei, nicht aber in der Art ihres Denkens und Darstellens."

Danach folgen Referate über die Vorträge von Hamel und Dubislav.

Bieberbachs Vortrag erscheint in den *Unterrichtsblätter für Mathematik und Naturwissenschaften*.[233]

Am 8.4.1934 erscheint eine Zusammenfassung von Ludwig Bieberbachs Vortrag in *Deutsche Zukunft*.

Harald Bohr kritisiert am 1. Mai 1934 in *Berlingscke Aften* heftig die vermeintlichen Ansichten Bieberbachs.

Das nimmt Bieberbach zum Anlaß für seine Antwort: „Die Kunst des Zitierens. Ein offener Brief an Harald Bohr in Kobenhavn."[234] Zum ersten Mal ist eine politische Polemik in eine Fachzeitschrift gelangt. Und die Empörung der Fachmathematiker ist groß. Das zeitigt eine Konsequenz:

> „Es mußte 1936 eine neue Zeitschrift, die ‚Deutsche Mathematik' ins Leben gerufen werden, damit in Deutschland wenigstens eine judenfreie mathematische Fachzeitschrift vorhanden war."[235]

Und Bieberbach wird sich daran halten in „seiner" mathematischen Zeitschrift keinerlei rassenpolitische Diskussionen zuzulassen. Gleichwohl vertritt sie eine eigene Position.

Es muß zu turbulenten Einsprüchen seitens der Leser gekommen sein, denn daraufhin versucht Bieberbachs Studentin Eva Manger die verfahrene Situation zu klären. Nochmals *Neue Mathematik*[236]:

---

[231] HANS HOFER, S. 45.

[232] S. 6, 5. Mai 1934.

[233] 40, 1934, S. 236–243.

[234] *Jahresberichte der Deutschen Mathematiker-Vereinigung* 34 (1934), 2. Abt. 1–3.

[235] H.J. FISCHER, Völkische Bedingtheit von Mathematik und Naturwissenschaften, 422–426, in: *Zeitschrift für die gesamte Naturwissenschaft* 3 (1937/38), S. 424.

[236] *Deutsche Zukunft*, Sonntag, 13. Mai 1934, S. 15.

> „Mit der Anerkennung der völkischen Gebundenheit auch des mathematischen Forschers in seinem Schaffen, die sich in Stil und Auswahl der Probleme offenbart, behauptet Bieberbach keineswegs, daß die Mathematik ihre Geltung als Wissenschaft auf die Verwurzelung in Rasse und Gebundenheit gründet."

Sie versucht den Lesern mitzuteilen, daß Bieberbach nicht gegen die Lektüre von jüdischen oder französischen Schriften sei.

Am 20. Juni 1934 erscheint eine Kurzfassung des Vortrags in *Forschungen und Fortschritte*.[237]

Die *Jüdische Rundschau*[238] berichtet voll triefender Ironie über Bieberbachs Vortrag mit dem Untertitel: „Beeinflussung der gesicherten Ergebnisse der Mathematik durch Blut und Rasse".

Am 18. August 1934 erscheint in der Zeitschrift *Nature* (No. 134) G. H. Hardys berühmter Leserbrief „The S-type and the J-Type among the Mathematicians".

Professor Dr. Oskar Perron schreibt in einem – mir leider undatiert und ohne Veröffentlichungsort vorliegenden – Zeitungsartikel, der jedoch zeitgenössisch aussieht, unter dem Titel „Verfälschung der Wissenschaft" gegen Lenard, Müller, Thüring, Dingler, und vor allem gegen Bieberbach, Vahlen und Tornier. Der unerschrockene, deutliche, manchmal süffisant erledigende Ton ist schön zu lesen.

Das *American Journal of Psychology*[239] publiziert übrigens auf den Seiten 1–22 die Begrifflichkeit von Bieberbach durch den Originaldenker: Erich Rudolf Jaensch, Wege und Ziele der Psychologie in Deutschland. Auch ein Indiz dafür, daß diese Dinge durchaus ernst genommen wurden.

Ebenfalls im November 1934 antwortet Bernhard Bavink im berichtenden Teil der Zeitschrift *Unsere Welt* sehr kritisch auf Bieberbach. Am 22.11.1934 schreibt H. Kneser an Bieberbach:

> „Lieber Herr Bieberbach! (...) Sie schrieben einmal, es würde Sie interessieren, meine Einwände gegen Ihre ,Persönlichkeitsstruktur usw.' kennen zu lernen. Ich habe Ihnen darauf schriftlich nichts erwidert – es hätte einen Brief vom Umfang einer kleinen Abhandlung oder mehrmaliges Hin und Her erfordert – sondern die Mitteilung auf eine mündliche Aussprache verschoben. Öffentlich aussprechen hätte ich meine Ansicht nur mögen, wenn ich dem, was ich bei Ihnen bezweifle bzw. angreife, mehr Positives hätte gegenüber stellen können als es der Fall ist. Nun ist aber ein großer Teil von dem, was ich zu sagen hätte, gesagt von Bavink in dem berichtenden Teil von ,Unserer Welt' (Novemberheft). Ich hätte vielleicht über Jacobi etwas hinzuzufügen und über das Recht und Verdienst solcher Anregungen, wie Ihr Vortrag sie gibt. Nur bedaure ich eben, daß die Anregung nach meiner Ansicht von vornherein mit so vielen Angriffsflächen belastet ist. Übrigens werde ich mich in meinem diessemestrigen Publikum ziemlich ausführlich mit Ihrer Arbeit beschäftigen und stöhne jetzt ebenso unter der Last der Jaenschischen Lehre wie Sie es vielleicht seinerzeit getan haben. Heil Hitler! Ihr H. Kneser."

Bieberbach erwidert am 25.11.34:

> „Lieber Herr Kneser. Besten Dank, namentlich für den Hinweis auf den Bericht von Hrn. Bavink, der mir bisher noch entgangen war. Er, Bavink, ist nach dem zweiten

---

[237] 10. Jahrgang, Nr. 18, S. 235–237.

[238] Berlin, Nr. 55, S.4, 10. VII. 1934.

[239] Vol. 1, No. 1–4, November 1937. Herausgeber Stanley Hall.

Absatz seiner Ausführungen der Meinung, meine Behauptung ginge dahin, dass es nur zwei Typen gebe, während ich lediglich gesagt habe, dass Jaensch insbesondere zwei große Typen herausgearbeitet habe. Damit gebe ich der Möglichkeit Raum, dass es weitere Typen gibt, wie denn bei Jaensch J und S nicht nur in Untertypen zerfallen, sondern dort bereits auch weitere Typen herausgearbeitet sind. Damit entfällt auch die von Herrn Bavink auf S. 344 aufgestellte Behauptung, ich hätte versucht, die Mathematiker der ganzen Welt auf zwei Typen zu verteilen. Ich habe ja doch im Gegenteil nur einige wenige Beispiele grosser Mathematiker betrachtet, um an ihnen das Vorhandensein verschiedener Stilarten aufzuzeigen. Wenn Hr. B. auf S. 344 rechts oben behauptet, es handle sich bei den Typenbegriffen um statistische Durchschnittsbildungen und ich machte den Fehler den einzelnen Fall in eine Regel pressen zu wollen, so habe ich dazu zu bemerken, dass ich gerade zur Vermeidung dieses Fehlers grosse Persönlichkeiten herausgesucht habe. Denn es werden nie so viele Mathematiker von Eigenart zur Verfügung stehen, dass man daraus zu einer statistischen Mittelbildung würde gelangen können. Ich habe die grossen deshalb gewählt, weil bei Ihnen gewisse Merkmale besonders ausgeprägt sind, und da bei den Rassen- und Typenbegriffen eben auch gewisse Merkmale in starker Ausprägung herausgestellt werden und da weiter jene grossen Männer ihrer Abstammung nach fest in bestimmten Landschaften stehen und man so wohl annehmen darf, dass ihre Eigenart zusammenhängt mit ihrer Rassen- und Stammeszugehörigkeit. Das ist gewiss eine Hypothese und eine Sache des wissenschaftlichen Taktes festzustellen, wo eine starke Eigenart vorliegt. Ich vermute aber, dass niemand bestreiten wird, dass bei den von mir ausgewählten Beispielen eine starke ausgeprägte Eigenart vorliegt. Wenig ausgeprägte Persönlichkeiten kann ich auch deshalb nicht brauchen, weil ich dann nicht wissen kann, ob ihr Können so stark ist, dass sie in der ihrer Art gemässen Weise geschaffen haben. Es könnte doch sein, und wird so sein, dass bei schwachen Persönlichkeiten die Eigenart hinter dem Einfluss von Lehrer und von Erziehung verborgen bleibt, gerade bei den geistigen Leistungen. Ueber Gauss Art kann man m.E. nur urteilen, wenn man sich intensiv mit Gauss beschäftigt hat. Er hat nach meiner Ueberzeugung seine Einsichten auf anschaulichen und deduktiven Wegen gefunden und dann erst logisch untermauert. Das bedeutet einen zwar kritischen aber konstruktiv aufbauenden Sinn, wie man wohl bei allen Systembildnern eine nordische Komponente finden wird. So z.B. bei Lagrange. Was die komplexen Zahlen anlangt, so glaube ich nicht, dass Gauss durch seinen Hinweis auf die anschauliche Bedeutung bloss seine Gegner treffen wollte, denn in der Arbeit über die biquadratischen Reste ist es zu deutlich, was die anschauliche Deutung zur Gewinnung von Einsichten benutzt wird, und der erste Gaussche Beweis für den Fundamentalsatz der Algebra lebt ja von der anschaulichen Bedeutung. Betr. Weierstraß möchte ich zur Stützung meiner These nur auf den starken Gegensatz zwischen W. und Cantor hinweisen. Es ist der Gegensatz der bohrenden-aufbauenden Kritik, zur bohrend-zersetzenden von Cantor. Ueber den Typus von Cauchy habe ich mich überhaupt nicht ausführlich geäussert sondern habe nur eine einzige Stelle von ihm zur Kennzeichnung einer gewissen Art erwähnt. Jedenfalls ist es ein Irrtum Bavinks zu behaupten, dass Cauchy Südländer sei. Seine Familie scheint nach Nordfrankreich zu gehören. Betr. Hilbert verweise ich auf eine bekannte Stelle im Vorwort zu Hilberts Vorlesungen über anschauliche Geometrie. Von Poincaré habe ich nur eine Stelle oder zwei erwähnt, ohne mich über seinen Typus näher auszulassen. Das Bild, auf das sich B. bezieht ist aber das des Vetters Präsident, und wird auch von Günther als ostisch nordisch bezeichnet, nicht als nordisch wie B. behauptet. Auch aus den Schriften von P. habe ich den Eindruck einer starken ostischen Komponente, die auch auf Bildern von Henri P. deutlich zu sehen ist. Im übrigen würde die ausführliche lange vorliegende psychologische Untersuchung Poincarés, Gelegenheit geben, manches über P.

zu sagen. Aber ich habe dies Beispiel bisher nicht näher erörtert. Im übrigen kann ich das was Weierstraß selber in seiner akademischen Antrittsrede gesagt habe, nicht aus der Welt schaffen, auch wenn es nicht zu der These von Herrn Bavink passt. Wenn B. meint, ich wolle Feindschaft säen zwischen den verschiedenen Arten mathematischer Betätigung, so irrt er sich. Ich bin nur der Meinung, dass wir die unsere pflegen sollen, weil wir dann am meisten leisten. Dass es auch zwischen Deutschen Unterschiede gibt, machen meine wenigen Beispiele schon klar. Dass es nur eine einzige Mathematik geben soll, klingt dem etwas merkwürdig, der weiss, dass der Intuitionismus weite Teile der sg. Klassischen Mathematik ablehnt. Ich finde also bei B. nicht viel, was ich nicht längst bedacht hätte."

Ich will auch dahingestellt sein lassen, ob die Kritiker und Interpretatoren von Ludwig Bieberbach ihn richtig verstanden haben. Er selbst hat wohl die Ansicht vertreten, daß er nicht richtig ausgelegt worden ist. Von Merkmalen kommt man nicht zur Individualität, das hat auch Frege in seinem Tagebuch merken müssen. Aber hier nur soviel: Hilbert verkörpert für ihn beste deutsche Eigenart.

Klar ist, daß er mit seinen Thesen eine Grenze zwischen deutscher und undeutscher, also jüdischer und ausländischer Mathematik gezogen hat und beitrug, daß die Wahnideen einer kämpferischen Wissenschaft im Sinne von E. R. Jaensch auch innerhalb der Mathematik hoffähig und diskutabel wurde.

Allerdings, auch das beschädigte sein Ansehen, waren selbst unter den eher politisch rechtsstehenden Kollegen seine Auffassungen zweifelhaft. Welcher Mathematiker stand tatsächlich positiv seinen Ansichten gegenüber und trat etwa für ihn ein? Mir ist niemand bekannt, der dies öffentlich tat.

Sein Vortrag und sein Aufsatz hatte große Wellen geschlagen, auch international, und hat das deutsche Ansehen der Mathematik beschädigt. Seitdem trug Ludwig Bieberbach das Stigma desjenigen, der die Wahnideen einer NS-„Rassenforschung" innerhalb der Mathematik zu begründen suchte. Gelernt hat er dabei jedenfalls, daß es nicht zweckmäßig ist, seine ideologischen Ansichten in mathematischen Fachzeitschriften erscheinen zu lassen. Geist und mathematische Kultur versanden in der Wüste der Tyrannei. Das Neue hat Angst zu knospen, alles Lebendige verharrt in Ruhe und verdorrt, denn sich das Recht auf Freiheit nehmen zu wollen bedeutet den Tod.[240]

---

[240] Bieberbachs Antisemitismus ging mindestens bis 1940. Vgl. LUDWIG BIEBERBACH, Die Unternehmungen der Mathematisch-Naturwissenschaftlichen Klasse, S. 23–29, in: Wesen und Aufgaben der Akademie. Vier Vorträge von Th. Vahlen, E. Heymann, L. Bieberbach und H. Grapow. Preussische Akademie der Wissenschaften. Vorträge und Schriften. Heft 1. Berlin: Walter de Gruyter & Co. 1940. Bieberbach referierte, daß unter Prof. Geppert die Schriftleitungen des Jahrbuchs über die Fortschritte der Mathematik und das Zentralblatt der Mathematik zusammengelegt und die Arbeit mit fünf Mathematikern und einigem Büropersonal erledigt werde. Auch zur Encyklopädie der mathematischen Wissenschaften, einem Organ des Verbandes der Deutschen Akademien bestünde „Beziehungen". Sie beginne in zweiter Auflage zu erscheinen: „Natürlich hat es zu allen Zeiten Leute gegeben, denen es ein Dorn im Auge war, daß deutscher Fleiß und deutsche Führung seit einem halben Jahrhundert im Jahrbuch ein für die gesamte Wissenschaft unentbehrliches Werkzeug schufen, und eine sonst nirgends erreichte Leistung vollbrachten. Neuerdings hat sich dieser Neid unter der Führung einiger Emigranten zu dem Plan eines Konkurrenzunternehmens verdichtet, das von jüdischem Geld getragen sein Erscheinen begonnen hat. Daß die deutsche Arbeit mangelhaft gewesen sei, haben nicht einmal die Emigranten und Juden behaupten können. Aber daß Emigranten an der Spitze stehen und jüdisches Geld das Unternehmen finanziert, erläutert wohl statt vieler Worte die Motive der Neu-

Bei Bieberbach ist die Phrase den Weg zum Mord gegangen. Das kann nicht mit Goetheworten gesehen werden, etwa „Verständige Leute kannst du irren sehn / In Sachen, nämlich, die sie nicht verstehn"[241], sondern dieser Dilettantismus etwa, Mathematik als „Rassestreit" sehen zu wollen, endete für den, der sehen wollte, voraussehbar in Abgrenzung, Selektion und Mord.[242]

P Bieberbach, Max Steck und Jaensch

Bieberbach liest die Schriften von Max Steck[243] und entdeckt Dinge, die ihm mißfallen. Er arbeitet schließlich an einem Vortrag oder einem Aufsatz gegen Steck. Es gibt in dem Teilnachlaß mindestens drei mißglückte Versuche.

---

gründung hinreichend." Und dann erwähnt er noch die Arbeiten zur Geschichte des Fixsternhimmels, Systematik der Biologie, den Atlas des Deutschen Lebensraumes, die Leibnizausgabe und die Neuausgabe der Schriften des Kopernikus, wo Fritz Kubach mit der Herausgabe belohnt wird. Eine kleine Nebenbemerkung: Unterschätzt wird die Möglichkeit, daß eitle geltungssüchtige Fatzkes wie Bieberbach persönliche Animositäten – wie seine Abscheu vor dem Denkstil und Person Landaus – die nur sehr, sehr am Rande mit seinem Judentum zu tun haben dürfte – und Eifersucht auf dessen guten Ruf wegen der Skrupulosität seiner Arbeit – zum Weltanschauungsstreit hochstilisieren konnten. Bieberbach wollte eine Art Mandarin im Nationalsozialismus sein, er wollte weniger tatsächlich herrschen denn großartig repräsentieren und wäre am liebsten, vermute ich, jeden Tag mit der Amtskette eines Präsidenten der Kaiser-Wilhelm-Gesellschaft um den Hals im Mathematischen Seminar herumgelaufen, hätte Hof gehalten und wäre im Ministerium jeden Tag ein- und ausgegangen, um dem Minister Rust seine Direktiven zu diktieren. Aber die Möchtegern-Führer des Führers waren schlecht gelitten: ihre Eitelkeit, und darin trafen sich Heidegger, Vahlen, Bieberbach und viele andere, wurden von den NS-eigenen „Goldfasanen" wie Rosenberg und Himmler als Konkurrenz gesehen, die auf nichts gegründet war, denn in Rassefragen kannten sich Ahnenerbe und andere besser aus als Bieberbach, Vahlen, Dingler, Müller oder Steck. Bieberbachs unbeabsichtigte Nebenfolgen wie die „Einstufung" Hilberts aber verscherzten ihm in der mathematischen Gemeinschaft jeden Kredit. Und als er sah, daß er damit nicht länger an der Spitze der mathematischen Gemeinschaft marschierte, Ämter niederlegen mußte, Reputation einbüßte, machte Bieberbach stante pede kehrt und ging in sich. Und büßte seinen Judasverrat Hilberts mit der Begutachtung von Scholzens Institut in Münster ab. Ich bin auch der festen Überzeugung, daß er Lukasiewicz und andere retten wollte, aber schlichtweg Angst vor den SS-Paladinen hatte. Ohne Rückhalt bei den Mathematikern konnte er schlecht seinen Mund in der Akademie aufmachen: er war zwischen die Fronten geraten. Als Diplomat und Wissenschaftsorganisator war Bieberbach eine Niete

[241] Zitiert nach J. J. SYLVESTER, The Study that Knows Nothing of Observation, 1869.

[242] Und auch insofern ist dies etwas anderes als die von LEWIS CARROLL in „Das Spiel der Logik" (Köln: Tropen Verlag 1988) benutzten „Judenbeispiele" (S. 57f., 82, 87, 90, 97 u.a.), die auch heute niemanden mehr zu stören scheinen, nicht einmal den Herausgeber Paul Good.

[243] Max Steck findet in seiner Rezension der Bieberbachschen „völkischen Verwurzelung der Wissenschaft" (1940), daß die Anwendung der Jaenschschen Typenlehre auf einige große Mathematikerpersönlichkeiten sich als „außerordentlich wertvoll" erwiesen habe (*Geistige Arbeit*, Heft 4, 20. Februar 1941, S. 4). Dabei sehe Bieberbach die Grenzen der „Methoden der Integrationstypologie": „Ihre Durchdringung mit den wissenschaftlichen Ergebnissen der Rassepsychologie ist zu fordern." Er sieht diesen Vortrag Bieberbachs zusammen mit seinen beiden anderen „Persönlichkeitsstruktur und mathematisches Schaffen" (1934) und Stilarten mathematischen Schaffens"(1934) und wünscht sich vom Berliner Ordinarius ein größeres Werk darüber. Aber Bieberbach freut sich keineswegs für diese Besprechung.

Der erste Text der Mappe heißt „Zur Ontologie der Mathematik", umfaßt 27 Seiten, die auf benutztem Papier geschrieben sind – z.B. einem Brief von Georg Linck vom 25. März 1940.

Er wendet sich gegen den Einzug des „Dinglerismus" durch Steck in die Mathematik und schreibt:

> „Dieser Dinglerismus versucht also mit Steck auch seinen Einzug in die Mathematik zu halten. Nur um den zu begegnen (bei zeiten zu begegnen) halte ich ein Eingehen auf die Steckschen Thesen für angemessen."

Im letzten Satz heißt es:

> „Und wir halten darum fest, dass uns die axiomatische Methode die wahren Urbilder und Gestalten, die mathematischen Ideen in ihrer wahren Form und Gestalt erkennen gelehrt hat. Und dass dies gelang ist nicht zum wenigsten das Verdienst Deutscher Forscher, vor allem Hilberts."

Der zweite heißt „Form, Inhalt, Gestalt und Sinn", und umfaßt 10 Seiten. Der Text ist nicht vollendet oder abgeschlossen. Darin heißt es beispielsweise:

> „Der reinen Mathematik wird schon von je und neuerdings wieder mit besonderem Stimmaufwand der Vorwurf gemacht, sie versumpfe in formalen Schliessen und es mangele ihren Verfahrensweisen an Inhaltlichkeit. So schreibt der Münchner Dozent Max Steck in Heft 5 (1941) der Zeitschrift „Die Gestalt" auf Seite 4 (...)".

Und dort bezieht sich Steck auf eine Stelle von Bertrand Russell und vermerkt gründlich: „(Übersetzung nach L. BIEBERBACH)". Mir scheint, daß allein diese Erwähnung schon genügte, daß Bieberbach sich angegriffen fühlte nach dem Motto: Steck hält mich mitschuldig an der Verbreitung dieser Ideen, er schlägt den Sack und meint den Esel. Ein weiteres Indiz für Bieberbachs Eitelkeit, der in Mappen sorgfältig jede Erwähnung seines Namens in Zeitungen und Zeitschriften sammelte.

Man merkt bei der Durchsicht dieser Entwürfe einer Gegenschrift zu Steck, daß Bieberbach bei seiner Entgegnung scheitert. Zuerst geht er auf das *Gestalt*-Heft ein, zitiert Speiser, van der Waerden und Kepler, zitiert und verteidigt Hilbert bleibt aber auf dem ähnlichen – wohl als ideen- oder geistesgeschichtlich gesehenes – Argumentationsniveau von Steck. Dann erscheint Stecks Buch, und Bieberbach wird es wohl als besten Ausweg gesehen haben, wenn er Heinrich Scholz beauftragt als Fachmann, als Mathematiker den Angriffen zu entgegnen.

Steck war nicht immer gegen eine Diskussion von Hilbertschen Auffassungen. In einer Rezension von Heinrich Dörries „Triumpf der Mathematik"[244] schreibt er:

> „Es ist überhaupt die axiomatische Forschungsmethode im Sinne D. Hilberts nicht zu ihrem Rechte gekommen. Gerade wegen ihrer grundlegenden Bedeutung für das Raumproblem hätte der Verfasser darauf doch etwas eingehen müssen."[245]

Wie kann man dem Problem einer adäquaten Darstellung von Bieberbach im Nationalsozialismus und der Fachgeschichte, die ja auch Geschichte ihrer Institutionen, Verbände und Vereinigungen ist, näherkommen? Nicht alles läßt sich

---

[244] Breslau: F. Hirt 1933.

[245] *Geistige Arbeit*, Nr. 9, 5. Mai 1934.

ja auf Eitelkeit, Opportunismus, Gewinnsucht, und was es der individuellen Laster mehr gibt, abschieben. Der Philosoph Prof. Dr. Eberhard Simons hat den Begiff der „Institutionsintrige" vorgeschlagen, und in diesem Zusammenhang eine Intrigenforschung angeregt.[246] Der Begriff der Intrige und ihrer Notwendigkeit kommt ja aus dem Theater, der Komödie, aber dort stellen wenige Menschen ganze Situationen auf den Kopf. Wie hat sich die Mathematik und ihre Institutionen dargestellt? Welche Formen waren derart labil und angreifbar, daß wenigen Menschen eine „Gleichschaltung" gelang, an der ja einige beteiligt waren? Von welchen Realitäten ging der Nationalsozialismus aus, von welchen Normalitäten, die dafür in Anspruch genommen wurden? Was für ein Beziehungsgeflecht gab es und wie wurde es ausgenutzt? Diese Fragen nach Prozessen, Akteuren, Entwicklungen etc. sind ja alle noch lange nicht beantwortet.

Jaensch erwähnt oder zitiert in seinem Aufsatz „Wege und Ziele der Psychologie in Deutschland"[247] keineswegs die Bemühungen von Ludwig Bieberbach. Im Gegenteil:

> „Weitergehende Anschauungen, die die Erbbedingtheit aller wesentlichen Eigenschaften schlechthin behaupten, dürften sich als Hyperbeln erweisen, und, wie alle Übertreibungen, auf die Dauer für die Bewegung eher eine Hemmung als eine Förderung bedeuten; in diesem Fall vor allem deshalb, weil jedes sachlich unbegründete ,Zuviel' in der Propaganda für den Erblichkeitsgesichtspunkt die so notwendigen ärztlichen und kulturpolitischen Massnahmen diskreditieren und lahmlegen kann, die auf die Heilung der von der Umwelt hervorgerufenen Schaden gerichtet sind."

Warum benutzt Jaensch hier ein Wort, das auch einen mathematischen Sachverhalt kennzeichnet? Warum benutzt er nicht den Quintilianschen Ausdruck für die Gedankenhyperbel, die hyperbole, die die Stufen der Erweiterung (amplificatio) und die der graduellen Steigerung durch Vergleich etc. kennt, wo also die Glaubwürdigkeit des Ausgedrückten zugunsten einer augenscheinlichen Einsicht oder eines Eindrucks zurücktreten soll? War dies ein Hinweis auf Bieberbach? Und auf Seite 19 heißt es ergänzend:

> „Da jede völkische Kultur Ausdruck der in dem betreffenden Volke vorwaltenden Grundform ist, oder auch – wie in Deutschland, England und Frankreich – des fruchtbaren Spannungsverhältnisses zweier Grundformen, so gibt die Typenlehre einen Schlüssel an die Hand zum Verständnis der Erscheinungen des Völkerlebens und zugleich eine Anweisung zur Verwirklichung von Werten. Das Fernziel dieser Bestrebungen ist eine reiche konkrete Menschheitskultur, in der alle Völker ihre Eigenart zu scharfer Ausprägung bringen und einander, gerade dank dieser Eigenart, achten und ergänzen – im Unterschied zu der ärmlichen ,abstrakten' Menscheitskultur, die ausschliesslich auf das in allen Menschen Gleiche, d.h. vor allem das Subalterne in ihnen, begründet ist."

Jaensch hantiert nicht mit den Versatzstücken aus dem Rasse-Günther wie Bieberbach, sondern setzt sich davon ab.

> „Mit Nachdruck muss vor allem dem Missverständnis entgegengetreten werden, die Berücksichtigung typologischer und rassentypologischer Gesichtspunkte könnte dahin

---

[246] Interview, in: *Dilemma* – Zeitung des Instituts für Soziologie, 23. Juli 1996, Nr. 9.
[247] *The American Journal of Psychology*, S. 1–22, Vol. 1, No. 1–4, 1937.

führen, dass geeignete Berufsanwärter deshalb abgelehnt würden, weil sie unseren typologischen und rassetypologischen Leitvorstellungen nicht entsprechen."

Jaensch will das nämlich berücksichtigen, aber

> „ohne die jeweils besonderen Fachanforderungen der Berufsauslese zu vergewaltigen."[248]

Von Bieberbachs Ideen, insbesondere die Benutzung der Jaenschen Ideen zur Begründung eines Studentenboykotts gegen Landau, ist Jaensch weit entfernt.

Allerdings in einer „innerdeutschen" Quelle finden sich zwei zustimmende größere Erwähnungen – wieder von Fachfremden – in E. R. Jaensch und Fritz Althoff, Mathematisches Denken und Seelenform. Vorfragen der Pädagogik und völkischen Neugestaltung des mathematischen Unterrichts.[249] Begründet werden die Untersuchungen mit einem Zitat von Felix Klein:

> „Die Psychologie steht erst in den Anfängen derartiger Untersuchungen, die ich mit vielen Fachgenossen freudig begrüße. Denn wir hoffen, daß in unserer Wissenschaft und ihrem Betriebe viele Meinungsverschiedenheiten, die jetzt notwendig unausgetragen bleiben, verschwinden werden, wenn wir erst über die psychologischen Vorbedingungen des mathematischen Denkens und ihre individuelle Verschiedenheit genauer unterrichtet sein werden".[250]

Ihm ist die Schrift auch gewidmet: „Dem Andenken Felix Klein als deutschem Erzieher und frühem Vorkämpfer deutschgearteter Wissenschaft". Jaensch weist im Vorwort darauf hin, daß die Schrift sich zu seinem Buch „Der Gegentypus" verhalte wie ein besonderer Fall zum allgemeinen. S. 25:

> „Bieberbachs Darlegungen über die verschiedenen Stilformen mathematischen Schaffens könnne hier dem Studierenden und künftigen Lehrer die unmittelbaren Anknüpfungspunkte liefern.";

– „Hacken zusammennehmen, auch im Kopfbereich!" befiehlt mir Jaensch und ich lese weiter S. 67,

> „Wie Bieberbach schon gelegentlich auf unsere früheren typologischen Arbeiten hingewiesen hat, so können umgekehrt seine Darlegungen über mathematische Stilformen in diesem Bereiche des Denkens zur Erweiterung und Vertiefung unserer Schilderung der Persönlichkeitsformen beitragen."

Aber genauer wird das Verhältnis von Rassentypologie und Stilformen nicht bearbeitet. S. 72:

> „Die Untersuchungen von Ludwig Bieberbach zeigen, daß die Ergebnisse unserer Untersuchungen, die bereits im Jahre 1930/31 durchgeführt wurden, auch von den großen Mathematikern ein durchaus zutreffendes Bild liefern, eine Übereinstimmung, die um so bemerkenswerter sein dürfte, als die Resultate in vollkommener gegenseitiger Unabhängigkeit gefunden wurden. Wir bedienen uns – ebenso wie Bieberbach – zur Beschreibung der verschiedenen Formen der mathematischen Anlage der Ergebnisse der Typologie von E. R. Jaensch, die außerordentlich gut geeignet ist, die Grund-

---

[248] S. 22.

[249] Beiheft 2 zur *Zeitschrift für angewandte Psychologie und Charakterkunde*. Herausgegeben von Otto Klemm und Philipp Lersch. Leipzig: Verlag von Johann Ambrosius Barth 1939.

[250] FELIX KLEIN, Über Arithmetisierung der Mathematik, 1895.

formen selbst so besonderer Anlagen wie die zur Mathematik auch in ihren feineren Ausgliederungen zu erfassen."

Ein anderes Beispiel: Bernhard Bavink, Ergebnisse und Probleme der Naturwissenschaften.[251] Es ist das erfolgreichste populäre Buch zur Naturwissenschaft im Nationalsozialismus. Und es zeigt wie unbeeinflußt vom Nationalsozialismus und im Widerspruch zu manchen seiner Paladinen der „kämpfenden Wissenschaft" man innerhalb eines bestimmten Rahmens unbehelligt solide über Wissenschaft schreiben konnte. Bavink beruft sich jedoch meist auf Denker, deren Hauptwerke im Kaiserreich oder der Weimarer Republik entstanden sind. Die Relativitätstheorie wird lobend erwähnt und auf „Stimmungsmache" dagegen hingewiesen, der jede Berechtigung fehle; Dingler wird wie Carnap lobend erwähnt; Jaensch wird erwähnt. Es wird festgestellt, daß der Rassenbegriff seine Berechtigung habe, jedoch alles derart im Fluss sei, dass man sich nicht festlegen könne. Von Juden ist in keinem Fall die Rede, Bieberbach wird nicht erwähnt, dagegen Klein und Hilbert gelobt. Bavink ist kein NS-Gegner und bekennt sich zur Berechtigung der Rassenlehre, gerade deshalb war sein Buch ein Beispiel der unideologischen Art und Weise, im Nationalsozialismus Wissenschaft zu treiben.

Max Planck hat mit Vorträgen in die Diskussionen der „kämpfenden" Wissenschaft vornehm eingegriffen. In dem Vortrag „Die Physik im Kampf um die Weltanschauung" vom 6. März 1935 nimmt er ein mathematisches Beispiel, um über Sinn und Unsinn von außerfachlichen Kriterien zu sinnieren, die von außen herangetragen werden. Der Vortrag vom 27. November 1936 „Vom Wesen der Willensfreiheit" ist gänzlich frei von „rassemäßigen" Bestimmungen und erteilt völkischen Ansichten durch jedwedes Außerachtlassen eine Absage, d.h. verurteilt diese Gedanken als irrelevant.

Keine Frage, daß der Wissenschaftsorganisator Max Planck in der nationalsozialistischen Machtergreifung einen „langersehnte(n) großartige(n) nationale(n) Umschwung" sah.[252] Die deutsche Wissenschaft war bereit – wie er am 23. Mai 1933 an Adolf Hitler telegraphierte –

> „an dem Wiederaufbau des neuen nationalen Staates, (...), nach besten Kräften mitzuarbeiten. Hitler sagte Planck zu, daß über das neue Beamtengesetz hinausgehend nichts von der Regierung unternommen werde, das unsere Wissenschaft erschweren könnte"[253]

Planck freute sich, daß die Umsetzung des NS-Beamtengesetzes mit dem „Ausscheiden der Nichtarier" wenigstens ohne Skandal abging[254] Planck war

---

[251] Achte Auflage 1944 (Erstauflage 1914). Leipzig: S. Hirzel. Der deutschen Wissenschaft gewidmet. 25.000 Vorbestellungen, da Auflagen von 1940 und 1941 ausverkauft: die Druckauflage befriedigt wg. Papiermangel nur die Hälfte der Vorbestellungen.

[252] MAX PLANCK, Die Kaiser-Wilhelm-Gesellschaft, S. 172, in: Friedrich Everling und Adolf Günther (Hrsg.), Der Kaiser. Wie er war – wie er ist. Berlin: Traditionsverlag Kolk 1934.

[253] Werner Heisenberg an Max Born, 2. Juni 1933, zitiert nach HELMUTH ALBRECHT (Hrsg.), Max Planck: Mein Besuch bei Hitler. Anmerkungen zum Wert einer historischen Quelle, S. 41–63, in: HELMUTH ALBRECHT (Hrsg.), Naturwissenschaft und Technik in der Geschichte. Stuttgart: GNT 1993.

[254] Max Planck an Max von Laue, 17. November 1937, Archiv zur Geschichte der Max-Planck-Gesellschaft, V, Abt. a, Rep. 11 Planck, Nr. 1121.

sich bewußt, daß die Vertreibungspolitik des Nationalsozialismus zu Verlusten für die deutsche Wissenschaft führte, aber er kooperierte auch nach der „Selbstgleichschaltung" der Kaiser-Wilhelm-Gesellschaft mit dem Terrorregime. Dabei scheint er die Bedeutung der Rassenhygiene hervorgehoben zu haben.[255] Er tat dies, um auf das Kaiser-Wilhelm-Institut für Anthropologie, menschliche Erblehre und Eugenik hinzuweisen, also mit dem Interesse, die Bedeutung dieses Institut für die Volksgesundheit hervorzuheben. Ich glaube nicht, daß Planck dem NS-Rassismus anhing. Planck war ein deutschnationaler gelehrter Mandarin, der selbstverständlich immer loyal zur politischen Macht stand. Er beendete 1943 in der Deutschen Luftwacht seinen Aufsatz „Die Frage an die exakte Wissenschaft"[256] mit dem Satz:

> „In jedem Falle bleibt dem einzelnen nichts übrig, als in seinem Lebenskampfe geduldig und tapfer auszuharren und dem Willen der höheren Macht, die über ihm waltet, sich zu beugen."

Und das kann auch als Satz der Resignation, des Aufgebens und des Durchhaltens gegenüber dem Nationalsozialismus gelesen werden.

Q Logik und Technik

Seit 1938 beschäftigt sich der Ingenieur Kurt Zuse „mit Arbeiten von Gottlob Frege, Ernst Schröder und David Hilbert" für einen Rechenautomat. Er hatte Frege bereits als Gymnasiast gelesen. Warum interessiert sich jemand für die Fregesche Theorie, die doch durch Widersprüche gekennzeichnet, ja gebrandmarkt war? Hatte er nicht Angst dadurch auf ein falsches Gleis zu kommen?

> „Der Entwurf der Addierwerke mit der Bedienungskombinatorik und der mathematischen Logik bestärkte ihn in dem weitreichenden Gedanken, ‚grundsätzlich alle Angaben' in Ja-Nein-Werte aufzulösen. (...) Als ihm 1941/42 die Firma Henschel Arbeitskräfte zur Verfügung stellte, kam auch der Mathematiker Hans Lohmeyer in seine Firma, der als Schüler des Professors für mathematische Logik und Grundlagenforschung an der Universität Münster, Heinrich Scholz, als erster ausgewiesener Logiker mit Zuse diskutierte. Zusammen studierten sie Arbeiten von Frege und die 1928 erstmals erschienenen Grundzüge der theoretischen Logik von David Hilbert mit dessen Schüler Wilhelm Ackermann. Zuses weiterreichendes Ziel war damals die Entwicklung einer universellen Sprache, in der man sich mit dem bereits erwähnten künstlichen Gehirn unterhalten konnte. Dafür studierte er auch die Kunstsprache Esperanto und Rudolf Carnaps Logische Syntax der Sprache. (...) 1944 traf Zuse in Berlin mit Scholz persönlich zusammen. Ein anerkennendes Urteil über die Anwendung des Logikkalküls in der „Dissertation von Herrn Dipl.-Ing. K. Zuse", das Scholz verfaßte, entstand im März 1945."[257]

---

[255] (vgl. Jürgen Renn, Giuseppe Castagnetti, Simone Rieger, Adolf von Harnack und Max Planck. Preprint 113. Max-Planck-Institut für Wissenschaftsgeschichte. Berlin 1999. Dort auch die angegebene Literatur).

[256] Ausgabe Luftwelt 10 S. 363.

[257] S. 196, in: HARTMUT PETZOLD, Moderne Rechenkünstler. Die Industrialisierung der Rechentechnik in Deutschland. München: C.H. Beck Verlag 1992.

Zuses Z3 wird für die Flügelvermessung, d.h. Feststellung von Flügelungenauigkeiten der V1 und V2 (ferngesteuerte Flugkörper) in den Henschelwerken benutzt. Ebenso sollte Z3 für die Berechnung von der Belastbarkeit von Tragflächen von Kampfflugzeugen dienen.

> „Zuse baute aber einen Rechner mit 800 Relais, die S1, dem Schaltungsaufbau nach
> eine Vorläuferin der Z 11, die ‚kriegswichtige' Verwendung fand. Zwei Jahre lang Tag
> und Nacht laufend, berechnete das mit einem festverdrahteten Programm ausgestattete
> Gerät die Korrekturen, die an Flügeln und Leitwerk von ‚fliegenden Bomben' ange
> bracht werden mußten, je nachdem, welche Unregelmäßigkeiten an der Hauptzelle
> gemessen worden waren."[258]

Es ist noch mehr bekannt:

> „Zur Behandlung des Flatterns von Flugzeugflügeln z. B. war erstens eine adäquate
> theoretische Beschreibung des Phänomens nötig, also die mathematische Theorie eines
> technisch-physikalischen Gegenstandes. Von dort zu einer numerischen Behandlung
> konkreter Probleme zu kommen, ist ein ebenso schwieriges Problem und erfordert die
> theoretisch geleitete Entwicklung von Methoden numerischer Analysis. Im nächsten
> Schritt waren dann Rechenpläne zu erstellen; es galt sozusagen, die Rechnerinnen zu
> ‚programmieren'. Schließlich mußten die Rechnungen mit den üblichen Tischrechen
> maschinen durchgeführt werden. In den Bereichen Theorie und Numerik wurde in der
> angewandten Mathematik Erhebliches geleistet, als Beispiel sei nur Lothar Collatz
> erwähnt, der intensiv über numerische Methoden arbeitete, unter anderem für die Ent
> wicklung der V2-Rakete, und während des Krieges ein wichtiges Buch über die
> Behandlung von Eigenwertproblemen verfaßte."[259]

Diese Schnittstelle war wohl die wirksamste von Logik und Technologie, auch wenn die Zerstrittenheit der einzelnen Organisationseinheiten geordnetes Arbeiten kaum erlaubte. Auch andere Mathematiker arbeiteten für die Kriegstechnik. Alwin Walther übernahm 1939 mit seinem Institut für Praktische Mathematik (IPM) in Darmstadt 1939

> „die Rechnungen für das Peenemünder Raketenprogramm, wobei explizit die Lösung
> der Probleme ‚auf instrumentellem Wege' gefordert wurde, Forschung und Entwick
> lung im Bereich der numerischen Analysis und des Rechenmaschinenbaus also mög
> lich war. (...) "

Das IPM entwickelte sich stetig und beschäftigte Mitte 1942

> „16 Akademiker, 34 Rechnerinnen, 2 Mechaniker und 3 Sekretärinnen. (...) Auch
> der oben erwähnte Collatz arbeitete hier am IPM. Bei einer Befragung nach Kriegs
> ende zählte Walther 45 Aufträge von Wehrmacht, Industrie, und RFR auf, die am IPM
> bearbeitet worden waren.[260]

---

[258] HANS-HEINRICH PARDEY, *FAZ*, 22. Juni 1990, S. 39.

[259] S. 334, in: HERBERT MEHRTENS, Angewandte Mathematik und Anwendungen der Mathematik im nationalsozialistischen Deutschland, *Geschichte und Gesellschaft* (Göttingen) 12. Jahrgang, (1986) Heft 3, S. 317–347.

[260] S. 334 f., vgl. Fußnote 189.

Gentzens Arbeiten werden nicht in den Akten des REM oder in den bekannten Papieren von und zum Leiter der „Arbeitsgemeinschaft Mathematik" im RFR genannt[261]. Warum nicht?

Im Mai 1943 tobt die „Kodderschnauze" Goebbels:

> „Unsere Waffentechnik sowohl auf dem Gebiet des U-Boot- wie des Luftkrieges ist der der Engländer und Amerikaner weit unterlegen. Es rächt sich jetzt unsere schlechte Führung im Wissenschaftssektor, die nicht die nötige Initiative aufgebracht hat, die in Forscherkreisen zweifellos vorhandene Bereitwilligkeit zu aktivieren. Man kann eben doch nicht ungestraft jahrelang einen absoluten Hohlkopf zum Führer der deutschen Wissenschaft machen."[262]

R Die Osenberg-Aktion: ein Exkurs

Die Art und Weise wie deutsche Professoren oder Dozenten an der Universität, am Institut, den naturwissenschaftlichen Arbeitsgemeinschaften, Forschungsstellen, ausgelagerten Stätten ihrer Militäreinheiten, Militärforschungsstätten, Oberkommando der Wehrmacht, zusammen mit Wehrwirtschaftsrat, Wehrforschungsgemeinschaft, Reichsforschungsrat, Reichsministerium für Wissenschaft, Rust und Speer, SS, Technikern, Firmen, zusammenarbeiten sollten und zusammen gearbeitet haben, liegt noch immer im tiefen Dunkel, vor dem wie bei manchen Wagner-Aufführungen Nebelschwaden wabern. Wer gab die Direktiven und Kriegsforschungsaufträge? Welche Personen entschieden das aufgrund welcher Kriterien und welchem Geschäftsverteilungsplanes? Wer gab die Meldewege und eventuell Methoden vor, wer kontrollierte, wer setzte die Termine? Die Hinweise von Karl-Heinz Ludwig[263] sind nicht aufklärend, gleichwohl geben sie Indizien, die die Forschung bisher nicht zum Verfolgen ermuntert hat. Auf ihn beruft sich auch Monika Renneberg[264]. Aber selbst Schappacher und Kneser schweigen bei Wilhelm Süss, wo doch die genaueste Angabe seiner Arbeiten angebracht ist.[265]

---

[261] Vgl. S. 338 ff. in: HERBERT MEHRTENS, Angewandte Mathematik und Anwendungen der Mathematik im nationalsozialistischen Deutschland, *Geschichte und Gesellschaft* (Göttingen) 12. Jahrgang, (1986) Heft 3, S. 317–347.

[262] J. Goebbels, Tagebücher, Teil II, Band 8, S. 295. München:Verlag K.G. Saur. - Zur neueren Forschung von Mathematik und Industrie im NS vgl. jetzt Moritz Epple und Volker Remmert, „Eine ungeahnte Synthese zwischen reiner und angewandter Mathematik" Kriegsrelevante mathematische Forschung in Deutschland während des zweiten Weltkrieges, S. 258–295, in: Doris Kaufmann (Hrsg.): Geschichte der Kaiser-Wilhelm-Gesellschaft im Nationalsozialismus. Bestandsaufnahme und Perspektiven der Forschung. Erster Band (von zwei Bänden). Göttingen: Wallstein Verlag 2001.

[263] KARL-HEINZ LUDWIG, Technik und Ingenieure im Dritten Reich. Düsseldorf: Droste 1974. Darin heißt es: „Die Beteiligung vom RFR finanzierter Wissenschaftler am deutschen Fernraketenprojekt steht andererseits außer Zweifel." Die Forschung ist noch immer auf diesem Stand und fast keinen Schritt weiter.

[264] MONIKA RENNEBERG, Zur Mathematisch-Naturwissenschaftlichen Fakultät der Hamburger Universität im „Dritten Reich", S. 1051–1074, in: Eckart Krause, Ludwig Huber, Holger Fischer (Hrsg.), Hochschulalltag im „Dritten Reich". Die Hamburger Universität 1933–1945. Teil III. Berlin: Dietrich Reimer Verlag 1991; auch CHRISTOPH MAAS, Das Mathematische Seminar der Hamburger Universität in der Zeit des Nationalsozialismus, S. 1075–1095, ebenda oder MONIKA

Wenn es möglich ist, daß Gentzen für die V2 Aufgaben gerechnet hat, dann soll von demjenigen ein wenig die Rede sein, der diese Aufgaben koordiniert hat: Werner Osenberg (25.4.1900–16.12.1974)[266]. Über den Reichsforschungsrat Süß kann ich nichts sagen. In Oberwolfach ist wohl – merkwürdigerweise, wurde so vieles vernichtet? – darüber wenig zu finden[267]. Wilhelm Süß (1895–1958) promovierte bei Ludwig Bieberbach und ging als dessen Assistent 1921 nach Berlin. Er knüpfte in seinen Arbeiten an Hilbert an. W. Süss arbeitete mathematisch mit L. Bieberbach zusammen, beide wollten ein Lehrbuch am Ende des Krieges herausgeben.[268]

Werner Osenberg hielt den Endsieg für sicher, wenn alle Wissenschaftler Deutschlands daran mitarbeiteten. Möglicherweise war es durchaus eine vielleicht beabsichtigte „Nebenfolge", daß Wissenschaftler – man mag von dieser Bevorzugung und Einstufung halten, was man will – aus dem furchtbaren Krieg zu einer ihnen angemessenen Arbeit an der Heimatfront herausgezogen wurden. Werner Osenberg begründete dies zum Beispiel in einem Vortrag vom 28. Dezember 1943 „Die Kriegslage als Folge unzureichender Auslastung der deutschen Forschung"[269]. Das Planungsamt Osenberg entstand auf Wunsch von Albert Speer

---

RENNEBERG, Die Physik und die physikalischen Institute an der Hamburger Universität im „Dritten Reich", S. 1097–1118, ebenda, tragen leider nicht zu einer Klärung bei – wie es die bisherige gesamte Forschungsliteratur nicht macht.

[265] NORBERT SCHAPPACHER und MARTIN KNESER, Fachverband – Institut – Staat, S. 1–82, hier S. 72f., in: Gerd Fischer et al. (Hrsg.), Ein Jahrhundert Mathematik 1890–1990. Vieweg: Wiesbaden 1990.

[266] Auch Mehrtens (1996) Angaben zu W. Osenberg sind aufgrund der wohl unübersichtlichen Quellenlage fragmentarisch. Es fehlt – und das wäre doch eine Voraussetzung jeder mathematikhistorischen Arbeit – jede Statistik darüber, wieviel Mathematiker an welchen Orten beschäftigt waren und wieviel Prozent für welchen Zweck und für wen arbeiteten, wieviele sich im Schuldienst betätigten, wieviele an der Front waren und was der Fragen mehr sind. Da stehen wir noch ganz am Anfang. Ohne diese Daten aber von „Selbstmobilisierung der Wissenschaft" zu sprechen und dann die immergleichen Zitaten von 8 bis 10 Mathematikern zu zitieren, halte ich für sehr gewagt.

[267] Das Mathematische Forschungsinstitut Oberwolfach hat die in seinem Besitz befindlichen Teile des Nachlasses von Wilhelm Süss dem Universitätsarchiv Freiburg 1996 zur Verwahrung übergeben. „Leider fehlen große Teile der Korrespondenz, ohne daß sicher ist, wo diese verblieben sind. Der Bestand ist derzeit noch weitgehend unerschlossen. (...) Es sind sehr wohl Korrespondenzen von Süss mit Osenberg vorhanden, aber nicht im Zusammenhang mit Peenemünde." (Dr. Dieter Speck vom Universitätsarchiv Freiburg 22.1.1997). Das Archiv sollte im Laufe des Jahres 1999 erschlossen sein. Vgl. VOLKER REMMERT, Griff aus dem Elfenbeinturm. Mathematik, Macht und Nationalsozialismus: das Beispiel Freiburg. *Mitteilungen der Deutschen Mathematiker-Vereinigung* 3/1999 (Stuttgart: B. G. Teubner).

[268] Vgl. MEHRTENS 1996, p. 116.

[269] BA Koblenz, Reichsforschungsrat R26 III/120; es handelt sich um eine Abgabe der Library of Congres, ca. 600 Bde. In der Regel Forschungsberichte und Korrespondenz, geordnet nach „Publication Board Files". – „Wie aus einem Verhörprotokoll der Amerikaner vom Juni / Juli 1945 hervorgeht, wurde Osenbergs Originalkartei wohl von ihm selbst nach Tirol verlagert. Eine Zweitausfertigung wurde von den Amerikanern erobert und wird in dem Protokoll auch beschrieben. Nach Aussagen zuverlässiger amerikanischer Stellen kamen alle Osenberg Unterlagen zurück an das Bundesarchiv in Koblenz. Dort gibt es unter der Signatur R 26 II, I, 2 (Nr. 8–28) den Verweis auf eine Kartei." (Dr. Birgit Schlegel vom 14.11.1995 an den Autor). Es fragt sich

und sollte für die Koordinierung und Konzentrierung kriegswichtiger Forschungsarbeiten sowie der uk-Stellung potentieller Wissenschaftler sorgen. „Der entsprechende Erlaß Görings folgte am 29. Juni 1943. Danach war das Planungsamt eine
selbständige Gliederung des Reichsforschungsrates, ebenfalls eine Einrichtung,
deren Präsident Hermann Göring war und die von Albert Speer ins Leben gerufen hatte. Osenberg unterstand als Leiter unmittelbar Göring und hatte die Voll-
macht, in seinem Auftrag „mit allen Dienststellen der Wehrmacht, des Staates,
der Partei und der Wirtschaft zu verhandeln". Das eigentliche Problem, das Fehlen einer einheitlichen Forschungsführung, wurde spätestens nach der Invasion
der Alliierten erkannt. Osenberg forderte in seiner Denkschrift vom 31. Juli 1944
die „Schaffung eines einheitlichen Führungsorgans der Forschung sämtlicher
staatlicher Institute, auch die der drei Wehrmachtteile sowie der Industrielabo-
ratorien"; außerdem „den nominellen Zusammenschluß aller Forschung treibenden staatlichen und industriellen Institute und Laboratorien zu einer „Wehrforschungsgemeinschaft" zum Zweck einer einheitlichen Personalsicherstellung".
Diese „Wehrforschungsgemeinschaft des Reichsforschungsrats" wurde tatsächlich
durch Erlaß Görings am 24. August 1944 genehmigt."[270] Wichtig für Wissenschaftler war das Planungsamt Osenberg, weil es die uk-Stellung großzügig löste[271].

Wilhelm Süss – der vorher in Greifswald lehrte – , der Vorsitzende der deutschen Rektorenkonferenz, hielt am 26.8.1943 in Salzburg eine Rede – „Die gegenwärtige Lage der deutschen Wissenschaft und der deutschen Hochschulen" –
für den totalen Einsatz der Gelehrten im Kriege:

> „Die Stellung eines deutschen Hochschullehrers muß sowohl ideell wie materiell so
> ausgestattet sein, daß die besten Kräfte des Volkes kein schöneres und idealeres
> Berufsziel und keine höhere Ehre anstreben, als einen Ruf an eine Hochschule zu
> erhalten. (...) Einen Gelehrten von entscheidender Bedeutung sollte man in aller
> Öffentlichkeit mit verdienten Heerführern oder anderen führenden Männern auf eine
> Stufe stellen. Als Dank des Volkes sollte man ihm meines Erachtens z.B. wie einen
> hervorragenden General für seinen Lebensabend eine Reichsdotation geben. Bei sei-
> nem Tode sollte ihm ein Staatsbegräbnis zuteil werden."[272]

---

nur, wo die ausgelagerte Originalkartei verblieben ist. Das mir vorliegende Verzeichnis bezieht
sich nicht auf das Original.

[270] Auszug aus „Findbuch" des Bundesarchivs Koblenz, wahrscheinlich aus einem Manuskript
K. Zierolds.

[271] KURT ZIEROLD, Forschungsförderung in drei Epochen. Deutsche Forschungsgemeinschaft.
Geschichte, Arbeitsweise, Kommentar. Wiesbaden:1968, S. 248f.

[272] Zitiert nach HERBERT MEHRTENS, Kollaborationsverhältnisse: Natur- und Technikwissenschaften im NS-Staat und ihre Historie, S. 13–32, hier S. 28, in: Christoph Meinel, Peter Voswinckel (Hrsg.), Medizin, Naturwissenschaft, Technik und Nationalsozialismus. Kontinuitäten
und Diskontinuitäten. Stuttgart: Verlag für Geschichte der Naturwissenschaften und der Technik
1994. Süß war von 1928 bis 1934 Privatdozent in Greifswald. Man sollte m.E. untersuchen,
inwieweit er sich womöglich der schweren Krankheit des o. Prof. Karl Reinhardt bedient hat, um
in dieser Zeit sich einen Lehrstuhl zu verschaffen. Das „Staatsbegräbnis" ist eine Absage an die
Freiheit der Mathematik und fester Wille zur Verquickung von Wissenschaft und Staat.

Danach sei Osenberg – von ihm[273] ging es aus, daß viele Wissenschaftler für den wissenschaftlichen und militärischen Endsieg noch in Arbeitsgruppen von der Front weg oder wie bei Gentzen aus der Krankheit in die Volksarbeit gerufen wurden, wobei Gentzen sozusagen Teil einer großen Lochwanderung war – vielleicht in „Schloß Roßla" bei Nordhausen, später in Lindau/Harz bei Katlenburg stationiert gewesen, in enger Nachbarschaft des KZ Mittelbau Dora, wo Häftlinge unter mörderischen Bedingungen durch die Anweisungen Kammlers durch die Produktion der V2 „verschrottet" worden sind. Die V2 war die einzige Waffe, bei deren Herstellung mehr Menschen starben als bei ihrem „Gebrauch" bei der Bombardierung von London und Rotterdam. Osenberg, führend bei der Wehrforschunggemeinschaft beim Reichsforschungsrat, hatte für die „Entwicklungsgemeinschaft Mittelbau" nach der Evakuierung aus Peenemünde ungefähr 15.000 Mitarbeiter vorgesehen.

> „Diese Zahl läßt sich zurückführen auf eine von der Wehrforschungsgemeinschaft beim RFR angelegte Kartei, in der alle kriegswichtigen Projekte und die daran beteiligten Wissenschaftler und Ingenieure erfaßt waren. Die aufgelisteten 15 000 Namen waren mit Angaben versehen, so die Familienverhältnisse, Beziehungen zu anderen Personen, wie Geliebte, und politische Einstellung und Zuverlässigkeit. Das Institut der Wehrforschungsgemeinschaft wurde geführt von Prof. W. Osenberg und arbeitete in Lindau bei Northeim, gar nicht so weit von Bleicherode entfernt. Neben der Führung dieser „Osenberg-Dokumentation" beschäftigte sich das Lindauer Institut noch mit zentraler Planungskontrolle und der Lösung ganz spezieller wissenschaftlicher Aufgaben. So war Professor Osenberg z.B. mit der Weiterentwicklung der Bordrakete R 100 Bs und der Boden-Luft-Raketen befaßt."[274]

Bornemann zitiert den „Bericht der Britischen Kommission (Team 163) über besichtigte Anlagen im Mittelraum vom Mai 1945. Aber wo ist diese „Osenberg-Kartei" geblieben, die mit ca. 200 Mitarbeiterinnen erstellt worden ist? Das Planungsamt scheint am Ende des Krieges von Northeim nach Lindau/Harz umgezogen zu sein. In dem „Washington National Records Center" (Washington) und im Bundesarchiv in Koblenz finden sich Akten des Planungsamtes Osenberg[275].

---

[273] Über diesen wichtigen Mann und sein einschneidendes Projekt im Nationalsozialismus gibt es fast keine Literatur, die seiner Bedeutung und der seines Amtes entspricht: Vgl. seinen Lebenslauf in „Catalogus Professorum 1831–1981, Band 2, S. 222, Festschrift zum 150jährigen Bestehen der Universität Hannover. Stuttgart: Kohlhammer 1981, aber besonders: BIRGIT SCHLEGEL, Das „Büro Osenberg" in Lindau, S. 152–156, in: dieselbe, Lindau. Geschichte eines Fleckens im nördlichen Eichsfeld. 37115 Duderstadt: Verlag Mecke Druck 1995, dagegen apologetisch: *Hannoversche Allgemeine* vom 19. April 1967. Professor Dr.-Ing. Werner Osenberg von der TH Hannover, von 1941–45 Leiter des Vierjahresplaninstituts für Fertigungsverfahren begleitete den Kriegseinsatz der Geisteswissenschaftler mit einem Kriegseinsatz der Naturwissenschaftler und Techniker. Er forderte die Freistellung von 645 Forschern und 1300 wissenschaftliche Fachkräfte vom Wehrdienst zur Wiedereinstellung, uk-Stellung, und die Einstellung in Projekte. Wie bekam er Gelder, mit welchen Ministerien und Parteiamtstellen verhandelte er? War die DFG mit von der Partie? Wer wurde ausgesucht? Wie wurde er kontrolliert? Alles unbeantwortete Fragen. Aber dieser größte Kriegseinsatz von deutschen Forschern erfordert vielleicht doch noch Klarheit.

[274] S. 140f., in: MANFRED BORNEMANN, Geheimprojekt Mittelbau. Vom zentralen Öllager des Deutschen Reiches zur größten Raketenfabrik im Zweiten Weltkrieg. 2. völlig neu bearbeitete und erweiterte Auflage. Bonn: Bernard & Graefe Verlag 1994.

[275] Bundesarchiv Koblenz, R 26 III Reichsforschungsrat.

Auszüge aus dem Findbuch lassen eine „Forscher-Kartei" und für die Zeit nach 1942 „Forscher, Institute, Firmen und ihre Forschungsthemen ... nach Fachsparten bzw. Arbeitsgemeinschaften des Reichsforschungsrats" vermuten. Angeblich sollen als Abgabe der Library of Congress ca. 600 Bände (Forschungsberichte und Korrespondenz, geordnet nach Publication Board Files) ebenfalls unter R26 III, Teil III zu erforschen sein. Auf der Karteikarte „Gentzen" aber steht nur „SS-Forschungsauftrag". Handelt es sich tatsächlich um die ursprüngliche oder eine von den Alliierten „entschärfte" Kartei"?

Osenberg ist vielen bekannt geworden wegen seines kritischen Briefes an den Reichsleiter Martin Bormann im Mai 1944:

> „Ich halte es für meine Pflicht, Sie auf das Projekt Hochdruckpumpe aufmerksam zu machen, das jetzt auf Befehl des Führers durchgeführt wird, meiner Ansicht nach jedoch als Fehlschlag im Hinblick auf die Konstruktion des Rohres, die Form des Geschosses und die unwirtschaftliche Verwendung des Explosivstoffs betrachtet werden muß, so daß gegenwärtig die Einsetzung von Personal dafür nicht zu rechtfertigen ist. (Allein an der Kanalküste sind noch immer etwa 5000 Arbeiter an Geschützstellungen und Bunkern bei der Arbeit.) Neben dem Peenemünder A-4-Programm ist das Projekt Hochdruckpumpe das zweite größere Vorhaben, das für die sogenannte ‚Vergeltung' vorgesehen ist, die das Volk so zuversichtlich erwartet und die wegen der Unfähigkeit vieler zunichte wird, die an der Leitung dieses Projektes teilhaben."[276]

Osenberg schlug selbst viele Verbesserungen vor. Wegen der späten Heranziehung wissenschaftlicher Mitarbeiter war wieder ein halbes Jahr verloren gegangen, die knappen Ressourcen wurden verludert. Auf Osenberg wurde reagiert. Das Heereswaffenamt verwandelte das Entwicklungswerk Peenemünde in die „Elektromechanischen Werke GmbH". Andere mögliche Arbeiten könnten auch die „Graben-Mine" oder der „Panzer-Blitz", einer Boden-Boden-Raktete gewesen sein. Osenberg unternahm jedoch noch meßtechnische und ballistische Untersuchungen an Unterwasserfahrzeugen und Torpedos, und Verbesserungen der Rakete R.100 BS, die im Sprengkopf 14 Kleinraketen freisetzte, die sich spiralförmig durch einen feindlichen Bomberpulk drehen sollte. Probleme der sogenannten „Luftzerleger" mußten gelöst werden: Die A4-Raketen sollten unzerlegt am Ziel ankommen und dort detonieren und nicht schon vorher in der Luft sich selbst „zerlegen".

Der Logiker und spätere Entwickler der Non-Standard Analysis, Abraham Robinson, untersucht im Juli 1944 die Überreste einer V2 in Farnborough, England, um dann im Rahmen des britischen Geheimdienstes auch Deutschland nach der Invasion zu erkunden.

Derselbe Werner Osenberg, Wissenschaftssekretär des SD, durch dessen Aktion Gentzen seine Arbeit und Stelle in Prag bekam, wird später Gentzens Namen nicht auf die „Paperclip"-Liste der in den USA erwünschten deutschen Wissenschaftler schreiben, die Osenberg im Namen des Joint Intelligence Objectives Agency (JIOA) zusammenstellt. Während Kriegsverbrecher aufgrund der Osenberg-Liste – er setzt gerne unverbesserliche Nazis auf die Liste, eine Mitglied-

---

[276] S. 242, in: DAVID IRVING, Die Geheimwaffen des Dritten Reiches. Gütersloh: Sigbert Mohn 1965. Ich zitiere den Holocaust-Leugner David Irving nicht gerne, aber ich habe den zitierten Brief in keiner anderen Quelle gefunden.

schaft in der SS hält er ebenfalls für einen wissenschaftlichen Vorteil[277] – in den USA sofort Persilscheine erhalten und ihrer „Arbeit" nachgehen können, sterben Mitläufer, Unverdächtige und Unschuldige, gerade weil sie ihre Arbeitskraft und wissenschaftliche Energie nicht absolut in den Dienst eines verbrecherischen Staates gestellt hatten. Werner Osenberg wirkte bis 1970 als Professor in Hannover und starb 1974 in Renningen/Württemberg[278]. Der mächtige Mann beschreibt seine Arbeit selbst:

> „Er (d.i. Osenberg selbst, EMT) gründete, als immer mehr wehrfähige Professoren und Fachkräfte der wissenschaftlichen Institute einberufen wurden, im Jahre 1943 das Planungsamt des damaligen Reichsforschungsrates, nachdem er zuvor maßgebende Stellen davon überzeugen konnte, daß die deutschen Forscher, ob alt, ob jung, an ihren Forschungsstätten zu wirken haben, statt in untergeordneten militärischen Stellen ihre Kräfte unzweckmäßig zu vergeuden. Es gelang ihm, nicht nur etwa 10000 Arbeitskräfte durch uk-Stellung der Forschung zu erhalten, sondern darüber hinaus etwa 5000 besonders begabte und ausgesuchte Wissenschaftler von der Front zurückzuholen, die zusätzlich auf die wissenschaftlichen Institute verteilt wurden."

Da wäre es für die Wissenschaftsgeschichte doch wichtig, diese Kartei und die angeblich 600 Bände Akten wenigstens für statistische Zwecke zu sichten.

> „Prof. Rohrbach hatte sich bemüht, diesmal leider vergeblich, das Mathematische Institut in eine Burg (Oberpfalz?) zu verlagern. Er leitete die Verlagerung des Auswärtigen Amtes von Berlin nach Bad Nauheim." (Dr. Franz Krammer).

In dieser Zeit werden mehr als siebzig tschechische Hochschullehrer und Studenten erschossen oder durch KZ-Haft ermordet. Nach den Studentendemonstrationen am 28. Oktober 1939 wurden ca. 1200 ins KZ Sachsenhausen-Oranienburg gebracht. Aus den Reihen der Professoren ist z.B. zu nennen der ordentliche Professor für theoretische Physik und Mathematik Dr. Frantisek Zaviska (*18.11.1879 Groß-Meseritz, †17.4.1945 in Gifhorn bei Braunschweig auf dem „Todesmarsch").

Am 1. Oktober 1944 nahm der Mathematiker Wilhelm Süss seine Arbeit als Erster Leiter des Instituts für Mathematik in Oberwolfach auf. Noch immer wollten die NS-Begeisterten mit Hilfe der Naturwissenschaften und der angewandten Mathematik den Weltkrieg gewinnen. Nach dem Krieg wurde nicht bekannt, daß man sich um diejenigen Mathematiker kümmerte, die in Kriegsgefangenenlagern dahinvegetierten. Gentzen war vergessen, aber das Institut ist natürlich heute noch Herrn Süss und nicht etwa den Emigranten oder Toten, Gefallenen und Ermordeten verpflichtet. Nichts ist so schlimm wie die Arroganz der Davongekommenen, der Überlebenden und der freilich immer lächelnden Täter. Die larmoyanten Täter verlangen von den Opfern nicht nur Nachsicht. Sie nehmen ihnen das übel, daß sie ihnen das antun konnten. Von Opfern redet der Lebende nicht länger.

---

277 vgl. S. 32f., LINDA HUNT, Secret Agenda. The United States Government, Nazi Scientists, and Project Paperclip, 1945 to 1990. New York: St. Martin's Press 1991.

278 vgl. O. KIENZLE und W. OSENBERG, Fertigungstechnik und Werkzeugmaschinen (darin auf S. 185 etwas zur Osenberg-Aktion), in: Festschrift „125 Jahre Technische Hochschule Hannover 1831–1956".

Was macht ein berühmter Raketenwissenschaftler in dieser Zeit? Der SS-Sturmbannführer Wernher von Braun fuhr 1944 nach Buchenwald, um dort mit dem SS-Oberscharführer Wilhelm Simon KZ-Häftlinge für das zur Fertigung der Massenvernichtungswaffe V2 eigens errichtete Konzentrationslager Mittelbau-Dora auszumachen. Aber wenn selbst bestimmte Amerikaner großzügig darüber hinweggesehen haben, sollen wir ausgerechnet darüber eine Bemerkung verlieren dürfen?

Im Konstein schliefen in den Querstollen auf Holzpritschen in vier Ebenen circa 10.000 Häftlinge. Wernher v. Braun (1912–1977) sah während eines Besuches im Sommer 1943 die Leichenberge derer, die verdursteten, obwohl das Kondenswasser ständig von den Stollendecken regnete, die an Entkräftung oder anderen Mangelkrankheiten gestorben waren, sah diejenigen, die mißhandelt, erschossen, erschlagen oder ermordet worden waren. Das ficht den Obersturmbannführer der SS Wernher v. Braun nicht an. Da die Häftlinge die Räume auch bei den Sprengungen nicht verlassen durften, wurden viele von herumfliegenden Steinsplitter getötet. 12 Stunden mußten die Häftlinge Zwangsarbeit leisten, danach konnten sie wegen des Lärms nicht schlafen. Als im Januar 1944 die Produktion der Vergeltungswaffe 2 anlief, verbesserten sich die Lebensbedingungen der Zwangsarbeiter. Von Herbst 1943 bis 1945 starben 20.000 Häftlinge. Wernher v. Braun war nicht der Initiator, aber der Nutznießer dieser Zwangsarbeit. Er war kein aktiver Teilnehmer der Greuel, nahm dies aber als Mittel für die Vollendung seines Raketenprogramms billigend in Kauf. Im KZ Buchenwald suchte er persönlich für ein Fertigungssonderprogramm eigenhändig Häftlinge aus. Bei allen Dingen fragte sich der Opportunist: „Was kann mir das für das Programm helfen?". Ein in sich gerechtfertigter Zweck nahm unmoralische Mittel in seine Vorgehensmethode. So wie ein KZ-Arzt für Flecktyphusexperimente Häftlinge wie Tiere benutzte, so nahm der Ingenieur des Teufels Wernher v. Braun Zwangsarbeiter als Mittel zum Zweck, um sein Ziel schnellstmöglich und effektiv zu erreichen. Am 8. September 1944 begann die V2-Produktion. Von 6000 produzierten Raketen kamen 3.200 zum Einsatz. Sie verursachten 9.000 Tote bei den Alliierten. Höchststehende Technik paarte sich mit der niedrigsten Moral. Moralvergessen wurden technische Ziele des Raketenbaus mit ungerechtfertigten, rücksichtslosen unmenschlichen Methoden verfolgt, Technik um jeden Preis – auch um den des Massenmords – verwirklicht. Der ehemalige Obersturmbannführer, Ehrenbürger von Huntsville/Alabama und Träger vieler Auszeichnungen, Dr. Wernher v. Braun ist ein gefeierter Techniker, der die Menschheit auf den Mond brachte und einen Menscheitstraum verwirklichte. Die in den Stollen 20.000 – zwanzigtausend – verreckten Menschen sind vergessen. Die Goebbels'sche Propaganda erweist sich im nachhinein als vorraussehend: nicht ein Gedanke wird an die Opfer verschwendet, sondern im Lichte stehen die mittlerweile wohlhabenden Propagandisten, Mörder, Nutznießer, Arisierer, die als Täter oder Opportunisten noch heute vom geraubten geistigen und materiellen Vermögen der jüdischen Deutschen gut und guten Gewissens leben und die Opfer zum zweiten Mal töten.

Hier wird nicht die These vertreten, daß der Krieg per se *notwendigerweise* Innovationen in Logik oder Informationsverarbeitung hervorbringt. Weder für Gentzen noch für Konrad Zuse war der Krieg ein besonders fruchtbares Terrain;

im Gegenteil: Krieg bedeutete Hindernis, Abgeschnittensein, alles, was den Konstrukteur „peripher" in seiner Wissenschaft machte.[279] Gentzen leitete seine Rechengruppe, die heute durch einen PC ersetzt wäre. Zuse führte Berechnungen an Flügeln durch, die auch mit einer Rechengruppe berechenbar gewesen wäre. Und für die Entwicklung des Plankalküls, also Denken, sind Kriege nicht förderlich (oder kennen Sie große mathematische Ideen, die in Zeiten des Krieges konstruiert wurden und wo der Krieg ursächlich verantwortlich war?). 1944 gelangte der Zuse-Computer in den Harz:

> „Schließlich erhielten wir den „Befehl", sie in eines der unterirdischen Rüstungswerke zu bringen. Der erste Besuch dort war selbst für uns, die wir durch den Berliner Bombenkrieg allerhand gewohnt waren, erschütternd. Zum ersten mal standen wir vor der unmenschlichen Grausamkeit des Dritten Reichs gegenüber. In kilometerlangen Stollen arbeiteten zwanzigtausend KZ-Häftlinge unter unvorstellbaren Bedingungen. (...) Nach dem Besuch sagten wir uns: Überall hin nur nicht hierher! Wir ließen uns lediglich einen Wehrmachtslastwagen mit Anhänger geben, mit dem wir das Gerät transportieren konnten."[280]

Und er floh ins Allgäu. Der Computer wurde gegen den Nationalsozialismus, gegen den Krieg entwickelt. Und auch die mathematische Logik war gegen den Krieg, gegen den Nationalsozialismus entwickelt.

---

[279] Zum Begriff der Peripheren vgl. ERNST GRÜNFELD, Die Peripheren. Ein Kapitel Soziologie. N.V. Noord-Hollandsche Uitgevers Mij, Amsterdam 1939.

[280] S. 81, KONRAD ZUSE, Der Computer – Mein Lebenswerk. Berlin: Springer 1986.

Kapitel 5
Genesung und Dozentur
1942 bis 1944

Kapitel 5
Genesung und Dozentur
1941 bis 1944

A Tatsächliche Entlassung aus der deutschen Wehrmacht

Gentzen teilt mit einer Postkarte vom 14.6.1942 dem Kurator der Universität Göttingen mit, daß er aus dem Wehrdienst entlassen worden sei:

> „Da ich durch meine Krankheit vorerst auch meinen Beruf auszuüben nicht in der Lage bin, beabsichtige ich einen längeren Urlaub einzureichen."

Aber der Direktor des Mathematischen Instituts, Kaluza, schreibt dem Kurator am 4. Juli 1942,

> „daß Herr Dr. Gentzen seine Assistententätigkeit am Mathematischen Institut am 15. Juni 1942 wieder aufgenommen hat."

Am 8.7.1942 ersucht der Kurator das Ministerium

> „ob zum nächstmöglichsten Zeitpunkte die Entlassung durch Widerruf erfolgen soll, nachdem Dr. Gentzen am 8.6.1942 aus dem Wehrdienst entlassen worden ist. Soll der Widerruf nicht erfolgen, so ist anzugeben, ob der Assistent als Anwärter für den Beruf des Hochschullehrers geeignet ist. Frist: 2 Wochen."

Am 17. Juli 1942 teilt Kaluza dem Kurator „ergebenst" mit,

> „daß die weitere Tätigkeit des Dr. habil. Gerhard Gentzen als Assistent am Mathematischen Institut auch nach Ablauf der 2 Dienstjahre dringend erwünscht ist. Die Eignung von Herrn Dr. G. Gentzen für den Beruf des Hochschullehrers ist wohl dadurch erwiesen, daß Herr Gentzen im Besitz des Grades eines Dr. habil. ist."

Rektor und Dozentenschaft haben nichts gegen eine Verlängerung des Dienstverhältnisses. Er wird am 19.11.1942 offiziell als „w.u." (wehruntauglich) vom Wehr-Bereichs-Kommando ausgemustert („Nervenerkrankung durch aufreibenden Dienst als Funker bei einem Luftnachrichtenregiment"). Am 2.12.1942 trägt der Kurator in die Personalakte:

> „Ich habe die Entlassung durch Widerruf des Assistenten Dr. habil. Gerhard Gentzen gemäß §5 der Reichsassistentenordnung nicht ausgesprochen. Wiedervorlage am 1.1.1944."

Nach einem kurzen Kuraufenthalt in einem Sanatorium bessert sich sein Zustand rasch und er beginnt – zwischen Putbus, Liegnitz und Sigmaringen pendelnd – wieder mit logischen Forschungen:

> „Der Dämmerzustand von geistiger Schlaffheit und Benommenheit ändert sich allerdings wochenlang kaum merklich." (23.04.1942 an Hellmuth Kneser).

B Hans Rohrbach fordert Gerhard Gentzen über die Osenberg-Aktion nach Prag an

Ende 1942 wird er von Professor Hans Rohrbach als Dozent für Mathematik angefordert. Rohrbach wußte, daß sich Gentzen nicht in der Wehrmacht wohlfühlen würde:

„Als ich davon hörte, wie sehr er mit seiner Art sich dem Drill der Wehrmacht nicht fügen konnte, war mir klar, daß ich versuchen sollte, ihm da rauszuhelfen. Sonst würde er kaputt gehen bzw. reif werden für eine Nervenheilanstalt."[1]

Über die Motivation berichtet Hans Rohrbach:

„Er war von mir in diese Stelle geholt worden, da er zur deutschen Wehrmacht eingezogen worden war und sich dort keineswegs wohl fühlte. Ich war vor meiner Berufung an die Deutsche Universität in Prag mit Gentzen zusammen in Göttingen (Hans Rohrbach wurde am 1.4.1938 Oberassistent am Institut, EMT). Daher kannten wir uns gut, und ich konnte verstehen, daß er von der Wehrmacht weg wollte. Die Osenberg-Aktion hatte von der Reichsregierung den Auftrag und die Ermächtigung, Fachkräfte für kriegswichtige Arbeiten vom Wehrdienst zu befreien. Deshalb stellte ich dort den Antrag, das Gentzen zukommen zu lassen. Ich würde ihn in Prag mit kriegswichtigen mathematischen Arbeiten beschäftigen. Dadurch kam Gentzen vom Wehrdienst frei, und ich war der Osenberg-Aktion gegenüber verpflichtet, über die Arbeiten von Gentzen zu berichten."[2]

Aber Gentzen war bereits als „wehruntauglich" aus der Wehrmacht entlassen worden. Und Rohrbach hatte ihm den SS-Auftrag verschafft und mußte nicht nur an Osenberg „berichten". Mußte Gentzen dennoch Angst haben, irgendwie an die Front zu müssen?

Hans Rohrbach (1903 – 1993) war ein großer Kryptologe.[3] Seine Arbeit, er hat sie im FIAT-Bericht beschrieben, wäre für Gerhard Gentzen genau das richtige Aufgabengebiet gewesen.

Aufgrund von Kommunikationsfehlern wird die Göttinger Fakultät von der neuen Stelle in Prag als Dozent nicht informiert und Gentzen erhält weiterhin von dort sein Geld.

Gentzen soll in Prag zunächst „Anfänger-Mathematik" unterrichten.[4] Von Liegnitz aus erbittet er vom Kurator der Universität Göttingen am 30.1.1943

„die Erteilung der Lehrbefugnis für Mathematik und Ernennung zum Dozenten. Zur Ableistung der Probevorlesung bitte ich der Naturwissenschaftlichen Fakultät der Deutschen Karl-Universität zugewiesen zu werden."[5]

In Göttingen schreibt der Kurator am 30.1.1943 an den Direktor des Mathematischen Instituts:

„Am 31.3.1943 ist der Assistent Dr. habil. Gerhard Gentzen 4 Jahre im Dienst der dortigen Dienststelle. Ich ersuche um Äußerung, ob zum angegebenen Zeitpunkte die Entlassung durch Widerruf erfolgen soll."

---

[1] H. Rohrbach in einen Brief an Dipl.-Ing. G. Gentzen vom 21.2.1986.

[2] Brief von H. Rohrbach an mich vom 9.8.1988.

[3] Vgl. F.L. Bauer, Entzifferte Geheimnisse. Methoden und Maximen der Kryptologie. 2., erweiterte Auflage. Berlin: J. Springer 1997.

[4] Ich bedanke mich für die Hilfe und Suche in den Prager Archiven besonders bei den Professoren Dr. Miroslav Kunstat vom Archiv Univerzity Karlovy und dem Mathematiker Dr. Milan Vlach.

[5] Für eine Kopie dieser Abschrift bedanke ich mich recht herzlich bei Dr. Ulrich Hunger vom Göttinger Universitätsarchiv.

Aber Kaluza schreibt mit dem 11.2.1943 an den Kurator der Universität Göttingen, daß sie die „Anstellung des Dr. habil. Gerhard Gentzen als Assistent am Mathematischen Institut auch nach dem 31. März 43 weiter zu verlängern" bitten:

> „Über die wissenschaftliche Eignung von Herrn Gentzen kann nicht der mindeste Zweifel herrschen. Seine bisher veröffentlichten Untersuchungen sind auch außerhalb Göttingens bekannt und sehr beachtet worden. Das Institut legt größten Wert darauf, Herrn Gentzen so lange wie möglich als Assistenten zu behalten."

Der Rektor befürwortet dies und die Dozentenschaft erhebt keine Einwände. Gentzens Entlassung wird nicht ausgesprochen und er erhält ein Gehalt von monatlich RM 454,81.

Gentzen besucht seine Mutter und Schwester in Liegnitz und schickt von dort aus ein Konvolut von seinen Papieren nach Sigmaringen, wo die Schwestern seiner Mutter leben. War das Weitsicht?[6]

Er wird im Herbst 1943 von Prof. Dr. Hans Rohrbach, Chiffrierer im Auswärtigen Amt und Leiter des Mathematischen Seminars der deutschen Karls-Universität, als Dozent ohne Diäten nach Prag berufen. Gentzen schreibt für diese Stelle einen Lebenslauf:

<u>Abschrift</u>

<u>Lebenslauf.</u>

Göttingen, 25. August 1943.

Ich bin geboren am 24.XI.1909 in Greifswald als Sohn des Rechtsanwalts Hans Gentzen und seiner Frau Melanie Gentzen geb. Bilharz. Ich habe von 1920 – 28 das humanistische Gymnasium in Stralsund besucht und dort Ostern 1928 die Reifeprüfung abgelegt. Anschliessend studierte ich Mathematik und Physik an den Universitäten Greifswald, München, Berlin und Göttingen. In Göttingen promovierte ich 1933 zum Dr.phil. und legte im gleichen Jahre die Staatsprüfung für das höhere Lehramt, in Mathematik und Physik als Hauptfächern und angewandter Mathematik (Astronomie) als Zusatzfach, ab. In den Jahren 1934 – 35 führte ich meine wissenschaftlichen Arbeiten auf dem Gebiete der mathematischen Logik und Grundlagenforschung weiter, zeitweise unterstützt durch ein Forschungsstipendium der Deutschen Forschungsgemeinschaft. Am 1. Nov. 35 erhielt ich eine Anstellung als apl. Assistent am Mathematischen Institut der Universität Göttingen, die zum 1.IV.39 in eine planmässige Assistentenstelle umgewandelt wurde, welche ich noch jetzt innehabe.

In den Jahren 1935 – 38 habe ich Einzelvorträge aus meinem Fachgebiet gehalten an den Universitäten Greifswald, Göttingen, Leipzig, Münster und Tübingen, ferner auf der Tagung der Deutschen Mathematiker-Vereinigung im Jahre 1937 sowie als Mitglied der deutschen Abordnung auf dem internationalen Philosophiekongress in Paris 1937.

Seit Nov. 33 gehöre ich der SA, seit dem 1.V.37 der NSDAP als Mitglied an; seit dem 1.I.39 dem NSD-Dozentenbund[7].

Vom 28.IX.39 bis 8.VI.42 war ich Soldat bei der Luftwaffe, und zwar vom 28.IX.39–21.I.42 im Einsatz im Heimatkriegsgebiet. Ich wurde wegen eines nervösen Erschöp-

---

[6] Wahrscheinlich wurden diese Papiere von Frau Waltraut Student 1987 Herrn Prof. Dr. Christian Thiel übergeben, damit er sie entziffere, denn sie sind durchweg in Kurzschrift geschrieben.

[7] Angabe nach BDC (in Gentzens eigener Schrift): aber in den Akten steht der 1.1.1941.

fungszustands von der Wehrmacht entlassen und ausgemustert. Meine Gesundheit hat sich seitdem soweit gebessert, dass ich zu wissenschaftlicher Arbeit und Lehrtätigkeit wieder fähig bin.

Im Dez. 1940 habe ich an der Universität Göttingen den Grad eines Dr. phil.-habil. erworben.

gez. G. Gentzen.

C Gentzens Lehrvortrag in Prag: „Die Keplerschen Gesetze der Planetenbewegung"

Am 19. und 20. Mai 1943 trägt er in zwei Vorlesungsstunden seinen Lehrvortrag „Die Keplerschen Gesetze der Planetenbewegung" langsam, aber klar vor. Schon als Jugendlicher hatte er darüber gelesen.[8] Darüber hinaus galt ein Thema wie „Kepler" gerade in Prag als urdeutsch[9]. Allein ein Titel wie „Kepler" war deshalb schon unverfänglich. Der Vortragende konnte sicher sein, daß er keinen unangenehmen Fragen wegen seines Lehrgegenstandes ausgesetzt war und daß er nicht unliebsamen Seminarbesuch bekam.

Über seinen Lehrvortrag gibt es in der Habilitationsakte des Bundesarchivs zwei Gutachten:

Gutachten über die Probevorlesung von Herrn Dr. habil. Gerhard G e n t z e n am 19.V.1943.

Herr Dr. Gentzen wählte sich zum Gegenstand seines Probevortrages die Keplerschen Gesetze der Planetenbewegung. In zwei Vorlesungen behandelte er nach einer kurzen, historischen Einleitung über die Ptolemäische Epizykeltheorie[10], die drei Keplerschen Gesetze[11], die Newtonsche Erklärung des Flächensatzes und die Herleitung der

---

[8] Vgl. die Kapitel „Johannes Kepler" und „Isaac Newton" (S. 164–182) in: „Der Sterne Bahn und Wesen. Gemeinverständliche Einführung in die Himmelskunde von MAX VALIER. Leipzig: R. Voigtländers Verlag 1924 (vgl. Kapitel 1).

[9] Vgl. beispielsweise MAX STECK, Über das Wesen des Mathematischen und die mathematische Erkenntnis bei Kepler, Halle 1941; A. SPEISER, Mathematische Denkweise, Zürich 1932; F. KUBACH, Johannes Kepler als Mathematiker, Veröffentlichungen der Sternwarte zu Heidelberg 11, 1935; E. A. WEISS, Kepler, Deutsche Mathematik 5 (1940); MAX CASPAR, Kopernikus und Kepler, München – Berlin 1943; FRANZ HAMMER, Joh. Kepler, Stuttgart 1943; die „deutsche" Literatur ist Legion.

[10] Scheinbare Rückläufe oder Stillstände von Planeten, also Planetenschleifen werden mit Hilfe eines kleineren Aufkreises (griechisch: Epizykel) auf dem Trägerkreis des Planeten um die Erde erzeugt. Vgl. zum Thema das informative Buch von JÜRGEN TEICHMANN, Wandel des Weltbildes. 3. Auflage. Stuttgart/Leipzig: Teubner 1996.

[11] Die Keplerschen Gesetze besagen: 1.) Die Planeten bewegen sich in Ellipsen um die Sonne, wobei die Sonne in einem der beiden Brennpunkte der Ellipse liegt. 2.) Die von der Sonne zum Planeten gezogene Verbindungslinie (der Radiusvektor) überstreicht in gleichen Zeiten gleiche Flächen. 3.) Das Quadrat der Umlaufzeit jedes Planeten um die Sonne verhält sich proportional zur dritten Potenz seiner durchschnittlichen Entfernung von der Sonne. Vgl. zum Thema das informative Buch von JÜRGEN TEICHMANN, Wandel des Weltbildes. 3. Auflage. Stuttgart/Leipzig: Teubner 1996, und STEPHAN TOULMIN, JUNE GOODFIELD: Modelle des Kosmos. München: Goldmann 1970. Zur „Herleitung des allgemeinen, das heißt für alle Massen gültigen Newtonschen Gravitationsgesetzes' benötigt man alle drei Keplerschen Gesetze (vgl. S.82, ISTVÁN SZABÓ,

Gesetze der Planetenbewegung aus dem allgemeinen Gravitationsgesetz. Die Ausführungen des Vortragenden zeigten, dass er imstande ist, einen wissenschaftlichen Gegenstand in klarer Weise vor einem grösseren Hörerkreis vortragsmässig zu behandeln. Glaser Prag, am 14.6.1943.[12]

Und das zweite lautet:

Mathematisches Institut der Deutschen Karls-Universität Prof. Dr. H. Rohrbach

Prag, den 1.7.1943

<u>Gutachten</u>

Dr. habil. Gerhard G e n t z e n hielt seine öffentliche Probevorlesung vor der Naturwissenschaftlichen Fakultät der Deutschen Karls-Universität Prag über das Thema:

Die Keplerschen Gesetze der Planetenbewegung.

Er begann seine Ausführungen mit dem Hinweis auf die örtliche Gebundenheit seines Themas, da ja Kepler lange Jahre in Prag gewirkt hat und gerade hier in den Beobachtungen Tycho de Brahes das notwendige Material für die Entdeckung der Planetengesetze vorfand. Hieran schloß sich ein geschichtlicher Überblick über die Bemühungen des menschlichen Geistes seit dem Altertum, die Planetenbewegung zu beschreiben. Mit dem interessanten Nachweis, daß die Theorie der Epizyklen von Ptolemäus dem ersten Keplerschen Gesetz mathematisch äquivalent ist, schloß der 1. Teil der Vorlesung. Der 2. Teil der Vorlesung war der theoretischen Ableitung der Keplerschen Gesetze aus dem allgemeinen Newtonschen Gravitationsgesetz[13] gewidmet.

Dr. Gentzen zeigte mit dieser Anlage und des weiteren mit der Durchführung seiner Probevorlesung ein sehr großes didaktisches Geschick. Seine Ausführungen waren klar und verständlich. Die Verknüpfung mit dem geschichtlichen Geschehen und die Einordnung in größere Zusammenhänge bewiesen, daß Dr. Gentzen den erforderlichen Überblick besitzt, um eine Vorlesung interessant und lebendig zu gestalten. Diese Beurteilung wird auch durch die augenblickliche, durch eine Nervenerkrankung von Dr. Gentzen bedingte Langsamkeit im Vortragen, nicht beeinträchtigt. Zusammenfassend kann gesagt werden, daß Dr. Gentzen die Fähigkeiten zur Ausübung einer Dozentur in hohem Maße besitzt.

Rohrbach

Geschichte der mechanischen Prinzipien. 2. Auflage. Basel: Birkhäuser 1979). Szabo kritisiert explizit irrige Auffassungen, die im dritten Keplerschen Gesetz bereits den „wesentlichen Inhalt des Newtonschen Gravitationsgesetzes" (S. 19, OSKAR BECKER, Größe und Grenze der mathematischen Denkweise. Freiburg: Karl Alber o.J.), wie es Friedrich Engels oder J. O. Fleckenstein beispielsweise behaupteten. Vgl. dazu ALFRED GÖTZE, Anfänge einer mathematischen Fachsprache in Keplers Deutsch. Germanische Studien, hrsg. von E. Ebering, Heft 1. Berlin: E. Ebering 1919; HELMUT WOCKE, Die mathematische Fachsprache in Keplers Deutsch. Ihre Bedeutung für Schule, Leben und Wissenschaft, S. 93-101, in: Neue Jahrbücher, Jhrg. 1920, II. Abt. XLVI, Heft 4, Leipzig: Teubner 1920. Wir wissen nicht, inwieweit Gentzen womöglich eine neue Einsicht – ähnlich der von Sir William Hamilton – in die Probleme Keplers und Newtons vortrug, wie es etwa R. Feynman tat (vgl. DAVID L. GOODSTEIN, JUDITH R. GOODSTEIN, Feynmans verschollene Vorlesung „Die Bewegung der Planeten um die Sonne". München: Piper Verlag 1998), indem er den keplerschen Ellipsensatz, sein erstes Gesetz, allein mit den Mitteln der Geometrie der Ebene formulierte, und dabei einen anderen Beweis fand als Newton selbst.

[12] Walter Glaser, a.o. Professor für Theoretische Physik.

[13] Das Gesetz besagt: Die Gravitationskraft, die zwischen zwei Körpern wirkt, verhält sich direkt proportional zum Produkt ihrer Massen und umgekehrt proportional zum Quadrat ihres Abstands r. Daher rührt auch der häufig verwendete Ausdruck „$1/r^2$ Gesetz", EMT.

Aufgrund der Bestimmungen der Reichshabilitationsordnung vom 17. Februar 1943 wird vom Direktor der Deutschen Karls-Universität der Antrag auf Erteilung der Lehrbefugnis für Dr. phil. habil. Gerhard Gentzen an den Reichsminister gesandt. Zur öffentlichen Lehrprobe wird angemerkt:

> „Dr. Gentzen verfügt über einen klaren Vortrag. Für einen Mathematiker, dessen wissenschaftliche Arbeiten im Gebiete letzter Abstraktionen liegen (Hilbert-Schule) war die Darstellung anerkennenswert verständlich und anschaulich. Gentzen erscheint also befähigt, sowohl für fortgeschrittene Studierende der Mathematik, als auch für Anfänger oder Studierende, die Mathematik nur als Hilfswissenschaft brauchen, nutzbringende Vorlesungen zu halten."[14]

Seine Ernennungsurkunde zum Dozenten des Berliner Reichsministerium für Wissenschaft und Volkserziehung ist vom 5.10.1943 datiert.

> „Im Namen des Führers
>
> ernenne ich im Einvernehmen mit dem Reichsprotektor in Böhmen und Mähren den
>
> Dr. phil. habil. Gerhard Gentzen zum Dozenten.
>
> Ich vollziehe diese Urkunde in der Erwartung, daß der Ernannte getreu seinem Diensteide seine Amtspflichten gewissenhaft erfüllt und das Vertrauen rechtfertigt, das ihm durch diese Ernennung bewiesen wird. Zugleich darf er sich des besonderen Schutzes des Führers sicher sein.
>
> Berlin, den 5. Oktober 1943
> Der Reichsminister für Wissenschaft, Erziehung und Volksbildung
>
> Im Auftrage gez. G r o h"

Er wird darauf hingewiesen, daß er dadurch „kein Recht und keine Anwartschaft auf Bewilligung von Diäten oder auf Berufung auf einen planmäßigen Lehrstuhl" erwerbe.

D Die ersten Lehrveranstaltungen im November 1943

Der Dekan Denk bittet am 2. November 1943 nachträglich um Genehmigung für die vom Dozenten Dr. Gerhard Gentzen für das Wintersemester 1943/44 angekündigten Vorlesungen und Übungen:

> „Wiederholung und Ergänzung der Schulmathematik .... Mo., Mi., Do. 11–12
>
> Uebungen zur Schulmathematik .... Di. 16–17"

Mit der Lehre ist verbunden ein „Forschungsauftrag der SS"[15] – vermittelt durch Prof. Dr. Rohrbach und dem Leiter des „Arbeitskreises Mathematik im Reichsforschungsrat" Wilhelm Süß – für Berechnungen an der Vergeltungswaffe 2, deren Ergebnisse zunächst nach Peenemünde, dann direkt nach Mittelbau Dora bei Nordhausen gehen. Am 29.6.1988 schreibt Professor Rohrbach an Frau Waltraut Student:

---

[14] Habilitationsakte des Bundesarchivs.

[15] Karte aus der Osenberg-Kartei im Bundesarchiv Koblenz. Es handelt sich dabei also nicht nur um eine „Dringlichkeitsstufe".

„Ihr Bruder hatte es übernommen, für die Techniker der Herstellungsgruppe der V-Waffen in Peenemünde mathematische Berechnungen auszuführen. Sie betrafen, soviel ich noch weiss, in erster Linie ballistische Probleme, d.h. Lösung von Differentialgleichungen. Hierzu war ihm eine Gruppe von jungen Mädchen zugeordnet – es waren Schülerinnen der Oberklassen in Prag –, die als Kriegseinsatz statistische und andere rein rechnerische Aufgaben für die theoretische Arbeit von Gerhard Gentzen zu leisten hatten."[16]

Am 5.2. 1990 schrieb mir Herr Professor Rohrbach:

„Soviel ich weiß, waren die Aufgaben, die Gentzen für Peenemünde zu erledigen hatte, statistischer Art. Er hatte dazu eine große Schaar von Oberschülerinnen, die dabei helfen sollten."

Gentzen wurde Leiter einer „Rechengruppe". Gentzen kam seiner Aufgabe aus Pflichtgefühl, aber ohne jedwede Neigung nach, sein SS-Forschungsauftrag schien ihm nur zu garantieren, daß er auf Kriegszeit nicht wieder militärisch aktiv verwendet werden konnte. Mittlerweile gibt es erhebliche Zweifel darüber, was genau Gentzen berechnete[17]. Mehrtens (1996, p. 112) schreibt:

„Rohrbach was also professor at Prague, from 1941, while working part time for the AA. In Prague he had a small group doing mathematical work for various industrial firms and also for the HVP."

---

[16] Der Brief befindet sich im Besitz von Frau Waltraut Student.

[17] Wußte Gentzen überhaupt „wofür konkret die Arbeiten dienen sollten? (...) Der Prototyp für die V2/A4 war ja bereits am 3.10.1942 gestartet. Die anschließenden Fragen betrafen nicht die Theorie, sondern die Umsetzung vom Prototyp zur Serienproduktion." Auch die Idee, daß Gentzen Berechnungen zur Verhinderung des „Luftzerlegens" durchführte, erscheint nicht wahrscheinlich. „Viel zwangloser erscheint mir folgende Erklärung: In Peenemünde wurde auch an Grundsatzfragen und an verschiedenen Raketenstudien und -projekten gearbeitet. (...) Die Kontakte über Osenberg werden wahrscheinlich zur Entwicklungsgruppe geführt haben, aber wohl nicht zur Produktion der V2 ins Mittelwerk. Der Kontakt zwischen der Entwicklungsgruppe und der Produktion erfolgte ‚institutionell' durch besonders dafür eingesetzte Ingenieure (Fertigungsprüfung: Lindenberg, Friedrich)." (Dr. Günther Engler). „Ich weiß nicht, woran Rohrbachs Gruppe in Prag rechnete. Mein Interesse an Rohrbach war stets auf seine Tätigkeit im AA gerichtet. Mir war gar nicht bewußt, daß er während dieser Zeit auch seinen Prager Lehrstuhl versah. Leider ist auch Lammel, der damals ebenfalls in Prag war, verstorben. Es wird nicht leicht sein, die offene Frage aufzuklären. Nach meiner Einschätzung der Persönlichkeit Rohrbachs könnte die Tätigkeit der Rechengruppe durchaus ein Potemkinsches Dorf zur Rettung von Menschenleben gewesen sein. Aber das ist natürlich eine reine, durch nichts belegte Spekulation. Ich habe Rohrbachs menschliche Züge sehr geschätzt, wenn mir auch seine missionarischen Anliegen öfters auf die Nerven gingen." (F.L. Bauer am 31.1.99 an den Autor). – Vielleicht rechnete die Rechengruppe Aufgaben für die kryptologischen Anliegen des AA? Im Politischen Archiv des Auswärtigen Amtes findet sich keine Hinweis auf Gentzen. Von Professor Dr. Hans Rohrbach liegt dagegen eine Personalakte vor. Aus ihr ergibt sich, daß er seit 10.5.1940, also zu einer Zeit, da er noch Oberassistent in Göttingen gewesen ist, im Auswärtigen Amt kommissarisch als Wissenschaftlicher Hilfsarbeiter beschäftigt worden ist und der Abteilung Personal und Verwaltung, Referat Pers Z, Chiffrier- und Nachrichtenwesen zugeteilt war. Sonst finden sich in der Akte keine Hinweise auf andere Personen. In der Personalakte Rohrbachs wird lediglich Ernst Mohr einmal als Dozent in Prag erwähnt, und zwar im Zusammenhang mit der Vertretung Rohrbachs während dessen Tätigkeit im Auswärtigen Amt in Berlin. Im Übrigen ist diese Akte gemäß den Bestimmungen des Bundesarchivgesetzes für die Benutzung durch Dritte noch gesperrt.

Es fehlt – wie bei allen Angaben über diese Rechengruppe – jeder Nachweis, daß tatsächlich Rechenarbeiten für die Heeresversuchsanstalt Peenemünde durchgeführt wurden. Und welches sind die „various industrial firms"? Die Möglichkeit, daß Gentzens Rechengruppe – die von Rohrbach ihre Aufträge bekam – etwa der Luftfahrtforschungsanstalt Hermann Göring zuarbeitete, wie Mehrtens[18] insinuiert – konnte bisher nicht bestätigt werden. Die Heeresversuchsanstalt Peenemünde war eine Wehrmachtinstitution für die der Reichsforschungsrat keinerlei Verfügungskompetenz besaß.

> „Prof. Osenberg hatte bei uns einen üblen Ruf. In typisch nazistischer Arroganz wollte er über die HAP-Fachkräfte verfügen. Nach meiner Erinnerung forderte er von der HAP eine Kartei der dort beschäftigten Fachkräfte. Ihm wurde nachträglich bedeutet, daß der RFR (Reichsforschungsrat, EMT) nicht der Auftraggeber der HAP sei und daß er (Osenberg) über die dort beschäftigten Fachkräfte absolut keine Verfügungskompetenz besitze. Im Gegenteil, zur Zuführung von der in der HAP fehlenden Fachkräfte war Prof. Osenberg gänzlich unfähig."[19]

Er hält es allerdings für möglich, daß die Rechengruppe Rohrbach für die SS arbeitete und zwar über deren „Forschungszentrum" in Pilsen (Skoda-Werke):

> „Es wäre wohl möglich, daß die SS durch Skoda ‚in der Luft schwebende', d.h. ohne Kenntnis der wesentlichen Randbedingungen, Aufgaben zur A4/V2-Ballistik erteilte."

Die HAP jedenfalls unterhielt eigene Rechengruppen zur Erledigung der umfangreichen numerischen Rechnungen für ballistische und steuerungstechnische Probleme. Da der Ausdruck der Rechenergebnisse auf „tapetenlangen" Papierstreifen erfolgte, hießen die „Kriegshilfs-Mädchen" einfach „Tapetenfrauen". Im Penemünde-Archiv, wo über 2000 wissenschaftliche Berichte erfaßt sind, ist Gentzen ebenso wenig genannt wie in Dr.-Ing. R. Strobels Veröffentlichung „Ballistik ferngelenkter Geschosse"[20]. Strobel war der Laborleiter für Ballistik in Penemünde.

Die Arbeit für eine Herstellungsgruppe und nicht für die Entwicklungsgruppe würde einiges erklären. Es erklärt, warum es in den nach Amerika geschifften Akten der Entwicklungsgruppe um Wernher von Braun keine Archivalien zur Gentzenschen Rechengruppe gibt. Aber Professor Hans Rohrbach besteht auf dieser Aufgabenstellung Gentzens:

> „Auf diese Weise (Osenberg-Aktion, EMT) konnte ich durch einen entsprechenden Antrag Gentzen an mein mathematisches Institut in Prag holen, wo ich bereits angefangen hatte, rechnerische Arbeiten für die V-Waffen-Herstellung in Peenemünde zu erledigen. Ich konnte Gentzen hierfür freistellen lassen und übertrug ihm die Leitung der Arbeitsgruppe, die ich bereits aufgebaut hatte. Das waren damals Mädchen aus den Oberklassen der höheren Schulen, die mit bestimmten mathematisch-statistischen Rechenarbeiten, zu denen sie angelernt wurden, Hilfsarbeiten erledigen mußten, auch eine Art Kriegseinsatz. Gentzen hat diese Aufgabe bestens durchgeführt und gute Resul-

---

[18] 1996, p. 117.

[19] Dr.-Ing. Gerhard H. R. Reisig an mich per Brief am 14. März 1997.

[20] In: MOLITZ-STROBEL, Äussere Ballistik. Berlin: Springer 1963.

tate für Peenemünde erarbeitet; die Probleme wurden von dort gestellt. Das zeigt, daß er auch zu anderen mathematischen Arbeiten fähig war. (...)"[21].

Es wird aus der Erinnerung von einem ehemaligen Mitarbeiter in ähnlicher Weise so bestätigt. Dr. Franz Krammer[22] besteht in einem Brief darauf, daß Prof. Dr. Rohrbach im Rahmen seines Forschungsauftrages in Zusammenarbeit mit Gentzen im Institut eine Nebenstelle eingerichtet hat.

> „Im Rahmen seines Forschungsauftrages hatte Prof. Rohrbach, wohl im Zusammen-
> arbeit mit Dozent Gentzen, im Institut eine Nebenstelle eingerichtet. Unter Leitung
> von Gentzen wurden mathematische Aufträge, meist vom Reichsforschungsrat Prof.
> Süsz, bearbeitet. Gentzen und ich bereiteten die rechentechnische Ausarbeitung so
> vor, daß sie von 4–6 Mädchen an Rechenmaschinen (für Sie vorsintflutige Ungeheuer)
> ausgeführt werden konnten. (Die Mädchen, die ihr Studium hatten abbrechen müssen,
> waren froh, daß sie nicht in Munitionsfabriken arbeiten mußten, wo den Frauen die
> Haare ausfielen[23]). Ab April 45 wurden alle Mädchen sukzessive in ihre Heimat
> beurlaubt." (Dr. Franz Krammer)[24]

---

[21] Hans Rohrbach am 21.2.1986 an Dipl.-Ing. G. Gentzen.

[22] Franz Krammer (* 30.3.1915 in Udoli u Kaplic). Er trat 1938 in die NSDAP ein und promovierte 1942 an der Deutschen Universität Prag mit der Arbeit „Abschätzung mit Hilfe konvexer Funktionen". Nach Krieg, Gefangenschaft, Zwangsarbeit und Vertreibung ging er in den Schuldienst. Er lebt heute in München.

[23] Munitionsarbeiterinnen hatten meistens gelbrot verfärbte Haare. Beim Abfüllen von hochgiftigem flüssigem Dinitrobenzol, eine Billigvariante des Sprengstoffs TNT, kam es zu Kleidungs- und Hautkontakt. Aber auch aus den Zerfallstoffen aus TNT, einer Mischung aus Toluol, Schwefel- und Salpetersäure entstand ein chemischer Zoo gefährlicher Substanzen wie aromatische Amine und Dinitrotoluol. Aber nicht nur Vergiftungen, auch Brände und Explosionen machten diesen „Arbeitsplatz" nicht sehr attraktiv.

[24] Dr. Franz Krammer an Dipl.-Ing. G. Gentzen in einem Brief vom 12.02.1986. – Numerische Rechnungen zur Lösung etwa von Differentialgleichungen wurden von qualifizierten Mathematikern in einzelne Rechenschritte aufgelöst, die dann mit immer neuen Konstanten von den wenig qualifizierten Rechengruppen arbeitsteilig durchgerechnet wurden. – Welche Rechner dieses Rechenbüro mit 8 Damen hatte, vermag ich nicht zu sagen. Einen Überblick über 1943 erhältliche und übliche Rechenmaschinen und ihre Arbeitsprinzipien und Funktionsweisen gewinnt man leicht bei der Lektüre von Prof. Dr. FRIEDRICH ADOLF WILLERS, Mathematische Instrumente. München und Berlin: Verlag von R. Oldenbourg 1943. Der Adoptivsohn von Gottlob Frege, Alfred Frege – vormals Fuchs – hatte von 1935 bis 1937 bei der Firma Brunsviga (Grimme, Natalis & Co.) als Betriebsassisstent die Fabrikation der Rechenmaschinen überwacht (vgl. demnächst ECKART MENZLER-TROTT, Freges politisches Testament. Zum Verhältnis von Glaube, Politik und Sprachauffassung. Im Satz). Im Artikel von Hans Ebert wird Ernst Mohr erwähnt, der vom Breslauer TH-Professor für Strömungslehre Dr. Johann Nikuradse 1943 freigestellt wurde. Ernst Mohr war in der Rechengruppe von Gentzen. Allerdings soll Mohr sich laut Ebert um Lehrbücher für Schulen und Hochschulen im zukünftigen Reichskommissariat Kaukasien gekümmert haben (S. 227). Hans Ebert: „Im März 1943 war Mohr auf Antrag von Johann Nikuradse vom Rüstungskommando des Reichsministers für Bewaffnung und Munition ,zur Durchführung einer kriegswichtigen Arbeit' als ,Schlüsselkraft' erklärt worden. In dieser Eigenschaft war die Zusammenarbeit sichergestellt." Ich glaube nicht, daß Mohr Lehrbücher schrieb und halte das für einen Decknamen dieser Rechengruppe. Ebenfalls wird erwähnt, daß das SS-Rohstoffamt Mitte September 1944 vollautomatische Rechenmaschinen sowie Handrechenmaschinen beschaffen konnte. Diese sollten der Einrichtung einer Mathematischen Abteilung im KZ Sachsenhausen dienen. Vielleicht prüfte die gentzensche Rechengruppe die Plausibilität der Ergebnisse dieser Häftlingsgruppen (S. 234)? Das alles ist aber haltlose Spekulation, die zu Fragen führt. HANS EBERT, „Häftlingswissenschaftler" im Einsatz für die SS 1944/45, 219 – 242,

Auf die Frage, wie denn die Kommunikation zwischen Gentzen und Osenberg funktionierte, antwortete Rohrbach am 9.8.1988:

> „Gentzens Aufgaben kamen über das Osenberg-Büro im Harz aus Peenemünde, seine Ergebnisse gingen über das Osenberg-Büro dorthin, im allgemeinen per Post; im März 1944 durch meinen persönlichen Botendienst, weil die Post schon nicht mehr voll funktionierte."[25]

1943 lernt Gentzen auch den Professor Ernst Mohr kennen. Obwohl sie beide bei Weyl promoviert hatten, hatten sie sich einander bisher nicht kennengelernt. Mohr erinnert sich dürftig an Gentzen:

> „1) Er hielt einen eindrucksvollen und meisterhaften Vortrag über die Grundlagen der Mathematik; 2) er bewunderte und verehrte Bertrand Russell über alles! 3) er freute sich sehr, als er ein Exemplar der zweiten Auflage von Perrons „Irrationalzahlen" im Jahr 1943 in einer Prager Buchhandlung noch erwerben konnte"[26]

Am 23.8.1943 läßt sich Gentzen in Göttingen ein „Amtsärztliches Zeugnis" vom Gesundheitsamt austellen. Er wiegt 61 kg bei einer Größe von 170 cm und verfügt über ein „regelrechtes" Nervensystem und ist auch sonst völlig gesund. Rohrbach beantragt am 13.11.1943 „Herrn Dr. Gentzen eine Dozentur mit Diäten zu übertragen", weil er seine Bezüge als planmäßiger wissenschaftlicher Assistent durch die Universität Göttingen bekäme:

> „Seine wissenschaftlichen Leistungen müssen als hervorragend bezeichnet werden und sind in Fachkreisen allgemein anerkannt. Dr. Gentzen ist bereits seit mehreren Jahren Mitherausgeber der wissenschaftlichen Zeitschrift: Forschungen zur Logik und zur Grundlegung der exakten Wissenschaften. Es darf damit gerechnet werden, daß er in absehbarer Zeit einen Ruf auf eine beamtete Professur erhält. Ich halte es für gerechtfertigt und notwendig, seinen wissenschaftlichen Leistungen und seinem Einsatz bei der Wehrmacht durch Übertragung einer Dozentur mit Diäten die gebührende Anerkennung zu geben."[27]

Dekan, Rektor und Kurator befürworten diesen Antrag uneingeschränkt. Am 24.1.1944 werden ihm vom Reichsminister für Wissenschaft, Erziehung und Volksbildung über das Deutsche Staatsministerium für Böhmen und Mähren in seiner Stellung als Dozent mit Wirkung vom 1. April 1944 Diäten bewilligt. Er erhält brutto RM 511,02, wovon abzüglich der Lohnsteuer RM 395,12 zum Leben bleiben. Seine Beteiligung am Unterrichtsgeld bleibe davon unberührt: „Aus Ihrer bisherigen Assistentenstelle scheiden Sie mit Ende März 1944 aus." Der Kurator in Göttingen stellt die Zahlung der Vergütung mit dem 31. März 1944 ein. Am 2.12.44 schreibt er an Onkel Willi und Tante Iga:

---

in: HEINRICH BEGEHR (Hrsg.), Mathematik in Berlin. Geschichte und Dokumentation. Zweiter Halbband. Reihe: Beiträge aus der Geschichtswissenschaft. Aachen: Shaker Verlag 1998.

[25] Prof. Dr. H. Rohrbach in einen Brief an mich vom 9.8.1988.

[26] Professor Dr. Ernst Mohr (1910–1989), Schüler von Weyl in Göttingen, in einem Brief an mich vom 29. August 1988.

[27] Bundesarchiv R 31/377 fol.1–, Der Kurator der deutschen wissenschaftlichen Hochschulen in Prag, Habilitationsakte Dozent Dr. Gerhard Gentzen.; in Teilen vorhanden unter Sen.Prot.Nr. 876/1943 im Archiv Univerzity Karlovy Prag. Bei der „Habilitationsakte" handelt es sich um zwei Teile: 1.) Gentzens Personalakte aus Göttingen bis 26. Januar 1944; 2.) Die Personalakte Gentzens aus Prag.

„Ich regiere jetzt ein ganzes ‚Rechenbüro' von 8 jungen Mädchen, meist Studentinnen, die ihr Studium nicht fortsetzen durften und nun bei uns angestellt worden sind. Da könnt ihr Euch denken, dass ich kaum mehr eine ruhige Minute habe. ‚Nebenbei' muss ich noch meine Vorlesungen halten. Studenten sind aber nicht mehr viele, man muss froh sein, wenn ein halbes Dutzend zusammenkommt. Unter diesen Verhältnissen verwende ich denn auch weniger Mühe auf die Vorbereitung der Kollegs. (...) Ob wohl Dr. Herbst auch in Putbus ist? Er ist mir der vertrauteste von meinen Lehrern geworden. (...)"[28]

Onkel Willi ist ein früherer Schulfreund seines Vaters aus gemeinsamen Gymnasialtagen in Stralsund. Seine Tochter ist Hertha Michaelis. Im Rückblick verklärt Professor Rohrbach wohl die Situation:

Auch die Arbeit in Prag hat ihn befriedigt, hat ihm Freude gemacht, und in dem klaren Bewußtsein, sein Bestes auch dafür gegeben zu haben, ließ er sich, wie mir später gesagt wurde, ohne Widerspruch, ohne Erschütterung abführen, seinem Ende entgegen. Ich könnte mir denken, daß er da bereits mit seinem Leben, d.h. seinen mathematischen Arbeiten, abgeschlossen hatte."[29]

Hans Rohrbach arbeitete auf dem Gebiet Algebra und Zahlentheorie und hatte keine mathematischen Berührungspunkte mit Gentzen[30]. Sie sahen sich auch in Prag kaum. Für „Onkel Willi" sucht Gentzen auch mathematische Bücher. Es handelt sich um „Grunert, Loxodromische Trigonometrie" (1849), „Das Verebnen der Kugeloberfläche" (1892) und irgendwelche nützliche Literatur zur analytischen Geometrie der Kugel. Er findet aber nichts mehr darüber. Im August 1944 macht er 14 Tage lang Urlaub in Putbus bei Onkel Willi und Tante Iga.

E   Der letzte bekannte wissenschaftliche Brief Gerhard Gentzens

„Göttingen, den 12.IX.44

Sehr geehrter Herr Lorenzen!
Ihren Versuch zum Wf.beweis habe ich durchgesehen, nicht bis ins einzelne, dazu fehlt es mir an Zeit. Aber soviel kann ich Ihnen auch so sagen: So einfach läßt sich die Wf. der Zahlentheorie bestimmt nicht beweisen. Erlauben Sie mir, dass ich Ihnen einen gutgemeinten Rat gebe: Fangen Sie nicht mit so schwierigen Problemen an, sondern beginnen Sie etwa mit dem Aussagenkalkül, wie ich es auch getan habe; dieser ist gerade zum Üben im Selbstdenken, und Vertrautwerden mit den logischen Begriffen, sehr geeignet. Der Weg in die Prädikatenlogik ist wesentlich steiniger! Ein paar hübsche Probleme sind zum Beispiel: Ein Beweis der Vollständigkeit meiner ‚Struktur'-

---

[28] Der Brief befindet sich im Besitz von Frau Waltraut Student.

[29] Brief an Dipl.-Ing. G. Gentzen vom 21.2.1986.

[30] HANS ROHRBACH veröffentlichte auch Bücher wie: Naturwissenschaft, Weltbild, Glaube (13. Auflage) R. Brockhaus: Wuppertal, oder Schöpfung – Mythos oder Wahrheit, R. Brockhaus: Wuppertal 1990.

Schlussregeln, oder: Ein handliches Entscheidungsverfahren für die intuitionistische Aussagenlogik anzugeben.

Mit den besten Grüßen
Ihr G. Gentzen"[31]

F Gerhard Gentzen 1944: Lehrveranstaltungen, Rechenbüro und Krieg

Der Kurator der Georg-August-Universität schreibt an den Herrn Kurator nach Prag, der hatte die Personalakte Gentzens aus Göttingen angefordert, am 20. Januar 1944:

> „Ich bitte um Mitteilung, wann Dr. Gentzen seine Tätigkeit als Dozent bei der Naturwissenschaftlichen Fakultät der deutschen Karls-Universität in Prag aufgenommen hat, da mir weder seine Ernennung zum Dozenten ohne Diäten in Prag noch sein Verlassen Göttingens und damit die Aufgabe seiner Tätigkeit als wissenschaftlicher Assistent bei dem Mathematischen Institut der Universität Göttingen, wofür er noch laufend seine Dienstbezüge von mir erhält, bekannt gegeben worden sind. Ich bitte daher, Dr. Gentzen auf seine Beamtenpflichten mir als seinem Dienstvorgesetzten gegenüber hinzuweisen und das weitere zu veranlassen."

---

[31] Dazu schrieb an mich kurz vor seinem Tod Herr Prof. Dr. Paul Lorenzen: „Etwa 1937 hat Gentzen seinen Widerspruchsfreiheits (Wf) beweis in der Mathematischen Gesellschaft vorgetragen. Daher kannte ich das Problem des tertium non daturs für Theorien mit Variablen über unendliche Bereiche (Arithmetik und Analysis). Meinen eigenen Wfbeweis für die Analysis (axiomatisiert als „verzweigte Typenlogik") habe ich im Entwurf 1944 an Gentzen geschickt. Und erhielt beiliegenden Brief als Antwort. Meine Arbeit ist 1951 im Journal of Symbolic Logic 16 (Algebraische und logistische Untersuchungen über freie Verbände) veröffentlicht. Wf-beweise lassen sich – gegen die Meinung Gentzens – doch „so einfach" beweisen. Über die Sache können Sie sich jetzt in meinem „Lehrbuch der konstruktiven Wissenschaftstheorie" (Mannheim: Bibliographisches Institut 1987) informieren." – In den Kriegsjahren schrieb Gentzen zugleich an zwei Dingen: sein Buch „Die mathematische Grundlagenforschung" und an dem Problem der Widerspruchsfreiheit der Analysis. Das zeigen deutlich seine stenographischen Aufzeichnungen, die überlebt haben. Das Blatt AL 137–138 enthält ein Entscheidungsverfahren für die intuitionistische Aussagenlogik. Gentzens „handliches Entscheidungsverfahren" für die intuitionistische Aussagenlogik ist ein semantisches Verfahren, um die intuitionistische Richtigkeit von Formeln zu entscheiden. Für A & B und A v B reduziert sich die Richtigkeit auf die Komponenten A und B: Im ersten Fall müssen beide, A und B richtig sein, im zweiten mindestens eine. Der interessante Fall ist die Implikation $A \rightarrow B$. Sie ist richtig, wenn B richtig ist, angenommen, A sei richtig. Anders gesagt: Die Richtigkeit von B folgt aus der Richtigkeit von A, und dann ist auch die Implikation richtig. Der Unterschied zum klassischen Begriff von Richtigkeit ist der, daß man nicht die Möglichkeit berücksichtigt, daß das Antecedens der Implikation nicht richtig ist. Daß die Definition der intuitionistischen Richtigkeit nicht-trivial ist, kann daraus ersehen werden, wenn das Antecedens aus iterierten Implikationen besteht. Ein Beispiel ist das Gesetz von Peirce: $((A \rightarrow B) \rightarrow A) \rightarrow A$. Die Implikation ist richtig, wenn A richtig ist, gegeben dass $(A \rightarrow B) \rightarrow A$ richtig ist. Lassen sie uns betrachten, ob dies daraus folgt. $(A \rightarrow B) \rightarrow A$ ist richtig, wenn A richtig ist, wenn $A \rightarrow B$ richtig ist. Das letztere gilt, wenn B richtig ist, wenn A richtig ist. Aus keiner dieser Bedingungen folgt, daß A richtig ist, und deshalb ist das Gesetz von Peirce nicht intuitionistisch richtig. Gentzens Vorschlag an Lorenzen, daß es ein nettes Problem wäre, die Vollständigkeit der strukturellen Regeln zu beweisen., sollte bedeuten, einen direkten Beweis der Vollständigkeit des Prädikatenkalkül zu geben, wie es etwa Schütte (1950) getan hatte. Vgl. dazu Sara Negri und Jan von Plato 2001, das entsprechenden Kapitel 4.

Die Personalakte liegt bei. Der Kurator informiert über den Staatsminister von Böhmen und Mähren den Herrn Reichsminister und alles geht seinen Weg.

Im Sommersemester 1944 (1. April bis 31. Juli 1944) bietet Gentzen im Personal- und Vorlesungsverzeichnis der Deutschen Karls-Universität an:

„Analytische Geometrie I. 4 Std, p   Mo. bis Do. 11–12

Übungen zur analytischen Geometrie I. 2 Std, p   Mi. 16–18"[32]

Allerdings schreibt Dr. Krammer:

> „Zu meiner Zeit (ab 1. Juni 44) hielt Gentzen keine Vorlesungen. (Hitler: In dieser Zeit, wo die jungen Männer ihre Pflicht für Deutschland erfüllen, sollen auch die Mädchen nicht studieren, sondern ihren direkten Beitrag zum Endsieg leisten.)"[33]

Gentzen aber hielt Seminare ab (privatissime et gratis). Die Krankheit macht sich mit fortlaufendem Krieg bemerkbar:

Mathematisches Institut der Deutschen Karls-Universität Prof. Dr. H. Rohrbach

Prag, den 29.7.1944

An den Hern K u r a t o r der deutschen wissenschaftlichen Hochschulen P r a g .

Ich ersuche, dem Dozenten Dr. Gerhard Gentzen vom Mathematischen Institut der Deutschen Karls-Universität zu gestatten, einen längeren Erholungsurlaub anzutreten. Dr. Gentzen braucht den Urlaub zur Wiederherstellung seiner Arbeitskraft. Zur näheren Begründung führe ich folgendes an:

Dr. Gentzen war durch seine schwierigen und subtilen mathematischen Untersuchungen in hohem Maße überanstrengt, als der Krieg ausbrach und er als Funker zur Luftwaffe eingezogen wurde. Er stand von 1939 bis 1942 drei Jahre im Wehrdienst und hat durch den, die Nerven besonders anstrengenden Dienst als Funker sich eine Nervenerschöpfung zugezogen, auf Grund der er schließlich als dauernd untauglich aus der Wehrmacht entlassen wurde. Er mußte ein volles Jahr mit jeder geistigen Tätigkeit aussetzen und ist auch jetzt erst in beschränktem Maße zu geistiger Arbeit fähig. Seit dem Wintersemester 1943 hält er in Prag Vorlesungen. Er kann jedoch diese Vorlesungstätigkeit während des Semesters nur durchführen, wenn er sich in der vorlesungsfreien Zeit völlige Schonung auferlegt. Ich bin auf seine Unterstützung im mathematischen Unterricht auch für das kommende Semester dringend angewiesen. Ich bitte daher, ihm die Durchführung eines Erholungsurlaubes von acht Wochen zur Wiederherstellung seiner Arbeitskraft zu bewilligen.

Die Vertretung von Herrn Dozent Dr. Gentzen bei den Forschungsaufträgen, die das Mathematische Institut durchzuführen hat, übernehmen Dr. Franz Krammer und Studienrat Walter Tietze, die für diese Aufträge von der Wehrmacht freigestellt wurden und kürzlich in Prag eingetroffen sind. Ihre Anschrift lautet: Prag II, Weinberggasse 7.

Heil Hitler!
Der Direktor des Mathematischen Instituts
der Deutschen Karls-Universität

Rohrbach

---

[32] Vorlesungsverzeichnis, S. 59.

[33] Dr. Franz Krammer brieflich an Dipl.-Ing. G. Gentzen vom 12.2.86.

Einen Monat später trifft das entsprechende Attest aus Göttingen beim Kurator ein:

Universitäts-Nervenklinik
Poliklinische Sprechstunde 11 – 1 Uhr vormittags
Fernruf Nr. 3648
Göttingen, den 22.8.44

<u>Ärztliches Zeugnis</u>.

Herr Doz. Dr. Gerhard G e n t z e n aus Prag, geb. 24.11.09, ist mir schon aus seiner Göttinger Zeit her bekannt, in der er mich schon mehrfach um fachärztliche Beratung bat. Er leidet an periodischen Depressionszuständen mit Kopfdruck, Apathie, Konzentrationsunfähigkeit, Magendruck und anderen nervösen Erscheinungen, die sich in diesen depressiven Stadien in den Vordergrund drängen und ihn schon oft für lange Zeit arbeitsunfähig gemacht haben. Er bedarf bei der Art seiner Arbeit und der nicht sehr widerstandsfähigen körperlichen Konstitution immer von Zeit zu Zeit eines völligen Ausspannens und der Ruhe, am besten unter ärztlicher Betreuung. Ich halte es, auch wenn ein akuter Zustand im Augenblick nicht vorliegt, doch für notwendig, Herrn Dr. Gentzen den von ihm beantragten 8 wöchigen Erholungsurlaub zu genehmigen, um dem Wiederausbruch nervöser und depressiver Störungen, die eine Arbeitsunfähigkeit nach den bisherigen Erfahrungen mit Sicherheit mit sich bringen würden, rechtzeitig vorzubeugen.

Prof. Dr. Ewald. Direktor der Klinik.

Gerhard Gentzen bietet im Wintersemester 1944/45 (1. November 1944 bis 28. Februar 1945) an:

„Differential- und Integralrechnung I. 4 Std.   Mo, Di, Do, Fr   11–12
Übungen zur Differential- und Integralrechnung I. 2st, p   Mi   16–18
Analytische Geometrie II. 2 Std, p   Mi, Sa   11–12"[34]

G Hans Rohrbachs Bericht über die Zustände im Mathematischen Institut der Universität Prag

Am 3.10.1944 meldet Rohrbach dem Kurator:

„Prag, den 3.10.1944
Deutsche Karls-Universität

An den
Herrn K u r a t o r der deutschen
wissenschaftlichen Hochschulen
P r a g .

<u>Bericht über die Entwicklung des Mathematischen Instituts der Deutschen Karls-Universität.</u>

Die Übersiedlung des Mathematischen Instituts in die bis jetzt fertiggestellten neuen Räume nehme ich zum Anlaß, einen kurzen Bericht über die Entwicklung des Instituts im letzten Jahr zu erstatten. Bis Ende 1943 wurden im Institut als solchem keinerlei

---

[34] Vorlesungsverzeichnis, S. 67.

Forschungsaufträge durchgeführt. Die beiden beamteten Professoren waren direkt für Kriegsarbeiten eingesetzt und führten daneben ihre Unterrichtstätigkeit aus. Der Assistent war bei der Wehrmacht, weitere Wissenschaftler waren nicht vorhanden. Es war jedoch seit Beginn meines Hierseins immer mein Bestreben gewesen, auch das Institut selbst in die kriegswichtige Forschung einzuschalten. Hierzu mußte ich mehr Raum und mehr Mitarbeiter gewinnen. Meinen Anträgen auf Vergrößerung des Instituts wurde vom Herrn Kurator in befriedigender Weise stattgegeben, die Arbeiten für die Herrichtung begannen vor einem Jahr. Ich hatte inzwischen Herrn Dr. Gentzen als Dozenten für das Institut gewonnen und Fräulein Garkisch als Rechnerin ausgebildet. In der Hoffnung auf baldige Beendung der Instandsetzungsarbeiten für die neuen Räume habe ich Anfang 1944 damit begonnen, die ersten Aufträge für kriegswichtige Forschungsarbeiten zur Durchführung am Mathematischen Institut entgegenzunehmen. An Rechnern wurden außer Fräulein Garkisch fallweise Studenten beschäftigt, die Leitung der Forschungsarbeiten übernahm Dr. Gentzen, da ich selbst durch meine Tätigkeit an Berlin gebunden bin und nur in beschränktem Umfange in Prag sein kann. Gleichzeitig beantragte ich durch das Planungsamt des Reichsforschungsrates die Rückholung von Mathematikern aus der Wehrmacht. Die ersten davon trafen im Juli des Jahres ein und konnten für weitere Forschungsaufträge eingesetzt werden. Anfang August wurden die neuen Räume zunächst behelfsmäßig bezogen. Die Beschaffung der notwendigen Einrichtung macht naturgemäß Schwierigkeiten und wird sich noch einige Zeit hinziehen. Jedenfalls darf gesagt werden, daß das Institut bereits wesentliche Arbeiten an Forschungsaufträgen erledigt. Zur Zeit sind die folgenden Wissenschaftler am Institut tätig: Dozent Dr. Gentzen, Dr. Franz Krammer, Studienrat Walter Tietze, Dr. Paul Armsen. Außerdem folgende Hilfskräfte: Die Studenten Helmut Wolf, Wolfgang Fleischmann, Maria Burian, die technische Assistentin Edith Garkisch. Weitere Mitarbeiter und Hilfskräfte sind angefordert. Die Arbeit des Instituts entwickelt sich, den Anforderungen des totalen Kriegen entsprechend, planmäßig.

Zusammenfassend möchte ich die Überzeugung zum Ausdruck bringen, daß es die richtige Entscheidung des Herrn Kurators war, die Instandsetzungsarbeiten für das Mathematische Institut in Auftrag zu geben. Ich hoffe, daß die geschilderte Entwicklung des Instituts und die durch die neuen Studienbestimmungen erhöhte Bedeutung der Mathematik zur Genüge die Notwendigkeit zeigen, dem Mathematischen Institut der Deutschen Karls-Universität auch für die noch ausstehenden restlichen Instandsetzungsarbeiten und Anschaffungen volle Förderung angedeihen zu lassen.

Der Direktor des Mathematischen

Instituts der Deutschen Karls-Universität

Rohrbach"

Am 17. Dezember 1944 widmet Gentzen die „Zusammenfassung von mehreren vollständigen Induktionen zu einer einzigen" Heinrich Scholz zum 60. Geburtstag[35].

---

[35] Sie erschien posthum im „Archiv für Mathematische Logik und Grundlagenforschung, Heft 5/1 Januar 1954, S. 81–83.

H Warum verbietet sich Gerhard Gentzen jegliche Fluchtgedanken?

Aus Angst erschossen zu werden – standrechtliche Erschießungen und Erhängungen durch die SS waren schon bei kleinsten „defaitistischen Äußerungen" an der Tagesordnung – oder als Opfer des „Heldenklaus" General, später Feldmarschall Schörners noch an die Front zu müssen („Wer mit dem Gesicht nach Westen angetroffen wird, wird erschossen!"), bleibt Gentzen – auch aus falsch verstandenem Pflichtgefühl, und der Erwartung, daß ihm als „unschuldigem" Mathematiker nichts geschehen wird – bis zur „Revolution" der Tschechen in Prag und geht zu den wöchentlichen Übungen des Volkssturms. Den Bitten von Dr. Franz Krammer und Max Pinl doch Prag zu verlassen, schenkt er kein Gehör.[36] Pinl gehörte nicht zum Mathematischen Institut, hatte aber im gleichen Stockwerk II ein getrenntes Arbeitszimmer.

> „Als ich vorschlug, das nur mehr aus uns zwei bestehende Mathematische Institut in mein Heimatstädtchen zu verlagern, verwies mich Gentzen an den Leiter der Prager Stelle des Reichsforschungsrates Prof. Gudden (1892–1945): ‚Wenn Sie glauben, daß Sie in Prag keine Aufgabe mehr zu erfüllen haben, dann muß ich Sie an die Wehrmacht überstellen!'" (Dr. Franz Krammer)[37].

Allerdings hat der Prager Mathematiker Premysl Vihan in einem Verzeichnis der Angehörigen des Volkssturms, das im Archiv des Prager Polizeidirektoriums erhalten ist, einen Dr. med. Gentzen in Prag – alle Eintragungsdaten deuten auf Gerhard Gentzen – aufgefunden und darin die routinemäßige Beförderung des wehruntauglichen Obergefreiten Gentzen vom einfachen Sturmmann zum SA-Rottenführer und seine anschließende Verwendung beim Volkssturm (III. Zug – 3. Gruppe, Ausweis No. 19) entdeckt. Dies mag zwar der „offizielle" – Gentzen übrigens niemals mitgeteilte – Anklagepunkt der tschechischen Behörden und Polizei gewesen sein, aber festgenommen wurde er, weil man einfach „deutsche Ratten" erschießen wollte. Allerdings gibt es weder im Personalakt noch in den im Berlin Document Center gelagerten Parteiakten einen Hinweis auf seine Position eines „Rottenführers"[38].

---

[36] „Entgegen den Ratschlägen des Verfassers dieses Berichtes wollte er die Stellung in Prag zu Ostern 1945 nicht freiwillig verlassen.", S. 173, in: MAX PINL, Kollegen in einer dunklen Zeit, S. 166–208, in: *Jber. Deutsch Math.-Vereinigung* 75 (1974). Vielleicht blieb Gentzen auch, weil er sich vorstellen konnte in Prag nach all dem Irrsinn ein eigenes kleines Institut mit aufzubauen. Wohin sollte er, der täglich mathematische Gedankengänge absolvierte, flüchten? Fühlt man sich angesichts eines Zusammenbruchs, den man als „geistiger Arbeiter" aber zu überstehen sicher ist, dem Institut und seiner Bibliothek sorgend verpflichtend? Dieser freundliche, zurückhaltende, geistig geprägte Mann war nicht ein Beispiel für die vom Nationalsozialismus geforderte harte und schnelle Entschlußkraft. Die Entscheidung von Standhalten oder Fliehen, zurückweichen und Angriff waren ihm vielleicht einfach zu mühselig und beschwerlich, unnötig oder irrelevant.

[37] Dr. Franz Krammer an Dipl.-Ing. G. Gentzen in einem Brief vom 12.02.1986.

[38] Das Faktum erscheint mir aber aufgrund der Quellenlage als unzweifelhaft. Ich bedanke mich bei Premysl Vihan (Prag) der mir die Kopie der Seite aus dem Volkssturmbuch zugänglich gemacht hat, in dem der Eintrag Gentzen deutlich zu lesen ist.

Die Zusammenarbeit mit Studienrat Walter Tietze, Dr. Franz Krammer – er hatte bei Prof. Rohrbach promoviert –, Ernst Lammel, Paul Armsen – er war Assistent von Rohrbach und half bei den Vorlesungen und Seminaren aus, war aber kein Dozent –, Dozent Karl Maruhn[39] – er hatte „Über eine Klasse ebener Wirbelbewegungen in einer ideellen inkompressiblen Flüssigkeit" publiziert[40] – und anderen, die Kontakte mit Gerhard Kowalewski und Ernst Mohr beschränkten sich auf das Notwendige. Da er Musik als Martyrium empfand, beließ er es bei seinen Vergnügungen mit Kino, Krimis, Kaffee und Kartenspiel.

Mutter und Schwester Gentzen fliehen Anfang 1945 vor der Roten Armee. Sie lassen alles an Papieren, Möbeln und die übrige Habe zurück. Sie reisen nach Sigmaringen, wo sie von den Schwestern nett aufgenommen wurden.

> „Am 12. Februar 45 (2 Tage vor Dresden) gab es auf Prag den ersten Luftangriff. Eine verirrte 10-Kg Bombe detonierte auf der Wiese knapp neben dem Gebäude und riß aus dem Zoologischen Institut (unter uns im I. Stock) eine halbe Seitenwand heraus. Gentzens Zimmer war einige Meter weiter weg von der Einschlagstelle. (...) Natürlich verfolgten wir – völlig passiv – die militärische und politische Lage, verloren aber kaum ein Wort darüber. Gemeinsam gingen wir zu den Übungen des Volkssturms, waren aber nie kaserniert, wie andere Deutsche im wöchentlichen Turnus. (...) Im Ausbreiten persönlicher Angelegenheiten waren wir beide reichlich spröde. (...) Ende April fuhr ich nach Hause, um mein Fahrrad zu holen. Meine Einladung mitzukommen vermochte G. nicht anzunehmen. Am 30. April radelte ich daher bei heftigem Schneegestöber die 180 km nach Prag zurück."[41]

Die Frauen von Gentzens Rechenmaschinen wurden ab April 1945 sukzessive in ihre Heimat beurlaubt. Dr. Franz Krammer ließ in ein leeres Assistentenzimmer ein Bett stellen, wo sie von der Institutspflegerin insbesondere mit Frühstück versorgt wurden.

> „Im März verabschiedete ich mich von ihm und brachte noch eine fertiggestellte Arbeit in den Harz, wo Osenberg sein Quartier hatte",

---

[39] Karl Maruhn wurde am 5. Dezember 1904 in Chemnitz geboren. Er studierte Mathematik und Physik in Leipzig und Tübingen. 1930 promovierte er in Leipzig mit der Arbeit „Ein Beitrag zur mathematischen Theorie der Gestalt der Himmelskörper". Nach dem Staatsexamen 1931 war er bis 1935 Lehrer an verschiedenen Leipziger Schulen. Er ging dann zur Deutschen Versuchsanstalt für Luftfahrt (DVL) in Berlin-Adlershof, wo er bis 1944 sich als Mathematiker mit Flugmechanik und Aerodynamik beschäftigte. Daneben hielt er Vorlesungen an der Technischen Hochschule in Berlin-Charlottenburg, nachdem er sich dort 1937 habilitiert hatte. Von 1944 bis 1945 verwaltete er an der deutschen Universität in Prag den vakanten Lehrstuhl für angewandte Mathematik. Nach dem Krieg wurde Maruhn in Jena Dozent und Ordinarius. Er war von 1945 – 1949 Geschäftsführender Direktor und Hochschullehrer am Mathematischen Institut in Jena mit dem Fachgebiet „Potentialtheorie". 1949 erhielt er an der Technischen Hochschule Dresden einen Lehrstuhl und wurde Direktor des Institutes für reine Mathematik. Gemeinsam mit H. Grell und W. Rinow war er beim Deutschen Verlag der Wissenschaften für die Herausgabe der „Hochschulbücher für Mathematik" verantwortlich. 1959 folgte er dann einem Ruf nach Gießen, wo er bis zu seiner Emeritierung 1973 lehrte. Er starb am 8. Februar 1976 (alle Angaben nach der biographischen Skizze in: Mitteilungen aus dem Mathem. Seminar Giessen. Heft 123 „Dem Andenken an Karl Maruhn gewidmet". Selbstverlag des Mathematischen Instituts: Giessen 1977. Diesen Hinweis verdanke ich Frau H. Bertram, Verwaltungsassistentin am Math. Seminar in Giessen).

[40] *JMDV* 45 (1935) S. 194–201.

[41] Dr. Franz Krammer an Dipl.-Ing. G. Gentzen in einem Brief vom 12.02.1986.

schreibt Prof. Dr. Hans Rohrbach, der mithalf dem 1944 vom Volksgerichtshof zum Tode verurteilten Mathematiker Ernst Mohr durch geschickte Diplomatie das Leben zu retten.[42]

> „Prof. Rohrbach kam als Direktor des Mathematischen Instituts nur Freitag und Samstag von seiner Berliner Dienststelle nach Prag. Er hielt eine 2-stündige Vorlesung und erledigte die angefallenen Institutsangelegenheiten". (Dr. Franz Krammer).

Hans Rohrbach schildert es dramatischer:

> „Ich hatte mit dem Wintersemester 1944/45 meine Tätigkeit dort abgeschlossen (Ende Februar) und war in Berlin, wo ich während des Krieges hauptamtlich für das Auswärtige Amt als unberufener Entzifferer tätig war[43]. Den Dienst in Prag nahm ich nur zwei Tage in der Woche wahr, während des Semesters, fuhr dazu eine Nacht im Schlafwagen hin, zwei Nächte später im Schlafwagen zurück, arbeitete so 4 Tage in der Woche in Berlin, 2 Tage in Prag. Während der Ferien war ich nur in Berlin tätig. Ich hatte die Absicht, zum Sommersemester 1945 (Ende April) nach Prag zurückzukehren. Ich hatte wie immer alles Persönliche, insbesondere Bücher, Vorlesungsmanuskripte u.a. im Institut zurückgelassen. Aber Anfang April 1945 war ich bereits auf einer Ausweichstelle des Auswärtigen Amtes in Thüringen (...).“[44]

Und Dr. Franz Krammer ergänzt:

> „Prof. Rohrbach kam als Direktor des Mathematischen Instituts nur Freitag und Samstag von seiner Berliner Dienststelle nach Prag. Er hielt eine 2-stündige Vorlesung und erledigte die angefallenen Institutsangelegenheiten. An den übrigen Tagen leitete Dozent Gentzen stellvertretend das kleinstgewordene Institut.“[45]

Es gibt Stimmen, die behaupten, daß Ernst Mohr – wieder laut der einzigen Auskunftsquelle Prof. Dr. Rohrbach – im KZ Berechnungen für die Arbeitsgrup-

---

[42] Rohrbach schreibt, „daß Mohr für eine von ihm gegründete und von Gerhard Gentzen geleitete Arbeitsgruppe in Prag im Zusammenhang mit der Entwicklung der V-Waffen in Peenemünde Berechnungen ausführte und daß er Mohr das zu bearbeitende Material in Plötzensee überbrachte.“ FREDDY LITTEN, Ernst Mohr – das Schicksal eines Mathematikers, S.192–212, hier S. 204, *Jber. d. Dt. Math.-Verein* 98 (1996). Stuttgart: Teubner 1996. Ich habe den Eindruck, daß Rohrbach diese Rechengruppe auch oft zur Rettung von Menschen und dergleichen Zwecke benutzte. Hatte sie wirklich noch einen anderen Zweck? Wurde tatsächlich gerechnet?

[43] Ich weiß nicht genau, inwieweit es bei H. Hasse oder Hans Rohrbach, also Marine und Auswärtigem Amt, oder bei Gisbert Hasenjaeger (im OKW/Chi verantwortlich für die Sicherheit der ENIGMA) und wer noch alles in den Dechiffrierabteilungen tätig war (Georg Hamel, Helmut Grunsky, u.a.), ein Verständnis der Rekursionstheorien von Turing, Welchman, Neumann u.a. vorhanden war. Warum hat man Gentzen nicht für diese Aufgabe eingesetzt? – Vielleicht war es gut, daß Gentzen und uns das erspart geblieben ist. „Da Sie wohl auch F. Bauers Buch: Entzifferte Geheimnisse (Springer: Heidelberg 1995) kennen, in dem ich “S. 343 „getröstet“ werde, verstehen Sie wohl, wenn ich nun darüber nachdenke, was wohl G. Gentzen, wenn er, anstatt meiner Wenigkeit, durch H. Scholz dorthin gekommen wäre, bezüglich der Enigma-Schwächen erreicht hätte. – Zu: Entschied ULTRA den Krieg? las man schon mal: Nein, aber er hätte wohl etwa ein halbes Jahr länger gedauert. – Und wo dann die beiden Atom-Bomben eingesetzt worden wären, darüber kann man kaum zweifeln.“ (Gisbert Hasenjaeger an mich vom 11.03.97). Vgl. zum Themenkomplex jetzt das exzellente Buch (S. 407f. in): F. L. BAUER, Entzifferte Geheimnisse. Methoden und Maximen der Kryptologie. 2., erw. Auflage. Berlin: J. Springer 1997.

[44] Hans Rohrbach in einen Brief an mich vom 11.12.1987.

[45] Dr. Franz Krammer brieflich an Dipl.-Ing. G. Gentzen vom 12.2.86.

pe Gentzen ausgeführt haben soll. Ich habe das bisher nirgends nachweisen können.

> „Der Heldenklau General Schörner schaffte es, Böhmen zu einem letzten militärischen und politischen Bollwerk zu machen. Obwohl die Amerikaner längst in München, die Sowjets in Berlin und Wien standen, wehten in Böhmen 3 Tage nach dem Selbstmord Hitlers die Hakenkreuzfahnen auf Halbmast. Jede „defaitistische" Äußerung konnte die standrechtliche Hinrichtung bedeuten. In meinem südböhmischen Heimatstädtchen wurden noch am 2. Mai 3 Männer von der SS öffentlich gehenkt, bzw. erschossen. In Prag versuchte man, eine „Und dennoch – Stimmung" zu erzwingen. So heilten wir am 20. April in der Lucerna (mit der größte Saal Prags) zu Hitlers Geburtstag unhörbar mit." (Dr. Franz Krammer).

Ferdinand Schörner (1892 – 1973) war ein willfähriger Militär, der die deutsche Wehrmacht in seinem Einflußbereich den Wünschen des Nationalsozialismus bedingungslos angleichen wollte[46]. Schon Ende 1943 hatte er verkündet:

> „Ein Offizier, der eine nationalsozialistische Losung lehrt und in der Praxis davon abweicht, hat seine Berechtigung in meinem Korps ebenso verwirkt wie derjenige, der heute noch im Nationalsozialismus eine aufgezwungene Form der geistig-seelischen Haltung sieht".[47]

Am 17. April 1945 holt „Maruhn" für Gerhard Gentzen eine „Gehaltsbescheinigung" ab. Darin heißt es:

> Alle öffentlichen Kassen und Zahlstellen des Reichs, der Länder und Gemeinden werden gebeten, im Wege der Verwaltungshilfe vom 1.6.45 ab 2-monatlich im voraus abzugsfrei je 395,12 RM an den obengenannten Beamten gegen Vorlage dieser Bescheinigung und eines Lichtbildausweises zu zahlen."

Gentzen zeichnet die Bescheinigung am 20.4.45 ab, und dies ist letzte Seite seiner Personalakte.

> „Nun muss ich mir Vorwürfe machen, dass ich ihn überhaupt nach Prag geholt habe! Mit Dr. Maruhn zusammen, der von Prag nach Thüringen zu seiner Familie

---

[46] Im November 1943 wurde Schörner Chef des Nationalsozialistischen Führungsstabes im OKH, Oberkommando des Heeres. Als unerbittlicher und grausamer Vollstrecker aller Durchhaltebefehle wurde er gerne zur „Stabilisierung" gefährdeter Frontabschnitte eingesetzt. Seit dem 25.1.1945 war Schörner Oberbefehlshaber der Heeresgruppe Mitte von der Lausitz bis in die Tschechoslowakei. Am 1.3.1945 wurde er Generalfeldmarschall und am 30.4. war er der letzte Oberbefehlshaber des deutschen Heeres. Herr Jörg Harms aus Nötsch (Österreich) teilt mit: Schörner forderte uns „am 10. Mai 1945 (zwei Tage nach der offiziellen Kapitulation) auf, die Waffen nicht niederzulegen, er würde uns „heim" ins Reich führen. Anschließend zog er sich Sepplhosen an und entfleuchte mit einem Fieseler Storch in die noch feindfreien Alpen, wurde von den Amis geschnappt, an die Russen ausgeliefert, erhielt das Viertelmaß (25 Jahre), residierte anno 1948 mit zwei Burschen in Moskau in einer Villa, entwarf dort Aufmarschpläne für Stalin gegen die Amis, wurde 1955 von Adenauer „befreit", erhielt in der BRD noch mal vier Jahre wegen „Totschlag". (...) Von meinem Jahrgang 1922 krepierten über fünfzig Prozent auf dem Altar des Vaterlandes, der blutbesudelten Schlachtbank der Generäle." Von 1957 bis 1960 befand Schörner sich in Haft in Bayern und verlebte danach die letzten Jahre wohldotiert in München.

[47] MANFRED MESSERSCHMIDT, Die Wehrmacht im NS-Staat. Hamburg 1969, S. 445.

wollte, machte Gentzen Pläne, zusammen zurückzuwandern, über Thüringen nach Göttingen. Sie hatten sich schon Karten (Landkarten) besorgt."[48]

Aber Gentzen blieb in Prag.

---

[48] Hans Rohrbach am 3.1.1946 an Heinrich Scholz. Das Brieforiginal liegt im Institut für mathematische Logik und Grundlagenforschung Münster. Ich bedanke mich für die Kopie bei Herrn J. Diller.

Kapitel 6
Festnahme, Gefangenschaft
Tod und Nachlaß

Man mag die verschiedenen Augenzeugenberichte zum Tode Gentzens ermüdend finden, weil sie einiges an Fakten wiederholen.[1] Sie decken sich nicht völlig und bringen neue Details und beweisen damit immer aufs Neue die Glaubwürdigkeit der Schilderungen und Erinnerungen. Es ist dies meines Erachtens die bisher deutlichste Schilderung eines Todes eines Mathematikers in der Literatur und deshalb mag man mir die Weitschweifigkeit verzeihen.

---

[1] Die Veröffentlichung von PREMYSL VIHAN, The Last Months of Gerhard Gentzen in Prague, S. 1–7, (in: Collegium Logicum. Annals of the Kurt-Gödel-Society, Vol. 1, Springer Verlag: Wien 1995) geht von einer veralteten Quellenlage aus.

A   Die letzten Tage in Freiheit im privaten Kreis

Gerhard Gentzen hatte mit Paul Armsen eine kurze, aber enge Freundschaft. Ab Februar 1945 beschränkte sich sein gesellschaftlicher Umgang allein auf das Ehepaar Armsen. 1944 hatte Hans Rohrbach ihn als Assistenten, dann als Lehrbeauftragten eingestellt. Die dritte im Bunde war Frau Hella, eine Dolmetscherin, Paul Armsens Braut. Die Enge des Dreierbundes erklärt Paul Armsen mit der Tatsache, daß es für Gentzen – außer Gerhard Kowalewski von der Technischen Hochschule Prag – sonst zu dieser Zeit keinen gleichwertigen Mathematiker gab[2]. Paul Armsen heiratet Hella im Februar 1945 und Gentzen ist dabei Trauzeuge. Ein geschäftstüchtiger Fotograph bietet sich an und so entstanden die beiden letzten Fotos von Gentzen.

> „Ueber G. als international bekannten Mathematiker weiss ich, dass er seit 1939 Einladungen zu Kongressen nach New York und Leningrad staendig mit sich herumtrug."[3]

Ob er diese Einladungen, wenn es sie denn gab, quasi als „Lebensversicherung" mit sich herumtrug?[4]

> „Gentzen war ein sehr bescheidener, zurueckhaltender, man koennte fast sagen weltfremder Mensch, der nur seiner Wissenschaft lebte und sich schwer von ihr ablenken liess. Meiner Frau zuliebe nahm er eine Einladung ins Theater an, unter Druck dann auch einmal (aber nie wieder) eine Einladung zu einem Konzert, das fuer ihn, wie wir zu spaet feststellten, ein Martyrium gewesen sein muss. Er erklaerte uns nach dem Konzert, dass Musik fuer ihn ein aeusserst unangenehmes Geraeusch sei. In den letzten Wochen in Prag besuchte uns G. haeufiger. Die Gespraeche drehten sich damals natuerlich darum, wann und wie man aus Prag wegkommen wuerde. Am 3. Mai 45 erschien er mit 2 Weinflaschen, dem Restbestand einer von seinem Onkel erhaltenen Sendung. Am 5. Mai begannen die Tschechen mit ihrer Revolution. Diesen Anfang erlebte ich in einer Vorlesung von G. ueber Einfuehrung in die formale Logik. Er begleitete mich noch bis zur Strassenbahn und verabschiedete sich mit Gruessen an meine Frau und dem Rat, unterwegs nicht zu reden. Am 6. und 7. Mai haben wir noch telefoniert, und am 8. Mai wurden wir von den Tschechen eingesperrt."[5]

Franz Krammer sah das ähnlich. Rohrbach holte Krammer „in einer für mich wundersamen Aktion" (F. Krammer) von der zusammenbrechenden Ostfront:

> „Am 30. Mai 1944 stellte mich Prof. Rohrbach Dozent Gentzen vor. (...) Sein schwarzes Haar war stets ordentlich gescheitelt; er war immer bestens rasiert, seine Kleidung sorgfältig gepflegt. Seine feingliedrige Gestalt mit den lebhaften schwarzen Augen ließ eine keineswegs weltferne, doch vorwiegend geistig geprägte Persönlichkeit erkennen. Trotz der Kluft zwischen seiner überragenden geistigen Potenz und mir Würstchen war Gentzen stets ein herzlicher und hilfsbereiter Vorgesetzter. Am Abend und sonntags

---

[2] Brief von Dr. Paul Armsen an Dipl.-Ing. Gerhard Gentzen vom 4.8.1986; Dr. Armsen ging zunächst mit seiner Frau nach Erlangen, dann nach Südafrika.

[3] Vgl. Fußnote 2: Brief Armsen.

[4] Über die deutsche Okkupation und den Prager Volksaufstand zwischen dem 5. und 7. Mai 1945 informiert beispielsweise HELMA KADEN (Hrsg.), Die faschistische Okkupationspolitik in Österreich und der Tschechoslowakei (1938–1945). Bonn: Pahl-Rugenstein 1988.

[5] Vgl. Fußnote 2: Brief Armsen.

ging jeder seine eigenen Wege. Gentzen erzählte jedoch von seiner Dissertation, für die sich nur schwer ein geeigneter Beurteiler finden ließ. (...) G. bediente sich dieses Kalküls häufig zur logischen Klärung – auch banaler Fragen; z.B. ob er ins Kino gehen kann. Dabei schrieb er auf Zetteln Tautologien, Äquivalenzen u.ä. auf. Dies wohl beobachtete die Sekretärin. (...) Gentzen zeigte mir eine prächtige Einladung, am Institute for Advanced Studies in Princeton einen Vortrag zu halten. Der Kriegsausbruch verhinderte alle Vorträge."[6]

Dr. Franz Krammer berichtet:

„Ende April hatte Dr. Gentzen bereits alle unsere Rechnerinnen zu ihren Angehörigen geschickt. Ich selbst fuhr am 28.4. nach Hause. Da sich Herr Dr. Gentzen nicht überreden liess, mitzukommen, (Gudden „brandmarkte" ja alle Fakultätsangehörigen, die Prag verliessen, und Dr. G. war ja immer ein Idealist, weltfremd wie wohl meist Mathematiker sind), fuhr ich am 1. Mai wieder nach Prag zurück, mit der Hoffnung, dass wir uns schon durchschlagen würden, da ich ja einigermassen Tschechisch kann.[7]

„Doz. G. hielt noch am Samstag eine Vorlesung, bei der auch Herr Prof. Lammel anwesend war. (Ich habe Herrn Prof. L. in Weilheim schon gesprochen; er erzählte mir auch von Ihnen). Anschliessend gingen wir in die „Vegeterna" zum Mittagessen. Ins Lokal hinein hörten wir bereits Tumult auf der Strasse. Doz. Maruhn und Dr. Armsen gingen mit Ihrer „Sekretärin" (mir fällt der Name der Studentin absolut nicht ein (Fr. Edith Garkisch, später Universität Mainz; EMT)) nach Hause, Doz. G. und ich ins Institut, von dem uns schon die Zwickelflagge entgegenwehte (5. Mai). Wir verliessen das Institut nicht mehr bis zu unserer Festnahme am 7.5. mittags. Es kamen ab und zu Partisanenstreifen, die aber nur nach Waffen fragten, sonst aber durchaus höflich waren.[8]

Dr. Karl Maruhn ging in seine Wohnung, wurde dort nach wenigen Tagen festgenommen und in ein Arbeitslager verbracht. Dort wird er aber wenig später freigelassen. Er beginnt eine Tätigkeit am Mathematischen Institut an der Universität Jena.

In Prag wird Gentzen am 7. Mai 1945 festgenommen.

---

[6] Dr. Franz Krammer an Dipl.-Ing. G. Gentzen in einem Brief vom 12.02.1986. – „Im Zusammenhang mit meinem Doktorat wurde ich auf Veranlassung meines Promotors, Professor Hans Rohrbach (...) nach 4 Soldatenjahren von der zerbröckelnden Ostfront weg u.k. gestellt und als „wissenschaftliche Hilfskraft" im Rahmen eines Forschungsauftrages an das Mathematische Institut der Deutschen Karls-Universität zu Prag dienstverpflichtet. Am 1.6. 44 wurde ich Herrn Dozent Gentzen vorgestellt." Dr. Franz Krammer an EMT in einem Brief vom 11.03.88.

[7] Dr. Franz Krammer in Weilheim brieflich an Max Pinl in Oberahmede am 23.11.46. (Nachlaß Bernays: Hs. 975–1666). Bei den Briefen „rechnete jeder Briefschreiber aus der US-Zone 1946 als Selbstverständlichkeit" (F. Krammer am 11.3.88) mit einer Durchsicht, wenn nicht Kopie. Der Text fiel dementsprechend aus.

[8] Dr. Franz Krammer in Weilheim brieflich an Max Pinl in Oberahmede am 23.11.46. (Nachlaß Bernays: Hs. 975–1666).

B   Die Festnahme von Gerhard Gentzen und die grausame Haft

„Am 5. Mai 1945, gegen Mittag, gingen wir zum Mittagessen in die etwa 400 Meter entfernte vegetarische Gaststätte. Im Erdgeschoß trafen wir Prof. Lammel, der aus einer Vorlesung der Experimentalphysik kam. Prof. Gudden hielt, in klarer Kenntnis der Lage, eine letzte Vorlesung, in der er eine Zusammenfassung des geplanten Semesterstoffes gab. In der ‚Vegetárna‘ trafen wir, wie üblich, die Sekretärin sowie Dr. Armsen (später Uni Erlangen). Etwa um halb zwei bat uns der Inhaber der Gaststätte verstört, das Lokal über den Hintereingang zu verlassen. Als wir die in der Gasse brodelnde Menschenmenge sahen, übernahm die Sekretärin, die als Prager Kindl akzentfrei tschechisch sprach und auch pragerisch geschminkt war, die Führung und wir schlenderten in Richtung Institut. Nach einigen Metern sahen wir, daß Leute am Gehsteigrand auf die Straße spuckten. Dort lag ein deutscher uniformierter Polizist, dem mit einem abgebrochenen Wegweiserschild das Genick klaffend aufgeschlagen war. Wir kamen dann zu einer breiteren Ausfallstraße, wo zuerst deutsche Soldaten in Kübelwagen gen Westen brausten. Nach kurzer Zeit waren nur noch Tschechen mit der (im Protektorat verbotenen) Zwickelflagge in den Kübelwagen. Die Sekretärin brachte uns dann, strahlend tschechisch plaudernd, über die Straße, wo wir uns trennten. Gentzen und ich schlenderten zum Institutsgebäude, wo bereits die Zwickelflagge ausgehängt war. Gentzen beruhigte den aufgeregten Pförtner, der sagte, daß sich die tschechischen Ingenieure aus der Technischen Physik (1. Stock) nicht davon abhalten ließen. Wir holten aus der „Mathematik“ unsere festesten Schuhe und Kleider und zogen uns in den Keller zurück, wo sich bereits ein Rest des im Gebäude wohnenden Personals befand. Strom, Wasser, Telephon und Radio funktionierten ohne Beeinträchtigung.

Am 7. Mai kamen Tschechen aus unserem Uni-Viertel (Medizin, Naturwissenschaften) mit Armbinden und Gewehren und sagten, daß sie uns in ‚Schutzhaft‘ zu bringen hätten. Auf der Straße warteten bereits Prorektor Denk[9] (Pflanzenphysiologie), der nach dem Selbstmord von Rektor Albrecht der höchste Amtsträger der Deutschen Karls-Universität war, Prof. Lorbeer (Genetik)[10], Dr. Lothing (wissenschaftliche Hilfskraft wie ich) und der Obergärtner Horner vom botanischen Institutsgarten.“
(Krammer an Dipl.-Ing. Gerhard Gentzen, 1988).

„Jetzt aber möchte ich Ihnen kurz eine Mitteilung über Gerhard G e n t z e n zukommen lassen, mit dem ich fast bis zu seinem Tode beisammen war. Gentzen wurde, wie fast alle Deutschen in Prag, am 7. Mai 1945 im mathematischen Institut der Prager Universität verhaftet, nachdem er mit den übrigen anwesenden Mitgliedern des Institutes vom 5.5. mittags im Institut interniert war. Unter dem Gejohle der revolutionierenden Massen wurde er zunächst auf die Polizeidirektion geschafft, wie uns allen wurde auch ihm gesagt, es handle sich nur um einen kurzen Identitätsnachweis“[11].

„Über das Polizeipräsidium, wo wir korrekt wie Häftlinge behandelt wurden, wo ich aber durch ein Zellenfenster im Hof die ersten Bestialitäten sah, wurden wir im geschlossenen Gefängniswagen in das Kreisgefängnis am Neustädter Rathaus, unweit von unserem Institut, eingeliefert; hier wurden wir nach der Gefängnisroutine abgefertigt (Wertsachen, Uhren, Schriftstücke, Schreibpapier, Bleistifte, Taschenmesser und Hosenträger wurden in eine Tüte mit unserem Namen gesteckt). In der Zelle fanden

---

[9] Professor Dr. Viktor Denk, Direktor des Instituts für Pflanzenpysiologie.

[10] apl. Professor Dr. Gerhard Lorbeer, Vertreter für den Lehrstuhl für Genetik.

[11] Dr. Dr. Fritz Kraus aus Friedberg/Hessen an Paul Bernays vom 12.4.48 (Datum des Briefumschlags, abgestempelt in München).

wir unter anderen Prof. Watzka, den Dekan der Medizinischen Fakultät, und Dr. med. Dr. rer. nat. sub auspiciis Kraus[12], der öfter das Mathematische Institut aufsuchte, vor.

Am 8. Mai (deutsche Kapitulation) hatten tschechische Intelligenzgruppierungen, die alle Deutschen mit Nazi-Brutalität haßten, zusammen mit dem nach Grausamkeiten gierenden Mob, perfekt die Herrschaft an sich gerissen. Immer mehr Deutsche die unter entsetzlichen Umständen oder mit raffinierten Tricks ‚geschnappt' worden waren, wurden in unsere Zelle gestoßen. Zusammen mit 8 tschechischen ‚Kollaboranten' waren bis zu 54 Mann in der Zelle." (Franz Krammer an Dipl.-Ing. Gerhard Gentzen, 12.02.1986).

„Am 7. Mai wurden wir von einer grösseren Streife mitgenommen. Am Tor warteten bereits Prof. Denk und Prof. Lorbeer, Dr. Lothing, Obergärtner Horner. Mit grösster Höflichkeit wurden wir über Barrikaden hinweg zum Polizeirevier in die Bartholomäusgasse eskortiert. Auf die Hetzrufe in den Strassen ‚Zastrelte ty krysy!' („Erschießt die Ratten!", EMT) beschwichtigte die Eskorte ‚To jsou jen botanici!' („Das sind nur Botaniker!", EMT). Im Polizeirevier wurde unser Einzug zweimal gefilmt[13], im Gebäude wurden uns nur Messer und Streichhölzer abgenommen und unsere Namen notiert. Dann wurden wir in eine Zelle gebracht, (Mittag), um 4 Uhr nachmittags wurden besonders viel Deutsche in den Hof eingebracht, Männer und Frauen geprügelt, manche erschlagen und erschossen. Ich selbst sah dies vom Zellenfenster mit an. Es gab am Hof fast keine blutfreie Pflasterstelle. Am nächsten Tag wurden wir sechs im Auto das kurze Stück zum Okresni am Karlsplatz gebracht. Es wurde uns dort alles abgenommen, insbesondere alle Papiere. Nicht freundlich aber ohne jeden Schlag wurden wir in eine 20-Mann-Zelle gebracht, wo wir 3 Monate, oft bis zu 64 Mann in dieser Zelle, blieben. Es wurden die abgenommenen Sachen in ein Säckchen mit dem Namen des Eigentümers gegeben. Davon sah niemand etwas wieder. Ich machte den Wärter darauf aufmerksam, dass sich ein weltbekannter Gelehrter mit einer Einladung zum internationalen Mathematikerkongress in Princeton und mit Briefen von amerikanischen und russischen Gelehrten bei uns befinde. Denn Doz. Gentzen hatte diese Briefe bei sich. Sagte dabei ‚Nedekejte si ostudu' („Macht Euch keine Schande", EMT). Der Mann zuckte nur die Schultern. Am nächsten Tag kam Dr. Kraus in unsere Zelle. Er war aus einer Marschkolonne, der vom ‚Narodni rada', dem tschechos. und internationalen Roten Kreuz freier Abzug zugesichert war, unter Bruch dieser Zusicherung mit vielen anderen herausgeprügelt worden. Mit seiner Promotionsuhr mit dem eingravierten Namen Beneš's versuchte er in der Folgezeit wenigstens zu einem höheren Beamten vorzudringen, es gelang ihm nicht, er kam jedoch später als Lagerarzt aus dem Gefängnis heraus und wird Ihnen vielleicht über sein weiteres Schicksal berichtet haben, er ist ja schon länger in Deutschland." (Krammer an Pinl, 23.11.46).

---

[12] „sub auspiciis" bedeutet „unter den Augen des Staatsoberhauptes (oder seines Vertreters)". Der Promovend erhielt nach dem Vortrag aus seinem Fachgebiet, zu dem auch Wissenschaftler aus dem Ausland anreisten, eine goldene Uhr mit eingravierten Daten, in diesem Fall: „Dr. rer. nat. sub auspiciis (...) Kraus, (...) 1935 (...) Dr. Edvard Benes. Die Auszeichnung „sub auspiciis" wurde von der nach Berlin und vor München zweitgrößten deutschen Universität Prag in der 1. CSR durchschnittlich pro Jahr nur 2 Promovenden zuteil." (Dr. Franz Krammer an EMT brieflich vom 11.3.88). „Mein Mann, Dr. habil. Dr. med Fritz Kraus (†7.8.1980) (...) hatte daher eine goldene Uhr des Präsidenten der Tschechoslowakischen Republik mit der von Ihnen angegebenen Gravur und einen goldenen Ring der Universität erhalten. (...)" Frau Olga Kraus (Augsburg) brieflich an den Autor am 7.8.88. Der Arzt Dr. Fritz Kraus, geboren am 28.4.1903 in Töplitz-Schönau (Teplice-Sanov), promovierte am 29.4.1937 festlich mit der Arbeit „Über konvexe Matrixfunktionen".

[13] Der Einzug ins Gefängnis wurde von „Cechoslovensky Tyden u Filmu" gefilmt. Wo ist der Film?

„Quälend wie die schrecklichen hygienischen Verhältnisse in der vollgestopften Zelle war der Hunger. Teuflisch war die ‚Eiweißsperre‘: Nach dem ‚Gesetz vom Minimum‘ verarbeitet der Körper von jedem der 3 Grundnahrungsmittel: Kohlenhydrate, Fett, Eiweiß nur so viel, wie es dem Minimum eines der 3 Grundnahrungsstoffe entspricht. Bei fehlendem Eiweiß holt es sich der Körper aus den eigenen Geweben. Wir wurden zu mit Haut überzogenen Skeletten. Bei weiterem Eiweißdefizit wird entweder der Herz- oder der Afterschließmuskel angegriffen. In beiden Fällen ist der Tod durch Kreislaufversagen vorprogrammiert.

Von den Medizinern in unserer Zelle wurden wir auch aufgeklärt, daß durch zu geringe Fettzufuhr die Darmflora verkümmert. Plötzliche Fettzufuhr verschmiert sofort den kümmerlichen Rest. In mehreren Fällen wurde uns drastisch demonstriert, daß der Tod in weniger als 24 Stunden eintritt.

Nach einer Woche, in der wir – ohne Uhr – dahinvegetierten, wurde in die Zelle gerufen: Wer zum ‚Barrikadenräumen‘ kommen will, soll ohne Schuhe und mit nacktem Oberkörper raustreten. (Bei früheren Kommandos wagten es die sehr jungen tschechischen Bewacher nicht, gegen Leute aus der geifernden Meute einzuschreiten, die den Skeletten Schuhe und Hemden raubten.)

Am letzten (4.) Tag waren nur noch aufgehäufte Pflastersteine auf einen LKW aufzuladen. Plötzlich begann eine Frau aus der uns umstehenden Meute zu zetern, so schrill, daß ich nichts verstehen konnte; sie zeigte dabei in Richtung von Gentzen, der sich mit seinen feingliedrigen Händen abquälte, einen Stein aus der Verklammerung zu lösen. Vielleicht glaubte sie, in dem Mann mit wirren schwarzen Haar und Vollbart (!) einen Nazi-Peiniger zu erkennen. Sie warf dann einen Pflasterstein, ohne Gentzen zu treffen (wie ich glaubte). Als ich vom LKW zurückkam, sah ich, daß G. von einem ordentlich aussehenden Passanten weggebracht wurde. Kurze Zeit später rückte das ganze Kommando ins Gefängnis ein. In der Zelle sah ich dann, daß ihm durch den Steinwurf der kleine und Ringfinger der rechten Hand (fast) abgequetscht wurden. Dem wunderbaren Ärzteteam in unserer Zelle gelang die Heilung in etwa einer Woche, doch blieben die beiden Finger steif.“ (Franz Krammer an Dipl.-Ing. Gerhard Gentzen, 1986).

C   Gentzens physischer Tod

„Er konnte infolgedessen nicht mehr arbeiten gehen. Anfangs konnte ich ihm von meinen Arbeitsstellen etwas Brot mitbringen, aber später wurden wir meist streng durchsucht. Die Zustände in der Zelle waren entsetzlich. In der 20-Mann Zelle waren wir manchmal 64 Mann, trotz der 2-stöckigen Pritschenbauten konnten wir uns nachts meist nicht ausstrecken. Es gab für alle 1 bis 2 Eimer Wasser täglich. Infolgedessen waren wir bald völlig verwanzt und verlaust. Das Schlimmste aber war der unvorstellbare Hunger. Ich hätte nie geglaubt, dass Hunger so qualvoll sein kann. Dr. G., der nicht wie wir anderen die geringfügigen Zubesserungen bei den Arbeiten hatte, erlag diesem Hunger als erster in der Zelle, nachdem bereits in anderen Zellen viele weggestorben waren, am 4. August. Da nämlich im Gefängnis Flecktyphus ausgebrochen war, wurde die Arbeit für uns gesperrt. Bei den vielen Läusen ist es mir heute noch unbegreiflich, dass weniger als 10 Prozent dem Typhus zum Opfer fielen. Er war der erste Tote in unserer Zelle, und so traf uns der Tod dieses, ich darf das Wort hier wohl gebrauchen, edlen Menschen besonders schwer. Prof. Lorbeer und Denk sprachen Abschiedsworte. Ich selbst erlitt einen Weinkrampf und wurde erst durch Ohrfeigen der Wärter ‚zur Vernunft‘ gebracht. Dr. Gentzen starb nicht an Typhus, sondern ist richtig verhungert. Später ging vielfach jede Pietät vor dem Tode verloren, warme Kleidungsstücke und Schuhe wurden vielfach den Sterbenden heruntergerissen. Es war grauenhaft, wenn sich Zellengenossen wegen der letzten Brotration des Toten zankten. Die Toten wurden nackt, manchmal in Papierstücke verpackt, auf ein Lastauto geladen und weggeführt, wohin, konnte ich nicht erfahren" (Krammer an Pinl, 23.11.46).

„Von der Polizei kam er in das Strafgefängnis am Karlsplatz, wo ich mit ihm in der Nacht v. 7. zum 8. Mai 45 in einer Zelle, die für 20 Menschen vorgesehen war, jedoch schon damals eine Belegschaft von 36 (später über 60 hatte), zusammentraf. Ich möchte besonders betonen, dass bei keinem von uns und natürlich auch nicht bei Gentzen, ein Tatbestand vorlag mit Ausnahme des einen, dass wir eben Deutsche waren. Es kümmerte sich kein Mensch darum, ob einer etwa Parteimitglied gewesen sei oder nicht, in Prag wurden eben praktisch alle Deutsche interniert, einer der ganz wenigen, der davon verschont blieb, war Prof. Kowalewski, der jetzt in Gräfelfing bei München, Akilindastrasse 37 lebt. Die Verhältnisse in der Zelle waren fürchterlich. 3 Wochen kamen wir nicht einmal zu den Spaziergängen auf den Hof, der ja selbst für Strafgefangene vorgeschrieben ist. Essen gab es tgl: 120 gr Brot, früh und abend 1/4 L Kaffee, mittags eine ganz dünne Wassersuppe, ohne Inhalt. Die Menschen kamen rapid herunter. Es gab keine Seife und kein Handtuch, dafür aber Läuse und Wanzen in übergrosser Zahl. Schmutzinfektionen waren an der Tagesordnung. Wäsche wurde nach 7 Wochen das erstemal gewaschen, rasiert zunächst nur alle 14 Tage, später alle 8 – 10 Tage. Später mussten wir arbeiten gehen, ich selbst pflasterte einmal mit Gentzen gemeinsam eine der Hauptstrassen von Prag. Das war jedesmal sehr gefährlich, da von der herumstehenden Menge, hauptsächlich Frauen, viele geschlagen, oft auch erschlagen wurden. Wir boten auch einen elenden Anblick, ohne Schuhe und Strümpfe und nur mit einer Hose bekleidet, wurden wir durch Prag von schwer bewaffneten Wächtern oder Partisanen zur Arbeit getrieben. Bei einer solchen Gelegenheit warf einmal eine fanatische Tschechin einen Pflasterstein nach Gentzen, der ihm zwei Sehnen der beiden letzten Finger der rechten Hand durchtrennte. Lange konnte er nicht mehr zur Arbeit gehen und das hatte wieder katastrophale Folgen, da man bei der Arbeit wenigstens manchmal – bei weitem nicht immer – ein Stück Brot bekam." (Fritz Kraus an Bernays, 12.4.1948).

„Danach änderte sich die Atmosphäre außerhalb des Gefängnisses lebensrettend: Wir sahen keinen geifernden Mob mehr; wieder in unseren Schuhen und Kleidern wurden wir von ‚gestandenen Männern' abgeholt, die nur in Sichtweite des Gefängnisses ihr ‚Wackelt mit dem Skelett, marsch marsch' brüllten, sich dann aber – vorsichtig in Grenzen – ziemlich blind zeigten. Schon in den ersten Tagen konne ich einen Brief an meine Schwester einer alten Frau zustecken, die die richtige Marke aufklebte und ihn abschickte; der Brief kam an.

Gentzen sagte mir auch die Adresse eines alten Professors für Mathematik an der tschechischen Universität, die nach dem Heydrich-Attentat geschlossen worden war; ich hatte schon in der Institutszeit gemerkt, daß zwischen den beiden Mathematikern ein auf gegenseitige Wertschätzung gegründetes herzliches Verhältnis bestand. Ich schmuggelte also einen Brief mit dem Namen G. Gentzen und der Zellennummer durch. Der alte Herr hatte keine Chancen gegen die brutale Vernichtungsmaschinerie.

Ich schilderte Gentzen immer wieder die lebensrettende Wende bei den Arbeitskommandos; zutiefst geschockt, körperlich und seelisch geschwächt, konnte er sich nicht dazu entschließen.

Da ich wußte, daß die 250 g Kleiebrot, die uns jeden Morgen als Tagesration in die Zelle gebracht wurden, viel Eiweiß enthielten, nahm ich ‚zum Frühstück' nur einen

Brocken meiner Ration und überließ G. den großen Rest." (Franz Krammer an Herrn Dipl.-Ing. Gerhard Gentzen, 12.02.1986).

„Als der Hunger Gentzen zu sehr quälte, versuchte er noch einmal, arbeiten zu gehen. Damals war ich bei derselben Partie. Wir mussten im obersten Verwaltungsgericht Teppiche klopfen, ununterbrochen von 9 – 1 Uhr, in praller Sonne, am Boden kniend. Rückte die Sonne weiter und wir kamen in den Schatten, wurde der Teppich wieder in die Sonne gezogen, damit wir wieder in die Sonne kamen. Dazu schlugen die Wächter, bewaffnet mit Maschinenpostolen, den Takt auf unseren Rücken. Beim Zurücktragen der schweren Teppiche brach Gentzen zusammen und wurde deshalb mit Gummiknüppeln schrecklich verprügelt. Ich dachte damals, es ginge mit ihm zu Ende! Daraufhin ging er nicht mehr arbeiten. Er blieb ständig in der Zelle und ich sehe ihn noch auf seiner Holzpritsche liegen (wir hatten weder Strohsäcke noch Decken) und den ganzen Tag über die ihn beschäftigenden Probleme nachdenken. Er äusserte sich mir gegenüber einmal, er sei eigentlich ganz zufrieden, denn nun hätte er endlich Zeit, über den Beweis der Widerspruchsfreiheit der Analysis nachzudenken. Er war auch der festen Überzeugung, daß es ihm gelingen werde, diesen zu führen. Aber auch mit anderen Fragen beschäftigt er sich, so mit der einer künstlichen Sprache usw. Hie und da hielt er in der Zelle einen kleinen Vortrag; das taten wir öfter, um uns geistig abzulenken. Wir hatten auch noch andere Universitätsprofessoren in der Zelle, Prof. Denk (Pflanzenphysiologe), Prof. Lorbeer (Genetiker); auch diese sind verhungert und längst tot. Gentzen war fest überzeugt, bald in die Freiheit zurückzukehren, umsomehr, als bei den Verhören, die mit uns angestellt wurden, sich die vollständige Harmlosigkeit der Häftlinge ergab. Es wurde uns auch immer versichert, dass die Formalitäten der Haftentlassung nur noch Tage dauern könnten. Gentzen hoffte, nach Göttingen zurückzukehren und dort sich seinen Studien über Mathematische Logik, Grundlagenforschung usw. ganz hingeben zu können. Er träumte von einem Institut für diese Zwecke, vielleicht gemeinsam mit H. Scholz. Mich bat er, wenn ich früher als er entlassen werden sollte, seinen Freunden und Lehrern über sein Schicksal zu berichten." (Fritz Kraus an Bernays, 12.4.1948)

„Ich bekam vor einigen Tagen den ersten direkten Brief aus Prag, dem ich für Sie folgende Zeilen entnehme (von einem inzwischen entlassenen Mitgefangenen geschrieben, dessen Name ich verschweigen zu dürfen bitte): ‚Leider muss ich Ihnen mitteilen, dass Herr Gentzen im Karlsgefängnis gestorben ist, woran, ist mir unbekannt (ich war schon fort). Ich bitte, hierüber auch Herrn Prof. Scholz zu verständigen, da er mich bat, ihn über sein Schicksal zu berichten. Herr Gentzen hatte grosse Pläne für die Zukunft, arbeitete in der Zelle viel und war, wie er mir mitteilte, wirklich überzeugt, den Beweis für die Widerspruchsfreiheit zu finden bzw. schon auf dem Wege dorthin zu sein. Ausserdem hatte er die Absicht, eine Einheitssprache mitzubegründen und auf diesem Wege zur Völkerverständigung beizutragen. Er hatte auch die Absicht, mit Prof. Scholz zusammen ein Institut für Logistik aufzubauen und sich wegen der Mittel an Weyl zu wenden.' Soweit mein Gewährsmann. Er schreibt ausserdem, dass er mit Gentzen und einem anderen jüngeren Mathematikers meines Instituts, sowie zwei Botanikern zu fünfen zehn Wochen in einer Zelle des Gefängnisses am Karlsplatz zusammen war, bis er wegen Darmerkrankung herausgenommen wurde."[14] (Dr. habil. Fritz Kraus kam am 10. Juli in ein „Kommunistisches Arbeitslager" als Lagerarzt. War Kraus der Gewährsmann von Rohrbach oder war es Pinl?)

„In den ersten Augusttagen fand ich bei der Rückkehr vom Arbeitskommando Gentzen bereits in Agonie vor; ich bettete seinen Kopf in meinem Schoß: so starb er,

---

[14] Hans Rohrbach aus Göttingen brieflich an Heinrich Scholz vom 3.1.1946.

fast bewußtlos und friedlich, nach kurzer Zeit." (Franz Krammer an Dipl.-Ing. Gerhard Gentzen, 1986)

„Ich weiss nur noch von dem in diesem Bericht genannten Gärtner Horner, dass G. eines Morgens zwar noch zum Appell von seiner Pritsche im ‚I. Stock' (die Pritschen waren übereinander), herunterkroch, aber zu schwach war, wieder hinaufzuklettern. Horner bot ihm sein Lager ‚Parterre' an, Gentzen konnte aber nicht einmal mehr die Beine auf die Pritsche heben. Kurze Zeit nachher brach ihm das Auge. Am Abend vorher hatte er noch einen Vortrag gehalten." (Fritz Kraus an Bernays, 1948)

„Gemäß bekannter Routine: Der Zellen-Kapo schlug in bestimmter Weise an die Zellentür; nach kurzer Zeit kam ein Wärter mit dem Häftlingsarzt und einem Kalfaktor mit einer Tragbahre. Der Arzt stellte ‚Tod durch Kreislauf-Versagen' fest. Als Kapo und Kalfaktor den Toten hinaustrugen, drehte ich durch und schrie: Einen so großartigen Menschen und Wissenschaftler auf diese Art zu ermorden (zavrazdit), das wird sich einmal rächen. Im Tschechischen wird das Passiv häufig durch das Reflexiv ausgedrückt: Der Wärter verstand: Das wird gerächt und gab mir eine kräftige Ohrfeige; als er mein Gesicht sah, wendete er sich achselzuckend ab.

Ich habe vielseitig bestätigte Informationen darüber, was mit den Toten geschah: Die nackten Leichen wurden ohne jede Registrierung in Gruben gekippt, die wenn sie voll war, ohne Kennzeichnung zugeschüttet wurden."[15]

Seitdem hat Franz Krammer manche eidesstattliche Versicherungen geschrieben, daß der Dozent Gerhard Gentzen in einer Zelle 34 im Erdgeschoß des Strafgefängnisses des Kreisgerichts am Karlsplatz Praha II (c 34, prizemi, trestnice okresni soud, Karlovo namesti) am 4. August 1945, 18 Uhr dreissig in seinen Armen gestorben sei. Der Lagerarzt des „Pankrac" habe als Todesursache „Kreislaufversagen" festgestellt.

Franz Krammer schrieb am 6.5.1946 an Melanie Gentzen die folgende Schilderung, die viel Trost in der Familie stiftete:

„Eine andere Gefahr, die Gefängnislangeweile, die zur Verzweiflung und Selbstaufgabe führt, überbrückten wir durch Vorträge aus unseren Arbeitsgebieten. Unvergesslich ist uns Allen der Vortrag, den Ihr Herr Sohn an einem Sonntagnachmittag über die unendlichen Weiten der Sternenwelt hielt. Am nächsten Sonntag war seine Seele bereits in die Unendlichkeit des Sternenhimmels eingegangen."[16]

---

[15] Dr. Franz Krammer an Dipl.-Ing. G. Gentzen in einem Brief vom 12.02.1986.

[16] Der Originalbrief befindet sich im Familienarchiv Gentzen und eine Abschrift bei Herrn Dipl.-Ing. G. Gentzen. Franz Krammer an Melanie Bilharz vom 6. Mai 1946. – „Nun, mein lieber Pangloß", sagte Candide zu ihm, „als Sie gehängt, seziert, geschlagen wurden und auf der Galeere rudern mußten, haben Sie da immer noch geglaubt, daß alles in der Welt aufs beste eingerichtet ist?" – „Ja, ich bin immer noch derselben Meinung", war Pangloß' Antwort; „denn schließlich bin ich Philosoph, und es ist mir daher unmöglich, meine Worte zu widerrufen, um so weniger, als Leibniz ja nicht unrecht haben kann und es im übrigen nichts Schöneres auf der Welt gibt als die prästabilierte Harmonie, den erfüllten Raum und die immaterielle Substanz." (VOLTAIRE, Candide oder der Optimismus. Frankfurt am Main 1972). Logik ist – nach Ambrose Bierce – oftmals die Kunst, in strikter Übereinstimmung mit den Beschränkungen und Unfähigkeiten der menschlichen Nichterkenntnis zu denken und zu argumentieren.

D Gerüchte

> „Vor seinem Tode erzählte er noch, daß es ihm gelungen sei, die Widerspruchsfrei-
> heit des kleinsten Unendlich vollkommen sicherzustellen."[17]

Dieses Zitat ergänzt Max Pinl:

> „Bis zuletzt hoffte er, nach dem gelungenen Beweis der Widerspruchsfreiheit der
> Zahlentheorie auch die Widerspruchsfreiheit der Analysis beweisen zu können und
> träumte von der Gründung eines Instituts für mathematische Logik und Grundlagen-
> forschung"[18].

Ohne Quellenangabe verschärft Manfred E. Szabo im Dictionary of Scientific
Biography (p. 351):

> „Only a few days before his death, Gentzen had in fact announced the feasibility of
> a consistency proof for classical analysis as a whole."

So werden die nachgelassenen Papiere mythisch überhöht. Es ist aber gar
nicht sicher, daß Gentzen etwas Genaues zum Widerspruchsfreiheitsbeweis der
Analysis schriftlich oder mündlich hinterlassen hat. Möglicherweise hat er ledig-
lich eine Idee zur Lösung im Kopf bewegt. Ist man in einer Zelle zu mehr in der
Lage? Die Quelle von Kowalewski und Szabo scheint der Brief von Dr. habil. Dr.
Fritz Kraus an Bernays vom 12.4.1948 zu sein.

Aber Krammer berichtet in einem Brief an Melanie Gentzen vom 22.5.1946
auch von kleinen mathematischen Besprechungen, die Gentzen abhielt, davon,
daß er kaum wissenschaftlich arbeiten konnte, aber darüber Herrn Rohrbach
berichten wolle. Er erwähnt den Gebrauch eines streng verbotenen Bleistiftstum-
mels, mit dem sie auf Papierfetzen Notizen machten bis die Kontrollen schärfer
und brutaler wurden, und alles auf Wunsch des „Zellenkommandanten" Professor Dr. Denk vernichtet wurde, da er dafür haften mußte.[19] Aber von einem Widerspruchsfreiheitsbeweis, überhaupt einer größeren Arbeit, an der Gentzen
vielleicht in der Zelle gearbeitet haben könnte, weiß er dagegen nichts[20]. Dafür
erwähnt er, daß alle Zellenkameraden nach seinem Tod und den Abschiedswor-
ten Viktor Denks ein Vaterunser gebetet hätten.

Ich kann mir aber vorstellen, daß aus diesem Gemisch von Informationen,
Spekulationen und Empfindungen leicht der Eindruck entstehen konnte, daß
etwas Großartiges, Bedeutungsvolles, Wichtiges, Dringliches und für die mathematische Grundlagenforschung Wesentliches von Gentzen hinterlassen worden
sei. Und die Idee eines „schwarzen Koffers", der – wie bei einem Zauberer – Ge-

---

[17] GERHARD KOWALEWSKI, S. 108, Bestand und Wandel. Meine Lebenserinnerungen zugleich
ein Beitrag zur neueren Geschichte der Mathematik. München: R. Oldenbourg 1950.

[18] S. 173, in: MAX PINL, Kollegen in einer dunklen Zeit, S.166–208, in: *Jber. Deutsch Math.-
Verein* 75 (1974). Woher weiß das Pinl? Er war mit Gentzen zusammen in eben dem Gefängnis
inhaftiert und hat das Gefängnis aber vor Gentzens Tod verlassen.

[19] Der Originalbrief befindet sich im Familienarchiv von Waltraut Student, geb. Gentzen. Franz
Krammer an Melanie Bilharz vom 22. Mai 1946.

[20] Mitteilung an Dipl.-Ing. G. Gentzen vom 12.2.86. Das muß nichts heißen, weil Dr. Krammer
gearbeitet hatte, also den ganzen Tag abwesend war. Aber spricht sich das nicht in einer Zelle
herum?

heimnisvolles birgt, ist etwas Unwiderstehliches für neugierige und leichtgläubige Menschen, die sich derartige Funde wünschen. Was aber, wenn der Koffer nur Exzerpte barg? Was, wenn lediglich Unterlagen für seine Seminare darin gesammelt waren oder Dinge, in die er sich wieder einarbeiten musste als Dozent? Es ist müßig, darüber zu spekulieren.

Kurt Schütte berichtet, daß Gentzen in Gefangenschaft umgekommen sei, nachdem „sich sowohl amerikanische als auch russische Mathematiker vergeblich um seine Freilassung bemüht"[21] hätten. Er habe das von Paul Bernays gehört, aber dies Faktum ist ebensowenig zu verifizieren wie die Vortragseinladungen.[22]

Georg Kreisel schreibt:

> „I never met Gentzen; but I have talked to his fellow logicians Bernays and Schütte who were unsympathetic to his politics, and his friend Witt who was not. From all I heard I get the impression that Gentzen lived within his moral and emotional means and never harmed a fly."[23]

Georg Kreisel nennt zwei Dinge: Gentzen soll, laut Bernays, dessen Berichte über Ausschreitungen gegenüber jüdischen Kollegen mit den Worten abgewiesen haben: „So etwas würde die Regierung nicht erlauben!"[24]

Die zweite Mitteilung kommt von Georg Kreisel über Ernst Witt:

> „Auch der Mathematiker Witt (in Hamburg) hat mir selbst mit großer Begeisterung von den Kriegsspielen im NS Studentenbund erzählt, die sowohl ihm als auch Gentzen soviel Spaß machten."[25]

Witt habe auch am Institut in Princeton gerne von seiner Vergangenheit offen berichtet[26]. Gentzens Verhalten gegenüber Bernays wurde von Nachgebore-

---

[21] KURT SCHÜTTE und HELMUT SCHWICHTENBERG, Mathematische Logik, S. 717–740, hier S. 725, in: Gerd Fischer et al. (Hrsg.), Ein Jahrhundert Mathematik 1890–1990. Festschrift zum Jubiläum der DMV. Wiesbaden: Vieweg Verlag 1990. Wortgleich bei Szabo (1969).

[22] „Meine Aussage, daß sich sowohl amerikanische als auch russische Mathematiker um die Freilassung von Gentzen bemüht hätten, kann ich allerdings nicht belegen. Ich habe nur wenige Jahre nach Kriegsende derartige Äußerungen von Bernays und Arnold Schmidt gehört." Kurt Schütte brieflich an EMT vom 30.11.1990. Ich halte es für möglich, daß Gentzen Kontakte zu A. A. Markow und A. N. Kolmogorow hatte. Die Dokumente von A. A. Markow befinden sich im Fond 173 der Leningrader Abteilung des Archivs der Akademie der Wissenschaften der UDSSR. Die Dokumente von A. N. Kolmogorow werden verwaltet von Herrn Professor Dr. Albert Nikolajewitsch Schirlyaew, Mathematisches Institut W. A. Steklow, Wissenschaftliche Nachlaßkommission A. N. Kolmogorow, Uliza Wawilowa 42, 117966 GSP-I Moskau V-333. Ich konnte keine Dokumente der beiden einsehen.

[23] GEORG KREISEL, Review of M. E. Szabo, The Collected Papers of Gerhard Gentzen, *Journal of philosophy*, 68 (1971) S. 238–265, hier S. 256. Kurt Schütte hat Gentzen ein einziges Mal gesehen, und Schütte hat ihm zugehört. Beide sprachen nicht über Politik.

[24] Georg Kreisel in einem Brief aus Oxford an mich vom 4.5.88. Es gibt keinen anderen Nachweis für diese angebliche Äußerung Gentzens. Nichts dergleichen im Nachlaß Bernays.

[25] Georg Kreisel in einem Brief an mich aus Oxford vom 6.6.88. Danach soll Witt in Princeton seinen Führerschein herumgezeigt haben, der mit einem Hakenkreuzstempel legitimiert war. Dieses Herumzeigen soll auf Unverständnis gestoßen sein.

[26] Ina Kersten, die den Nachlass Witt mitbetreut, hat im Nachlaß nichts zu Gentzen gefunden. Ernst Witt hat auch den Namen Gentzen ihr gegenüber nie erwähnt. „Witt ist im Frühjahr 1933 in NSDAP und SA eingetreten, aber seine Begeisterung dafür hat schnell nachgelassen, und er

nen oder denjenigen, die ihn nicht kannten, entweder als „pure Heuchelei" oder
„Weltfremdheit" abgetan. Ich glaube, daß bei Gentzen eine ähnliche Reaktion
entstehen konnte aus Angst, versteckter Ahnung und panischer Befürchtung, daß
es sich doch so verhalten könnte, wie es andere längst vermuteten. Aber wer will
das heute alles bezeugen oder aus den wenigen Lebensdaten und Zeugnissen
deuten oder gar eindeutig klären?[27] Auf jeden Fall stimmt, daß Gentzen zwar in
Partei und SA war, aber davon keinen Gebrauch gemacht hat. Er hat keiner Flie-
ge etwas zuleide getan. Das wissen wir. Das ist nachprüfbar.

Daß Gerhard Gentzen, so habe es Herr Professor Rohrbach mit der Angabe
von Dr. Fritz Kraus als Quelle der Mutter von Dr. habil. Gerhard Gentzens erzählt, wegen der unzumutbaren Behandlung in den Hungerstreik getreten sei,
konnte ich nicht überprüfen. Und ob Gentzen versucht hat, etwas über die Lage
der deutschen Mathematik in schweizerischen Zeitschriften unterzubringen oder
gar versucht habe, Heinrich Scholz zu helfen und über seine Schweizer Verwand-
schaft auch Professor Lukasiewicz in den Westen zu bringen, muß solange Ge-
rücht bleiben, solange es keine Belege dafür gibt. Wir wollten hier nur diejenigen
Ereignisse betrachten, die von mindestens zwei unabhängigen Menschen berichtet worden sind.

E Versuche zur Rettung des Nachlasses

Rohrbach schreibt am 3.1.1946 an Heinrich Scholz:

> „Es müsste festgestellt werden, ob Gentzen im Gefängnis noch schriftliche Auf-
> zeichnungen gemacht hat. Vielleicht ist es Ihnen möglich, durch Ihre polnischen
> Freunde auf die tschechischen Mathematiker Einfluss zu gewinnen, dass sie nach der
> Hinterlassenschaft von Gentzen suchen."[28]

Heinrich Scholz ist gerührt davon, daß Gentzen den Weg zu seinem Institut
gesucht haben soll und antwortet am 2.3.1946:

> „Ich habe auf eine solche Wendung zwar immer gehofft; denn dieser ungewöhnlich
> einsame Mensch hat sich seit 1937 in unserer Nähe und ganz besonders auch in der
> Nähe meiner kleinen Herrin eigentümlich geborgen gefühlt. Aber dass er mit der Idee
> dieser Zusammenarbeit Ernst machen würde auf eine so eindeutige Art, das habe ich
> erst durch Sie erfahren. Sein Tod hinterlässt eine Narbe in mir, die nicht wieder ver-
> schwinden wird. Und nun zu seinem Nachlass. (...) Ich bitte Sie sehr, dass Sie die

---

hat sich geweigert, dem nationalsozialistischen Studenten- und später auch dem Dozentenbund
beizutreten. (...) Später hat er überall offen von seiner Parteizugehörigkeit erzählt." (Brief an
mich vom 4.02.1997). Frau Prof. Dr. Ina Kersten und Frau Witt bereiten einen ausführlichen
Lebenslauf mit zahlreichen Dokumenten vor. Vgl. INA KERSTEN, ERNST WITT, in: *Jber.d.Dt.
Math.-Verein.* 95 (1993) S. 166–180. 1941 wurde Ernst Witt zum Militärdienst eingezogen, kam
1942 aus gesundheitlichen Gründen nach Deutschland zurück und arbeitete bis Kriegsende in
Berlin im Dechiffrierdienst. Dort muss er doch auch Hans Rohrbach begegnet sein? Wer prüft
das mal im Auswärtigen Amt nach?

[27] Ernst Witt, Hans Hermes u.v.a. mehr haben mir über Gentzen nichts zu sagen gehabt oder
geschwiegen.

[28] Das Brieforiginal liegt im Institut für mathematische Logik und Grundlagenforschung Münster. Ich bedanke mich für die Kopie bei Herrn J. Diller.

Göttinger Papiere in unsere Hände leiten. Wir werden sie hier zu treuen Händen bewahren und aufarbeiten. (...) Viel schwerer werden die Prager Papiere zu retten sein. Ich selbst sehe z. Zt. noch keinen Weg, da mein polnischer Freund sich mit unbestimmter Dauer und auf eine für uns nicht erreichbare Art irgendwo in Frankreich befindet."

Am 17. Juni 1947 berichtet Heinrich Scholz der Mutter von Gerhard Gentzen, daß er inzwischen in der Pfingstwoche dem Dozenten der Mathematik an der Kölner Universität Max Pinl begegnet sei, der mit ihm „bis 14 Tage vor dessen Ende in demselben Prager Gefängnisraum existiert" habe:

> „Er hat mir gesagt, dass Ihr Sohn bis zu seiner Trennung von ihm von einer ungewöhnlichen geistigen Regsamkeit gewesen ist und ununterbrochen beschäftigt mit der Widerspruchsfreiheit der Analysis".[29]

Ladislav Svante Rieger (1916–1963) arbeitete nach seinem Studium an der Universität Prag als statistischer Rechner in der Nationalbank und ab 1943 in einem Konstruktionsbüro der Flugzeugindustrie. Er wurde 1945 Assistent an der Technischen Hochschule Prag. Er soll sich für Gentzen eingesetzt haben. Auch darüber gibt es keine mir bekannten Dokumente oder Zeugen.

Am 19.9.1947 schreibt H. Scholz an Mostowski, daß Bernays Münster besucht habe[30]. Es kann als sicher gelten, daß Bernays sich ebenfalls für die Rettung der Gentzenschen Papiere eingesetzt hat.

Max Pinl schreibt an einen Herrn Regierungsbaurat Kühnel in Münster in einem undatierten Brief:

> „Mit vieler Mühe habe ich nun ermitteln können, dass Herr Gentzen einen Koffer mit kostbaren Manuskripten zurückgelassen hat im damaligen mathematischen Seminar, und dass Herr Professor Dr. V. Hlavaty, Praha XIII, Mexicka 2 CSR; vermutlich in der Lage sein würde zu sagen oder zu ermitteln, was aus diesem Koffer geworden ist."[31]

Prof. Dr. H. Scholz schreibt Herrn Professor Dr. H. Hlavaty am 23.12.1947:

> „Durch Herrn Dozenten Dr. Pinl, der Ihnen persönlich bekannt ist und dem ich auch Ihren Namen und Ihre Anschrift verdanke",

und erbittet von ihm die Aufklärung über Gentzens Nachlaß.

Reditel Professor Dr. Vaclav Hlavaty vom „Seminar Pro geometrii" in Praha II, U Karlova 3, antwortet am 9.1.48:

> „Sehr geehrter Herr Kollege,
> sofort nachdem ich Ihren Brief vom 23/XII erhalten habe, habe ich versucht irgend eine Spur von den Manuskripten des Herrn Gentzen zu finden. Leider muss ich Ihnen mitteilen, dass meine Bemühung ohne Erfolg war.

---

[29] Das Brieforiginal liegt im Institut für mathematische Logik und Grundlagenforschung Münster. Ich bedanke mich für die Kopie bei Herrn J. Diller.

[30] PETER SCHREIBER, Über Beziehungen zwischen Heinrich Scholz und polnischen Logikern, S. 343–359, in: Michael Toepell (Hrsg.): Mathematik im Wandel. Anregungen zu einem fächerübergreifenden Mathematikunterricht. Band 1. Hildesheim: Franzbecker Verlag 1998.

[31] Das Brieforiginal liegt im Institut für mathematische Logik und Grundlagenforschung Münster. Ich bedanke mich für die Kopie bei Herrn J. Diller.

> Wenn diese Manuskripte in dem gewesenen deutschen math. Seminar waren, so ist praktisch überhaupt keine Hoffnung mehr, sie zu finden, weil wir übernommen praktisch leere Räume. (...) Die Nachricht von dem Ableben des Herrn Gentzen habe ich in den USA erfahren und muss zugeben, dass sie mir sehr weh getan hat, obwohl ich ihn persönlich nicht gekannt habe. Sie werden es verstehen, wenn ich Ihnen mitteile, dass während der Besetzung 70 tschechische Hochschullehrer und einige meine sehr guten Freunde von der deutschen Universität entweder erschossen wurden oder in Konzentrationslagern gestorben sind. (...)
>
> Bitte grüssen Sie meinen besten Freund Pinl. Er war der einzige von den deutschen Kollegen, der während der Besetzung den Weg zu uns gefunden hat. (...) Es tut mir wirklich leid, dass ich Ihnen nicht die verlangten Informationen geben konnte obwohl ich den besten Willen hatte.
>
> Mit vorzüglicher Hochachtung
> Ihr sehr ergebener V. Hlavaty"[32]

Am 9.3.48 [33] schreibt Arnold Schmidt an Melanie Gentzen nach Rottweil, daß er in in einem unbeachteten Schrank des Göttinger Mathematischen Instituts eine Reihe von stenographischen Aufzeichnungen von Gentzen selbst, einige Andenken, mehrere stenographische Manuskripte von bereits veröffentlichten Arbeiten und einen Pappkarton mit Sonderdrucken von Kollegen entdeckt habe und sich letzteren erbete, da er seine gesamte Bibliothek verloren habe. Außerdem habe er einen Nachruf – wohl auf Anregung Rohrbachs – verfaßt.

Das weitere kann ich nicht nachprüfen und bin auf Erzählungen von Frau Waltraut Student angewiesen:

Helmuth Kneser und Rohrbach sehen sich im September 1946 auf der Mathematiker-Tagung in Tübingen. Kneser hatte von Arnold Schmidt einige stenographische Aufzeichnungen von Gentzen erhalten, die dieser an Rohrbach weitergibt. Beide machen sich an die Entzifferung (H. Urban = H. Rohrbach).[34]

Paul Lorenzen vom Mathematischen Institut der Universität Bonn wird von Wilhelm Süss beauftragt – warum gerade er? – für die Amerikaner einen Bericht über die Lage der mathematischen Grundlagenforschung von 1939 – 1946 zu erstellen. 1948 erscheint „Naturforschung und Medizin in Deutschland 1939–1946. Für Deutschland bestimmte Ausgabe der FIAT Review of German Science. Band 1: Reine Mathematik, Teil 1. Herausgegeben von Wilhelm Süss. Mathematisches Forschungsinstitut Oberwolfach/Baden"[35]. Auch Helmut Hasse und Hellmuth Kneser gehören zu den Autoren. Paul Lorenzen berichtet über „Grundlagen der Mathematik" (S. 11–22). In unmässiger Weise wird Oskar Becker erwähnt, dann

---

[32] Das Brieforiginal liegt im Institut für mathematische Logik und Grundlagenforschung Münster. Ich bedanke mich für die Kopie bei Herrn J. Diller.

[33] Im März 1948 besucht Saunders MacLane und trifft in Göttingen die Mathematiker Kaluza, Herglotz, Magnus, Rellich und Arnold Schmidt (S. 282, REINHARD SIEGMUND-SCHULTZE, Mathematiker auf der Flucht vor Hitler. Quellen und Studien zur Emigration einer Wissenschaft. Dokumente zur Geschichte der Mathematik, Band 10. Herausgegeben von der Deutschen Mathematiker-Vereinigung. Vieweg Verlag: Wiesbaden 1998).

[34] Eine neue und lesbare Abschrift dieser Entzifferung hat Herr Prof. Dr. Manfred E. Szabo vorgenommen. Am 12.1.1990 schrieb mir Hans Rohrbach, daß es nur ein Stenomanuskript von Gentzen durch A. Schmidt gegeben habe. „Es wurde auf Veranlassung von Herrn Prof. H. Kneser in Tübingen entziffert."

[35] Dieterich'sche Verlagsbuchhandlung (W. Klemm): Wiesbaden 1948.

wird die „Klassische Logistik" aus dem Geiste Freges mit den Ergebnissen von
Tarski, Schröter, Hermes und Scholz referiert. In „C. Finite Logistik" heißt es:

> „Gentzen verschärft in seiner letzten Abhandlung (‚Beweisbarkeit und Unbeweis-
> barkeit von Anfangsfällen der transfiniten Induktion in der reinen Zahlentheorie',
> EMT) die Methode seines Widerspruchsfreiheitsbeweises (Wf-Beweises) der Arithme-
> tik, um direkt die Unableitbarkeit der transfiniten Induktion bis epsilon index null in
> der Arithmetik zu zeigen (die aus dem Wf-Beweis allein nur mit Hilfe eines Gödel-
> schen Unableitbarkeitssatzes folgt). Die transfinite Induktion bis zu einer abzählbaren
> Ordnungszahl läßt sich natürlich innerhalb der Arithmetik formalisieren. Verf. nimmt
> zur Formalisierung die Ordnungszahlen bis epsilon index null als Terme zu den
> natürlichen Zahlen hinzu. Ferner wird eine Klassenvariable E hinzugenommen."

Und es folgen technische 17 weitere Zeilen, bevor Lorenzen ausführlich W.
Ackermanns „Widerspruchsfreiheit der Zahlentheorie" von 1940 und sein „System
der typenfreien Logik" von 1941 vorstellt[36].

F Die Entzifferung des überlieferten Konvoluts

Mehr als 40 Jahre später erhält Hans Rohrbach, er hatte etwas über Theologie im
Radio vorgetragen, von Frau Waltraut Student – sie hatte die Sendung gehört –
ein Konvolut der Papiere, die Gentzen entweder 43 aus Liegnitz oder im Sommer
1944, wo er an einer Verallgemeinerung seines Widerspruchsfreiheitsbeweises
gearbeitet haben soll, vielleicht auch erst im Frühjahr 45 – aber das ist unwahrscheinlich – aus Prag nach Sigmaringen geschickt hat. Es ist notiert auf losen
Seiten und Flugwachtzettel und dergleichen. Dieser gab es weiter an Christian
Thiel, der dieses Konvolut seit 1984 mühevoll entziffert und dies weiterhin tun
will[37]. Das Konvolut besteht aus zwei Teilen:

> „AL heißt ‚Aussagenlogik', BG heißt ‚Buch über Grundlagenforschung', und diese
> Teile sind – vor allem BG-Teile und die Notizzettel – meist noch Konzeptnotizen
> Gentzens für das geplante Buch. Der AL-Teil enthält den Anfang eines Versuchs, für
> die positive (= negationsfreie) Aussagenlogik eine vergleichbare Semantik zur klassi-
> schen zu finden; die syntaktische Seite ist seit Hilbert-Bernays und Gentzen ja gelöst."
> (Christian Thiel vom 16.4.1988).

Manfred E. Szabo möchte gerne eine zweite Auflage der Schriften Gentzens
herausgeben und wartet auf die Übergabe der vollständigen Umschrift[38].

---

[36] Die letzten 3 Seiten hat Paul Lorenzen für sich selbst reserviert. Sein Referat gibt die tatsächliche Situation nicht wieder, verbessert aber wohl Paul Lorenzens Stellung in der neuen
mathematischen Nachkriegswelt.

[37] Vgl. dazu ders., Research on the History of Logic in Erlangen, S. 397–401, in: Ignacio Angelelli und María Cerezo (eds.), Studies on the History of Logic. Proceedings of the III. Symposion
on the History of Logic. Berlin: de Gruyter 1996.

[38] „Bitte erwähnen Sie es doch" (Manfred E. Szabo an EMT vom 26.2.97 per E-mail). Gentzen
hat tatsächlich ein „handliches Entscheidungsverfahren" skizziert. Es handelt sich um eine
semantische Methode, die einfacher ist als die sogenannten Kripke-Modelle. Es ist wirklich sehr
nett, es ist so geschrieben, daß man fast Gentzens Stimme hört, wenn man das liest (Jan von
Plato), vgl. S. 254.

Schlusswort

Vorurteile über das Leben von Gerhard Gentzen

Es gibt immer noch merkwürdige Vorstellungen über Gentzens Leben. Daß Gentzen nicht im Nationalsozialismus Professor wurde, lag nicht am Nationalsozialismus oder etwa an der Gegnerschaft des Nationalsozialismus zur Logik. Das lag tatsächlich am Krieg, den Hitler entfesselt hatte. Aber dies sollte nicht auf andere Fährten führen.

> „Eine Erkrankung nach Kriegsausbruch ermöglichte ihm sowohl die Freistellung vom Militärdienst als auch die Gelegenheit, eine Dozentur an der Deutschen Universität Prag wahrzunehmen."[1]

Das hört sich auf dem Hintergrund vergleichbarer Schicksale geradezu idyllisch an. Und der Logiker Wilhelm Essler geht weiter:

> „In der Zeit der Naziherrschaft konnten daher die mathematischen Logiker, wie etwa David Hilbert, Wilhelm Ackermann und Gerhard Gentzen, vergleichsweise unbehelligt weiterforschen."[2]

Wie das „vergleichsweise unbehelligt" bei Gentzen wirklich aussah, habe ich gerne erzählt und damit veraltete Ansichten berichtigt.

Logik und Politik

Nach Essler soll es sogar derart gewesen sein, daß die Nationalsozialisten die mathematisch orientierten Logiker in Ruhe gelassen haben, weil diese aus der Logik keine „politischen Schlüsse" gezogen hätten. Man kann aber aus der mathematischen Logik gar keine politischen Schlüsse ziehen. Wie man ebenso wenig aus den „glasklaren", „überzeugenden", „plausiblen", „mathematisch klaren" Äußerungen Carl Schmitts etwa eine Logik aufbauen könnte. Das wußte auch der NS. Nur die Privatleute Dingler, Steck und May wollten gefährlich werden und redeten einer rassistischen Fundierung der Mathematik das Wort.

Es kommt darauf an, die Aufgabengebiete der mathematischen Logik von denen der Alltagslogik oder der philosophischen Logik präzise abzugrenzen und sie nicht mit irrealen Erwartungen zu überfrachten. Mathematische Logik als ein Mittel zu fördern, um gesellschaftspolitische Ziele „besser" erreichen zu können, ist ebenso sinnvoll wie das Lernen von Latein, um besser „logisch" denken zu lernen.[3]

---

[1] MAX PINL, Kollegen in einer dunklen Zeit, S. 166–208, *Jber. deutsch Math.-Verein* 75 (1974).

[2] W. K. ESSLER, Die Entwicklung der Logik in der Bundesrepublik nach dem 2. Weltkrieg, S. 255–264, in: Ruch Filozoficzny, Tom XXXIII, Nr. 3–4, Universität Torun 1974.

[3] Über den Topos, daß die lateinische Sprache zur Beherrschung der Logik gelernt werde, weil sie der Urteilslogik angepaßter sei als jede andere, haben sich Hartmut von Hentig und Otto Seel bereits in den 60er Jahren irritiert geäußert (vgl. OTTO SEEL, Die lateinische Sprache, S. 416–585, in: ders., Römertum und Latinität. Stuttgart: Klett 1964). Daß Latein allerdings das an kantiger Gedrungenheit, Lakonie, Lapidarität und wuchtiger Prägnanz aufwiegt, was ihr an Glätte, Eleganz und formaler Folgerichtigkeit fehlt, war vielen schon vorher klar, wenn auch Schüler - wie ich - Latein eher als spitzfindige, unfreudige, pseudogeometrische Schulgrammatik lernten, was aber an Lehrern und von ihnen mißverstandene Didaktik gelegen haben mag. Oder war mit

Für überzogene Ansprüche und Hoffnungen einzelner professioneller Logiker auf dem Gebiet der Logik gibt es lebensgeschichtliche Erklärungen. Alfred Tarski (1901–1983) floh aus Polen in die Vereinigten Staaten, mußte aber Frau und Kinder zurücklassen. Im September 1940 schrieb er an der Harvard University sein neues Vorwort für „Introduction to Logic and to the Methodology of Deductive Sciences" (1941):

> "The course of historical events has assembled in this country (the United States) the most eminent representatives of contemporary logic, and has thus created here especially favorable conditions for the development of logical thought. These favorable conditions can, of course, be easily overbalanced by other and more powerful factors. It is obvious that the future of logic, as well as of all theoretical science, depends essentially upon normalizing the political and social relations of mankind, and thus upon a factor which is beyond the control of professional scholars. I have no illusions that the development of logical thought, in particular, will have a very essential effect upon the process of the normalization of human relationships; but I do believe that the wider diffusion of the knowledge of logic may contribute positively to the acceleration of this process. For, on the one hand, by making the meaning of concepts precise and uniform in its own field and by stressing the necessity of such precision and uniformization in any other domain, logic leads to the possibility of better understanding among those who have the will for it. And, on the other hand, by perfecting and sharpening the tools of thought, it makes men more critical – and thus makes less likely their being misled by all the pseudo-reasonings to which they are in various parts of the world incessantly exposed today."[4]

Logik eher diejenige Klugheit, Rigorosität, Affektfreiheit, Disziplin, Kargheit, Ökonomie, Unerschütterlichkeit, Ehrfurcht vor imperialer Repräsentation, Mangel an seelischer Differenziertheit und Verherrlichung von Macht und Ämterlaufbahn gemeint, wie sie in der deutsch-vaterländischen lateinischen Philosophie seit 1850 gelehrt wurde?

[4] Das Verhältnis von Logik und Mathematik war schon bei Hilbert kompliziert genug. Um logisch denken zu lernen, bedarf es nicht der Mathematik: „Ein anderes unbegründetes Vorurteil ist es, wenn man die Mathematik nur als Mittel zur Erzielung logischen Denkens hinstellt. Abgesehen davon, daß Verstöße gegen das logische Denken von Mathematikern wahrscheinlich ebenso oft gemacht worden, wie von anderen – selbst Euklids Bücher sind nicht ganz frei von ihnen – geschieht ja auch das logische Denken in dem hier gemeinten Sinne so automatisch wie der Gebrauch der Muttersprache und ich weiß nicht, ob deswegen mathematischer Unterricht nötig wäre. Nein, wie der Mathematiker Voss einmal ausführlich darlegt, die Stärke der Mathematik als Bildungsmittel liegt vielmehr vorwiegend nach der ethischen Richtung und zur freien schöpferischen Verstandesbildung. In den historischen Fächern, namentlich durch das Studium der fremden Sprachen, werden Kenntnisse erworben. Aber solche Kenntnisse sind keine Erkenntnisse. Diese aber vermittelt die Mathematik. Wer den Beweis eines Satzes verstanden hat, hat damit die Überzeugung gewonnen, eine Wahrheit auf Grund eigener Arbeit erfaßt zu haben. Nicht nur das sichere Bewußtsein, daß man durch Denken Wahrheiten finden könne, wird dadurch geweckt, sondern auch das Selbstvertrauen zum eigenen Verstand, die kritische Urteilskraft, welche den wahrhaft Gebildeten von dem im blossen Autoritätsglauben Befangenen unterscheidet. Selbstvertrauen auf die eigene Kraft, kritischer Blick, Energie in der Überwindung von Schwierigkeiten, die zunächst unübersteigbar scheinen, beharrlich auf das Ziel gerichteter Wille, sind ethische Kräfte und Qualitäten, die zu wecken es kein besseres Mittel gibt als die Beschäftigung mit der Mathematik. (...) Ein ganz Grosser, Georg Cantor, der Begründer der Mengenlehre, der vielleicht der originellste Mathematiker war, der lebte, fand den prägnanten Ausdruck: Das Wesen der Mathematik liegt in ihrer Freiheit." (S. 3, in: DAVID HILBERT, Wissen und mathematisches Denken. Vorlesung von Prof. D. Hilbert, W.S. 1922/23. Ausgearbeitet von W. Ackermann. Herausgegeben von C.-F. Bödigheimer. Mathematisches Institut der Universität Göttingen

Auch für Menschen guten Willens hat sich keine dieser Hoffnungen erfüllt. Für Tarski war es aber auch ein Appell an die Humanität der Deutschen im NS-Polen, seine Familie am Leben zu lassen. Durch Logik aber gelangen wir nicht zu einem besseren Leben.

Fazit:

Ich vermag nicht zu sagen, was Gerhard Gentzens Lebensziel gewesen ist. Einige Fakten dazu seien hier allerdings zusammengetragen:

Aus der Zuneigung und Liebe zu Hertha Michaelis sicherlich das Geliebtwerden und das Lieben eines Menschen, also ganz privates Glück.

Erfolgreich innerhalb der Mathematik zu sein beim Lösen von Problemen der mathematischen Logik; um so besser, wenn dies hauptberuflich gelang, er freute sich immer, wenn ihm dies – durch andere vermittelt – gelang. Intensiv verfolgt im Sinn einer professionell betriebenen Karriere hat er dies nicht. Das äußere Leben war ihm nicht wichtig. Er ließ sich lieber von anderen fördern, berufen und ernennen. Hätte es den Krieg nicht gegeben, wäre er sicherlich aller Voraus-

---

1988). Aber: „Worauf beruht denn nun eigentlich der Erfolg des mathematischen Denkens? Die Antwort lautet: Das Wesentliche der mathematischen Methode besteht in der konsequenten Ausgestaltung des Verfahrens, das dem formalen Denken eigentümlich ist, also des logischen Denkens überhaupt. Dem Denken steht ein unermeßlicher Vorrat an formalen Beziehungen zur Verfügung, und es kommt darauf an, solche Systeme von formalen Beziehungen zu finden, die sich den in der Wirklichkeit vorgefundenen Beziehungen anpassen lassen. (...) Der Mathematik kommt hierbei eine zweifache Aufgabe zu: Einserseits gilt es, die Systeme von Relationen zu entwickeln und auf ihre logischen Konsequenzen zu untersuchen, wie dies ja in den rein mathematischen Disziplinen geschieht. Dies ist die progressive Aufgabe der Mathematik. Andererseits kommt es darauf an, den an Hand der Erfahrung gebildeten Theorien ein festeres Gefüge und eine möglichst einfache Grundlage zu geben. Hierzu ist es nötig, die Voraussetzungen deutlich herauszuarbeiten, und überall genau zu unterscheiden, was Annahme und was logische Folgerung ist. (...) Das ist die regressive Aufgabe der Mathematik." Aber leider kommt man selbst auf dem Gebiete der Infinitesimalrechnung, wo ein durchaus exaktes Fachwerk von Begriffen herrscht, zu bedenklichen Schlußfolgerungen, mehr bedenklich sind allerdings manche in der Mengenlehre. „Hieran zeigt sich besonders deutlich, wie stark die landläufige Ansicht über das mathematische Schliessen von dem wirklichen Sachverhalt abweicht: Die Methode des mathematischen Schliessens ist so wenig selbstverständlich, dass ihre genaue Festlegung vielmehr noch als eine schwierige Aufgabe aussteht. Es ist auch keine Aussicht vorhanden, dass sich die mathematischen Schlussweisen vollständig auf die Schlüsse der üblichen Logik zurückführen lassen. Man wird sich vielmehr damit begnügen müssen, ein System von Grundsätzen und Regeln aufzustellen, aus denen einerseits die gesamte Mathematik entwickelt werden kann, ohne dass dem gewohnten mathematischen Schliessen irgendwie unnötig Gewalt angetan wird, und von denen sich andererseits erkennen lässt, dass sie niemals zu Widersprüchen führen können. Ansätze hierzu sind in der mathematischen Logik bereits gemacht worden: doch bleibt das Meiste erst noch zu leisten." (S. 22 ff., in: DAVID HILBERT, Natur und mathematisches Erkennen. Vorlesung von Professor Hilbert. Ausgearbeitet von P. Bernays. Herbst-Semester 1919. Herausgegeben von Jörg Brüdern. Mathematisches Institut der Universität Göttingen 1989). – Oft benutzen diejenigen, die sich gegen jeden Zusammenhang von Logik und Politik wehren, ausgerechnet die Geschichte der Logik als Spielfeld ihrer Ideologie. So hieß es lange Jahre, daß Logik unempfindlich gegen totalitäre Ideologien und Gesellschaftssysteme mache. Und so traf man sich gerne mit den Logikern aus der UDSSR, der DDR, Peru und anderen freiheitlichen Staaten.

sicht nach auf eine beamtete Professur gelangt. Es wäre ein geglücktes Leben gewesen.

Eine in den Alltagsdingen eher kindliche Einstellung mit Spielen bis in die letzten Tage. Tischtennispielen, Äquivalenzen aufstellen, Karten spielen als Freizeitbeschäftigung wie ein „normaler Junge" eben.

In Dingen, die nicht die Mathematik betrafen, war er geistig eher anspruchslos, eben ohne Musik, ohne schöne Literatur, ohne Philosophie.

Materiell kannte er dürftige Verhältnisse, konnte durchaus asketisch leben. In diesen Familienverhältnissen wurde sehr viel „Kulturwissen", d.h. Bildung produziert („Wer nie sein Brot mit Tränen aß ..."). Notwendige Stipendien beantwortete er „erwartungsgemäß" mit Höchstleistungen.

Seine Stellung als Klassenprimus scheint er ebenso „natürlich" gesehen und angenommen zu haben wie seine Klassenkameraden. Bis an sein Lebensende hat er einen kleinen Kreis von Bekannten und Freunden um sich gehabt.

Glück und Erwartung hatten wohl keinen Platz in seiner Lebenswelt. Die Unendlichkeit des Sternenhimmels – darin Giordano Bruno und noch eher einem Angehörigen seiner eigenen Generation, Wernher von Braun ähnlich – versprach Neues, Erweiterung der Weltsicht, Eroberung des Unbekannten mehr denn als metaphysische Tröstung. Für religöse Dinge schien er nicht empfänglich gewesen zu sein.

Er mochte seine Arbeit und sein Familienglück, von sozialen und politischen Ansichten weiß ich nichts; aber sie haben zumindest nicht Bernays oder Cavaillès abgeschreckt. Politische Verhältnisse nahm er hin – wie es ihm geraten wurde, alles ohne jede Begeisterung. Die äußeren Katastrophen und Krisen ließen ihn so nervös werden, daß er unkonzentriert und krank wurde.

Von Genüssen oder Urlaub ist nicht die Rede. Im Gegenteil aber von Mathematik, Erschöpfung und Genesung.

Er war still, freundlich, hilfsbereit und umgänglich. Er hatte gute Manieren, war aber keineswegs eloquent und für Salons geeignet. Aber er konnte herablassend werden, sobald er das Gefühl hatte, daß einer ein Problem nicht genügend durchdacht hatte. Dafür übernahm er gerne Dienste wie das Korrekturlesen. Über Verbandsaktivitäten hört man nichts.

In der Mathematik ist er autoritätsgenehm, nimmt Rat an und prüft andererseits widerum seine Ergebnisse und Wege am Verstande anderer, war darin kein Egoist. Er hatte seine Schriften wirken lassen, auch Sonderdrucke versandt und Gastvortträge behalten, aber von Besuchen, weiteren schriftlichen Kontakten oder Disputen ist nichts bekannt. Der „wissenschaftlich gerichtete Mensch" ist nicht eitel, sondern bescheiden, aber selbstbewußt. Er weiß, was er kann. Insofern kann er auch mal eigensinnig und in sich gekehrt sein, wenn er eine mathematische Formel ausknobelte. Sein stilles Denken ohne Schreiben, dieses fassen, besinnen und behalten verhalf ihm wieder zu einem Mangel an Aufmerksamkeit für das Gegenwärtige, also ein wenig Zerstreutheit.

In seiner mathematischen Arbeit ist er frei von jedem ideologischen Ehrgeiz, bescheidet sich auf das von ihm mathematische Durchführbare statt auf die Diskussion „großer" Grundlagenideen. Gentzen scheint der idealtypische Wissenschaftler, wie ihn Max Weber in seiner Schrift „Wissenschaft als Beruf" schildert.

Er hatte keinen Professoren- oder Bildungsdünkel, ging mit Untergebenen oder Kollegen erwartungsgemäß um. Er kann durchaus bei zwei bis drei Personen gesellig sein. Man hört nichts von Spannungen, aber auch nie von Widerstand, Protest oder Widersetzlichkeit.

Sein äußeres Leben, in unwirtlichen Zeiten gelebt, erscheint langweilig, ist aber so einfach, schlicht und schnörkellos wie tugendhaft. Gibt es ein dankbareres Leben für Biographen[5]? Aufregend wird dieses Leben aber, wenn man die zulänglichen, abgemessenen und adäquaten Begriffe und Fragen dieses Lebens, die noch immer nicht ausgestanden sind, aufwirft und philosophisch und mit den Mitteln der Wissenschaften untersucht. Aber das ist wieder ein anderes Buch.

---

[5] Wieso spielt sich der Biograph dann oft in den Vordergrund? Um kenntlich zu machen, daß jede Biographie eine leise Form der Fiktion ist. Ich kann das Leben Gentzens nicht richtig, nur sachgemäß darstellen, weil ich ein anderer Mensch bin als er war. Er ist mir sympathisch und ich liebe ihn, aber daß sich genialer Forscher und tumber Biograph gefunden haben, das ist doch ebenso blind und zufällig gewesen, wie es nur ein Schicksal sein kann. Deshalb muß der Biograph sagen, woher er kommt und was er will, damit aus der Art der Erzählung klar wird, was anders sein könnte. Frege verlangte, daß immer ein „vermutlich", ein „möglicherweise" eingeschoben wird, wenn man sich nicht über Fakten und behauptenden Aussagen sicher sei. Er hat recht: Versuche nie den Eindruck zu erwecken, daß eine Biographie den Anspruch auf Wahrheit haben kann! Versuche ein „vita Gentzeni" zu schreiben, halte ich seit Vasari für Unsinn.

Zeittafel

Kindheit und Jugend

1909	Gerhard Gentzen wird in Greifswald geboren. (24.11.1909)
1910	Taufe. (28.03.1910)
1914	Tod seiner Großmutter mütterlicherseits Adele Bilharz. (14.10.1914)
1916	Einschulung in die Volksschule Bergen zu Ostern nach einem Jahr Unterricht durch die Mutter Melanie Gentzen.
1918	Eintritt in die Septima der Bergener Realschule zu Ostern.
1919	Tod seines Vaters Hans Gentzen in Bergen. (11.03.1919)
	Tod des Großvaters Wilhelm Gentzen in Stralsund. (02.12.1919)
1920	Umsiedlung nach Stralsund zur Großmutter Alwine.
1922	Beginn der nachweislichen Beschäftigung mit Astronomie und Mathematik.
1925	22 Seiten über „Die Stellung des Mars im Sonnensystem und seine Monde"; Gedicht „Über den Sternenhimmel" mit 9 Strophen.
	Tod des Großvaters Alfons Bilharz mit 89 Jahren. (23.05.1925)
1926	Gerhard baut einen Detektor (Radioapparat) von Grund auf selbst
1927	Tod der Großmutter Alwine Gentzen in Stralsund. (02.12.1927)
1928	Abitur mit Auszeichnung. (29.02.1928)
	Konfirmation. „Seid fröhlich in Hoffnung, geduldig in Trübsal, haltet an am Gebet", Römer 12, 12. (05.04.1928)

Studium

1928	Beginn des Studiums der Mathematik und Physik an der Universität Greifswald.
	Finanzielle Unterstützung durch ein Stipendium der „Studienstiftung des Deutschen Reiches".
	Freundschaft mit Lothar Collatz.
1929	Fortsetzung des Studiums in Göttingen auf Anraten von Prof. Dr. H. Kneser.
	Empfehlung an Richard Courant von H. Kneser.
1930	Fortsetzung des Studiums in München.
	Studium bei Carathéodory (Funktionentheorie), Perron (Algebra), Tietze (Topologie).
	Studium von Hilbert-Ackermanns „Theoretischer Logik".
1930/31	Ein Semester in Berlin.
1931	Fortsetzung des Studiums in Göttingen.
	Freundschaft mit Saunders MacLane.
	Auf Anraten von Prof. Bernays Beschäftigung mit Ideen von Paul Hertz.
	Richard Courant kennzeichnet Gentzen als „wissenschaftlich gerichteten Menschen" in der Befürwortung eines Promotions-Stipendiums für die Studienstiftung des Deutschen Reiches.

1932	***Erste Publikation*** *1. Über die Existenz unabhängiger Axiomensysteme zu unendlichen* *Satzsystemen. Math. Ann. 107 (1932) S. 329–350.* Programmatische Idee: Konzentration auf das Wesen des mathematischen Schließens nur mit Hilfe mathematischer Mittel unter Ausschluß allem Philosophischem.
1933	Das zurückgezogene Manuskript „Über das Verhältnis zwischen intuitionistischer und klassischer Arithmetik" vom 15. März 1933.

1933	Promotion mit der Arbeit „Untersuchungen über das logische Schließen" am 12. Juli 1933 (Tag der mündlichen Prüfung). Abgabe der Dissertation bei der „Mathematischen Zeitschrift" am 21. Juli 1933. ***Dissertation als Separatdruck 1934 veröffentlicht:*** *2. Untersuchungen über das logische Schließen. Math. Z. 39 (1934–1935)* *Heft 2, S. 176–210 und Heft 3, S. 405–431.* Eintritt in die SA. (05.11.1933) Staatsexamen am 16. November 1933 mit „Elektronenbahnen in axialsymentrischen Feldern unter Anwendung auf kosmische Probleme" wird mit „Gut" bestanden.

1934	Forschungsstipendium für „Beweis der Widerspruchsfreiheit der Analysis" der Notgemeinschaft für die Deutsche Wissenschaft. (1.04.–30.09.1934) Offizielle Verleihung des Doktorgrades. (2.10.1934)
1935	Forschungsstipendium der Deutschen Forschungsgemeinschaft. (1.07.–31.12.1935) „Widerspruchsfreiheit der reinen Zahlentheorie". Rezension im Zentralblatt für Mathematik. (11.08.1935)

1935	apl. Assistentenstelle bei David Hilbert (Nachfolge von Arnold Schmidt). (1.11.1935) Erstes nachweisbares Zusammentreffen mit dem Logiker Jean Cavaillès im Dezember. Zurückstellung der Veröffentlichung von „Widerspruchsfreiheit der reinen Zahlentheorie" und Umarbeitung von Teilen des Beweises. (11.12.1935)
1936	Eintritt in des NS-Lehrerbund (Mitglieds-Nr. 335 247). (1.03.1936) ***Veröffentlichungen:*** *3. Die Widerspruchsfreiheit der Stufenlogik. Math. Z. 41 (1936) S. 357–366.* *4. Die Widerspruchsfreiheit der reinen Zahlentheorie. Math. Ann. 112 (1936)* *S. 493–565.* *5. Der Unendlichkeitsbegriff in der Mathematik. Vortrag, gehalten in Münster* *am 27. Juni 1936, veröffentlicht in: Sem.-Ber. Münster, WS 1936/37,* *S. 65–80.*
1937	Eintritt in die NSDAP (Mitglieds-Nr. 4 237 555). (1.05.1937) Gentzen wird „Mitwirkender" bei der Herausgabe der von Heinrich Scholz veranstalteten *Forschungen zur Logik und zur Grundlegung der exakten Wissenschaften. Neue Folge*, deren erstes Heft im erstes Quartal 1937 erscheint.

	Mitglied der deutschen Abordnung zum Pariser Descartes-Kongreß. (August 1937)
	Veröffentlichungen: Selbstanzeige der Veröffentlichung 3. und 4 in: *Deutsche Mathematik 2* (1937), S. 130. 6. *Unendlichkeitsbegriff und Widerspruchsfreiheit der Mathematik. Actualites scientifiques et industrielles, no. 535, pp. 201-205, Paris: Hermann 1937, und in: IXe Congres International de Philosophie, VI. logique et mathematiques, Paris 1937.*
	Vortrag auf der DMV-Tagung in Bad Kreuznach am 21. September „Die gegenwärtige Lage in der mathematischen Grundlagenforschung". (21.09.1937)
	Verlängerung der Dienstzeit des apl. Assistenten Gentzen um ein weiteres Jahr mit Wirkung vom 1. Oktober durch Hasse. (1.10.1937)
1938	***Veröffentlichungen:*** 7. *Die gegenwärtige Lage in der mathematischen Grundlagenforschung. Deutsche Mathematik 3. (1938) S. 255-268. (Erstdruck).* 8. *Neue Fassung des Widerspruchsfreiheitsbeweises für die reine Zahlentheorie. Forschung zur Logik und zur Grundlegung der exakten Wissenschaften, Heft 4 (1938) Leipzig: Hirzel S. 19–44. (Erstdruck).* 7. und 8. erschienen auch als Heft 4 der *Forschungen zur Logik und zur Grundlegung der exakten Wissenschaften*, 1938.
	Die zweite Auflage von Hilbert-Ackermann, Grundzüge der theoretischen Logik erscheint mit Dankesbemerkung an Gentzen.
	Verlängerung der apl. Stelle auf ein weiteres Jahr mit Wirkung vom 1.10.1938.
	Einladung in die Schweiz zu einem Seminar von F. Gonseth (zusammen mit W. Ackermann); sehr wahrscheinlich von Gentzen nicht wahtrgenommen. (18.11.1938)
1939	Gerhards Mutter zieht zur Schwester nach Liegnitz.
	Gentzen kritisiert Hugo Dingler auf Wunsch von H. Scholz. (14.03.1939)
	Umwandlung der apl. Assisstentenstelle in eine planmässige. (1.04.1939)
	Letzter überlieferter Brief an Paul Bernays. (16.06.1939)
	Einberufung zum Wehrdienst: Funker beim Flugwachkommando in Braunschweig. (28.09.1939)
	Letztes Treffen mit Kurt Gödel in Göttingen. (15.12.1939)

Habilitation

1940	Wissenschaftliche Aussprache für seine Habilitation in Göttingen (12.12.1940)

Soldat im Kriegsdienst an der Heimatfront (1939–1942)

1942	Einweisung ins Lazarett wegen „nervösen Erschöpfungszustandes" (21.01.1942)
	Entlassung aus der Wehrmacht ohne uk-Stellung (unabkömmlich) als Kriegsteilnehmer. (8.06.1942)
	Wiederaufnahme seiner Assistententätigkeit in Göttingen (auf dem Papier). (15.06.1942)

	Offizielle Ausmusterung als „wehruntauglich" vom Wehrbereichs-Kommando. (19.11.1942)
	Anforderung Gentzens von Prof.Dr. Hans Rohrbach für eine Dozentur in Prag über die Osenberg-Aktion. (Dezember 1942)

Dozent in Prag

1943	Gentzen erbittet von Göttingen Erteilung der Lehrbefugnis für Mathematik und Ernennung zum Dozenten. Er erbittet zur Ableistung der Probevorlesung Prag zugewiesen zu werden. (30.01.1943)
	Der Göttinger Kurator fragt turnusgemäß, ob bei Gentzen Entlassung durch Widerruf erfolgen soll, da dieser bereits 4 Jahre Assistent sei. (31.03.1943)
	Veröffentlichung: 9. *„Beweisbarkeit und Unbeweisbarkeit von Anfangsfällen der transfiniten Induktion in der reinen Zahlentheorie". Math. Ann. 119; (1943) S. 140–161. (Habilitationsschrift), eingegangen am 9.7.1942.*
	Probevortrag „Die keplerschen Gesetze der Planetenbewegung". (19./20.05.1943)
	Ernennung zum Dozenten ohne Diäten. (5.10.1943)
	Einrichtung des „Rechenbüros". (Datierung unsicher)
	Erste Vorlesungen und Übung. (November 1943)
1944	Bewilligung von Diäten. (1.04.1944)
	Einstellung der Vorlesungen. (Datierung unsicher)
	Gesuch um einen längeren Erholungsurlaub. (Juli 1944)
	14tägiger Urlaub auf Rügen. (August 1944)
	Brief an Paul Lorenzen. (12.09.1944)
	Rohrbachs „Bericht über die Entwicklung des mathematischen Instituts der Deutschen Karls-Universität". (3.10.1944)
	Widmung der „Zusammenfassung von mehreren vollständigen Induktionen zu einer einzigen" für Heinrich Scholz zum 60sten Geburtstag (posthum erschienen). (17.12.1944)
1945	Detonation einer 10kg-Bombe neben Gentzens Wohnung. (12.02.1945)

Gentzens Tod

1945	Gentzen ist Trauzeuge bei der Heirat von Paul und Hella Armsen. (Februar 1945)
	Hans Rohrbach gibt eine mathematische Rechnung Gentzens bei Osenberg im Harz ab. (März 1945)
	Gentzen hört weder auf Pinl noch Krammer und bleibt in Prag. (Ostern 1945)
	Maruhn holt für Gentzen dessen Gehaltskarte für das „Reich" ab. (April 1945)
	Letzter Eintrag in Gentzens Personalakte. (20.04.1945)
	Weinumtrunk bei Ehepaar Armsen. (3.05.1945)
	Festnahme von Gerhard Gentzen. (7.05.1945)
	Martyrium.
	18.30 Uhr: Gerhard Gentzen stirbt mit sechsunddreißig Jahren in den Armen von Dr. Franz Krammer. (4.08.1945)

Bemühungen um den Nachlass

1946	Vergebliche Versuche zur Rettung des Nachlasses Gerhard Gentzen.
1948	Entzifferung einiger stenographischer Aufzeichnungen durch Hellmuth Kneser und Hans Rohrbach (= H. Urban).
1987	Übergabe eines Konvolutes stenographischer Aufzeichnungen der Familie Gentzen an Hans Rohrbach, der sie Christian Thiel zur Entzifferung übergibt. Die Entzifferung dauert an.

Posthum erschienen

1954	*10. Zusammenfassung von mehreren vollständigen Induktionen zu einer einzigen, Archiv für Mathematische Logik und Grundlagenforschung, in: Archiv für Philosophie (Hrsg. v. Jürgen v. Kempski) 5 (1954), Heft 1, S. 81–83.*
1974	*11. Über das Verhältnis zwischen intuitionistischer und klassischer Arithmetik, eingegangen am 15.03.1933, zurückgezogen und veröffentlicht in: Arch. math. Logik 16 (1974), S. 119–132.*
	12. Der erste Widerspruchsfreiheitsbeweis für die klassische Zahlentheorie, eingegangen am 11.08.1935, zurückgezogen und veröffentlicht in: Arch. math. Logik 16 (1974), S. 97–118.

Gentzen im Licht
zeitgenössischer Begutachtungen

Seite	Text	Autor
23	Gutachten für die Aufnahme in die „Studienstiftung des Deutschen Reiches"	
24	Reifezeugnis	
34	Gutachten für das Promotionsstipendium der Studienstiftung	R. Courant
36	Rezension zu „Über die Existenz unabhängiger Axiomensysteme zu unendlichen Satzsystemen", in: *Zbl* 5 (1933), S. 338f.	A. Schmidt
36	Rezension zu „Über die Existenz unabhängiger Axiomensysteme zu unendlichen Satzsystemen", in: *JFM* 58 (1932)	Th. Skolem
40	Gutachten über die Dissertation „Untersuchungen über das logische Schliessen"	H. Weyl
42	Rezension zu „Untersuchungen über das logische Schliessen", in: *JFM* 60 (1934), H. 1, S. 20 f.	W. Ackermann
43	Rezension zu „Untersuchungen über das logische Schliessen", in: *Zbl* 10 (1935), Heft 4, S. 145 f.	A. Schmidt
45	Verleihung des Doktorgrades	
46	Staatsexamen für das höhere Lehramt	
48, 50 u. öfter	Briefwechsel mit Paul Bernays	
48 f.	Briefwechsel mit H. Kneser	
52 f.	Bernays diskutiert Gentzens Ergebnisse in Princeton, legt seine Reflexionen nieder in *Logical Calculus* und bespricht dies mit H. Weyl, vielleicht auch mit K. Gödel und J. von Neumann	
53	Briefwechsel mit H. Hasse	
54	Empfehlung Hasse an Dekan für Gentzens als Hilberts Assistent	H. Hasse
57	Rezension zu „Die Widerspruchsfreiheit der Stufenlogik", in: *JFM* 62 (1936), H. 2, S. 43 f.	F. Bachmann
58	Rezension zu „Die Widerspruchsfreiheit der Stufenlogik", in: *Zbl* 15 (1936), Heft 5, S. 193	A. Schmidt
60 f.	Rezension zu „Die Widerspruchsfreiheit der reinen Zahlentheorie", in: *JFM* 62 (1936), H. 1, S. 44 f.	F. Bachmann
62	Rezension zu „Die Widerspruchsfreiheit der reinen Zahlentheorie", in: *Zbl* 14 (1936), Heft 9, S. 386 f.	A. Schmidt
63	Paul Bernays, Besprechung von Gerhard Gentzen, Die Widerspruchsfreiheit der reinen Zahlentheorie, in: *Journal of Symbolic Logic* 1(2), p. 75, Juni 1936.	
64	Erwähnung in „Einführung in das mathematische Denken", S. 80 ff. Wien: Gerold & Co. 1936	F. Waismann
66	Rezension zu „Der Unendlichkeitsbegriff in der Mathematik", in: *JFM* 62 (1936), S. 43 f.	W. Ackermann
67	Briefwechsel mit Kneser	
67 f.	Erwähnung im Kongressbericht „Denken und Erkenntnis des Abendlandes. Der Pariser Descartes-Kongress"; in: *Kölnische Zeitung* vom 5.09.1937, Kulturbeilage	H. Scholz
70 f.	Cavaillès und Lautmann über Gentzen	

72 f.	Gentzen erscheint als Mitwirkender auf der Titelleiste der Scholzschen „Forschungen zur Logik und zur Grundlegung der exakten Wissenschaften"	H. Scholz
75	Rezension zu „Die gegenwärtige Lage in der mathematischen Grundlagenforschung", in: *Zbl* 19 (1938), S. 97	H. B. Curry
76	Rezension zu „Die gegenwärtige Lage in der mathematischen Grundlagenforschung", in: *Zbl* 19 (1938), S. 241	A. Schmidt
77	Rezension zu „Neue Fassung des Widerspruchsfreiheitsbeweises für die reine Zahlentheorie", in: *Zbl.* 19 (1939)	A. Schmidt
82	Gutachten zur Verlängerung der apl. Stelle 1938	H. Hasse
83	„Sorgenkinder"-Brief an das Reichserziehungsministerium vom 14.10.1938	W. Süss
95	Rezension zu „Die gegenwärtige Lage in der mathematischen Grundlagenforschung", in: *JFM* 64 (1939), H. 1, S. 26	W. Ackermann
95	Rezension zu „Neue Fassung des Widerspruchsfreiheitsbeweises für die reine Zahlentheorie", in: *JFM* 64 (1939), H. 2, S. 26 f.	W. Ackermann
99	Gödel lädt Gentzen über Hasse zu seinem Vortrag über die Cantorsche Kontinuumshypothese ein (15.12.1939)	K. Gödel
101	Gutachten der Habilitationsschrift Gentzens im Auftrag von H. Scholz	W. Ackermann
103	Zusatz an das Gutachten Ackermann durch H. Scholz	H. Scholz
105 f.	Erwähnung Gentzens ohne ausdrückliche Namensnennung in einem Sammelband anlässlich Hitlers Geburtstag	H. Hasse
108	Rezension der Habilitationsschrift, in: *Zbl* 28 (1943), S. 102	W. Ackermann
109	Rezension der Habilitationsschrift, in: *Journal of Symbolic Logic* 9 (1944), S. 70–72	P. Bernays
111	Erwähnung Gentzens durch L. Kalmár und Hellmuth Kneser „notio und notatio"	L. Kalmár. H. Kneser
201 f.	Erwähnung Gentzens durch Max Steck und Friedrich Requard im Zusammenhang einer rassischen Begründung der Mathematik	M. Steck , F. Requard
251	Göttingen möchte Gentzen behalten	Th. Kaluza
252 f.	Gutachten über Gentzens Probevorlesung	Glaser
253	Gutachten über Gentzens Probevorlesung	H. Rohrbach
255	Bemerkung zu Gentzens Rechengruppe	H. Rohrbach
258	Bemerkungen zu G. von Ernst Mohr und Rohrbach beantragt eine Dozentenstelle mit Diäten für Gentzen	E. Mohr, H. Rohrbach
261 f.	Urlaubsantrag und dazugehöriges Attest dafür	H. Rohrbach, Dr. Ewald
262 f.	Gutachten über die Situation am Mathematischen Institut in Prag	H. Rohrbach
271	Bemerkungen zu Gentzen	P. Armsen
272	Bemerkungen zu Gentzen	F. Krammer
273 ff.	Stimmen zu Gentzens Tod	F. Krammer, F. Kraus

Veröffentlichungen von Gentzen

Jahr	Publikation
1932	Über die Existenz unabhängiger Axiomensysteme zu unendlichen Satzsystemen, in: *Math. Ann.* 107 (1932) S. 329–350.
1933/ 1974	„Über das Verhältnis zwischen intuitionistischer und klassischer Arithmetik", eingegangen am 15. März 1933, zurückgezogen und veröffentlicht in: *Arch. math. Logik* 16 (1974), S. 119–132.
1934/ 1935	„Untersuchungen über das logische Schließen", in: *Math. Z.* 39 (1934/1935) S. 176–210, S. 405–431.
1935/ 1974	Der erste Widerspruchsfreiheitsbeweis für die klassische Zahlentheorie, eingegangen am 11. August 1935, zurückgezogen und veröffentlicht in: *Arch. math. Logik* 16 (1974), S. 97–118.
1936	Die Widerspruchsfreiheit der Stufenlogik, in: *Math. Z.* 41 (1936) S. 357–366. Die Widerspruchsfreiheit der reinen Zahlentheorie, in: *Math. Ann.* 112 (1936) S. 493–565. Der Unendlichkeitsbegriff in der Mathematik. Vortrag, gehalten in Münster am 27.06.1936, veröffentlicht in: *Sem.-Ber. Münster*, WS 1936/37, S. 65–80. Selbstanzeige zu 1936 (1 und 2) in: *Deutsche Mathematik* 2 (1937), S. 130: Die deutsche mathematische Forschung im Jahre 1936.
1937	Unendlichkeitsbegriff und Widerspruchsfreiheit der Mathematik, in: *Actualites scientifiques et industrielles*, no. 535, S. 201–205, Paris: Hermann 1937, und in: IXe Congres International de Philosophie, VI. logique et mathematiques, Paris 1937
1938	Die gegenwärtige Lage in der mathematischen Grundlagenforschung, in: *Deutsche Mathematik* 3 (1938) S. 255–268 (Erstdruck). Neue Fassung des Widerspruchsfreiheitsbeweises für die reine Zahlentheorie, in: *Forschung zur Logik und zur Grundlegung der exakten Wissenschaften*, (1938), Heft 4, S. 19–44, Leipzig: Hirzel.
1943	„Beweisbarkeit und Unbeweisbarkeit von Anfangsfällen der transfiniten Induktion in der reinen Zahlentheorie", in: *Math. Ann.* 119 (1943) S. 140–161. (Habilitationsschrift), eingegangen am 9.7.1942.
1944/ 1954	Zusammenfassung von mehreren vollständigen Induktionen zu einer einzigen, Archiv für Mathematische Logik und Grundlagenforschung, in: *Archiv für Philosophie* (Hg. v. Jürgen Kempski) 5 (1954), Heft 1, S. 81–83.

Rezensionen und Verwandtes
von Gerhard Gentzen

Seite	Autor des besprochenen Werkes	Zeitschrift
53	Malcev, A.	*Zbl*, 14 (1935), Heft 9, S. 385
65	Post, Emil L.	*Zbl*, 15 (1936), Heft 5, S. 193
67	Hilbert-Ackermann	Korrektur von „Theoretische Logik", 2. Auflage
73	Ackermann, W.	*Zbl*, 16 (1937), Heft 5, S. 194
78	Rosser, Barkley	*Zbl*, 17 (1938), Heft 6, S. 242
80	Hilbert und Bernays	Korrektur und Erstellen von Satzfehler-verzeichnissen
80	Frank jr., Orrin	*Zbl*, 18 (1938), Heft 8, S. 337
81	Schmidt, Arnold	*Zbl*, 18 (1938), Heft 8, S. 337
81	Pepis, Józef	*Zbl*, 18 (1938), Heft 9, S. 385
91	Ono, Katudi	*Zbl*, 19 (1939), Heft 6, S. 242
92	Dingler	Bemerkung an Scholz, H.
93	Hilbert, David und Bernays, Paul	*Zbl*, 20 (1939), Heft 5, S. 193 f.
94	Rosser, Barkley	*Zbl*, 20 (1939), Heft 5, S. 194
95	a. Huntington, E.V. b. B. Kalmár, L. c. C. Greenwood, Th. d. Birkhoff, George D. e. Amaral, Ignacio M. A. do	*Zbl*, 20 (1939), Heft 5, S. 193 f.
95	Padoa, A.	*JFM*, 64/2 (1939), S. 923
97	Bense, Max	*Zbl*, 21 (1939), S. 97
100	Moisil, Gr. C.	*Zbl*, 21 (1939), Heft 7, S. 290
101	Novikoff, P.	*Zbl*, 21 (1939), Heft 7, S. 290
101	Menger, Karl	*Zbl*, 21 (1939), Heft 7, S. 290
259	Lorenzen, Paul	Brief

Gentzen und die Beweistheorie

Jan von Plato

Gentzen und die Beweistheorie

Das logische Werk von Gerhard Gentzen (1909–1945) besteht aus zwei Haupt-themen: einerseits der **strukturellen Beweistheorie** von 1933 in seinen zwei Formu-lierungen, genannt **natürliches Schliessen** und **Sequenzenkalkül**; andererseits dem zweiten und auch mehr esoterischen Hauptthema: der **Ordinal-Beweistheorie**.

Logik und Grundlagen der Mathematik

Die Logik kann als Wissenschaft des demonstrativen Argumentierens charakteri-siert werden. Das erste und wohl am besten bekannte Beispiel ist durch das axio-matische System der Geometrie von Euklid gegeben. Die gegenwärtige Logik stammt her von den Versuchen, für die Mathematik eine Grundlage zu finden, beginnend um 1845. Auch Gentzen versteht unter Logik eine Wissenschaft, wo die Struktur der mathematischen Beweise studiert wird.

Im Jahr 1879 hatte der Jenaer Mathematiker und Philosoph Gottlob Frege die zur heutigen Logik grundlegende **prädikatenlogische** Formelsprache formu-liert: es gibt Grundaussagen, über deren Struktur nichts weiteres gesagt wird. Diese Aussagen werden mit den Buchstaben A, B, C, ... bezeichnet; ganz ähnlich wie man Buchstaben in der Algebra gebraucht. In einer gegebenen, bestimmten Situation mögen die Grundaussagen z.B. über natürliche Zahlen sprechen, wie bei „$7 + 5 = 12$", oder über Inhalte der Geometrie, wie bei „Der Punkt P liegt auf der Verbindungslinie zwischen den beiden verschiedenen Punkten Q und R". Von dem Inhalt wird abstrahiert, und von den Aussagen wird nur angenommen, daß sie einen möglichen Sachverhalt ausdrücken. Besteht ein von einer Aussage ausgedrückter Sachverhalt, so wird die Aussage als **wahr** gekennzeichnet, und bei Nichtbestehen des Sachverhalts gilt die Aussage als **falsch**.

Die Fregesche Prädikatenlogik besteht aus zwei Teilen. Erstens verfügt man über die Aussagenlogik, die gewisse genau definierte Operationen enthält. Durch diese Operationen entstehen neue Aussagen von gegebenen Aussagen, letztend-lich von den Grundaussagen. Wir haben die **Konjunktion** $A \& B$ („A und B"), die **Disjunktion** $A \vee B$ („A oder B", „mindestens eine von A und B"), die **Implikation** $A \supset B$ („wenn A, dann B", „A impliziert B"), und zum Schluß die **Negation** $\sim A$ („nicht A"). Man nennt diese Operatoren Konnektive oder Satzverknüpfer. Es gibt mehrere deutschsprachige Ausdrücke für diese Terme; wir haben die obigen aus dem Lateinischen herstammenden Ausdrücke (Konjunktion, Disjunktion, Implikation und Negation) benutzt um zu betonen, daß es sich hier um eine Les-art von formalen Ausdrücken handelt, die aufgrund von präzise definierten Re-geln gebildet werden. Auch für die Symbole gibt es verschiedene Darstellungs-formen, und wir haben diejenigen angewendet, die man auch bei Gentzen findet. Um zu betonen, daß die mit den Konnektiven (Satzverknüpfer) gebildeten Aus-drücke rein formal sind, werden wir sie als Formeln bezeichnen. Um Formeln eindeutig lesen zu können, werden Klammern benutzt. Zum Beispiel wird $(A \supset B) \supset (\sim B \supset \sim A)$ geschrieben („Wenn A B impliziert, so impliziert nicht B nicht A").

Als nächstes wird die aussagenlogische Formelsprache mit der echt **prädikatenlogischen** Formelsprache erweitert. Die Grundaussagen oder **atomaren** Aussagen wie man auch sagt, enthalten eine Struktur: diese drücken **Eigenschaften** von **Objekten** aus. Zum Beispiel: Sind die Objekte natürliche Zahlen 0, 1, 2, ... so verfügt man auch beispielsweise über Eigenschaften wie Primzahl zu sein, und wird von geometrischen Objekten geredet, hat man die Eigenschaften wie Rechtwinkligkeit von Dreiecken, usw. Es werden **Variablen** und **Quantifikatoren** angewendet, um **Allgemeingültigkeit** und **Existenz** auszudrücken: Die Universalquantifikation wird mit $\forall x A$ ausgedrückt („Für alle x gilt A"). Existenz wird mit $\exists x A$ ausgedrückt („Es gibt mindestens ein x, so daß A") – Die Symbole kommen von den Buchstaben A und E). Ein Beispiel: Es handelt sich um die natürlichen Zahlen. Aussage A ist $n > 2$, B ist $x^n + y^n = z^n$, wobei x, y, z ganze positive Werte annehmen. Dann wird die Fermatsche Behauptung mit der Formel $\forall x \, \forall y \, \forall z \, \forall n$ $(A \supset \sim B)$ ausgedrückt. Ein **äquivalenter** Ausdruck ist durch die Formel $\forall x \, \forall y \, \forall z$ $\sim \exists n \, (A \, \& \, B)$ gegeben. Wie kann man wissen, daß diese beiden Formeln äquivalent sind? Wenn man den Inhalt beider Formeln in Worten ausdrückt, dann sieht man „irgendwie" ein, dass dem so ist. In der Logik aber werden die grundlegendsten Prinzipien des Beweisens untersucht, und danach kann man die Äquivalenz der beiden obigen Formeln streng beweisen: Die eine impliziert die andere und umgekehrt.

Frege wollte mit seiner Prädikatenlogik am Ende des 19. Jahrhunderts eine präzise Grundlage für die Mathematik geben. Er musste dabei jedoch Prinzipien über **Mengen** von mathematischen Objekten aufstellen, die nicht der eigentlichen Prädikatenlogik zugehörten. Er machte dies dadurch, dass er für jede mögliche Eigenschaft mathematischer Objekte die Existenz genau der Menge von Objekten postulierte, die diese Eigenschaft haben. Aber dann werden Mengen von mathematischen Objekten selbst als mathematische Objekte angesehen. Dadurch kann man Mengen von Mengen, Mengen von Mengen von Mengen, und so fort ins Unendliche bilden. Bei der Studie von Freges Grundlagenarbeit entdeckt der junge Bertrand Russell folgende Argumentation: Einige Mengen „gehören nicht sich selbst an." Das sieht man ein, wenn man die Eigenschaft, „eine natürliche Zahl zu sein", studiert. Nach Freges Prinzip gibt es eine Menge, deren Elemente genau diese Eigenschaft besitzen, nämlich die Menge der natürlichen Zahlen. Diese Menge selbst aber ist keine Zahl, daher „gehört sie sich nicht selbst an." Es ist schwieriger eine Menge zu finden die „sich selbst angehört". Ein Beispiel dafür bekommt man, wenn man behauptet, dass Mengen mathematische Objekte sind. Dann soll nämlich die Eigenschaft, eine Menge zu sein, eine entsprechende Menge bestimmen. Das ist die „Menge aller Mengen", eine Menge also, und demnach „zu sich selbst gehörend". Jetzt schlägt Russell vor, die „Menge aller Mengen, die nicht sich selbst angehören" zu betrachten. Wir wollen diese Menge mit K bezeichnen. Die Eigenschaft, die die Elemente dieser Menge bestimmt, ist „nicht sich selbst angehören". Wenn also K „sich selbst angehört", so hat K die Eigenschaft „nicht sich selbst anzugehören". Wenn K „nicht sich selbst angehört" hat sie die Eigenschaft die die Elemente von K haben, also „gehört K sich selbst an".

Das Obige ist das wohlbekannte Russellsche Paradoxon, das zeigt, dass intuitives Argumentieren mit Mengen zu Widersprüchen führen kann.

Es wurden verschiedene Auswege vorgeschlagen, um aus dieser Situation herauszukommen, in die das Russellsche Paradoxon und andere verwandte Antinomien die Mathematik geführt hatten. Von Ernst Zermelo wurde die Idee der Begrenzungen in den Prinzipien der Mengenlehre präzisiert, dass man nicht beliebige mathematische Objekte in eine Menge zusammenführen darf. Das führte zur heutigen *axiomatischen* Mengenlehre. Einen grundlegenderen Weg wollte aber David Hilbert gehen, dessen Assistent Zermelo war. Hilbert war als Mathematiker sehr eindrucksvoll und wurde später der Kopf des Göttinger Mathematischen Instituts. Er wollte die Grundlagenprobleme der Mathematik ein für alle mal lösen, und zwar durch eine zumindest im Prinzip durchgeführte strenge *Formalisierung* der mathematischen Beweise. Es soll ein System von Axiomen und formalen Herleitungsregeln gegeben sein, so dass man die ganze Mathematik auf dieses System reduzieren kann. Danach muss gezeigt werden, dass das System *konsistent* ist, d.h. dass es nie in einen Widerspruch führen kann. Zweitens sollte das System vollständig sein, womit gemeint wird das nichts als unbeweisbar bleiben soll, das wahr, gültig und beweisbar sein sollte (auf eine genaue Formulierung wird hier verzichtet). Eine dritte zentrale Frage gibt die Existenz eines *Entscheidungsverfahrens*: Man fragt, ob eine mathematische Methode möglich ist, womit man auf algorithmische, mechanische Weise entscheiden kann, ob eine gegebene Aussage aus den Axiomen des Systems folgt oder nicht.

In Studien über die Grundlagen ist es von entscheidender Wichtigkeit, sich darüber im Klaren zu sein, welche Prinzipien, Mittel und Methoden bei der Untersuchung überhaupt erlaubt sind. Wenn wir die Eigenschaften der formalisierten, axiomatischen Systeme studieren, müssen wir bereits logische und mathematische Prinzipien voraussetzen. Es scheint also, als wäre das ganze „Hilbertsche Programm" zirkelhaft. Hilberts Idee war, dass dieses Studium (über der Objektebene der gewöhnlichen, eigentlichen Mathematik stehend, deshalb bei Hilbert „Metamathematik" benannt) nur *finitistische* (begrenzte, endliche) Prinzipien über konkret gegebene Objekte benutzt. Man kann das mit dem Schachspiel vergleichen, wo die Spielstücke endliche Sequenzen von konkreten Zeichen sind, also Ausdrücke in formalem Sinn. Es wird keine spezielle Bedeutung in diese gelegt („Ohne jede Bedeutung oder Inhalt ist die Figur des Königs bzw. die endliche Sequenz"), sondern man manipuliert mit den Formeln rein symbolisch, wie bei Schach- oder Rechenregeln. Hilberts ursprüngliche, jetzt veraltete Beweistheorie hatte als Ziel: Entwicklung und Auszeichnung der logischen Prinzipien in der Mathematik, Formalisierung von zumindestens solchen Grundteilen der Mathematik wie die Arithmetik der natürlichen Zahlen und der reellen Zahlen, und die Theorie der reellen Funktionen. Damit wollte man die Widerspruchsfreiheit und Vollständigkeit der gewöhnlichen Analysis, d.h. der Differential- und Integralrechnung sichern.

In der Zeit bis 1930 wurde eine handliche Formelsprache für die Prädikatenlogik entwickelt. Der Österreicher Kurt Gödel veröffentlichte seinen Beweis von der Vollständigkeit der Prädikatenlogik, da auf einem *semantischen* Weg einerseits definiert wird, wenn eine Aussage wahr ist, und auf einem *syntaktischen* Wege andererseits, wenn sie formal herleitbar ist. Widerspruchsfreiheit bedeutet, dass alle herleitbaren Formeln auch wahr sind; Vollständigkeit das umgekehrte, dass also alle wahren Aussagen auch herleitbar sind. Genau gesagt bewies Gödel, dass es unmöglich ist, dass es eine wahre, aber nicht herleitbare Formel der Prädikatenlogik gäbe. Ein Jahr später kam dann der Gödelsche Unvollständigkeitsbeweis für die Arithmetik der natürlichen Zahlen, und damit das wohl bekannteste logische Resultat des 20. Jahrhunderts: Die formalisierte Arithmetik muss unvollständig bleiben, es muss also immer wahre, aber nicht herleitbare arithmetische Formeln geben.

Mit der Gödelschen Entdeckung kam Hilberts ursprüngliche Beweistheorie zu ihrem Ende. Auch die Frage nach der Entscheidungsmethode bekam eine negative Antwort durch das Ergebnis des Amerikaners Alonzo Church, der 1936 zeigte, dass schon die Prädikatenlogik, und damit jede mathematische Theorie, die mit Hilfe der Prädikatenlogik formalisiert wird, kein allgemeines Entscheidungsverfahren erlaubt.

Die strukturelle Beweistheorie: natürliches Schliessen

Hilbert folgend wird die Logik auf eine axiomatische Weise aufgebaut: Man hat erst die Axiome, wie z.B. $A \supset (B \supset A \& B)$ („A impliziert, dass B $A \& B$ impliziert"). Die Axiome drücken die einfachsten logischen Wahrheiten aus. Dazu gibt es nur zwei Herleitungsregeln; eine Regel für die Aussagenlogik und eine andere für die Quantifikatioren. Die erste Regel ist: Wenn $A \supset B$ und A hergeleitet wird, darf B hergeleitet werden. Diese alte Regel der Logik wird traditionell „Modus ponens" genannt. Richtige Herleitungen aus den Axiomen fügen neue logische Wahrheiten zu den bereits von den Axiomen gegebenen Wahrheiten. Die Richtigkeit einer Herleitung kann auf eine ganz mechanische Weise kontrolliert werden, wie beim Schachspiel die einzelnen Schritte.

Durch Gentzens Doktorarbeit „Untersuchungen über das logische Schliessen" wurde die Hilbertsche auf manche Weise künstliche axiomatische Beweistheorie durch die ***strukturelle Beweistheorie*** ersetzt. In der Logik handelt es sich danach nicht länger um eine spezielle Klasse von Aussagen, die „logische Wahrheiten" ausdrücken, sondern um die allgemeinen Strukturen der Beweise in der Mathematik. Gentzen hat sein System des natürlichen Schliessens durch eine Analyse von tatsächlichen Beweisen gefunden. Es sei eine Aussage der Form $A \vee B \supset C \& D$ („A oder B impliziert C und D") gegeben. Nach Gentzen ist die natürliche Beweismethode, erst $A \vee B$ ***anzunehmen***, und dann zu bestimmen, was zu beweisen bleibt. Wir unterscheiden zwei Fälle: 1. A ist der Fall. Dann ist $C \& D$ von A beginnend zu beweisen, wofür es ausreicht, C von A und D von A zu beweisen. 2. B ist der Fall. Wie oben, ist C von B und D von B zu beweisen. Wenn das alles glückt, ist $A \vee B \supset C \& D$ bewiesen. Gentzen schlägt vor, dass zu jeder Form der Aussage, hier also $A \& B$, $A \vee B$, $A \supset B$, ein Prinzip des Beweisens zugehört, ein Prinzip, das die hinreichenden Bedingungen angibt, unter welchen die Aussage hergeleitet werden darf. Die Regeln sind, wo eine Linie die ***Prämissen*** (eine oder mehr) von der Konklusion teilt,

$$\frac{A \quad B}{A \& B} \& I \qquad \frac{A}{A \vee B} \vee I1 \qquad \frac{B}{A \vee B} \vee I2 \qquad \frac{\begin{array}{c}[A]\\ \vdots \\ B\end{array}}{A \supset B} \supset I$$

Die Symbole rechts neben der „Schluss-Linie" geben an, welche Regel angewendet wurde. Die Regel $\&I$, Konjunktions-Einführung, ergibt, dass es für das Beweisen von $A\&B$ genügend ist, A und B separat zu beweisen. Um $A \vee B$ zu beweisen, ist es genügend entweder A oder B zu beweisen. Zuletzt, um $A \supset B$ zu beweisen ist es genügend, A *anzunehmen* und dann B zu beweisen. Wenn dann auf $A \supset B$ hergeleitet wird, ist das Ergebnis nicht mehr von der Annahme abhängig, was mit der eckigen Klammer bezeichnet wird. Die Annahme A wird damit ***ausgeschlossen***.

Beweise, die gegebenen präzisen Regeln folgen, werden oft ***Herleitungen*** genannt, um einen Unterschied von den gewöhnlichen intuitiven Beweisen der Mathematik zu machen. Die Kombination von Herleitungsregeln führt zu baumartigen Strukturen mit Verzweigungen, in denen Regeln mit mehreren Prämissen angewendet wurden. Wenn eine Herleitung einer Formel C gegeben ist, werden diejenigen Annahmen, die nicht ausgeschlossen sind, die ***offenen*** Annahmen der Herleitung genannt. Ferner, man darf immer eine Herleitung mit Annahmen nach Wahl beginnen. Wenn alle Annahmen ausgeschlossen sind, hat man auf der untersten Linie ein ***Theorem***.

Neben den Einführungsregeln gibt Gentzen auch ***Beseitigungsregeln***. Diese sind eine Art von Inversen zu den Einführungsregeln, in denen eine Formel mit einer Konnektive als ***Hauptprämisse*** vorkommt:

$$\frac{A\&B}{A}\&E1 \qquad \frac{A\&B}{B}\&E2 \qquad \frac{A \vee B \quad \overset{[A]}{\underset{C}{\vdots}} \quad \overset{[B]}{\underset{C}{\vdots}}}{C} \vee E \qquad \frac{A \supset B \quad A}{B} \supset E$$

(E steht hier für Elimination). Die Disjunktionsregel ist ganz natürlich und wurde schon oben informell erwähnt, wo eine Annahme der Form $A \vee B$ zu zwei Fällen führte. Bei der $\vee$-Beseitigung haben wir als weitere Prämissen, dass C von A und auch von B hergeleitet ist. Dann darf man auf C schliessen, wobei die beiden Annahmen A und B ausgeschlossen werden. Die Regel der $\supset$-Beseitigung ist dieselbe wie der Modus ponens.

Gentzens Hauptresultat für das natürliche Schliessen ist, was heute das Normalform-Theorem genannt wird. Aus gewissen Gründen, die bald erwähnt werden, wird dieses Resultat hier lediglich oberflächlich angedeutet: Herleitungen mit den Regeln des natürlichen Schliessens können auf eine gewisse durchsichtige Form gebracht werden, wo keine Einführungsregel von den entsprechenden Beseitigungsregeln gefolgt wird. Um zu sehen was diese Herleitungen „ohne Umwege" (wie Gentzen sagte) sind, betrachten wir einen solchen Umweg: Es seien die Regeln $\supset I$ und $\supset E$ gegeben, und wir haben die Herleitung

$$\frac{\dfrac{\overset{[A]}{\underset{B}{\vdots}}}{A \supset B}\supset I \quad \overset{\vdots}{A}}{B} \supset E.$$

Die Punkte bezeichnen eine willkürliche Herleitung von A. Jetzt sagt Gentzen, dass wir durch die Herleitung von $A \supset B$ durch $\supset I$ schon wissen, wie man von A zu B gelangt. Also können wir die beiden Regeln weglassen, indem wir die Herleitung von A und die Herleitung von B von A zusammensetzen:

$$\begin{array}{c} \vdots \\ A \\ \vdots \\ B \end{array}$$

Die Formel A ist nun, statt einer Annahme, eine Konklusion der oberen Herleitung. Dasselbe Verfahren wird auf die anderen I-E-Regelpaare angewendet, so z.B. haben wir:

$$\frac{\dfrac{\overset{\vdots}{A}\ \overset{\vdots}{B}}{A\&B}\ \&I}{A}\ \&E1$$

die auf

$$\begin{array}{c} \vdots \\ A \end{array}$$

vereinfacht wird. Wir sehen, dass die erste Herleitung einen Teil hat, die Herleitung von B, der bei der zweiten Herleitung verschwunden ist.

Jetzt sehen wir, dass die Formeln oberhalb der Herleitungslinie in einer Einführungsregel immer **Teile** der Konklusionen sind. Mit den Beseitigungsregeln, wo wir der Einfachheit halber die Regel $\vee E$ ohne Berücksichtigung lassen, sind die Konklusionen Teile der Prämisse. Es kann gezeigt werden, dass eine normale Herleitung keine solche Teile enthält, die nicht Teile der offenen Annahmen oder der Konklusion der ganzen Herleitung sind. Es wird dieses entscheidend wichtige Resultat die **Teilformel**-Eigenschaft von normalen Herleitungen genannt. Damit führt diese Eigenschaft auch zur wichtigsten Methode bei der strukturellen Analyse von Herleitungen.

Es ist noch keine Regel für die Negation gegeben. Man kann die Negation als ein definiertes Konnektiv einleiten, durch eine Aussage die immer falsch ist. Diese Aussage wird mit $\perp$ bezeichnet und nun wird $\sim A$ als $A \supset \perp$ gedeutet („A impliziert die Unmöglichkeit"). Dadurch wird die Einführungsregel der Negation ein Spezialfall von $\supset I$, mit $B = \perp$. Zusätzlich wird eine Beseitigungsregel für $\perp$ hinzugefügt,

$$\frac{\perp}{C}\ \perp E\,.$$

Das ist die alte Regel von „ex falso quodlibet" („Aus der Falschheit folgt alles"). Angenommen, es seien zwei konträre Aussagen A und $\sim A$ herleitbar. Durch $\supset E$ bekommen wir eine Herleitung von $\perp$, und es gibt nach dem Theorem über die Normalform eine normale Herleitung von $\perp$. Dann sollen nach der Teilformeleigenschaft alle Formeln der Herleitung Teilformeln von $\perp$ sein. Aber $\perp$ hat keine Teile und wir sehen, dass es keine solche Herleitung geben kann. Auf diesem Wege ist die Konsistenz der Aussagenlogik beweisbar.

Es gibt noch einiges zur Negation zu sagen. Zu Beginn des 20. Jahrhunderts hat der niederländische Mathematiker L. E. J. Brouwer entdeckt, dass das logische Gesetz $A \vee {\sim} A$, bekannt als das Gesetz des ausgeschlossenen Dritten, verschieden ist von allen anderen logischen Gesetzen.

Dieses Gesetz klingt wie eine Trivialität, aber lässt uns an folgendes Problem denken: $\exists\, x\, A \vee {\sim} \exists\, x\, A$, wo A irgendein mathematisches Problem ausdrückt. Wir wollen ferner annehmen, dass die zweite Möglichkeit ${\sim} \exists\, x\, A$ unmöglich sei. Dann folgt aus dem Gesetz des ausgeschlossenen Dritten, dass $\exists\, x\, A$ gilt und dieses Beweisverfahren wird indirekter Existenzbeweis genannt. Man nimmt an, es gäbe keine x, die der Eigenschaft A (mathematisches Problem) genügen, leitet dann eine Unmöglichkeit her und schliesst, dass es doch ein x gibt, die A genügt. Diese Methode aber sagt darüber nichts aus, wie man zu einem solchen x gelangt.

Das logische Gesetz der *doppelten* Negation ${\sim}{\sim}A \supset A$ ist ganz ähnlich demjenigen des ausgeschlossenem Dritten. Wenn oben ${\sim} \exists\, x\, A$ sich als unmöglich bewies, schloss man mit dem Gesetz des ausgeschlossenen Dritten auf $\exists\, x\, A$. Stattdessen kann man von Unmöglichkeit von ${\sim} \exists\, x\, A$ auf ${\sim}{\sim} \exists\, x\, A$ herleiten, dann mit dem Gesetz der doppelten Negation auf $\exists\, x\, A$.

In der **klassischen** Logik werden die Gesetze des ausgeschlossenen Dritten und der Doppel-Negation vorausgesetzt. In der **intuitionistischen** Logik dagegen wird das nicht gemacht, und demnach werden indirekte Existenzbeweise nicht akzeptiert.

Die zwanziger Jahre waren die Zeit des berühmten „Grundlagenstreit" zwischen Hilbert und Brouwer, als Hilbert die mathematische Existenz im klassischen Sinne gegen Brouwers intuitionistische Fassung verteidigte. Hilbert war der Meinung, die gewöhnliche Mathematik werde von den intuitionistischen Existenzbedingungen zerstört.

Gentzens erster Beitrag zur Beweistheorie

Hier tritt Gentzens erste grosse Entdeckung ein. So lange es wahr bleibt, dass eine mathematische Theorie innerhalb des Prädikatenkalküls formalisierbar ist, sind die intuitionistischen Bedingungen keine wirkliche Begrenzung des mathematischen Beweisens. Die elementare Arithmetik der natürlichen Zahlen, wo keine mengentheoretischen Prinzipien angewendet werden, kann auf dem Grund der intuitionistischen Logik entwickelt werden. Genauer gesagt, Gentzen bewies, dass wenn eine Aussage A der Arithmetik nach den Prinzipien der klassischen Logik beweisbar ist, dann gibt es eine Aussage mit A^* bezeichnet, die mittels der intuitionistischen Logik beweisbar ist. Ferner gilt, dass A und A^* **nach der klassischen Logik** äquivalent sind. Dann ist es nicht eine eigentliche Begrenzung, die indirekten Existenzbeweise nicht anzuwenden. Im allgemeinen sind die intuitionistischen Beweise schwer zu finden. Sie beinhalten mehr Information: gerade, wie die zu existierend bewiesenen mathematischen Objekte effektiv zu finden sind.

Gentzens Artikel „Über das Verhältnis zwischen intuitionistischer und klassischer Logik" befand sich schon in der Form von Korrekturbögen im Jahr 1933, als eine Arbeit von Gödel herauskam, die substantiell dasselbe Ergebnis hatte. Gentzens kompromissloses Zurückziehen der Veröffentlichung war ein Verlust. Sein Artikel enthielt nicht nur die logischen Resultate, sondern auch eine Diskussion des Intuitionismus, und diese hätte sicherlich viele von den Missverständnissen aufgelöst, zu denen Hilberts Äusserungen geführt hatte. Der Intuitionismus wurde von ihm als ein gefährlicher Exzentrismus stigmatisiert. Der Intuitionismus wird heutzutage auf einem anderen Weg legitimiert, wie weiter unten erklärt wird.

Der Sequenzenkalkül

In dem Sequenzenkalkül fand Gentzen eine schöne Ausdrucksform für die Prinzipien der klassischen Logik (Im Englischen „sequent calculus" genannt, ein Kunstwort von Stephen Kleene im Jahr 1952 vorgeschlagen, das seinen Weg auch in andere Sprachen gefunden hat). Eine Sequenz ist ein Ausdruck der Form $\Gamma \to \Delta$, wobei Γ und Δ Folgen bzw. eine Liste oder eine Aufzählung von Formeln sind. Eine Sequenz ist zu lesen: Von der Liste der Annahmen Γ ist es **herleitbar**, dass nicht alle Fälle in Δ unmöglich sind. Diese Lesart ist einigermassen kompliziert. Warum nicht einfacher so lesen: Von den Annahmen Γ ist herleitbar, dass es mindestens einen der Fälle Δ gibt? Der Unterschied ist genau zwischen dem einer Aussage und ihrer doppelten Negation. Wenn wir die einfachere Lesart vorziehen wollen, dürfen wir nicht vergessen, dass es nicht entscheidbar sein muss, welche der Formel von Δ der Fall ist. Aber genau diese Entscheidbarkeit ist mit der komplizierteren Lesart gegeben.

Viel einfacher ist der *intuitionistische* Sequenzenkalkül, wo nur eine Formel auf der rechten Seite steht. Dann drückt eine Sequenz $\Gamma \to C$ aus, dass Formel C aus den Annahmen Γ herleitbar ist.

Wir können den „Gentzen-Pfeil" als eine Notation nehmen, die die Punkte bei den schematischen Regeln des natürlichen Schliessens ersetzt. Die Einleitung von Implikation wird wiedergegeben: Wenn $A \to B$, dann $\to A \supset B$, und $\vee E$, wenn $A \to C$ und $B \to C$, dann $A \vee B \to C$. Der Sequenzenkalkül ist eine Formalisierung des Begriffes der Herleitbarkeit von Formeln aus Annahmen im Kalkül des natürlichen Schliessens. Mit dem klassischen Sequenzenkalkül wird die Herleitbarkeit auf eine endliche Anzahl von möglichen Fällen verallgemeinert. In den Regeln des natürlichen Schliessens wurden nur diejenigen Annahmen herausgeschrieben, die bei einer Regel ausgeschlossen werden. Es können dazu beliebige andere Annahmen hinzukommen. Diese werden im folgenden mit Sequenzen von Formeln Γ, Δ, ..., indiziert. Jetzt lauten die Regeln von Gentzens klassischem Sequenzenkalkül folgendermassen:

$$\frac{\Gamma \to \Delta, A \quad \Gamma \to \Delta, B}{\Gamma \to \Delta, A \& B} R\& \qquad \frac{A, \Gamma \to \Delta}{A \& B, \Gamma \to \Delta} L\&1 \qquad \frac{B, \Gamma \to \Delta}{A \& B, \Gamma \to \Delta} L\&2$$

$$\frac{A, \Gamma \to \Delta \quad B, \Gamma \to \Delta}{A \vee B, \Gamma \to \Delta} L\vee \qquad \frac{\Gamma \to \Delta, A}{\Gamma \to \Delta, A \vee B} R\vee 1 \qquad \frac{\Gamma \to \Delta, A}{\Gamma \to \Delta, A \vee B} R\vee 2$$

$$\frac{A, \Gamma \to \Delta, B}{\Gamma \to \Delta, A \supset B} R\supset \qquad \frac{\Gamma \to \Theta, A \quad B, \Delta \to \Lambda}{A \supset B, \Gamma, \Delta \to \Theta, \Lambda} L\supset$$

Die Annahme einer Formel A im natürlichen Schliessen wird zu einer „axiomatischen Sequenz" in der Form $A \to A$, mit der man Herleitungen im Sequenzenkalkül beginnen kann. Die Regel *ex falso* kann gegeben werden dadurch, dass man auch mit Sequenzen der Form $\bot \to \Gamma$ beginnt. Gentzen selbst hat das nicht getan, sondern er hatte separate Regeln für die Negation:

$$\frac{\Gamma \to \Delta, A}{\sim A, \Gamma \to \Delta} L\sim \qquad \frac{A, \Gamma \to \Delta}{\Gamma \to \Delta, \sim A} R\sim \,.$$

In Worten: Bei $R\sim$, wenn nicht alle Fälle in Δ unmöglich unter den Annahmen A, Γ sind, dann sind nicht alle Fälle Δ, $\sim A$ unmöglich unter Γ, und ähnlich für $L\sim$.

Das Lesen von Sequenzen als Annahmen und Fälle war bei Gentzens Doktorarbeit noch nicht klar. Gentzen wollte noch eine Sequenz $\Gamma \to \Delta$ auf die Weise deuten, dass ausgedrückt wird, dass die Konjunktion von Formeln in Γ die Disjunktion von Formeln in Δ impliziert. Dies wird heute als **Denotations-Semantik** beschrieben. Die eigentliche Lesart mittels Herleitbarkeit von Fällen aus Annahmen wird bei Gentzen erst in seiner zweiten Arbeit über die Widerspruchsfreiheit der reinen Zahlentheorie im Jahre 1938 vorgeschlagen.

Um anzudeuten, wie die strukturelle Analyse der Beweise im Sequenzenkalkül vorsichgeht, betrachten wir eine typische Situation von Kombinationen von Beweisen, hier eigentlich Herleitungen weil wir auf formelle Beweise eingerichtet sind. Es sei also eine Herleitung eines Resultats C aus den Annahmen A, Δ gegeben, also $A, \Delta \to C$. Zunächst finden wir eine Herleitung von A unter der Annahme Γ, also $\Gamma \to A$. Diese beiden werden zusammengesetzt durch die **Schnitt-Regel**:

$$\frac{\Gamma \Rightarrow A \quad A, \Delta \Rightarrow C}{\Gamma, \Delta \Rightarrow C} Cut \,.$$

Gentzens „Hauptsatz", die Formulierung des Normalformtheorems mittels Sequenzenkalkül, besagt jetzt, dass alle Anwendungen der Schnittregel auflösbar sind; dafür gibt es das Verfahren der Schnitt-Elimination. Jetzt gehen wir durch die logischen Regeln und bemerken, dass **alle** Formeln oberhalb der Herleitungslinie als (echte oder unechte) Teilformeln unter der Linie vorkommen. Die Möglichkeit, Herleitungen in schnittfreie Herleitungen umzuwandeln zeigt also die Teilformeleigenschaft für die Formulierung der Logik mittels des Sequenzenkalküls. Alle Formeln der Herleitung von $\Gamma \to \Delta$ sind Teilformeln von Γ oder Δ.

Wie Gentzen beschreibt, glückte es ihm das Normalform-Theorem zuerst nur für intuitionistische Logik zu beweisen. Dann hat er den Sequenzenkalkül entwickelt und den Hauptsatz über Schnittelimination für intuitionistische sowie für die klassische Logik bewiesen. Es ist ein noch offenes Problem, ein System des natürlichen Schliessens mit Normalform für die klassische Logik zu finden. Der schwedische Logiker Dag Prawitz hat im Jahr 1965 ein solches System für denjenigen Teil der klassischen Logik vorgelegt, der keine Disjunktion oder Existenz enthält. Später ist das Problem für die gesamte Aussagenlogik gelöst worden, aber ohne die Quantifikation.

Ordinal-Beweistheorie

Nach Gödels Unvollständigkeitsbeweis gibt es in formalisierten Systemen der Arithmetik Aussagen, die wahr, aber formal nicht herleitbar sind. Insbesondere kann man die Konsistenz der Arithmetik, das ist die Nichtherleitbarkeit einer unmöglichen Aussage aus den arithmetischen Axiomen, selbst als eine arithmetische Aussage darstellen. Für diese sagt Gödels „zweites Unvollständigkeitstheorem" dass sie, wenn wahr, nicht herleitbar ist. Es wird allgemein anerkannt, dass alles finite Argumentieren in der Arithmetik auszudrücken ist. Jetzt würde also folgen, dass die Konsistenz der Arithmetik auf finite Weise nicht beweisbar ist, was das klassische Hilbertsche Programm jedoch durchführen wollte. Es glückte Gentzen im Jahr 1936 aber, die Widerspruchsfreiheit der Arithmetik auf eine Art zu beweisen, die nicht finitär ist, und doch auf Prinzipien basiert, die viel schwächer sind als diejenigen, die in der Mengenlehre angewendet werden. Dieses Resultat machte Gentzen sofort bekannt. Der Beweis wurde in den Vorlesungen erklärt die Paul Bernays in den Jahren 1935/36 im Institut for Advanced Study in Princeton (USA) hielt, noch bevor Gentzens Artikel veröffentlicht war. Die Diskussion über Gentzens Beweis ist hier in Menzler-Trotts Biographie gründlich dokumentiert.

Es sei hier gesagt, dass diese Arbeit der Beginn für die heutige ***Ordinal-Beweistheorie*** darstellt, in der sie „beweistheoretische Strenge" von verschiedenen logisch-mathematischen Theorien gemessen wird. Man versucht darin ein infinitistisches Beweisprinzip zu finden, das genau hinreicht, um die Widerspruchsfreiheit der Theorie zu beweisen (Eine Beschreibung dieser Art der Beweistheorie findet sich in Pohlers 1996).

Weitere Entwicklungen der strukturellen Beweistheorie

Die ersten Beiträge anderer Autoren entstanden zur strukturellen Beweistheorie in den späteren dreissiger Jahren. Im Jahr 1944 verbesserte der finnische Logiker Oiva Ketonen, der mit Gentzens Arbeiten durch einen Aufenthalt in Göttingen vor Beginn des zweiten Weltkrieges 1939 bekannt war, die Regeln des klassischen Sequenzenkalküls, in dem er die Gentzenschen Regeln durch ***invertible*** Regeln ersetzte. Damit ist gemeint, dass wenn die Konklusion von einer Regel herleitbar ist, dann auch die Prämissen herleitbar sein müssen. Zum Beispiel hatte Ketonen nur eine $L\&$-Regel mit der Prämisse $A, B, \Gamma \rightarrow \Delta$, wo Gentzen zwei Regeln mit den Prämissen $A, \Gamma \rightarrow \Delta$ und $B, \Gamma \rightarrow \Delta$ hatte. Die Konklusion $A\&B, \Gamma \rightarrow \Delta$ ist herleitbar, genau dann, wenn $A, B, \Gamma \rightarrow \Delta$ herleitbar ist. Dies gilt nicht für $A, \Gamma \rightarrow \Delta$ oder $B, \Gamma \rightarrow \Delta$. Jetzt kann man Ketonens Regeln auf folgende Weise auf die Aussagenlogik anwenden: Es sei die Sequenz $\Gamma \rightarrow \Delta$ herzuleiten. Wir wählen irgendeine Formel mit einem Konnektiv von Γ oder Δ, und dann sind die Prämissen ***eindeutig*** determiniert. Auf diese Weise fortfahrend wird ein „Herleitungs-Baum" von der Wurzel her konstruiert. Da bei jedem Schritt eine Formel dekomponiert wird, muss man zu einem Ende kommen. Jetzt bestimmt man, ob die letzten Sequenzen alle axiomatische Sequenzen sind. Wenn ja, dann hat man eine Herleitung gefunden. Wenn nicht, ist die Sequenz $\Gamma \rightarrow \Delta$ nicht herleitbar.

Wichtig ist, dass diese Methode immer zu einem Halt kommen muss. Mit der Prädikatenlogik ist dies nicht der Fall; man bekommt ein Entscheidungsverfahren nur für die klassische Aussagenlogik.

Eine ähnliche Methode für die intuitionistische Aussagenlogik hat man um 1990 gefunden, durch Arbeiten von Jörg Hudelmaier und Roy Dyckhoff. Interessanterweise gibt es in Gentzens Nachlass „ein handliches Entscheidungsverfahren für die intuitionistische Aussagenlogik". Es scheint aber verschieden zu sein von den heutigen Methoden, die auf Arbeiten von Kleene basieren. Kleene hatte im Jahr 1952 einen Sequenzenkalkül gefunden, der keiner „strukturellen Regeln" bedarf. Diese Regeln sind, die Schnitt-Regel wurde oben schon erwähnt, die „Verdünnung" von Annahmen mit überflüssigen Formeln: Von $\varGamma \to \varDelta$ darf auf A, $\varGamma \to \varDelta$ geschlossen werden. Zweitens, die „Zusammenziehung" von mehreren Annahmen: Von A, A $\varGamma \to \varDelta$ ist auf A, $\varGamma \to \varDelta$ zu schliessen. Wäre diese letztere Regel unentbehrlich, könnte man eine Herleitung „von der Wurzel her" immer durch Zusammenziehung suchen. Dasselbe gilt für die Schnitt-Regel, wo man die Herleitbarkeit durch immer neue und neue Schnittformeln versuchen könnte. Darum ist es wichtig, dass Zusammenziehung als auch Schnitt eliminierbar sind. Die allerneuesten Entwicklungen in dieser Richtung beziehen sich auf Kalküle und Methoden von Albert Dragalin (eine detaillierte Präsentation findet sich in dem Buch Negri und von Plato 2001).

Die Systeme des natürlichen Schliessens haben sich als geeignet für eine erste Einleitung in die Logik gezeigt. Es ist schwieriger, Herleitungen im Kalkül des natürlichen Schliessens als bei Sequenzenkalkülen zu finden, und es ist auch schwieriger allgemeine Resultate über die Strukturen der Herleitungen zu etablieren. Andererseits ist der Inhalt derlei Resultate mehr intuitiv geprägt. Zum Beispiel sagt das Normalform-Theorem von Prawitz, dass eine normale Herleitung mit Annahmen und Beseitigungsregeln beginnt, die von der klassischen Regel der doppelten Negation auf atomische Formeln angewendet gefolgt werden müssen. Zuletzt werden Einleitungsregeln angewendet.

Beweistheoretische Semantik

Eine der wenig entwickelten Vorschläge in Gentzens Doktorarbeit galt der Erklärung der Bedeutung der logischen Formeln durch den Beweisbarkeitsbegriff. Zum Beispiel reduziert die Regel $\&I$ die Herleitbarkeit von $A \& B$ auf die Herleitbarkeit von A und von B. Diese „operativen" Erklärungen sind in Einklang mit der intuitionistischen Auffassung der Wahrheit als Beweisbarkeit. Diese Themen sind seit den 70er Jahren sehr prononciert entwickelt in Arbeiten des britischen Philosophen Michael Dummett.

Von der Beweistheorie zur Typentheorie

Eine Linie führt vom natürlichen Schliessen zur konstruktiven Typentheorie von Per Martin-Löf, und zu Systemen von an Computern verwirklichten Teilen der Mathematik von Nicholaas de Bruijn als „Automath" bekannt. Im Jahr 1969 hatte William Howard gefunden, was später „Curry-Howard Isomorphie" genannt wurde. Es wird gezeigt wie die Prinzipien des logischen Beweisens als Prinzipien über eine Hierarchie der Mengen zu verstehen sind. Seit 1970 hat Martin-Löf diese Ideen auf das volle System des natürlichen Schliessens angewendet. Man denkt an eine Aussage A als Menge der Beweise von A, in formalem Sinne. Es wird $a: A$ geschrieben für „a ist ein (formaler) Beweis der Aussage A". Die mengentheoretische Lesart ist: „a ist ein Element der Menge A". Eine Einleitungs-Regel zeigt, wie man einen Beweis im formalen Sinne aus Beweisen der Prämissen konstruiert: Wenn $a: A$ und $b: B$, dann $(a, b): A \& B$. Die Operation von **Paaren** (a, b) ist die Konstruktion die einen formalen Beweis von $A \& B$ gibt. Wenn $a: A$, dann i $(a): A \vee B$, wenn $b: B$, dann j $(b): A \vee B$. Die durch i und j bezeichneten Operationen enthalten die Information, von welcher Komponente von $A \vee B$ der Beweis konstruiert wurde, aus einem Beweis von A oder Beweis von B. Die Implikation ist schwieriger: Angenommen, x sei irgendein Beweis von A, symbolisch also $x: A$. Wenn es jetzt glückt, auf Grundlage dieser Annahme einen Beweis b von B zu konstruieren, der von x abhängt, so kann man den formalen Beweis von $A \supset B$ als $(\lambda x) b$ schreiben. Dieses „λ-Abstrakt" von b bezüglich der Variable x, wurde von Alonzo Church in den 30er Jahren gefunden. Nun zu den Beseitigungsregeln. Diese zeigen, wie von einem gegebenen Beweis einer Formel auf den Beweis von deren Komponenten zu schliessen ist: Es sei $x: A \& B$ gegeben. Dann haben wir $p(x): A$ und $q(x): B$, wobei p und q die „Projektionskonstruktionen" sind. Auf die Disjunktion müssen wir hier der Einfachheit halber verzichten. Für die Implikation schreiben wir auf suggestive Weise $f: A \supset B$. Wenn jetzt $a: A$, dann $f(a): B$. Ohne formale Beweise sehen wir hier die Regel des Modus ponens oder Implikations-Beseitigung. Mengentheoretisch sehen wir eine **Funktion** f, die formale Beweise von A in formale Beweise von B transformiert. Also ist der Modus ponens dasselbe wie das Anwendungsschema für Funktionen. Implikations-Einführung ist dann dasselbe wie **Abstraktion** einer Funktion aus einem Ausdruck mit einer Variablen.

Die Typentheorie ist konstruktiv. Das bedeutet, dass auf indirekte Beweise verzichtet wird. Dann sind die Funktionen $f: A \supset B$, die man konstruieren kann, immer **algorithmisch**, also **berechenbare** Funktionen. Gentzens Idee der Normalisierung der Herleitung, die zur Schnitt-Elimination im Sequenzenkalkül führt, hat die folgende Bedeutung. Angenommen, eine Herleitung ist nicht normal, z.B. $\& I$ gefolgt von $\& E$. Dann haben wir, mit formalen Beweisen, erst $(a, b): A \& B$ konstuiert, dann $p((a, b)): A$. Die Konnexion auf Normalform entspricht der Gleichheit $p((a, b)) = a: A$. Ähnlich steht es mit der Implikation, man hat $(\lambda x) b$ auf a angewendet, also $((\lambda x) b) (a) = b (a): B$. Gegeben also eine Funktion $f: A \supset B$ und ein Wert $a: A$, dann besteht die Normalisierung aus dem Berechnen des Funktionswertes $f(a)$. Der Konstruktivismus ist, statt nur ein philosophisches Prinzip zu sein, das hinter der intutionistischen Logik und Mathematik steht, ein methodisches Prinzip, um zu garantieren, dass die Berechnungsoperationen nicht grenzenlos fortgehen, sondern nach einer beschränkten Anzahl von Schritten zu Ende kommen.

Beweistheorie und theoretische Informatik

Die strukturelle Beweistheorie hat wichtige Anwendungen in der Informatik. Der Sequenzenkalkül ist die Grundlage für Logik-Programmieren (Prolog), und die Typentheorie ist eine Weiterentwicklung des natürlichen Schliessens. Die formalen Beweise können als **Programme** gedeutet werden, und der Ausdruck $a: A$ kann gelesen werden als „Programm a genügt der Programmspezifikation A". Speziell mit $f: A \supset B$ haben wir ein Programm f, und mit Input $a: A$, wird das Programm den Wert $f(a)$ kalkulieren durch Normalisierung. Es kann die **Richtigkeit** von Programmen kontrolliert werden auf genau dieselbe Weise wie die Richtigkeit der formalen mathematischen Beweise sich kontrollieren lässt. Die Typentheorie ist auf verschiedene Weise auf Computern realisiert worden, in Systemen, die „logical frameworks" genannt werden. Diese Systeme nutzt man für ein **interaktives** Entwickeln von beweisbar korrekten Programmen, indem man Konstruktionen Schritt für Schritt vorschlägt. Das System kontrolliert jeden Schritt und kann auch einiges automatisch einfügen. Diese Methoden der Informatik stammen letztlich aus Gentzens Beweistheorie. Es gibt zahlreiche Anwendungen, in denen Programmfehler katastrophale Folgen haben können, und das zu vermeiden, ist das Ziel. Wir stehen zur Zeit am Beginn der industriellen Anwendungen dieser Ideen.

Bibliographie:

DE BRUIJN, N.: The mathematical language AUTOMATH, its usage and some of its extensions (1970), Nachdruck bei R. Nederpelt et al. (eds), Selected Papers on Automath, S. 73–100, North-Holland, Amsterdam 1994.

DRAGALIN, A.: Mathematical Intuitionism: Introduction to Proof Theory, American Mathematical Society, Providence, Rhode Island, 1988.

DUMMETT, M.: The philosophical basis of intuitionistic logic (1975), Nachdruck in: DUMMETT, Truth and Other Enigmas, S. 215–247, Duckworth, London 1978.

DYCKHOFF, R.: Contraction-free sequent calculi for intuitionistic logic, *The Journal of Symbolic Logic* 57 (1992), S. 795–807.

GÖDEL, K.: Über formal unentscheidbare Sätze der Principa Mathematica und verwandter Systeme I, *Monatshefte für Mathematik und Physik* 38 (1931), S. 173–198. Englische Übersetzung bei VAN HEIJENOORT (Hrsg.), From Frege to Gödel: A Source Book in Mathematical Logic 1879–1931, S. 596–617, Harvard University Press 1967.

GÖDEL, K.: Zum intuitionistischen Aussagenkalkül (1932), Nachdruck in: GÖDEL, Collected Works, vol. 1, Oxford University Press 1986.

HOWARD, W. The formulaeastypes notion of construction (1969), in J. SELDIN, J. HINDLEY (Hrsg.): To H. B. Curry: Essays on Combinatory Logic, Lambda Calculus and Formalism, S. 480–490, Academic Press, New York 1980.

HUDELMAIER, J.: Bounds for cut elimination in intuitionistic propositional logic, *Archive for Mathematical Logic* 31 (1992), S. 331–354.

KETONEN, O.: Untersuchungen zum Prädikatenkalkül, *Annales Acad. Sci. Fenn, Ser. A.I.* 23 (1944), Helsinki.

KLEENE, S.: Introduction to Metamathematics, North-Holland, Amsterdam 1952.

MARTIN-LÖF, P.: An intuitionistic theory of types: predicative part, in: H. ROSE und J. SHEPHERSON (Hrsg.): Logic Colloquium '73, S. 73–118, North-Holland, Amsterdam 1975.

MARTIN-LÖF, P.: Constructive mathematics and computer programming, in: L. COHEN ET AL. (eds.): Logic, Methodology and Philosophy of Science IV, S. 153–175, North-Holland, Amsterdam 1982.

NEGRI, S., VON PLATO, J.: Structural Proof Theory, Cambridge University Press 2001.

POHLERS, W.: Pure proof theory, aims, methods and results, *The Bulletin of Symbolic Logic* 2 (1996), S. 159–188.

PRAWITZ, D.: Natural Deduction: A Proof-Theoretical Study. Almqvist & Wicksell, Stockholm 1965.

Drei Vorträge von Gerhard Gentzen

Drei Vorträge von Gerhard Gentzen

A Der Unendlichkeitsbegriff in der Mathematik

Vortrag, gehalten in Münster am 27. Juni 1936[1]

Der grosse Streit um die Grundlagen der Mathematik, der in den letzten Jahrzehnten entbrannt ist, ist vor allem ein Streit um das Wesen des *Unendlichkeitsbegriffs* in der Mathematik. Um welche Probleme es sich dabei handelt, das will ich im folgenden in möglichst allgemeinverständlicher Form darzustellen versuchen.

Ich gebe zunächst eine *Einteilung der Mathematik* in drei verschiedene Stufen an nach dem Grade, in dem der Begriff „unendlich" in den verschiedenen Teilgebieten verwendet wird.

Die erste, niederste Stufe wird vertreten durch die *reine Zahlentheorie*, d.h. die Zahlentheorie mit Ausschluss von Hilfsmitteln aus der Analysis. Das Unendliche tritt hier in seiner einfachsten Gestalt auf. Wir haben es mit einer unendlichen Reihe von Gegenständen der Theorie, in diesem Falle den natürlichen Zahlen, zu tun. Eine Reihe weiterer Teilgebiete der Mathematik ist mit der reinen Zahlentheorie logisch gleichwertig, nämlich alle diejenigen Theorien, deren Gegenstände sich auf natürliche Zahlen eineindeutig abbilden lassen, also „abzählbar" sind. Hierher gehört fast die ganze Algebra – man kann ja beispielsweise rationale Zahlen, algebraische Zahlen, auch Polynome als abzählbar nachweisen –, ferner z.B. auch die kombinatorische Topologie, d.h. derjenige Teil der Topologie, der sich nur mit Gegenständen befasst, deren Eigenschaften durch endlich viele Angaben beschrieben werden können. Das bekannte Vierfarbenproblem gehört hierher. Alle diese Theorien sind, logisch gesehen, völlig äquivalent; es genügt, allein die reine Zahlentheorie zu behandeln; die Sätze und Beweise in den übrigen Theorien lassen sich mittels einer Zuordnung ihrer Gegenstände zu natürlichen Zahlen in zahlentheoretische Sätze und Beweise *umdeuten*. So entspricht z.B. dem Vierfarbenproblem ein gleichwertiges zahlentheoretisches Problem, nur gewinnt es natürlich sein besonderes Interesse für uns erst durch seine anschauliche topologische Formulierung.

Die zweite Stufe von mathematischen Gebieten wird vertreten durch die *Analysis*. Im Hinblick auf die Verwendung des Unendlichkeitsbegriffs kommt hier als wesentliche Neuerung die Tatsache hinzu, dass nun bereits der *einzelne Gegenstand* der Theorie selbst eine *unendliche* Menge sein kann. Denn die reellen Zahlen, die Gegenstände der Analysis, werden ja als unendliche Mengen definiert, in der Regel als unendliche Folgen von rationalen Zahlen. Es ist dabei ganz gleich, ob man im besonderen die Definition mittels Intervall-schachtelung oder Dedekindschem Schnitt oder irgend eine andere wählt. Zur gleichen Stufe gehört auch die ganze komplexe Funktionenheorie; hier kommt nichts wesentlich Neues hinzu.

Die dritte Stufe der Verwendung des Unendlichkeitsbegriffs finden wir schliesslich in der allgemeinen *Mengenlehre* vor. Hier werden als Gegenstände nicht nur natürliche Zahlen und sonstige endliche beschreibbare Dinge, wie auf der ersten

---

[1] Quelle: Semesterberichte Münster, WS 1936/37, S. 65–80.

Stufe, sowie unendliche Mengen von solchen, wie auf der zweiten Stufe, sondern weiterhin unendliche Mengen von unendlichen Mengen und wieder Mengen von solchen usw. in der äussersten denkbaren Allgemeinheit zugelassen.

In diese Einteilung lassen sich nun *sämtliche* mathematischen Teilgebiete einordnen. Was z.B. die Geometrie betrifft, so bietet diese hinsichtlich des Unendlichkeitsbegriffs heute keine besonderen Probleme mehr. Was man als solche ansehen könnte, gehört entweder zur Physik oder tritt in gleichwertiger Weise in der Analysis auf; man kann ja die verschiedenen Geometrien stets auf Modelle aus der Analysis abbilden, die ihnen logisch gleichwertig sind.

Über das *Wesen des Unendlichkeitsbegriffs* in der Mathematik gibt es *zwei grundsätzlich verschiedene Auffassungen*, die ich im folgenden beschreiben will. Ich nenne sie die „an-sich"-Auffassung und die „konstruktive" Auffassung des Unendlichen.

Die erstere ist die Auffassung der klassischen Mathematik, wie wir alle sie auf den Universitäten gelernt haben. Die konstruktive Auffassung ist von einzelnen Mathematikern vertreten worden – übrigens nicht durchweg im gleichen Ausmasz –; ich nenne die Namen Kronecker, Poincaré, *Brouwer* und Weyl. Diese Namen allein sagen schon, dass wir es mit einer durchaus ernst zu nehmenden Meinungsrichtung zu tun haben. Ich will versuchen, das Wesentliche der konstruktiven Auffassung in ihrem Gegensatz zu der an-sich-Auffassung klarzumachen; dies ist in der kurzen Zeit nur in unvollkommenen Masze möglich, wobei man besonders bedenken muss, dass uns durch die dauernde Gewöhnung die an-sich-Auffassung so in Fleisch und Blut übergegangen ist, dass es nicht leicht fällt, sich einmal auf eine ganz andere Denkweise einzustellen.

Ich beginne bei den *Antinomien der Mengenlehre*. Hier liegt ein Fall vor, wo die an-sich-Auffassung auf einen Unsinn führt, der bei konstruktiver Auffassung der Sachlage nicht zustande kommt. Legt man nämlich den zuvor angedeuteten ganz allgemeinen Mengenbegriff zugrunde, so kann man beispielsweise auch den Begriff der „Menge aller Mengen" bilden; dies ist eine korrekt definierte Menge. Hieraus ergeben sich aber, wie leicht begreiflich, Widersprüche: Die Menge aller Mengen muss ja sich selbst als Element enthalten, sie wäre also in einem gewissen – leicht präzisierbaren – Sinne grösser als sie selbst, was doch nicht sein kann. Überlegt man sich die Sache etwas näher, so ist unschwer einzusehen, wodurch der Unsinn zustande kommt: Die „Menge aller Mengen" darf eigentlich nicht selbst wieder zu den Mengen gerechnet werden; sie ist gleichsam eine nachträgliche Bildung, die aus einer schon gegebenen Gesamtheit von Mengen eine ganz neue Menge erzeugt. Damit haben wir die *konstruktive* Auffassung der Sachlage: Mengen dürfen überhaupt nur konstruktiv, der Reihe nach, aufeinander aufbauend, immer wieder neu gebildet werden. Ihr gegenüber behauptet die an-sich-Auffassung, dass sämtliche Mengen von vornherein durch den abstrakten Mengenbegriff erklärt und damit „an sich" bereits vorhanden seien, ganz unabhängig davon, wie man etwa durch besondere Konstruktionen einzelne davon herausgreifen mag. Diese Auffassung hat uns zu der Antinomie geführt.

Will man versuchen, das Wesentliche der konstruktiven Auffassung in einem möglichst allgemeinen Grundsatz auszusprechen, so wird man es etwa so formulieren: „Etwas *Unendliches* darf nie als *vollendet* betrachtet werden, sondern nur als etwas *Werdendes*, das sich *konstruktiv* immer weiter aufbauen lässt". Man kann auch sagen: „Es gibt keine aktuale, sondern nur eine potentielle Unendlichkeit". Ich erinnere an das bekannte Wort von *Gauss*, dass „der Gebrauch einer unendlichen Grösse als einer vollendeten in der Mathematik niemals erlaubt" sei.

Wenn man nun dieses Prinzip der konstruktiven Auffassung des Unendlichen annehmen will, so ergeben sich Unterschiede gegenüber der an-sich-Auffassung der klassischen Mathematik nicht erst in der Mengenlehre, sondern auch in allen übrigen mathematischen Gebieten, sogar schon im Bereich der reinen Zahlentheorie. Auf diese Unterschiede will ich jetzt etwas eingehen.

In der reinen Zahlentheorie tritt uns der Begriff des Unendlichen erst in seiner einfachsten Form entgegen, nämlich in Gestalt der unendlichen Reihe der natürlichen Zahlen. Nach der an-sich-Auffassung darf man diese als eine *vollendete* unendliche Gesamtheit betrachten, nach der konstruktiven Auffassung dagegen darf man nur sagen: Man *kann* in der Zahlenreihe immer weiter fortschreiten, immer neue Zahlen konstruieren; man darf aber nicht von einer fertigen Gesamtheit sprechen. Z.B. eine Aussage „alle natürlichen Zahlen haben die Eigenschaft *g*" hat in beiden Fällen etwas verschiedenen Sinn. Nach der an-sich-Auffassung besagt sie: Auf jede irgendwie aus der fertigen Gesamtheit der Zahlen herausgegriffenen Zahl trifft *g* zu; nach der konstruktiven Auffassung darf man nur sagen: Wie weit man auch in der Bildung immer neuer Zahlen fortschreiten mag, stets trifft auf diese die Eigenschaft *g* zu.

Praktisch macht dieser Unterschied der Auffassungen hier jedoch nichts aus. Denn eine Aussage über alle natürlichen Zahlen wird normalerweise durch vollständige Induktion bewiesen, und dieser Schluss ist offenbar auch mit der konstruktiven Auffassung durchaus im Einklang; geht doch gerade der Begriff des *Fortschreitens* in der Zahlenreihe darin ein: Anders wird es aber schon bei *Existenzaussagen*. Die Aussage „Es gibt eine natürliche Zahl mit der Eigenschaft *g*" besagt nach der an-sich-Auffassung: „Irgendwo in der vollendeten Gesamtheit der natürlichen Zahlen kommt eine solche Zahl vor". Nach der konstruktiven Auffassung ist eine solche Behauptung natürlich sinnlos. Das heisst aber noch nicht, dass man bei dieser Auffassung Existenzaussagen überhaupt ablehnen muss. Wenn nämlich eine bestimmte Zahl n angegeben werden kann, welche die Eigenschaft *g* besitzt, dann darf man auch bei dieser Auffassung von der Existenz einer solchen Zahl sprechen; denn nun bezieht sich die Existenzaussage im Grunde gar nicht mehr auf die unendliche Gesamtheit der Zahlen; es würde ja genügen, nur von den Zahlen von 1 bis n zu sprechen. Die praktisch vorkommenden Existenzbeweise sind meist von dieser Art, dass ein Beispiel wirklich angegeben werden kann. Es sind aber auch Beweise möglich, wo das nicht der Fall ist, nämlich *indirekte Existenzbeweise*: Man nimmt an, für alle Zahlen sei die Eigenschaft g ungültig. Führt diese Annahme auf einen Widerspruch, so schliesst man: also muss es eine Zahl geben, für welche g doch gilt. Es kann dann sein, dass ein Verfahren zur wirklichen Auffindung einer solchen Zahl gar nicht zu erhalten ist. Einen solchen Beweis muss man nun, wenn man sich auf den konstruktiven Standpunkt stellt, *ablehnen*. Ein anderes Beweismittel, dass gleichfalls von diesem Standpunkt aus zu verwerfen ist und in diesem Zusammenhang meistens hervorgehoben wird, ist die Anwendung des „Satzes vom ausgeschlossenen Dritten" auf Aussagen über unendlich viele Gegenstände. Z.B. darf man nach konstruktiver Auffassung nicht einmal sagen: „Eine Eigenschaft g gilt für alle natürlichen Zahlen, oder sie gilt nicht für alle natürlichen Zahlen". Diese Ablehnung erscheint wohl zunächst besonders paradox, ist aber nur eine notwendige Folgerung aus dem Prinzip der potentiellen Auffassung des Unendlichen. Denn bei dem genannten Satz liegt die Vorstellung der fertigen Zahlenreihe zugrunde. Dies ist nun nicht so aufzufassen, als ob der Satz von den Konstruktivisten geradezu als *falsch* betrachtet werde; vielmehr ist er richtiger als *sinnlos* zu bezeichnen von diesem Standpunkte aus. Es entbehrt hiernach jeden Sinnes, von der Zahlengesamtheit als einer vollendeten überhaupt zu sprechen, da „in Wirklichkeit" eben die Zahlenreihe niemals vollendet ist, sondern nur ein beliebig fortsetzbarer Prozess des Fortschreitens gegeben ist.

Diese nach der konstruktiven Auffassung nicht zulässigen Schlussweisen kommen *praktisch* in der reinen Zahlentheorie kaum vor. Anders ist es in der Analysis und Mengenlehre. Hier sind die Unterschiede der beiden Auffassungen in der Hauptsache die gleichen, wie ich sie bei den natürlichen Zahlen beschrieben habe; ich gehe daher nicht weiter darauf ein. Jedoch ist hier die praktische Bedeutung der Unterschiede wesentlich grösser, derart dass vom konstruktiven Standpunkt grosse Teile der Analysis und fast die ganze Mengenlehre nicht anerkannt werden können.

Hier ist zu erwähnen, dass die Abgrenzung zwischen dem, was nach konstruktiver Auffassung erlaubt ist und was nicht, in gewissen Grenzfällen nicht leicht eindeutig herzustellen ist, und dass hierüber die Meinungen der verschiedenen Mathematiker, welche diese Auffassung vertreten, nicht einheitlich sind. Doch sind diese Unterschiede für das Gesamtbild nicht so wesentlich, dass ich auf deren Einzelheiten einzugehen brauchte. Worte wie „intuitionistisch" (Brouwer) und „finit" (Hilbert) bezeichnen solche etwas verschiedenen konstruktiven Standpunkte.

Jetzt erhebt sich die Kardinalfrage: Welche der beiden Auffassungen hat nun eigentlich recht? Beide werden vertreten. Auf der einen Seite stehen die Intuitionisten unter Führung Brouwers mit der ganz radikalen These, dass alle Mathematik, die nicht dem konstruktiven Standpunkt entspricht, zu verwerfen sei. Auf der andern Seite will jedoch die Mehrzahl der Mathematiker sich begreiflicherweise nicht zu einem solchen Opfer bekennen. Die Antinomien freilich, so sagen diese, beruhen auf unzulässigen Begriffsbildungen; doch kann man diese gegen die zulässigen Begriffe abgrenzen; insbesondere sei die ganze Analysis und erst recht die Zahlentheorie völlig einwandfrei. Die Abgrenzung der unerlaubten Schlüsse lässt sich nur leider auf durchaus verschiedene Weisen durchführen, ohne dass eine bestimmte Stelle sich einigermaszen zwangsläufig ergibt, und ich muss sagen, dass mir als die klarste und grundsätzlichste Abgrenzung die erscheint, welche durch das Prinzip der konstruktiven Auffassung des Unendlichen gegeben wird.

Dennoch wird man aber den grossen nicht-konstruktiven Teil der Analysis, die sich ja u.a. durch mannigfache Anwendungen in der Physik bewährt hat, nicht verdammen wollen. Einen Weg zur Lösung dieser Schwierigkeiten will *Hilbert* durch seine *Beweistheorie* geben. Diese soll es ermöglichen, das gegenseitige Verhältnis der beiden Auffassungen des Unendlichen durch eine rein *mathematische Untersuchung* so weit wie möglich zu klären.

Wie ist das denkbar? Die erste und wichtigste Aufgabe ist, die *Widerspruchsfreiheit* der Mathematik, soweit solche besteht, nachzuweisen. Das ist ja das stärkste Argument des Konstruktivisten: Die an-sich-Auffassung führte in der Mengenlehre auf Widersprüche; wer weiss, ob nicht eines Tages auch etwa in der Analysis Widersprüche auftreten könnten! Dieser Einwand wäre erledigt durch einen Widerspruchsfreiheitsbeweis für die Analysis. Es ist nun in der Tat durchaus denkbar, dass man die Widerspruchsfreiheit einer mathematischen Theorie mit exakt mathematischen Mitteln beweisen könnte. Um das einzusehen, vergegenwärtige man sich, dass die Aussage der Widerspruchsfreiheit sich als eine mathematische Behauptung formulieren lässt; sie besagt: es gibt innerhalb der Theorie keinen *Beweis*, der auf einen Widerspruch führt. Die „Beweise" in einer Theorie lassen sich genau so gut zu Gegenständen einer mathematischen Untersuchung, eben der „Beweistheorie", machen, wie etwa die natürlichen Zahlen in der Zahlentheorie. Zu dem Zwecke pflegt man die Beweise zu *formalisieren*, d.h. man ersetzt die sprachlichen Ausdrücke in den Beweisen durch bestimmte Zeichen und Zeichenkombinationen – den Schlüssen entsprechen gewisse formale Umformungen von Zeichenkombinationen –, sodass man schliesslich als Abbilder der Beweise gewisse aus Zeichen bestehende Figuren erhält, über die nun ebenso wie etwa über geometrische Figuren mathematische Untersuchungen angestellt werden können. Um den Begriff eines „Beweises in einer Theorie" genau formal abgrenzen zu können, ist es natürlich notwendig, dass man insbesondere die in den Beweisen vorkommenden *Schlussweisen* im voraus abgrenzen kann. Es ist nun tatsächlich so, dass in der ganzen Mathematik praktisch nur recht wenige Schlussweisen immer wieder vorkommen.

Wenn man nun einen Widerspruchsfreiheitsbeweis führt, so muss man natürlich zu diesem Beweis selbst wieder irgendwelche Schlussweisen benutzen. Die Richtigkeit *dieser* Schlüsse muss von vorn herein vorausgesetzt werden, sonst wäre ja der ganze Beweis zirkelhaft. Einen „absoluten" Widerspruchsfreiheitsbeweis kann es nicht geben. Welcher Art diese als richtig vorauszusetzenden Schlüsse sein müssen, das ergibt sich ohne weiteres aus den zuvor angestellten Betrachtungen: Die Schlüsse müssen dem *konstruktiven* Standpunkt entsprechen. Dessen Zuverlässigkeit wird vorausgesetzt und nicht bestritten. Mit Hilfe konstruktiver Schlüsse soll also die Widerspruchsfreiheit der an-sich-Auffassung bewiesen werden.

Ein solcher Beweis ist mir kürzlich gelungen für die reine Zahlentheorie, also für die erste der angegebenen drei Stufen des Unendlichkeitsbegriffs[2]. Er muss noch erbracht werden für die Analysis und schliesslich für die Mengenlehre, soweit diese widerspruchsfrei ist. Hierbei ist zu erwarten, dass die beweistheoretische Untersuchung zugleich Aufschluss darüber geben wird, wie weit man gehen kann, ohne zu Antinomien zu kommen, sowie über weitere damit zusammenhängende Fragen.

Wie würde nun die Stellung der beiden Auffassungen des Unendlichen zueinander sein, wenn der Widerspruchsfreiheitsbeweis vollständig durchgeführt wäre? Man kann dann immer noch verschiedene Meinungen vertreten. Eine Möglichkeit wäre, die Widerspruchsfreiheit als noch nicht genügend gesichert

---

[2] *Math. Annalen*, Bd 112.

anzusehen, indem man noch gegen die beim Beweis benutzten konstruktiven Schlüsse Bedenken erheben könnte. Die Gefahr dieses Einwands halte ich jedoch für nicht besonders gross. *Etwas* wird immer gewonnen sein, wenn man die Sicherheit der mathematischen Schlussweisen auf ein Mindestmasz von möglichst unbedenklichen Schlüssen zurückführt; mehr ist dann einfach nicht möglich; und ich glaube bestimmt, dass dieses Fundament eine wesentlich grössere Sicherheit aufweisen wird als die an-sich-Auffassung.

Wichtiger ist ein anderer Einwand, der von den Intuitionisten erhoben wird: Selbst wenn die Widerspruchsfreiheit bewiesen sei, so blieben die Aussagen der an-sich-Mathematik dennoch *sinnlos* und seien daher nach wie vor abzulehnen. So sei z.B. eine indirekt bewiesene Existenzaussage sinnlos; einen wirklichen Sinn habe eben die Behauptung einer Existenz nur dann, wenn man wirklich ein Beispiel angeben kann. Was lässt sich dagegen sagen? Man wird zugeben müssen, dass eine indirekt bewiesene Existenzaussage einen anderen, schwächeren Sinn hat als eine konstruktiv bewiesene; aber ein gewisser „Sinn" verbleibt ihr doch. Ferner: Selbst wenn man den nicht konstruktiv bewiesenen Aussagen keinen unmittelbaren Sinn zuerkennt, so bleibt doch die Möglichkeit bestehen, dass man auf dem Umweg über solche Aussagen einfache und sicher konstruktiv sinnvolle, etwa direkt nachprüfbare Zahlengleichungen, beweisen kann; diese müssen dann auf Grund des Widerspruchsfreiheitsbeweises richtig sein, und es könnte sein, dass ein direkter konstruktiver Beweis für dieselbe Aussage viel mühsamer oder gar nicht zu erhalten ist. Damit wäre den an-sich-Schlussweisen zumindest ein *praktischer* Wert gesichert, den auch der Konstruktivist anerkennen müsste. Diese ganze Frage des „Sinnes" scheint mir im Augenblick noch nicht reif für eine endgültige Entscheidung zu sein. Gerade von der beweistheoretischen Untersuchung lässt sich erwarten, dass sie wesentliche Beiträge zur Beantwortung dieser Frage noch ergeben wird. Ein gewisser Rest wird schliesslich immer Ansichtssache bleiben. Der Einwand gegen den Sinn der an-sich-Aussagen darf jedenfalls nicht zu leicht genommen werden; es ist schon etwas daran. Ich glaube, dass z.B. in der allgemeinen Mengenlehre eine sorgfältige beweistheoretische Untersuchung schliesslich die Ansicht bestätigen wird, dass alle über das Abzählbare hinausgehenden Mächtigkeiten in ganz bestimmtem Sinne nur leerer Schein sind und man vernüftigerweise auf diese Begriffe wird verzichten müssen.

Nach diesen allgemeinen Ausführungen will ich nun noch einiges besondere über gewisse beim Widerspruchsfreiheitsbeweis auftretende Schwierigkeiten sagen; ich werde da zu sprechen haben von dem *Satz von Gödel* und von der Bedeutung der *transfiniten Ordnungszahlen* für den Widerspruchsfreiheitsbeweis.

Gödel hat den Satz bewiesen: „Die Widerspruchsfreiheit einer mathematischen Theorie, welche die reine Zahlentheorie enthält, kann – vorausgesetzt, dass die Theorie wirklich widerspruchsfrei ist – nicht mit den Beweismitteln dieser Theorie selbst nachgewiesen werden". Man könnte zunächst meinen, dass damit die Möglichkeit eines Widerspruchsfreiheitsbeweises überhaupt illusorisch wird, denn ein solcher soll ja nur geringere Hilfsmittel benutzen, als die Theorie enthält, deren Widerspruchsfreiheit bewiesen wird. Es bleibt aber durchaus denkbar, die Widerspruchsfreiheit der reinen Zahlentheorie beispielsweise zu beweisen mit Hilfsmitteln, die einerseits zwar konstruktiv sind, also die an-sich-Bestandteile der reinen Zahlentheorie nicht enthalten, andererseits trotzdem über den Rahmen der reinen Zahlentheorie hinausgehen. Dieses Hilfsmittel ist bei meinem Beweis der Schluss der „transfiniten Induktion", auf gewisse „transfinite Ordnungszahlen" angewandt. Ich will in Kürze andeuten, was damit gemeint ist und was diese Begriffe mit der Widerspruchsfreiheit zu tun haben.

Der Begriff der „transfiniten Ordnungszahlen" stammt von G. Cantor und gehört eigentlich zur Mengenlehre. Wir brauchen jedoch nur einen ganz geringen Teil der dort vorkommenden Ordnungszahlen – in der Ausdrucksweise der Mengenlehre einen „Abschnitt der II. Zahlenklasse" –, einen Teil, dessen Aufbau streng konstruktiv durchgeführt werden kann und mit den Bedenklichkeiten der an-sich-Auffassung, die ja besonders in der Mengenlehre bestehen und beim Widerspruchsfreiheitsbeweis vermieden werden müssen, nichts gemein hat.

Diese transfiniten Ordnungszahlen werden auf folgende Weise gebildet: Zunächst kommt die Reihe der natürlichen Zahlen 1, 2, 3, usw. Nun wird eine neue Zahl ω eingeführt, für die festgesetzt wird, dass sie hinter allen natürlichen Zahlen rangieren soll. Nach ω kommt dann $\omega + 1$, dann $\omega + 2$, $\omega + 3$, usw. Hinter allen Zahlen der Form $\omega + n$ folgt $\omega \times 2$, danach $\omega \times 2 + 1$, $\omega \times 2 + 2$, usw., dahinter $\omega \times 3$, dann $\omega \times 3 + 1$, $\omega \times 3 + 2$, usw., usw. Hinter allen Zahlen der Form $\omega \times n + n$ folgt die Zahl ω^2, dann wieder $\omega^2 + 1$, $\omega^2 + 2$, $\omega^2 + \omega$, $\omega^2 + \omega + 1$, ..., $\omega^2 + \omega \times 2$, ..., $\omega^2 + \omega \times 3$, ..., $\omega^2 \times 2$, ..., $\omega^2 \times 3$, ..., $\omega^2 \times 4$, usw., schliesslich ω^3, und so kann man fortfahren bis zur Bildung von ω^4, ω^5, ..., schließlich ω^ω, und noch weiter, wenn man will. Das ganze Verfahren – das ich hier nur angedeutet habe – mag zunächst etwas wirr aussehen. Es sind jedoch im Grunde nur zwei Operationen, deren immer neue Anwendung ganz von selbst alle diese Zahlen liefert: 1) zu einer schon vorhandenen Zahl kann man die nächstfolgende bilden (1-Addierung), 2) zu einer unendlichen Folge von Zahlen kann man eine neue Zahl, die hinter der ganzen Folge rangiert, bilden (Limesbildung). Man könnte nun besorgt sein, dass dieses Verfahren nicht konstruktiv sei, scheint es doch, als ob schon bei der Bildung von ω die an-sich-Vorstellung der fertigen Reihe der natürlichen Zahlen eingeht. Das ist aber nicht der Fall; man kann den Unendlichkeitsbegriff hier durchaus *potentiell* auffassen, indem man etwa sagt: die Zahl ω steht zu jeder natürlichen Zahl n, wie weit man auch solche Zahlen konstruktiv immer neu bilden möge, in der Ordnungsbeziehung $n < \omega$. Und genau so hat man bei der Bildung der weiteren Ordnungszahlen die auftretenden unendlichen Folgen im konstruktiven Sinne aufzufassen.

Nun zum Begriff der „transfiniten Induktion": Diese ist nichts anderes als die Ausdehnung der Schlussweise der vollständigen Induktion von den natürlichen Zahlen auf die transfiniten Ordnungszahlen. Die vollständige Induktion lässt sich bekanntlich so aussprechen: Wenn eine Aussage auf die Zahl 1 zutrifft, und wenn man bewiesen hat, dass aus ihrer Gültigkeit für alle der Zahl n vorangehenden Zahlen ihre Gültigkeit auch für n folgt, so gilt sie für sämtliche natürlichen Zahlen. Setzt man hierin für „natürliche Zahl" den Begriff „transfinite Ordnungszahl" ein, so ist dies der Schluss der *transfiniten* Induktion. Die Richtigkeit dieses Schlusses kann man sich für den Anfang der transfiniten Zahlenreihe leicht wie folgt klarmachen: Es sei eine Aussage für die Zahl 1 gültig, und es sei ferner bewiesen: wenn die Aussage für alle Zahlen, die einer gewissen Ordnungszahl vorangehen, gilt, so gilt sie auch für diese Ordnungszahl. Nun schliessen wir so: Die Aussage gilt für die Zahl 1, also auch für die Zahl 2, demnach auch für 3, usw., also für alle natürlichen Zahlen. Folglich gilt sie auch für die Zahl ω, da sie ja auf alle ihr vorangehenden Zahlen zutrifft. Also gilt sie aus demselben Grunde für $\omega + 1$, alsdann auch für $\omega + 2$, usw., schliesslich für $\omega \times 2$; und entsprechend erweist man weiterhin ihre Gültigkeit für $\omega \times 3$, $\times 4$, usw., schliesslich auch für ω^2. So kann man fortfahren und schrittweise in der Reihe der transfiniten Ordnungszahlen aufsteigend jeweils von der Richtigkeit des Schlusses der transfiniten Induktion sich überzeugen. Die Sache wird bei grösseren Zahlen allerdings äußerlich ziemlich kompliziert, doch bleibt der Kern immer der gleiche.

Jetzt will ich erklären, wie diese Begriffe der transfiniten Ordnungszahlen und der Schluss der transfiniten Induktion in den *Widerspruchsfreiheitsbeweis* hineinkommen. Der Zusammenhang ist ganz natürlich und einfach. Beim Widerspruchsfreiheitsbeweis für die reine Zahlentheorie hat man alle denkbaren zahlentheoretischen Beweise zu betrachten und nachzuweisen, dass jeder einzelne Beweis in einem gewissen formal zu erklärenden Sinne ein „richtiges" Ergebnis liefert, insbesondere keinen Widerspruch. Diese „Richtigkeit" eines Beweises beruht nun auf der Richtigkeit gewisser anderer, einfacherer Beweise, die als Spezialfälle oder als Teile in ihm enthalten sind. Dieser Umstand führt dazu, die Beweise in eine lineare *Anordnung* zu bringen, worin jeweils diejenigen Beweise, auf deren Richtigkeit die Richtigkeit eines anderen Beweises beruht, diesem in der Reihe *vorangehen* solle. Diese Anordnung der Beweise wird nun dadurch hergestellt, dass man jedem Beweis eine gewisse *transfinite Ordnungszahl* zuordnet; die ihm vorangehenden Beweise sind dann die Beweise, deren Ordnungszahlen seiner Ordnungszahl vorangehen in der Reihe der Ordnungszahlen. Man könnte zunächst meinen, dass für eine solche Anordnung bereits die *natürlichen* Zahlen als Ordnungszahlen ausreichen würden. Man braucht aber in Wahrheit *transfinite* Ordnungszahlen aus folgendem Grunde: Es kann vorkommen, dass die Richtigkeit eines Beweises auf der Richtigkeit von *unendlich vielen* einfacheren Beweisen beruht. Ein Beispiel: In dem Beweis werde durch vollständige Induktion eine Aussage für *alle* natürlichen Zahlen bewiesen. Dann beruht die Richtigkeit des Beweises offenbar darauf, dass jeder der unendlich vielen einzelnen Beweise, die man durch Spezialisierung auf eine bestimmte natürliche Zahl erhält, richtig ist. In solchen Fällen würde eine natürliche Zahl als Ordnungszahl des Beweises nicht ausreichen, da einer solchen ja immer nur endlich viele andere Zahlen vorangehen. Also braucht man transfinite Ordnungszahlen, um die natürliche Anordnung der Beweise nach ihrer Kompliziertheit darzustellen.

Weiterhin ist nun ersichtlich, wieso man gerade den Schluss der *transfiniten Induktion* als den entscheidenden Schluss für den Widerspruchsfreiheitsbeweis benötigt: Man beweist durch diesen Schluss die „Richtigkeit" jedes einzelnen Beweises. Der Beweis Nummer 1 ist nämlich trivialerweise richtig; und wenn die Richtigkeit aller Beweise, die einem bestimmten Beweis in der Anordnung vorangehen, bereits gesichert ist, so ist auch dieser Beweis richtig, da eben die Anordnung so gewählt ist, dass seine Richtigkeit von der Richtigkeit bestimmter vorangehender Beweise abhängt. Hieraus kann man nun auf die Richtigkeit sämtlicher Beweise offenbar gerade mittels der transfiniten Induktion schliessen und hat damit dann insbesondere die Widerspruchsfreiheit bewiesen.

Diese transfinite Induktion ist nun genau derjenige Schluss im Widerspruchsfreiheitsbeweis, der nach dem *Satz von Gödel* notwendigerweise nicht mehr mit Beweismitteln der reinen Zahlentheorie selbst als richtig erwiesen werden kann. Der Nachweis seiner Richtigkeit erfolgt vielmehr durch eine besondere Überlegung von der Art, wie ich sie vorhin bis zur Zahl ω^2 vorgeführt habe. Man braucht nun freilich schon für die reine Zahlentheorie ein ganzes Stück mehr von den transfiniten Zahlen, nämlich: Wie ich oben ω^ω andeutungsweise erklärt habe, so erhält man durch entsprechende Fortsetzung des Verfahrens ω hoch (ω hoch ω), dann ω hoch (ω hoch (ω hoch ω)), usw.; hinter allen diesen Zahlen folgt die Zahl ε_0, die „erste ε-Zahl". Diese Zahl stellt die Grenze des Bereichs von transfiniten Ordnungszahlen dar, den man für den Widerspruchsfreiheitsbeweis für die in der üblichen Weise formal abgegrenzte reine Zahlentheorie benötigt.

Ich nehme an – doch ist das vorläufig nur eine Vermutung –, dass man auch die Widerspruchsfreiheit der *Analysis* – und der Mengenlehre, soweit möglich – in derselben Weise wird nachweisen können, wobei man nur jeweils um ein beträchtliches Stück weiter in der Reihe der Zahlen der II. Zahlenklasse wird fortschreiten müssen. Insgesamt ergäbe sich dann das folgende Bild: Gleichlaufend dem Aufstieg des Unendlichkeitsbegriffs in den drei Stufen, die ich am Anfang meines Vortrags angegeben habe – reine Zahlentheorie, Analysis und Mengenlehre – geht die Reihe der transfiniten Ordnungszahlen; so wie der reinen Zahlentheorie die Zahl ε_0 als obere Grenze zugehört, so ergäbe sich eine bestimmte Zahl der II. Zahlenklasse als obere Grenze der Analysis, eine weitere als obere Grenze einer formal abgegrenzten Mengenlehre – sofern eine solche überhaupt sinnvoll möglich ist. Man überschätze aber nicht die absolute Bedeutung solcher Grenzzahlen: Schon bei der reinen Zahlentheorie ist es so, dass man zur Lösung gewisser dazugehöriger Probleme noch weitere Schlussweisen hinzuzunehmen hätte, wodurch der Bereich der reinen Zahlentheorie weiter ausgedehnt würde; das bedeutet, dass man für den Widerspruchsfreiheitsbeweis dann noch höhere Ordnungszahlen benötigen kann. Eine absolute Grenze hierfür gibt es nicht. *Gödel* hat gezeigt, dass jedes formal abgegrenzte System dieser Art *unvollständig* ist in dem Sinne, dass gewisse zugehörige Probleme erst durch Hinzunahme weiterer Hilfsmittel zu lösen sind. Das macht auch nichts aus für den Widerspruchsfreiheitsbeweis; man muss diesen eben nur jeweils bei Hinzunahme neuer Hilfsmittel entsprechend weiter ausdehnen.

B Unendlichkeitsbegriff und Widerspruchsfreiheit der Mathematik

Vortrag, gehalten anläßlich des Descartes-Kongreß, Paris 1937[1]

SOMMAIRE. – Les divers points de vue relatifs au concept mathématique de l'infini sont ordonnés en série croissante d'après le degré où l'on reconnaît ce concept en ses diverses complications. Cette série est divisée en trois groupes: la mathématique du fini, la "conception constructive", et la "conception en soi" de l'infini. D'après cette série, l'on explique le programme *d'Hilbert*, qui est de prouver que la mathématique est libre de contradiction, et l'on rapporte brièvement les méthodes qui sont en question pour administrer cette preuve.

Der Begriff des Unendlichen in der Mathematik ist seit altersher Gegenstand von mancherlei Streitfragen gewesen. Besonders in den letzten Jahrzehnten ist die Diskussion darüber wieder aufgelebt und, man kann wohl sagen, in ein entscheidendes Stadium getreten. Die verschiedenen Standpunkte, die man gegenüber dem mathematischen Unendlichkeitsbegriff einnehmen kann, bzw. die von verschiedenen Autoren in der letzten Zeit vertreten worden sind, lassen sich etwa in folgender Weise in eine Reihe ordnen, die nach dem Grade der Anerkennung des Unendlichkeitsbegriffs in seinen verschiedenen Komplizierungen fortschreitet: Zunächst käme eine rein *endliche* Mathematik, in der das Unendliche vollständig ausgeschlossen wäre. Als nächste Stufe wäre zu nennen der ursprüngliche „finite Standpunkt" von Hilbert. Dann folgt der „Intuitionismus" von Brouwer und Weyl. Als nächstes die „verzweigte Typentheorie" der „Principia Mathematica" mit dem „Reduzierbarkeitsaxiom". Dann die heute von den „Logizisten" meist vorgezogene einfache Typentheorie. Als nächsthöhere Stufe folgt etwa die „axiomatisierte Mengenlehre", worunter noch wieder mehrere Fassungen von verschiedener Tragweite fallen. Den Abschluß bildet schließlich die klassische Cantorsche Mengenlehre, in welcher die schrankenlose Verwendung des Unendlichkeitsbegriffs bekanntlich zu Antinomien geführt hat. Die Reihe der aufgezählten Standpunkte läßt sich weiterhin in 3 Gruppen einteilen: Zuerst käme wieder die Mathematik des Endlichen. Den nachfolgenden „finiten Standpunkt" will ich mit dem intuitionistischen Standpunkt und dessen verschiedenen Abarten zusammenfassen unter dem Begriff der *„konstruktiven Auffassung"* des Unendlichen. Der gemeinsame Grundzug dieser Standpunkte besteht ja darin, daß sie das Unendliche als ein Werdendes, ein Potentielles, als etwas konstruktiv aufzubauendes betrachten, im Gegensatz zu der Auffassung des Unendlichen als etwas von vornherein, „an sich" gegebenen, im Sinne einer aktualen Unendlichkeit. Diese letzte Auffassung möchte ich als *„an-sich"*-Auffassung des Unendlichen bezeichnen; sie kennzeichnet die Standpunkte der dritten Gruppe, in welche die übrigen oben genannten Systeme, d.h. Typentheorie und Mengenlehre, einzuordnen sind. Man kann die beiden Auffassungen in eine gewisse Parallele setzen zu den philosophischen Begriffen des „Idealismus" und „Realismus". Die *Abgrenzung* der konstruk-

---

[1] Quelle: Actualites scientifique et industrielles, no. 535, pp. 201–205, Paris: Hermann 1937, und in: IXe Congres International de Philosophie, VI. Logique et mathématiques: Le problème de l'infini, Paris 1937.

tiven Auffassung gegen die an-sich-Auffassung des Unendlichen ist im grossen und ganzen mit ziemlicher Bestimmtheit durchführbar, wenn sie auch in Grenzfällen schwierig oder zweifelhaft sein kann.

Was die Stellung der verschiedenen Standpunkte *zueinander* anbetrifft, so ist da vor allem die Ansicht der radikalen Konstruktivisten bemerkenswert, welche die an-sich-Auffassung völlig ablehnen, und zwar mit *zwei* Argumenten: Erstens sei die Befürchtung berechtigt, daß eines Tages, genau wie in der uneingeschränkten Mengenlehre, auch in anderen Gebieten, z.B. in der klassischen Analysis, *Widersprüche* auftreten könnten, da nämlich der letzte Grund des Auftretens der Antinomien eben in der grundsätzlich bedenklichen an-sich-Auffassung des Unendlichkeitsbegriffs zu suchen sei. *Zweitens* seien die Sätze der an-sich-Mathematik, auch dann noch, wenn Widersprüche ausgeschlossen wären, einfach *sinnlose* Behauptungen. Ich will auf den letzteren Punkt, der sehr wichtig ist und vielleicht in Zukunft einmal ausführlich diskutiert werden kann, jetzt nicht eingehen, sondern mich meinem Thema gemäß im folgenden noch mit dem *ersteren* beschäftigen. Wie bekannt, hatte sich Hilbert zum Ziel gesetzt, diese Frage endgültig klarzustellen, indem die Widerspruchsfreiheit aller in Frage kommenden Teile der Mathematik mit Hilfe einer „Beweistheorie" oder „Metamathematik" auf rein mathematischem Wege bewiesen werden soll. In einem solchen Widerspruchsfreiheitsbeweis müssen natürlich bereits gewisse mathematische Schlüsse und Begriffsbildungen vorkommen, und deren Zulässigkeit muß dabei *vorausgesetzt* werden. Die rein *endliche* Mathematik reicht als Grundlage nicht aus, da die Beweistheorie sich mit *unendlich* vielen denkbaren „Beweisen" beschäftigen muß. Man wird also als Grundlage einen Bereich wählen, in dem der Begriff des Unendlichen zwar schon vorkommt, jedoch nur in möglichst harmloser Weise; und hierfür bietet sich ohne weiteres der Bereich der *konstruktiven* Auffassung des Unendlichen dar, der allgemein als hinreichend sicher betrachtet wird. Die Aufgabe stellt sich nunmehr so: Die Widerspruchsfreiheit der mit der *an-sich-Auffassung* des Unendlichen operierenden Teile der Mathematik soll mit Hilfe von Schlussweisen, in denen das Unendliche nur in *konstruktivem* Sinne verwendet wird, bewiesen werden. Selbstverständlich wird man versuchen, mit einem Mindestmaß von Anwendungen des Unendlichkeitsbegriffs auszukommen; man kann in dieser Hinsicht innerhalb des Bereichs der konstruktiven Auffassung, wie schon bei der oben gegebenen Einteilung angedeutet wurde, noch wieder eine Reihe von zunehmenden Komplikationen unterscheiden. Insbesondere muß hier erwähnt werden, daß der Brouwer'sche Intuitionismus m.E. in einigen Punkten eine so weitgehende Verwendung von komplizierten Anwendungen des Unendlichkeitsbegriffs macht, dass, wenn irgend möglich, der Widerspruchsfreiheitsbeweis mit *begrenzteren* Hilfsmitteln durchgeführt werden sollte. Ist es jedoch durchaus nicht anders möglich, so wird man auch solche weitergehenden Hilfsmittel in Kauf nehmen müssen. So hat sich ja auch der „finite Standpunkt", wie Hilbert ihn sich ursprünglich dachte, als zu eng erwiesen und bedurfte einer gewissen Erweiterung. Entscheidend bleibt letzten Endes allein, daß ein möglichst grosser Abstand zwischen den durch einen Widerspruchsfreiheitsbeweis zu *begründenden* bedenklichen Beweismitteln und den bei diesem Widerspruchsfreiheitsbeweis selbst zu *benutzenden* Beweismitteln bestehen bleibt. Die Sicherheit der letzteren muß dann eben vorausgesetzt werden und läßt sich schließlich nicht weiter auf mathematischem Wege begründen. In engem Zusammenhang mit diesen Fragen steht der berühmte von Gödel bewiesene Satz, wonach die Widerspruchsfreiheit einer mathematischen Theorie nicht mit den Hilfsmitteln dieser Theorie selbst, also erst recht nicht mit engeren, bewiesen werden kann. Dieser Satz stellt nur *scheinbar* eine Widerlegung des Hilbert'schen Programms dar. Denn es bleibt durchaus denkbar, daß es Beweismittel gibt, die vom konstruktiven Standpunkt aus zulässig sind und dennoch in gewisser Weise über den Bereich irgend einer formal abgegrenzten Theorie der dritten Gruppe hinausgehen. Solche Beweismittel glaube ich in gewissen Schlußweisen erblicken zu dürfen, die in engem Zusammenhang mit der sog. „transfiniten Induktion" stehen und die ich bei meinem Widerspruchsfreiheitsbeweis für die reine Zahlentheorie bereits in beschränkter Form angewandt habe, von deren weiterer Verallgemeinerung ich ferner das Gelingen auch des noch ausstehenden Widerspruchsfreiheitsbeweises für die Analysis und gegebenenfalls für Teile der Mengenlehre erhoffe.

Zum Abschluß noch ein paar Worte über den Zusammenhang des Widerspruchsfreiheitsbeweises mit der *transfiniten Induktion*: In meinem Beweis werden die zahlentheoretischen „Beweise", deren Widerspruchsfreiheit nachgewiesen werden soll, in eine *Reihe* geordnet, derart, daß jeweils die Widerspruchsfreiheit irgend eines „Beweises" in der Reihe aus der Widerspruchsfreiheit der vorangehenden „Beweise" folgt. Diese Reihe läßt sich unmittelbar auf die Reihe der transfiniten Ordnungszahlen bis zu der Zahl ε_0 abbilden. Daher ergibt sich die Widerspruchsfreiheit aller „Beweise" durch eine transfinite Induktion bis zur Zahl ε_0. Es liegt nahe, anzunehmen, daß ein entsprechendes Verfahren auch für umfassendere Theorien, wie etwa die Analysis, anwendbar sein wird. Denn jede formal abgegrenzte Theorie besteht aus *abzählbar* vielen Beweisen; gelingt es, diese Beweise nach ihrer gegenseitigen Abhängigkeit in irgend eine Reihe zu ordnen, so muß diese Reihe sich stets auf einen Abschnitt der II. Zahlenklasse abbilden lassen, und man hätte wiederum eine transfinite Induktion bis zu einer bestimmten Zahl der II. Zahlenklasse anzuwenden. Es kommt nur darauf an, die Abbildung in konstruktivem Sinne durchzuführen, was bei der Zahlentheorie noch ohne weiteres gelingt. Alsdann bleibt die transfinite Induktion als der allein bedenkliche Schluß übrig. Es geht natürlich nicht an, diese zu den nicht weiter begründeten Voraussetzungen hinzuzunehmen, denn die transfinite Induktion ist zunächst ein höchst bedenklicher Schluß, der in der klassischen Mengenlehre mit wesentlicher Heranziehung der an-sich-Auffassung des Unendlichen bewiesen wird. Daher wird auch in meinem Widerspruchsfreiheitsbeweis die transfinite Induktion bis ε_0 keineswegs vorausgesetzt, sondern durch einen besonderen Beweis auf *konstruktive* Art begründet. Das Verfahren ist ziemlich kompliziert, und ich kann hier nicht näher darauf eingehen, obwohl es freilich den wesentlichsten Punkt des ganzen Widerspruchsfreiheitsbeweises, im Hinblick auf die zuvor besprochenen Fragen, darstellt. Das Verfahren liefert, seinem konstruktiven Charakter entsprechend, die Begründung der transfiniten Induktion nur bis zu einer bestimmten Ordnungszahl, in diesem Falle ε_0. Will man höhere Ordnungzahlen hinzunehmen, so muß das Begründungsverfahren erweitert werden. Ich hege die zuversichtliche Hoffnung, daß auf diesem oder ähnliche Wege über kurz oder lang Hilbert's großartiges Programm allen Zweifeln zum Trotz seine Vollendung finden werde.

C Die gegenwärtige Lage in der mathematischen Grundlagenforschung

Vortrag, gehalten in Bad Kreuznach am 21.09.1937[1]

Inhaltsübersicht

§1. Die verschiedenen Standpunkte zur Frage der Antinomien und des Unendlichkeitsbegriffs.

Die *Antinomien der Mengenlehre* sind vor rund 40 Jahren entdeckt worden, und bis heute ist eine endgültige Klärung dieser Angelegenheit nicht erreicht worden. Die *mathematische Grundlagenforschung* verdankt diesem Problem einen großen Auftrieb. Die an dieser Stelle deutlich zutage tretende Unsicherheit gewisser Grundlagen der Mathematik hat gerade einige der bedeutensten Mathematiker – genannt seien nur *Brouwer*, *Hilbert* und *Weyl* – bewogen, sich mit diesen Fragen auseinanderzusetzen, die sonst dem eigentlichen Mathematiker meist fernliegen, ja wegen ihrer Beziehung zur *Philosophie* mit ihrer dem mathematischen Denken widerstrebenden Unsicherheit und Vielfältigkeit der Meinungen vielfach etwas unsympathisch sind.

Es sind verschiedene Versuche gemacht worden, eine *„Lösung"* der Antinomien zu finden, d.h. klar aufzuzeigen, wo „der Trugschluß" steckt. Diese Versuche haben zu keinem befriedigenden Ergebnis geführt, und es ist auch eine solche Lösung in Zukunft nicht mehr zu erwarten. Die Lage ist vielmehr so, daß von einem eindeutig zu bezeichnenden Denkfehler nicht die Rede sein kann. Man kann nur so viel mit Sicherheit sagen, daß das Zustandekommen der Antinomien mit dem *Unendlichkeitsbegriff* zusammenhängt. Denn in einer rein *endlichen* Mathematik können nach menschlichem Ermessen keine Widersprüche auftreten, sofern sie korrekt aufgebaut ist. Gewisse Analoga der Antinomien im Endlichen beruhen auf offenkundigen Ungenauigkeiten in den Begriffsbildungen.

Um einen Ausweg aus der durch die Antinomien entstandenen unangenehmen Lage zu finden, sind verschiedene Wege eingeschlagen worden. Das einfachste Verfahren ist zunächst dieses, eine *Abgrenzung* zwischen erlaubten und unerlaubten Schlußweisen in der Mathematik vorzunehmen, wobei die zu Antinomien führenden Schlüsse als unerlaubt herausfallen. Solcher Versuche gibt es eine ganze Reihe; teils wird die vorgeschlagene Abgrenzung durch irgendwelche Überlegungen als naturgemäß hingestellt, teils wird auch auf solche Begründun-

---

[1] Quelle: *Deutsche Mathematik* 3 (1938), S. 255–268.

gen ganz verzichtet. Beispiele sind die axiomatischen Mengenlehren und das System der „Principia Mathematica".

Dieses Verfahren ist auch *praktisch* ganz brauchbar, doch kann es *grundsätzlich* nicht befriedigen. *Erstens* ist nämlich die Abgrenzung ziemlich *willkürlich*, eine natürliche Folge des Umstandes, daß man eben „den Fehler" bei den Antinomien nicht genau bezeichnen kann. *Zweitens* liegt die Frage nahe, ob nicht eines Tages auch in dem eingezäunten Bereich der erlaubten Schlußweisen *Widersprüche* auftreten könnten. Gewiß kann man einige Erwägungen anführen, welche es wahrscheinlich machen, daß man die Antinomien endgültig ausgesperrt hat; aber besonders groß ist diese Sicherheit nicht. So scheint es mir nicht ganz ausgeschlossen, daß auch in der klassischen *Analysis* mögliche *Widersprüche* verborgen sein können. Daß man bis jetzt keine entdeckt hat, besagt nicht viel, wenn man bedenkt, daß der Mathematiker *in praxi* immer mit einem verhältnismäßig geringen Teil der an sich logisch möglichen mannigfachen Komplizierungen der Begriffsbildung auskommt.

Die folgerichtigste Art der Abgrenzung ist die durch den „*intuitionistischen*" Standpunkt, der in erster Linie von *Brouwer* und *Weyl* formuliert worden ist, gegebene. Dieser Standpunkt läßt sich wohl am einfachsten von folgender *Grundthese* aus verstehen: Der Begriff des Unendlichen in der Mathematik darf nicht so aufgefaßt werden, als ob unendliche Mengen von vornherein, *an sich* vorhanden sind und durch den Mathematiker gleichsam entdeckt werden – eine Auffassung, die ich kurz als „an-sich-Auffassung" des Unendlichen bezeichne –, sondern lediglich in dem Sinne, daß eine unendliche Gesamtheit *konstruktiv* vom Endlichen ausgehend schrittweise aufgebaut werden kann, wobei das Unendliche niemals *vollendet*, sondern nur als ein Ausdruck für die *Möglichkeit* unbegrenzter Erweiterung des Endlichen anzusehen ist.

Dieser Grundsatz hat zweifellos manches für sich, und es hat auch schon vor der Zeit der Antinomien Bestrebungen ähnlicher Zielsetzung gegeben. Macht man sich ihn einmal zu eigen, so verschwinden die Antinomien, da bei diesen offenkundig von der an-sich-Auffassung unendlicher Mengen Gebrauch gemacht wird. Andererseits folgen aus diesem Grundsatz der konstruktiven Auffassung zwangsläufig die von den Intuitionisten aufgestellten Verbote gewisser in der heutigen Mathematik üblicher Schlußweisen[2]. Um ein Beispiel zu nehmen, betrachten wir den praktisch wichtigsten derartigen Fall, den der *indirekten Existenzbeweise*:

Nach klassischer Auffassung kann man die Existenz einer natürlichen Zahl z.B. mit einer Eigenschaft E *indirekt* dadurch beweisen, daß man annimmt, keine Zahl besäße die Eigenschaft E, und daraus irgendwie einen Widerspruch ableitet. Ein solcher Beweis ist von der konstruktiven Auffassung her abzulehnen. Man macht ja dabei eine Annahme über die unendliche Gesamtheit aller natürlichen Zahlen; das ist – von diesem Standpunkt aus – sinnlos, da diese als vollendete Gesamtheit niemals gegeben sein kann, sondern nur als eine unvollendete, immer weiter fortsetzbare Reihe betrachtet werden darf. – Trotzdem kann man

---

[2] Ins einzelne gehende Ausführungen hierüber finden sich, für den Bereich der Zahlentheorie, im III. Abschnitt meiner in Anm. 4 zitierten Abhandlung. – Vgl. auch den §3 der vorliegenden Arbeit.

auch von diesem Standpunkt aus durchaus die Existenz einer natürlichen Zahl mit einer Eigenschaft E beweisen, sofern man nämlich eine solche Zahl direkt *angeben* oder einen Weg zu ihrer Berechnung aufweisen kann. Dann geht ja der Begriff der Gesamtheit aller Zahlen gar nicht mehr in den Beweis ein.

Eine übersichtliche, bequem lesbare zusammenfassende Darstellung des intuitioni-stischen Standpunktes liegt neuerdings von *Heyting* vor[3].

Ich glaube, man kann dem Intuitionismus zugeben, daß er wirklich die konsequentesten Folgerungen aus der durch die Antinomien bedingten Unannehmlichkeit gezogen hat. Aber gegen einen *radikalen* Intuitionismus, der kategorisch alles in der Mathematik, was nicht der konstruktiven Auffassung entspricht, als sinnlos ablehnt, lassen sich doch schwerwiegende Einwände erheben. Ich werde in §4 näher hierauf eingehen. An dieser Stelle sei nur das eine erwähnt: Wenn man diesen Standpunkt annimmt, bleibt von der ganzen klassischen Analysis nur ein Trümmerfeld zurück. Viele, und gerade einige grundlegende Sätze, werden ungültig, bzw. müssen anders gefaßt und auf andere Art bewiesen werden. Hinzu kommt noch, daß die Formulierungen meist *umständlicher* und die Beweise *langwieriger* werden. Existenzbeweise z.B., wie etwa der „Fundamentalsatz der Algebra", müssen jetzt so umgewandelt werden, daß für die Zahl, deren Existenz behauptet wird, ein Verfahren zu ihrer *Berechnung* angegeben wird, und es müssen Sonderfälle, in denen das nicht gelingt, ausgeschlossen werden.

Gewiß dürfte man auch vor dem größten Opfer nicht zurückschrecken, wenn es wirklich *notwendig* ist. Aber ist ein solches Opfer denn notwendig?

Damit komme ich zu der *Auffassung Hilberts*. Dieser stellte das Programm auf, die ganze klassische Mathematik, soweit möglich, aus ihrer bedenklich gewordenen Lage dadurch zu retten, daß man ihre *Widerspruchsfreiheit* auf exakt mathematischem Wege nachweist.

Die Durchführung dieses Programms steht leider zum großen Teil noch aus. Es hat sich erwiesen, daß die Schwierigkeiten solcher Widerspruchsfreiheitsbeweise größer sind, als man zunächst anzunehmen geneigt war (vgl. §2. Satz von *Gödel*). Im Jahre 1936 ist von mir ein Beweis für die Widerspuchsfreiheit der *reinen Zahlentheorie* erschienen[4]; ältere Teilergebnisse stammen von Ackermann, von Neumann und Herbrand; doch steht der praktisch vor allem wichtige Beweis für die *Analysis* noch aus.

Um einen Widerspruchsfreiheitsbeweis zu führen, braucht man natürlich bereits gewisse mathematische Beweismittel, deren Unbedenklichkeit man *voraus-*

---

[3] A. HEYTING, Mathematische Grundlagenforschung – Intuitionismus – Beweistheorie. *Erg. Math. Grenzgeb.* 3 (1935), Heft 4.

[4] G. GENTZEN, Die Widerspruchsfreiheit der reinen Zahlentheorie. *Math. Ann.* 112 (1936), S. 493–565. – Es sei bemerkt, daß im IV. Abschnitt dieser Abhandlung im Gegensatz zu den übrigen Teilen die Verständlichkeit der Zusammenhänge aus Raum- und Zeitmangel zu kurz gekommen ist gegenüber der Präzision der Beweisführung. Eine neue Fassung des Beweises mit ausführlicher Darlegung der Grundgedanken bildet den zweiten Teil des vorliegenden Heftes. – NB (EMT): In einem Abdruck in der *Deutschen Mathematik*, 3 (1938), S. 225–268, hier S. 257, heißt es: „Eine neue Fassung des Beweises mit ausführlicher Darlegung der Grundgedanken erscheint demnächst mit dem vorliegenden Bericht über die Grundlagenforschung, als Heft 4 der *Forschungen zur Logik und zur Grundlegung der exakten Wissenschaften.*" Daraus ergibt sich, daß der Abdruck in der *Deutschen Mathematik* der Erstdruck war.

setzen muß und auf diesem Wege schließlich nicht weiter begründen kann. Ein absoluter, d.h. voraussetzungsloser Widerspruchsfreiheitsbeweis ist selbstverständlich unmöglich. Es fragt sich nun, was für Beweismittel man als Grundlage in diesem Sinn wird ansehen können. Die Antwort ergibt sich aus dem zuvor Gesagten: Man wird solche Beweismittel verwenden dürfen, bei denen der Begriff des Unendlichen nur in *konstruktivem Sinne* angewandt wird, während man streng darauf achten muß, alles, was auf der an-sich-Auffassung des Unendlichen beruht und daher bedenklicher Natur ist, zu vermeiden. Diese Beschränkung bedeutet etwa das gleiche, was Hilbert als „*finiten Standpunkt*" bezeichnet hat. Es scheint allerdings, daß man für die Widerspruchsfreiheitsbeweise doch etwas weitergehende Hilfsmittel braucht, als wie Hilbert sie ursprünglich ins Auge gefaßt und unter dem Begriff der „finiten Beweismittel" verstanden hatte. Aber jedenfalls bleiben diese Hilfsmittel mit der *konstruktiven Auffassung* des Unendlichkeitsbegriffs im Einklang, und das ist das wesentliche, wodurch sie sich grundsätzlich von den bedenklichen Beweismitteln unterscheiden.

Ein Hauptmerkmal des *Hilbert*schen Standpunkts scheint mir das Bestreben zu sein, das mathematische Grundlagenproblem der *Philosophie* zu entziehen und es soweit wie irgendmöglich mit den eigenen Hilfsmitteln der Mathematik zu behandeln. Ganz ohne außermathematische Voraussetzungen freilich kann man das Problem nicht lösen. Der Hilbertsche Plan beschränkt diese auf ein *Mindestmaß*: Den grundsätzlichen Unterschied zwischen der konstruktiven und der an-sich-Auffassung des Unendlichen muß man sich vergegenwärtigen und sich klarmachen, wieso dem Schließen gemäß der konstruktiven Auffassung ein wesentlich größeres Maß an Gewißheit zukommt, so daß man dieses als genügend sichere Grundlage wählen kann, um die Widerspruchsfreiheit der mit der an-sich-Auffassung des Unendlichen arbeitenden Teile der Mathematik darauf zurückzuführen.

Ich werde auch im folgenden auf alle *philosophischen Streitfragen*, deren Beantwortung auf die mathematische Praxis keinen Einfluß hat, und welche die Problemlage vielfach unnötig verworren und schwierig erscheinen lassen, nicht eingehen.

Kurz erwähnt sei noch der sog. „*Logizismus*", der gewöhnlich neben dem *Intuitionismus* und der *Hilbert*schen Auffassung als dritter wesentlicher Standpunkt zur Grundlegung der Mathematik genannt wird. Seine Thesen liegen in bestimmten philosophischen Anschauungen begründet, auf die ich gemäß dem eben Gesagten nicht eingehen will. Zu dem für die praktische Mathematik in erster Linie wichtigen Antinomien- und Unendlichkeitsproblem hat diese Richtung bisher im wesentlichen eine abwartende oder unentschiedene Stellung eingenommen und liefert zu dessen Entscheidung kaum einen Beitrag, da ihr Interesse in der Hauptsache anderen Fragen, z.B. der Begründung des Zahlbegriffs, gilt.

§2. Die exakte mathematische Grundlagenforschung: Axiomatik, Metalogik, Metamathematik. Sätze von Gödel und Skolem.

Im folgenden soll einiges gesagt werden über neuere Ergebnisse und insbesondere über ältere besonders wichtige Resultate der exakten mathematischen Grundlagenforschung, d.h. desjenigen Zweiges der Mathematik, der über die Grundlagen der Mathematik mathematische Untersuchungen anstellt. Gegenstand dieser Forschungen sind beispielsweise *Axiomensysteme* für mathematische Theorien – solche Untersuchungen sind ja seit altersher bekannt –, in neuerer Zeit aber auch besonders die *logischen Schlußweisen* und allgemein die *Beweismethoden* der Mathematik.

In den letzten Jahrzehnten hat sich eine große Reihe von Forschern aus allen Ländern mit diesen Fragen beschäftigt und eine Menge von Ergebnissen gewonnen. In *Deutschland* werden diese metalogischen und metamathematischen Forschungen zur Zeit wohl nur in *Münster* regelmäßig betrieben; im Ausland wären in erster Linie etwa *Amerika* und *Polen* als Hauptpflegestätten dieses Zweiges der Mathematik zu nennen.

Eine der Hauptaufgabe der Metamathematik sind die zur Durchführung des *Hilbert*schen Programms erforderlichen *Widerspruchsfreiheitsbeweise*. Weitere große Probleme sind: das *Entscheidungsproblem*, d.h. das Problem, für eine vorgegebene Theorie ein Verfahren aufzufinden, das von jedem denkbaren Satz des betreffenden Gebietes zu entscheiden gestattet, ob er richtig oder falsch ist; ferner die Frage der *Vollständigkeit*, d.h. die Frage, ob ein bestimmtes System von Axiomen und Schlußweisen für eine bestimmte Theorie *vollständig* ist, also ob für jeden denkbaren Satz der Theorie mit Hilfe dieser Schlußweisen entweder seine Richtigkeit oder seine Unrichtigkeit bewiesen werden kann.

In enger Beziehung zu diesen Hauptproblemen stehen einige wichtige Sätze, die *Gödel* vor etwa 8 Jahren bewiesen hat[5] und die viel Aufsehen gemacht und teilweise nauch Mißdeutungen erfahren haben.

Da ist zunächst der Satz über *Widerspruchsfreiheitsbeweise*, welcher besagt, daß sich die Widerspruchsfreiheit einer mathematischen Theorie, welche die reine Zahlentheorie enthält und wirklich widerspruchsfrei ist, nicht mit den Beweismitteln dieser Theorie selbst beweisen läßt, insbesondere natürlich nicht mit einem Bruchteil dieser Beweismittel. Dieser Satz ist vielfach so ausgelegt worden, als ob damit das Hilbertsche Programm als undurchführbar erwiesen sei. Man nahm nämlich an – und es sprachen auch manche Gesichtspunkte dafür –, daß die für Widerspruchsfreiheitsbeweise zugelassenen „finiten" bzw. „konstruktiven" Schlußweisen nur einen Teil der in der *reinen Zahlentheorie* vorkommenden und genau formulierbaren Schlußweisen darstellten. Dann wäre freilich nach dem Gödelschen Satz mit diesen Schlußweisen bereits die Widerspruchsfreiheit der Zahlentheorie nicht nachweisbar. Ich bin jedoch der Meinung, daß es Schlußweisen gibt, die durchaus mit der konstruktiven Auffassung des Unendlichen im Einklang sind und andererseits doch nicht dem Rahmen der formalisierten Zahlentheorie angehören, ja welche vermutlich überhaupt über den Rahmen *jeder* formal abgegrenzten Theorie hinaus erstreckt werden können. Ich habe die betreffenden Schlüsse, soweit sie für den Widerspruchsfreiheitsbeweis der reinen Zahlentheorie erforderlich waren, in meiner Abhandlung angegeben[6]. Sie stehen

---

[5] K. Gödel, Über formal unentscheidbare Sätze der Principia Mathematica und verwandter Systeme. *I. Mh. Math. Physik* 38 (1931), S. 173–198.

[6] Siehe Anm. 4. Ich mußte mich in der Abhandlung kurz fassen und glaube, daß eine ausführlichere Darstellung dieses Punktes, als des Angelpunktes des ganzen Beweises, zu dessen deutlicherer Klarlegung von Nutzen wäre; ich hoffe, eine solche gelegentlich veröffentlichen zu können, wenn möglich gleich für den Widerspruchsfreiheitsbeweis der Analysis einschließlich.

im Zusammenhang mit der in der Mengenlehre vorkommenden „transfiniten Induktion", was aber nicht heißt, daß sie an den dieser anhaftenden Bedenklichkeiten teilhaben; sie werden vielmehr auf eine von der Mengenlehre gänzlich *unabhängige* Weise *konstruktiv* bewiesen. – Der Gödelsche Satz behält natürlich ganz unbeschadet von diesen Tatsachen eine große Bedeutung als ein sehr wertvolles Ergebnis, das insbesondere auch gerade für die Auffindung von Widerspruchsfreiheitsbeweisen große Dienste leistet, weil es einem sagt, mit welchen Mitteln man jedenfalls *nicht* zum Ziele kommen kann.

Ein anderer der Gödelschen Sätze betrifft das *Entscheidungsproblem*, und zwar für die sog. „Prädikatenlogik". Er besagt, daß gewisse Sätze dieses Systems mit bestimmten sehr weitgehenden mathematischen Hilfsmitteln nicht entschieden werden können. Dieser Satz ist in letzter Zeit von *Church* in der Weise wesentlich verschärft worden, daß dieser unter Zugrundelegung eines sehr allgemeinen Begriffs von „Verfahren" zeigen konnte, daß es *überhaupt kein allgemeines Entscheidungsverfahren* für die Prädikatenlogik geben kann, daß somit das Entscheidungsproblem in diesem Falle überhaupt nicht allgemein lösbar sei[7]. Nun steht es damit so, daß, wenn das Entscheidungsproblem für die Prädikatenlogik gelöst wäre, beispielsweise die Gültigkeit oder Ungültigkeit des großen Fermatschen Satzes und ähnlicher zahlentheoretischer Probleme im Prinzip einfach *ausgerechnet* werden könnte, und man kann wohl sagen, daß es von vornherein nicht sehr wahrscheinlich ist, daß ein solches Entscheidungsverfahren gefunden werden könnte. Nichtsdestoweniger ist es natürlich sehr wertvoll, diese Vermutung durch einen ausdrücklichen Beweis bekräftigt zu sehen. Der Beweis von Church beruht freilich darauf, daß man den von ihm festgelegten Begriff des „Ausrechnungsverfahrens" als den allgemeinsten möglichen annimmt. Wenn es jemand gelänge, noch eine andere Art von Ausrechnungsverfahren ausfindig zu machen, so wäre es denkbar, damit doch noch ein allgemeines Entscheidungsverfahren zu gewinnen. Man kann aber sagen, daß der von Church gegebene Begriff so allgemein gehalten ist, daß man sich eine nicht darunter fallende Art von Verfahren nicht recht vorstellen kann. Außerdem spricht zugunsten seiner Formulierung der Umstand, daß man von ganz verschiedenen Ausgangspunkten her immer zu diesem bzw. einem ihm gleichwertigen Begriff gelangt.

Ein drittes der Gödelschen Ergebnisse betrifft das *Vollständigkeitsproblem*. Es besagt, daß jede formal abgegrenzte widerspruchsfreie mathematische Theorie *unvollständig* ist in dem Sinne, daß man zahlentheoretische Sätze angeben kann, die *richtig*, aber mit den Mitteln dieser Theorie *nicht beweisbar* sind. Dies ist ein zweifellos sehr interessantes, aber jedenfalls nicht etwa beunruhigendes Ergebnis. Man kann es auch so ausdrücken, daß sich für die Zahlentheorie kein ein für allemal ausreichendes System von Schlußweisen angeben läßt, sondern daß vielmehr immer wieder Sätze gefunden werden können, deren Beweis wieder neuartige Schlußweisen erfordert. Daß die Dinge so liegen, mochte man vielleicht nicht von vornherein erwarten; aber jedenfalls ist es nicht unplausibel.

---

[7] A. CHURCH, An unsolvable problem of elementary number theory. *Amer. J. Math.* 58 (1936), S. 345–363. Ders., A note on the Entscheidungsproblem. *J. Symbolic Logic* 1 (1936), S. 40–41. Ders., Correction to a note on the Entscheidungsproblem. *J. Symbolic Logic* 1 (1936), S. 101–102. – Vgl. auch: A. M. TURING, On computable numbers, with an application to the Entscheidungsproblem. *Proc. Lond. Math. Soc.* 2, 42 (1937), S. 230–265.

Der Satz offenbart natürlich eine gewisse Schwäche der *axiomatischen Methode*.

Da *Widerspruchsfreiheitsbeweise* im allgemeinen nur ein abgegrenztes System von Beweismitteln erfassen, so wird man auch diese erweitern müssen, wenn man eine Erweiterung der Beweismittel vornimmt.

Bemerkenswert ist, daß die gesamte bisherige Mathematik nur recht wenige, leicht aufzuzählende, immer wieder gleiche Schlußweisen verwendet, daß also das Bedürfnis nach Erweiterung zwar theoretisch vorhanden, praktisch aber nicht aktuell ist. Nun sind in der Tat die von Gödel angegebenen jeweils nicht beweisbaren zahlentheoretischen Sätze extra für diesen Zweck konstruiert und praktisch ohne Bedeutung; mit einer wesentlichen Ausnahme allerdings: das ist die Aussage der *Widerspruchsfreiheit* einer Theorie, die ja auch zu den innerhalb der Theorie nicht beweisbaren Sätzen gehört. Daher ist für *deren* Beweis allerdings die Anwendung neuartiger Schlußweisen erforderlich, die in diesem Falle überdies konstruktiver Natur sein sollen; darüber wurde ja zuvor schon berichtet.

Ich will nun einige Ergebnisse erwähnen, welche die *Mengenlehre* betreffen.

Man hat, in dem Bestreben, trotz des Unheils der Antinomien die Mengenlehre zu retten, gewisse einschränkende Bedingungen aufgestellt, durch welche die Widersprüche ausgeschlossen werden. Zu diesem Zweck wurden verschiedene *Axiomensysteme* der Mengenlehre entwickelt; am bekanntesten ist das System von *Zermelo* und *Fraenkel*. Für einen Teil dieses Systems, die sog. „allgemeine Mengenlehre", wurde kürzlich von *Ackermann* ein Widerspruchsfreiheitsbeweis durchgeführt, oder vielmehr wurde die Widerspruchsfreiheit dieses Systems auf die Widerspruchsfreiheit der reinen Zahlentheorie zurückgeführt[8]. Die „allgemeine Mengenlehre" entsteht, wenn man aus dem gesamten Axiomensystem das „Unendlichkeitsaxiom" wegläßt, welches dige Existenz unendlich vieler Gegenstände der Theorie fordert. Ackermanns Beweis beruht darauf, daß man für diesen Teil der Mengenlehre ein *aus natürlichen Zahlen bestehendes Modell* herstellen kann, ein Umstand, der übrigens schon länger bekannt war. Wenn man das Unendlichkeitsaxiom hinzunimmt, wird man eine gleiche Möglichkeit nicht mehr erwarten, da damit ja gerade die Existenz der überabzählbaren Mächtigkeiten in die Mengenlehre hineinkommt.

In diesem Zusammenhang ist jedoch ein Satz zu nennen, der auf den ersten Blick sehr merkwürdig erscheint und zu interessanten Folgerungen führt. Dieser wurde von *Skolem* vor etwa 15 Jahren zuerst formuliert und als „Satz von der Relativität der Mengenbegriffe" bezeichnet[9]. Der Satz gehört übrigens im Gegensatz zu den zuvor erwähnten metamathematischen Sätzen nicht mehr dem Bereich der *konstruktiven Auffassung* an, sondern ist dem Bereich der *an-sich-Auffassung* zuzurechnen, schon allein darum, weil er von überabzählbaren Mächtigkeiten handelt. (Dieser Umstand tut seiner Bedeutung, die sich gerade auf die an-sich-Mathematik bezieht, keinerlei Abbruch.) Der Skolemsche Satz besagt: Wenn

---

[8] W. Ackermann, Die Widerspruchsfreiheit der allgemeinen Mengenlehre. *Math. Ann.* 114 (1937), S. 305–315.

[9] Th. Skolem, Einige Bemerkungen zur axiomatischen Begründung der Mengenlehre. *Verh. V. skand. Math.-Kongr.* (1922), S. 217–232. Ders., Über einige Grundlagenfragen der Mathematik. Skr. Norske Vid.-Akad. Oslo, I., mat.-nat. Kl. (1929), No. 4.

zu einem Axiomenssystem von bestimmter Art überhaupt ein Modell, beliebig hoher Mächtigkeit, existiert, so existiert auch bereits ein *abzählbares* Modell, welches das Axiomensystem erfüllt. – Zu der betreffenden Art gehören alle bisher üblichen Axiomensysteme, bzw. sie lassen sich so umformen, daß sie von dieser Art sind; und es ist auch nicht ersichtlich, wie man ein Axiomensystem formulieren könnte, das nicht unter den von Skolem abgegrenzten Begriff fällt.

Wendet man diesen Satz auf irgendein Axiomensystem der *Mengenlehre* an, so ergibt sich, daß, wenn dieses überhaupt erfüllbar ist, was man natürlich annehmen will, es bereits durch ein *abzählbares* Modell erfüllt werden kann. Man kann wohl sagen, daß dieses Ergebnis für die axiomatische Mengenlehre nicht gerade angenehm ist. Es besagt ja, daß alle überabzählbaren Mächtigkeiten, von denen in der Mengenlehre die Rede ist, in einem bestimmten Sinne nur leerer Schein sind, indem man nämlich an die Stelle solcher Mengen ohne Änderung der Gültigkeit aller Sätze einfach gewisse *abzählbare* Mengen setzen kann.

Es entsteht zunächst der Anschein, als ob sich hieraus *Widersprüche* ergeben müßten. Man beweist doch in der axiomatischen Mengenlehre beispielsweise, daß die Menge aller reellen Zahlen nicht abzählbar sei. D.h. man beweist, genau gesagt, den Satz: Es gibt keine eineindeutige Zuordnung zwischen den natürlichen Zahlen und den reellen Zahlen. Betrachten wir nun das nach Skolem existierende abzählbare Modell dieser Mengenlehre. Dieses Modell enthält Gegenstände, welche die natürlichen Zahlen des Axiomensystems vertreten, andere, welche die reellen Zahlen vertreten, und auch solche, welche die *Zuordnungen*, die auf Grund des Axiomensystems möglich sind, vertreten; und jede Sorte umfaßt höchstens abzählbar viele Gegenstände. Trotzdem bleibt der genannte Satz in diesem Modell gültig, indem es nämlich unter den im Modell vorhandenen *Zuordnungen* in der Tat keine gibt, welche die abzählbar vielen Vertreter der „natürlichen Zahlen" den abzählbar vielen Vertretern der „reellen Zahlen" eineindeutig zuordnet. Wohl gibt es an und für sich eine solche Zuordnung; aber diese ist eben unter den im Modell vorkommenden Zuordnungen nicht vertreten.

Vielleicht wird dieser nicht leicht verständliche Sachverhalt etwas deutlicher, wenn man ihm folgende Wendung gibt, wobei ich mich gleichfalls auf das Kontinuum der reellen Zahlen als Prototyp einer „überabzählbaren Mächtigkeit" beschränken will: Man stelle sich auf den Standpunkt der an-sich-Auffassung, daß das Kontinuum an und für sich von vornherein gegeben sei, etwa als die Menge aller beliebigen unendlichen Dezimalbrüche. Dann kann man nach *Cantor* die Nichtabzählbarkeit dieses Systems beweisen. Nun aber läßt sich folgendes sagen: Jedes *Axiomensystem* der Analysis, das man aufstellen mag, ist in gewisser Weise für die vollständige Erfassung dieses gedachten Kontinuums *unzureichend*. Denn der Satz von Skolem ergibt, daß bei Zugrundelegung eines bestimmten Axiomensystems dieses Kontinuum durch ein abzählbares Modell *ersetzt* werden kann, welches alle *in dem Axiomensystem* festgelegten Eigenschaften des Kontinuums in gleicher Weise erfüllt. Bei dieser Auffassung würde also das Skolemsche Ergebnis sozusagen nicht einen Mangel des Kontinuums bzw. der höheren Mächtigkeiten, sondern einen Mangel des menschlichen Denkens in bezug auf die Erfassung dieser Mächtigkeiten aufzeigen.

Wie sich die abstrakte Mächtigkeits-Mengenlehre aus der Skylla der Antinomien und der Charybdis des Skolemschen Relativitäts-Satzes wird retten lassen, ja ob sie sich überhaupt wird retten lassen, das wird die Zukunft entscheiden müssen.

Es sei ausdrücklich bemerkt, daß andere Teile der Mengenlehre (Punktmengen, II. Zahlklasse) von diesen Schwierigkeiten nur in geringem Maße betroffen sind und jedenfalls immer eine gwisse Bedeutung behalten werden.

Vergleicht man den *Skolem*schen Satz mit dem *Gödel*schen Unvollständigkeitssatz, so kann man sagen, daß beide gewisse Unvollkommenheiten formal abgegrenzter Axiomensysteme (worunter jetzt auch die zugelassenen *Beweismittel* mit einbegriffen sind) beleuchten. Der auf den ersten Blick vielleicht beim *Gödel*schen Satz besonders überraschende Umstand, daß auch bei Zugrundelegung der kompliziertesten Axiomensysteme der Analysis usw. immer wieder gerade *zahlentheoretische* Sätze unbeweisbar bleiben, erfährt durch den *Skolem*schen Satz eine gewisse Erklärung: Hiernach sind ja auch die komplizierstesten Axiomensysteme im Grunde auf ein abzählbares Modell, also auch auf natürliche Zahlen beziehbar; ihre Sätze lassen sich demnach sämtlich in *zahlentheoretische* Sätze umdeuten; alle diese Systeme sind also im Grunde nur *Zahlentheorie*.

Ein anderes Ergebnis von Skolem[10] beleuchtet gleichfalls die Unvollkommenheit des axiomatischen Verfahrens gegenüber der Zahlentheorie; es lautet: hat man irgendein Axiomensystems, von der obigen ganz allgemeinen Art, für die natürlichen Zahlen, so lassen sich diese durch ein *der Zahlenreihe nicht isomorphes Modell* ersetzen, welches gleichfalls das Axiomensystem erfüllt.

§3. Das Kontinuum.

In diesem und dem folgenden Paragraphen will ich nun noch etwas näher auf die Gegensätze zwischen der *an-sich-Auffassung* und der *konstruktiven Auffassung* in dem für die praktische Mathematik wichtigsten Bereich, der Analysis, eingehen. Und zwar soll in diesem Paragraphen der Unterschied beider Auffassungen bei der Bildung des Begriffs der *reellen Zahl* und der *reellen Funktion* erläutert werden, während in §4 ein Weg zu einer *Vereinigung der verschiedenen Standpunkte* gezeigt werden soll.

Der Begriff der *Irrationalzahl* wird bekanntlich etwa auf folgende Weise gewonnen: Man teilt das Intervall von 0 bis 1 in zwei Teile, jeden Teil wieder in zwei Teile usw.; so gewinnt man fortlaufend immer feinere Unterteilungen. Eine Folge von solchen Intervallen, wobei jedes ein Teil des vorigen ist, zieht sich nun, je weiter man fortschreitet, mehr und mehr auf einen Punkt zusammen. Nun folgt im Rahmen der an-sich-Auffassung der Sprung in die vollendete Unendlichkeit: Man erklärt, eine *unendlich* lange derartige Folge sei eine „*reelle Zahl*".

Aus dieser Auffassung ergeben sich einige sonderbare Folgerungen, die man, abgesehen von der im Zusammenhang mit den Antinomien bestehenden Bedenklichkeit der an-sich-Auffassung überhaupt, als zusätzliche Argumente gegen sie anführen könnte: Einserseits läßt sich nämlich auf die übliche Art beweisen, daß

---

[10] TH. SKOLEM, Über die Unmöglichkeit einer vollständigen Charakterisierung der Zahlenreihe mittels eines endlichen Axiomensystems. *Norsk mat. forenings skr.*, Ser. II, Nr. 1–12 (1933), S. 73–82. Ders., Über die Nicht-charakterisierbarkeit der Zahlenreihe mittels endlich oder abzählbar unendlich vieler Aussagen mit ausschließlich Zahlvariablen. *Fund. Math.* 23 (1934), S. 150–161.

diese reellen Zahlen eine *überabzählbare* Menge bilden. Andererseits sind alle Sätze, alle Definitionen, alle Beweise, die sich jemals aufstellen bzw. durchführen lassen, *abzählbar*, da sie ja stets mit endlich vielen Zeichen darstellbar sind. Damit gelangt man zu der Folgerung, daß es reelle Zahlen gibt, die überhaupt nicht einzeln definiert werden können, gültige Sätze, die kein Mensch jemals ausprechen und auch niemand beweisen kann. Nimmt man den *Skolem*schen *Relativitätssatz* hinzu, so folgt weiterhin, daß überhaupt die ganze bisherige Analysis in allen Teilen richtig bleibt, wenn man sie auf ein gewisses *abzählbares* Modell bezieht.

Es liegt doch wohl nahe, dann zu sagen: Wenn „das überabzählbare Kontinuum" in solcher Weise völlig unerfaßbar bleibt für unser Denken, hat es dann überhaupt einen Sinn, von ihm als etwas *Wirklichem* zu reden? In §4 werde ich zeigen, wie man dennoch, in eingeschränktem Sinne, zu einer Bejahung dieser Frage gelangen kann.

Zunächst soll untersucht werden, was der konstruktivistische Standpunkt als *Ersatz* für den an-sich-Begriff der Irrationalzahl zu bieten vermag.

Die Folge von Intervallteilungen kann ebenso *begonnen* werden wie zuvor. Aber der Begriff der *vollendeten* unendlichen Folge von Intervallen muß als sinnlos abgelehnt werden. Das Unendliche soll ja nur als *Möglichkeit, als ein Ausdruck für die Unbegrenztheit des Endlichen*, angesehen werden. Man wird also sagen dürfen: Es ist *möglich*, die Unterteilung immer weiter und weiter zu treiben. Aber so gewinnt man keine Irrationalzahl, sondern lediglich in jedem Stadium der Unterteilung eine Anzahl von schließlich sehr eng liegenden *rationalen* Zahlen. In diesem Sinne sagte *Kronecker*, daß es „gar keine irrationalen Zahlen gebe"[11]. So engherzig braucht man aber auch als *Konstruktivist* nicht zu sein; es gibt Möglichkeiten, weiter zu kommen. Man kann nämlich eine Irrationalzahl als gegeben betrachten, wenn ein *Gesetz* vorliegt, welches gestattet, eine Folge von Intervallen der genannten Art *beliebig weit* zu berechnen. (Es empfiehlt sich dann, zur Vermeidung gewisser formaler Schwierigkeiten, *doppelte* Dualintervalle zugrunde zu legen, d.h. solche, die durch Zusammenfassen von zwei benachbarten Dualintervallen derselben Unterteilung entstehen.)

Ein solches Gesetz ist leicht anzugeben z.B. für $\sqrt{2}$, allgemein n-te Wurzel aus m, aber auch für Transzendente wie π und e, ja überhaupt für so ziemlich alle Zahlen, die man in der Analysis als *einzeln definierte* Zahlen benötigt; nämlich immer dann, wenn man die betreffende Zahl eben wirklich mit jeder gewünschten Genauigkeit *berechnen* kann.

Nun muß man, um dem konstruktiven Standpunkt getreu zu bleiben, mit den so definierten „Zahlen" allerdings vorsichtig umgehen. Man darf sich nicht verleiten lassen, eine solche Zahl als einen fertigen unendlich langen Dualbruch anzusehen; gegeben ist eigentlich nicht die gesamte Zahl in diesem Sinne, sondern lediglich das *Gesetz*, das ihre schrittweise Präzisierung ermöglicht; dieses selbst ist etwas *Endliches* und lediglich dazu geeignet, die unendlich lange Zahl, von der man nach wie vor sagen kann, daß es sie *eigentlich gar nicht gibt*, in gewissen Zusammenhängen zu *vertreten*.

---

[11] Vgl. H. POINCARÉ, Wissenschaft und Hypothese, deutsche Ausgabe, Anm. von F. Lindemann, S. 246 der I. und II. Aufl.

Eine Analysis auf dieser Art von Zahlbegriff aufzubauen, hat Weyl in seiner Schrift „Das Kontinuum" (Kritische Untersuchungen über die Grundlagen der Analysis. Leipzig 1918, EMT) versucht[12]. (Er hat dort allerdings die konstruktive Grundeinstellung gegenüber der natürlichen Zahlenreihe noch nicht bis zur letzten Konsequenz durchgeführt, dies aber später nachgeholt (vgl. Anm. 12)). Eine Schwierigkeit, die dabei auftritt, ist die Abgrenzung der zur Berechnung und damit zur Definition von Zahlen zugelassenen Hilfsmittel. Weyl nahm anfangs eine bestimmte Begrenzung vor; sonst wurde von intuitionistischer Seite auf eine solche überhaupt verzichtet, ein Standpunkt, der durchaus sachgemäß ist, da eine allgemeingültige Abgrenzung grundsätzliche Schwierigkeiten von analoger Art hat, wie sie nach dem oben Gesagten für abgegrenzte Axiomen- und Schlußweisensysteme bestehen, nämlich: immer wieder *erweiterungs*fähig und -bedürftig zu sein. Dies bedeutet keineswegs einen wesentlichen Mangel; in den praktisch zunächst wichtigen Fällen ist es ohne weiteres klar, wie der Begriff der „Berechenbarkeit" gemeint ist.

Eine gewisse Präzisierung stellt der schon in §2 erwähnte Berechenbarkeitsbegriff von *Church* dar; unabhängig von diesem wurde ein gleichwertiger Begriff von *Turing* aufgestellt und insbesondere auch auf die Berechenbarkeit von reellen Zahlen angewandt[13]. Die betreffende Präzisierung besteht darin, daß ein alle „Berechnungsverfahren" *umfassender Sammelbegriff* angegeben wird; dadurch wird ein *Unmöglichkeits*beweis wie der in §2 erwähnte ausführbar; jedoch gestattet sie nicht, von allem, was unter den Sammelbegriff fällt, zu entscheiden, ob es ein „Berechnungsverfahren" ist oder nicht.

Eine Erweiterung des konstruktivistischen Begriffs der reellen Zahl schuf *Brouwer* mit den „freien Wahlfolgen"[14]. Zu diesen gelangt man ganz folgerichtig, sobald man den Begriff der *Funktion* von reellen Zahlen einführen will. Die ansich-Mathematik erklärt diesen bekanntlich einfach als eine Beziehung, durch welche jeder beliebigen reellen Zahl eine zweite reelle Zahl als Funktionswert zugeordnet ist. Darin steckt dreifach der Begriff einer *vollendeten Unendlichkeit*, in beiden reellen Zahlen nämlich und in der universellen, abstrakten „Zuordnung". Damit kann der Konstruktivist also nichts anfangen. Er könnte nun zunächst so vorgehen, daß er eine Funktion als ein Gesetz definiert, das jedem eine reelle Zahl definierendem Gesetz ein zweites eine reelle Zahl definierendes Gesetz zuordnet. Es läßt sich aber leicht einsehen, daß auch folgende weniger enge, dem Funktionsbegriff der an-sich-Auffassung näher kommende Fassung durchaus noch mit der konstruktiven Grundthese vereinbar ist:

Man geht nicht von dem Begriff der durch ein Gesetz gegebenen einzelnen reellen Zahl aus, sondern wieder von dem Intervallteilungsverfahren, indem man nämlich eine Funktion als ein *Gesetz* definiert, das folgendes leistet: Wenn man *irgendwie* eine Folge von Intervallen der oben beschriebenen Art auszuwählen beginnt, so wird einem gewissen endlichen Anfangsstück dieser Folge durch das Funktionsgesetz ein erstes Intervall des „Funktionswertes" zugeordnet, nach

---

[12] Vgl. H. Weyl, Über die neue Grundlagenkrise der Mathematik. *Math. Z.* 10 (1921), S. 39–79.

[13] Vgl. Anm. 7.

[14] L. E. J. Brouwer, Beweis, daß jede volle Funktion gleichmäßig stetig ist. *Proc. Akad. Wet.* 27 (1924), S. 189–193 und S. 644–646, Amsterdam.

Fortsetzung der Folge bis zu einer gewissen weiteren Stelle ein *zweites* solches Intervall, usf. Die zugeordneten Intervalle sollen also wiederum eine „Intervallschachtelung" bilden. – *Kurz gesagt*: Es soll jeweils eine gewünschte endliche Anzahl von Anfangsstellen des *Funktionswertes* aus einer hinreichend großen Anzahl von Anfangsstellen des *Argumentwertes* nach dem Funktionsgesetz berechenbar sein.

Daß dieser Funktionsbegriff immer noch wesentlich enger ist als der an-sich-Begriff, erkennt man schon aus dem leicht ersichtlichen Umstand, daß eine solche „Funktion" stets eine *stetige* Funktion ist. *Brouwer* beweist überdies die *gleichmäßige Stetigkeit* dieser Funktionen, wobei er einen für einen Konstruktivisten ziemlich weitgehenden Gebrauch von der „transfiniten Induktion" macht (vgl. Anm. 14).

Die Argumentwerte bei diesem Funktionsbegriff sind nun das, was Brouwer *„freie Wahlfolgen"* nennt, nämlich Folgen von Intervallen, bei denen man jeweils das nächstfolgende Intervall – innerhalb der durch die Grundbedingungen für Intervallschachtelungen gegebenen Beschränkungen – *frei wählen* kann.

Auch bei diesem Zahlbegriff kommt es darauf an, ihn mit Vorsicht zu gebrauchen; er hat eigentlich keinen selbstständigen Sinn, sondern nur einen Sinn in passendem Zusammenhang. Denn die *vollendete* unendliche Folge ist ja nach wie vor ein sinnloser Begriff; die freie Wahlfolge darf also nur in solchem Zusammenhang gebraucht werden, wo nur von einem endlichen Anfangsstück derselben die Rede ist, oder allenfalls von der *Möglichkeit* beliebig weiter Fortsetzung. Das ist bei der angegebenen Funktionsdefinition der Fall.

Mit diesem *Brouwerschen Funktionsbegriff* kann man nun die in der Analysis meistgebrauchten Funktionen ohne Schwierigkeit auch konstruktivistisch definieren. Denn diese pflegen ja durchaus von der Art zu sein, daß man den Funktionswert bei fortlaufender Einschränkung des Argumentwertes wirklich immer genauer *ausrechnen* kann.

Beträchtliche *Unterschiede* der intuitionistischen Analysis gegenüber der klassischen an-sich-Analysis ergeben sich jedoch beim weiteren Ausbau der Theorie, insbesondere bei den *Existenzsätzen*, wie schon im ersten Paragraphen erwähnt wurde. Denn der Konstruktivist muß die Angabe eines *Berechnungsgesetzes* für die Zahl, deren Existenz behauptet wird, fordern; und das leisten die an-sich-Existenzbeweise häufig nicht.

Die intuitionistische Analysis wird dann viel *komplizierter* als die klassische. Man wird schon bei den vorgeführten Definitionen der Grundbegriffe etwas davon bemerkt haben. Der Konstruktivist braucht z.B. *verschiedene* Begriffe von reellen Zahlen für verschiedene Zwecke, während die an-sich-Auffassung mit einem einzigen, einfachen Begriff auskommt.

Freilich ist wegen der grundsätzlichen Bedenklichkeit der an-sich-Auffassung ein *konstruktiver Widerspruchsfreiheitsbeweis* für die klassische Analysis dringend erwünscht. Ich nehme an, daß dieser durch eine Weiterentwicklung der gleichen Hilfsmittel, die den Widerspruchsfreiheitsbeweis der Zahlentheorie ermöglicht haben, gelingen wird. Man könnte vielleicht meinen, daß durch das *Überabzählbare*, das Kontinuum, eine grundsätzlich neue Schwierigkeit auftritt. Doch läßt sich darauf z.B. entgegnen, daß ja nach dem Skolemschen Relativitätssatz jedes bestimmte formal abgegrenzte System der Analysis – und nur für solche fest umschriebenen Systeme braucht man die Widerspruchsfreiheit zu beweisen – bereits durch ein *abzählbares* Modell erfüllbar ist, so daß das Überabzählbare auch für die Frage der *Widerspruchsfreiheit* als nur scheinbar *herausfällt*.

§4. Möglichkeit der Vereinigung der verschiedenen Standpunkte.

Ich möchte nun die Meinung aussprechen, daß nach dem Gelingen des Widerspruchsfreiheitsbeweises für die Analysis kein wesentliches Hindernis mehr dem entgegenstehen würde, daß sich die Vertreter der verschiedenen Richtungen – also die Konstruktivisten bzw. Intuitionisten einerseits und die *Hilbert*-Anhänger sowie die Vertreter einer reinen an-sich-Auffassung andererseits – auf die *Beibehaltung der klassischen Analysis* in ihrer bisherigen Form *einigen* könnten. Augenblicklich zwar steht es so, daß die radikalen Konstruktivisten dieser Folgerung nicht zustimmen, und hier liegt der eigentliche, grundsätzliche Meinungsunterschied zwischen *Brouwer* und *Hilbert*. Die Intuitionisten erklären nämlich alle Sätze der auf der an-sich-Auffassung des Unendlichen beruhenden Mathematik für *sinnlos*, ihre Schlußweisen für ein leeres Spiel mit Zeichen ohne irgendeine Bedeutung.

In den vorangehenden Paragraphen habe ich verschiedene Umstände erwähnt, welche dieser Ansicht eine gewisse Stütze verleihen. Andrerseits steht ihr aber, um nur *einen* Gesichtspunkt von größtem Gewicht zu nennen, die gewaltige Fülle von erfolgreichen Anwendungen der klassischen Analysis in der *Physik* entgegen. Im folgenden will ich klarzulegen versuchen, wie man, selbst wenn man die konstruktivistische Grundthese anerkennt, doch auch zu einer Bejahung und Weiterführung der an-sich-Analysis gelangen kann.

Hilbert hat selbst den Weg hierzu gewiesen: nämlich die Methode der idealen Elemente[15].

D.h.: Man betrachtet solche Aussagen, in denen vom Unendlichen im Sinne der an-sich-Auffassung die Rede ist, als „ideale Aussagen", als Aussagen, die im Grunde gar nicht das bedeuten, was ihr Wortlaut besagt, die aber zur Abrundung einer Theorie, zur Erleichterung der Beweise und zur bequemeren Formulierung ihrer Ergebnisse von größtem Nutzen sein können. So führt man z.B. in der projektiven Geometrie die *uneigentlichen Punkte* ein und hat damit den Vorteil, daß sich viele Sätze vereinfachen, die sonst mit Ausnahmefällen belastet sind. Allerdings nimmt man dafür in Kauf, daß nun der *Sinn* eines Satzes in manchen Fällen nicht mehr der übliche ist. Man sagt beispielsweise: „Zwei Geraden haben immer einen Punkt gemeinsam." Sind die Geraden aber zufällig parallel, so haben sie eben in Wirklichkeit *keinen* Punkt gemeinsam. Das Verfahren ist unbedenklich, weil man genau festgesetzt hat, was man in solchen Ausnahmefällen unter dem Begriff „Punkt", der jetzt einen *weiteren* Sinn hat, verstehen will.

Oder nehmen wir ein anderes Beispiel, das mir in der Beziehung zur Physik noch deutlichere Analogien zu dem Verhältnis von konstruktivistischer Mathematik und an-sich-Mathematik aufzuweisen scheint:

Ich denke an die gelegentlich angestellten Versuche, eine „natürliche Geometrie" aufzubaucn, d.h. eine Geometrie, die der physikalischen Erfahrung besser

---

[15] Vgl. D. HILBERT, Über das Unendliche. *Math. Ann.* 95 (1926), S. 161–190.

angepaßt ist als etwa die übliche (Euklidische) Geometrie[16]. In jener gilt z.B. der Satz „durch zwei voneinander verschiedene Punkte geht genau eine Gerade" nur dann, wenn die Punkte nicht zu dicht beieinander liegen. Liegen sie nämlich sehr nahe zusammen, so kann man doch offenbar *mehrere* benachbarte Geraden durch beide Punkte ziehen. Der *Zeichner* muß auf solche Verhältnisse Rücksicht nehmen; die *reine Geometrie* jedoch tut das nicht, indem sie die Punkte *idealisiert*. Sie setzt an die Stelle des *ausgedehnten* Punktes der Erfahrung den *idealen* ausdehnungslosen, in der Wirklichkeit nicht vorkommenden „Punkt" der mathematischen Theorie. Und sie tut gut daran, wie der Erfolg zeigt: Es ergibt sich eine mathematische Theorie von einer viel einfacheren und besser abgerundeten Gestalt, als es jene natürliche Geometrie ist, die immerzu mit unangenehmen Ausnahmefällen zu tun hat.

Ganz entsprechend liegen nun die Verhältnisse bei der an-sich-Mathematik und der konstruktivistischen Mathematik: Die an-sich-Mathematik idealisiert beispielsweise den Begriff der „Existenz", indem sie sagt: Eine Zahl *existiert*, wenn sich ihre Existenz beweisen läßt mit Hilfe eines Beweises, in dem das logische Schließen in derselben Weise, wie es für *endliche* Gesamtheiten gültig ist, auf *vollendete unendliche* Gesamtheiten angewandt wird; ganz *als ob* dies wirklich vorhandene Gebilde seien. Damit kommen diesem Existenzbegriff die Vorteile und die Nachteile eines idealen Elements zu: der *Vorteil* nämlich, daß eine beträchtliche Vereinfachung und Abrundung der Theorie erreicht wird – denn die intuitionistischen Existenzbeweise sind, wie erwähnt, meist sehr kompliziert und mit unangenehmen Ausnahmefällen behaftet –, der *Nachteil* dagegen, daß dieser ideale Existenzbegriff nicht mehr in gleichem Maße auf die physikalische Wirklichkeit anwendbar ist wie etwa der konstruktive Existenzbegriff.

Betrachten wir als *Beispiel* die Gleichung $a \times x = b$, in reellen Zahlen. Nach der an-sich-Auffassung heißt es einfach: Die Gleichung hat eine Wurzel, sofern a nicht gleich 0 ist. Der Intuitionist dagegen sagt: Die Gleichung hat eine Wurzel, wenn ich festgestellt habe, daß a von 0 verschieden ist. Es kann aber sein, daß aus der Art der Gegebenheit von a nicht ersehen werden kann, daß a gleich 0 ist, und auch nicht, daß a von 0 verschieden sei. In diesem Falle bleibt die Frage der Wurzelexistenz offen. – Man kann wohl zugeben, daß diese Auffassung der Lage des *Physikers* mehr entspricht, der den Koeffizienten a etwa aus einem *Experiment* zu bestimmen hat, das nicht genau genug ist, um einen Abstand zwischen a und 0 mit Sicherheit festzustellen.

Man könnte nun einwenden: Was nützen uns schön abgerundete Lehrgebäude, besonders *einfache* Sätze, wenn sie nicht ihrem wörtlichen Sinn gemäß auf die physikalische Wirklichkeit anwendbar sind? Sollte man dann nicht ein Verfahren vorziehen, das *mühsamer* ist und *kompliziertere* Ergebnisse zeitigt, das aber den Vorzug hat, daß diese Ergebnisse unmittelbare Wirklichkeitsbedeutung besitzen? Die Antwort gibt uns der *Erfolg* des ersteren Verfahrens; man denke nur wieder an das Beispiel der Geometrie. Die großen Leistungen der Mathematik für die Förderung der physikalischen Erkenntnis beruhen geradezu auf dieser Methode, das physikalisch Gegebene zu *idealisieren* und sich dadurch dessen

---

[16] Vgl. J. HJELMSLEV, Die natürliche Geometrie. *Hamb. Math. Einzelschriften* 1 (1923); auch: *Abhandl. Math. Sem.* 2 (1923), S. 1–36, Hamburg.

Untersuchung zu *vereinfachen*. Freilich muß man dann bei der Anwendung der allgemeinen Ergebnisse auf der Wirklichkeit sich der durch die Idealisierung bedingten Unterschiede bewußt sein und eine entsprechende *Übersetzung* vornehmen. Die *angewandte Mathematik* hat hier ihr Tätigkeitsfeld.

Zum Vergleich zitiere ich Worte von *Heyting* und *Weyl*:

Der Intuitionist *Heyting* sagt an einer Stelle[17]:

„Vom formalistischen Standpunkt aus kann als Ziel der Physik die Beherrschung der Natur hervorgehoben werden. Wenn dieses Ziel mittels der formalen Methoden" – d.h. der an-sich-Mathematik – „erreicht wird, ist kein Argument gegen sie stichhaltig".

Weyl formuliert als seine Position in dem Streit zwischen *Brouwer* und *Hilbert*[18]:

„Nimmt man die Mathematik für sich allein, so beschränke man sich mit *Brouwer* auf die einsichtigen Wahrheiten, in die das Unendliche nur als ein offenes Feld von Möglichkeiten eingeht; es ist kein Motiv erfindbar, das darüber hinausdrängt. In der Naturwissenschaft aber berühren wir eine Sphäre, die der schauenden Evidenz sowieso undurchdringlich ist; hier wird Erkenntnis notwendig zu symbolischer Gestaltung, und es ist darum, wenn die Mathematik durch die Physik in den Prozeß der theoretischen Weltkonstruktion mit hineingenommen wird, auch nicht mehr nötig, daß das Mathematische sich daraus als ein besonderer Bezirk des anschaulich Gewissen isolieren lasse: auf dieser höheren Warte, von der aus die ganze Wissenschaft als eine Einheit erscheint, gebe ich *Hilbert* recht."

Ich habe den Eindruck, daß gewisse *intuitionistische* Grundbegriffe, z.B. der Begriff der Existenz oder der Begriff der reellen Zahl, streng genommen auch schon „ideale Elemente" sind. Doch mag das strittig bleiben; es ist schwierig zu diskutieren und nicht so wichtig. Jedenfalls würde das nicht bedeuten, daß auch die Anwendung solcher Begriffe eines *Widerspruchsfreiheitsbeweises* bedürfte; man wendet sie ja nur so an, daß man sich ihres genauen konstruktiven Sinnes stets bewußt bleibt (vgl. §3). Ebenso steht es in der projektiven Geometrie mit den „uneigentlichen Punkten"; *anders* jedoch ist es mit den idealen Begriffen der an-sich-Mathematik, welche – vom konstruktiven Standpunkt gesehen – gar keinen durch sie umschriebenen „sinnvollen" Inhalt haben, jedoch so angewandt werden, *als ob* sie einen ihrem Wortlaut entsprechenden Sinn besäßen.

Wenn nun einerseits die an-sich-Mathematik auch für den Konstruktivisten eine Rechtfertigung erhält, so sollte doch andrerseits in der Mathematik mehr als bisher auch dem *konstruktiven Standpunkt* ein Platz eingeräumt werden. In der Grundlagenforschung ist es bereits üblich, die Beweise möglichst auf konstruktivem Wege zu führen, nicht nur wegen der größeren Unbedenklichkeit – auf die man nicht immer angewiesen wäre –, sondern auch wegen des größeren sachlichen Gehalts der Ergebnisse. Denn es ist klar, daß ein *konstruktiver* Existenzbeweis *mehr* bedeutet als ein indirekter an-sich-Beweis. Vor allem in der reinen *Zahlentheorie*, überhaupt in allen Theorien, die nur mit *endlich* bezeichenbaren Gegenständen zu tun haben, ist es naturgemäß, den konstruktiven Standpunkt

---

¹⁷ In der in Anm. 3 zitierten Schrift, S. 68.

¹⁸ H. WEYL, Die Stufen des Unendlichen, Jena 1931, S. 17.

zugrunde zu legen[19]. Das hat man auch von jeher ganz von selbst getan; das ganz
naive Schließen, bei dem man sich gar keine besonderen Gedanken über die
Beweismethoden macht, ist von Natur zunächst *konstruktiv*, d.h. es scheut das
„Unendliche". Überdies bringt in diesen Gebieten die Anwendung von transfiniten an-sich-Schlußweisen praktisch noch kaum einen Nutzen. Anders im Reiche
des *Kontinuums*, in der *Analysis* und *Geometrie*: hier feiert die an-sich-
Auffassung ihre Triumphe; hier ist ihr die konstruktive Auffassung praktisch un-
terlegen.

Abschließend läßt sich somit sagen: Die *konstruktivistische* („intuitionistische", „finite") Mathematik stellt durch ihre große Evidenz und die besondere
Bedeutung ihrer Ergebnisse innerhalb der Gesamtmathematik einen *wichtigen
Bereich* dar. Zu einer radikalen Ablehnung der auf der an-sich-Auffassung beruhenden Teile der Analysis liegen aber keine zwingenden Gründe vor; im Gegenteil kommt dieser eine *große eigene Bedeutung*, vor allem im Hinblick auf die
physikalischen Anwendungen, zu.

Ob man schließlich das Kontinuum als eine bloße *Fiktion*, als ideales Gebilde, ansehen will, oder ob man doch im Sinne der an-sich-Auffassung darauf bestehen will, daß es eine *Realität* unabhängig von unseren Konstruktionsmitteln
besitzt, das ist dann eine rein theoretische Frage, deren Entscheidung Geschmackssache bleiben mag; für die mathematische *Praxis* hat sie kaum mehr eine Bedeutung.

---

[19] Vgl. auch das Vorwort zur 2. Aufl. des 1. Teils des Buches von VAN DER WAERDEN: „Moderne
Algebra".

Bilder von Gerhard Gentzen

Die Familie Gentzen–Bilharz
im August 1911:
Alfons Bilharz (links),
Gerhard Gentzen (zwischen
den Knien des Großvaters),
Großmutter Bilharz mit
Enkelin Waltraut (rechts),
Melanie Gentzen, geb.
Bilharz und Hans Gentzen
(stehend)

Gerhard Gentzen und Waltraut Gentzen
1914

Die Familie Gentzen im Sommer 1919: Großeltern Gentzen (sitzend), Gerhard (Mitte, stehend), Mutter Melanie (links, stehend, in schwarz), Waltraut (rechts)

Haus Gentzen, Bergen, Billrothstr. 16, Rügen (1912)

Gerhard Gentzen
(1924 oder 1925)

Gerhard und Waltraut Gentzen (1924 oder 1925)

Abitur Ostern 1928: Gerhard Gentzen, Zweiter von rechts, vorne sitzend

Hintere Reihe:
1. Heydemann   Heinrich   lebt in Hagen bei Bremerhaven
2. Schwerin   Burghart   lebt in Schwarzenbeck
3. Hartmann   Karl-Ulrich   † 12.1941
4. Böttiger   Julius   ?
5. Castendyk   Johannes   ?
6. Arndt   Heinz   lebt in Hamburg
7. Bartels   Traugott   ?
8. Marbach   Karl   lebt in Kiel
9. Freese   Harald   † 26.1.1970
10. Wilke   Günter   lebt in Wolgast
11. Kalisch   Hans-Dietrich   † 15.7.1984

Vordere Reihe:
1. Wille   Karl-Heinz   † 15.7.1984
2. Fischer   Gerhard   † 6.4.1984
3. Dr. Stengel Heinrich   Studiendirektor
4. Gentzen   Gerhard   † 4.8.1946
5. Vosberg   Joachim   lebt in Lübeck

Gerhard Gentzen,
Weihnachten 1928

Gerhard Gentzen mit Mutter Melanie am Bahnhof Possenhofen auf Rügen im Jahre 1930

Saunders McLane, aufgenommen 1931, kurz vor der Abreise nach Göttingen

Professor Dr.
Hellmuth Kneser

Ludwig Bieberbach, ca. 1935
im Garten seines Hauses in
Berlin-Dahlem

Gerhard Gentzen erholt sich von seiner Assistententätigkeit (ca. 1935/36)

Gerhard Gentzen, Erna
Scholz und Heinrich Scholz
1937 auf den Treppen der
Sorbonne anläßlich des
Descartes-Kongresses.
Ob Gentzen auch Brouwer
getroffen hat, der mit
H. Scholz befreundet war?

Gerhard Gentzen (Mitte)
beim Flugmeldedienst
Braunschweig (um 1940/41)

Gefreiter Gerhard Gentzen, Dritter von links (um 1940/41)

Gerhard Gentzen (Dritter v. l.) beim Flugmeldedienst Braunschweig (um 1940/41)

Gerhard Gentzen, Liegnitz
1943

Gerhard Gentzen mit seiner
Schwester Waltraut Student
geb. Gentzen, und deren
Kindern Barbara und
Hans-Lothar, Liegnitz 1943

Dr. Paul Armsen mit seiner Frau Hella und dem Trauzeugen Gerhard Gentzen am 21.2.1945
vor dem Standesamt Prag nach der Trauung

Göttingen, 12. IX. 44.

Sehr geehrter Herr Lorenzen!

Ihren Versuch zum Wf.-beweis habe ich durchgesehen, nicht bis ins einzelne, dazu fehlt es mir an Zeit. Aber soviel kann ich auch so sagen: So einfach lässt sich die Wf. der Zahlentheorie bestimmt nicht beweisen. Erlauben Sie mir, dass ich Ihnen einen gut gemeinten Rat gebe: Fangen Sie nicht mit so schwierigen Problemen an, sondern beginnen Sie etwa mit dem Aussagenkalkül, wie ich es auch getan habe; dieser ist gerade zum Üben im Selbstdenken, und Vertrautwerden mit den logischen Begriffen, sehr geeignet. Der Weg in die Prädikatenlogik ist wesentlich steiniger! Ein paar hübsche Probleme sind zum Beispiel: Ein Beweis der Vollständigkeit meiner „Struktur"abschlussregeln, oder: Ein handliches Entscheidungsverfahren für die intuitionistische Aussagenlogik anzugeben. Mit den besten Grüssen

Ihr G. Gentzen

Gerhard Gentzen 1945

Bildmaterial: Archiv Menzler-Trott

Literatur

Hier ist nur die allgemein wichtige und interessierende Literatur zusammengestellt. Spezielle Literatur findet sich jeweils am thematischen Ort.

Abkürzungen

Zbl = Zentralblatt für Mathematik

JFM = Jahrbuch über die Fortschritte in der Mathematik

JDMV = Jahresberichte der Deutschen Mathematiker-Vereinigung

A

ACKERMANN, HANS RICHARD: Aus dem Briefwechsel Wilhelm Ackermann, in: *History and Philosophy of Logic*, 4 (1983), S. 181–202.

ACKERMANN, WILHELM: Rezension zu „Neue Fassung des Widerspruchsfreiheitsbeweises für die reine Zahlentheorie (Gentzen G.)" *Jahresberichte über die Fortschritte in der Mathematik*, 64/2 (1939), S. 26f.

ACKERMANN, WILHELM: Rezension, zu „Was will die formalisierte Grundlagenforschung? (H. Scholz)", in: *Zbl* 28 (1943), S. 101f.

ACKERMANN, WILHELM: Rezension zu „Beweisbarkeit und Unbeweisbarkeit von Anfangsfällen der transfiniten Induktion in der reinen Zahlentheorie (Gentzen G.)", in: *Zbl*. 28 (1943), S. 102.

ACKERMANN, WILHELM: in: *JFM* 67 (1941), S. 30, Berlin: de Gruyter 1943.

AHRENDS, E.: Rezension zu „Geschichte der Logik (H. Scholz)", in: *JDMV* 42 (1933), S. 136.

ALBRECHT, CLEMENS: „Zur soziologischen Vergangenheitsbewältigung", in: *Soziologie. Mitteilungsblatt der Deutschen Gesellschaft für Soziologie*, Heft 1, Opladen: Verlag Leske und Budrich 1998.

ALBRECHT, HELMUTH (Hrsg.): Naturwissenschaft und Technik in der Geschichte. Stuttgart: GNT-Verlag 1993.

ALY, GÖTZ; HEIM, SUSANNE: Vordenker der Vernichtung. Ausschwitz und die Deutschen Pläne für eine neue europäische Ordnung. Kapitel 5, Hamburg: Rowohlt 1991.

ALY, GÖTZ: „Endlösung". Frankfurt am Main: Fischer Verlag 1995.

ASTA der Goethe-Universität Frankfurt am Main (Hrsg.): Die braune Machtergreifung: Universität Frankfurt 1930–1945. Frankfurt am Main: 1989.

B

BACHÉR: Naturerkenntnis und ihre Auswirkung auf das tätige Leben, S. 103–117, in: Werden und Wachsen des Deutschen Volkes. NSD-Dozentenbund Gau Berlin (Hrsg.), Berlin 1938.

BACHMANN, FRIEDRICH: Untersuchungen zur Grundlegung der Arithmetik mit besonderer Beziehung auf Dedekind, Frege und Russell. Dissertation, Münster 1934.

BACHMANN, FRIEDRICH: Rezension zum „Unendlichkeitsbegriffs in der Mathematik (Gerhard Gentzen)", in: *JFM* (1936), Berlin: de Gruyter 1938.

BACHMANN, FRIEDRICH: Rezension der „Widerspruchfreiheit der Stufenlogik" (Gerhard Gentzen), in: *Mathematische Zeitschrift* 41, Nr. 3, S. 357–366.

BAEUMLER, ALFRED: Philosophie, in: Deutsche Wissenschaft. Arbeit und Aufgabe. Leipzig: S. Hirzel Verlag 1939.

BAMM, PETER: Eines Menschen Zeit. München: Droemer-Knaur 1972.

BAUER, F. L.: Entzifferte Geheimnisse. Methoden und Maximen der Kryptologie. 2. erw. Auflage. Berlin: J. Springer 1997.

BÄUMER, ÄNNE: NS-Biologie. Stuttgart: S. Hirzel Verlag 1990.

BAVINK, BERNHARD: Ergebnisse und Probleme der Naturwissenschaften, 8. Auflage 1944 (Erstauflage 1914). Leipzig: S. Hirzel.

BECKER, AUGUST (Hrsg.): Naturforschung im Aufbruch. Reden und Vorträge zur Einweihungsfeier des Philipp Lenard-Institutes der Universität Heidelberg am 13. und 14. Dezember 1935. München: J. F. Lehmanns Verlag 1936.

BECKER, JOSEF UND RUTH (Hrsg.): Hitlers Machtergreifung 1933. Dokumente vom Machtantritt Hitlers. München: dtv 1983.

BECKER, OSKAR: Mathematische Existenz. Untersuchungen zur Logik und Ontologie mathematischer Phänomene, Halle: Niemeyer 1927.

BECKER, OSKAR: „Nordische Metaphysik", in: *Rasse*. Monatszeitschrift der nordischen Bewegung 5 (1938).

BECKER, OSKAR: Größe und Grenze der mathematischen Denkweise. Freiburg: Karl Alber, o.J.

BEHMANN, HEINRICH: Beiträge zur Algebra der Logik und zum Entscheidungsproblem, in: *Math. Ann.* 86 (1922), S. 163–229.

BEHMANN, HEINRICH: Zu den Widersprüchen der Logik und der Mengenlehre, in: *JDMV* 40 (1931), S. 37–48.

BEHNKE, HEINRICH: Semesterberichte. Göttingen: Vandenhoeck & Ruprecht 1978.

BENACERRAF, PAUL; PUTNAM, HILARY (eds.): Philosophy of Mathematics. Selected Readings. New Jersey: Prentice Hall 1964.

BERGER, FRANZ: „Die Künstler" von Friedrich Schiller. Entstehungsgeschichte und Interpretation. Zürich: Juris-Verlag 1964.

BERKA, KAREL; KREISER, LOTHAR (Hrsg.): Logik-Texte. Kommentierte Auswahl zur Geschichte der modernen Logik. Berlin: Akademie Verlag 1986.

BERNAYS, PAUL: „Quelques Points essentiels de la métamathématique". in: *Enseignement Math.* 34 (1935), S.70–95.

BERNAYS, PAUL: Logical Calculus (1935-1936). Institute for Advanced Study, 125 pp.

BERNAYS, PAUL: Rezension, zu „Was will die formalisierte Grundlagenforschung? (H. Scholz)", in: *Journal of Symbolic Logic* 1 (1944).

BERNAYS, PAUL: Besprechung von Gerhard Gentzen, Die Widerspruchsfreiheit der reinen Zahlentheorie, in: *Journal of Symbolic Logic* 1 (1944), No. 2, S. 75.

BERNAYS, PAUL: Rezension zur Habilitationsschrift Gentzens, in: *Journal of Symbolic Logic* 1 (1944).

BEST, WERNER: Grundfragen der Großraum-Verwaltung. S. 33–60, in: Festgabe für Heinrich Himmler. 2. Auflage 1941.

BETSCH, CHRISTIAN: Fiktionen in der Mathematik. Stuttgart: Fr. Frommanns Verlag 1926.

BIEBERBACH, LUDWIG: Vortrag in der 36. Hauptversammlung der Mathematiker und Naturwissenschaftler, 2.-7. April 1934 in Berlin, in: *Unterrichtsblättern für Mathematik und Naturwissenschaften* 40 (1934), S. 236–243.

BIEBERBACH, LUDWIG: Persönlichkeitsstruktur und mathematisches Schaffen, in: *Unterrichtsblättern für Mathematik und Naturwissenschaften* (1934).

BIEBERBACH, LUDWIG: Die Kunst des Zitierens. Ein offener Brief an Harald Bohr in Kobenhavn., *JDMV* 34 (1934), 2. Abt. 1-3.

BIEBERBACH, LUDWIG: Stilarbeiten mathematischen Schaffens, S. 358 f., in: Sitzungsberichte der Preußischen Akademie der Wissenschaften, Physikalisch-mathematische Klasse, Berlin: 1934.

BIEBERBACH, LUDWIG: Über den Einfluß von Hilberts Pariser Vortrag über „Mathematische Probleme" auf die Entwicklung der Mathematik, in: *Naturwissenschaften* 18 (1930), S. 1101-1111.

BIEBERBACH, LUDWIG: Die Unternehmungen der Mathematisch-Naturwissenschaftlichen Klasse, S. 23-29, in: Wesen und Aufgaben der Akademie. Vier Vorträge von Th. Vahlen, E. Heymann, L. Bieberbach und H. Grapow. Preussische Akademie der Wissenschaften. Vorträge und Schriften. Heft 1. Berlin: Walter de Gruyter & Co. 1940.

BILHARZ, ALFONS: Der heliocentrische Standpunct der Weltbetrachtung. Grundlegungen zu einer wirklichen Naturphilosophie. J. G. Cotta: Stuttgart 1879.

BILHARZ, ALFONS: Über die Natur und Einteilung der Geisteskrankheiten. Sigmaringen 1897.

BILHARZ, ALFONS: Die Lehre vom Leben. Wiesbaden: J. Bergmann 1902.

BILHARZ, ALFONS: Pathographie und kritisches Denken, 1909.

BILHARZ, ALFONS: Philosophie als Universalwissenschaft. Deduktorisch dargestellt. Wiesbaden 1912.

BILHARZ, ALFONS: Die Philosophie der Gegenwart in Selbstdarstellungen. Schmidt Raymund (Hrg.), Bd. 5. Leipzig: Felix Meiner 1924.

BLEGVAD, MOGENS: Vienna, Warsaw, Copenhagen, S. 1-8, in: Klemens Szaniawski (ed.): The Vienna Circle and the Lvov-Warsaw School. Dordrecht: Kluwer 1989.

BOCHENSKI, JOSEPH M.: The Cracow Circle, S. 9-18, in: Klemens Szaniawski (ed.): The Vienna Circle and the Lvov-Warsaw School. Dordrecht: Kluwer 1989.

BÖHME, GERNOT: „Was ich nicht erforschen durfte", in: *gegenworte* (2000), Heft 5. Berlin.

BOLLMUS, REINHARD: Das Amt Rosenberg und seine Gegner. Studien zum Machtkampf im nationalsozialistischen Herrschaftssystem. Stuttgart 1974.

BORN, HANSPETER: Die Erinnerung an Wernher von Brauns V 2 bewegt die Deutschen, in: *Die Weltwoche* (Zürich) Nr. 41 (8.10.1992) S. 5 und 7; Udo Breger: „Mittelwerk", das Rattenloch der Raumfahrtpioniere, in: *Die Weltwoche* (Zürich), Nr. 14 (2.04.1992), S. 35.

BORNEMANN, MANFRED: Geheimprojekt Mittelbau. Vom zentralen Öllager des Deutschen Reiches zur größten Raketenfabrik im Zweiten Weltkrieg. 2. Völlig neu bearbeitete und erweiterte Auflage. Bonn: Bernard & Graefe Verlag 1994.

BRACHER, K. D.: Die deutsche Diktatur. Entstehung, Struktur, Folgen des Nationalsozialismus. Köln: Kiepenheuer & Witsch 1976, 5.Auflage.

BRACHER, K. D.; SAUER, W.; SCHULZE, G.: Die nationalsozialistische Machtergreifung. Köln/Opladen: 1960.

BRAUN, HEL: Eine Frau und die Mathematik 1933-40. M. Koecher (Hrsg.), Springer Verlag 1990.

BREGER, HERBERT: A restoration that failed: Paul Finsler's theory of sets, S. 249–264, in: Donald Gillies (ed.): Revolution in Mathematics. Oxford: Oxford Science Publications 1992.

BREMER, RAINER (Hrsg.): Naturwissenschaft im NS-Staat. Marburg: Redaktionsgemeinschaft Soznat 1983.

BROSZAT, MARTIN: Das weltanschauliche und gesellschaftliche Kräftefeld, S. 95–107, in: Martin Broszat, Norbert Frei (Hrsg.): Das Dritte Reich im Überblick. München: Piper Verlag 1989.

BROUWER, LUITZEN E. J.: Über die Bedeutung des Satzes vom ausgeschlossenen Dritten in der Mathematik, insbesondere in der Funktionentheorie, in: *Journal für reine und abgewandte Mathematik* 154 (1925).

BRY, CHRISTIAN: Verkappte Religionen, 1924.

BURKAMP, WILHELM: Wirklichkeit und Sinn, Berlin: Junker und Dünnhaupt Verlag 1938, 2 Bände.

C

CALINGER, RICHARD: A Contextual History of Mathematics to Euler. New Jersey: Prentice Hall 1999.

CARROLL, LEWIS: Das Spiel der Logik, Köln: Tropen Verlag 1988.

CASPAR, MAX: Kopernikus und Kepler, München-Berlin 1943.

CAVAILLÈS, JEAN: Philosophie Mathématique. Reihe: Collection Histoire de la pensée, Band VI. Paris: Hermann 1962.

CLAUSS, LUDWIG FERDINAND: Rasse und Seele. Eine Einführung in den Sinn der leiblichen Gestalt, 122. Tausend der Auflage. München: J. F. Lehmanns Verlag 1943.

COLLATZ, LOTHAR: Numerik, S. 269–322, in: Gerd Fischer et al. (Hrsg.): Ein Jahrhundert Mathematik 1890–1990. Wiesbaden: Vieweg 1990.

„COLLATZ, LOTHAR 1910–1990", Hamburger Beiträge zur Angewandten Mathematik, 2. überarbeitete Auflage. Reihe B, Bericht 23, Dezember 1992.

CORSI, G.; DALLA CHIARA, M. L.; GHIRARDI, G. C. (eds.): Bridging the gap: philosophy, mathematics, and physics. Dordrecht: Kluwer.

CORTOIS, PAUL: Paradigm and Thematization, in: Jean Cavaillès Analysis of Mathematical Abstraction, S. 343–350, in: Johannes Czermak (ed.): Philosophy of Mathematics. Wien: Hölder-Pichler-Tempski 1993.

CURRY, HASKELL B.: Foundations of Mathematical Logic. New York: Dover 1977.

D

DALEN, DIRK VAN: Der Grundlagenstreit zwischen Brouwer und Hilbert, S. 207–212, in: E. Eichhorn und E. J. Thiele: Vorlesungen zum Gedenken an Felix Hausdorff. Berlin: Heldermann Verlag 1994.

DALEN, DIRK VAN: Mystic, Geometer, and Intuitionist. The Life of L. E. J. Brouwer. Vol. 1: The Dawning Revolution. Oxford: Clarendon Press 1999.

DAUBEN, J. W.: Abraham Robinson. Princeton UP 1995.

DAWSON, JOHN W. JR.: The Reception of Gödel's Incompleteness Theorems, S. 74–95, in: S. G. Shanker (ed.): Gödel's Theorem in focus. London: Croom Helm 1988.

DAWSON, JOHN W. JR.: Kurt Gödel: Leben und Werk. Reihe Computerkultur, Bd. 11. Wien: Springer Verlag 1999.

DEICHMANN, UTE: Biologen unter Hitler. Portrait einer Wissenschaft im NS-Staat. 2. Auflage. Frankfurt am Main: S. Fischer 1995.

DETJEN, MARION: „Zum Staatsfeind ernannt ...". Widerstand, Resistenz und Verweigerung gegen das NS-Regime in München. Hrsg. von der Landeshauptstadt München, München: Buchendorfer Verlag 1998.

DETLEFSEN, MICHAEL: Philosophy of mathematics in the twentieth century. Routledge History of Philosophy. Vol. IX. London and New York: 1996.

DIEUDONNE, JEAN (Hrsg.): Geschichte der Mathematik 1700–1900. Wiesbaden: Vieweg Verlag 1969.

DINGLER, HUGO: Philosophy of physics, 1850–1950, Nature, vol. 168 (1951).

DITHMAR, REINHARD (Hrsg.): Schule und Unterricht in der Endphase der Weimarer Republik. Neuwied: Luchterhand 1993.

DORNER A. (Hrsg.): Mathematik im Dienste der nationalpolitischen Erziehung, 3. Auflage, Frankfurt/Main: Moritz Diesterweg 1935/36.

DÖRRIE, HEINRICH: Vektoren, München und Berlin: Verlag R. Oldenbourg 1941.

DÖRRIE, HEINRICH: Triumpf der Mathematik, Breslau: F. Hirt 1933.

DRAEGER, MAX: Mathematik und Rasse, in: *Deutsche Mathematik* 6 (1942), S. 566–575.

DUBISLAV, WALTER: Der universale Charakter der Mathematik, in: *Unterrichtsblätter für Mathematik und Naturwissenschaften*, 1935.

E

EBERT, HANS: „Häftlingswissenschaftler" im Einsatz für die SS 1944/45, S. 219–242, in: Heinrich Begehr (Hrsg.): Mathematik in Berlin. Geschichte und Dokumentation. Zweiter Halbband. Reihe: Beiträge aus der Geschichtswissenschaft. Aachen: Shaker Verlag 1998.

EICKEMAYER, MAX: Das Kindertheater. Sein Bau und seine Einrichtung. Esslingen/München: Verlag J. F. Schreiber 1990.

EMGE, C. AUGUST: Diesseits und jenseits des Unrechts. Citra et ultra iniustum. Sonderheft des Archivs für Rechts- und Sozialphilosophie. Berlin: Verlag Albert Limbach 1942.

Encyclopedia Britannica, 1989, 14. Auflage.

ENGELMANN, BERNT: Deutschland ohne Juden. Eine Bilanz. München: Schneekluth Verlag 1970.

ENRIQUES, FEDERIGO: Zur Geschichte der Logik. Grundlagen und Aufbau der Wissenschaften im Urteil der Mathematischen Denker. Deutsch von Ludwig Bieberbach. Leipzig: Teubner 1937.

ERNST, P. (Hrg.): Mathematische Abhandlungen. Heinrich Liebmann zum 60. Geburtstag am 22. Oktober 1934, Heidelberg 1934.

ESSLER, W. K.: Die Entwicklung der Logik in der Bundesrepublik nach dem 2.Weltkrieg, S. 255–264, in: Ruch Filozoficzny: Tom XXXIII, Nr. 3–4, Universität Torun 1974.

EWALD, WILLIAM B.: From Kant to Hilbert. A source book in the Foundations of Mathematics. 2 vols. Oxford: Oxford Science Publications 1996.

F

Faber, Gustav: Schippe, Hacke, Hoi! Erlebnisse, Gestalten, Bilder aus dem freiwilligen Arbeitsdienst. Berlin: Verlag Kulturpolitik 1934.

Fabres, Jean Henri: Der Sternenhimmel. Franckh'sche Verlagshandlung: Stuttgart 1911.

Fahlbusch, Michael: Wissenschaft im Dienst der nationalsozialistischen Politik? Die „Volksdeutschen Forschungsgemeinschaften" von 1931–1945. Baden-Baden: Nomos Verlagsgesellschaft 1999.

Farley, John: Bilharzia. A History of Tropical Medicine. Cambridge University Press 1991.

Fechter, Paul: An der Wende der Zeit. Menschen und Begegnungen. Gütersloh: C. Bertelsmann Verlag 1949.

Feferman, Solomon: Gödel's ‚Dialectica' interpretation and its two-way stretch, S. 209–225, in: derselbe: In the Light of Logic. Oxford University Press 1998.

Ferrières, Gabrielle: Jean Cavaillès. Philosophe et Combattant 1903–1944. Paris: Presses Universitaires de France 1950.

Fichant, Michel: Die Epistemologie in Frankreich, III. Die mathematische Epistemologie: Jean Cavaillès, S. 141–148, in: Francois Chatelet (Hrsg.): Geschichte der Philosophie, Band VIII, Das XX. Jahrhundert. Berlin: Ullstein 1975.

Fichant, Michel: Pecheux Michel, Überlegungen zur Wissenschaftsgeschichte. Frankfurt/Main: Suhrkamp 1977.

Fichte, Johann Gottlieb: Über den Begriff der Wissenschaftslehre. Wilhelm G. Jacobs (Hrsg.). Frankfurt/Main: Deutscher Klassiker Verlag 1997.

Finsler, Paul: Formale Beweise und die Entscheidbarkeit, *Mathematische Zeitschrift* 25 (1926), S. 676–682.

Fischer, H. J.: Völkische Bedingtheit von Mathematik und Naturwissenschaften, S. 422–426, in: *Zeitschrift für die gesamte Naturwissenschaft* 3 (1937/38), S. 424.

Fischer, Ludwig: Die Grundlagen der Philosophie und der Mathematik. Leipzig: Felix Meiner 1933.

Fraenkel, Abraham A.: Lebenskreise. Aus den Erinnerungen eines jüdischen Mathematikers. Stuttgart 1967.

Frank, Walter: Forschung zur Judenfrage, Bd. IV, S. 134–162, 1941.

Frecot, Geist, Kerbs: „Fidus", 2., aktualisierte Auflage 1998, Rogner & Bernhard.

Freudenthal, Hans: Berlin 1923 – 1930. Studienerinnerungen von Hans Freudenthal, S. 113, in: Heinrich Begehr (Hrsg.): Mathematik in Berlin. Geschichte und Dokumentation. 2. Halbband Aachen: Shaker Verlag 1998.

Freytag Löringhoff, Bruno Baron v.: Alfons Bilharz, Neue Deutsche Biographie, Zweiter Band. Berlin: Duncker & Humblot.

G

Gadamer, Hans-Georg: Philosophische Lehrjahre. Frankfurt/Main: Vittorio Klostermann 1977.

Gentzen, Gerhard: Veröffentlichungen vgl. Zeittafel und Listen.

Gentzen, Wilhelm Johann: Ueber die Bewegung eines Punktes auf einer gemeinen Kettenlinie, Stralsund: Druck der königlichen Regierungs-Buchdruckerei 1872.

GEORGE, ALEXANDER (ed.): Mathematics and Mind. Oxford: Oxford Univeristy Press 1994.

GEPPERT, HARALD; KOLLER, SIEGFRIED: Erbmathematik. Theorie der Vererbung in Bevölkerung und Sippe. Leipzig: Quelle & Mayer 1938.

GERICKE, H.: Wilhelm Süss, in: *JDMV* 69 (1968), S. 161–183.

GERICKE, HELMUTH: Aus der Chronik der Deutschen Mathematiker-Vereinigung, in: *JDMV* 68 (1966), S. 46 (2)–74 (30).

GERSTENGARBE, SYBILLE: Die erste Entlassungswelle von Hochschullehrern deutscher Hochschulen, in: *Berichte zur Wissenschaftsgeschichte* 17 (1994).

GLAGOW-SCHICHA, LISA: Die Mathematikerin Emmy Noether (1882–1935), in: *Koryphäe* (1992), Nr. 12.

GÖDEL, KURT: Die Vermeidbarkeit allzu hoher Variablentypen in der Definition von konstruierbaren Mengen, in: Collected Works, Band III.

GÖDEL, KURT: Zur intuitionistischer Arithmetik und Zahlentheorie, in: Ergebnisse eines mathematischen Kolloquiums, IV (1933), S. 34–38.

GOEBBELS, JOSEPH: Wesen und Gestalt des Nationalsozialismus, in: *Schriften der Deutschen Hochschule für Politik* (1935), Heft 3, Berlin.

GOODSTEIN, DAVID L.; GOODSTEIN, JUDITH R.: Feynmans verschollene Vorlesung „Die Bewegung der Planeten um die Sonne". München: Piper Verlag 1998.

GÖRTLER, HELMUT: Ludwig Prandtl, in: *Zeitschr. für Flugwissenschaften* 23 (1975), Heft 5, S. 158.

GÖTZE, ALFRED: Anfänge einer mathematischen Fachsprache in Keplers Deutsch, in: *Germanische Studien*, hrsg.von E. Ebering, Heft 1. Berlin: E. Ebering 1919.

GRATTAN-GUINNESS, IVOR: The Rediscovery of the Cantor-Dedekind Correspondence, in: *JDMV* 76 (1974) S. 104–139.

GRATTAN-GUINNESS, IVOR (ed.): Companion Encyclopedia of the History and Philosophy of the Mathematical Sciences. 2 vols. London: Routledge 1994.

GRATTAN-GUINNESS, IVOR: The Search for Mathematical Roots 1870–1940. Logics, Set Theories and the Foundations of Mathematics from Cantor through Gödel. Princeton: Princeton Unversity Press 2000.

GREENWOOD, THOMAS; BIRKHOFF, GEORGE D.: Intuition, reason and faith in science, in: *Science* 88 (1938), S. 601–609.

GRIMM, FRIEDRICH: Mit offenem Visier. Aus den Lebenserinnerungen eines deutschen Rechtsanwalts. Leoni: Druffel Verlag 1961.

GROSS WALTER: Nationalsozialismus und Wissenschaft. Kriegsvorträge der Rheinischen Friedrich-Wilhelm-Universität Bonn am Rhein, Heft 158, Bonn: 1944.

GRÜNFELD, ERNST: Die Peripheren. Ein Kapitel Soziologie. Amsterdam: N.V. Noord-Hollandsche Uitgevers Mij 1939.

GRUNSKY, H.: Ludwig Bieberbach zum Gedächtnis, in: *JDMV* 88 (1986), S. 190–205.

GRÜTTNER, MICHAEL: Eintrag „Wissenschaft", S. 135–153, in: Wolfgang Benz et al. (Hrsg.): Enzyklopädie des Nationalsozialismus. München: dtv 1997.

GUILLAUME, MARCEL: Axiomatik und Logik, S. 748–882, in: Jean Dieudonné (Hrsg.): Geschichte der Mathematik 1700–1900. Berlin: VEB Deutscher Verlag der Wissenschaften 1985.

GUILLAUME, MARCEL: La Logique Mathématique en sa jeunesse. Essai sur l'Histoire de la Logique durant la première moitié du vingtième siècle, S. 185–367, in: Jean-Paul Pier (Ed.): Development of Mathematics 1900–1950. Basel: Birkhäuser 1994.

H

HAAS, GERRIT; STEMMLER, ELKE: Der Nachlaß Heinrich Behmanns (1891–1970). Gesamtverzeichnis. Heft 1 (42 S.) der Aachener Schriften zur Wissenschaftstheorie, Logik und Logikgeschichte, Aachen: Juli 1981.

HACHMEISTER, LUTZ: Der Gegnerforscher. Die Karriere des SS-Führers Franz Alfred Six. München: Verlag C.H.Beck 1988.

HALLER, RUDOLF: Neopositivismus. Eine historische Einführung in die Philosophie des Wiener Kreises. Darmstadt: Wissenschaftliche Buchgesellschaft 1993.

HAMEL, GEORG: Über die Philosophische Stellung der Mathematik. Akademische Schriftenreihe der Technischen Hochschule Charlottenburg, Heft 1, hrsg. von der Gesellschaft von Freunden der Technischen Hochschule Berlin 1928.

HAMEL, GEORG: Die Mathematik im Dritten Reich, in: *Unterrichtsblättern für Mathematik und Naturwissenschaften* 39 (1933).

HAMMER, FRANZ: Kepler, Stuttgart 1943.

HAMMERSTEIN, NOTKER: Die Deutsche Forschungsgemeinschaft in der Weimarer Republik und im Dritten Reich. Wissenschaftspolitik in Republik und Diktatur. München: C.H.Beck 1999.

HANSEN, FRIEDRICH: Biologische Kriegsführung im Dritten Reich. Frankfurt am Main: Campus Verlag 1993.

HART, W. D.: The philosophy of mathematics. Oxford: Oxford University Press 1996

HARTMANN, HANS: Denkendes Europa. Ein Gang durch die Philosophie der Gegenwart. Berlin: Batschari-Verlag 1936.

HASSE, HELMUT: Scholz Heinrich, Die Grundlagenkrisis der Griechen, Metzner 1928.

HASSE, HELMUT: Mathematik als Wissenschaft, Kunst und Macht. Wiesbaden: Verlag für angewandte Wissenschaft 1952.

HAUSMANN, FRANK-RUTGER: „Deutsche Geisteswissenschaft" im Zweiten Weltkrieg. Die „Aktion Ritterbusch"(1940–1945). Dresden: Dresden University Press 1998.

HEIBER, HELMUT: Der Professor im Dritten Reich, S. 362. München: K.G. Saur 1991.

HEIBER, HELMUT: Universität unterm Hakenkreuz, München: K.G. Saur 1991.

HEIJENOORT, JEAN VAN: From Frege to Gödel. A source book in Mathematical Logic, 1879–1931. Harvard: Harvard University Press 1967.

HERBRAND, JAQUES: Recherches sur la théorie de la démonstration, in: Logical writings by J. Herbrand, ed. by W. D. Goldfarb. Harvard University Press, Cambridge, MA 1971.

HERMES, HANS: Eine Axiomatisierung der allgemeinen Mechanik, in: *Forschungen zur Logik und zur Grundlegung der exacten Wissenschaften* (1938), Heft 3, S. 120–122, Leipzig.

HERMES, HANS: Logistik in Münster um die Mitte der Dreissiger Jahre, S. 41–52, in: Logik und Grundlagenforschung. Festkolloquium zum 100. Geburtstag von Heinrich Scholz. Münster: Aschendorffsche Verlagsbuchhandlung 1986.

HESSE, MARY: Reasons and Evaluation in the History of Science, S. 127–147, in: Mikulás Teich and Robert Young (eds.): Changing Perspectives in the History of Science. Essays in Honour of Joseph Needham. London: Heinemann 1973.

HILBERT, DAVID: Natur und mathematisches Erkennen. Vorlesung von Prof. Hilbert, Herbst-Semester 1919, hrsg. von Jörg Brüdern. Mathematisches Institut der Universität Göttingen 1989.

HILBERT, DAVID: Wissen und mathematisches Denken. Vorlesung von Prof. D. Hilbert, WS. 1922/23. Ausgearbeitet von W. Ackermann, hrsg. von C.-F. Bödigheimer. Mathematisches Institut der Universität Göttingen 1988.

HILBERT, DAVID; ACKERMANN, W.: Grundzüge der theoretischen Logik, 2. Aufl., Berlin: Julius Springer 1938.

HINTIKKA, JAAKKO (ed.): From Dedekind to Gödel. Dordrecht: Kluwer1995.

HITLER, ADOLF: Rede vor der deutschen Presse, in: *Vierteljahreshefte für Zeitgeschichte* (hrsg. von Wilhelm Treue), 6 (1958), Heft 2.

HOCHKIRCHEN, THOMAS: Wahrscheinlichkeitsrechnung im Spannungsfeld von Maß- und Häufigkeitstheorie – Leben und Werk des „Deutschen" Mathematikers Erhard Tornier, in: *NTM* 6 (1998), S. 22–41, und Leserzuschrift in: *NTM* 6 (1998), S. 257.

HOFER, HANS KARL: Deutsche Mathematik. Versuch einer Begriffserklärung. Dissertation. Wien 1987 (Katalogisiert in der Österreichischen Nationalbibliothek, Wien: 1,270.442-C).

HOJER, ERNST: Nationalsozialismus und Pädagogik. Umfeld und Entwicklung der Pädagogik Ernst Kriecks. Würzburg: Königshausen & Neumann 1997.

HÖNIGSWALD, RICHARD: Philosophie und Kultur, hrsg. von Günter Schaper und Gerd Wolandt. Nachlaß Band 6. Bonn: Bouvier 1967.

HUNT, LINDA: Secret Agenda. The United States Government, Nazi Scientists, and Project Paperclip, 1945 to 1990. New York: St. Martin's Press 1991.

HYRTL, JOSEF: Handbuch der praktischen Zergliederungskunst als Anleitung zu den Sectionsübungen und zur Ausarbeitung anatomischer Präparate. Wien: W. Braumüller 1860.

I

IRVING, DAVID: Die Geheimwaffen des Dritten Reiches. Gütersloh: Sigbert Mohn 1965.

J

JACOBEIT, WOLFGANG (Hrsg.): Völkische Wissenschaft. Wien: Böhlau Verlag 1994.

JAENSCH, ERICH RUDOLF: Wege und Ziele der Psychologie in Deutschland, in: *American Journal of Psychology* (Stanley Hall (Hrsg.)), 1 (1937), No. 1-4, S. 1–22 .

JAENSCH, ERICH RUDOLF, ALHOFF FRITZ: Mathematisches Denken und Seelenform. Vorfragen der Pädagogik und völkischen Neugestaltung des mathematischen Unterrichts, Beiheft 2 zur Zeitschrift für angewandte Psychologie und Charakterkunde. Otto Klemm und Philipp Lersch (Hrsg.), Leipzig: Verlag von Johann Ambrosius Barth 1939.

JASKOWSKI, STANISLAW: On the rules of supposition in formal logic, *Studia Logica* I (1934), S.5–32.

K

KADEN, HELMA (Hrsg.): Die faschistische Okkupationspolitik in Österreich und der Tschechoslowakei (1938–1945). Bonn: Pahl-Rugenstein 1988.

KALMÁR, LÁSZLO: Über die Axiomatisierbarkeit des Aussagenkalküls, S. 222–243, in: *Acta scientiarium mathematicarum* 7 (1935), Szeged.

KALMÁR, LÁSZLÓ: Zielsetzungen, Methoden und Ergebnisse der Hilbertschen Beweistheorie, in: *Zbl* 24, Heft 6, S. 241.

KAMKE, ERICH: Allgemeine Mengenlehre, in: Enzyklopädie der mathematischen Wissenschaften, Bd.1 Algebra und Zahlentheorie, 2. Auflage, hrsg. von H. Hasse und E. Hecke. 1. Teil, A Grundlagen, Heft 2, 1939.

KAMKE, ERICH: Mengenlehre. Sammlung Göschen, Bd. 999.

KAMLAH, ANDREAS: Die philosophiegeschichtliche Bedeutung des Exils nicht-marxistischer Philosophen zur Zeit des Dritten Reiches, (S. 299–312) in: Böhne Edith und Motzkau-Valeton Wolfgang (Hrsg.): Die Künste und die Wissenschaften im Exil 1933–1945. Gerlingen: Verlag Lambert Schneider 1992.

KAMLAH, ANDREAS; DANNEBERG, L. (Hrsg.): Reichenbach und der Berliner Kreis. Wiesbaden: Vieweg 1993.

KAROW, IVONNE: Deutsches Opfer. Kultische Selbstauslöschung auf den Reichsparteitagen der NSDAP. Berlin: Akademie Verlag 1997.

KAUFMANN, DORIS (Hrsg.): Geschichte der Kaiser-Wilhelm-Geselschaft im Nationalsozialismus. Bestandsaufnahme und Perspektiven der Forschung. Band 1. Göttingen: Wallstein Verlag 2001.

KAULBACH, FRIEDRICH: Zur Logik und Kategorienlehre der mathematischen Gegenstände, in: Ludwig J. Pongratz (Hrsg.): Philosophie in Selbstdarstellungen III. Hamburg: Felix Meiner Verlag 1977.

KAYSER, HEINRICH: Erinnerungen aus meinem Leben. Matthias Dörries, Hentschel Klaus (Hrsg.), Reihe Algorismus. Heft 18 (1996). München: Institut für Geschichte der Naturwissenschaften.

KELLY, REECE C.: Die gescheiterte nationalsozialistische Personalpolitik und die mißlungene Entwicklung der nationalsozialistischen Hochschulen, S. 61-76, in: Heinemann (Hrsg.): Erziehung und Schulung im III.Reich, 2. Band, Stuttgart 1980.

KEMPSKI, JÜRGEN V. (Hrsg.): Frege-Studien, Berlin 1941.

KEMPSKI, JÜRGEN V.: Max Bense als Philosoph, in: *Archiv für Philosophie* 4 (1952), Heft 3, S. 270–280, Stuttgart: W. Kohlhammer.

KERR, ALFRED: Briefe aus dem Exil, Alternative 52: Berlin 1967.

KERSTEN, INA, WITT ERNST: in: JDMV 95 (1993), S. 166–180.

KETONEN, OIVA: Untersuchungen zum Prädikatenkalkül, in: *Ann. Acad. Sci. Fennica, Serien A I, Mathem.-phys.*, 23 (1944), Helsinki.

KIRSCHMER, OTTO: Wissenschaft und Staat, Dresden: Verlag B.G.Teubner 1934.

KITCHER, PHILIP: The Nature of Mathematical Knowledge. New York: Oxford University Press 1984.

KLEMPERER, VIKTOR: Tagebuch, Berlin: Aufbau Verlag 1996.

KLEPSCH, THOMAS: Nationalsozialistische Ideologie. Studien zum Nationalsozialismus, Band 2. Münster: LIT-Verlag 1990.

KLINE, MORRIS: Mathematical Thought from Ancient to Modern Times. New York: Oxford University Press 1972.

KLINGEMANN, CARSTEN: Social-Scientific Experts – No Ideologues: Sociology and Social Research in the Third Reich, in: Stephen Turner, Dirk Käsler (eds.): Sociology responds to Fascism. London: 1992.

KLINGEMANN, CARSTEN: Wissenschaftskontrolle durch die „Hauptstelle Soziologie" im Amt Rosenberg. S. 230-243, in: Jahrbuch für Soziologie-Geschichte 1992. Opladen: Leske + Budrich 1994.

KLINGEMANN, CARSTEN: Soziologie im Dritten Reich. Baden-Baden: Nomos Verlagsgesellschaft 1996.

KLINGENBERG, WILHELM P. A.: Mathematik und Melancholie. Von Albrecht Dürer bis Robert Musil. Stuttgart: Franz Steiner Verlag 1997.

„Kneser, Hellmuth" in: Siegfried Gottwald, Hans-Joachim Ilgauds, Karl-Heinz Schlote (Hrsg.): Lexikon bedeutender Mathematiker, Leipzig: Bibliographisches Institut 1990.

KNOLL, FR.: Die Wissenschaft im Neuen Deutschland. Wiener wissenschaftliche Vorträge und Reden. Herausgegeben von der Universität Wien. Heft 1. Wien-Leipzig: Ringbuchhandlung A. Sexl 1942.

KÖHLER, OTTO; GRAF, ULRICH: Nationalpolitische Übungshefte für den Mathematischen Unterricht, Dresden: Ehlermanns 1937.

KOLMOGOROFF, A. N.: O principe tertium non datur, matématiceskij Sbornik (Recueil mathématique de la Société Mathématique de Moscou) 32, 1924-1925.

KOPPELMANN, WILHELM: Logik als Lehre vom Wissenschaftlichen Denken. Zweiter Band: Formale Logik. Berlin: Pan-Verlagsgesellschaft 1933.

KOTT, JAN: Leben auf Raten. Versuch einer Autobiographie. Berlin: Alexander Verlag 1993.

KOWALEWSKI, GERHARD: Bestand und Wandel. Meine Lebenserinnerungen zugleich ein Beitrag zur neueren Geschichte der Mathematik. München: R. Oldenbourg 1950.

KREISEL, GEORG: Review of M.E. Szabo: The Collected Papers of Gerhard Gentzen, in: *Journal of philosophy* 68 (1971) S. 238–265.

KREISEL, GEORG: Der unheilvolle Einbruch der Logik in die Mathematik, in: *Acta philosophica fennica* 28 (1976), S. 166–187.

KREISEL, GEORG: Wie die Beweistheorie zu ihren Ordinalzahlen kam und kommt, in: *JDMV* 78 (1976) S. 177–223.

KREISEL, GEORG: Gödel's Excursions into intuitionistic logic, S.65–186, in: Paul Weingartner, Leopold Schmetterer (eds.): Gödel Remembered. Napoli: Bibliopolos 1987.

KREISEL, GEORG: So called formal reasoning and the foundational ideal, in: Paul Weingartner, G. Schurz (eds.): Akten des 11. Int. Wittgenstein Symposions 1986. Wien: Hölder-Pichler-Tempsky 1987.

KRIECK, ERNST: Die Objektivität der Wissenschaft als Problem, in: *Hochschule und Ausland*. Monatsschrift für deutsche Kultur und zwischenvölkische geistige Zusammenarbeit. Organ des Deutschen Akademischen Austauschdienstes e.V., 14 (1936), Heft 8, S. 689–696.

KRIECK, ERNST: Völkisch-politische Anthropologie. Erster Teil. Die Wirklichkeit. Weltanschauung und Wissenschaft. Band 1. Leipzig: Armanen Verlag 1936.

KRIECK, ERNST: Philosophie, S. 29-31, in: Deutsche Wissenschaft. Arbeit und Aufgabe. Leipzig: S.Hirzel Verlag 1939.

KRIECK, ERNST: Natur und Wissenschaft. Leipzig: Quelle und Meyer 1942.

KRUSE, UWE JENS: Die Redeschule, 5. Auflage, Leipzig: Philipp Reclam 1939.

KUBACH, F.: Johannes Kepler als Mathematiker, Veröffentlichungen der Sternwarte zu Heidelberg 11, 1935.

KUBLI, FRITZ: Kosmosvorstellungen von Kindern und die Astronomie im Unterricht, in: Uwe Hameyer, Thorsten Kapune (Hrsg.): Weltall und Weltbild, Institut für die Pädagogik der Naturwissenschaften. Universität Kiel: 1984, S. 75–96.

KURSCHEIDT, GEORG (Hrsg.): Friedrich Schiller: Gedichte. Frankfurt/Main: Deutscher Klassiker Verlag 1992.

L

LARGEAULT, J. (ed.): Intuitionisme et théorie de la démonstration. Textes de Bernays, Brouwer, Gentzen, Gödel, Hilbert, Kreisel, Weyl. Paris: Vrin 1992.

LAUGSTIEN, THOMAS: Philosophieverhältnisse im deutschen Faschismus. Berlin: Argument-Verlag 1990.

LAUTMANN, ALBERT: Essai sur l'unité des mathématiques et divers écrits. Paris: Union Générale d'éditions 1977.

LEAMAN, GEORGE: Heidegger im Kontext. Gesamtüberblick zum NS-Engagement der Universitätsphilosophen. Hamburg: Argument Verlag 1993.

LEAMAN, GEORGE; SIMON, GERD: Deutsche Philosophen aus der Sicht des Sicherheitsdienstes des Reichsführers SS, S. 261–292, in: Jahrbuch für Soziologie-Geschichte 1992. Carsten Klingemann (Hrsg.), Opladen: Leske + Budrich 1994.

LEAMAN, GEORGE: Deutsche Philosophen und das „Amt Rosenberg", S. 41–65, in: Ilse Korotin (Hrsg.): „Die besten Geister der Nation". Philosophie und Nationalsozialismus. Wien: Picus Verlag 1994.

LEAMAN, GEORGE; SIMON, GERD: Die Kant-Studien im Dritten Reich, in: *Kant Studien* 85 (1994).

LEHMANN, GERHARD: Die deutsche Philosophie der Gegenwart, Stuttgart: Kröner 1943.

LETHEN, HELMUT: Verhaltenslehren der Kälte. Lebensversuche zwischen den Kriegen. Frankfurt/Main: Suhrkamp 1994.

LINDNER, HELMUT: „Deutsche" und „gegentypische" Mathematik. Zur Begründung einer „arteigenen" Mathematik im „Dritten Reich", S. 88–115, in: Herbert Mehrtens und Steffen Richter (Hrsg.): Naturwissenschaft, Technik und Ideologie. Frankfurt/Main: Suhrkamp 1980.

LINDNER, MARTIN: Leben in der Krise. Zeitromane der neuen Sachlichkeit und die intellektuelle Mentalität der klassischen Moderne. Stuttgart: Metzler 1994.

LITTEN, FREDDY: Ernst Mohr – Das Schicksal eines Mathematikers, in: *JDMV* 98 (1996), S. 192–212.

LIXFELD, GISELA: Das „Ahnenerbe" Heinrich Himmlers und die ideologisch-politische Funktion seiner Volkskunde, in: W. Jacobeit 1994.

LÖFFLER, EUGEN: Rezension zu „Mathematik und Rasse (M. Draeger)", *Zbl* 27 (1943), S. 145.

LUCAS, J. R.: The conceptual Roots of Mathematics. London: Routledge 1999.

LUDWIG, KARL-HEINZ; DIENEL, H. L.: Ich diente nur der Technik. Sieben Karrieren zwischen 1940 und 1950. Schriftenreihe des Museums für Verkehr und Technik Berlin, Band 13, Berlin: Nicolaische Verlagsbuchhandlung 1995.

LUDWIG, KARL-HEINZ: Technik und Ingenieure im Dritten Reich. Düsseldorf: Droste 1974.

LUKASIEWICZ, JAN: W obronie logistyki (in defence of logistic), Reprinted in: Z zagadnien logiki i filozofi (ed. J. Slupecki), Warzawa: 1961.

LUNDGREEN, PETER: Wissenschaft im Dritten Reich, Frankfurt am Main: Suhrkamp 1985.

LUTHE, HERBERT: Die Religionsphilosophie von Heinrich Scholz. Diss. München 1961.

M

MAAS, CHRISTOPH: Das Mathematische Seminar der Hamburger Universität in der Zeit des Nationalsozialismus, S. 1075-1095, in: Eckart Krause, Ludwig Huber, Holger Fischer (Hrsg.): Hochschulalltag im „Dritten Reich". Die Hamburger Universität 1933-1945. Teil III. Berlin: Dietrich Reimer Verlag 1991.

MACLANE, SAUNDERS: Notice about mathematics in Göttingen at 1933, S. 65–78, in: Brewer J. W., Smith M.K. (eds.): Emmy Noether. A tribute to her Life and Work. New York: Marcel Dekker 1981.

MACLANE, SAUNDERS: Why commutative diagrams coincide with equivalent proofs, presented in honor of Nathan Jacobson, in: *Contemporary Mathematics* 13 (1982), S. 387–401.

MACLANE, SAUNDERS: Mathematics at Göttingen under the Nazis, *Notices of the American Mathematical Society* 42 (1995), No. 10.

MANCOSU, PAOLO: From Brouwer to Hilbert. The Debate on the Foundations of Mathematics in the 1920's. Oxford: Oxford University Press 1998.

MANGER, EVA: „Neue Mathematik", in: *Deutsche Zukunft*, 13. Mai 1934, S. 15.

MANN, HEINRICH: Der Untertan, München: dtv 1964.

MANN, THOMAS: Betrachtungen eines Unpolitischen, Frankfurt am Main: S. Fischer 1988.

MARCISZEWSKI, WITOLD (ed.): Eintrag Gentzen in: Mala Encyclopedia Logiki, 2. edition. Warszawa, Ossolineum 1988.

MARCISZEWSKI, WITOLD (ed.): Formal Logic, Warszawa: PWN 1987.

MARIENFELD, WOLFGANG: Wissenschaft und Schlachtflottenbau, Springer Verlag 1957.

MARUHN, KARL: Über eine Klasse ebener Wirbelbewegungen in einer ideellen inkompressiblen Flüssigkeit, in: *JMDV* 45 (1935), S. 194–201.

MAY, EDUARD: Am Abgrund des Relativismus, Berlin: Dr. Georg Lüttke 1941.

MAY, EDUARD: Einführung in die Naturphilosophie, Meisenheim am Glan: Westkultur Verlag Anton Hain 1949.

MAY, EDUARD: Kleiner Grundriß der Naturphilosophie, Meisenheim am Glan: Westkultur Verlag Anton Hain 1949.

MEHRTENS, HERBERT: „Was verstehen Sie von deutscher Wissenschaft ?" Das „Dritte Reich" und die politische Moral der Naturwissenschaften, S. 181–200, in: Christoph Hubig (Hrsg.): Verantwortung in Wissenschaft und Technik. Berlin: Technische Universität 1990.

MEHRTENS, HERBERT: Anschauungswelt versus Papierwelt. Zur historischen Interpretation der Grundlagenkrise der Mathematik, S. 231-276, in: Hans Poser und Hans-Werner Schütt (Hrsg.): Ontologie und Wissenschaft. Philosophische und wissenschaftshistorische Untersuchungen zur Frage der Objektkonstitution. Berlin: Technische Universität Berlin 1984.

MEHRTENS, HERBERT: Angewandte Mathematik und Anwendungen der Mathematik im nationalsozialistischen Deutschland, in: *Geschichte und Gesellschaft* 12 (1986), Heft 3, S. 317–347, Göttingen.

MEHRTENS, HERBERT: Ludwig Bieberbach and „Deutsche Mathematik", S. 195–241, in: Esther R. Phillips (ed.): Studies in the History of Mathematics. Studies in Mathematics, Vol. 26. The Mathematical Association of America 1987.

MEHRTENS, HERBERT: The Social System of Mathematics and National Socialism: A survey, in: *Sociological Inquiry* (University of Texas), 57 (1987), No.2, S. 157–182.

MEHRTENS, HERBERT: Entartete Wissenschaft? Naturwissenschaften und Nationalsozialismus, S. 113–128, in: Leonore Siegele-Wenschkewitz und Gerda Stuchlik (Hrsg.): Hochschule und Nationalsozialismus. Wissenschaftsgeschichte und Wissenschaftsbetrieb als Thema der Zeitgeschichte. Frankfurt am Main: Haag + Herrchen 1990.

MEHRTENS, HERBERT: Verantwortungslose Reinheit: Thesen zur politischen und moralischen Struktur mathematischer Wissenschaften am Beispiel des NS-Staates, S. 37–54, in: Georges Füllgraff und Annegret Falter (Hrsg.): Wissenschaft in der Verantwortung: Möglichkeiten institutioneller Steuerung. Frankfurt am Main: Campus 1990.

MEHRTENS, HERBERT: Zur Diskussion: Naturwissenschaften, Hochschule, Nationalsozialismus, S. 129–138, in: Leonore Siegele-Wenschkewitz und Gerda Stuchlik (Hrsg.): Hochschule und Nationalsozialismus. Wissenschaftsgeschichte und Wissenschaftsbetrieb als Thema der Zeitgeschichte. Frankfurt am Main: Haag + Herrchen 1990.

MEHRTENS, HERBERT: Moderne – Sprache – Mathematik. Frankfurt am Main: Suhrkamp 1990.

MEHRTENS, HERBERT: Mathematik als Wissenschaft und Schulfach im NS-Staat, S. 205–216, in: Dithmar Reinhard (Hrsg.): Schule und Unterricht in der Endphase der Weimarer Republik. Neuwied: Luchterhand 1993.

MEHRTENS, HERBERT: Kollaborationsverhältnisse: Natur- und Technikwissenschaften im NS-Staat und ihre Historie, S. 13–32, in: Christoph Meinel, Peter Voswinckel (Hrsg.): Medizin, Naturwissenschaft, Technik und Nationalsozialismus. Kontinuitäten und Diskontinuitäten. Stuttgart: Verlag für Geschichte der Naturwissenschaften und der Technik 1994.

MEHRTENS, HERBERT: Mathematics and War: Germany, 1900–1945, S. 87–134, in: Paul Forman and José Manuel Sanchez-Ron (eds.): National military establishments and the advancement of science and technology. Dordrecht and Boston: Kluwer 1996.

MEIENBERG, NIKLAUS: Heimsuchungen. Ein ausschweifendes Lesebuch. Zürich: Diogenes 1986.

MEINEL, CHRISTOPH; VOSWINCKEL, PETER (Hrsg.): Medizin, Naturwissenschaft, Technik und Nationalsozialismus. Stuttgart: GNT-Verlag 1994.

MEINL, SUSANNE: Nationalsozialisten gegen Hitler. Die nationalrevolutionäre Opposition um Friedrich Wilhelm Heinz. Berlin: Siedler Verlag 2000.

MEISEL, FERDINAND: Wandel des Weltbildes und des Wissens von der Erde. Das Weltbild der Gegenwart. Band 1. Stuttgart und Berlin: Deutsche Verlagsanstalt bis 1922.

MENZLER-TROTT, ECKART: Ich wünsche die Wahrheit und nichts als die Wahrheit ... Das politische Testament des deutschen Mathematikers und Logikers Gottlob Frege. Eine Lektüre seines Tagebuchs vom 10.3. bis 9.5.1924, in: *Forum* (Wien), 36, Nr. 432, S. 68–79.

MENZLER-TROTT, ECKART: Freges politisches Testament. Zum Verhältnis von Glaube, Politik und Sprachauffassung (Im Druck).

MESSERSCHMIDT, MANFRED: Die Wehrmacht im NS-Staat. Hamburg 1969.

MEYERS LEXIKON: Bibliographisches Institut: Leipzig (8. Aufl. 1939).

MIDDELDORF, EIKE: Handbuch der Taktik, Springer Verlag 1957.

MINTS, G.; FIDELSON, A. (eds.): Matematicheskaya teoriya logicheskogo vyvoda, Moscow, Nauka, 1967.

MINTS, GRIGORII M.: Proof theory in the USSR 1925–1969, S.25–66, in: Colog-88. Institute of Cybernetics of the Academy of Sciences of the Estonian SSR. 1988.

MITTASCH, ALWIN: Von der Chemie zur Philosophie. Ausgewählte Schriften und Vorträge. Ulm: 1948.

MITTASCH, ALWIN: Friedrich Nietzsche als Naturphilosoph. Kröner: Stuttgart 1952.

MOLENDIJK, ARIE L.: Aus dem Dunklen ins Helle. Wissenschaft und Theologie im Denken von Heinrich Scholz. Amsterdam: Rodopi 1991.

MÖRIKE, EDUARD: Werke in einem Band, hrsg. von Albrecht Goes, Tempel-Klassiker.

MOSTOWSKI, A. (gemeinsam mit A. Grzegorczyk, S. Jaskowski, J. Los, S. Mazur, H. Rasiowa und R. Sikorski): Der gegenwärtige Stand der Grundlagenforschung in der Mathematik, S. 11–44. in: Heinrich Grell (Hrsg.): Die Hauptreferate des 8. Polnischen Mathematikerkongresses vom 6.–12. September 1953 in Warschau. Berlin: Deutscher Verlag der Wissenschaften 1954.

MOUFANG, RUTH: Rezension zu „Ein unbekannter Brief von Frege, 1940 (M.Steck)", in: *JFM* 66 (1940), S. 24, Berlin: de Gruyter 1942.

MÜGGE, K.A.: Fernmeldetechnik, Springer Verlag 1957.

N

NEGRI, SARA; PLATO, JAN VON: Structural Proof Theory. Cambridge University Press 2001.

NEUFELD, MICHAEL: The Rocket and the Reich. Peenemünde and the coming of the Ballistic Missile Area. New York: Free Press / Simon & Schuster 1995.

NEUMANN, FRANZ: Behemoth: The structure and Practice of national Socialism. New York: Oxford University Press 1944.

NICKEL, GISELA: Wilhelm Troll (1897–1978), Leben und Werk. Mainz, Universität, Dissertation 1993.

NOACKS, HERMANN: Symbol und Existenz der Wissenschaft. Untersuchungen zur Grundlegung einer philosophischen Wissenschaftslehre. Halle/Saale: Max Niemeyer Verlag 1936.

NOETHER, EMMY; CAVAILLÈS, JEAN (Hrsg.): Briefwechsel zwischen Georg Cantor und Richard Dedekind. Paris: Hermann & Cie 1937.

O

Olff-Nathan, J. (ed.): La science sous le Troisième Reich, Paris 1993.

P

Pearce, David; Wolenski, Jan (Hrsg.): Logischer Rationalismus. Philosophische Schriften der Lemberg-Warschauer Schule. Frankfurt/Main: Athenäum Verlag 1988.

Pechmann, Alexander v.: Die Philosophie der Nachkriegszeit in München (1945–1960). Eine Dokumentation, in: *Widerspruch. Münchner Zeitschrift für Philosophie* (1990), Heft 18, Restauration der Philosophie nach 1945, S. 39–62, München: 1990.

Peckhaus, Volker: Der nationalsozialistische „neue Begriff" von Wissenschaft am Beispiel der „Deutschen Mathematik" – Programm, Konzeption und politische Realisierung. Magisterarbeit. Aachen 1984.

Peckhaus, Volker: Essay Review, in: *History and Philosophy of Logic* 14 (1993), S.101–107.

Peckhaus, Volker: Von Nelson zu Reichenbach: Kurt Grelling in Göttingen und Berlin, S. 52–73, in Lutz Dannenberg (Hrsg.): Reichenbach und sein Kreis. Vieweg Verlag 1995.

Peckhaus, Volker: Moral Integrity during a Difficult Period: Beth and Scholz, S. 151–173, in: *Philosophia Scientiae* 3 (4) 1998/1999, Nancy.

Perels, Joachim: Die Abwehr der Erinnerung und die Zurückhaltung der Justiz. Über die geplante Aufhebung der NS-Unrechtsurteile und ihre Vorgeschichte, in: *Kritische Justiz* (1997), Heft 3, Baden-Baden: Nomos Verlag.

Perron, Oskar: Irrationalzahlen, Teubner: Leipzig. 2. Auflage 1939.

Petzold, Hartmut: Moderne Rechenkünstler, Die Industrialisierung der Rechentechnik in Deutschland. München: C.H. Beck Verlag 1992.

Pinl, Max: Kollegen in einer dunklen Zeit, in: *JDMV* 75 (1974), S. 166–208.

Planck, Max: Die Kaiser-Wilhelm-Gesellschaft, in: Friedrich Everling und Adolf Günther (Hrsg.): Der Kaiser. Wie er war – wie er ist. Berlin: Traditionsverlag Kolk 1934.

Planck, Max: Die Frage an die exakte Wissenschaft, in: *Deutsche Luftwacht / Ausgabe Luftwelt* 10 (1943), S. 362 ff.

Planck, Max: Mein Besuch bei Hitler. Anmerkungen zum Wert einer historischen Quelle, S. 41–63 in: Albrecht Helmuth (Hrsg.): Naturwissenschaft und Technik in der Geschichte. Stuttgart: GNT-Verlag 1993.

Plato, Jan v.: Creating modern probability. Cambridge: Cambridge University 1994.

Potter, Michael: Reason's nearest Kin. Philosophies of Arithmetic from Kant to Carnap. Oxford: Oxford University Press 2000.

Prawitz, Dag: Philosophical aspects of proof theory, in: G. Floistad (ed.): Contemporary philosophy. Vol. 1, S. 235–277. The Hague: Martinus Nijhoff 1981.

Prawitz, Dag: Remarks on Hilbert's program for the foundation of mathematics, S. 87–98, in: G. Corsi et al. (eds.): Bridging the gap: philosophy, mathematics, and physics. Dordrecht: Kluwer 1993.

Q

Quine, Willard van Orman: The Time of my Life. Cambridge/MA: MIT-Press 1985

R

RAGGIO, ANDREAS R.: The 50th anniversary of Gentzen's thesis. Methods and applications of mathematical logic (Campinas, 1985), in: *Contemp. Math.* 69 (1988), S. 93–97, Amer. Math. Soc., Providence, RI.

REID, CONSTANCE: Courant. New York: Springer 1976.

REID, CONSTANCE: Hilbert. New York: Springer 1970.

REINGOLD, NATHAN: Refugee mathematicians in the United States of America (1933–1941); reception and reaction, in: *Annals of Science* 38 (1981), S. 313–338.

REMMERT, VOLKER R.: Griff aus dem Elfenbeinturm. Mathematik, Macht und Nationalsozialismus: das Beispiel Freiburg, in: *DMV-Mitteilungen* 3 (1999), S. 13–24, Stuttgart: B. G. Teubner.

RENNEBERG, MONIKA: Zur Mathematisch-Naturwissenschaftlichen Fakultät der Hamburger Universität im „Dritten Reich", S. 1051–1074, in: Eckart Krause, Ludwig Huber, Holger Fischer (Hrsg.): Hochschulalltag im „Dritten Reich". Die Hamburger Universität 1933–1945. Teil III. Berlin: Dietrich Reimer Verlag 1991.

RENNEBERG, MONIKA: Die Physik und die physikalischen Institute an der Hamburger Universität im „Dritten Reich", S. 1097–1118, in: Eckart Krause, Ludwig Huber, Holger Fischer (Hrsg.): Hochschulalltag im „Dritten Reich". Die Hamburger Universität 1933–1945. Teil III. Berlin: Dietrich Reimer Verlag 1991.

RENNEBERG, MONIKA; WALKER, MARK (eds.): Science, Technology and National Socialism. Cambridge: Cambridge University Press 1994.

REQUARD, FRIEDRICH: Heldische Weltanschauung und schöpferische Leistung in der exakten Naturwissenschaft. Eine Untersuchung über das Wesen der nationalpolitischen Ausrichtung des Unterrichts in der exakten Naturwissenschaft, S. 4–7, in: Der deutsche Erzieher, Stuttgart: Klett 1940.

REQUARD, FRIEDRICH: Probleme streng-mathematischen Denkens im Licht der Erbcharakterkunde, in: *Zeitschrift für angewandte Psychologie und Charakterkunde* 59 (1940), S. 351–370.

REQUARD, FRIEDRICH: Strenge Mathematik und Rasse, in: *Rasse. Monatsschrift der nordischen Bewegung* 9 (1942), S. 11–22.

RINGLEB, FRIEDRICH: Mathematische Methoden der Biologie. Insbesondere der Vererbungslehre und der Rassenforschung. Leipzig und Berlin: B. G. Teubner 1937.

RITTERBUSCH, PAUL: Idee und Aufgabe der Reichsuniversität. Heft 8 der Schriftenreihe „Der deutsche Staat der Gegenwart". Carl Schmitt (Hrsg.). Hamburg: Hanseatische Verlagsanstalt 1935.

RITTERBUSCH, PAUL: Wissenschaft im Kampf um Reich und Lebensraum. Vortrag zur Eröffnung der gleichnamigen Ausstellung. Stuttgart: Kohlhammer 1942.

ROB, PETER MARIA: Alfons Bilharz (1836–1925). Ein Arzt zwischen Natur- und Geisteswissenschaften. Dissertation: Kiel 1987.

ROB, PETER MARIA: Alfons Bilharz. Ein Arzt zwischen Natur- und Geisteswissenschaften, in: *Schleswig-Holsteinisches Ärzteblatt* (1988), Heft 2, S. 97–100.

ROBBEL, GERD: Ein Brief Gerhard Gentzens an seinen Großvater, in: *alpha* 20 (1986), Heft 2, S. 28–29, Berlin: Verlag Volk und Wissen.

ROBBEL, GERD: Aus der Gedankenwelt des jungen Gerhard Gentzen, in: *Berichte* Heft 6 (1986 a) Heft 12, S. 51–57, Humboldt-Universität Berlin.

ROBINSON, J. A.: Logic: Form and Function. The mechanization of Deductive Reasoning. Edinburgh: Edinburgh University Press 1979.

ROGALLA VON BIEBERSTEIN, JOHANNES: Die These von der Verschwörung 1776–1945. Philosophen, Freimaurer, Juden; Liberale und Sozialisten als Verschwörer gegen die Sozialordnung. Flensburg: Flensburger Hefte Verlag 1992.

ROHRBACH, HANS: Naturwissenschaft, Weltbild, Glaube. 13.Aufl., Wuppertal: R. Brockhaus.

ROHRBACH, HANS: Schöpfung – Mythos oder Wahrheit, Wuppertal: R. Brockhaus 1990.

RÖSSLER, MECHTHILD; SCHLEICHERMACHER, SABINE (Hrsg.): Der „Generalplan Ost". Hauptlinien der nationalsozialistischen Planungs- und Vernichtungspolitik. Berlin: Akademie Verlag 1993.

ROWE, DAVID E.: „Jewish Mahematics" at Göttingen in the Era of Felix Klein, in: *ISIS* 77 (1986), S. 422–449.

ROWE, DAVID E.: David Hilbert und seine mathematische Welt, in: *Forschungsmagazin der Johannes-Gutenberg-Universität*, Band 10, S. 34–39.

ROWE, DAVID E.: Rezension zu „Ein Jahrhundert Mathematik 1890-1990 (Gerd Fischer)", in: *Mathematical Intelligencer* 13 (1991), No. 4, S. 70–74.

ROWE, DAVID E.: Klein, Hilbert, and the Göttingen Mathematical Tradition, in: *OSIRIS*, 2. series 5 (1989), S. 186–213.

RUST, BERNHARD: Nationalsozialismus und Wissenschaft, in: *Hochschule und Ausland. Monatsschrift für deutsche Kultur und zwischenvölkische geistige Zusammenarbeit. Organ des Deutschen Akademischen Austauschdienstes e.V.* 14 (1936), Heft 8, S. 679–689.

RUST, BERNHARD: Rede zur Eröffnung des Reichsforschungsrats am 25. Mai 1937, S. 13ff, in: Schriften des Reichsinstituts für Geschichte des neuen Deutschlands. Das nationalsozialistische Deutschland und die Wissenschaft. Heidelberger Reden von Reichsminister Rust und Professor Ernst Krieck. Hamburg: Hanseatische Verlagsanstalt 1936.

RÜTHERS, BERND: Die unbegrenzte Auslegung. Zum Wandel der Privatrechtsordnung im Nationalsozialismus. Tübingen: J.C.B. Mohr (Paul Siebeck) 1968.

S

SANER, HANS; HÄNGGI, MARC: Karl Jaspers, Nachlaß zur Philosophischen Logik, München: Piper 1991.

SCHAPER, ROLF: S.31, in: Auguste Dick: Emmy Noether, 1882–1935. Boston: Birkhäuser 1981

SCHAPER, ROLF: Mathematiker im Exil, S. 547–568, in: Edith Böhne und Wolfgang Motzkau-Valeton (Hrsg.): Die Künste und die Wissenschaften im Exil 1933–1945. Gerlingen: Verlag Lambert Schneider 1992.

SCHAPPACHER, NORBERT: Das Mathematische Institut der Universität Göttingen 1929–1950, S. 345–373, in: Becker, Dahms et Wegeler (Hrsg.): Die Universität Göttingen unter dem Nationalsozialismus. München: K.G. Saur 1987.

SCHAPPACHER, NORBERT: Auswirkungen des Nationalsozialismus auf die mathematische Forschung in Deutschland. Vorläufiges Material zu einer Antrittsvorlesung, Bonn, 8.06.1988, Version II.

SCHAPPACHER, NORBERT: Edmund Landau's Göttingen. From the life and death of a great mathematical center. Talk at the Dedication of the Landau Center for Research in Mathematical Analysis. Jerusalem, February 28, 1989.

SCHAPPACHER, NORBERT; KNESER, MARTIN: Fachverband – Institut – Staat, S. 1-82, in: Gerd Fischer et al.(Hrsg.): Ein Jahrhundert Mathematik 1890-1990. Wiesbaden: Vieweg 1990.

SCHAPPACHER, NORBERT; SCHOLZ, ERHARD: Oswald Teichmüller, in: *JDMV* 94 (1992), S. 1–39.

SCHAPPACHER, NORBERT: Questions politiques dans la vie des mathématiques en Allemagne (1918–1935) S. 51–89, in: Josiane Olff-Nathan (ed.): la science sous le troisième reich. Victime ou alliée du nazisme? Paris: Éditions du seuil 1993.

SCHAPPACHER, NORBERT; SCHOLZ, ERHARD: in: *The Mathematical Intelligencer* 18 (1996), No. 1, S.5.

SCHAPPACHER, NORBERT: The Nazi era: the Berlin way of politicizing mathematics, S. 131, in: H. G. W.Begehr et al (eds.): Mathematics in Berlin. Basel: Birkhäuser 1998.

SCHEIDELER, BRITTA: „Eine besonders edle Gemeinschaft", Preprint 126 Max-Planck-Institut für Wissenschaftsgeschichte (Berlin).

SCHILLING, KURT: Zur Frage der sogenannten ,Grundlagenforschung'. Bemerkungen zu der Abhandlung von Heinrich Scholz: Was ist Philosophie?, in: *Zeitschrift für die gesamte Naturwissenschaft* 7 (1941), S. 44–48).

SCHILLING, KURT: Studienführer zur Geschichte der Philosophie. Heidelberg: C. Winter 1949.

SCHIRN, MATTHIAS (ed.): The Philosophy of Mathematics today. Oxford: Clarendon Press1998.

SCHLEGEL, BIRGIT: Das „Büro Osenberg" in Lindau, S. 152–156, in: dieselbe: Lindau. Geschichte eines Fleckens im nördlichen eichsfeld. Duderstadt: Verlag Mecke Druck 1995.

SCHMUCKER, GEORG: Radartechnik in Großbritannien und in Deutschland von 1918–1945, S. 379–398, in: Technik und Kultur, Bd. 10. Düsseldorf 1992.

SCHNEIDER, UWE: Nacktkultur im Kaiserreich, S. 413 ff., in: Uwe Puschner, Walter Schmitz und Justus H. Ulbricht (Hrsg.): Handbuch zur „Völkischen Bewegung" 1871–1918. München: 1999.

SCHOLZ, HEINRICH: Der Idealismus als Träger des Kriegsgedankens, Gotha: Friedrich Perthes, 1915.

SCHOLZ, HEINRICH: Besprechung zu „Mathematische Existenz (O.Becker)", in: *Deutsche Literaturzeitung* (1928), Heft 14, Kol. 685.

SCHOLZ, HEINRICH: Geschichte der Logik, Berlin: Junker u. Dünnhaupt 1933.

SCHOLZ, HEINRICH: „Denken und Erkenntnis des Abendlandes. Der Pariser Descartes-Kongress", in: *Kölnische Zeitung* vom 5.9.1937, Kulturbeilage.

SCHOLZ, HEINRICH (Hrsg.): Forschungen zur Logik und zur Grundlegung der exakten Wissenschaften. Neue Folge. Heft 4 (1938) Nachdruck: Verlag Dr. H. A. Gerstenberg. Hildcsheim 1970.

SCHOLZ, HEINRICH: Leibniz und die mathematische Grundlagenforschung, in: *JDMV* 52 (1942), S. 217–244.

SCHOLZ, HEINRICH: Was will die formalisierte Grundlagenforschung?, in: *Deutsche Mathematik* 7 (1943), S. 206–248.

SCHOLZ, HEINRICH: Logik, Grammatik, Metaphysik, S. 393–433, in: *Archiv für Rechts- und Sozialphilosophie* 36 (1943), Neuabdruck in: *Archiv für Philosophie* 1 (1947), S. 39–80, Stuttgart: W. Kohlhammer.

SCHOLZ, HEINRICH: Zum gegenwärtigen Stande der mathematischen Grundlagenforschung, in: *Archiv für Philosophie* 5 (1955), Heft 3, S. 322–331, Stuttgart: W. Kohlhammer.

SCHÖNHOVEN, KLAUS; VOGEL, HANS-JOCHEN (Hrsg.): Frühe Warnungen vor dem Nationalsozialismus. Ein historisches Lesebuch. Bonn: Verlag J. H. W. Dietz Nachfolger 1998.

SCHORCHT, CLAUDIA: Philosophie an bayerischen Universitäten 1933–1945. Erlangen. H. Fischer Verlag 1990.

SCHORCHT, CLAUDIA: Gescheitert – der Versuch zur Etablierung nationalsozialistischer Philosophen an der Universität München, S. 291–327, in: Ilse Korotin (Hrsg.): „Die besten Geister der Nation". Philosophie und Nationalsozialismus. Wien: Picus Verlag 1994.

SCHREIBER, PETER: Über Beziehungen zwischen Heinrich Scholz und polnischen Logikern, S. 343–359, in: Michael Toepell (Hrsg.): Mathematik im Wandel. Anregungen zu einem fächerübergreifenden Mathematikunterricht, Band 1. Hildesheim: Franzbecker Verlag 1998.

SCHULTZE, WALTHER: Die Hochschule im deutschen Lebensraum, in: Werden und Wachsen des Deutschen Volkes. Hrsg: NSD-Dozentenbund Gau Berlin: Berlin 1938.

SCHÜTTE, KURT; SCHWICHTENBERG, HELMUT: Mathematische Logik, S. 717–740, in: Gerd Fischer, Friedrich Hirzebruch, Winfried Scharlau und Willi Törnig: Ein Jahrhundert Mathematik 1890–1990, Festschrift zum Jubiläum der DMV. Wiesbaden: Vieweg Verlag 1990.

SEEL, OTTO: Die lateinische Sprache, S. 416–585, in: ders.: Römertum und Latinität. Stuttgart: Klett 1964.

SEGAL, S. L.: Helmut Hasse in 1934, in: *Historia Mathematica* 7 (1980), S. 46–50.

SIEFERLE, ROLF PETER: Modernität, Techokratie und Nationalsozialismus, S. 198–221, in: derselbe: Die Konservative Revolution. Frankfurt am Main: S. Fischer 1995.

SIEGMUND-SCHULTZE, REINHARD: Theodor Vahlen – zum Schuldanteil eines deutschen Mathematikers am faschistischen Mißbrauch der Wissenschaft, in: *NTM* 21 (1984), Heft 1, S. 17–32.

SIEGMUND-SCHULTZE, REINHARD: Einige Probleme der Geschichtsschreibung der Mathematik im faschistischen Deutschland – unter besonderer Berücksichtigung des Lebenslaufes des Greifswalders Mathematikers Theodor Vahlen, in: *Wissenschaftliche Zeitschrift der Ernst-Moritz-Arndt-Universität Greifswald. Mathematisch-Naturwissenschaftliche Reihe* 33 (1984), Heft 1/2, S. 51–56.

SIEGMUND-SCHULTZE, REINHARD: Faschistische Pläne zur „Neuordnung" der europäischen Wissenschaft. Das Beispiel Mathematik, in: *NTM* 23 (1986), Heft 2, S. 1–17.

SIEGMUND-SCHULTZE, REINHARD: Zur Sozialgeschichte der Mathematik an der Berliner Universität im Faschismus, in: *NTM* 26 (1989), Heft 1, S. 49–68.

SIEGMUND-SCHULTZE, REINHARD: Über die Haltung deutscher Mathematiker zur faschistischen Expansions- und Okkupationspolitik in Europa, S. 189–195, in: Martina Tschirner, Heinz-Werner Göbel (Hrsg.): Wissenschaft im Krieg – Krieg in der Wissenschaft, 2. Aufl.: Interdisziplinäre Arbeitsgruppe Friedens- und Abrüstungsforschung an der Philipps-Universität Marburg 1992.

SIEGMUND-SCHULTZE, REINHARD: La légitimation des mathématiques dans l'Allemagne fasciste: trois étapes, S. 91-102, in: Josiane Olff-Nathan (ed.): La science sous le troisième reich. Victime ou alliée du nazisme? Paris: éditions du seuil 1993.

SIEGMUND-SCHULTZE, REINHARD: Mathematische Berichterstattung in Hitlerdeutschland. Göttingen: Vandenhoeck & Ruprecht 1993.

SIEGMUND-SCHULTZE, REINHARD: Mathematiker auf der Flucht vor Hitler. Quellen und Studien zur Emigration einer Wissenschaft. (Dokumente zur Geschichte der Mathematik, hrsg.von der Deutschen Mathematiker-Vereinigung, Band 10). Vieweg Verlag: Wiesbaden 1998.

SIMONS, PETER: Philosophy and Logic in Central Europe from Bolzano to Tarski. Dordrecht: Kluwer 1992.

SINACEUR, HOURYA: Du formalisme à la constructivité: le finitisme, in: *Revue internationale de philosophie* 4 (1993), S. 251–283.

SINACEUR, HOURYA: Jean Cavaillès. Philosophie mathématique. Paris: PUF 1994.

SINACEUR, HOURYA: Jean Cavaillès. Paris: Les Presses Universitaires de France (Collection 1/2 Philosophies) 1994.

SIX, FRANZ ALFRED (Hrsg.): Rede des Reichsdozentenführers Reichsamtsleiter Professor Dr. Schultze über „Grundfragen der deutschen Universität und Wissenschaft" anläßlich der Einweihung der ersten Akademie des NS-Dozentenbundes zu Kiel vom 21.1.1938, in: Dokumente der deutschen Politik. Reihe: Das Reich Adolf Hitlers. Band 6/1. Berlin: Junker und Dünnhaupt. Vierte Auflage 1942.

SLUGA, HANS: Heideggers Crisis. Philosophy and Politics in Nazi Germany. Cambridge/MA: Harvard University Press 1993.

SPEER, ALBERT: Erinnerungen, Berlin: Ullstein 1969.

SPEISER, ANDREAS: Mathematische Denkweise, Zürich: 1932.

SPEISER, ANDREAS: Rezension zu „Das Hauptproblem in der Mathematik (M.Steck)", in: *JFM* 68 (1942), S. 20, Berlin: de Gruyter 1944.

STACHOWIAK, HERBERT: Berlin 1945 bis 1951: Rückblick auf eine unvergeßliche Zeit, S. 243–264, in: Heinrich Begehr (Hrsg.): Mathematik in Berlin. Geschichte und Dokumentation. Zweiter Halbband. Aachen: Shaker Verlag 1998.

STECK, MAX: Wissenschaftliche Grundlagenforschung und die Gestaltkrise der exakten Wissenschaft, Leipzig: Akademische Verlagsgesellschaft Becker & Erler 1941.

STECK, MAX: Über das Wesen des Mathematischen und die mathematische Erkenntnis bei Kepler, Halle: 1941.

STECK, MAX: Rezension zu „Völkische Verwurzelung der Wissenschaft (Bieberbach)", in: *Geistige Arbeit* 8 (1941), Heft 4, S. 4.

STECK, MAX: Mathematik als Problem des Formalismus und der Realisierung, in: *Zeitschrift für die gesamte Naturwissenschaft* 7, S. 156–163.

STECK, MAX: Das Hauptproblem der Mathematik, Berlin: Verlag Dr. Georg Lüttke, 1942 (2.Aufl. 1943).

STECK, MAX: Mathematik, S. 10–21, in: Das Studium der Naturwissenschaft und der Mathematik. Einführungsband, bearbeitet von Fritz Kubach. Heidelberg: C. Winter 1943.

STECK, MAX (Hrsg.): Johann Heinrich Lambert. Schriften zur Perspektive. Berlin: Georg Lüttke 1943.

STECK, MAX: Die moderne Logik und ihre Stellung zu Leibniz, in: *Geistige Arbeit* 11 (1944), Nr. 10–12.

STECK, MAX: Grundgebiete der Mathematik, Heidelberg: Winter Verlag 1946.

STEDING, CHRISTOPH: Politik und Wissenschaft bei Max Weber. Breslau: W.G. Korn Verlag 1932.

STEDING, CHRISTOPH: Das Reich und die Krankheit der europäischen Kultur. 3. Auflage, Hamburg: Hanseatische Verlagsanstalt 1942.

STEGMÜLLER, WOLFGANG: Metaphysik, Wissenschaft, Skepsis. Wien: Humboldt Verlag 1954.

STEINMETZ, WILLIBALD: Anbetung und Dämonisierung des „Sachzwangs". Zur Archäologie einer deutschen Redefigur, S. 293–333, in: Michael Jeismann (Hrsg.): Obsessionen. Beherrschende Gedanken im wissenschaftlichen Zeitalter. Frankfurt am Main: Suhrkamp 1995.

STENGEL-V.RUTKOWSKI, LOTHAR: Wissenschaft und Wert. Rede anläßlich der Arbeitstagung der Gaustudentenführung Thüringen am 8. Februar 1941 in Altenburg. Jenaer Akademische Reden. Heft 29, Jena: Verlag Gustav Fischer 1941.

STULOFF, NIKOLAI: Die Entwicklung der Mathematik. 6 Bde. Mainz: Fachbereich Mathematik

SÜSS, WILHELM (Hrsg.): Naturforschung und Medizin in Deutschland 1939-1946. Für Deutschland bestimmte Ausgabe der FIAT Review of German Science. Band 1: Reine Mathematik, Teil 1. Wiesbaden: Dieterich'sche Verlagsbuchhandlung 1948.

SYLVESTER, J. J.: The Study that Knows Nothing of Observation, 1869.

SZABÓ, ISTVÁN: Geschichte der mechanischen Prinzipien. 2.Aufl. Basel: Birkhäuser 1979.

SZABO, M. E.: Collected Papers of Gerhard Gentzen. Amsterdam: North Holland 1969.

T

TAKEUTI, GAISI: A remark on Gentzen's paper „Beweisbarkeit und Unbeweisbarkeit von Anfangsfällen der transfiniten Induktion in der reinen Zahlentheorie", in: *Proc. Japan Acad.* 39 (1963), S. 263–267. (Reviewer: G. Kreisel) 02.18.

TARSKI, ALFRED: Der Aussagenkalkül und die Topologie, Fundamenta Mathematica, Bd. 31 (1938).

TARSKI, ALFRED: Discussion of the address of Alfred Tarski, in: *Revue internationale de philosophie* 8 (1954).

TEICHMANN, JÜRGEN: Wandel des Weltbildes. 3. Aufl. Stuttgart/Leipzig: Teubner 1996.

THIEL, CHRISTIAN: Folgen der Emigration deutscher und österreichischer Wissenschaftstheoretiker und Logiker zwischen 1933 und 1945, in: *Berichte zur Wissenschaftsgeschichte* 7 (1984), S. 227–256.

THIEL, CHRISTIAN: Philosophie der Mathematik, Darmstadt: Wissenschaftliche Buchgesellschaft 1995.

THIEL, CHRISTIAN: Research on the History of Logic in Erlangen, p. 397–401, in: Angelelli Ignacio und Cerezo María (eds.): Studies on the History of Logic. Proceedings of the III. Symposion on the History of Logic. Berlin: de Gruyter 1996.

Thieme-Becker: Allgemeines Lexikon der bildenden Künstler von der Antike bis zur Gegenwart, Band 9, Leipzig 1913.

THÜRING, BRUNO: Physik und Astronomie in jüdischen Händen, in: *Zeitschrift für die gesamte Naturwissenschaft. Organ der Reichsfachgruppe Naturwissenschaft der Reichsstudentenführung*, hrsg. von E. Berdolt, F. Kubach, B. Thüring, 4 (1941), S. 134–162.

TILIZKI, CHRISTIAN: Carl Schmitt in Berlin, in: *Siebte Etappe. Etappe – Zeitschrift für Politik, Kultur und Wissenschaft* (10/1991), S. 62–117, Bonn.

TILLICH, PAUL: Die sozialistische Entscheidung. Potsdam: Alfred Protte Verlag 1933.

TIRALA, LOTHAR G.: Nordische Rasse und Naturwissenschaft. Gekürzte Wiedergabe des Vortrags. S. 27–38, in: Becker August (Hrsg.): Naturforschung im Aufbruch. München: J. F. Lehmanns Verlag 1936.

TOEPELL, MICHAEL: Mathematiker und Mathematik an der Universität München. 500 Jahre Lehre und Forschung. Reihe: Algorismus, Heft 19 (1996). München: Institut für Geschichte der Naturwissenschaften.

TÓTH, IMRE: Wissenschaft und Wissenschaftler im postmodernen Zeitalter. Wahrheit, Wert, Freiheit und Kunst und Mathematik, S. 85–153, in: Hans Bungert (Hrsg.): Wie sieht und erfährt der Mensch seine Welt? Regensburg: Buchverlag der Mittelbayerischen Zeitung 1987.

TOULMIN, STEPHAN; GOODFIELD, JUNE: Modelle des Kosmos. München: Goldmann 1970.

TREUE, WILHELM: Invasionen 1066–1944, Springer Verlag 1957.

TRÖGER, JÖRG (Hrsg.): Hochschule und Wissenschaft im Dritten Reich. Frankfurt am Main: Campus 1986.

TYMOCZKO, THOMAS: New Directions in the Philosophy of Mathematics. 2. edition. New Jersey: Princeton University Press 1998.

V

VAHLEN, THEODOR; BIEBERBACH, LUDWIG: Deutsche Mathematik. Leipzig: Hirzel 1936 ff.

VALIER, MAX: Der Sterne Bahn und Wesen. Gemeinverständliche Einführung in die Himmelskunde. Leipzig: R. Voigtländers Verlag 1924.

VICTORIA, BRIAN; DAIZEN, A.: Zen, Nationalismus und Krieg. Eine unheimliche Allianz. Berlin: Theseus Verlag 1999.

VIHAN, PREMYSL: The last months of Gerhard Gentzen in Prague, in: *Collegium logicum. Annals of the Kurt-Gödel-Society* 1 (1995), S. 1–7, Wien: Springer.

VOLTAIRE: Candide oder der Optimismus. Frankfurt am Main: Insel Verlag 1972.

VONDERAU, MARKUS: „Deutsche Chemie". Der Versuch einer deutschartigen, ganzheitlich-gestalthaft schauenden Naturwissenschaft während der Zeit des Nationalsozialismus. Marburg: Dissertation Fachbereich Pharmazie und Lebensmittelchemie 1994.

W

WANG, HAO: Reflections on Kurt Gödel, Cambridge/MA: MIT-Press 1987.

WANG, HAO: A Logical Journey. From Gödel to philosophy. Cambridge/MA: MIT-Press 1996.

WASSER, BRUNO: Himmlers Raumplanung im Osten. Basel: Birkhäuser Verlag 1993.

WEBER, MAX: Wissenschaft als Beruf. Wissenschaftliche Abhandlungen und Reden zur Philosophie, Politik und Geistesgeschichte, Heft VIII. 3. Auflage. München/Leipzig: Duncker & Humblot 1930.

WEDDINGEN, W.: Das Werturteil in der politischen Wirtschaftswissenschaft, S. 269, in: Jahrbücher für Nationalökonomie und Statistik Bd. 153.

WEISSWEILER, EVA: „Ausgemerzt!". Das Lexikon der Juden in der Musik und seine mörderischen Folgen. Köln: Dittrich Verlag 1999.

WENGENROTH, ULRICH (Hrsg.): Die Technische Universität München. Annäherung an ihre Geschichte. München: Technische Hochschule München 1993.

WEYL, HERMANN: Das Kontinnuum. Kritische Untersuchungen über die Grundlagen der Analysis. Leipzig: Veit 1918.

WEYL, HERMANN: Über die neue Grundlagenkrise der Mathematik, in: *Mathematische Zeitschrift* 10 (1921).

WEYL, HERMANN: David Hilbert and his Mathematical Work, in: *Bulletin of the American Mathematical Society* 50 (1944).

WEYL, HERMANN: The mathematical way of thinking, in: *Science* 92, S. 437–446, New York.

WILLERS, FRIEDRICH ADOLF: Mathematische Instrumente. München und Berlin. Verlag von R. Oldenbourg 1943.

WINSTON, BRIAN: Triumpf of the Will, in: *History Today* 47 (1997), Heft 1.

WOCKE, HELMUT: Die mathematische Fachsprache in Keplers Deutsch. Ihre Bedeutung für Schule, Leben und Wissenschaft, in: *Neue Jahrbücher* 46 (1920), Heft 4, S. 93–101, Leipzig: Teubner 1920.

WOLENSKI, JAN: On Tarski's Background, p. 331-341, in: Jaakko Hintikka (ed.): From Dedekind to Gödel. Reidel: Kluwer 1995.

Z

ZARNOW, GOTTFRIED: Gefesselte Justiz. Politische Bilder aus Deutscher Gegenwart, Bd.1, München: J. F. Lehmanns Verlag 1931.

ZENTNER, KURT: Illustrierte Geschichte des Widerstandes in Deutschland und Europa 1933-1945. 2. Auflage, München: Südwest-Verlag 1965.

ZIEROLD, KURT: Forschungsförderung in drei Epochen. Deutsche Forschungsgemeinschaft. Geschichte, Arbeitsweise, Kommentar. Wiesbaden 1968.

ZUSE, KONRAD: Der Computer – Mein Lebenswerk. Berlin: Springer 1986.

Namensregister

Sachregister